“十三五”职业教育国家规划教材
“十二五”职业教育国家规划教材
经全国职业教育教材审定委员会审定

作物病虫害防治

ZUOWU BINGCHONGHAI FANGZHI

第二版

吴郁魂　刘丽云　主编　　刘志恒　袁鸣　主审

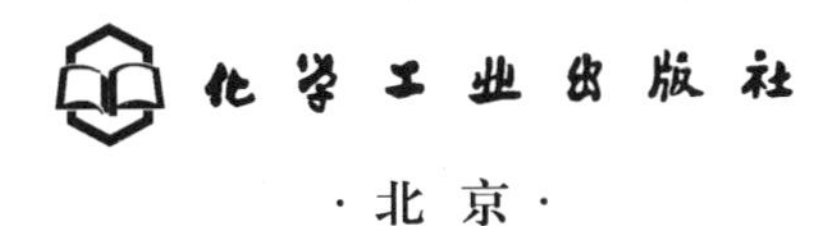
化学工业出版社
·北京·

本书根据学生的培养要求和目标，采用独具特色的模块结构形式编写，包括通用模块、选用模块和实践性教学模块。通用模块包括昆虫基本知识、植物病害基本知识和有害生物的综合治理3个单元，为必学内容；选用模块编排了地下害虫防治技术，水稻、麦类、棉花、油料作物、杂粮、薯类、烟草及糖料等作物病虫害防治技术，储粮害虫和设施农业主要病虫害防治技术，农田草害防除、农区鼠害防治和案例分析共12个单元，供各院校灵活选用；实践性教学模块设计有23个实验实训项目和12个综合实训项目。各单元开篇提出学习目标，包括知识目标和技能目标；结尾附加单元检测（含归纳与总结）；其间穿插设计“你知道吗?”“大家一起来”等栏目，便于学生自学和复习；并增加编写了案例分析单元，为作物病虫害综合治理提供了借鉴与支持。本书配有相关的教学资源，可从 www. cipedu. com. cn 下载使用。

本书可作为三年制高职高专院校、五年制高职、成人教育等作物生产类及种植类专业教材，也可作为农村实用技术培训教材和农村青年的科普读物，还可供从事与农业生产有关行业的技术人员参考。

图书在版编目（CIP）数据

作物病虫害防治/吴郁魂，刘丽云主编．—2版．—北京：化学工业出版社，2015.10（2023.6重印）
“十二五”职业教育国家规划教材
ISBN 978-7-122-25246-3

Ⅰ.①作… Ⅱ.①吴…②刘… Ⅲ.①作物-病虫害防治 Ⅳ.①S435

中国版本图书馆CIP数据核字（2015）第219933号

责任编辑：李植峰　迟　蕾　张春娥　　装帧设计：史利平
责任校对：吴　静

出版发行：化学工业出版社（北京市东城区青年湖南街13号　邮政编码100011）
印　　装：北京科印技术咨询服务有限公司数码印刷分部
787mm×1092mm　1/16　印张20¾　字数610千字　2023年6月北京第2版第6次印刷

购书咨询：010-64518888　　售后服务：010-64518899
网　　址：http://www.cip.com.cn
凡购买本书，如有缺损质量问题，本社销售中心负责调换。

定　　价：45.00元

《作物病虫害防治》（第二版）编审人员

主　　编　吴郁魂　刘丽云

副主编　欧善生　刘红敏　朱　涛

编　　者　（按姓名汉语拼音排列）

黄艳青（辽宁职业学院）

李永丽（河南科技大学）

刘红敏（信阳农林学院）

刘丽云（辽宁职业学院）

罗家栋（四川省宜宾市农业局）

马铁山（濮阳职业技术学院）

欧善生（广西农业职业技术学院）

商世能（杭州万向职业技术学院）

汪　立（重庆三峡职业学院）

吴郁魂（宜宾职业技术学院）

朱　涛（宜宾职业技术学院五粮液技术学院）

主　　审　刘志恒（沈阳农业大学）

袁　鸣（四川省宜宾市农业局）

前言

《作物病虫害防治》第一版自2011年3月出版以来，受到了普遍的关注和好评。后又被评选为“十二五”职业教育国家规划教材[“关于‘十二五’职业教育国家规划教材选题立项的函”（教职成司【2013】184号）]，这是对第一版教材编者的极大鼓舞和鞭策。2013年11月化学工业出版社在广州组织召开的农林牧渔类专业“十二五”职业教育国家规划教材编写研讨会上，本教材编审人员根据国家规划教材评审专家的意见和建议，讨论并确定了本书修订的基本原则：陈旧的内容必须更新；疏漏的内容必须补充；新技术新成果要有反映。再版教材在保留原版教材特色的基础上，着重把握了以下6个新特点：

1. 保留原书采用的模块结构，包括通用模块、选用模块和实践性教学模块3个模块部分。通用模块为必学内容，选用模块供各院校灵活选用，实践性教学模块则与职业技能鉴定紧密结合。各单元开头有知识目标和技能目标，结尾有单元检测（含归纳与总结），便于学生自学和复习。第二版将原书一个单元内的主要作物“害虫综合防治”和“病害综合防治”分别介绍，整合为主要作物病虫害的综合治理，从而避免了内容的交叉和重复，使其更贴近生产实际，又便于综合、统筹防治病虫害。

2. 为方便开展案例教学，第二版特别增加一个单元，即第十五单元案例分析，该单元选编了全国各地开展作物病虫害综合治理(含绿色防控)的经验和做法，并配有点评，为作物病虫害综合治理提供了借鉴与支持。

3. 增加了“你知道吗?”“大家一起来”以及“单元检测”等栏目，以便提高学生的学习兴趣，方便学生学习和理解，并体现学中做、做中学。

4. 全面反映自2011年以来的农林牧渔类行业已颁布实施使用的新标准、新农药、新品种和新技术。本书严格执行农药国家标准（GB），所涉及的农药一律使用通用名，并注意采用植物源杀虫剂、微生物杀虫剂、抗生素杀虫剂和高效、低毒、低残留农药；本书也是一本充分体现“公共植保”、“绿色植保”新理念，贯彻落实绿色防控和专业化统防统治重大举措的高职高专教材。

5. 为加强学生的实际动手能力，结合本教材的内容、特点和生产岗位群对高技能人才的需求情况，将实训类内容与职业岗位技能密切结合，在综合实训指导中增加了技能考核标准，使学生通过本课程学习，真正达到学生与就业岗位无缝对接。

6. 在再版时，实施开放式的教材编审模式。聘请高等院校知名教授和生产一线专家直接参加教材的编审工作，加强对教材基本理论的严格把关，加强反映科研生产一线的最新技术，使技能培训与实际密切结合。

本次修订，由吴郁魂负责本书的绪论、第五单元、参考文献的修订工作，并编写了第十五单元案例2和案例6；刘丽云、黄艳青负责第一单元第一节、第二节、第四节，第九单元，实验实训1～5、实验实训18的修订工作并编写第十五单元案例3；欧善生负责第二单元第一节、第三节，第三单元第一节至第三节、第四节（其中一至四），实验实训6的修订工作；刘红敏负责第一单元第三节、第七单元、第八单元、实验实训16、实验实训17、综合实训1～12的修订工作；朱涛负责第三单元第四节（其中五）、实验实训12的修订工作；商世能负责第十一单元、第十二单元、实验实训 11、实验实训 20、实验实训 21 的修订工作；马铁山负责第四单元、第六单元、第十三单元、第十四单元、实验实训 13、实验实训 15、实验实训 22、实验实训 23 的修订工作；汪立负责第十单元、实验实训 19 的修订工作并编写第十五单元案例 4；李永丽负责第二单元第二节、实验实训 7~10 的修订工作；罗家栋负责实验实训 14 的修订工作并编写第十五单元案例 1 和案例 5。全书由吴郁魂、刘丽云、欧善生、刘红敏、朱涛分工进行审稿和修改，最后由吴郁魂统稿与定稿。沈阳农业大学刘志恒教授和四川省宜宾市农业局袁鸣推广研究员担任本书主审，两位专家对书稿认真审阅，提出了不少带有建设性的宝贵意见，提高了本教材的科学性和针对性，特此致谢！

本书在编写过程中，承蒙全国农业职业教育教学指导委员会的热诚指导，得到化学工业出版社和各编审人员所在单位的大力支持，本书在编写过程中也参考了国内专家学者的有关文献资料，在此一并表示衷心的感谢！

由于编者水平有限，书中难免有不足或不当之处，恳请各院校师生和广大读者批评指正，以便今后进一步修改、补充和完善。

本书配套有相关的教学资源，可从 www.cipedu.com.cn 免费获取。同时也欢迎读者与编审人员沟通交流，主编邮箱：wuyuhun@163.com。

编　者

2017 年 3 月

第一版前言

近年来，随着现代农业向优质、高产、高效、生态和安全方向发展，消费者对无公害农产品、绿色食品和有机食品的需求日益增长，反映在教学上对高职高专作物病虫害防治课程教学提出了更高的要求，为此，根据教育部《关于全面提高高等职业教育教学质量的若干意见》（教育部教高［2006］16号文件）精神，我们编写了《作物病虫害防治》教材，供全国高职高专作物生产类及种植类等专业使用。

本书采用模块结构编写，包括通用模块、选用模块和实践性教学模块3个部分。通用模块包括昆虫基本知识、植物病害基本知识和有害生物的综合治理3个单元，为必学内容。选用模块编排了地下害虫识别与防治技术、水稻、麦类、棉花、油料作物、杂粮、薯类、烟草及糖料作物病虫害防治技术、储粮害虫和设施农业主要病虫害防治技术、农田草害防除和农区鼠害防治11个单元，供各院校灵活选用。实践性教学模块则与职业技能鉴定紧密结合，包括23个实验项目和12个综合实训项目。各单元开头有知识目标和技能目标，结尾有复习思考题，便于学生自学和复习。

本书在编写中力求紧密结合全国主要农作物病、虫、草、鼠发生特点，将植物病虫害综合治理融入农业的持续发展和环境保护之中，体现“公共植保”、“绿色植保”新理念，从培养高素质技能型人才的根本任务出发，以农业优质、高产、高效、生态和安全为目标，坚持理论与实践结合，学与用结合，现代植物保护科技与新技术的推广结合。立足特、新、精，以技术应用能力为主线设计教学方案，以“应用”为特征构建课程和教学内容体系，在理论知识上以“必需、够用”为度，注意科学性、先进性和实用性。在实践环节上，重在实践和技能培养，培养学生职业应用能力，体现高职特色。同时，根据内容配有大量插图，以加强内容的直观性。本书所涉及的农药一律使用通用名，并注意编写植物源杀虫剂、微生物杀虫剂、抗生素杀虫剂和高效、低毒、低残留农药等内容。

本书的绪论，第二单元第一节、第三节，第三单元第一节至第三节、第四节（其中一～四）、第五单元，实验实训6，实验实训14，附录1、附录2由吴郁魂编写；第一单元第一节、第二节、第四节，第九单元，实验实训1～5、实验实训18由刘丽云编写；第一单元第三节、综合实训1～12由尹健编写；第二单元第二节、实验实训7～10由李永丽编写；第三单元第四节（其中五）、实验实训12由周建华编写；第四单元、第十三单元、第十四单元、实验实训13、实验实训22、实验实训23由马铁山编写；第六单元麦类病害及实验实训15麦类病害部分由张伟彬编写；第六单元麦类害虫及实验实训15麦类害虫部分由孙家奇编写；第七单元、第八单元、实验实训16、实验实训17由刘红敏编写；第十单元、实验实训19由汪立编写；第十一单元、第十二单元、实验实训 11、实验实训 20、实验实训 21 由商世能编写；全书由吴郁魂、刘丽云、尹健、商世能进行分工审稿和修改，最后由吴郁魂统稿与定稿。

本书在编写过程中，西南大学邓新平教授、四川省宜宾市农业局袁鸣高级农艺师审定了编写大纲，并提出了宝贵意见，本书编写过程中参考了有关文献资料，在此一并表示衷心的感谢！

限于业务水平，时间仓促，书中疏漏之处在所难免，恳切希望各院校师生及读者提出宝贵意见，以利于今后修改和完善。

编　者

2011 年 1 月

目录

选用模块

一、开展作物病虫害防治工作的意义

农作物在生长发育及其贮运过程中，都会遭受到多种病、虫、草、鼠的为害，危害农作物的病、虫、草、鼠，统称为有害生物。随着农业产业结构调整、高效生态农业发展和气候变暖带来的农业生态环境变化，农业有害生物灾变频率越来越高，有害生物危害趋势不断加重，并且外来有害生物入侵危害的风险也越来越大。

有害生物的危害和影响是多方面的：①有害生物危害农作物，使农作物产量降低。据联合国粮农组织统计，全世界农作物因病虫危害而造成的损失，粮食作物大约为20%、茶树约为25%、棉花约为30%、果树约为40%、一般杂草造成作物减产10%～15%，局部地区和个别年份实际损失更大。鼠害每年造成成品粮食损失达3300万吨。②有害生物的危害也会使农作物品质变劣。例如，小麦发生条锈病，其籽粒的出粉率就会下降。③由于作物有害生物的为害，有时还会限制作物的种植和发展。例如，在橡胶的原产国巴西，由于橡胶树发生了毁灭性的南美疫病，许多橡胶园不得不改种茶树。④许多作物发生病害后，其农产品还容易使人畜食用后中毒。例如，花生果实发生曲霉病后，会产生黄曲霉毒素，而黄曲霉毒素是强烈的致癌物。由此可见，病、虫、草、鼠等有害生物的危害是农业生产上的一大障碍，我国地域辽阔，气候复杂，而有害生物种类和发生情况就更加复杂，作为农业生产基础保障的植物保护事业面临着越来越大的挑战。

因此，没有植物保护，不开展作物病虫害防治，作物生产就没有保证。在实现农业现代化进程中，植物保护工作具有不可取代的重要地位和关键作用。植物保护技术的先进性、可靠性及其推广实施的有效性对确保农业生产的可持续发展是极为重要的。所以，加强病、虫、草、鼠等有害生物的防治工作对促进现代农业向优质、高产、高效、生态和安全方向发展，使植物保护事业更好地为可持续农业服务，对于推进农业现代化进程，建设社会主义新农村，构建和谐社会有着重大的意义。

二、我国作物病虫害防治工作取得的成就和植保科技发展动态

1949年后，特别是改革开放以来，我国作物病虫害防治工作取得了显著的成就，从中央到地方先后建立了一套完整的植保行政、科研和教学的组织机构；国家农业部建立了植保植检处（含国际植物保护公约履约办公室）和农药管理处，下面各级农业部门相应成立了植保植检站。在科研方面，中国农业科学院设有植物保护研究所，其他国家级植物保护研究机构大多隶属农业科学院、所和高等院校，以及中国科学院部分所（室）。全国各地还设有植保研究部门。在教育方面，各省（自治区、直辖市）都有农业大学或相关学院，大都设有植物保护专业或方向。各级农业院校培养了一大批从事农作物病虫害发生规律研究、病虫害防治、预测预报、植保技术推广等领域，包括博士研究生在内的科研、技术和管理人才。各地还面向广大农民朋友，通过“绿色证书”培训，县、乡农技校、农民田间学校培训，结合科技兴农项目进行培训，组织“宣讲团”进行巡回宣传培训和发放技术资料等方式，加强植保科技培训，让受训农民亲自参与、自己动手，并将培训课程贯穿于作物生长季节，将农民由单纯的生产者培养成为集生产、经营、决策于一体的多方面能手，使农民朋友在生产过程中自觉树立生态环境意识，用生态平衡、综合治理的观念指导作物病虫害防治。通过扎实的培训，农民获得了综合防治病虫害等的知识，收到了农药

使用量的明显下降和综合效益的明显提高等效果，促进了生产一线的无公害、绿色和有机农产品基地建设。

1949年以来，各地也逐步开展了农作物病虫害种类和天敌资源调查，基本上摸清了不同地区农业病虫害及天敌区系；研究了主要病虫害的生物、生态学特性及发生发展规律，拟定了重大病虫害的预测预报办法，因地制宜地提出了防治策略和防治指标，制定和实施了有效的综合防治措施。

在农业防治方面，各地从农业生产全局出发，合理规划农田和安排作物布局；改革耕作制度，实行合理轮作和间套作；培育和推广抗病虫及丰产品种；合理施肥和灌溉，以及加强田间管理等，综合应用一系列农业技术措施，有目的地创造有利于作物、天敌生长发育而不利于病虫发生的环境条件，避免或减少了病虫的发生和为害。例如，通过不断地培育和推广抗病虫品种，有效控制了常发的和难以防治的病虫害如锈病、白粉病、病毒病、稻瘟病和吸浆虫等。在四川推广以春茄子、中稻和秋花椰菜为主的“菜—稻—菜”水旱轮作种植模式，大大减轻了一些土传病害（如茄黄萎病）、地下害虫和水稻病虫的为害。稻田适时排水晒田，有效地控制了稻瘿蚊、稻飞虱和纹枯病等病虫的发生。中国在水稻遗传多样性控制稻瘟病方面处于世界领先水平，并进行了大面积的应用推广，使稻瘟病菌源地生物多样性提高，病害流行强度降低，发生与防治面积均有所减少，为可持续利用和保护生物多样性、促进农业生态安全和促进粮食安全提供了成功范例。

在生物防治方面，合理用药是保护和利用天敌的一项关键措施，近年重视化学防治与保护利用天敌相结合，通过以虫治虫、以菌治虫、以菌治菌（病）、其他有益生物的应用和昆虫性信息素在害虫防治中的应用等多种途径，取得了生物防治作物病虫害良好的效果。例如，近年来，在玉米螟生物防治中，还推广以卵寄生蜂（赤眼蜂）为媒介传播感染玉米螟的病毒，使初孵玉米螟幼虫罹病，诱导玉米螟种群罹发病毒病，达到控制目标害虫玉米螟危害的目的，该项目被称为“生物导弹”防治玉米螟技术。国内已成功地将苏云金杆菌的杀虫基因转入多种植物体内，培育成抗虫品种，如转基因的抗虫棉等。而作为生物农药领域中优势明显的一类品种，甘蓝夜蛾核型多角体病毒杀虫剂杀虫谱很广，对32种鳞翅目昆虫有很好的防治效果，其中对二化螟、稻纵卷叶螟、小菜蛾、棉铃虫、甜菜夜蛾、甘蓝夜蛾、烟青虫、尺蠖、黄地老虎和黏虫等危害比较大的虫害有很高的杀虫活性。利用昆虫病毒类农药防治害虫不仅可以起到微生物杀虫剂的短期防治作用，而且使用后可以使昆虫病毒长期存在于农林生态系统中，作为一类被引入的生态因子而起到调节害虫种群密度的作用。所以说病毒生物农药是专一、持效、不易产生抗性、安全的纯天然微生物杀虫剂，其发展前景十分广阔。另外，我国研制的井冈霉素是由吸水链霉菌井冈变种产生的水溶性抗生素，已经广泛应用于水稻纹枯病和麦类纹枯病的防治中。以应用胡瓜钝绥螨为主的“以螨治螨”生物防治技术，受到人们的广泛欢迎。新型生物杀虫剂短稳杆菌的推广应用，已经通过国家绿色食品生产资料认证。

在物理机械防治方面，频振式杀虫灯运用光、波、色、味四种诱杀方式杀灭害虫。近距离用光，远距离用波，加以黄色外壳和味，引诱害虫成虫扑灯，外配以频振高压电网触杀，可将成虫消灭在产卵以前，从而减少害虫基数、控制害虫危害作物。它对危害作物的多种害虫，如斜纹夜蛾、银纹夜蛾、烟青虫、稻飞虱、蝼蛄等都有较强的杀灭作用。此外，太阳能灭虫灯的杀虫效果也十分显著。利用有翅蚜虫、白粉虱、斑潜蝇等对黄色的趋性，可在田间采用黄色黏胶板或黄色水皿进行诱杀。在设施农业中利用适宜孔径的防虫网覆盖温室和塑料大棚，以人工构建的屏障，防止害虫侵害温室花卉和蔬菜，从而有效控制各类害虫，如蚜虫、跳甲、甜菜夜蛾、美洲斑潜蝇、斜纹夜蛾等的危害。我国要想在丘陵、山区、旱田、水田实现植保机械化，开发无人植保飞机是必然的市场发展趋势，发展无人机低空施药技术是解决农业劳动力不足的需要，也是发展专业化防治的需要，无人机低空施药技术前景看好。

在化学防治方面，针对化学防治存在的副作用，致力于选择农药的新品种，应用高效、低毒、低残留与环境友好的农药，例如新农药氯虫苯甲酰胺的上市，颠覆了“传统杀虫剂有毒”的概念；采用超低容量喷雾、熏烟法、涂抹法及注射技术和农药减量增效控害技术；研制了缓释剂、种衣剂、水分散粒剂、水悬浮微胶囊剂和高效农药助剂等新剂型，为作物病虫害防治提供了可靠的手段。四川省力推水稻带药移栽，可有效预防本田叶瘟，杀灭越冬代螟虫卵，并对水稻象甲以及本田一代螟虫、稻飞虱有较好的控制作用。农药使用标准中“防治指标”的推行以及“安全等待期”的严格执行，使得农药使用更科学、更合理，也有利于无公害、绿色农产品基地建设。值得注意的是，从2008年7月1日起，国家规定生产上市的农药产品一律不得使用商品名称，只能用通用名，农药“一药多名”现象成为了历史。一个更科学、更合理、更有效、更安全的化学防治新时期已经出现。

在广大科技人员和群众的共同努力下，过去发生严重的不少病虫已基本得到了控制，如小麦黑穗病、吸浆虫、水稻螟虫、黏虫和飞蝗等。小麦蚜虫、红蜘蛛、白粉病、赤霉病，稻纵卷叶螟、稻飞虱、稻瘟病、水稻纹枯病、水稻白叶枯病，棉花红铃虫、棉蚜、棉叶螨和枯萎病，玉米螟、油菜菌核病，瓜菜霜霉病，苹果和柑橘叶螨等30多种重大病虫都得到了较好的防治和控制。目前，我国作物病、虫、草、鼠害防治已经从单一对象，到开始定向以整个农田为对象，并将它们纳入整个农田的生产管理体系中的有害生物的综合治理；更加重视防治病虫害必须顾及经济效益、社会效益和生态效益。随着农业的现代化发展，植物保护科学技术也发展很快，如飞机施药、激光治虫、辐射不育治虫和电子计算机在病虫测报上应用等已在植物保护领域中应用；近年来，随着现代信息技术的发展，遥感系统（RS）、全球卫星定位系统（GPS）和地理信息系统（GIS）已经成功地用于农业有害生物的监测和防控中。例如，应用RS监测害虫迁飞情况、应用GPS导航指导飞机精确喷洒农药和化肥、应用GIS绘制病虫害发生信息图等。虽然我国的植保工作取得了很大的成绩，但由于气候变暖、耕作制度的变动、品种的更换、不合理使用农药、施肥水平提高以及不良的耕作栽培技术和人类的活动等，都会直接或间接地影响农业生态系统的稳定，从而也就影响到病虫的消长和危害程度，过去的次要病虫上升为主要病虫，偶发性病虫上升为常发性病虫，过去没有发生的病虫，通过人为活动及运输而传入并扩散传播，这就给防治工作带来了很大的困难。所以，人们要正确认识与病虫害作斗争的长期性和艰巨性，在实践中只有不断加深对有害生物发生规律的认识，才能提出有效的防控对策，将病、虫、草、鼠发生的危害控制在经济允许水平之下，为农业优质、高产、高效、生态和安全服务。

必须指出，我国的植物保护方针是“预防为主，综合防治”，这是必须长期坚持的方针。但在生物灾害如此严峻的形势下，我们还必须创新植物保护观念，2006年4月在湖北省襄樊市召开的21世纪第一次全国植物保护工作会议，就提出了“公共植保”和“绿色植保”的新理念，即植保工作在性质上是公共的，在职能上是绿色的。

所谓“公共植保”就是把植物保护工作与农村公共卫生事业视为同等重要，是政府部门公共管理、公共服务的一项基本职能，必须采用行政法规进行管理或强制实施，把公益性的植物保护工作纳入依法管理的轨道上，努力建成以县级以上国家公共植保机构为主导、乡镇公共植保人员为纽带、多元化专业服务组织为基础的新型植保体系。强化“公共”性质（公共植保）和“公共”管理，开展“公共”服务，提供“公共”产品，着力服务“四大安全”，即农业生产安全、农产品质量安全、农业生态安全和农业贸易安全。例如，植物检疫和农药管理等植保工作本身就是执法行为，属于公共管理；许多农作物病虫具有迁飞性、流行性和暴发性，对其的监测和防控需要政府组织跨区域的统一监测和防控；如果病虫害和检疫性有害生物监测防控不到位，将危及国家粮食安全。

所谓“绿色植保”就是把植保工作作为人与自然和谐系统的重要组成部分，突出其对作物高产、优质、高效、生态、安全的保障和支撑作用，植保工作就是植物卫生事业，要采取生态治理、农业防治、生物控制、物理诱杀等综合防治措施，以确保农业可持续发展；要选用高效、低毒、低残留的农药，应用先进施药机械和科学施药技术，减轻残留、污染，避免人畜中毒和作物药害，以生产“绿色产品”；植保还要防范外来有害生物入侵和传播，以确保环境安全和生态安全。植保要着力服务资源节约型、环境友好型农业。当前，在食物中毒事件时有发生，安全农产品成为社会的强烈期盼的形势下，绿色植保为21世纪的植保工作指明了方向。例如，以昆虫性诱剂组装的绿色防控模式，在蔬菜上用性诱＋色板、性诱＋微生物农药等，节约成本75～225

元/（公顷·年），减少施药50%以上；在水稻上采用佳多频振杀虫灯+养鸭/养鱼等技术，在16个省、市、自治区应用。这些都为绿色植保提供了新经验和新途径，从而催生出绿色防控技术体系的集成创新。因此，绿色防控技术是综合防治技术的优化发展。与此同时，还催生出专业化统防统治的重大举措。绿色防控是专业化统防统治的技术支撑，专业化统防统治是绿色防控的组织保障。

三、作物病虫害防治的性质、内容和学习方法

作物病虫害防治是以病菌、昆虫、植物生理、遗传育种、气象、土壤、化学等有关学科为基础，研究作物病害、虫害、草害、鼠害的发生为害规律，并采用积极有效的措施进行预防和治理的课程，也即是一门研究如何减少或避免作物及其产品遭受灾害的应用科学，是植物生产类专业的必修课。

通过本课程的学习，要求掌握作物病虫害防治的基本概念和理论以及防治原理和各类作物病、虫、草、鼠害的发生规律，理解环境因素与有害生物发生为害的关系，掌握和实施重要农作物病、虫、草、鼠害的鉴别与诊断方法以及主要防治措施，控制有害生物的发生为害，促进现代农业向优质、高产、高效、生态和安全方面发展。

作物病虫害防治是一门既有理论又有极强实践性的课程，在学习方法上应注意：

① 学好相关课程，奠定扎实的理论功底。作物病虫害防治是一门综合性很强的应用科学，它以多种学科为基础。作物病虫害防治也是一个系统工程，作物病虫害防治技术不仅是一项应用技术，还涉及社会、经济、生态、资源和环境等多方面的基础。因此，学好相关课程，奠定扎实的理论功底，有助于学好作物病虫害防治。例如，开展病虫害预测预报，必须具有农业气象、高等数学和生物统计方面的知识；科学、合理地使用农药，必须具备化学特别是有机化学方面的知识；选用和推广抗病品种时，必须具备作物栽培、作物育种和遗传学等方面的知识。总之，必须学好相关的基础学科，这样才能为学习和应用作物病虫害防治打下牢固的理论基础。

② 在学习基础知识的单元时，掌握好一些基本概念、基本理论和基本方法。除对一些基本内容要彻底了解，并理解深透外，还应注意它与防控的关系。例如，掌握昆虫口器的类型对运用杀虫剂和生物农药的关系等。也就是说要注意基础知识和应用之间的关系。

③ 要善于运用比较分析的方法掌握学习的内容。如第四单元以后涉及病、虫、草、鼠种类达数百余种，学习时一一记住这些种类是不可能的，也无必要，衡量是否能掌握和理解课程的基本内容，重要的还是在于能否将学到的知识举一反三、灵活运用，提高分析问题和解决问题的能力。例如，各类作物上的害虫，在其生物学特性上有共性、也有个性，同一类别的几种害虫也存在着异同之点，害虫防治措施常是以害虫生物学特性作为依据的。因此，在学习时，可以通过重要的有代表性的害虫，进行比较分析，学会如何掌握害虫发生为害规律的特点，从中找出薄弱环节，作为制定防控措施的依据。比较分析的方法有助于加深理解和帮助记忆。

④ 本教材采用模块结构编写，包括通用模块、选用模块和实践性教学模块共三部分，在使用时，应灵活选择。通用模块是指导本课程学习的基本理论。选用模块编排了各种作物病、虫、草、鼠害发生为害的规律及其综合防治技术，有地域性和季节性的特点，必须因地、因时制宜。由于我国地域辽阔，南北作物有害生物种类差异很大，在使用本教材时，各院校可根据当地、当时实际有害生物的发生情况，在选用模块中进行灵活选择，对内容酌情增减。实践性教学模块则与职业技能鉴定紧密结合，是本课程的重要部分，作物病虫害防治是一门实践性很强的科学，它直接用于指导实践为生产服务，因此，学习本课程关键要做到多实践，深入实际、深入生产第一线，实践才能出真知，才能学以致用。为此，必须通过实验实训、生产实习等实践性教学环节的学习，在做中学、学中做，不断提高发现问题、解决问题的能力。积极参加作物病虫害防治的实践活动，不断提高防治作物有害生物的理论水平和操作技能。

⑤ 关注数字化植保工程建设。目前，信息化是当今世界经济和社会发展的大趋势，以多媒体和网络技术为核心的信息技术已成为拓展人类能力的创造性工具。数字化植保工程建设正在日新月异的发展，多媒体、数据库技术、计算机模拟模型、专家系统、决策支持系统、3S和网络

技术、物联网、大数据和云计算等现代信息技术，都已经在植保领域发挥了积极的作用。信息技术将更多地应用于作物病虫害防治中，为有害生物的动态变化超长期预测和有害生物的综合治理提供有利的工具，信息技术也为植物保护工作者提供了一个学习和信息交流的平台。例如，“中国植物保护网”已经上网的信息包括植物保护教学及研究机构介绍、新植保信息发布、植保会迅、书迅、植物保护站点导航、植保多媒体信息系统、病虫害发生危害的预测预报模型、专家系统以及防治决策支持系统等。共享是信息时代发展的大方向，为此，为了迎接世界信息技术迅猛发展的挑战，作为新世纪的大学生，应该与时俱进，通过信息技术认真学习现代植保知识和技能，为作物病虫害防治提供更科学、更直观、更准确的参考依据。

通用模块

昆虫基本知识

学习目标

1. 掌握昆虫的基本外部形态特征。
2. 掌握昆虫的繁殖、发育和生活习性。
3. 了解外界环境对昆虫发生的影响。

识别常见的农业害虫和天敌。

第一节 昆虫的外部形态

昆虫外部特征是识别昆虫和昆虫分类的基本依据，主要包括身体分节情况、常见附器、各附器构造与类型及体壁的基本特征等，其中主要为触角、口器、足、翅的构造与类型。而了解和掌握各附器的功能及其与防治的关系，有助于在实际防治中达到理想的效果。

自然界中，动物种类繁多，已知的约有 250 万种。而昆虫是动物界中种类最大的一个类群，隶属于节肢动物门昆虫纲，已知的有 150 余万种。各种昆虫形态不一，食性不同，或是人类的天敌，或是人类的朋友，掌握昆虫基本特征，熟悉昆虫附肢类型，是识别昆虫的重要前提。

昆虫身体结构复杂，但各种昆虫之间也具有一定的相同或相似之处，昆虫纲成虫期的基本特征表现如下：

(1) 体躯分为头、胸、腹三部分。身体左右对称，具有含几丁质的外骨骼。

(2) 头部具有口器、一对触角、一对复眼，通常还具有三个单眼。

(3) 胸部具有三对足，一般还具有两对翅。

(4) 腹部分节，中、后胸和腹部 1～8 节具气门，腹末通常具有外生殖器和尾须（图 1-1）。

(5) 一生的发育过程中要经过变态。

总结昆虫纲成虫的共同特征为：“体分三段头胸腹，有翅能飞六只足。”

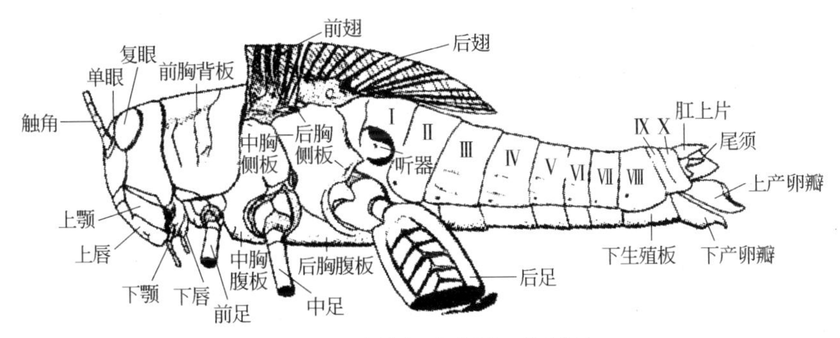

图 1-1　蝗虫体躯形态图（仿周尧）

大家一起来！采集蝗虫标本！

今天是一个晴朗的日子，同学们，让我们走出教室，来到旷野，寻找一片向阳的草地，捉几只成熟的蝗虫，请仔细观察昆虫的外部构造，为它们拍几张照片，记录下它们的行动。不得不说的是，我们还得牺牲几只蝗虫，来解剖一下它的咀嚼式口器哦。来，做好准备吧！

工具或试剂：捕虫网、标本瓶、酒精、镊子、蜡盘、大头针、显微镜等。

人员准备：积极、主动、好奇又充满热情的你们。

天气：晴好，阳光充足。

场所：草坪或杂草丛生的荒地。

一、昆虫的头部及附器

昆虫头壳坚硬，一般呈半球形或椭圆形，由 6 个体节构成。在形成的过程中，由于体壁的内陷，头部表面形成了一些沟，将头壳分成许多小区，主要为头顶、额、唇基、颊和后头（图 1-2）。昆虫在长期取食过程中，由于与生活环境相适应，头部与身体纵轴之间形成了不同的夹角，我们称之为头式，主要有下口式、前口式和后口式（图 1-3）。

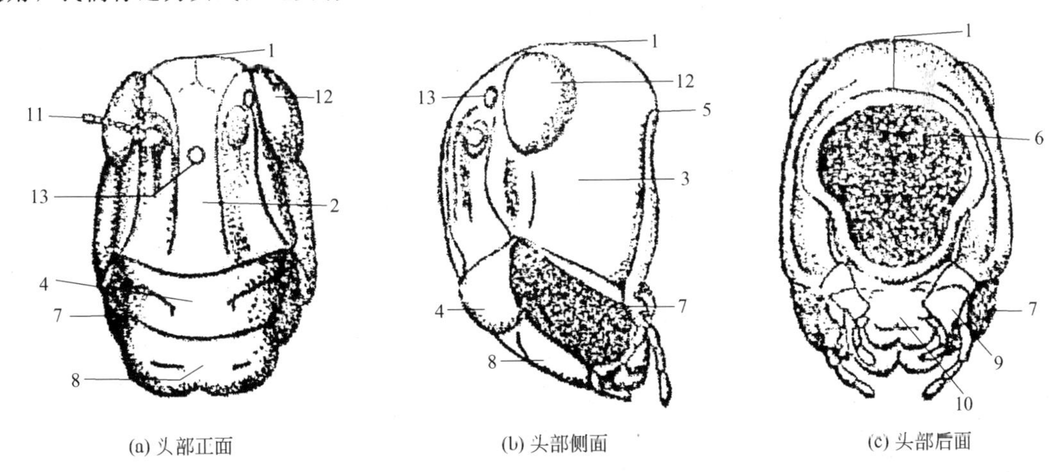

图 1-2　蝗虫头部的构造（仿周尧）

1—头顶；2—额；3—颊；4,7—上颚；5—后头；6—后头孔；8—上唇；9—下颚；10—下唇；11—触角；12—复眼；13—单眼

昆虫的头部通常着生着触角、单眼、复眼和口器，是感觉和取食的中心。

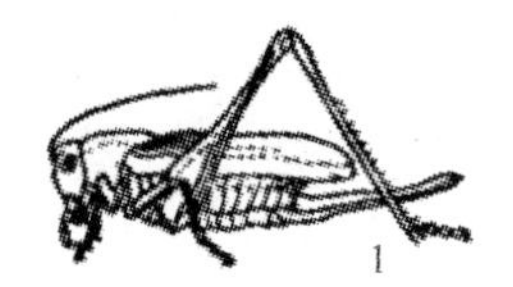

图 1-3　昆虫头式类型图

1—下口式；2—前口式；3—后口式

1. 触角

除少数种类外，多数昆虫都具有一对触角，着生在额的两侧。

(1) 功能　昆虫的触角具有嗅觉和触觉功能，在昆虫的觅食、求偶、避敌等方面起着重要的作用。仰泳蝽的触角还具有平衡身体的作用，雄芫菁的触角在交配时能抱握雌体，雄蚊触角的江氏器还可以听到雌蚊发出的声波。

(2) 基本结构和类型　昆虫的触角由柄节、梗节和鞭节三节构成，鞭节又分成许多亚节（图 1-4）。不同的昆虫触角形态变化很大，主要的类型有线状、球杆状或棒状、锤状、羽毛状、环毛状、膝状、具芒状、鳃片状、刚毛状、鞭状、念珠状、锯齿状或栉齿状等（图 1-5）。

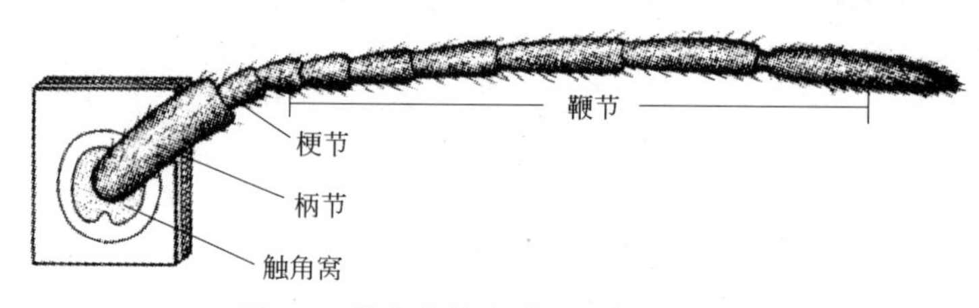

图 1-4　触角的构造图解（仿彩万志）

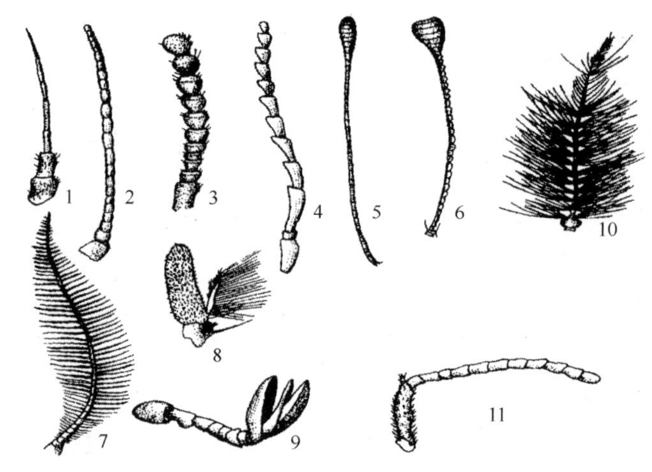

图 1-5　昆虫触角类型图

1—刚毛状；2—丝状；3—念珠状；4—锯齿状；5—球杆状；6—锤状；7—羽毛状；8—具芒状；9—鳃片状；10—环毛状；11—膝状

① 线状（或丝状）　触角细长，除基部 1～2 小节稍大外，其余各节大小和形状相似，如蟋蟀和螽斯。

② 球杆状（或棒状）　触角细长如杆，近端部数节逐渐膨大，如蝶类。

③ 锤状　类似球杆状，但端部数节骤然膨大，形状似外向型，如小蠹甲。

④ 羽毛状　鞭节各节向两边延伸出细小分枝，形似羽毛，如雄蚕蛾。

⑤ 环毛状　鞭节各节均生一圈细长毛，基部的毛较长、端部的较短，如雄蚊。

⑥ 膝状　柄节特长，梗节短小，柄节和鞭节之间弯曲成膝状，如蜜蜂、胡蜂。

⑦ 具芒状　触角短，鞭节仅一节，侧面生一根刚毛，称为触角芒，如蝇类。

⑧ 鳃片状　触角端部数节扩展成片，叠合在一起似鱼鳃状，可以开合，如金龟子。

⑨ 刚毛状　触角短，基部两节较粗，鞭节部分则细如刚毛，如蜻蜓。

⑩ 鞭状　其鞭节数目较多，每节较长，各节之间粗细相差不多，如一些天牛。

⑪ 念珠状　鞭节由近似圆珠形的小节组成，似一串珠子，如白蚁、吸浆虫。

⑫ 锯齿状　鞭节各节近似三角形，有一角向一边突出，形似锯齿，如叩头虫。

(3) 应用　利用昆虫触角灵敏的嗅觉功能，我们可以利用某些诱集物来引诱昆虫，进行测报和防治；昆虫触角的多样性，也是识别昆虫和区分雌雄的重要依据之一。

2. 复眼和单眼

昆虫一般具有1对复眼、3个单眼，也有的昆虫仅有1～2个单眼或者无单眼。复眼是重要的视觉器官，它们在昆虫的取食、避敌和求偶活动中起重要的作用。

复眼功能较强，可以分辨光的强度、波长和颜色，而且还能看到人类所不能看到的短光波，特别是对330～400nm的紫外光敏感。但单眼只能分辨光线的强弱和方向，而不能分辨物体和颜色。在生产中，可以采用灯光诱杀或色板诱杀的方式来防治昆虫。

3. 口器

口器是昆虫的取食器官。

(1) 类型　由于食性和取食方式的不同，昆虫口器构造发生了一定的特化，形成各种类型的口器，一般分为取食固体食物的咀嚼式口器和吸食液体食物的吸收式口器。吸收式口器又分为刺吸式口器、虹吸式口器（图1-6）、舐吸式口器、咀吸式口器和锉吸式口器等，其中刺吸式口器最常见。

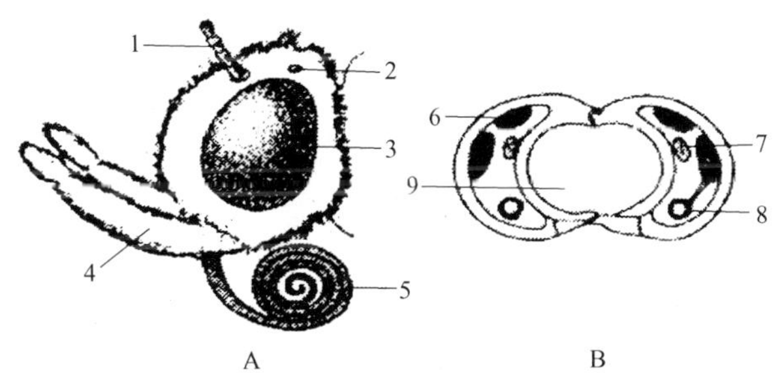

图1-6　蛾蝶的虹吸式口器（仿彩万志、Eidmann）

A—头部侧面观；B—喙的横切面

1—触角；2—单眼；3—复眼；4—下唇须；5—喙；6—肌肉；7—神经；8—气管；9—食物道

(2) 基本结构　咀嚼式口器由上唇、上颚、下颚、下唇及舌五部分构成（图1-7）。其他类型均由其特化而来。刺吸式口器的特点是下唇延长成喙，包被在上、下颚特化成的两对口针外面（图1-8）。两对口针能行使刺入寄主、排出唾液和吸收养分的功能。

(3) 为害与防治　咀嚼式口器昆虫取食固体食物，会在为害部位咬成缺刻、孔洞，啃食叶肉甚至吃光叶片，也有的潜食叶肉和钻蛀茎秆。防治咀嚼式口器的害虫，一般采用胃毒剂或毒饵诱杀，也可采用触杀剂。刺吸式口器吸食植物汁液，使植物受害部位形成斑点、卷曲、皱缩、萎蔫、畸形、虫瘿等，对于具有这类口器的害虫，一般采用内吸剂防治。兼具有胃毒、内吸和熏杀作用的药剂可防治各种口器的害虫。

二、昆虫的胸部及附器

胸部是昆虫运动的中心，分为前胸、中胸和后胸三个体节。每个胸节各有一对胸足，分别称为前、中、后足，中、后胸又称具翅胸节，各有一对翅，分别称为前翅和后翅。

1. 胸足

(1) 基本构造　分为基节、转节、腿节、胫节、跗节和前跗节（图1-9）。

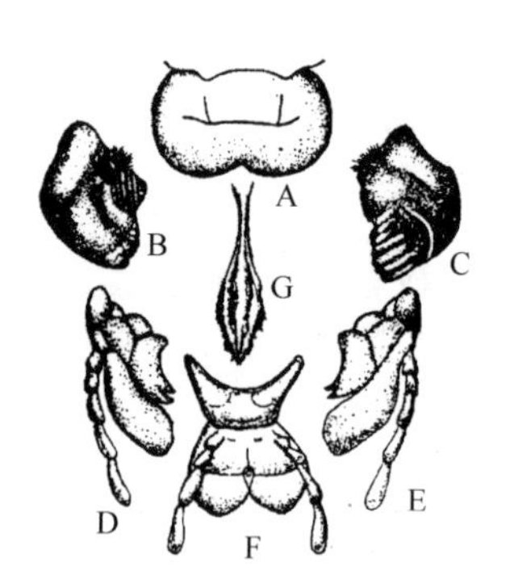

图 1-7 咀嚼式口器形态图
A—上唇；B,C—上颚；D,E—下颚；F—下唇；G—舌

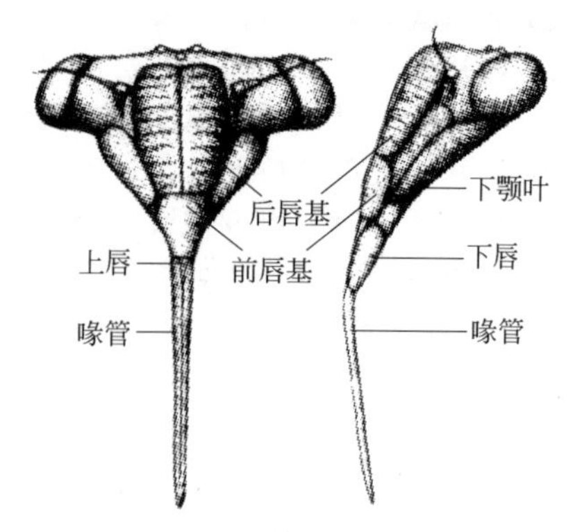

图 1-8 蝉的刺吸式口器构造图解（仿周尧）

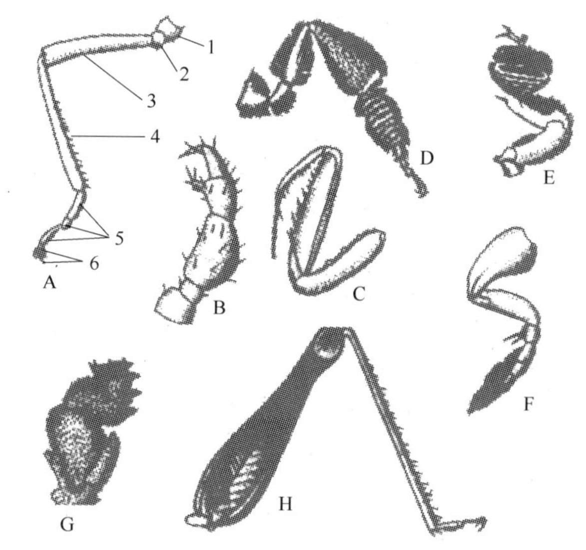

图 1-9 昆虫足的构造及基本类型
A—步行足；B—攀援足；C—捕捉足；D—携粉足；E—抱握足；
F—游泳足；G—开掘足；H—跳跃足
1—基节；2—转节；3—腿节；4—胫节；5—跗节；6—前跗节

（2）胸足类型 胸足的基本功能是行走，但由于生活环境和生活方式不同，因而在构造和功能上发生了相应的特化，形成各种类型的足，主要有步行足、跳跃足、捕捉足、开掘足、游泳足、抱握足、携粉足、攀援足等（图 1-9）。

① 步行足 外形细长，各节也没有发生显著的变化，最适于担负行走的功用，如瓢虫、步行虫、天牛等。

② 跳跃足 后足腿节膨大，内有发达的肌肉，可以控制胫节的屈伸，胫节细长，适于跳跃，如蝗虫、蟋蟀、蚤蝼、跳甲等昆虫的后足。

③ 捕捉足 基节延长，腿节腹面有槽，槽的外缘有两列刺，胫节的腹面有一列刺，胫节可以折嵌到腿节的槽中，如螳螂、猎蝽等捕食性昆虫的前足。

④ 开掘足 胫节宽扁有齿，适于在土壤中生活，可开掘隧道，如蝼蛄前足。

⑤ 携粉足 后足胫节特化得又宽又扁，上面有长毛相对环抱，专门用来携带花粉，被称作花粉篮。跗节也有了专门的用处，比一般昆虫的基节要大，内面有 10～12 排横列的硬毛，用来梳刮在身体上的花粉，如蜜蜂后足。

⑥ 游泳足　足又长又扁，胫节和跗节边缘生有较长的缘毛，适于划水，如龙虱的后足。

⑦ 抱握足　前足跗节特别膨大成球状，上面还有吸盘状的构造，交配时用以挟持雌虫，如雄性龙虱的前足。

⑧ 攀援足　跗节只有1节，最末一节为一大型钩状的爪，胫节肥大，外缘有一指状的突起。当爪向内弯曲时，尖端可与胫节端部的指状突起密接，构成钳状的构造，牢牢地夹住寄主，如生活在毛发上的虱类。

2. 翅

昆虫一般具有两对翅，少数昆虫只有一对翅，有的昆虫甚至无翅。正是因为有了翅的存在，昆虫扩大了自己的活动和取食范围，给了自己更广泛的生存空间，使昆虫的分布遍及高山、陆地、天空和江河湖泊。

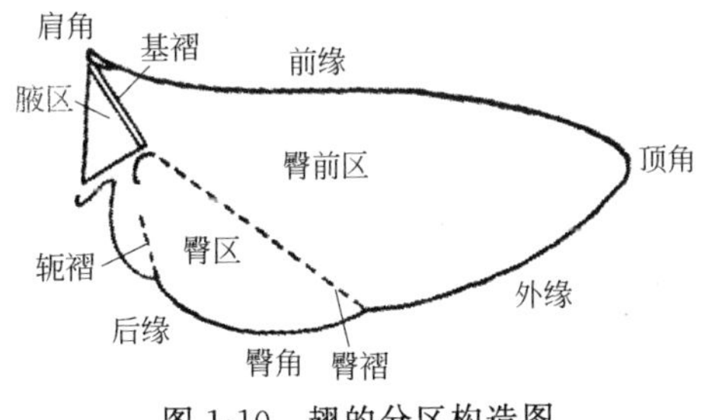

图1-10　翅的分区构造图

(1) 翅的结构　翅一般为三角形，具有三条边、三个角、三条褶和四个区，三边分别称为前缘、后缘（内缘）和外缘，三角分别称为肩角、顶角和臀角，三条褶分别称为基褶、臀褶和轭褶，四个区分别为腋区、臀前区、臀区和轭区（图1-10）。

翅由双层膜质表皮构成，中间为翅脉，翅脉为中空的气管，起着支架的作用，同时充气之后更有利于昆虫的飞翔。由基部延伸到边缘的翅脉称为纵脉，连接两个纵脉的短脉称为横脉（图1-11）。

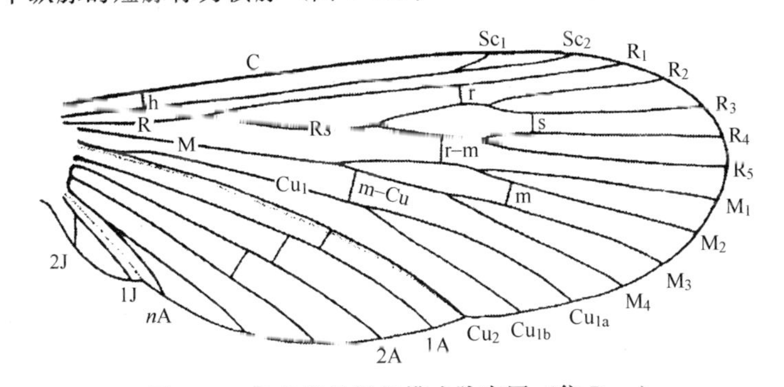

图1-11　昆虫翅的假想模式脉序图（仿Ross）

C—前缘脉；Sc—亚前缘脉；R—径脉；Rs—径分脉；M—中脉；Cu—肘脉；A—臀脉；J—轭脉；h—肩横脉；r—径横脉；s—分横脉；r-m—径中横脉；m—中横脉；m-cu—中肘横脉

在鳞翅目、同翅目和膜翅目昆虫飞翔过程中，昆虫的前后翅需要靠一些特殊构造连锁在一起，称为翅的连锁器，主要有翅缰、翅轭、翅钩等。

(2) 翅的类型　为了适应生活场所及功能的需要，翅按照形状、质地等可分为以下类型（图1-12）。

① 膜翅　翅膜质透明，翅脉明显，如蚜虫、蜂类等。

② 鳞翅　翅膜质，翅面上覆盖有一层鳞片，如蛾、蝶的翅。

③ 毛翅　翅膜质，翅面密生细毛，如石蛾的翅。

④ 缨翅　翅膜质，狭长，边缘着生很多细长的缨毛，如蓟马的翅。

⑤ 覆翅　翅质加厚成革质，半透明，仍然保留翅脉，兼有飞翔和保护的作用，覆盖在后翅上面，如蝗虫、蝼蛄、蟋蟀的前翅。

⑥ 鞘翅　翅角质坚硬，翅脉消失，仅有保护身体的作用，如金龟甲、叶甲、天牛等甲虫的前翅。

⑦ 半鞘翅　翅的基半部为革质、端半部为膜质，如蝽的前翅。

⑧ 平衡棒　后翅退化成棒状，飞翔时用以平衡身体，如蚊、蝇的后翅。

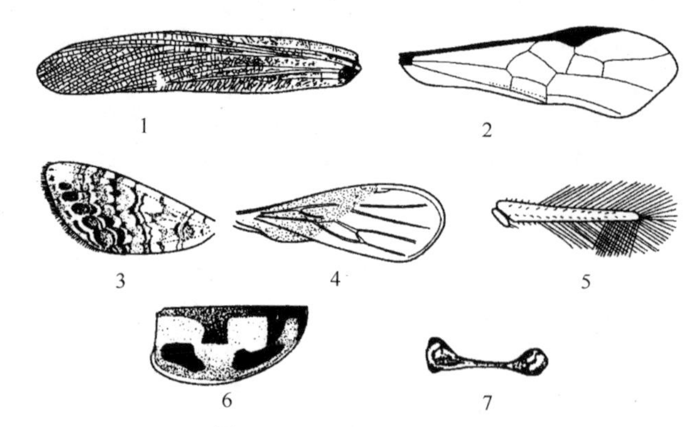

图 1-12 昆虫翅的类型图

1—覆翅；2—膜翅；3—鳞翅；4—半鞘翅；5—缨翅；6—鞘翅；7—平衡棒

三、昆虫的腹部及附器

1. 腹部的基本构造

腹部多为纺锤形、圆筒形、球形，扁平或细长，由背板、腹板和侧膜构成，各节间由节间膜相连，前后节可套叠，因而腹部具有很大的伸缩性。昆虫腹部的原始节数应为 12 节，但在现代昆虫的成虫中，除原尾目外，至多具 11 节，一般成虫腹节 10 节，较进化的类群节数有减少的趋势，第 1 腹节常趋向退化，后部几节缩入体内，如膜翅目的青蜂科只见到 3～5 个腹节。第 1～8 腹节两侧常具有一对气门，但第 8、9 腹节常保留有特化的外生殖器，某些低等昆虫腹末还有一对尾须，鳞翅目和膜翅目叶蜂类幼虫腹部还具有腹足。昆虫的腹部具有大部分内脏器官，因此，腹部是新陈代谢和生殖的中心。

2. 腹部的附器

外生殖器：雄性外生殖器称为交尾器，由阳具和一对钳状的抱握器组成，多位于第 9 腹节（图 1-13）。雌性外生殖器称为产卵器，一般位于第 8、9 节的腹面，由背产卵瓣、腹产卵瓣以及内产卵瓣构成（图 1-14）。

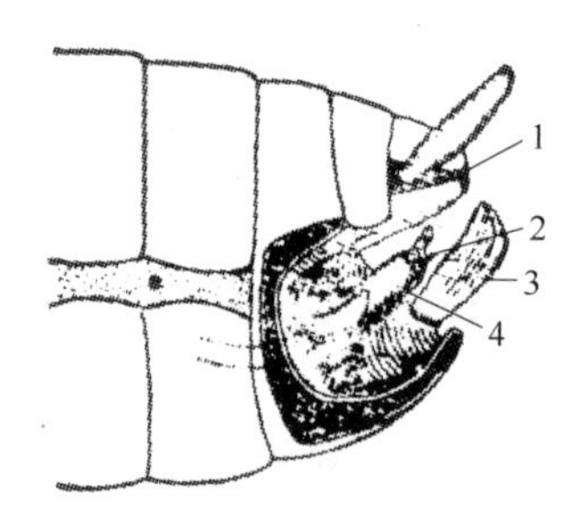

图 1-13 交尾器构造图

1—肛门；2—生殖孔；3—抱握器；4—阳茎

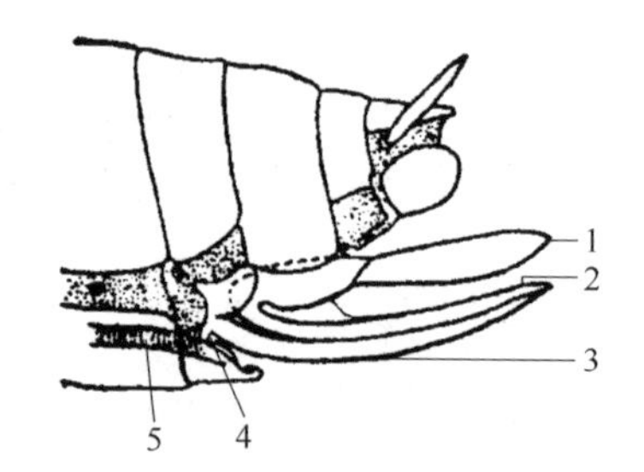

图 1-14 产卵器构造图

1—背产卵瓣；2—内产卵瓣；3—腹产卵瓣；4—生殖孔；5—中输卵管

由于产卵场所不同，产卵器的形状也多样化，有锯齿状、剑状、刀状、矛状等。某些蜂类的产卵器已经特化成螫针，用以自卫或麻醉猎物。产卵器的形状和构造是分类的重要依据之一。

四、昆虫的体壁

昆虫的体壁是骨化的皮肤，包在昆虫体躯外面，俗称为外骨骼。

1. 结构

体壁由三层构成，由内向外依次为底膜、皮细胞层和表皮层（图 1-15），具体结构如下：

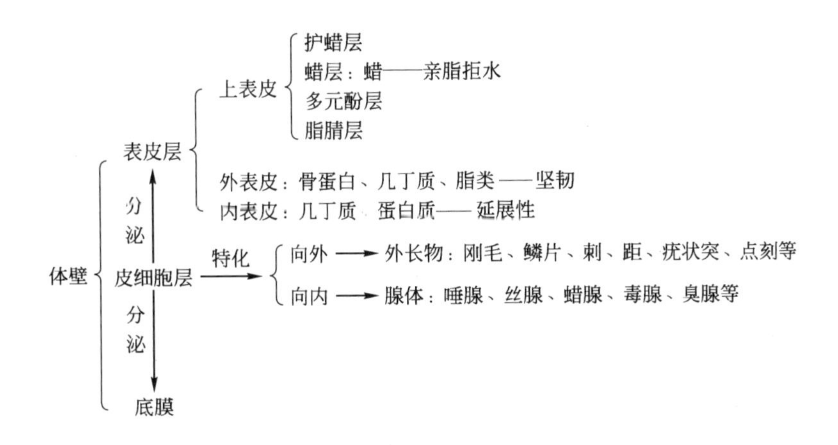

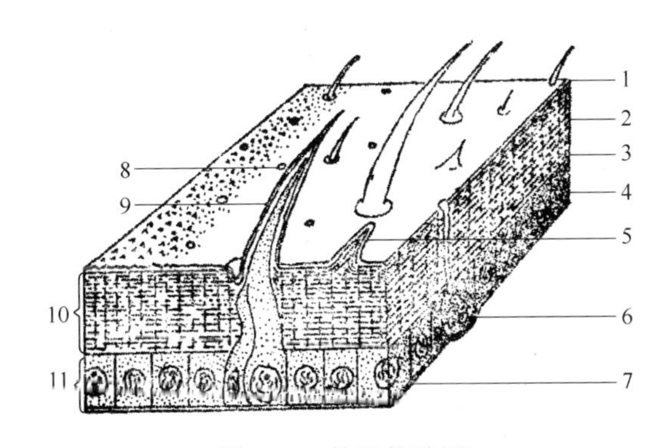

图 1-15　体壁构造图

1—上表皮；2—外表皮；3—内表皮；4—皮细胞；5—非细胞表皮突起；6—腺体细胞；7—底膜；8—皮细胞腺孔；9—刚毛；10—表皮层；11—皮细胞层

2. 功能

由于体壁是由表皮特化而来，因而其兼具了高等动物骨骼和皮肤的双重功能，主要为：支撑身体，着生肌肉，保护内部器官；防止体内水分过度蒸发以及微生物和其他有害物质的侵入；接受外界刺激，有的还具有分泌化合物、调节昆虫行为的功能。

皮细胞层为体壁中唯一的活细胞层，向内分泌形成底膜，隔开体壁和内部器官。向外分泌形成表皮层，表皮层分为内表皮、外表皮和上表皮。内表皮质地柔软，有延展性，主要成分是蛋白质和几丁质，外表皮质地坚硬，主要成分是骨蛋白、几丁质和脂类等，上表皮最薄，由内向外分别为脂腈层、多元酚层、蜡层和护蜡层，具有很强的亲脂拒水性。

皮细胞在发育过程中常发生一定的特化，向内形成各种腺体，如唾腺、丝腺、蜡腺、毒腺、臭腺等，向外形成各种外长物，有刚毛、鳞片、刺、距以及各种点刻和突起等。

3. 昆虫体壁构造与防治的关系

由于昆虫的体壁具有较强的亲脂拒水性，所以同类药剂中剂型为油剂的效果最好。

同一种昆虫幼龄期体壁较薄，外表皮还未完全形成，药剂容易渗入体内，所以早期用药可以有效地提高防治效果，如防治黏虫要求在幼虫三龄前施药。

在药剂中加入一些有机溶剂或矿物油，可以提高杀虫效果。

在粉剂中加入一些质地坚硬、多棱的惰性粉，如硅粉、蚌粉，可以有效地打破蜡层，破坏体壁的不透性，从而提高杀虫效果。

可采用高科技的电离辐射手段破坏蜡层，使昆虫脱水而亡，或使用灭幼脲类药剂，阻碍昆虫几丁质的合成过程，使不能产生新皮，导致幼虫蜕皮受阻而死。

第二节 昆虫的生殖、变态及习性

昆虫的生殖、发育、变态和生活习性统称为昆虫的生物学特性。每种昆虫在从卵至成虫的发育过程中，都会经历从外部形态到内部构造，甚至生活习性的改变，这种现象称为昆虫的变态。掌握昆虫的变态特点，识别幼虫和蛹的种类，可以更好地识别昆虫。昆虫种群在进化和繁衍过程中，也会在取食、生活、生殖等方面形成相近或相似的特点，我们称其为生活习性，掌握昆虫的生活习性便于人们更好地趋利避害，有效利用天敌，综合防治农业害虫。

一、昆虫的生殖方式

1. 两性生殖

两性生殖是通过雌雄两性交配，产下受精卵，再发育成新个体的生殖方式。两性生殖是昆虫最普遍的一种生殖方式。该生殖方式可以有效地利用杂交优势，保持种群不断进化。

2. 孤雌生殖

孤雌生殖是指雌虫未交配或卵未受精就直接产生新个体的生殖方式，又称为单性生殖。这类昆虫一般没有雄虫或雄虫数量极少，多见于某些粉虱、介壳虫、蓟马和一些社会型昆虫。

3. 多胚生殖

多胚生殖是指由一个卵发育成两个或多个胚胎的生殖方式，多见于内寄生蜂类。这种生殖方式可利用少量的生活物质在短期繁殖更多的后代。

4. 卵胎生

卵胎生是指卵在母体内孵化，直接产出幼虫或若虫的生殖方式，如蚜虫和一些蝇类。卵在母体内可以得到一定的保护，有效地提高了种群成活率。

除以上四种类型，有一些昆虫，如某些瘿蚊和摇蚊在幼体阶段就能繁殖后代，这种生殖方式称为幼体生殖方式。它们产下的不是卵而是幼体，所以可将其认为是卵胎生的一种特殊形式。多数昆虫只具有一种生殖方式，但有的昆虫兼有两种或两种以上的生殖方式。

除两性生殖外，其他的几种生殖方式均为特异生殖。这些特异性生殖是昆虫对环境的一种高度适应，使其在恶劣环境下保存后代，不断扩大种群数量和种群分布范围。而且昆虫都具有很强的繁殖力，如小地老虎每头雌虫一生可产卵800～1000粒，这种高产的特点对种群繁衍有重要的作用。了解害虫的生殖方式和繁殖能力，对于人们制定防治方案具有重要的意义。

二、昆虫的变态

昆虫的个体发育分为两个阶段，一个阶段为胚胎发育，指从卵产下到孵化为止的阶段；一个为胚后发育阶段，指从卵孵化后开始至成虫性成熟为止的阶段。

在胚后发育过程中，昆虫的外部形态和内部器官要经过一系列的变化，这种现象称为变态。由于对不同环境的适应，昆虫的变态也分成了不同的类型。

1. 不完全变态

昆虫的一生只经过卵、若虫、成虫三个时期。成虫期的特征随着幼期的生长发育逐步显现（若虫、稚虫）。直翅目、半翅目、同翅目的昆虫均为不完全变态（图1-16）。在昆虫分类上属于外生翅类。

在不完全变态昆虫中，有一类昆虫幼期营水生生活，翅在体外发育，其幼体在体型、取食器官、呼吸器官、运动器官及行为习性等方面均与成虫有明显的分化现象，因而其幼期又称为稚虫，这种现象特称为半变态，如蜻蜓。

2. 完全变态

昆虫的一生具有卵、幼虫、蛹、成虫四个时期，成虫和幼虫在形态和生活习性上完全不同。鳞翅目、膜翅目、鞘翅目的昆虫均属于完全变态（图1-17）。在昆虫分类上属于内生翅类。

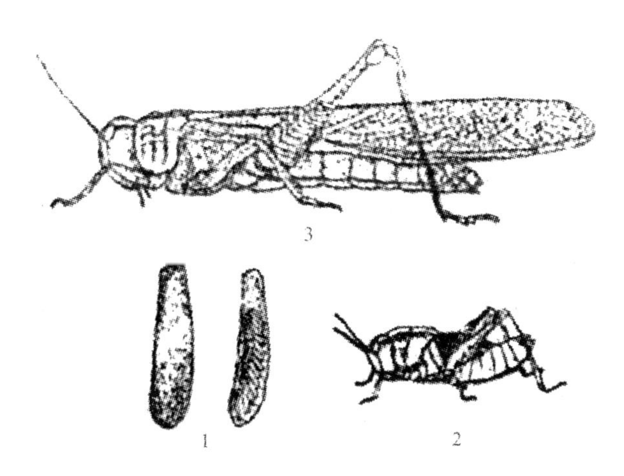

图 1-16 昆虫（东亚飞蝗）的不完全变态（仿李清西、钱学聪）
1—卵囊及其剖面；2—若虫；3—成虫

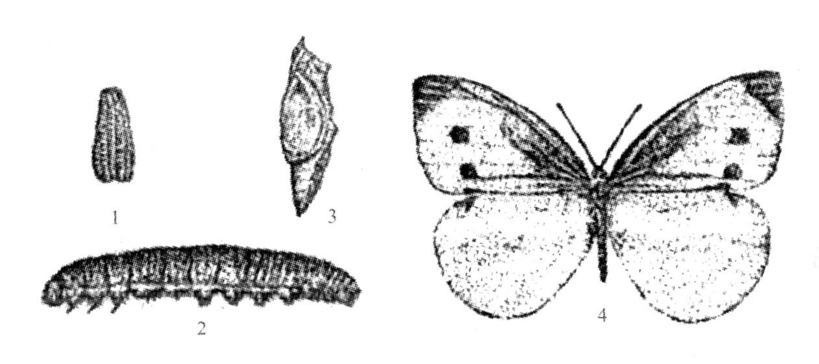

图 1-17 昆虫（菜粉蝶）的完全变态（仿管致和等）
1—卵；2—幼虫；3—蛹；4—成虫

有些完全变态昆虫，幼虫的不同时期在生活环境和生活习性上有所不同，因而幼虫期外部形态上也随生活环境和生活习性的改变发生很大的变化，如芫菁，这种变态类型特称为复变态。

三、昆虫个体发育及各阶段的特点

1. 卵期

卵期即胚胎发育时期，是从卵产下到孵化为止的一段时期。

(1) 卵的结构及形态　不同的昆虫卵的形态也是千差万别，常见的卵有肾形、球形、椭圆形、鼓形、半圆形等（图 1-18），通常为 1～2mm，卵的表面有的光滑，有的具有各种各样的饰纹，这是识别昆虫的重要依据之一。卵的外面是一层坚硬的卵壳。卵的顶部具有一个小孔，称为受精孔或卵孔。

(2) 产卵方式　为了适应生活环境，形成了不同的产卵方式，主要有单产，如菜粉蝶；块产，如玉米螟；产卵场所也千差万别，有的产在土块内或植物组织内，称为隐产，如蝗虫；有的产在植物表面，称为裸产，如二化螟。有些昆虫产卵后，还会在卵块上覆上体毛，以保护卵块免受外物侵袭，如多数毒蛾。

(3) 与防治的关系　卵具有高度的拒脂拒水性，所以一般不提倡在卵期使用化学药剂防治，了解卵的形状、产卵场所和产卵方式，对于识别、调查以及防治害虫具有重要意义。人们可以结合农事操作，采用摘除卵块的方法，有效地降低种群数量。

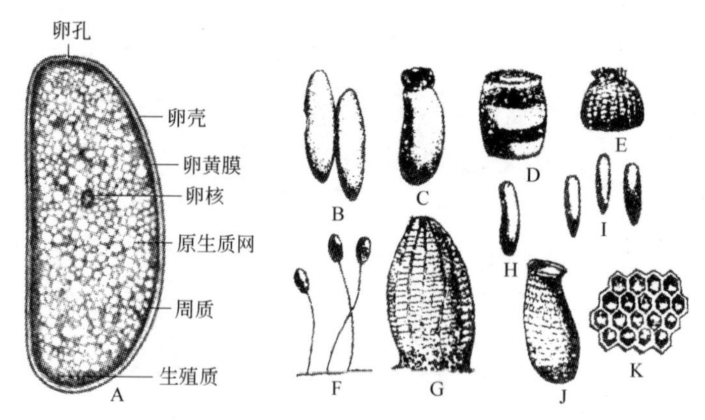

图 1-18　昆虫卵的结构及类型图

A—卵的结构；B—长椭圆形；C—袋形；D—鼓桶形；E—鱼篓形；F—有柄形；G—瓶形；H—黄瓜形；I—子弹形；J—茄形；K—卵壳的一部分（刻纹）

2. 幼虫期或若虫期

幼虫或若虫破壳而出的过程称为孵化。从孵化至出现成虫特征（蛹或成虫）之前的整个发育阶段称为幼虫期或若虫期。幼虫是昆虫取食和为害的关键时期，也是开展药剂防治的关键时期，一般幼龄期体壁薄，取食量小，而且多具有群集习性，随着虫龄增长，取食量增大，会造成严重的损失，同时抗性增强，所以低龄阶段是防治害虫的有利时机。

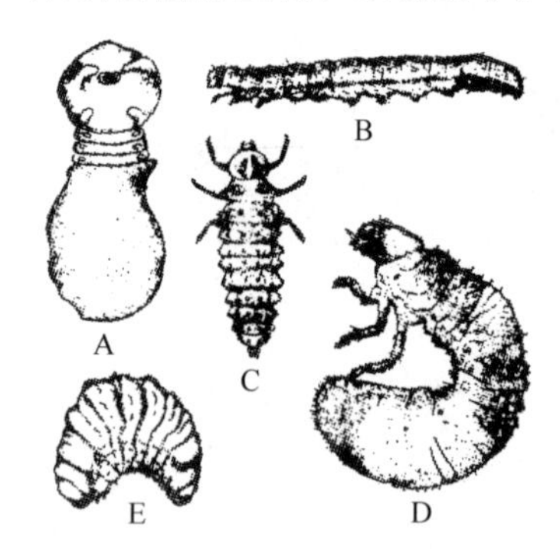

图 1-19　完全变态幼虫类型

A—原足型；B—多足型；C,D—寡足型；E—无足型

幼虫生长到一定阶段，由于受到体壁限制，必须脱去旧表皮，才能继续生长，这种现象称为蜕皮。蜕下的旧皮称为蜕。孵化后为一龄，每蜕一次皮增长一龄，幼虫相邻两次蜕皮之间的时间为龄期。

完全变态的昆虫外形上有着一定的区别，根据足的多少可以归纳为以下几种类型（图 1-19）。

（1）原足型　只有少数体节，腹部尚未分节，胸足和附肢只是简单的突起，如卵寄生蜂类的早期幼虫。

（2）多足型　具 3 对胸足和几对腹足，鳞翅目一般有 2～5 对腹足，叶蜂类一般为 6～8 对。

（3）寡足型　幼虫只有 3 对发达的胸足，没有腹足，如瓢甲、步甲、叶甲、金龟甲等多数鞘翅目及脉翅目的幼虫。

（4）无足型　幼虫完全无足，如蚊、蝇类及象甲幼虫。

3. 蛹期

蛹期是完全变态类昆虫由幼虫转变为成虫过程中的一个过渡虫态。末龄幼虫蜕去最后的表皮称为化蛹。蛹期外表看来不食不动，实际体内却进行着剧烈的新陈代谢活动，分解旧器官、生成新器官。

由于蛹期不活动，容易遭受敌害的侵袭，为了有效地适应环境，保护自己，很多昆虫在化蛹前都会选择适宜的化蛹场所，如土中、树皮裂缝、植物组织内、卷叶内等，有的吐丝做茧保护自己。所以，了解蛹期的生物学特性，可以人为破坏其化蛹场所，如翻耕晒土，可以有效地捣毁蛹室，增加天敌取食或寄生的机会，同时使其曝晒致死。

完全变态昆虫的蛹按照附肢特点可以分为以下三类（图 1-20）。

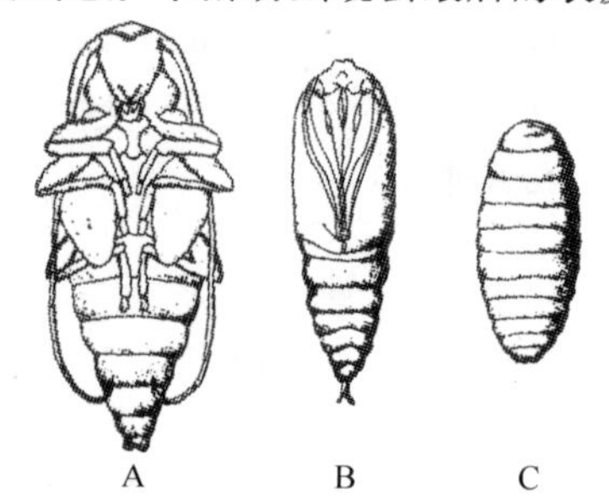

图 1-20　完全变态蛹的类型

A—离蛹；B—被蛹；C—围蛹

（1）离蛹　又称裸蛹，触角、足、翅等附肢与蛹体分离，可以活动，如草蛉、金龟甲等。

（2）被蛹　触角、足、翅等附肢紧紧地贴在蛹体上，不能自由活动，表面只能隐约见其形态，如蝶、蛾类。

（3）围蛹　蛹体被幼虫最后一次脱下的皮形成的桶形外壳所包围，蛹的本体是离蛹，如蝇、虻等。

4. 成虫期

不完全变态的若虫和完全变态的蛹，蜕去最后一次表皮变为成虫的过程，称为羽化。成虫期进行交配产卵，繁殖后代，因此，成虫期是昆虫的生殖时期。

（1）性成熟和补充营养　有些昆虫羽化后性细胞已经成熟，不需交配即可产卵，这类成虫寿命一般很短，对作物危害性小，如一些蝶、蛾类。但绝大多数昆虫羽化后，性器官还未发育成熟，需要继续取食，以完成性细胞的后熟过程，这种对成虫性成熟必不可少的营养物质称为补充营养。这类昆虫在成虫阶段仍会对作物造成很大危害，需要加强成虫期防治，如蝗虫、蟋象等。也有些成虫未取得补充营养也能产卵，但产卵量不高或孵化率降低。了解昆虫补充营养的特点，可为害虫预测预报和设置诱集器提供依据。

（2）交配和产卵　昆虫性成熟后即可进行交配和产卵。从羽化到第一次产卵所间隔的时间称为产卵前期。从第一次产卵到产卵终止的时期称为产卵期。产卵期各种昆虫从几天、十几天到几个月不等。交配和产卵的次数也各有不同，即使同一种昆虫也常不固定。人们在防治时，最好抓住产卵前期防治。不同的昆虫产卵数量有很大差异，如棉蚜的胎生雌蚜，一生可胎生若蚜 60 头左右；朝鲜球坚蚧产卵 1500～2000 粒；黏虫一般产卵 500～600 粒，当蜜源充足和生态条件适宜时，产卵量可高达 1800 多粒。

（3）性二型和多型现象　多数昆虫雌雄二性仅表现为外生殖器不同，但有些昆虫，雌雄二性昆虫除在第一性征（外生殖器）不同外，在体表、色泽以及生活行为等方面也存在一定差异，这种现象称为性二型，如介壳虫雌虫无翅，而雄虫有翅（图 1-21），小地老虎雌蛾触角为线状，而雄蛾一般为羽毛状。

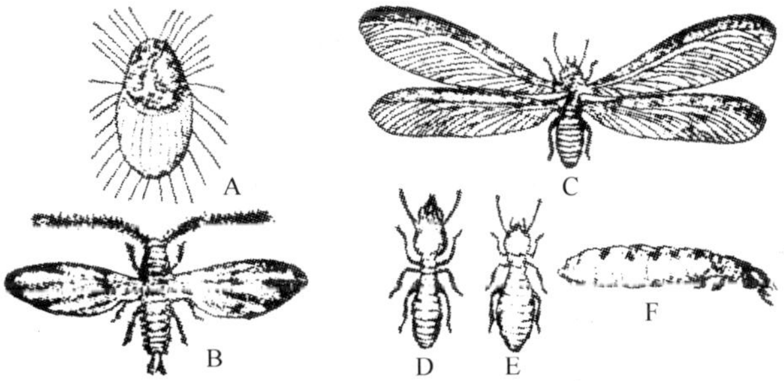

图 1-21　昆虫的性二型和多型现象

A,B—吹绵蚧的雌虫和雄虫；C,D,E,F—黑翅土白蚁的有翅成虫、兵蚁、工蚁和蚁后

同一种昆虫中，有时同一性别中也存在着两种或两种以上的类型，这种现象称为多型现象（图 1-21）。如稻飞虱的雌成虫有长翅型和短翅型两种；雌玉带凤蝶具有黄斑型与赤斑型两种。

了解性二型和多型现象，可以更好地识别昆虫，从而有效地利用天敌和防治害虫。

四、昆虫的世代和年生活史

1. 世代

昆虫自卵或幼体离开母体到成虫性成熟为止的个体发育史称为世代。不同的昆虫完成一个世代所需要的时间不同，以及一年内所发生的世代数也不同。有的昆虫一年发生一代，如大豆食心虫、天幕毛虫；有的一年发生多代，如菜粉蝶、黏虫等，蚜虫每年可发生几代甚至二十几代；有的多年发生一代，如华北蝼蛄、桑天牛等，十七年蝉甚至十七年才发生一代。

世代的长短和每年发生的代数，通常因昆虫种类和环境条件不同而异，如棉铃虫一年发生4～5代，棉蚜则一年能发生二十多代等。同种昆虫每年发生的代数也随分布地的有效发育总积温或海拔高度不同而异，黏虫在我国东北地区每年发生1～2代，华北地区每年发生3～4代，而在华南地区一年则可发生6～8代。但也有些昆虫发生的代数由遗传特点决定，如天幕毛虫、大豆食心虫，不管在南方还是北方，每年只发生一代。

一年发生多代的昆虫，由于成虫多次产卵，且产卵期较长，后代个体发育不整齐，在同一时期可以见到不同世代的昆虫，这种前后世代混合发生的现象称为世代重叠。

2. 年生活史

昆虫由当年越冬虫态开始活动起，至第二年越冬结束为止的发育过程，称为年生活史。年生活史包括了一年内昆虫发生的世代数，每世代或各虫态发生的时期和历期，昆虫越冬越夏虫态、越冬越夏场所及昆虫的发生活动规律等。有效地掌握昆虫的年生活史，就可以抓住昆虫的活动规律和薄弱环节，采取有效的措施防治害虫、利用益虫。

一年发生一代的昆虫，世代和生活史相同，一年发生多代的昆虫，年生活史包含了几个世代，多年发生一代的昆虫，需要多个年生活史才构成一个世代。

3. 停育

在昆虫生长发育过程中，常常发生暂时停止生长发育的现象，称为停育。停育通常发生于严冬和盛夏，所以又可称其为越冬或越夏。根据发生机制及恢复条件，可将停育分成休眠和滞育两种。

（1）休眠　由不良环境条件引起昆虫暂时停止生长发育的现象，主要是过低温、过高温和食物缺乏，有时湿度不当也可引起。当不良环境条件消除时，昆虫可以立即恢复生长发育。

（2）滞育　由不良环境条件和遗传稳定性共同支配引起昆虫暂时停止生长发育的现象。即使给予了合适的环境条件也不能马上开始生长发育，还需要一定的环境刺激，主要是低温。昆虫的滞育一般通过日照变化作为信号引起。最典型的是天幕毛虫，在5～7月产下的卵必须经过一定的低温阶段，到第二年春天才能孵化。

滞育分为专性滞育和兼性滞育。滞育的出现具有固定的世代和虫期称为专性滞育，如大豆食心虫、梨星毛虫等多数一年一代的昆虫。滞育的出现只有固定的虫态而无固定的世代，称为兼性滞育，如玉米螟。

了解昆虫的休眠和滞育发生的条件和本质，对预测昆虫的发生和危害时期、抓住防治适期和开展休眠期的防治，以及保存益虫有着重要的意义。

五、昆虫的主要习性及其在测报和防治中的应用

昆虫的习性即昆虫的行为，是昆虫生命活动的综合表现，是通过神经活动对刺激的反应，表现出适应其生活所需的各种行为，这是长期自然选择的结果，为种内所共有。了解昆虫的习性，可以掌握昆虫的弱点，进行有效的测报和防治，进而控制其的发生和为害。

1. 食性

（1）按照昆虫取食的对象，可以分为以下5种类型。

① 植食性　以植物为食料，包括绝大多数的农林害虫和少部分对人类有益的昆虫，如蝗虫、黏虫、玉米螟、家蚕等。

② 肉食性　主要以动物为食料，绝大多数为益虫，可作为生物防治的天敌。按取食的方式又可分为捕食性昆虫和寄生性昆虫。捕食性昆虫如草蛉、蜻蜓，寄生性昆虫如赤眼蜂、姬蜂和茧蜂等。

③ 腐食性　以死亡的动植物组织及其腐败物质为食，如埋葬甲。

④ 粪食性　专以动物的粪便为食，如蜣螂。

⑤ 杂食性　既以植物为食料，又以动物为食料，如胡蜂、芫菁等。

了解昆虫的食性，对指导害虫防治具有重要的意义，可以合理选择和有效利用益虫，并及时防治害虫。

（2）按照昆虫取食范围的宽窄，可以分为以下 3 种类型。

① 单食性　只取食一种植物或动物的昆虫，如三化螟、澳洲瓢虫等。

② 寡食性　能取食同属、同科和近缘科的动植物，如二化螟、菜粉蝶等。

③ 多食性　能取食多科、属的植物。如黏虫、棉铃虫、小地老虎、蝼蛄等。

了解昆虫取食的专化性，可以实行合理的轮作倒茬及作物布局，并及时中耕除草，去除野生寄主，减少害虫的发生数量。

2. 趋性

趋性是昆虫对外界刺激所产生的一种定向反应。趋向刺激称为正趋性，逃避刺激称为负趋性。按照刺激物的性质，可将趋性分为以下 3 种类型。

（1）趋光性　趋光性是昆虫对光源的一种趋性反应，多数蛾类、蝼蛄等一般表现为正趋光性，而蜚蠊、米象等在黑暗环境中生存的昆虫则表现为负趋光性，即背光性。对于有趋光性的昆虫，可以进行灯光诱杀。此外，各种昆虫对光的强弱和光波长短的反应不同。一般讲，短光波对昆虫的诱集力强，如二化螟对于 330（紫外光）～400nm（紫外光）的趋性最强，因此，可以利用黑光灯来诱杀害虫。

（2）趋化性　趋化性是昆虫对于某些化学物质表现出的反应。趋化性也有正负之分。昆虫通过这种行为可获得食物、配偶或找到产卵地点，以繁衍后代，如菜粉蝶可在十字花科蔬菜上产卵，是由于该科蔬菜中糖苷化合物发出的芥子油气味的吸引。在防治上，可用糖、酒、醋等的混合液诱集地老虎、黏虫等害虫；利用杨柳新鲜枝把诱集棉铃虫、黏虫等。

（3）趋温性　当环境温度变化时，昆虫趋向适于它生活的温度的行为，称为趋温性，如地下害虫、金龟子、蝼蛄对土温的高低反应敏锐，在一年内的生活规律是：当冬季表土温度降低时，就向土壤深处迁移休眠越冬，到春天表土温度上升适宜时，又从土层深处迁移到土表危害作物根部。因此，研究这些害虫对土温的动向，可预测害虫的危害期，及时加以防治。

除以上几种趋性外，还有趋湿性、趋触性、趋磁性、趋声性等。

3. 假死性

假死性是昆虫对外部刺激的一种应激性反应，是昆虫自身的一种条件反射，表现为一些昆虫受到突然的接触或震动时，全身呈现反射性的抑制状态，身体卷曲，或从植株上坠落地面，产生麻痹昏厥状态，片刻后又爬行或起飞。对有假死性的害虫，可以采用振落捕杀的办法，如金龟子和叶甲的成虫、黏虫的幼虫等。

4. 群集性

群集性是指同种昆虫的个体高密度地聚集在一起的现象，如蚜虫、粉虱、天幕毛虫幼龄幼虫。群集性可以分为临时性群集和永久性群集。临时性群集在某一虫态或某一段时间内群集在一起，当食物缺乏或一定条件下，又分散开，如瓢虫的群集越冬、高粱蚜的窝子蜜阶段。永久性群集则是终生群集生活在一起，永不分散。有些群体还可集体远距离迁飞，如飞蝗、蜜蜂、蚂蚁等。群集是由于受到了种群内群集外激素的控制，如蝗虫的蝗呱吩。

昆虫的群集，为人们集中消灭害虫提供了方便条件。

5. 迁飞扩散性

迁飞指某些昆虫成群地从一个发生地远距离地迁飞到另一发生地的习性，如黏虫、小地老虎、稻褐飞虱等。这类昆虫的交配和产卵通常在迁飞过程中和迁入地完成，有效地扩大了种群的地理分布范围，也为防治带来了很大的困难。所以，对于有迁飞习性的昆虫需要做好迁入和迁出地联防，并了解迁飞时期及迁飞特性，以便准确测报和防治。

扩散指具有群集习性的昆虫在环境不适或食料不足时，发生扩散转移，如蚜虫。这类昆虫，最好在其扩散之前进行集中防治。

大家一起来！淘一淘！

在本节学习中，我们知道了，昆虫世界中存在着许许多多令人惊叹的事件，如变态。更惊奇的是昆虫世界中的性二型和多型现象！同一种昆虫种群内，常有形态和颜色的变化，这是昆虫对环境适应性或种类特性的表现形式之一。多型现象既可以体现为外形的差异，也可以表现为生存形态上的不同，如营群体生活的蜜蜂，有蜂王、雄蜂和工蜂三种不同的个体，白蚁世界中有蚁王、蚁后、工蚁和兵蚁。社会型昆虫的分型是由昆虫外激素控制的。随季节变化出现的分型分为季节型，如蝶、蛾的夏型和秋型；由于地理不同而出现的分型称为地理型。今天，让我们上网络世界搜索一些性二型和多型现象的图片，在我们的学习园地内展示一下，要求每人每类至少一幅，彩色打印。

所需条件：

(1) 联网计算机、彩色打印机、打印纸。

(2) 常用网址（可用百度 www. baidu. com 直接搜索）

中国昆虫网

中国园林网

中国风景园林网

园林花卉网

第三节 农业昆虫主要目、科的识别

农业昆虫主要目、科的识别涉及昆虫分类学，如果不先对昆虫进行科学的分类，就无法以科学的方式研究昆虫，从而影响到其他研究结果的客观性、可比性和重复性，甚至给人类的生产和生活带来一定的损失。因此，掌握昆虫分类具有重要的理论和现实意义。

一、昆虫分类及命名

昆虫分类学就是建立在亲缘关系的基础上运用对比分析与归纳的方法将昆虫进行分门别类的科学。由于自然界中昆虫种类特别多，有对人类有益的，也有有害的，有的则与人类没有直接关系，人们要防治农业害虫和利用这些益虫，首先是必须能识别它们。昆虫像其他生物一样也都是由低级到高级、由简单到复杂进化而来的，它们彼此之间存在着一定的亲缘关系，亲缘关系接近的，其形态特征也相似，对环境的要求、生活习性以及发生规律也越接近。

昆虫的分类阶元包括界、门、纲、目、科、属、种 7 个等级。有时为了更精细确切地区分，常添加各种中间阶元如亚级、总级或类、群、部、组、族等。种是分类的基本单位，很多相近的种集合为属，很多相近的属集合为科，依次向上归纳为更高级的阶元，每一阶元代表一个类群。

一种昆虫的分类地位就是动物界、节肢动物门、昆虫纲和纲以下分为目、科、属、种。以华北蝼蛄为例：

直翅目 Orthoptera

螽亚目 Ensifera

蝼蛄总科 Gryllotalpoidea

蝼蛄科 Gryllotalpidae

蝼蛄属 *Gryllotalpa*

华北蝼蛄 *Gryllotalpa unispina* Saussure

昆虫的每一个种都有一个科学的名称，即学名，是国际上通用的。学名是用拉丁文表示的，每一学名一般由两个拉丁词组成，第一个词为属名，第二个词为种名，最后是定名人姓氏。有时在种名后边还有一个亚种名。在书写上，属名和定名人的第一个字母必须大写，种名全部小写，种名和属名在印刷上排斜体。

学名举例：华北蝼蛄 *Gryllotalpa unispina* Saussure

属名 种名 定名人

由于对系统发育关系判别标准看法不一，加上认识论、方法论上的差异，近代生物系统学研究过程中，逐步形成了昆虫分类的进化系统学派、表形学派和支序系统学派等三个主要的学派。特别是分子系统学方法在对昆虫高级系统发育研究中的应用，研究结果已向依据形态特征推断的系统发育假设提出了挑战。昆虫纲的分目不同学者研究的结论不同，这里是根据翅的有无及其类型、变态的类型、口器的构造、触角的形状、跗节节数等进行分目。其中与农业生产、人类生活关系密切的主要有直翅目、半翅目、同翅目、缨翅目、鞘翅目、鳞翅目、膜翅目、双翅目、脉翅目等。另外，由于螨类常与害虫一起为害农作物，对蛛形纲蜱螨目也做一简单介绍。

二、农业昆虫主要目科

1. 直翅目 Orthoptera

(1) 形态特征　体中型至大型，体长小于5mm的仅为少数。口器咀嚼式，触角丝状或剑状，前胸发达，前翅为覆翅型，狭长，革质，常覆盖在后翅之上；后翅膜质，常作扇状折叠，翅脉多是直的。有的种类翅短或无翅。后足多发达，适于跳跃，或前足为开掘足。雌虫多具有发达的产卵器。腹部第10节有尾须一对。雄虫大多能发音，凡发音的种类都有听器。

(2) 生物学习性　不完全变态。多以卵越冬，1年1代或2代，也有2～3年1代者。栖息习性分为植栖类（多数种类，大部分时间在植物枝叶上）、洞栖类（洞穴中生活）和土栖类（大部分时间生活在土壤内隧道中），成虫多产卵于植物组织或土中。本目多为植食性，部分为肉食性或杂食性（如螽蟖科）的种类。

(3) 重要科简介

① 蝗科（Locustidae）　触角丝状或剑状且比身体短。前胸背板呈发达的马鞍形。后足为跳跃足，胫节具有两排刺，跗节3节。听器位于第1腹节两侧。产卵器粗短，锥状。植食性。卵产于土中。重要害虫种类有中华稻蝗 *Oxya chinensis*（Thunberg）（图1-22，1）。

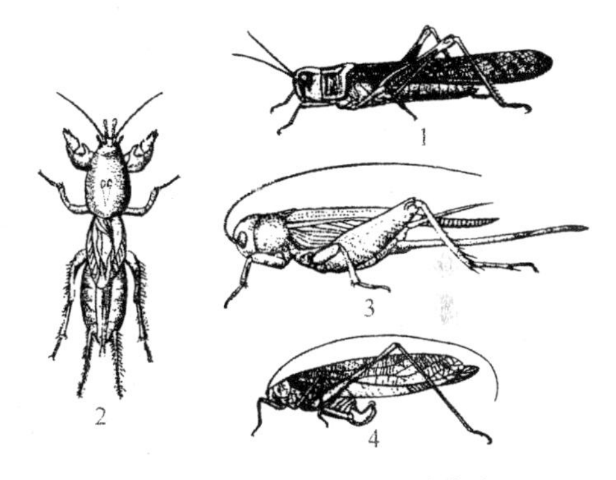

图1-22　直翅目主要科代表

1—蝗科；2—蝼蛄科；3—蟋蟀科；4—螽蟖科

② 蝼蛄科（Gryllotalpidae）　口器前口式，侧单眼2枚，触角丝状、较短。前胸背板卵形，前缘内凹。前翅短，后翅长，伸出腹末如尾状。前足为开掘足。雄性前翅具发音器。前足胫节具听器。产卵器不发达。多为植食性，为重要的地下害虫。土中为害根茎和穿行形成吊根，农谚云“不怕蝼蛄咬，就怕蝼蛄跑”。卵产于土室中。重要害虫种类有华北蝼蛄 *Gryllotalpa unispina* Saussure（图1-22，2）和东方蝼蛄 *G. orientalis* Burmeister等。

③ 蟋蟀科（Gryllidae）　体大小不等，触角线状比体长。产卵器细长，矛状。后足胫节背面两侧缘具短粗、光滑不能活动的距。夜出性昆虫，常发生于低洼或杂草丛中，喜取食植物近地面柔嫩部分，为害幼苗。重要害虫种类有油葫芦 *Gryllu testaceus* Walker（图1-22，3）和大蟋蟀 *Brachytrupes portentosus* Lichtenstein等。

④ 螽蟖科（Tettigoniidae）　体小型至大型，较粗壮。头常为下口式。触角较体长，着生于复眼间。雄性前翅具发音器。前足胫节背面具背距，后足胫节背面具端距。产卵器刀状或剑状。多产卵于植物枝条组织内或土中。代表种类有中华螽蟖 *Tettigonia chinensis* Willemse（图1-22，4）。

2. 半翅目 Hemiptera

（1）形态特征　半翅目在分类上学者意见不一。该目是农业昆虫中的一个重要类群，过去曾称这一类昆虫为椿象，现在一般称蝽，俗名臭板虫、放屁虫等。体小型至大型，体壁坚硬而身体略扁平。刺吸式口器，从头的前端发出。触角一般为4～5节。前胸背板发达，中胸有发达的小盾片。前翅基半部革质或角质，端半部膜质，为半鞘翅型，一般分为革区、爪区和膜区三部分，有的种类有楔区。很多种类胸部腹面常有可散发出恶臭的臭腺（图1-23）。

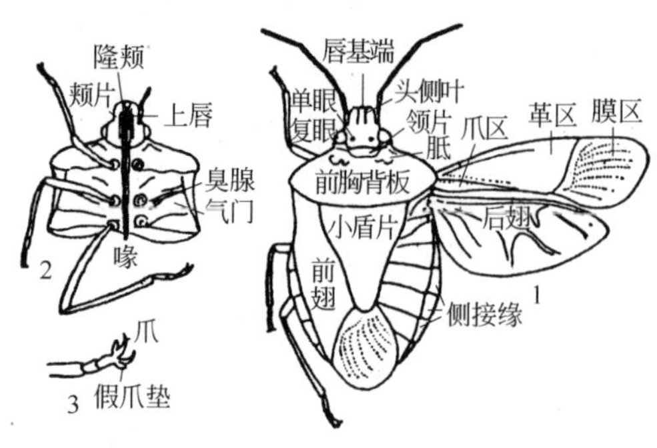

图 1-23　半翅目昆虫形态特征

1—蝽的背面观；2—头、胸腹面观；3—后足端部

（2）生物学习性　不完全变态。不少为植食性的重要害虫，刺吸植物茎叶或果实的汁液。部分种类为捕食性的天敌昆虫。卵的形状不等，多为鼓形或长卵形，散产或排列成行，产于物体表面或基质内部。栖居习性多样化，有陆生生活、水面生活、水生生活和潮间带生活等不同类型。

（3）重要科简介

① 蝽科（Pentatomidae）　体小型至大型，触角多为5节，一般2个单眼，中胸小盾片很发达，三角形，超过前翅爪区的长度。前翅分为革区、爪区、膜区三部分，膜片上具有多条纵脉，发自于基部的一根横脉。卵多为鼓形，产于植物表面。代表种类有为害水稻的稻绿蝽 *Nezara viridula* L.（图1-24，1）和为害麦类的斑须蝽 *Dolycoris baccarum*（L.）。

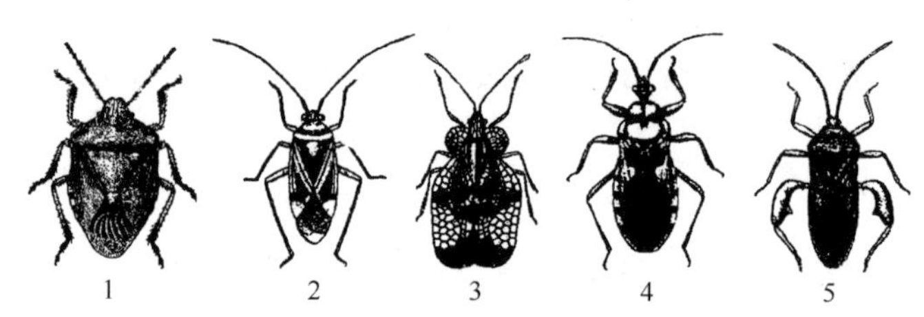

图 1-24　半翅目主要科

1—蝽科；2—盲蝽科；3—网蝽科；4—缘蝽科；5—猎蝽科

② 盲蝽科（Miridae）　体小型至中型。触角4节，无单眼。前翅分为革区、爪区、楔区和膜区四个部分，膜区基部有1～2个封闭的翅室，室外端角常具伸出的桩状短脉。卵长卵形，可产于植物组织内。重要害虫种类如绿盲蝽 *Lygocoris lucorum* Meyer（图1-24，2），捕食性种类如稻飞虱的天敌黑肩绿盔盲蝽 *Cyrtorrhinus lividipennis* Reuter。

③ 网蝽科（Tingidae）　小型、体扁。无单眼。触角4节，第3节最长，第4节膨大。前胸背板向后延伸盖住小盾片，两侧有叶状侧突。前胸背板及前翅均具有网状花纹。以成、若虫群集叶背刺吸汁液为主，主要害虫代表种类如梨网蝽 *Stephanitis nashi* Esaki et Takaya（图1-24，3）。

④ 缘蝽科（Coreidae）　体中型到大型，体较狭长，两侧缘略平行。黄色、褐色、黑褐色或鲜绿色。触角4节。中胸小盾片短于爪片。前翅分为革区、爪区和膜区三部分，膜片上的脉纹从一基横脉上分出多条分叉的纵脉。全为植食性。主要害虫代表种类如水稻害虫稻棘缘蝽 *Cletus punctiger* Dallas（图1-24，4）。

⑤ 猎蝽科（Reduviidae）　体小型至大型，触角4节或5节。喙坚硬，基部不紧贴于头下，而弯曲成弧形。前翅分为革区、爪区和膜区三部分，膜区基部有两个翅室，从其上发出2条纵脉。多为肉食性，捕食各种昆虫等小型动物，如圆腹猎蝽 *Agriosphodrus dohrni* Signoret（图1-24，5）等。

3. 同翅目 Homoptera

（1）形态特征　体小型至大型。触角刚毛状或丝状。口器刺吸式，从头的后方伸出，似出自前足基节之间。前翅革质或膜质，静止时平置于体背上呈屋脊状，有的种类无翅。多数种类有分泌蜡质或介壳状覆盖物的腺体。

（2）生物学习性 渐变态，仅粉虱及雄介壳虫属于过渐变态。两性生殖或孤雌生殖。全为植食性，是经济作物的重要害虫。它们对植物的为害，一是直接刺吸植物汁液，掠夺营养造成植物生长发育停滞或延迟，使植物组织老化早衰。取食时将唾液分泌到植物组织中，使叶片或果面出现斑点、缩叶、卷叶、虫瘿、肿瘤，造成畸形生长。二是有些种类有发达的产卵器，产卵时刺伤植物组织，有的还在枝条上形成环割，造成枯枝。三是分泌蜜露盖覆植物表面，影响植物呼吸和光合作用，并引起煤污病。四是传播植物病毒病，造成的损失远超其直接为害。

（3）重要科简介

① 蝉科（Cicadidae） 中型到大型。复眼发达，单眼3个。触角短，刚毛状。前足腿节膨大，下方有齿。前后翅膜质透明，脉纹粗。雄虫有发音器，位于腹部腹面。若虫土中生活，成虫刺吸汁液和产卵为害果树枝条，若虫吸食根部汁液。常见种类如为害果树的蚱蝉 *Cryptotympana atrata*（Fabr.）（图1-25，1）和蟪蛄 *Platypleura kaempferi*（Fabr.）等。

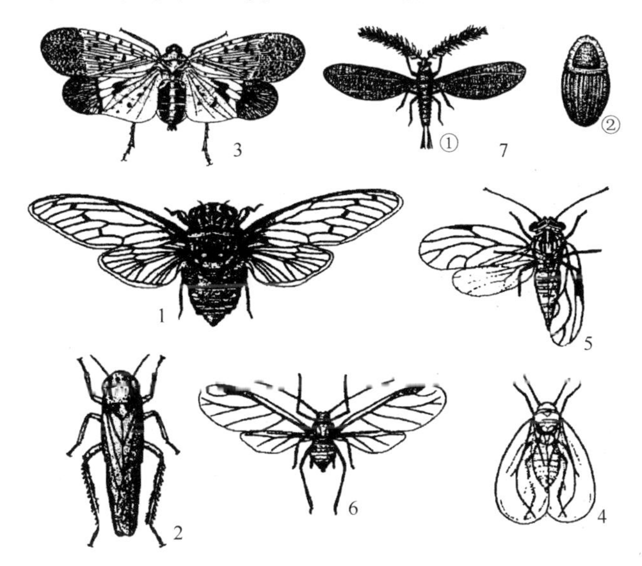

图1-25 同翅目重要科的代表

1—蝉科；2—叶蝉科；3—蜡蝉科；4—粉虱科；5—木虱科；6—蚜总科；7—蚧总科（①—雄成虫；②—雌成虫）

② 叶蝉科（Cicadeliidae） 小型，狭长。触角刚毛状，位于两复眼之间。单眼2个，着生于头部前缘与颜面交界线上。后足胫节下方有1～2列短刺。产卵器锯状，多产卵于植物组织内。害虫重要种类如为害多种农作物的大青叶蝉 *Cicadella viridis*（Linn.）和黑尾叶蝉 *Nephotettix cincticeps*（Uhler）等（图1-25，2）。

③ 飞虱科（Delphapcidae） 小型，善跳。触角短，锥状，位于两复眼下。后足胫节末端有一扁平大距。翅透明，有长翅型和短翅型。多为害禾本科作物，如水稻重要害虫褐飞虱 *Nilaparvata lugens* Stal 和白背飞虱 *Sogatella furcifera*（Horvath）。

④ 蜡蝉科（Fulgoridae） 中型至大型，体色美丽。额常向前延伸而多少呈象鼻状。触角基部两节明显膨大，鞭节刚毛状。前后翅发达，翅膜质，脉序呈网状。腹部通常大而扁。常见的害虫种类有斑衣蜡蝉 *Lycorma delicatula*（White）（图1-25，3）和龙眼鸡 *Fulgora candelaria* L. 等。

⑤ 粉虱科（Aleyrodidae） 小型，体翅均被蜡粉。单眼2个。触角线状，7节，第2节膨大。翅短圆，前翅有翅脉两条，前一条弯曲，后翅仅有一条直脉。若虫、成虫腹末背面有皿状孔，是本科最显著特征。过渐变态。成、若虫吸食植物汁液。常见害虫代表种类如温室白粉虱

Trialeurodes vaporaiorum (Westwood)（图 1-25，4）和黑刺粉虱 *Aleurocanthus spiniferus* Quaintance 等。

⑥ 木虱科（Psyllidae） 小型，善跳。单眼 3 个。触角较长，9～10 节，基部两节膨大，末端有 2 条不等长的刚毛。前翅质地较厚，在基部有 1 条由径脉、中脉和肘脉合并成的基脉，并由此发出若干分支。若虫常分泌蜡质盖在身体上。主要害虫如中国梨木虱 *Psylla chinensis* Yanget Li（图 1-25，5）和梧桐木虱 *Thysanogyna limbata* Enderlein 等。

⑦ 蚜总科（Aphidoidea） 体微小型，柔软。触角丝状，通常 6 节，末节中部突然变细，故又分为基部和鞭部两部分，第 3～6 节基部有圆形或椭圆形的感觉孔，它们的数目和分布是分种的重要依据。有具翅和无翅两大类个体，具翅型翅 2 对，膜质，前翅大，后翅小。前翅近前缘有一条由纵脉合并而成的粗脉，端部为翅痣，由此发出一条径分脉 Rs、2～3 支中脉 M、2 支肘脉 Cu；后翅有一条纵脉，分出径分脉、中脉、肘脉各一条。多数种类在腹部第 6 节背面生有一对管状突起称为腹管，腹管的大小、形状、刻纹等变异很大。腹部末端有一尾片，形状不一，均为分类的重要依据。

蚜虫的生活史极为复杂，行两性生殖与孤雌生殖，一般在春、夏季进行孤雌生殖，而在秋冬时进行两性生殖。一般蚜虫都具有在越夏寄主和越冬寄主之间迁移的习性，由于生活场所转换而产生季节迁移现象，从一种寄主迁往另一种寄主上。

本科昆虫为植食性，以成、若蚜刺吸植物汁液，引起植物发育不良，并能分泌蜜露引起滋生霉菌和传播病毒病。主要害虫种类如棉蚜 *Aphis gossypii* Glover（图 1-25，6）和麦二叉蚜 *Schizaphis graminum*（Rondani）等。

⑧ 蚧总科（Coccoidea） 本总科种类繁多，形态多样。雌雄异型，雌成虫无翅，虫体呈圆形、长形、球形、半球形等。体分节不明显，体壁富弹性或坚硬，虫体通常被介壳、蜡粉或蜡丝所覆盖，有的虫体固定在植物上不活动。口器位于前胸腹面，口针细长而卷曲，常超过身体的几倍。触角丝状、念珠状、膝状或退化。胸足有或退化。雄成虫口器退化，仅有膜质的前翅一对，翅上有翅脉 1～2 条，无复眼，触角 10 节（图 1-25，7）。

不完全变态或过渐变态。卵产于雌虫体下、介壳下或雌虫分泌的卵囊内。常见种类如红蜡蚧 *Ceroplastes rubens* Maskell 和白蜡虫 *Ericerus pela*（Chavannes）等。

4. 缨翅目 Thysanoptera

（1）形态特征 通称为蓟马。成虫体细长，体色有黄色、黄褐色、棕色和黑褐色。微小型，一般长 0.5～7.0mm。触角丝状或念珠状，6～9 节。口器锉吸式，左上颚发达，右上颚退化，使口锥不对称。前后翅狭长，膜质，翅脉稀少或消失，翅缘密生缨毛，故称缨翅目。足末端具泡状中垫，爪退化。雌虫产卵器锯状、柱状或无产卵器。

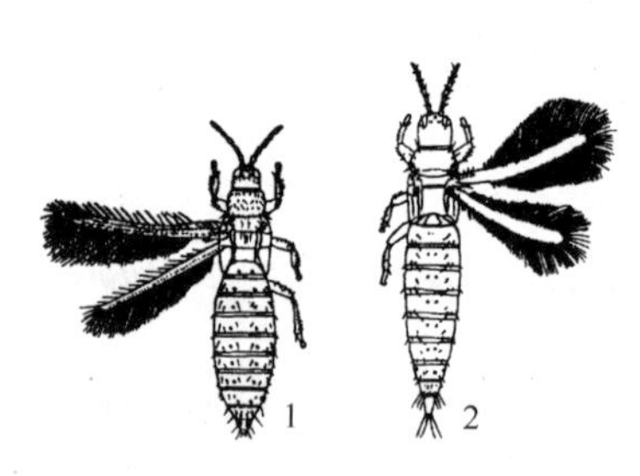

图 1-26 缨翅目重要科的代表
1—蓟马科；2—管蓟马科

（2）生物学习性 过渐变态，雄虫少，大多数种类进行孤雌生殖。多为植食性，少数为捕食性、菌食性和腐食性。

（3）重要科简介

① 蓟马科（Thripidae） 体扁，触角 6～8 节，末端两节形成端刺。翅狭而端部尖锐，前翅常有两条纵脉。雌虫腹末生有锯状产卵器，从侧面看其尖端向下弯曲（图 1-26，1）。农作物重要害虫如稻蓟马 *Stenchaetothriph biformis*（Bagnall）和烟蓟马 *Thrips tabaci* Lindeman 等。

② 管蓟马科（Phloeothripldae） 触角 7～8 节；腹末管状，并有长毛；翅表面光滑无毛，翅脉消失。腹部末端（第 10 腹节）呈圆管状，称尾管。雌虫腹末生无锯状产卵器。常见害虫种类如稻简管蓟马 *Haplothrips aculeatus*（Fabr.）（图 1-26，2）等。

5. 鞘翅目 Coleoptera

（1）形态特征 鞘翅目是农业上最重要的目之一。本目昆虫因前翅鞘质坚硬似武士所披的甲胄，故统称为甲虫，是昆虫中最大的一个目，已知有 35 万种以上。体坚硬，微小型至大型。口器咀嚼式，触角 10～11 节，形状变化大。前翅为鞘翅，盖住中后胸和腹部，中胸小盾片多外露。

后翅膜质，静止时折叠于前翅之下。跗节 4～5 节。

(2) 生物学习性　全变态。幼虫寡足型或无足型，口器咀嚼式。蛹多为裸蛹。多数种类为植食性，也有捕食性、寄生性和腐食性种类。有水生和陆生两大类群。

(3) 亚目及重要科简介

鞘翅目分为肉食亚目和多食亚目（图 1-27），肉食亚目的腹部第 1 节腹板被后足基节窝分开，多数为肉食性，常见的有步甲科和虎甲科。多食亚目的腹部第 1 节腹板不被后足基节窝分开，常见的科比较多。

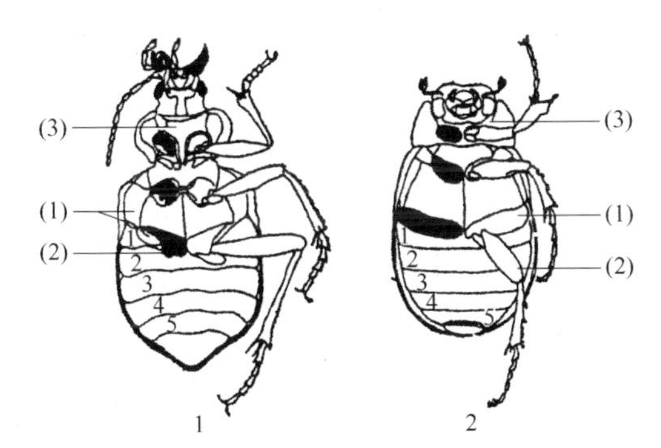

图 1-27　肉食亚目和多食亚目的特征
1—肉食亚目：(1) 后侧叶；(2) 基节窝；(3) 前胸腹板
2—多食亚目：(1) 基节；(2) 腿节；(3) 前胸背板

① 步甲科（Carabidae）　小型至大型，多为黑色或褐色。头前口式，较前胸窄。触角丝状，位于上颚基部与复眼之间。下颚无能动的齿。鞘翅表面具纵沟或刻点行。后翅常退化不能飞行，故称步甲。足跗节均为 5 节。成、幼虫捕食小型昆虫，常见种类如金星步甲 *Calosoma chinense* Kirby（图 1-28，1）。

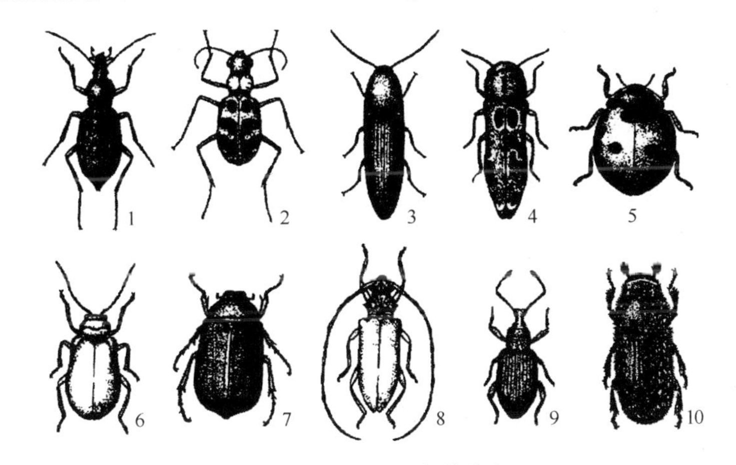

图 1-28　鞘翅目各科代表
1—步甲科；2—虎甲科；3—叩头甲科；4—吉丁甲科；5—瓢甲科；
6—叶甲科；7—金龟甲科；8—天牛科；9—象甲科；10—小蠹科

② 虎甲科（Cicindelidae）　中型，体型与步甲相似，具有鲜艳的色斑和金属光泽。头下口式，较前胸宽。复眼突出。触角丝状，11 节，生于两复眼之间。上颚大，锐齿状。下颚长，有一能动的齿。足跗节均为 5 节。鞘翅表面无纵沟或刻点行。成、幼虫捕食小型昆虫，常见种类如中华虎甲 *Cicindele chinensis* De Geer（图 1-28，2）。

③ 叩头甲科（Elateridae）　小型至中型，体狭长，两侧平行。触角锯齿状。前胸与中胸结合不紧密，能上下活动。前胸背板后侧角锐刺状，前胸腹板突长刺状延伸到中胸腹板的深凹窝内，可弹跳。跗节 5 节。幼虫统称为金针虫，体细长略扁，坚硬光滑，黄色或黄褐色，大多生活在土中为害农作物的地下部分，为重要的地下害虫。常见种类如沟金针虫 *Pleonomus canaliculatus* Faldemann（图 1-28，3）和细胸金针虫 *Agriotes fuscicollis* Miwa 等。

④ 吉丁甲科（Buprestoidae）　成虫与叩头甲体型相似，体壁常具有美丽的金属光泽。体长形，末端尖削。头下口式，嵌入前胸。触角锯齿状，11 节。前胸背板宽大于长，后胸腹板上有一条明显的横沟。跗节 5 节。幼虫体细长扁平，无足，前胸极其膨大，前胸背板一般有一“V”字形中沟，身体后部较细使虫体呈棒状。以幼虫钻蛀树木枝干或根部。常见种类如苹果吉丁虫 *Agrilus moli* Matsumura（图 1-28，4）。

⑤ 瓢甲科（Goccinellidae） 小型至中型，头小，触角锤状。头后部被前胸背板所覆盖。体背隆起呈半球形或半卵形，似瓢状。鞘翅上常有红、黄、黑色斑纹。足短，跗式4-4-4，为隐4节，第3节特别小，看起来似3节，又称拟3节，第2节双瓣状。幼虫体上常生有枝刺、毛瘤、毛突等。大多数为捕食性益虫，可捕食蚜虫、介壳虫、螨类等，常见种类如七星瓢虫 *Coccinella septempunctata* L.（图1-28，5）、龟纹瓢虫 *Propylaea japonica*（Thunberg）和异色瓢虫 *Leis axyridis* Pallas 等。少数为植食性害虫，如马铃薯瓢虫 *Hemosepilachna vigintiomaculata*（Motsch.）。

⑥ 叶甲科（Chrysomelidae） 体小型至中型，体色多鲜艳，具金属光泽，故称金花虫。触角锯齿状或丝状，常短于体长之半。复眼圆形。跗节隐5节，似为4节。幼虫体上常有毛丛或瘤状突起，第10腹节末端具1对刺突。成、幼虫均为植食性，多取食植物叶片。常见种类如黄守瓜 *Aulacophora femoralis*（Motsch.）（图1-28，6）和黄曲条跳甲 *Galerucella aenescens* Fairm 等。

⑦ 金龟甲科（Melolonthidae）体粗壮，长形或卵圆形。触角鳃叶状，末端3～4节侧向膨大。跗节5节。前足开掘式，胫节膨大，变扁，外侧具齿。后足着生于身体中部，离中足近。腹部至少有1对气门外露。鞘翅短，腹部可见腹板5～6节。幼虫为蛴螬，体白色，圆筒形，胸足发达，腹部后端肥大，并向腹面弯曲呈“C”形。食性杂，多数为植食性，成虫取食植物的叶、花、果等部位，幼虫多土栖，也有腐食性和粪食性的种类。不少种类是取食农作物幼苗根茎部分的重要地下害虫，常见的如铜绿丽金龟 *Anomala corpulenta* Motschulsky（图1-28，7）和华北大黑鳃金龟 *Holotrichia oblita*（Faldermann）等。

⑧ 天牛科（Cerabycidae） 触角11～12节，常与体等长或超过身体，第2节特别短。复眼肾形，环绕在触角基部。跗式5-5-5。幼虫体肥胖，长圆柱形，头圆并缩入前胸，前胸粗大，腹部前六七节背、腹面常具步泡突，第9节具一对尾突。全为植食性，以幼虫钻蛀树干、树根或树枝为害为主，常见种类如星天牛 *Anoplophora chinensis*（Forster）和桑天牛 *Apriono germari* Hope（图1-28，8）等。

⑨ 象甲科（Curculionidae） 通称象鼻虫。头部的额和颊向前延伸成象鼻状的喙，末端着生有咀嚼式口器。触角多为膝状，末端3节膨大呈棒状。可见腹板5节，第1、第2腹板愈合。幼虫无足型，身体肥胖、柔软、弯曲。成虫和幼虫均为植食性，有食叶、蛀茎、蛀根及种子的种类，也有卷叶或潜叶的。常见种类如谷象 *Sitophilus granarius*（L.）（图1-28，9）、玉米象 *S. zeamais* Motschulsky 和稻象甲 *Echinocnemus squameus* Billberg 等。

⑩ 小蠹科（Scolytidae） 小型，椭圆形或长椭圆形，触角端部三四节呈锤状。前胸背板大，与鞘翅等宽，常长于体长的1/3。足短粗，胫节发达。幼虫白色，粗短，头部发达，无足。成虫和幼虫蛀食树皮和木质部，形成不规则的坑道。常见种类如为害柳树、榆树的脐腹小蠹 *Scolytus schevyrenwi* Semenov（图1-28，10）等。

6. 鳞翅目 Lepidoptera

（1）形态特征 鳞翅目包括各种蝶类和蛾类，是昆虫纲的第二个大目，已知有16万多种。体小型至大型，触角细长，丝状、栉齿状、羽毛状或球杆状等。口器虹吸式。翅膜质，翅面上覆盖有鳞片，故称为鳞翅。前翅上的鳞片组成一定的斑纹，分线和斑两类，线根据在翅面上的位置由基部向端部顺次称为基横线、内横线、中横线、外横线、亚缘线、缘线，斑按形状称为环状纹、肾状纹、楔状纹、剑状纹（图1-29），后翅常有新月纹。

（2）生物学习性 完全变态。幼虫为多足型，除3对胸足外，一般有腹足5对，但腹足的对数常有不同的变化。鳞翅目幼虫的腹足底面有钩状刺，称为趾钩，趾钩依长度不同分为单序、双序和三序，依排列形式分为中带、二横带、环状、缺环等（图1-30）。幼虫体上常有斑线和毛，纵线以所在位置称背中线、亚背线、气门上线、气门线、气门下线、基线、侧腹线和腹线（图1-31）。蛹为被蛹。成虫除少数种类外，一般不为害植物，但幼虫口器为咀嚼式，绝大多数为植食性，可取食植物的叶、花、芽，或钻蛀植物的茎、根、果实，或卷叶、潜叶为害。

（3）亚目及重要科简介 本目昆虫分为蝶亚目和蛾亚目，两亚目的主要区别是：蝶亚目昆虫白天活动，触角球杆状，休息时双翅竖立于体背，前后翅以翅抱型连接。蛾亚目昆虫夜间活动，

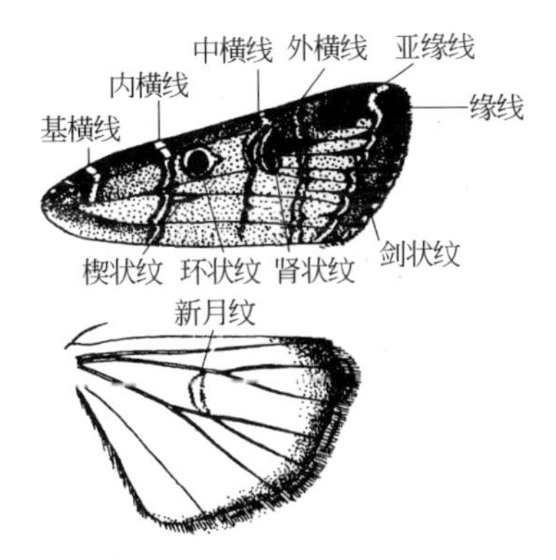

图 1-29　鳞翅目翅的斑纹（小地老虎）

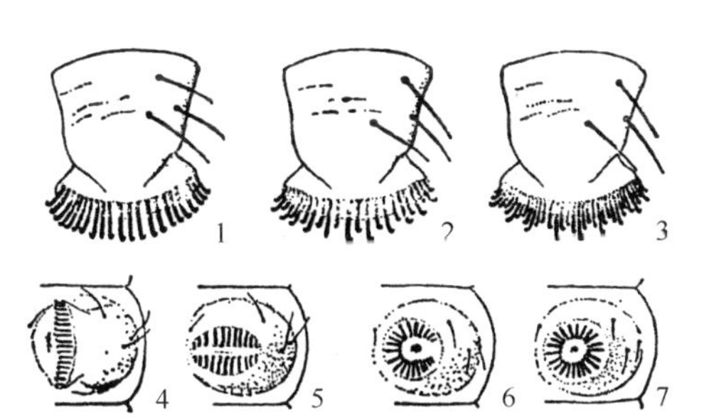

图 1-30　鳞翅目幼虫的趾钩

1—单序；2—双序；3—三序；4—中带；5—二横带；6—缺环；7—环状

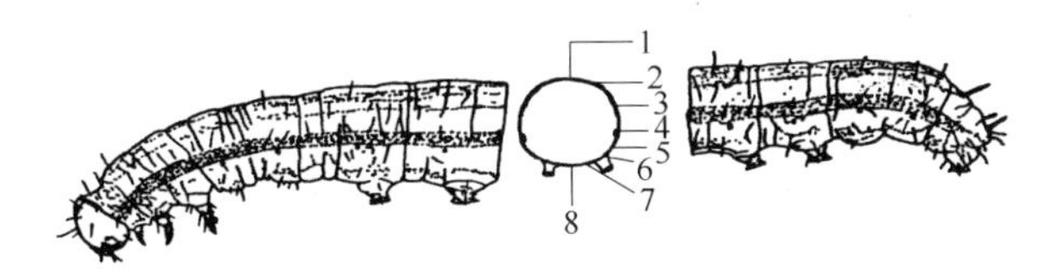

图 1-31　鳞翅目幼虫胴部的线纹

1—背线；2—亚背线；3—气门上线；4—气门线；5—气门下线；6—基线；7—腹侧线；8—腹线

触角多种多样，但非球杆状，休息时双翅多半覆于体背，前后翅以翅缰型或翅轭型连接。

① 木蠹蛾科（Cossidae）　中大型，体粗壮，喙退化，触角栉齿状或羽毛状。前后翅中脉主干在中室内有分叉。幼虫体粗壮肥胖，头部发达，多为红色、白色或黄色。幼虫蛀食林木枝干，常见种类如芳香木蠹蛾 *Cossus cossus* L.（图 1-32，1）等。

② 袋蛾科（Psychidae）　又称蓑蛾科、避债蛾科。中小型，雌雄异型，口器退化。雄虫触角双栉齿状，有翅，喙消失，翅缰异常大。雌虫无翅、蛆状，触角、口器和足极度退化，生活于幼虫所织的巢内。幼虫肥胖，胸足发达，腹足退化呈吸盘状，趾钩单序、缺环。幼虫食叶，并吐丝缀叶成袋状的囊，取食时头胸伸出袋外，并能负囊行走。常见种类如大袋蛾 *Clania variegata* Snellen（图 1-32，2）和小袋蛾 *C. minuscula* Butler 等。

③ 透翅蛾科（Aegeridae）　体较光滑，色彩鲜艳，常似蜂类。前翅较狭长，前后翅大部分透明，仅边缘及翅脉上有鳞片。腹末有一特殊的扇状鳞簇。幼虫体多白色，气门椭圆形，腹部第 8 节气门距背中线近。常见种类如葡萄透翅蛾 *Paranthrene regalis* Butler 和苹果透翅蛾 *Comopia hector* Butler（图 1-32，3）等。

④ 卷蛾科（Tortridae）　小型，前翅近长方形，休息时呈屋脊状覆于虫体之上。Cu_{1b}脉从中室末端 1/4 之前分出，后翅 M_1 不与 Rs 共柄。幼虫多为绿色，趾钩环状，双序或三序，极少单序。幼虫多卷叶为害，隐蔽生活。常见种类如梨小食心虫 *Grapholitha molesta*（Busck）（图 1-32，4）和大豆食心虫 *Leguminivora glycinivorella*（Matsumura）等。

⑤ 斑蛾科（Zygaenidae）翅阔，通常颜色鲜艳，多白天活动，有警戒色。有单眼和毛隆，喙发达。前翅中室长，内常有中脉主干，后翅 $Sc+R_1$ 与 Rs 愈合至中室末端之前或有　横脉与之相连。幼虫体粗短，头小，体有粗大毛瘤，上生稀疏长刚毛。腹足趾钩单序中带式。常见种类如梨星毛虫 *Illiberis pruni* Dyar（图 1-33，1）。

⑥ 刺蛾科（Eucleidae）　中型，体粗短密毛，多为黄褐或绿色，口器退化，雌性触角丝状，雄性双栉状。翅通常短、阔、圆，生有密而厚的鳞片，中脉主干在中室内存在并常分叉，后翅 $Sc+R_1$ 与 Rs 从基部分开或沿中室基半部短距离愈合。幼虫俗称洋辣子，体短而胖，蛞蝓型，头

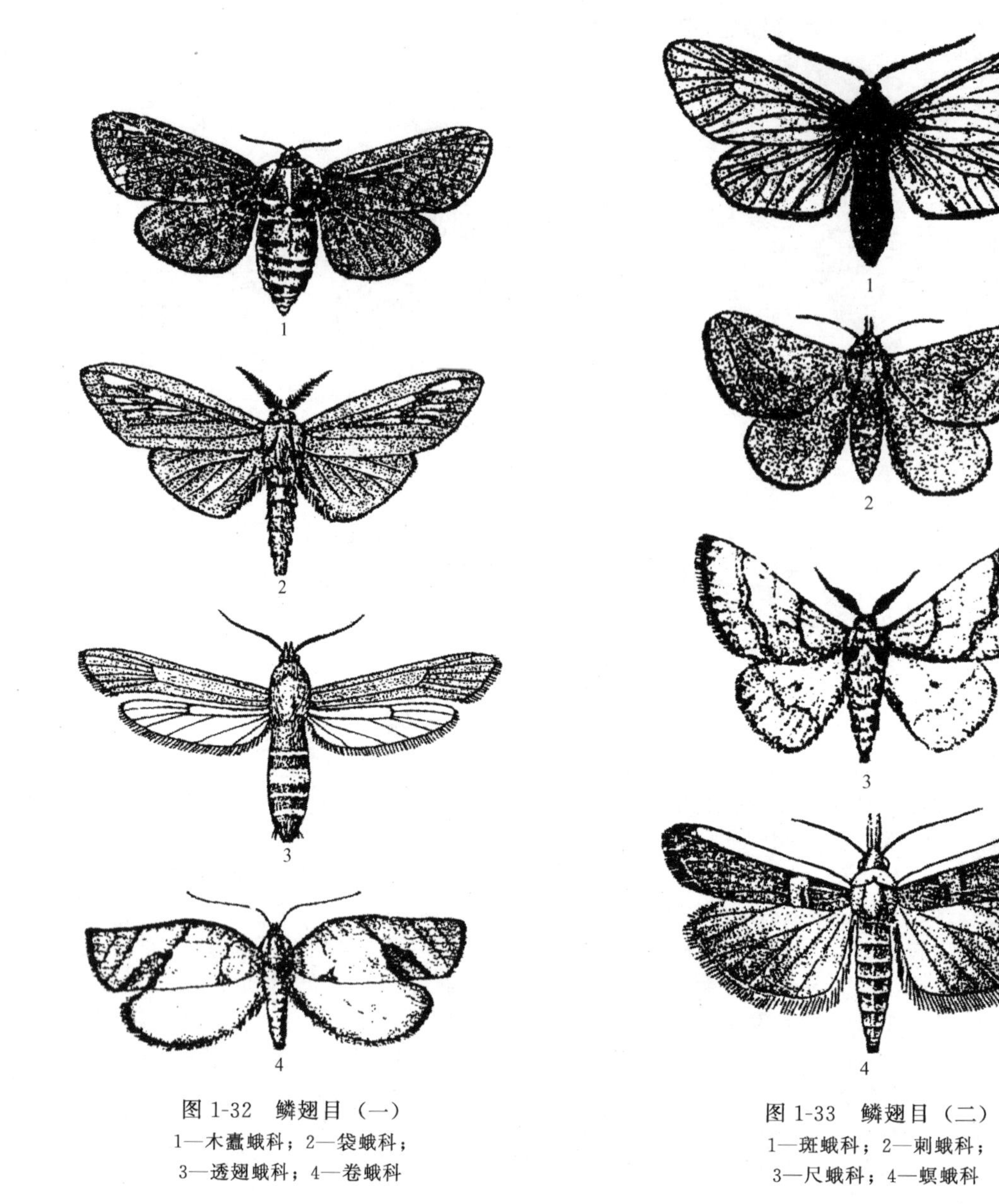

图 1-32 鳞翅目（一）
1—木蠹蛾科；2—袋蛾科；
3—透翅蛾科；4—卷蛾科

图 1-33 鳞翅目（二）
1—斑蛾科；2—刺蛾科；
3—尺蛾科；4—螟蛾科

小缩入前胸，胸足小或退化，腹足呈吸盘状，体上生有枝刺，有些刺有毒，茧为坚硬的雀卵形。常见种类如黄刺蛾 *Cnidocampa flavescens* Walk（图 1-33，2）。

⑦ 尺蛾科（Geometridae） 小型至大型，体细，鳞片稀少，翅阔纤弱，常有细波纹。后翅 Sc+ R_1 脉在近基部与 Rs 靠近或愈合，造成一小基室（图 1-33，3）。第 1 腹节腹面两侧有 1 对鼓膜听器。幼虫体细长，只在第 6 节、第 10 节上生有 2 对腹足，行走时身体一曲一伸，故称“尺蠖、步曲”。常见种类如大造桥虫 *Ascotis selenaria dianeria* Hübner。

⑧ 螟蛾科（Pyralidae） 中小型，细长柔弱，腹部末端尖削，鳞片细密，体光滑。下唇须长，伸出头的前方。翅三角形，后翅 Sc+R_1 与 Rs 在中室外极其接近或短距离愈合，中室内无中脉主干（图 1-33，4）。幼虫细长光滑，趾钩缺环，少数为全环，多为双序，极少数三序或单序，前胸气门前侧毛两根。常见种类如水稻害虫二化螟 *Chilo suppressalis*（Walker）和稻纵卷叶螟 *Cnaphalocrocis medinalis* Guenee 等。

⑨ 夜蛾科（Noctuidae） 体多粗壮，色多暗，鳞片稀疏而蓬松。前翅略窄、近三角形，密被

鳞片形成斑和纹，M_2基部近M_3而远M_1。后翅较宽，后翅Sc和Rs在基部分离，与中室有一点接触又复分开，形成一小的基室。喙发达，有单眼。典型的夜出性蛾类，趋光性和趋化性强，许多种类有迁飞习性。幼虫体粗壮，光滑无毛，颜色深，趾钩单序中带式，如为缺环则缺口较大。幼虫可食叶、钻蛀果实或茎秆等，常见害虫种类如小地老虎 *Agrotis ypsilon*（Rottembery）（图1-34，1）、斜纹夜蛾 *Spodoptera litura* Fabr、黏虫 *Pseudaletia separate*（Walker）和大螟（稻蛀茎夜蛾）*Sesamia inferens* Walker等。

⑩ 毒蛾科（Lymantriidae）　与夜蛾科相似，中大型，体粗壮多毛，喙退化，雄虫触角双栉齿状。雌虫腹末有成簇的毛，静止时多毛的前足伸向体前方。后翅$Sc+R_1$在中室的1/3处与中室接触，形成一个大的基室。幼虫体多毛，某些体节有成束而紧密的有毒毛簇，腹部第6、7腹节背面有翻缩腺，趾钩单序中带式。以幼虫食叶为主，常见害虫种类如舞毒蛾 *Lymantria dispar* L.（图1-34，2）。

⑪ 舟蛾科（Notodontidae）　又叫天社蛾科，与夜蛾科相似。中大型，口器退化，雄蛾触角多为双栉齿状，少数锯齿状，雌蛾触角多为丝状。后翅$Sc+R_1$与Rs在中室前缘平行靠近，但不接触。幼虫胸部有峰突，静止时头尾翘起似"小舟"，故称舟蛾。以幼虫食叶为主，常见害虫种类如舟形毛虫 *Phalera flavescens*（Bemer et Grey）（图1-34，3）和杨扇舟蛾 *Clostera anachoreta* Fabriclus等。

⑫ 灯蛾科（Arctiidae）　与夜蛾科相似。中型，色泽较鲜艳，多为白、黄、灰、橙色，有黑色斑，腹部各节背中央常有一黑点，触角丝状或双栉齿状。后翅$Sc+R_1$与Rs在基部有长距离的愈合，但不超过中室末端。幼虫体上有突起，上生浓密的毛丝，其长短较一致。常见害虫种类如美国白蛾 *Hyphantria cunea* Drary（图1-34，4）和红缘灯蛾 *Amsaota lactinea* Gramer等。

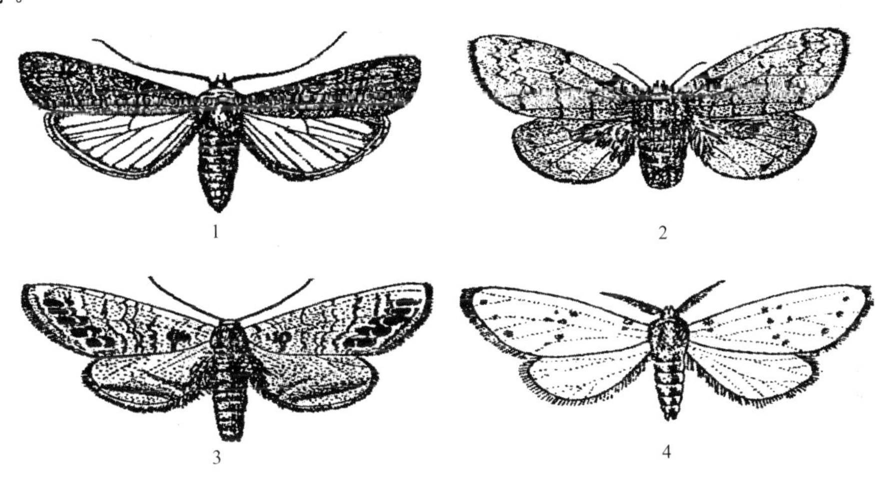

图1-34　鳞翅目（三）
1—夜蛾科；2—毒蛾科；3—舟蛾科；4—灯蛾科

⑬ 枯叶蛾科（Lasiocampidae）　中大型，体粗壮而多毛，喙退化，雄虫触角双栉状；后翅无翅缰，肩角发达，有肩脉。幼虫粗壮，多长毛，前胸在足的上方有1对或2对突起，腹足趾钩双序中带式。以幼虫食叶为主，常见害虫种类如天幕毛虫 *Malacosoma neustria testacea* Motsch（图1-35，1）和马尾松毛虫 *Dindrolimus pnnctatus* Walker等。

⑭ 天蛾科（Sphingidae）　大型，体粗壮，纺锤形，腹末尖削；触角棒状，中部加粗，末端弯曲成小钩。前翅较狭长，外缘倾斜，呈三角形，后翅小，稍圆。幼虫大而粗壮，较光滑，胴部每节分为6～8个环节，第8节背面有一尾状突起，称"尾角"。以幼虫食叶为主，常见害虫种类如豆天蛾 *Clanis bilineata tsingtanica* Walker（图1-35，2）和霜天蛾 *Psilogramma menephron* Cramer等。

⑮ 谷蛾科（Tineidae）　体小，色常暗。头常被粗鳞毛，无单眼。触角柄节常有栉毛。下唇

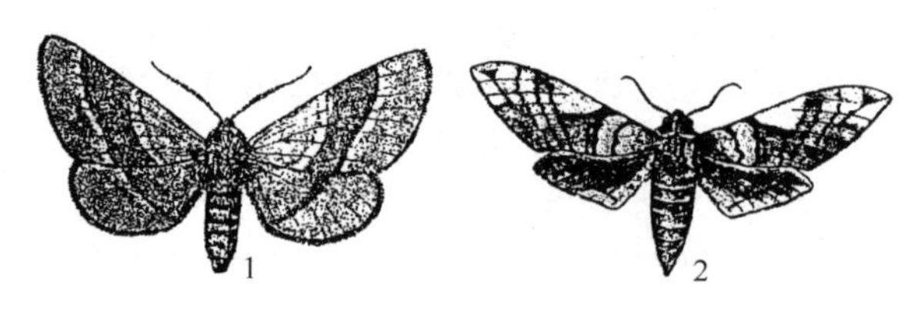

图 1-35　鳞翅目（四）
1—枯叶蛾科；2—天蛾科

须平伸。后足胫节被长毛。翅脉分离，后翅窄。常见害虫种类如储粮害虫谷蛾 *Nemapogon granella*（L.）。

⑯ 麦蛾科（Gelechiidae） 头顶常平滑。触角线状，柄节一般无栉毛。前翅广披针形，R_4 与 R_5 常共柄，R_5 达顶角前缘。后翅顶角凸出，外缘弯曲成内凹。常见害虫种类如棉红铃虫 *Pectinophora gossypiella*（Saunders）。

⑰ 弄蝶科（Hesperidae） 体小型至中型，身体粗壮，颜色多暗。头大，触角棍棒状且末端钩状，翅常为黑褐色、茶褐色，具透明斑。幼虫纺锤状，常在卷叶中为害。常见害虫种类如直纹稻弄蝶 *Parnara guttata* Bremer et Grey。

⑱ 粉蝶科（Pieridae） 体中型，白色或黄色，有黑色或红色斑。前翅三角形，后翅卵圆形，翅展时整个身体略呈正方形。前翅臀脉 1 条，后翅臀脉 2 条。幼虫体表有很多小突起及细毛，多为绿色或黄绿色，趾钩双序或三序，中带式。幼虫以食叶为主，常为害十字花科、豆科等植物，常见害虫种类如菜粉蝶 *Pieris rapae* L.（图 1-36，1）。

图 1-36　鳞翅目蝶亚目常见科
1—粉蝶科；2—凤蝶科；3—蛱蝶科

⑲ 凤蝶科（Papilionidae） 中大型，翅的颜色及斑纹多艳丽。前翅三角形，后翅外缘波状，臀角处有尾状突。幼虫体光滑无毛，后胸隆起最高，前胸背中央有一可翻出的分泌腺，“Y”形或“V”形，红色或黄色，受惊时可翻出，并散放臭气，又叫“臭角”。趾钩三序或双序，中带式。常见害虫种类如橘凤蝶 *Papilio xuthus* L.（图 1-36，2）。

⑳ 蛱蝶科（Nymphalidae） 中大型，翅色斑鲜艳，前足退化，触角端部特别膨大。前翅中室闭式，后翅中室开式。幼虫头部常有突起，胴部常有枝刺，腹足趾钩中带式，多为三序，少数为双序（图 1-36，3）。常见种类如紫闪蛱蝶 *Apatura iris* L.

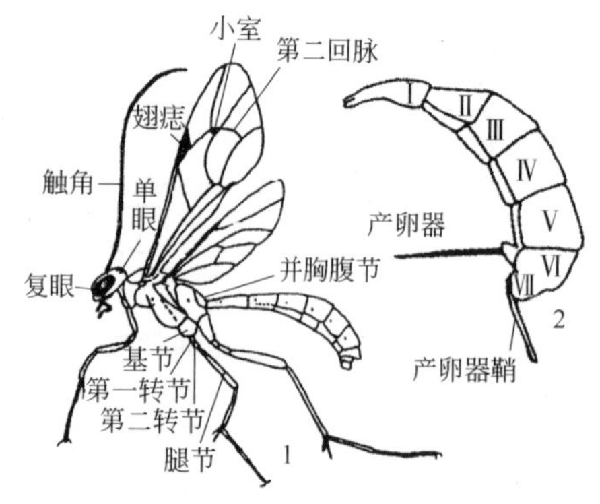

图 1-37　膜翅目的形态特征（单色姬蜂）
1—雄性成虫侧面观；2—雌性成虫腹部

7. 膜翅目 Hymenoptera

(1) 形态特征　体微小型至中型，色多暗淡，头大而前胸细小。口器咀嚼式，但蜜蜂类为嚼吸式。翅膜质，前翅大而后翅小，以翅钩列相连。腹部第 1 节常并入后胸，称“并胸腹节”，第 2 节常缩小变细，称为“腹柄”。雌虫产卵器发达，锯状或针状，有的变为螯刺，与毒囊相连（图 1-37）。

(2) 生物学习性　完全变态，幼虫食叶性的为伪蠋式（图 1-38），外形似鳞翅目幼虫，但有 6～8 对腹足，且无趾钩。蛀茎的种类足常退化，其他种类完全无足。蛹为裸蛹，茧外常有保护物。植食性或肉食性，肉食性者分为捕食性和寄生性。

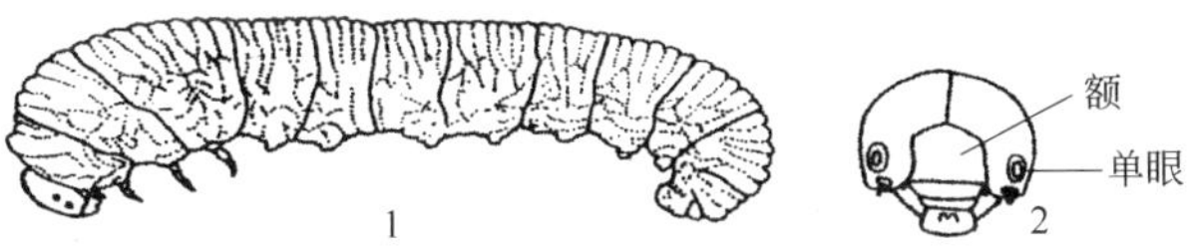

额
单眼

图 1-38　膜翅目伪蠋式幼虫
1—幼虫；2—头部正面观

（3）重要科简介　本目昆虫主要分为广腰亚目和细腰亚目。广腰亚目胸腹部广接，不收缩成腰状，后翅至少有 3 个基室，植食性，包括叶蜂科、三节叶蜂科和茎蜂科。细腰亚目胸腹部连接处收缩呈细腰状，后翅至多仅 2 个基室，腹末腹板纵裂，产卵器多露出腹末；多为寄生性种类，包括姬蜂科、茧蜂科、小蜂科、纹翅小蜂科。

① 叶蜂科（Tenthredinidae）　体粗壮，前胸背板后缘弯曲，前足胫节有 2 个端距。幼虫伪蠋式，腹足 6～8 对，位于腹部第 2～8 节和第 10 节上，无趾钩，以幼虫食叶为主，有些种类可潜叶或形成虫瘿。常见害虫种类如小麦叶蜂 *Dolerus tritici* Chu（图 1-39，1）和月季叶蜂 *Atractomorpha sinensis* Bolivar 等。

图 1-39　膜翅目广腰亚目重要科代表
1—叶蜂科；2—茎蜂科

② 茎蜂科（Cephidae）　小型，体细长，前胸背板后缘平直，前足胫节有 1 个端距。幼虫无足，白色，皮肤多皱纹，腹末有尾状突起。以幼虫蛀茎为害为主，常见害虫种类如麦茎蜂 *Cephus pygmaeus* L.（图 1-39，2）。

③ 姬蜂科（Ichneumonidae）　中小型，体细长，触角线形，15 节以上。前翅第 2 列翅室的中间一个特别小，多角形，称为“小室”，有回脉两条。主要寄生于鳞翅目昆虫，常见种类如寄生松毛虫的黑点瘤姬蜂 *Xanthpoimpla pedator* Fabricius（图 1-40，1）。

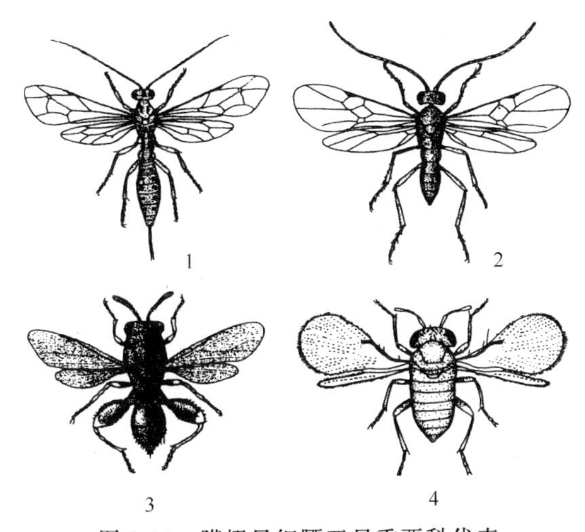

图 1-40　膜翅目细腰亚目重要科代表
1—姬蜂科；2—茧蜂科；3—小蜂科；4—纹翅小蜂科

④ 茧蜂科（Braconidae）　小型至微小型，特征与姬蜂相似，其区别是：没有第 2 回脉，“小室”多数无或不明显。以幼虫寄生于同翅目、鳞翅目或鞘翅目昆虫，常见种类如寄生蚜虫的蚜茧蜂 *Ephedrus plagiator* Nees（图 1-40，2）和寄生松毛虫的松毛虫绒茧蜂 *Apanteles ordinarius*（Ratzeburg）等。

⑤ 小蜂科（Chalcididae）　小型，头横阔，复眼大，触角多为膝状，翅脉简单，后足腿节膨大。寄生于鳞翅目、鞘翅目、双翅目昆虫的幼虫和蛹。常见种类如广大腿小蜂 *Brachymeria lasus* Walker（图 1-40，3）。

⑥ 纹翅小蜂科（Trcihogrammatidae）　又叫赤眼蜂科。体微小，复眼多为红色，触角膝状。翅宽，具长的缘毛，翅面上的微毛呈带状排列。寄生于多种昆虫的卵内，该科中的许多种已可用于人工饲养释放。常见种类如褐腰赤眼蜂 *Paracentrobia andoi*（Ishii）（图 1-40，4）。

8. 双翅目 Diptera

（1）形态特征　体小型至中型，触角线状、念珠状或具芒状；口器刺吸式或舐吸式；只有一对膜质的前翅，后翅退化成平衡棒。雌虫腹部末端数节能伸缩，形成“伪产卵器”。

（2）生物学习性　完全变态，幼虫无足型，蛹为裸蛹，蝇类的蛹为围蛹。有植食性、捕食性、寄生性、粪食性、腐食性等。植食性者有潜叶、蛀茎、蛀根、蛀果等类群。

(3) 重要科简介

① 瘿蚊科 (Cecidomyiidae) 外形似蚊。身体纤弱，有细长的足；触角念珠状，10～36 节，每节生有长毛。前翅阔，上生毛和鳞，翅脉简单，仅有 3～5 条纵脉，很少横脉。幼虫体纺锤形，或后端较钝，头部退化。植食性者，可取食花、果、茎等，能形成虫瘿。常见害虫种类如麦红吸浆虫 *Sitodiplosis mosellana* (Gehin) 和柑橘花蕾蛆 *Contarinia citri* Barnes (图 1-41，1) 等。

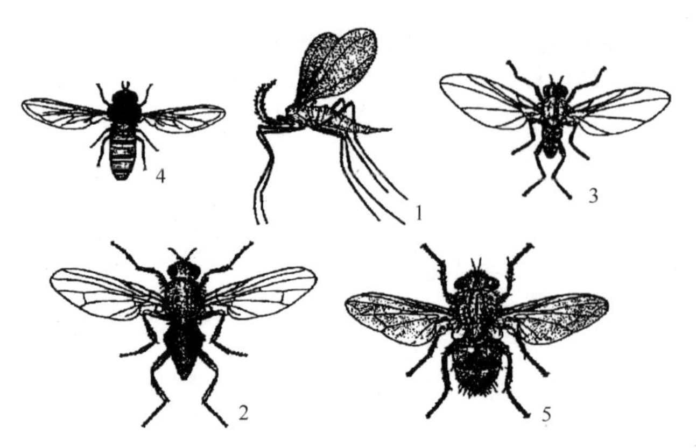

图 1-41 双翅目重要科代表

1—瘿蚊科；2—花蝇科；3—潜蝇科；4—食蚜蝇科；5—寄蝇科

② 花蝇科 (Muscidae) 又叫种蝇科。中小型，体细长多毛，通常为黑色、灰色或黄色。中胸背板有一条完整的盾间沟划分为前后两块；腋瓣大，翅脉全直，直达翅缘，M_1 脉不向上弯曲。幼虫蛆式，后端截形，有 6 对突起。植食性种类常见的如毛笋泉蝇 *Pegomyia kiangsuensis* Fan (图 1-41，2) 等。

③ 潜蝇科 (Agromyzidae) 小型至微小型，翅前缘中部有一个折断处，中脉间有 2 个闭室，其后面无臀室。幼虫蛆式，潜叶为害。常见害虫种类如美洲斑潜蝇 *Liriomyza sativae* Blanchard (图 1-41，3)。

④ 食蚜蝇科 (Syrphidae) 小型至中型，体上常有黄、黑相间斑纹，色彩鲜艳，外形似蜜蜂或胡蜂，前翅中央有一条两端游离的"伪脉"，外缘有一条与边缘平行的横脉。成虫善飞，可在空中静止飞行。幼虫蛆式，体表粗糙，主要捕食蚜虫、介壳虫、粉虱、叶蝉等。常见种类如大灰食蚜蝇 *Syrphus corollae* Fabricius (图 1-41，4)。

⑤ 寄蝇科 (Tachinidae) 小型至中型，体多毛，暗灰色，有斑纹，触角芒多光裸。胸部在小盾片下方有呈垫状隆起的后小盾片。腹部各腹板突出被背板盖住，有许多粗大的鬃。幼虫蛆形，多寄生于鳞翅目幼虫、鞘翅目幼虫及成虫。常见种类如稻苞虫赛寄蝇 *Pseudoperichaeta nigrolinea* Walker 和黏虫缺须寄蝇 *Cuphocera varia* Fabricius (图 1-41，5) 等。

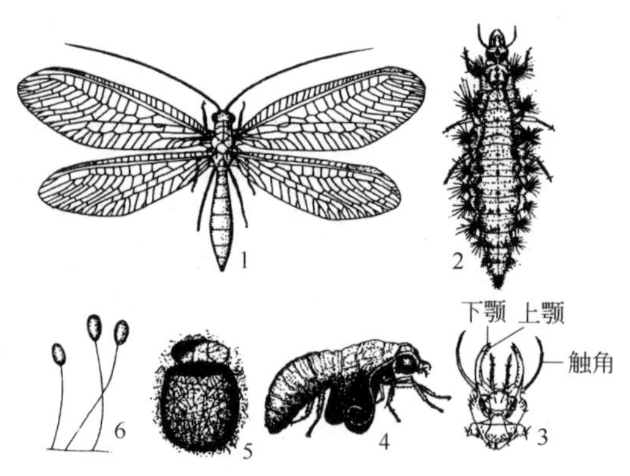

图 1-42 脉翅目主要科代表 (草蛉科)

1—成虫；2—幼虫；3—幼虫头部；4—蛹；5—茧；6—卵

9. 脉翅目 Neuroptera

(1) 形态特征 小型至大型，头很灵活，触角丝状、念珠状、梳齿状或棒状。口器咀嚼式。前后翅膜质，大小和形状均相似，翅脉多，呈网状，在边缘处多分叉，少数种类翅脉少，常有翅痣。跗节 5 节。

(2) 生物学习性 完全变态，幼虫寡足型，行动活泼。成、幼虫均为捕食性，可捕食蚜虫、介壳虫、木虱、粉虱、叶蝉、鳞翅目幼虫及叶螨等，多数为重要的天敌昆虫。

(3) 重要科简介　草蛉科（Chrysopidae）：中型，体细长柔弱，草绿色、黄白色或黄灰色。复眼有金色的闪光，触角长，丝状。翅多无色透明，少数有褐斑。翅脉绿色或黄色。卵有长柄。幼虫纺锤形，上颚长而略弯，无齿。体两侧多有瘤突，丛生刚毛。喜捕食蚜虫，故称“蚜狮”。蛹包在白色圆形茧中（图 1-42）。常见种类有大草蛉 *Chysopa septem* Punctata 等。

附：螨类

作物上发生的螨类属于节肢动物门，蛛形纲，蜱螨目。和昆虫、蜘蛛虽相似，但其形态上存在着不少差别（表 1-1）。

表 1-1　昆虫、蜘蛛、蜱螨外形主要区别

构　造	昆　虫	蜘　蛛	蜱　螨
体躯	分头、胸、腹三部分	分头胸部和腹部两部分	头、胸、腹愈合不易区分
触角	有	无	无
足	3 对	4 对	4 对，少数 2 对
翅	多数有翅，1～2 对	无	无

(1) 形态特征　体型微小，圆形或卵圆形，分节不明显，头胸部和腹部愈合。一般有 4 对足，少数种类只有 2 对足。一般分为 4 个体段：颚体段、前肢体段、后肢体段和末体段。颚体段即头部，由一对螯肢和一对须肢组成口器。口器分为刺吸式和咀嚼式两种，刺吸式口器的螯肢特化为针状，称为口针。咀嚼式口器的螯肢呈钳状，能活动，可咀嚼食物。前肢体段着生前面 2 对足，后肢体段着生后面 2 对足，又合称为肢体段。末体段即腹部，肛门和生殖孔着生于其腹面（图 1-43）。

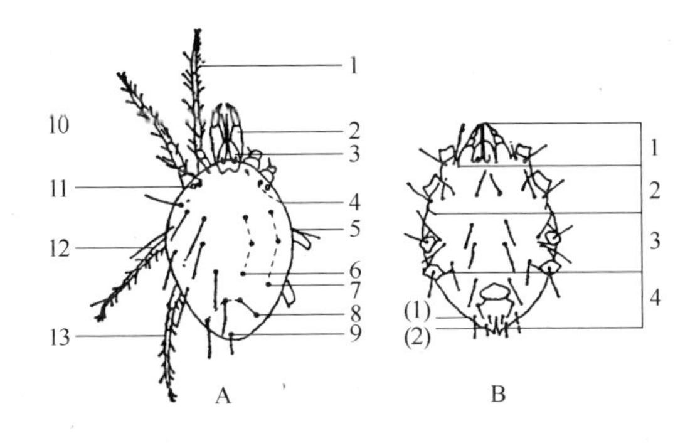

图 1-43　螨类的体躯结构

A—雌螨背面：1—第 1 对足；2—须肢；3—颚刺器；4—前肢体段背毛；5—肩毛；6—后足体段背中毛；7—后足体段背侧毛；8—骶毛；9—臀毛；10—第 2 对足；11—单眼；12—第 3 对足；13—第 4 对足

B—雌螨腹面：1—颚体段；2—前足体段；3—后足体段；4—末体段：(1) 肛侧毛；(2) 肛毛

(2) 生物学习性　螨类一生分为卵、幼螨、若螨、成螨四个阶段。雌性的若螨又分为第一若螨和第二若螨两个时期。幼螨有 3 对足，若螨和成螨有 4 对足。多为两性生殖及个别的孤雌生殖。取食方面有植食性、捕食性和寄生性等多种习性。

(3) 重要科简介

① 叶螨科（Tetrabychidae）　体微小，梨形，雄螨腹末尖。体多为红色、暗红色、黄色或暗绿色，口器刺吸式。植食性，以成、若螨刺吸植物叶片汁液为主，有的能吐丝结网。常见种类如麦长腿蜘蛛 *Petrobia lateens* Müller（图 1-44，1）和截形叶螨 *Tetranychus truncates* Ehara 等。

② 瘿螨科（Eriophyidae）　体微小，狭长，蠕虫形，具环纹。仅有 2 对足，位于前肢体段。口器刺吸式。常见种类如葡萄瘿螨 *Colomerus vitis* Pagenslecher（图 1-44，2）。

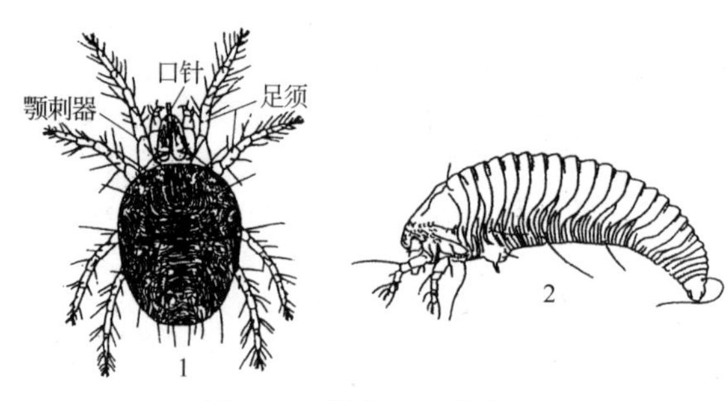

图 1-44 螨类重要科代表
1—叶螨科；2—瘿螨科

③ 跗线螨科（Tarsonemidae） 体微小，多为黄色、乳白色、绿色或黄褐色。螯钳针状，须肢细小，体腹面具表皮内突，爪间突附着爪上，膜质下垂。常见种类如茶黄螨 *Polyphagotarsonemus latus*（Banks）。

大家一起来！举办昆虫展！

通过本节的学习，我们了解到昆虫种类繁多，缤纷绚烂。有许多昆虫外形漂亮，如美丽的蝴蝶、有力的犀金龟，它们被做成工艺品，成为美丽的装饰；有许多昆虫营养丰富，成为人们餐桌上的一员，如蝗虫、家蚕；有许多昆虫，它们的药用价值丰富，为广大医疗服务人员珍爱，如蚕蜕、螵蛸……而如何让人们认识昆虫，更好地利用它们，或为那些美丽的小虫留下它们美丽的倩影呢？

对了，让我们来个昆虫标本或摄影展吧！把那些美丽的昆虫做成标本，或用你手中的相机、DV记录下它们生活的瞬间！心动不如行动，让我们一起来吧！

要求：每人制作10种标本或昆虫图片或视频。

所需条件：

（1）联网计算机、彩色打印机、打印纸、相机或手机（带照相功能）。

（2）捕虫网、标本瓶、毒瓶、酒精、镊子、蜡盘、大头针、显微镜、展翅板、标本盒、纸板、塑料条等。

（3）晴好的天气。

（4）展示大厅。

第四节 昆虫发生与环境的关系

农业生态系统中，人们常说的环境因子是由各种生态因子构成的，按照自然特征可以分为三类，分别是气象因子（温度、湿度、光、风）、生态因子（食物和天敌）以及土壤因子（结构、机械组成、理化性质等）。各种生态因子紧密联系，作为昆虫生存的载体，共同作用于昆虫，昆虫作为生态系统的一部分，其的生长发育、繁衍交配、取食行动等，均受着环境的高度制约和影响。研究昆虫发生与环境之间的相互关系，可以调整农业小环境倾向于利于作物生长发育，同时制约昆虫生长发育，从而更好地控制农业害虫种群数量。

一、昆虫与农业生态系

昆虫的繁殖、生长和发育除了受遗传因子支配外，外界的环境条件也会对其造成很大的影响。研究昆虫与周围环境条件之间关系的科学称为昆虫生态学。

种群（population）是指在一定空间范围内同时生活着的同种个体的集群。生物群落是指具有直接或间接关系的多种生物种群的有规律的组合。生态系统是由生物群落及其环境组成的整体，由各自独立但互相作用的各部分所形成，是一个稳定并能够自我维持的系统。在人类农业活动条件下形成的生态系称为农业生态系。由以上概念可以看出，昆虫种群和群落是农业生态系统的一部分，生态系统中各因素的变化，常常导致昆虫群落组成成分和种群数量的变动，反之，昆虫种群和群落的改变，对生态系统也起着反馈信息的作用。

在生态系统内，各种因子对昆虫是同时起作用的，但在一定的时间和空间条件下，常常是其中一个或几个因子对昆虫种群数量变化起决定作用，称它们为主导因素。常见的影响因素有气象因子、土壤因子、生物因子和农业生产活动等。

研究生态系统的构成和动态变化，掌握内在的平衡关系，对控制害虫数量和增加天敌种群数量、提高群落的自我控制能力以及减少农药的施用，有着十分重要的意义。

二、气象因子

气象因子包括温度、湿度、降雨、光照及风，其中以温度、湿度对昆虫的作用最为突出。研究掌握气象因子的变动规律，对分析害虫种群消长规律、年份间的数量变化，准确地预测预报和开展综合防治，关系十分密切。

1. 温度对昆虫的影响

(1) 温区划分及温度对昆虫的影响　昆虫是一种变温动物，它的体温基本上取决于周围环境的温度，因此，昆虫的新陈代谢和行为在很大程度上要受外界温度的支配。

任何一种昆虫的生长发育，都要求一定的温度范围，称为有效温区。在温带地区，一般为8～40℃。在有效温区内，最适合昆虫生长发育和繁殖的温度范围，称为最适温区，一般为22～30℃。最适温区不是昆虫生长发育最快的温度，而是对种群生存和繁殖最有利的温度。在有效温度的下限，是昆虫开始生长发育的起点，称为发育起点，一般为8～15℃。在有效温度的上限，昆虫因温度过高而停止生长发育，称为临界高温，一般为35～45℃。在发育起点以下和临界高温以上，昆虫常因温度过低或过高而进入休眠状态，当温度恢复到有效温区内后又重新恢复活动，分别称为停育高温区和停育低温区。若温度继续升高或降低，昆虫则会因过热或过冷而引起蛋白质变性和体内结冰而导致死亡，这两个温区称为致死高温区和致死低温区。温带地区昆虫对温度的反应及温区划分见图1-45。

温度除了影响生物的生长发育外，还能影响生物的生殖力和寿命以及活动范围。例如危害水稻的三化螟在温度为29℃、相对湿度为90%时产卵最多；储粮害虫米象在小麦含水量为14%时，在最适温度下（约29℃）产卵最多，偏离此温度产卵量便下降，偏离越远产卵数越少。

在研究温度对昆虫的影响时，要全面考虑昆虫的种类、发育阶段、营养状况、地区、季节等因素，以便全面衡量、综合分析。

(2) 有效积温法则　在有效温区范围内，昆虫的发育速率常与温度成正相关，即温度愈高，发育速率愈快。研究中发现昆虫完成一定的发育阶段所需天数与该天数内有效温度的乘积是一个常数。这个规律称为有效积温法则。即

$$K=N(T-C) \tag{1-1}$$

式中，K 表示有效积温常数，日度；N 表示发育天数，d；T 表示平均温度，℃；C 表示发育起点温度，℃。

对于有效积温法则，我们可以有以下应用。

① 推测某种昆虫在不同地区可能发生的世代数

$$世代数=\frac{某地全年有效积温总和(日度)}{某昆虫完成一个世代的有效积温(日度)} \tag{1-2}$$

例1：小地老虎完成一个世代（包括各个虫态）所需总积温 $K_1=504.7$ 日度，而南京地区该昆虫可生长发育的年总有效积温 $K=2220.9$ 日度，因此，在南京地区小地老虎可能发生的世代

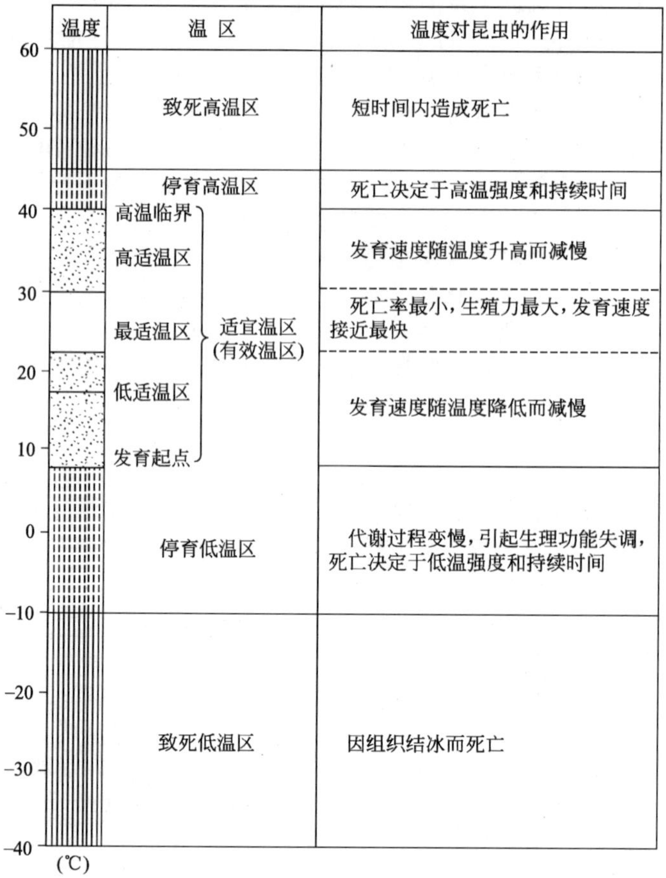

温度	温 区		温度对昆虫的作用
60 50	致死高温区		短时间内造成死亡
	停育高温区		死亡决定于高温强度和持续时间
40	高温临界 高适温区	适宜温区 (有效温区)	发育速度随温度升高而减慢
30	最适温区		死亡率最小，生殖力最大，发育速度接近最快
20 10	低适温区 发育起点		发育速度随温度降低而减慢
0	停育低温区		代谢过程变慢，引起生理功能失调，死亡决定于低温强度和持续时间
−10 −20 −30 −40	致死低温区		因组织结冰而死亡
(℃)			

图 1-45　温带地区昆虫对温度的反应与温区的划分
（仿西北农业大学农业昆虫学教研室）

数为

$$N=\frac{K}{K_1}=\frac{2220.9}{504.7}\text{代}=4.40\text{ 代}$$

而南京地区小地老虎每年实际发生 4～5 代，与上述理论预测相符。

② 预测昆虫某世代或某虫态的发生时期

例 2： 6 月 5 日在库存的粮食中发现 2 头（雌雄各一头）刚羽化爬出粮粒的玉米象成虫，当时仓内平均温度为 19.0℃。已知玉米象的发育起点温度为 13.8℃，有效积温为 462.4 日度。请计算出下一代玉米象的大致发生期。

根据 $K=N(T-C)$，得出

$$N=\frac{K}{(T-C)}=\frac{462.4}{(19.0-13.8)}\text{d}=88.9\text{d}$$

即 88.9d 后，也就是约 9 月 3 日发生下一代。事实上，玉米象因为羽化后要在米粒内滞留 2～7d，出粒后要 2～10d 才能交尾，因此，要到 9 月 7～8 日才能出现下一代成虫。

例 3： 已知黏虫卵的发育起点温度为 13.1℃，有效积温为 45.3 日度，预测产卵后的平均气温为 20℃，求幼虫孵化期。

$$N=\frac{K}{(T-C)}=\frac{45.3}{(20-13.1)}\text{d}=6.57\text{d}$$

即幼虫将于 6～7d 后孵化。

③ 控制益虫的发育进度

例 4： 正在繁殖一批松毛虫赤眼蜂，要求 20d 后释放成蜂，已知松毛虫赤眼蜂的发育起点温度为 10.34 ℃，有效积温为 161.36 日度，其培养温度为：

$$T=\frac{K}{N}+C=\frac{161.36}{20}+10.34=18.41℃$$

即如果控制培养温度为 18.41℃，则这批松毛虫赤眼蜂可于 20d 后羽化释放。

有效积温法则还可以预测生物地理分布的北界。根据有效积温法则，一种生物分布所到之地的全年有效总积温必须满足该种生物完成一个世代所需要的 K 值，否则该种生物就不会分布在那里。有效积温法则也可以预测害虫来年发生程度。例如东亚飞蝗只能以卵越冬，如果某年因气温偏高使东亚飞蝗在秋季又多发生了一代（第三代），但该代在冬天到来之前难以发育到成熟，于是越冬卵的基数就会大大减少，来年飞蝗发生程度必然偏轻。

但是，有效积温法则也存在着一定的局限性，主要体现在：

（1）如发育起点温度通常是在恒温条件下测得的，这与昆虫在自然变温条件下的发育有所出入（变温下的昆虫发育较快）。

（2）有效积温法则是以温度与发育速率呈直线关系为前提，但事实上两者间是呈 S 形关系，即在最适温的两侧发育速率均减慢。

（3）除温度外，生物发育同时还受其他生态因子的影响。

（4）积温法则不能用于有休眠和滞育生物的世代数计算。

2. 湿度和降水对昆虫的影响

水分是昆虫进行生理活动的介质。昆虫体内器官之间的相互联系、营养物质和代谢产物的运送、废物的排除、激素的传递等，都离不开水。水分一般占昆虫体重的 46%～92%，水分的来源主要有食物中获得、直接饮水、体壁吸水和代谢水。水分散失途径主要有消化系统和排泄系统排水、呼吸系统蒸发失水以及体壁蒸发失水几种途径。

（1）湿度对昆虫的影响　一般来讲，昆虫对湿度的要求不是很严格，湿度主要影响昆虫的存活率和生殖能力，同时也影响昆虫的发育速率。在自然条件下湿度主要影响昆虫的发生量。不少昆虫如稻纵卷叶螟、小地老虎和盲蝽象等要求高湿条件，湿度越大，产卵愈多，卵的孵化率也显著增高。但对一些刺吸式口器昆虫来说，当湿度偏低时，植物组织内含水量比较低，取食的干物质量相对增加，反而有利于生长发育，如蚜虫、介壳虫，所以在干旱年份易造成猖獗发生。

（2）降水对昆虫的影响　降水对昆虫的影响主要表现在以下几点：

① 降水通过提高空气湿度，改变空气温度对昆虫发育产生影响。

② 降水影响土壤含水量，对土中生活的昆虫起着重要的作用。

③ 降雪对土中或土面越冬的昆虫起保护作用。

④ 降雨影响昆虫的活动，包括扩散和迁飞。

⑤ 暴雨对螨类和蚜虫个体昆虫及虫卵具有机械的冲刷和杀伤作用。

（3）温湿度的综合作用　温度和湿度总是同时存在、相互影响、综合作用于昆虫的。对一种昆虫来说，适宜的温度范围常随湿度的变动而变化，反之亦然。温、湿度的关系在生物气候学上常常以温湿系数或气候图来表示。

① 温湿系数　温湿系数（E）是平均相对湿度（RH,%）与平均温度（T）的比值，即

$$E=\mathrm{RH}/T \tag{1-3}$$

或用温雨系数（Q）即降雨量（P）与温度的比值表示，即

$$Q=P/T \tag{1-4}$$

例如，华北地区用温湿系数分析棉蚜的消长，当 5 日的温湿系数为 2.5～3.0 时，有利于棉蚜发生，可造成猖獗为害。

温湿系数可以作为一个指标，用以比较不同地区的气候特点，或用以表示不同年份或不同月份的气候特点，有一定的参考价值。然而，温湿系数的应用还是有一定的局限性的。如 15℃、45%相对湿度与 25℃、75%相对湿度两个不同组合可以得到相同的结果，但对昆虫的影响是不

同的，所以要特别标明温度。

② 气候图　以月（或旬）平均相对湿度或降雨量为坐标纵轴，以月（或旬）平均温度为坐标横轴，将各月（或旬）的温度、相对湿度或温度、降雨量组合为坐标点，然后用线条顺序将各月（或旬）的坐标点连接，绘成多边形不规则的封闭曲线，这种图像称为气候图（climograph）。然后，将某种昆虫各代发生的适宜温湿度范围，以方框在图上绘出，就可以分析比较年际间温湿度组合对这种昆虫发生数量的关系。

在实际应用时，首先要根据多年或多点的资料，分别绘制成气候图，从中找出昆虫不同发生程度的模式气候图。然后再根据当地中、长期或近期的气象预报，绘制成当年气候图，与模式图比较，即可进行该种昆虫发生量趋势的预测。但应注意由于气象预报有时并不能十分准确，需分析研究。此外，气候图还可用作昆虫地理分布的预测。

3. 光照对昆虫的影响

光是影响昆虫活动的重要气象因子之一。光的波长、强度和光周期对昆虫的趋性、滞育、行为等有着重要的影响。

（1）光的波长　昆虫可见光波的范围与人不同。人眼可见波长在 390～750nm 之间，对红色最为敏感，对紫外光和红外光均不可见；昆虫可见波长范围在 250～700nm 之间，尤其是对 300～400nm 的紫外光最敏感，而对红外光不可见。昆虫的趋光性与光的波长关系密切。许多昆虫都具有不同程度的趋光性，并对光的波长具有选择性。一些夜间活动的昆虫对紫外光最敏感，如棉铃虫和烟青虫分别对光波 330nm 和 365nm 趋性为最强。测报上使用的黑光灯波长在 360～400nm 之间，比白炽灯诱集昆虫的数量多、范围广。黑光灯结合白炽灯或高压汞灯诱集昆虫的效果更好。

蚜虫对黄绿光最敏感，对银白色、黑色有负趋性，据此可利用黄皿诱蚜进行测报和黄板诱蚜进行防治，也可利用银灰色塑料薄膜避蚜。

（2）光的强度　光的强度也就是亮度或照度。光强度主要影响昆虫昼夜的活动和行为，如交配、产卵、取食、栖息等。按照昆虫生活与光强度的关系可以把昆虫分为日出型（如蝶类、蝇类、蚜虫等）、夜出型（如多数蛾类和金龟科昆虫等）、黄昏活动型（如小麦吸浆虫、蚊等）和昼夜活动型（如某些天蛾科昆虫）几种类型。

光强度与昆虫活动的关系，不仅因虫种而异，而且同种昆虫的不同发育阶段也有所不同。如家蚕成虫主要在白天交配，但在暗光下产卵最多，强光有抑制产卵的作用；其幼虫则昼夜均可取食。

（3）光周期　光周期主要是对昆虫的生活节律起着一种信息反应。自然界的光照有年和日的周期变化，即有光周期的日变化和年变化。昆虫对生活环境光周期变化节律的适应所产生的各种反应，称为光周期反应。许多昆虫的地理分布、形态特征、年生活史、滞育特性、行为以及蚜虫的季节性多型现象等，都与光周期的变化有着密切的关系。

① 光周期的变化是诱导昆虫的主要环境因素　光周期对昆虫体内色素的变化也产生影响，如菜粉蝶蛹在长日照下呈绿色，在短日照下则呈褐色。光周期对一些迁飞性昆虫行为有影响，如夏季长日照和高温引起稻纵卷叶螟向北迁飞，秋季短日照和低温引起其向南迁飞。

② 光周期对蚜虫季节性多型起着重要作用　如豌豆蚜若蚜在短日照（每日 8h 日照）、温度 20℃时，产生有性蚜繁殖后代；而在长日照（每日 16h 日照）、温度 25～26℃或 29～30℃时，产生无性蚜繁殖后代。棉蚜在短日照结合低温、食物不适宜的条件下，不仅导致产生有翅型，而且产生有性蚜，交配产卵越冬。

③ 对昆虫的滞育起信号作用　如桃小食心虫幼龄期光周期超过 14h 20min 则再发生一代，如低于 14h 20min，则直接入土越冬。

4. 风对昆虫的影响

风一方面影响昆虫的垂直分布和水平分布，对昆虫的传播起着巨大作用，它可以帮助一些昆虫飞翔和迁移，但风太大则会阻碍一些昆虫的活动。如飞蝗的迁移就和风速关系密切，小风就迎着风飞翔；风力稍大就顺风飞翔；风力过大则停止飞翔。因此可以根据飞蝗活动时的风向风速，来预测飞蝗的分布范围和扩散幅度。另一方面通过影响空气的温度和湿度来影响昆虫的生长发育。

5. 田间小气候

昆虫主要受大自然中气候因素影响较大，但自身栖息地的小气候对其影响也不容忽视。有时虽然大气候不适合昆虫的大发生，但由于栽培条件、肥水管理、植被状况等因素的影响，导致栖息地的小气候却十分利于昆虫的发生，仍可能造成害虫局部大发生，如黏虫。

三、土壤因子

土壤温湿度也可以影响昆虫的生存、生长发育和繁殖力。主要影响因子包括土壤温度、土壤湿度和土壤的理化性质。土壤是昆虫的一个特殊的生态环境。

1. 土壤温度

土壤温度来源于太阳辐射热和土壤中有机质腐烂产生的热量，但前者是主要的来源，因此土表层的温度昼夜变化很大，甚至超过气温的变化。但愈往土壤深层则温度变化愈小，在地面向下 1m 深处，昼夜几乎没有温差。土壤温度在一年内的变化也是表层大于深层。因此，土栖昆虫在土中的活动，常常随着土层温度的变化而呈现出垂直方向的变化。如蝼蛄、蛴螬、金针虫等地下害虫，秋季土壤表层温度随气温下降而降低时，向土壤深层移动，气温愈低，潜伏愈深；春季温度回升时，土表温度也逐渐回升，昆虫则逐渐向上层移动开始为害农作物。

了解土壤温度的变化和土栖昆虫垂直活动规律，在防治上具有重要的意义。

2. 土壤湿度

土壤湿度包括土壤水分和土壤空隙内的空气湿度，这主要取决于降水量和灌溉。土壤空气中的湿度，除表土层外，一般总是处于饱和状态，因此土栖昆虫不会因土壤湿度过低而死亡。许多昆虫的不活动虫期，如卵和蛹期常以土壤作为栖境，避免了大气干燥对它的不利影响。

土壤湿度还影响着土栖昆虫的分布。如细胸金针虫和小地老虎多发生于土壤湿度大的地方或低洼地，而沟金针虫则多发生于旱地高原。

土壤含水量与地下害虫的活动有密切关系。如沟金针虫在春季干旱年份，幼虫延缓向土表的移动。如果土壤水分过多，则不利于地下害虫的生活，容易导致地下害虫窒息而亡。

在土壤中过冬的昆虫，其出土的数量和时间受土壤含水量的影响十分明显。如小麦红吸浆虫幼虫在 3、4 月间遇到土壤水分不足时，就停止化蛹，继续滞育，土壤长期干燥，甚至可滞育几年。

在土壤内产卵的昆虫，产卵时对土壤含水量也有一定要求。如东亚飞蝗产卵的适宜含水量，砂土为 10%～20%、壤土为 15%～18%、黏土为 18%～20%。

根据土壤湿度对昆虫的影响，可以采取灌水、水旱轮作的方式来减少虫口数量，或减轻其危害。

3. 土壤的理化性质

土壤理化性质主要包括土壤成分、通气性、团粒结构、土壤的酸碱度、含盐量等，对昆虫的种类和数量都有很大的影响。

土壤的质地和结构与地下害虫的分布和活动关系密切。如华北蝼蛄主要分布在淮河以北的砂壤土地区，而东方蝼蛄则主要分布在土壤较黏重的地区。蛴螬喜欢有机质丰富的壤土。

土壤的酸碱度对一些昆虫的生活影响也很大。如沟金针虫喜欢在酸性缺钙的土壤中生活，而细胸金针虫则喜欢生活在带碱性的土壤中。小麦红吸浆虫的幼虫多在 pH7～11 的土壤中生活，故主要发生在偏碱性的土壤中。葱蝇喜欢在强酸性土壤中产卵。

土壤含盐量是影响东亚飞蝗发生的重要因素。如土壤含盐量在 0.25%以下时，雌蝗产卵选择不明显；含盐量在 0.3%～0.5%时，产卵选择性逐渐明显；含盐量达 0.8%以上的土壤不适宜飞蝗产卵和卵的成活；当表土含盐量高达 2%以上时，常构成寸草不生的光板地，飞蝗极少在这类地区产卵。

土壤除了通过以上因素影响昆虫外，还会通过影响地表的植被来间接影响昆虫。

四、生物因子

生物因子与昆虫的生长发育、繁殖、存活、行为等关系密切，制约着昆虫种群的数量动态。食物和天敌是生物因子中的两个最为重要的因子。

1. 食物因素对昆虫生长发育、繁殖和存活的影响

各种昆虫都有其适宜的食物。虽然杂食性和多食性的昆虫可取食多种食物，但它们仍都有各自的最嗜食的植物或动物种类。昆虫取食嗜食的食物，其发育生长快，死亡率低，繁殖力高。如黏虫取食禾本科作物生长最快，繁殖力最高；马铃薯瓢虫取食马铃薯适宜产卵。

植物不同生育阶段对昆虫的影响也不一致。如大豆食心虫在嫩荚阶段侵入存活率最高。

研究食性和食物因素对植食性昆虫的影响，在农业生产上有重要的意义。可以据此预测引进新的作物后，可能发生的害虫优势种类；在农业生产中，可以采用轮作倒茬、合理间套作、调整播期的方式来恶化害虫的食物条件。

2. 寄主植物的抗虫性

这是指植物在自然条件下很少受害，或能够降低昆虫最终危害程度的特性。抗虫机制主要有三方面。

（1）不选择性　不选择性是指昆虫不趋向植物栖息、产卵或取食的一些特性。如由于植物的形态、生理生化特性、分泌一些挥发性的化学物质等，可以阻止昆虫趋向植物产卵或取食；由于植物的物候特性，使植物某些生育期与昆虫产卵期或为害期不一致；或者由于植物的生长特性，所形成的小生态环境不适合昆虫的生存等，从而避免或减轻了害虫的为害。如抗吸浆虫的小麦品种，其小穗内外颖扣合紧，子房和子粒麦皮组织较厚，不利于麦红吸浆虫入侵。

（2）抗生性　抗生性是指有些植物或品种含有对昆虫有毒的化学物质，或缺乏昆虫生长发育所必要的营养物质，或虽有营养物质而不能为昆虫所利用，或由于对昆虫产生不利的物理、机械作用等，而引起昆虫死亡率高、繁殖力低、生长发育延迟或不能完成发育的一些特性。如一些玉米品种含抗螟素，能抗玉米螟的危害。

（3）耐害性　耐害性是指植物受害后，具有很强的增殖和补偿能力，而不致在产量上有显著的影响。如一些禾谷类作物品种受到蛀茎害虫为害时，虽被害茎枯死，但可产生分蘖补偿产量，减少损失。

3. 天敌因子

昆虫在生长发育过程中，常由于其他生物的捕食或寄生而死亡，这些生物称为昆虫的天敌。利用天敌因子控制害虫的种群数量，是害虫防治的一种重要手段。昆虫的天敌主要包括天敌昆虫、病原微生物和食虫动物3类。

（1）天敌昆虫

① 捕食性天敌昆虫　主要包括螳螂、蜻蜓、草蛉、食蚜蝇、虎甲、捕食性步甲和瓢虫、花蝽、猎蝽等。它们在生物防治中发挥着重要作用，如澳洲瓢虫防治吹绵蚧。

② 寄生性天敌昆虫　多隶属于膜翅目和双翅目，如赤眼蜂、姬蜂、茧蜂、寄生蝇类等。用赤眼蜂防治玉米螟和松毛虫已是生产中非常成功的例子，并开始了规模化的生产。

（2）病原微生物　病原微生物主要有细菌、真菌和病毒，但习惯上也将病原线虫、病原原生动物归于致病微生物，此外立克次体等对昆虫也有致病作用。

① 细菌　昆虫病原细菌已知有90余种，分属于芽孢杆菌、肠杆菌、假单胞菌。研究和应用较多的是芽孢杆菌，如苏云金杆菌、青虫杆菌等。昆虫致病后初期食欲降低、停食、腹泻、肠道麻痹和呕吐，以后有病虫可呈现迟钝（不活泼），出现痉挛，行为失调；出现一般性麻痹，并伴随败血症而死亡，死后身体软化和变黑，带黏性，有臭味。

② 真菌　昆虫病原真菌种类繁多，已记载有900余种，分布于真菌界各亚门的100多个属中，其中主要有接合菌亚门的虫生霉，子囊菌亚门的虫草菌，半知菌亚门的白僵菌、绿僵菌、多毛孢、轮枝孢等属。致病后虫体僵化，体内或体表面生有大量的菌丝体和各种孢子，常表现出不同的颜色。

③ 病毒 常见的昆虫病毒主要有核型多角体病毒、质型多角体病毒和颗粒体病毒。鳞翅目幼虫感染核型多角体病毒后表现出行为异常，向植株顶部迁移，停止取食，行动迟缓，虫体组织解体死亡，血腔内的包含体大量释出，无臭味。

在自然界，昆虫病毒主要通过带有病毒的食物以及接触患病昆虫、虫尸及昆虫排泄物传播。利用病毒防治害虫，用量很少就可取得良好效果，而且持效时间很长。但必须进行活体培养，因而在应用上受到限制。

④ 昆虫病原线虫 属线虫动物门、线虫纲。在自然界已知寄生于昆虫的线虫有数百种，其中主要是索线虫总科的索线虫科和小杆总科中的斯氏线虫科、异小杆线虫科。索线虫总科幼虫穿过体壁进入寄主体内，发育到成熟前脱离寄主入土，寄主随即死亡；小杆线虫总科幼虫与细菌共生，线虫幼虫侵入寄主体内后，细菌排至寄主血体腔内，引起败血病死亡，而线虫在寄主尸体内发育成熟。

(3) 其他食虫动物 食虫动物是指天敌昆虫以外的一些捕食昆虫的动物，主要包括蛛形纲、鸟纲和两栖纲中的一些动物。如捕食性螨类、青蛙、蟾蜍、鸟类和家禽。

五、农业生产活动对昆虫的影响

人类的生产活动对生态系统会产生巨大的影响，也会引起生态系统中的昆虫种群的深刻变化。这种影响是双重的。人类可以通过有目的的活动，使生态系统向着有利于人类而不利于害虫的方向发展。相反，如果破坏了生态平衡，则会导致害虫种类增多和种群数量的猖獗扩展。

1. 农业生产活动可以改变一个昆虫生长发育的环境条件

农业生产中，各种农事操作，如中耕操作、施肥灌溉、整枝修剪等，以及耕作制度的改变、兴修水利设施，都会引起农田生态系统的变化。人们可以改变农田小气候条件，使之不利于害虫而有利于天敌的发生。

2. 改变一个地区昆虫种类构成

包括种苗调动过程中无意地携带和人类有意地引进和利用天敌。这种活动扩大了害虫和天敌分布的地理范围。如澳洲瓢虫防治吹绵蚧、椰心叶甲啮小蜂防治椰心叶甲都是成功引进天敌治虫的范例。通过加强植物检疫减少害虫的进入，同时通过成功引入天敌来防治害虫。

3. 直接控制害虫

通过农业防治、物理机械防治、生物防治、化学防治等方法，直接控制害虫数量，使其处于经济损失允许水平以下。在防治中，一定要注意预防为主，综合治理，达到既控制害虫，又保证农业生产增产增收，保证农业生态系统的平衡，注重经济效益、生态效益以及社会效益。

你知道吗？为什么原始森林中的害虫基本上不会造成爆发？

在原始森林环境中，任何物种都不是孤立存在的，而是由许多物种集合组成群落，再加上各种生态因子组成特殊的森林生态系统。其中各种植物、植食性昆虫、捕食性昆虫、寄生性昆虫、各种鸟类和其他动植物之间相互制约又相互依存，也就是说物种都是以食物链和食物网的形式存在的，在一种特定的生态环境中各个种群数量既不会变得太大也不会变得太小。通常情况下种群在群落中长期保持着一种相对平衡的状态，这种现象称之为生态平衡。在天然森林里，虽然病虫害种类繁多、变化复杂，但在原始森林生态平衡未受破坏的情况下，很少酿成灾害，因为它的生态较平衡，病虫害存在于生态平衡允许的水平范围之内。而且在一些情况下的病虫害具有偶发性，即呈周期性地高发，但发生过后，森林能够自我调节，而不需要人为控制。所以，人们很少看到原始森林中的病虫害大爆发。因此，我们人类最好不要人为地对平衡的原始森林系统加以干预和破坏！

单元检测

一、名词解释

胚胎发育，胚后发育，孵化，龄期，羽化，补充营养，世代，年生活史，休眠，滞育，趋性，假死性，群集性，迁飞，有效积温，双名法，抗生性，不选择性，耐害性

二、填空题

1. 昆虫的成虫阶段是体躯分为________、________、________三个体段。

2. 昆虫的触角包括________、________、________三节，足包括________、________、________、________、________、________六节，翅包括________、________、________三个边。

3. 昆虫的头部是________和________的中心；胸部是________的中心；腹部是________和________的中心。

4. 蚜虫防治上，可用________诱蚜、用________避蚜。

5. 影响昆虫活动的主要土壤因素包括________、________和________。

6. 昆虫的幼虫分为________、________、________三种类型；蛹分为________、________、________三种类型。

7. 昆虫的趋性分为________、________、________等多种。

8. 对于具有________的昆虫我们要注意迁出地和迁入地联防。

9. 昆虫分为________、________两种变态类型，蝗虫属于________变态，蝴蝶属于________变态。

10. 对于具有________习性的昆虫，可以采取振落捕杀的方式。

三、简答题

1. 昆虫有哪些基本特征？
2. 昆虫触角基本结构如何？有哪些类型？具有哪些功能？与防治有什么关系？
3. 足和翅的基本类型有哪些？请举例说明。
4. 常见的口器类型有哪两种？各自危害状如何？防治上相应采取什么措施？
5. 昆虫体壁基本构造如何？与防治有什么关系？
6. 昆虫具有哪些生殖方式？基本生殖方式和特异性生殖都具有哪些优点？
7. 什么叫昆虫的变态？主要分为哪两类？分别举例，并说明二者的区别。
8. 完全变态昆虫的幼虫和蛹各有哪几种类型？
9. 休眠和滞育有什么区别？了解休眠和滞育有什么意义？
10. 完全变态昆虫一生有哪几个时期？各时期各有什么特点？可相应采取什么样的防治措施？
11. 昆虫具有哪些习性？在实践中如何加以利用？
12. 人们是如何对昆虫进行分类和命名的？
13. 昆虫和螨类与农作物相关的重要目、科的分类特征有哪些？与农业生产、人类生活有何关系？
14. 在当地采集昆虫标本至少30种，按照分类特征鉴定出所属纲、目、科。
15. 何为有效积温法则？有哪些应用？
16. 影响昆虫的土壤因素有哪些方面？
17. 农业生产活动可以对昆虫造成哪些影响？
18. 请列举8～10种常见的天敌昆虫。

四、归纳与总结

可以在教师的指导下，在各学习小组讨论的基础上，从昆虫一般形态特征、昆虫繁殖和发育、昆虫数量消长与环境条件的关系以及与农作物有关的昆虫主要类群等方面进行归纳与总结，并分组进行报告和展示（注意从知道、了解、理解、掌握、应用五个层次来把握）。

第二单元 植物病害基本知识

学习目标

1. 理解植物病害的概念、病原、病原物、发病条件和病程。
2. 了解植物病害的病状、病征类型。
3. 掌握常见植物病害症状识别要点。
4. 掌握各类病原生物的形态特征、分类及其所致病害特点。
5. 熟悉侵染性病害的病害循环和流行条件。

根据植物病害的特点诊断常见植物病害，并找出发病原因。

植物为人类的生存提供了物质基础。植物的健康生长与正常的发育可提供更多和更好的粮油食品和果蔬产品等。然而，在自然界的生长发育阶段中，植物病害是严重危害农业生产的自然灾害。因此，防治植物病害对促进国民经济的发展和不断提高人民的生活水平有着极为重要的意义。要做好植物病害防治就必须掌握植物病害发生发展的规律。本单元就植物病害的基本概念、植物病害的生物病原类型、植物侵染性病害的发生发展过程、寄主和病原物的相互作用以及植物病害的诊断加以重点介绍。

第一节 植物病害的概念与类型

一、植物病害的基本概念

植物在生长发育和贮藏运输过程中，由于遭受病原生物的侵染或不利的非生物因素的影响，使其生长发育受到阻碍，在植物的内部或外部以及生理和组织结构上就会发生病理变化而出现病态，导致植物产量降低、品质变劣甚至死亡，这种违背人类栽培目的的现象，称为植物病害。

从上述概念中可以看出，植物病害的形成过程是动态的，有一个生理和组织结构上逐渐发生病理变化的过程，这不同于风雹、机械损伤、昆虫和高等动物对植物造成的机械伤害。

植物病害的概念强调了它是违背人类栽培目的的现象，例如韭黄和葱白是在弱光下栽培的植物，这是植物本身正常生理机制受到干扰而形成的异常后果。虽然这些都是不正常的，但并不违背人类的栽培目的，其经济价值提高了，一般不认为是植物病害。

你知道吗？茭白的来历

茭白是一种称为“菰”的水生植物的病体产物，菰是一种谷物结的果实，将其称作菰。菰米在结穗时如果抗病能力减弱感染了黑粉菌，花茎便不能再开花结果，花茎的基底部分因受黑粉菌刺激便膨大，形成肉质肥嫩且为纺锤形的茭白，其病体产物对人类不但无害反而有益，是不可缺少的水生蔬菜之一。茭白可分为一熟茭和二熟茭，二熟茭一年可熟两次（春季和秋季）。茭白含有蛋白质、脂肪、糖类、维生素B_1、维生素B_2、维生素E、微量胡萝卜素和矿物质等成分，中医认为茭白甘冷有清湿热、解毒、催乳汁等功效。

二、植物病害的类型

植物病害的种类繁多，病因也不尽相同，造成的病害形式多样，因此，植物病害的类型有以下多种分类方法。

1. 按照寄主植物类型划分

可分为大田作物病害、果树病害、蔬菜病害、茶树病害和森林病害等。大田作物病害还可分为水稻病害、小麦病害、玉米病害、花生病害等。这种病害分类方法有利于以寄主植物所发生的主要病害为对象，统筹制订综合防治计划。

2. 按照病原类别划分

植物病害可分为侵染性病害和非侵染性病害两大类。在侵染性病害中，按照病原生物的类型可分为真菌病害、细菌病害、病毒病害和线虫病害等；真菌病害还可细分为霜霉病、疫病、白粉病、黑粉病、锈病、灰霉病等。其优点是既可知道发病的原因，又方便掌握同类病害的识别要点、发生规律和防治策略。

此外，按传播方式和介体特点可将植物病害分为气传病害、种传病害、土传病害和昆虫传播的病害等。按寄主植物发病部位可分为根部病害、叶部病害和果实病害等。按照病害症状表现可分为花叶或变色型病害、斑点或坏死型病害以及腐烂型病害等。

3. 非侵染性病害和侵染性病害的识别

植物病害的发生是多种因素综合影响的结果，其中起主导作用，引起植物发生病害的直接原因称病原，被病原物寄生的植物叫寄主。按照病原类型来区分植物病害，可分为两大类，第一类称为非侵染性病害或非传染性病害；另一类称为侵染性病害或传染性病害。

（1）非侵染性病害　是无病原生物参与，仅仅是由于植物自身的原因或由于不适宜环境条件（其中主要是物理、化学因素）的恶化所引起的病害，称为非侵染性病害。由于这类病害不能在植株间传染，因此又称非传染性病害，此类病害病株在田间的分布具有规律性，一般比较均匀，往往是大面积成片发生。例如植物自身的遗传因子引起的遗传性病害有白化苗；植物由于气温极端恶劣造成的冷害、冻害和日烧病；养分不足引起的缺素症；土壤中盐分过多，碱的含量过大所引起的盐碱害；农药施用量不当引起的药害等都是非传染性病害。

近年来，由于农业生产的发展，使农作物赖以生存的环境逐步人工化，化肥、农药的大量使用，使植物生长的环境恶化，植物营养的不均衡更加突出，特别是工业废水排入河流，造成农田灌溉水的污染，城市中排出的二氧化硫、乙烯、氟化氢、臭氧等大气污染物，严重地影响了植物生长的环境，导致非侵染性病害种类增多，发病面积扩大。例如大气污染对植物的危害。

（2）侵染性病害　引起植物发生病害的病原生物称侵染性病原，主要有真菌、细菌、病毒、线虫和寄生性种子植物等多种类型。由侵染性病原侵染植物而引起的病害称为侵染性病害或寄生性病害。这类病害在植株间容易相互传染，有侵染过程，因此又称传染性病害，病株在田间的分布具有先形成发病中心，并且由点到面扩展蔓延的特点。例如稻瘟病、花生青枯病、烟草花叶病等。

（3）非侵染性病害和侵染性病害的关系　非侵染性病害和侵染性病害之间可以互相影响，会加重发病。非侵染性病害使植物抗病性降低，更有利于侵染性病原的侵入和发病。如甘薯受到冻害后更容易发生软腐病。同样，侵染性病害往往也削弱植物对非侵染性病害的抵抗力，如由真菌引起的侵染性叶斑病，造成木本植物提早落叶，因而使植株更容易发生非侵染性的冻害和霜害。因此，改善植物的生长条件，加强栽培管理，及时处理病害，可以减轻两类病害的恶性互作。

三、植物病害的症状

植物感病后，在一定环境条件下其外表所发生不正常的表现称为症状。症状既有感病植物局部或全株的种种反常的表现，又有病原物所表现的特征，因此，症状可分为病状和病征。病状是指感病植物本身表现出的局部或全株的种种不正常的状态。病征是指病原物在感病植物病部所表现的肉眼可识别的特征性结构。如稻瘟病，在叶上产生梭形斑是病状，叶背由病原物产生的灰色霉层是病征。除了有些植物病害如病毒、菌原体和植原体病害，只能看到病状，而没有病征之外，其余的植物病害既有病状，又有病征。非侵染性病害不是由病原生物引发的，因而也没有病征。各类植物病害大多有其独特的症状，常常作为田间诊断的重要依据。但是，要特别注意的是：在适宜的环境条件下，植物病害发展到一定阶段才能表现出症状。

1. 植物病害的病状

植物病害的病状大致可分为5种类型。

（1）变色　变色是指植物发病后，叶绿素不能正常形成或解体，因而局部或全株失去正常的绿色或发生颜色变化的现象。以叶片变色最为常见，主要有黄化、花叶、斑驳、褪绿、红化、紫化和明脉等。如水稻黄矮病的稻叶绿色部分均匀变色，叶绿素的合成被破坏呈黄化。营养贫乏如缺氮、缺铁和光照不足也可以引起植物黄化。烟草花叶病的叶片发生叶绿素形成不均匀，呈黄绿相间，称为花叶。

（2）坏死　坏死指植物细胞和组织的死亡所形成的斑点、溃疡、猝倒和立枯等，轮廓一般比较清楚。植物患病后最常见的坏死是在发病部位形成各种形状、不同大小和颜色的斑点，斑点可以发生在植物的根、茎、叶、果等各个部位。如稻白叶枯病的病斑呈长条状坏死。茶轮斑病叶部的病斑呈圆形或不规则形，褐色，后期中央为灰白色，有明显的同心轮纹。

（3）腐烂　腐烂是植物的整个病组织受病原物的破坏和分解而大面积的解体。主要包括：

① 干腐　细胞消解较慢，腐烂组织中的水分能及时蒸发而消失。如玉米干腐病。

② 湿腐　细胞消解较快，腐烂组织的水分未能及时散失。如绵腐病。

③ 软腐　病组织中胶层先被破坏，出现细胞离析，后再发生细胞的消解。有时病部表皮并不破裂，用手触摸有柔软感或有弹性。如大白菜软腐病。还可根据腐烂的部位不同分为根腐、基腐、茎腐、果腐和花腐等。

幼苗的根或茎腐烂，使其地上部分迅速倒伏或死亡，一般称为猝倒或立枯。

（4）萎蔫　因植物维管束受到毒害或阻塞，水分的输导受到阻碍而致使枝叶凋萎下垂的现象。病原物侵染引起的萎蔫一般不能恢复，甚至导致植株死亡。萎蔫主要包括青枯、枯萎和黄萎三种类型。如花生青枯病，病株茎叶迅速萎蔫死亡但仍保持绿色，叶片不凋落。此外，由于蒸腾作用失调而使植物暂时缺水的生理性萎蔫，如果及时供水，植物可以恢复正常。

（5）畸形　即在病原物产生的激素类物质的刺激下，植株会因细胞或组织过度生长或发育不足而表现的异常生长现象。可分为以下4种类型。

① 增生型　病组织的薄壁细胞分裂加快、数量迅速增多的结果，局部组织出现肿瘤、丛枝、发根等。如十字花科植物根肿病，植株根部常变形，出现纺锤状肿瘤。

② 增大型　病组织的局部细胞体积增大（产生巨型细胞），但细胞数量并不增多。如根结、徒长、恶苗等。

③ 减生型　病部细胞分裂受阻，生长发育亦减慢的结果，造成植株矮缩、矮化、小叶、小果等。如小麦黄矮病植株节间缩短，分蘖增多，病株比健株矮小。

④ 变态（变形） 表现为花变叶、叶变花、叶片扭曲、蕨叶等。

2. 植物病害的病征

植物病害的病征大致可分为4种类型。

（1）霉状物 是病原真菌的菌丝、各种孢子梗或孢囊梗和孢子或孢子囊在植物表面形成的肉眼可见的特征。其着生部位、质地、颜色往往因真菌种类不同而异。根据霉层的质地可分为3种类型。

① 霜霉 为霜霉菌所致病害的特征，一般生于病叶背面，由气孔生出的白色至紫灰色霜霉状物。如油菜霜霉病等。

② 绵霉 为水霉、腐霉、疫霉菌和根霉菌等所致病害的特征，在病部产生大量的白色、疏松、棉絮状的霉状物。如稻苗绵腐病、甘薯软腐病等。

③ 霉层 许多半知菌所致病害产生这类特征，指除霜霉和绵霉以外，产生在任何病部的霉状物。根据霉层的颜色不同，分别称为青霉、灰霉、赤霉、黑霉、绿霉等。如大棚蔬菜灰霉病、小麦赤霉病等。

（2）粉状物 病原真菌在受害部位产生的各种颜色的粉状物密集在一起的特征，直接产生于植物表面、表皮下或组织中，以后破裂而散出。分为锈粉、白粉、黑粉和白锈等。

① 锈粉 为锈病特有的表现，也称锈状物，是初期在病部表皮下形成的黄色、褐色或棕色病斑，破裂后散出的铁锈状粉末。如小麦条锈病等。

② 白粉 为白粉病特有的表现，一般在病株叶片正面产生大量白色粉末状物，后期颜色逐渐加深，并伴随有细小黑点产生。如小麦白粉病。

③ 黑粉 为黑粉菌所致病害的病征，是在病部产生菌瘿，并在菌瘿内形成的大量黑色粉末状物。如禾谷类植物的黑粉病和黑穗病。

④ 白锈 为白锈菌所致病害的病征，多发生在叶片背面，是在病部表皮下形成的白色疱状斑，疱状斑破裂后散出的灰白色粉末状物。如油菜或雍菜等的白锈病。

（3）颗粒状物 即在病部产生的形状、大小、色泽和排列方式各不相同的颗粒状物，多为暗褐色至褐色，针尖至米粒大小，为真菌的子囊壳、分生孢子器、分生孢子盘等形成的特征。如棉花炭疽病等。也有的似鼠粪状，也有的像菜籽形，形成黑褐色比较大的颗粒状物，如油菜菌核病。

上述3种病征是植物真菌性病害所具有的病征。

（4）脓状物 为细菌病害的典型病征。通常在潮湿条件下，细菌病害会在病部溢出含有细菌菌体的黄褐色或污白色脓状黏液，一般呈露珠状或散布为菌液层；在气候干燥时，会形成黄褐色胶粒或菌膜。如水稻白叶枯病和细菌性条斑病以及花生青枯病。

如上所述，大多数植物病害的症状具有其特殊性，有相对的稳定性和变化规律，是病害诊断的重要依据。

你知道吗？ 病害诊断的柯赫法则（Koch's rule）

柯赫法则（Koch's rule）又称柯赫假设（Koch's postulates）或柯赫证病律，是确定侵染性病害病原物的操作程序。如发现一种不熟悉的或新的病害时，就应按柯赫法则的四个步骤来完成诊断与鉴定。诊断是从症状等表型特征来判断其病因，确定病害种类。鉴定则是将病原物的种类和病害种类同已知种类比较异同，确定其科学名称或分类上的地位。有些病害特征明显，可直接进行诊断或鉴定，如霜霉病或秆锈病。但在许多场合却难以鉴定病原物的属、种。如花叶症状易于识别，要判断由何种病原物引起，就必须经详细鉴定比较后才能确定。

柯赫法则表述为：

① 在患病植物上常伴随有一种病原微生物存在；

② 该微生物可在离体的或人工培养基上分离纯化而得到纯培养；
③ 将纯培养接种到相同品种的健株上，出现症状相同的病害；
④ 从接种发病的植物上再分离到其纯培养，性状与接种物相同。

如果进行了上述四步鉴定工作得到确实的证据，就可以确认该微生物即为其病原物。但有些专性寄生物如病毒、菌原体、霜霉菌、白粉菌和一些锈菌等，目前还不能在人工培养基上培养，可以采用其他实验方法来加以证明。侵染性病害的诊断与病原物的鉴定都必须按照柯赫法则来验证，每个医学家和植物病理学家都应能熟练地运用。

柯赫法则同样也适用于对非侵染性病害的诊断，只是以某种怀疑因子来代替病原物的作用，例如当判断是否缺乏某种元素而引起病害时，可以补施某种元素来缓解或消除其症状，即可确认是某元素的作用。

第二节 植物侵染性病害的病原生物

能够引起植物病害的生物，统称为病原生物，主要类型有真菌、原核生物、病毒、线虫和寄生性种子植物。除此之外，一些放线菌和藻类植物等也能引发植物病害。

本节主要介绍引起植物病害的病原生物真菌、原核生物、病毒、线虫和寄生性种子植物的形态、生活习性、分类、主要类群和代表属的形态特征，以及这些病原物引起病害的诊断技术与防治方法。

一、植物病原真菌

1. 真菌的特征

真菌是一个庞大的生物类群，在自然界分布广、种类多，已记载和描述的有 1 万多属，12 万余种。真菌也是引起植物病害种类最多、造成损失最大的病原生物。每种作物上都有十几种甚至几十种真菌病害，其中有许多是重要病害，如锈病、白粉病、霜霉病、黑粉病等。

真菌的主要特征有：①有真正的细胞核，为真核生物；②异养生物，主要从外界吸收营养物质；③营养体多为菌丝体；④细胞壁的主要成分为几丁质或纤维素；⑤繁殖时产生各种类型的孢子。

2. 真菌的营养体和繁殖体

（1）营养体　真菌经过营养生长阶段后产生孢子和有性生殖。真菌营养生长阶段产生的结构称为营养体。典型的营养体为丝状体，称为菌丝体（mycelium），单根丝状体称为菌丝（hypha）。真菌的菌丝细胞由细胞壁、细胞质膜、细胞质和细胞核组成。低等的真菌菌丝没有隔膜（septum），称为无隔菌丝（aseptate hyphe），高等真菌的菌丝具有隔膜，将菌丝分为多个细胞，称为有隔菌丝（septate hyphe）。还有一些真菌的营养体不是丝状体，是原质团（plasmodium）或单细胞等。

有些真菌的菌丝形态发生变化，形成一些具有特殊功能的结构，如吸器（haustorium）、假根（rhizoid）、附着胞（appressorium）、菌环（constricting ring）、菌网（network loop）等，称为菌丝的变态。吸器是菌丝侵入寄主细胞内吸收养料的器官，形状有掌状、指状、球状等。假根是真菌形成的根状菌丝，主要起附着和支撑的作用。附着胞是真菌在侵入寄主前形成的，有助于真菌附着和侵入的特殊侵染结构。菌环和菌网是捕食性真菌捕食线虫时由菌丝分枝形成的环状或网状捕食结构，从环上或网上长出菌丝侵入线虫体内吸收养料。

真菌的菌丝体可以紧密地纠结在一起形成菌组织。菌组织有两种，一种是菌丝体纠结得比较疏松，能够看到长形细胞，菌丝细胞大致呈平行排列，这种称为疏丝组织（prosenchyma）；另一种的菌丝体纠结得比较紧密，组织中的菌丝细胞接近圆形、椭圆形或多角形，与高等植物的薄壁细胞相似，称为拟薄壁组织（pseudoparenchyma）。有些真菌的菌组织可以紧密地纠结在一起形成一定的结构，如子座（stroma）、菌索（rhizomorph）和菌核（sclerotium）等。子座是由菌组织和寄主植物组织结合形成的一种垫状结构，子座成熟后在其表面或内部形成产孢机构。菌索外形与高等植物的根相似，是一种绳索状结构，有利于真菌在基质上的蔓延和抵抗不良的环境条件。菌核是由菌丝紧密纠结而形成的休眠结构，其内部为疏丝组织，外部为拟薄壁组织，其形状、大小、颜色各异，功能主要是抵抗不良环境。

（2）繁殖体

① 无性繁殖　无性繁殖是指不经过性细胞结合，营养体直接以断裂、裂殖、芽殖和原生质割裂的方式直接产生孢子的繁殖。无性繁殖产生的孢子称为无性孢子。常见的无性孢子有以下四种（图 2-1）。

a. 游动孢子（zoospore）　产生于由菌丝或孢囊梗顶端膨大而形成的游动孢子囊内。游动孢子囊成熟后破裂释放出具 1～2 根鞭毛的游动孢子，游动孢子可在水中游动。

b. 孢囊孢子（sporangiospore）　形成于由孢囊梗顶端膨大而形成的孢子囊内。孢子囊成熟后释放出无鞭毛的孢囊孢子。

c. 分生孢子（conidium）　产生于由菌丝体分化而来的分生孢子梗上，分生孢子的形状、大小、颜色以及细胞数目多种多样。成熟后分生孢子从孢子梗上脱落。分子孢子是真菌最常见的无性孢子。有些真菌的分生孢子和分生孢子梗还产生在产孢结构中，如分生孢子器、分生孢子盘、分生孢子座。

d. 厚垣孢子（chlamydospore）　菌丝体中某些细胞膨大、原生质浓缩、细胞壁加厚而形成的孢子。它是一种休眠孢子，能抵抗不良环境，当条件适宜时再萌发形成新的菌丝体。

② 有性生殖　真菌生长到一定阶段，一般是在作物生长季节的后期，进行有性生殖。有性生殖可分为质配、核配和减数分裂三个阶段。质配是指经过两个性细胞或性器官的融合，两者的细胞质和细胞核合并在一个细胞中。核配是在融合的细胞内两个单倍体的细胞核结合成一个二倍体的细胞核。减数分裂即是二倍体细胞核经过两次分裂，使染色体数目减为单倍。有性生殖产生的孢子称为有性孢子。有性孢子有以下四种（图 2-2）。

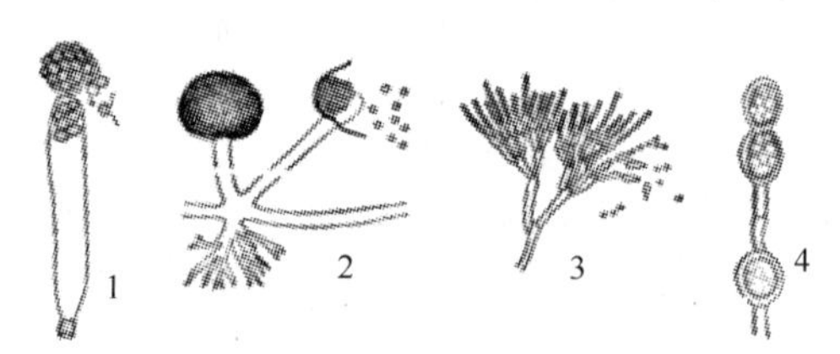

图 2-1　真菌无性孢子的类型
1—游动孢子；2—孢囊孢子；
3—分生孢子；4—厚垣孢子

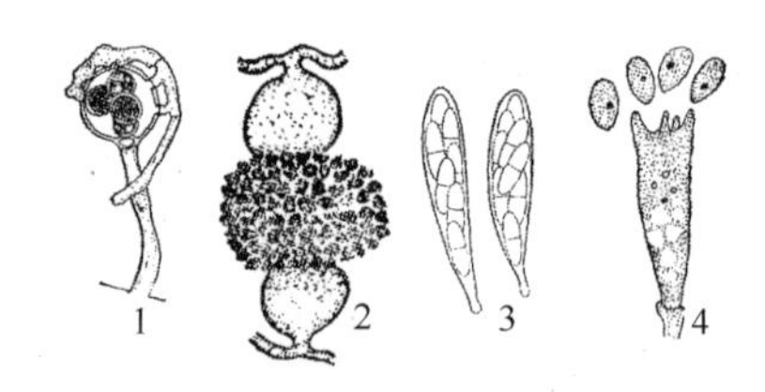

图 2-2　真菌有性孢子的类型
1—卵孢子；2—接合孢子；
3—子囊孢子；4—担孢子

a. 卵孢子（oospore）　是由雄器和藏卵器两个异型配子囊结合后，雄器的细胞质和细胞核经受精管进入藏卵器，与卵球核配，受精的卵球发育成双倍体厚壁的卵孢子。

b. 接合孢子（zygospore）　是由两个形态基本相同的配子囊结合后经质配和核配而形成的双倍体孢子，萌发时进行减数分裂。

c. 子囊孢子（ascospore）　是由雄器和产囊体两个异型配子囊结合后，经质配、核配和减数分裂而形成的单倍体孢子。子囊孢子着生在子囊内，每个子囊中一般有 8 个子囊孢子。子囊通常产生在具包被的子囊果内。子囊果有四种类型：无固定孔口的闭囊壳；有真正壳壁和固定孔口的子囊壳；由子座溶解而成、无真正壳壁和固定孔口的子囊腔；盘状或杯状的子囊盘。

d. 担孢子（basidiospore）　是直接由菌丝结合形成双核菌丝，双核菌丝的顶端细胞膨大成担子，担子内的双核经过核配和减数分裂，最后在担子上产生 4 个外生的单倍体的担孢子。

③ 准性生殖　在真菌的子囊菌、担子菌和半知菌中还发现了准性生殖。准性生殖是指细胞

中存在两个遗传物质不同的细胞核，这两个细胞核结合后形成一个杂合的二倍体细胞核，该细胞核通过有丝分裂形成遗传物质重组的单倍体细胞核。准性生殖对一些真菌来说是产生遗传变异的有效方式。

3. 真菌的生活史

真菌生活史（life cycle）是指真菌从一种孢子开始经过萌发、生长和发育，最后产生同一种孢子的过程。典型的生活史包括无性和有性两个阶段。无性阶段发生在植物的生长季节，可以多次重复循环，可连续产生大量的无性孢子，对植物病害的传播、蔓延和流行起着重要作用。有性阶段一般发生在植物生长的后期或植物休闲期或缺乏养分、条件不适宜的情况下，在生活史中往往只出现一次，产生的有性孢子除了繁衍后代外，主要是有助于度过不良环境，成为病害翌年的初侵染来源。

很多真菌的生活史中可以产生 2 种以上类型的孢子，称为多型现象，如引起小麦锈病的禾柄锈菌可以产生 5 种类型的孢子：性孢子、锈孢子、夏孢子、冬孢子和担孢子。大多数病原真菌在一种寄主上即可完成其生活史称为单主寄生；有些真菌需要在两种亲缘关系较远的寄主上生活才能完成其生活史称为转主寄生，如小麦秆锈病菌性孢子和锈孢子产生在小檗上，夏孢子和冬孢子产生在小麦上。

4. 真菌的主要类群

在最早的生物分类系统中，生物被分为动物界和植物界。真菌属于植物界。1969 年 Whittaker 提出生物五界分类系统，即原核生物界、原生生物界、植物界、真菌界和动物界，真菌被独立出来成为真菌界。1981 年 Cavalier-Smith 提出生物八界分类系统。1995 年出版的《真菌辞典》第 8 版接受了 Cavalier-Smith 的八界系统，将原来归属于真菌界的生物划分至 3 个界，即原生动物界、假菌界和真菌界。其中，无细胞壁的黏菌和根肿菌划归为原生动物界，细胞壁主要成分为纤维素、营养体为 $2n$ 的卵菌归入假菌界，其他真菌仍保留在真菌界。

真菌界的分类，曾先后出现过不同的分类系统，本书采用的 Ainsworth（1971，1973）依据生物分类的五界系统提出的真菌分类系统，被大多数人所接受。Ainsworth 根据真菌营养体的特征将真菌界分为两个门，即营养体为变形体或原生质团的黏菌门（Myxocota）和营养体主要是菌丝体的真菌门（Eumycota）。植物病原真菌几乎都属于真菌门。根据营养体、无性繁殖和有性生殖的特征，又将真菌门分为 5 个亚门，即鞭毛菌亚门（Mastigomycotina）、接合菌亚门（Zygomycotina）、子囊菌亚门（Ascomycotina）、担子菌亚门（Basidiomycotina）和半知菌亚门（Deuteromycotina）。《真菌辞典》第 8 版将真菌界分为 4 个门：壶菌门、接合菌门、子囊菌门和担子菌门，将只发现无性繁殖阶段的半知菌称为有丝分裂孢子真菌或无性态真菌。

（1）鞭毛菌亚门　鞭毛菌亚门真菌的共同特征是无性繁殖产生具鞭毛的游动孢子。该亚门真菌的营养体多数为无隔菌丝体，少数为原生质团或单细胞，有性生殖产生休眠孢子（囊）或卵孢子。鞭毛菌大多是水生的。

鞭毛有茸鞭和尾鞭两种。茸鞭呈羽毛状，尾鞭有长且坚实的基部，前端具弹性且较短。根据游动孢子鞭毛的数目、类型及着生位置可将鞭毛菌亚门分为四个纲，其中与植物病害有关的有三个纲，即根肿菌纲（Plasmodiophoromycetes）：游动孢子前端生有两根长短不等的尾鞭；壶菌纲（Chytridiomycetes）：游动孢子后端有一根尾鞭；卵菌纲（Oomycetes）：游动孢子有一根尾鞭和一根茸鞭。

① 根肿菌纲　营养体为原生质团。无性繁殖由原生质团形成游动孢子囊；有性生殖由两个游动配子或孢子配合形成合子后发育成二倍体原生质团，再由后者产生厚壁的休眠孢子（囊）。

根肿菌纲只有一个根肿菌目（Plasmodiophorales），已知 10 个属，35 个种，均为专性寄生菌，寄生于高等植物的根或茎细胞，引起细胞膨大和组织增生。其中最重要的植物病原菌是根肿菌属（*Plasmodiophora*）（图 2-3），其主要特征是：休眠孢子散生在寄主细胞内，不形成休眠孢子堆。危害植物根部，引起指状肿大，如引起十字花科植物根肿病的芸薹根肿菌（*P. brassicae*）。还值得提出的是多黏菌属（*Polymyxa*）的禾谷多黏菌（*P. graminis*），它不是重要的植物病原物，但它是小麦土传花叶病毒的传播介体。

② 壶菌纲　营养体形态变化很大，较低等的壶菌是多核的单细胞，较高等的可以形成假根或较发达的无隔菌丝体；无性繁殖时从游动孢子囊内释放出多个游动孢子；有性生殖多产生多个休眠孢子囊。

壶菌纲多数营水生、腐生，少数营寄生生活。壶菌纲分为 4 目，有 500 多个种，壶菌目(Chytridiales) 中只有少数真菌可寄生植物，其中重要的有节壶菌属（*Physoderma*）（图 2-4)：休眠孢子囊呈扁球形，黄褐色，有囊盖，萌发时释放出多个游动孢子。侵染寄主常引起病斑稍隆起，如引起玉米褐斑病的玉米节壶菌（*P. maydis*)。

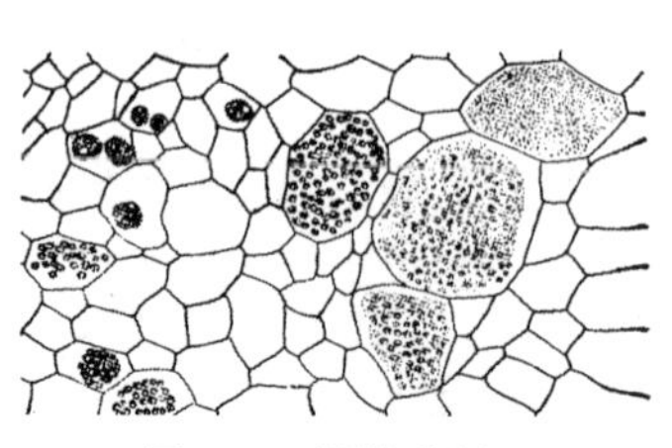

图 2-3　根肿菌属

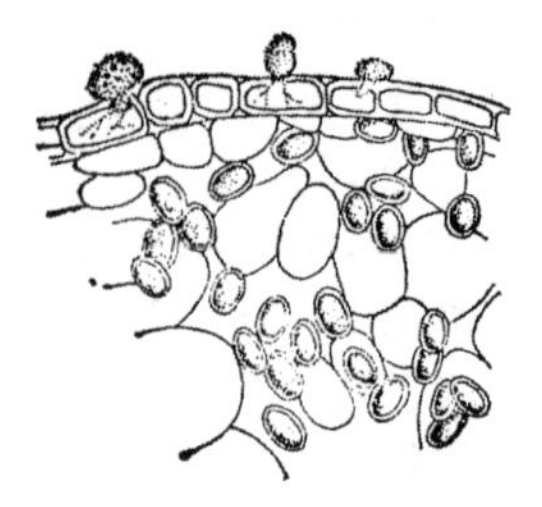

图 2-4　节壶菌属

③ 卵菌纲　营养体多为发达的无隔菌丝体，细胞壁多含纤维素。无性繁殖时由游动孢子囊内产生梨形或肾形的游动孢子；有性生殖时藏卵器中形成 1 个或多个卵孢子。卵菌是从水生到陆生进化比较明显的一类真菌，多数营腐生，高等的卵菌为植物的专性寄生菌。

卵菌纲分为四个目，有 500 多个种，最重要的是水霉目（Saprolegniales）和霜霉目（Peronosporales)，两者的主要区别是游动孢子是否具有两游现象（diplanetism）和藏卵器内的卵孢子数目。两游现象是指从孢子囊内释放出的梨形游动孢子经过一定时期的游动，其鞭毛收缩，形成具细胞壁的休止孢。以后，休止孢萌发形成肾形的游动孢子，鞭毛侧生在凹陷处，可再游动一个时期，然后休止，萌发长出芽管。多数水霉目真菌具有两游现象，藏卵器内有一个至多个卵孢子；而霜霉目真菌游动孢子没有两游现象，藏卵器中只有一个卵孢子。

卵菌纲与植物病害相关的属主要有：

a. 绵霉属（*Achlya*）(图 2-5)　属于水霉目。孢子囊棍棒形，着生在菌丝顶端，有层出现象，游动孢子具两游现象，孢子释放时聚集在囊口休止。藏卵器内有多个卵孢子。绵霉是一种弱寄生菌，如引起水稻烂秧的稻绵霉（*A. oryzae*)。

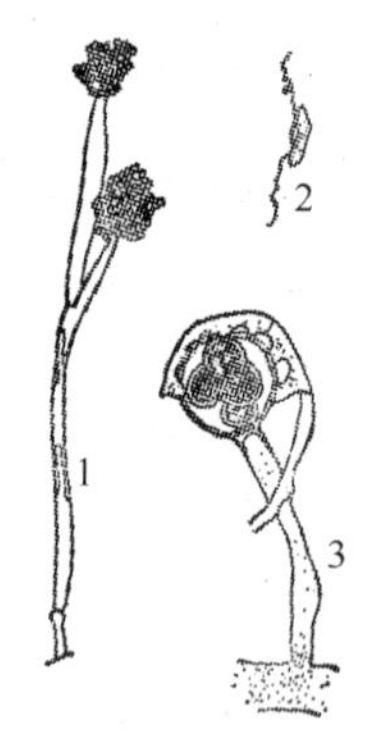

图 2-5　绵霉属
1—孢子囊；2—游动孢子；
3—藏卵器与雄器交配

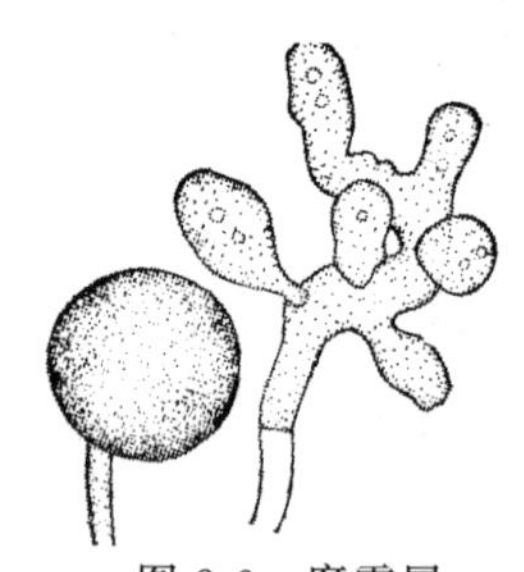

图 2-6　腐霉属

b. 腐霉属（*Pythium*）　属于霜霉目。孢囊梗菌丝状，孢子囊球状或裂瓣状，萌发时产生泡囊，原生质转入泡囊内形成游动孢子，藏卵器内有一个卵孢子。腐霉主要引起多种作物幼苗的根腐、猝倒及瓜果腐烂，如瓜果腐霉（*P. aphanidermatum*）(图 2-6)。

c. 疫霉属（*Phytophthora*）　属于霜霉目。孢囊梗同菌丝区别不大，孢子囊近球形、卵形或梨形；游动孢子在孢子囊内形成，不形成泡囊；藏卵器内有一个卵孢子；寄生性较强，可引起多种作物的疫病，如引起马铃薯晚疫病的致病疫霉（*P. infestans*）（图 2-7）。

图 2-7 疫霉属
1—孢囊梗；2—孢子囊

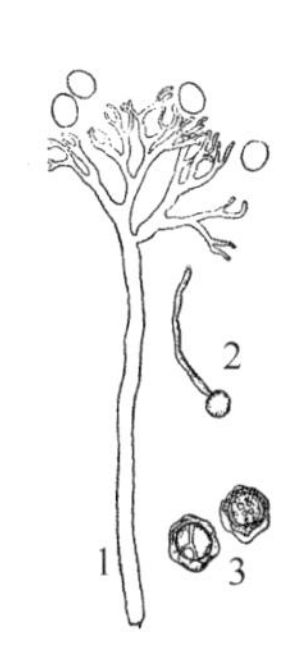

图 2-8 霜霉属
1—孢囊梗和孢子囊；
2—孢子囊萌发；3—卵孢子

d. 霜霉属（*Peronospora*） 属于霜霉目霜霉科。孢囊梗有限生长，形成二叉状锐角分枝，末端尖细；孢子囊卵圆形，无乳突，成熟后易脱落，可随风传播，萌发时一般直接产生芽管，不形成游动孢子；藏卵器内仅一个卵孢子（图 2-8）。霜霉科真菌是鞭毛菌亚门中的最高级类群，都是陆生、专性寄生物。该科中包括多个重要的属，科下分属的依据是孢囊梗的分枝方式及末端的形态学特征等。此类真菌可引起多种植物的霜霉病，如引起十字花科植物霜霉病的寄生霜霉（*P. parasitica*）。

e. 假霜霉属（*Pseudoperonospora*） 属于霜霉目。孢囊梗主干单轴分枝，而后作 2 回或 3 回不完全对称的二叉状锐角分枝，末端尖细。孢子囊萌发产生游动孢了，孢子囊顶端具乳状突起（图 2-9）。该类真菌可引起瓜类霜霉病，如引起黄瓜霜霉病的古巴假霜霉（*P. cubensis*）。

f. 白锈属（*Albugo*） 属于霜霉目。孢囊梗平行排列在寄主表皮下，短棍棒形；孢子囊串生；藏卵器内仅一个卵孢子，卵孢子壁有纹饰。白锈属真菌均是专性寄生物，引起植物白锈病，如引起十字花科植物白锈病的白锈菌（*A. candida*）。

(2) 接合菌亚门 该亚门真菌的共同特征是有性生殖产生接合孢子。其营养体为无隔菌丝体，无性繁殖形成孢囊孢子。此类真菌多数为腐生菌，有些可寄生昆虫，有些可与高等植物共生形成菌根，少数可寄生植物，引起果、薯的软腐和瓜类花腐病等。接合菌亚门分为接合菌纲（Zygomycetes）和毛菌纲（Trichomycetes）两个纲，七个目，610 种。毛菌纲主要寄生昆虫，与植物病害关系不大。接合菌纲中最重要的是毛霉目（Mucorales）的根霉属（*Rhizopus*）（图 2-10）。其主要特征为：菌丝发达，有分枝，菌丝分化出匍匐丝和假根；孢囊梗单生或丛生，与假根对生，孢囊梗顶端着生球状的孢子囊；孢子囊成熟后释放孢囊孢子；接合孢子近球形，黑色，有瘤状突起。根霉可造成植物花、果实、块根和块茎的腐烂，如匍枝根霉（*R. stolonifer*）引起甘薯软腐病。

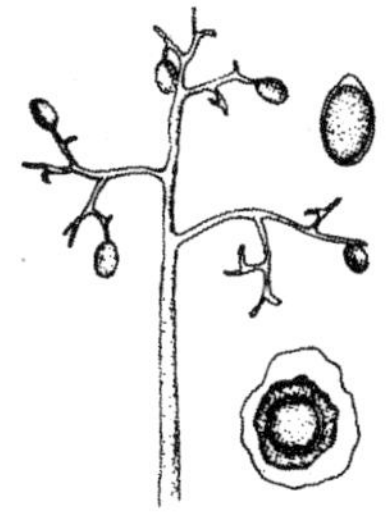

图 2-9 假霜霉属
示孢囊梗、孢子囊和卵孢子

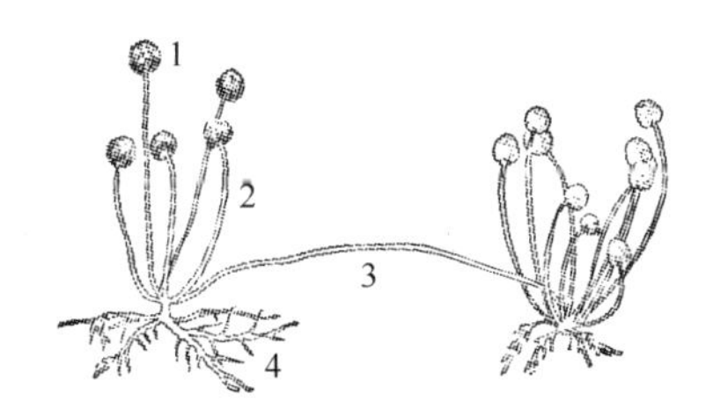

图 2-10 根霉属
1—孢子囊；2—孢囊梗；3—匍匐枝；4—假根

(3) 子囊菌亚门　该亚门真菌的共同特征是有性生殖产生子囊和子囊孢子。其营养体为有隔菌丝体，少数为单细胞（如酵母菌），无性繁殖产生各种类型的分生孢子，子囊菌的无性繁殖能力很强，在自然界常见的是它的无性阶段。子囊菌亚门真菌都是陆生的，营养方式有腐生、寄生和共生。该亚门包括许多重要的植物病原物，侵染植物常引起叶斑、枝枯、根腐、果腐等症状。

子囊菌亚门的分类依据为是否产生子囊果、子囊果的类型以及子囊的特征，将其分为6个纲：半子囊菌纲（Hemiascomycetes）、不整囊菌纲（Plectomycetes）、核菌纲（Pyrenomycetes）、腔菌纲（Loculoascomycetes）、盘菌纲（Discomycetes）和虫囊菌纲（Laboulbeniomycetes），其中除了虫囊菌纲外，其余5个纲均与植物病害有关。

① 半子囊菌纲　属于低等的子囊菌，其特征是子囊外面没有包被，裸生，没有子囊果；营养体为单细胞或不发达的菌丝体，无性繁殖主要是裂殖或芽殖，有性生殖是两个性细胞结合后直接形成子囊，不形成特殊的配子囊和产囊丝。

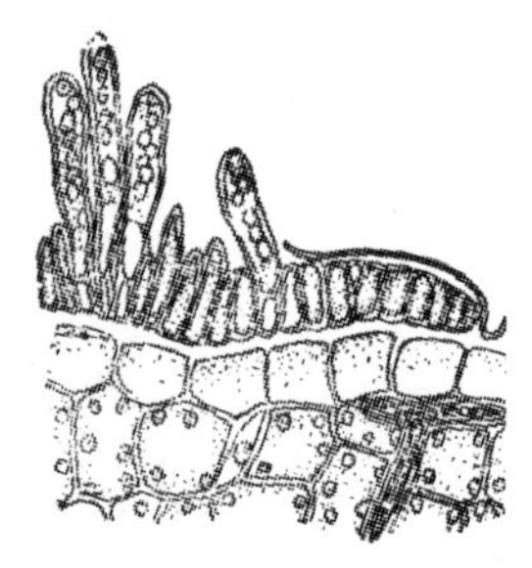

图 2-11　外囊菌属

半子囊菌纲分3个目，与植物病害有关的是外囊菌目。外囊菌目只有一个外囊菌属（*Taphrina*）（图 2-11），其特征为：子囊平行排列在寄主表面，呈长圆筒形，不形成子囊果；子囊孢子以芽殖方式产生芽孢子。外囊菌侵染植物后常引起叶片皱缩、枝梢丛生和果实畸形等症状，如畸形外囊菌（*T. deformans*）引起桃缩叶病。

② 不整囊菌纲　该纲的特征为子囊果是闭囊壳，子囊球形至梨形，壁薄，易消解，散生在闭囊壳内。子囊由产囊丝形成，子囊间没有侧丝。子囊孢子单细胞，多为8个，圆形。

不整囊菌纲只有一个散囊菌目（Euratiales），含100多个种。不整囊菌主要是动物与人的病原菌、抗生素和菌物毒素生产菌及食品发酵菌等，因此与人类的生产和生活有着密切的关系。其中与植物病害关系较大的有曲霉属（*Aspergillus*）和青霉属（*Penicillium*），二者是自然界中常见的无性阶段，特征将在半知菌亚门中介绍。主要与果蔬采后的病害有关，如指状青霉（*P. digitatum*）和意大利青霉（*P. italicum*）引起柑橘腐烂。

③ 核菌纲　该纲主要特征为典型的子囊果是子囊壳，子囊单层壁；有些为闭囊壳（如白粉菌），与不整囊菌的区别是子囊整齐地排列在闭囊壳的基部，子囊壁不易消解。核菌纲典型的特征是子囊壳下部呈球形或近球形，上部有一个长短不一的喙部，子囊卵形至圆筒形，子囊孢子单胞或多胞，形状多种多样。

核菌纲分为4个目：小煤炱目（Melioales）、白粉菌目（Erysiphales）、球壳菌目（Sphaeriales）和冠囊菌目（Coronophorales），其中与植物病害相关的主要是白粉菌目和球壳菌目。白粉菌目真菌是高等植物的专性寄生物，侵染植物后引起白粉病。该目分属的主要依据是闭囊壳内的子囊数目及附属丝的形态。球壳菌目的子囊果为子囊壳，子囊有规律地排列在子囊壳基部形成子实层，许多子囊间存在侧丝。

核菌纲与植物病害相关的主要属（图 2-12）如下。

a. 白粉菌属（*Erysiphe*）　属于白粉菌目。闭囊壳内有多个子囊，子囊有规则地排列在闭囊壳的基部，附属丝菌丝状。无性繁殖产生的分生孢子串生，覆盖在寄主表面呈现白粉状。如引起烟草、芝麻、向日葵及瓜类白粉病的二胞白粉菌（*E. cichoracearum*）。

b. 单丝壳属（*Sphaerotheca*）　属于白粉菌目。闭囊壳内有一个子囊，附属丝菌丝状。如引起瓜类、豆类等植物白粉病的单丝壳（*S. fuliginea*）。

c. 布氏白粉属（*Blumeria*）　属于白粉菌目。闭囊壳内有多个子囊，附属丝呈短菌丝状，不发达，分生孢子梗基部膨大呈近球形。如引起小麦等禾本科作物白粉病的禾布氏白粉菌（*B. graminis*）。

d. 球针壳属（*Phyllactinia*）　属于白粉菌目。闭囊壳内有多个子囊，附属丝长针状，刚直，基部膨大呈球形。如引起桑、梨等白粉病的代表种为桑里白粉菌（*P. corylea*）。

e. 钩丝壳属（*Uncinula*）　属于白粉菌目。闭囊壳内有多个子囊，附属丝刚直，顶端卷曲呈

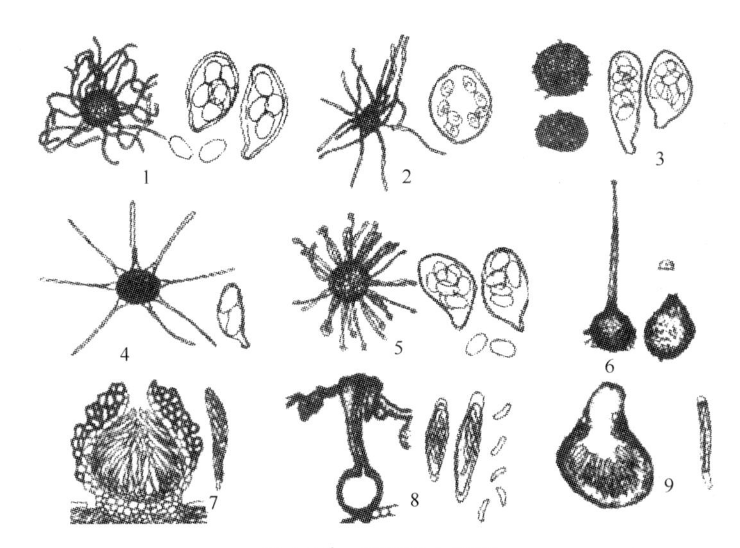

图 2-12　核菌纲主要属

1—白粉菌属；2—单丝壳属；3—布氏白粉属；4—球针壳属；5—钩丝壳属；6—长喙壳属；7—赤霉属；8—黑腐皮壳属；9—顶囊壳属

钩状。如引起葡萄白粉病的葡萄钩丝壳（*U. necator*）。

f. 长喙壳属（*Ceratocystis*）　属于球壳菌目。子囊壳具长颈，子囊散生在子囊壳内，子囊之间无侧丝，子囊壁早期溶解。典型的种如引起甘薯黑斑病的甘薯长喙壳（*C. fimbriata*）。

g. 赤霉属（*Gibberella*）　属于球壳菌目。子囊壳单生或群生于子座上，子囊壳壁蓝色或紫色。子囊棍棒状，有 8 个子囊孢子，子囊孢子梭形，有 2～4 个隔膜。本属有许多重要的植物病原物，如引起小麦、玉米赤霉病的玉蜀黍赤霉（*G. zeae*）。

h. 黑腐皮壳属（*Valsa*）　属于球壳菌目。子囊壳具长颈，球形或近球形，子囊棍棒形、圆形或梭形，子囊之间无侧丝，内有 8 个子囊孢子，子囊孢子单细胞，香蕉形，无色或稍带褐色。典型的种如引起苹果腐烂病的苹果黑腐皮壳（*V. mali*）。

i. 顶囊壳属（*Gaeumannomyces*）　属于球壳菌目。子囊壳埋生于基质内，顶端有短的喙状突起，子囊棍棒状，有 8 个子囊孢子，壁易消解，子囊孢子细线状，多细胞。典型的种如引起小麦全蚀病的禾顶囊壳（*G. graminis*）。

④ 腔菌纲　本纲的主要特征是子囊散生在子座消解形成的子囊腔中，子囊双层壁。这种内生子囊的子座称作子囊座。子座消解形成子囊间的丝状残余物称为拟侧丝。子囊腔没有真正的腔壁，有些子囊腔周围菌组织被挤压在一起像子囊壳的壳壁，称之为假囊壳（pseudoperithecium）。

腔菌纲分为 5 个目，其中有 3 个目与植物病害关系较大：多腔菌目（Myriangiales），子囊座中有多个子囊腔，每个腔室中仅 1 个子囊。座囊菌目（Dothideales），子囊座中有多个或单个子囊腔，每个腔室中有多个子囊，子囊呈扇形排列在子囊腔内。格孢腔菌目（Pleosporales），子囊座中仅 1 个子囊腔，子囊多个平行排列在子囊腔中，子囊孢子常是多隔或砖隔状。

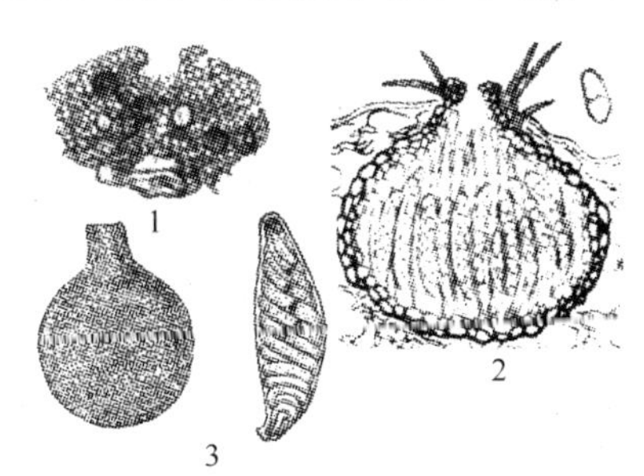

图 2-13　腔菌纲

1—痂囊腔菌属；2—黑星菌属；3—旋孢腔菌属（假囊壳和子囊）

本纲与植物病害相关的主要属（图 2-13）为：

a. 痂囊腔菌属（*Elsinoe*）　属于多腔菌目。子囊球形，不规则地单个散生在子座内。子囊孢子多为长圆筒形，有 3 个横隔。此属多数侵染植物的表皮组织，引起细胞增生和组织木栓化，使病斑表面粗糙或突起，因此病害常称为疮痂病。如引起葡萄黑痘病的痂囊腔菌（*E. ampelina*），常见的是其无性阶段即葡萄痂圆孢

(*Sphaceloma ampelinum*)，而有性阶段在我国尚未发现。

b. 黑星菌属（*Venturia*） 属于格孢腔菌目。假囊壳埋生于寄主表皮下，孔口处有少数黑色、多隔的刚毛。子囊长圆筒形，平行排列，有拟侧丝。内有8个子囊孢子，椭圆形，双细胞大小不等。典型种如引起梨黑星病的梨黑星菌（*V. pyrina*）。

c. 旋孢腔菌属（*Cochliobolus*） 属于格孢腔菌目。假囊壳近球形，子囊圆筒形。子囊孢子多细胞，线形，无色至淡黄色，呈螺旋状排列在子囊中。典型的种如引起玉米小斑病的异旋孢腔菌（*C. heterostrophus*）和引起水稻胡麻斑病的宫部旋孢腔菌（*C. miyabeanus*）。

⑤ 盘菌纲 该纲的主要特征是子囊果为子囊盘。子囊盘呈盘状、垫状或杯状，有柄或无柄，子囊盘成熟后形成裸露的子实层，子实层由排列整齐的子囊和侧丝组成。盘菌多数为腐生菌，有些为食用菌，少数为植物寄生物。

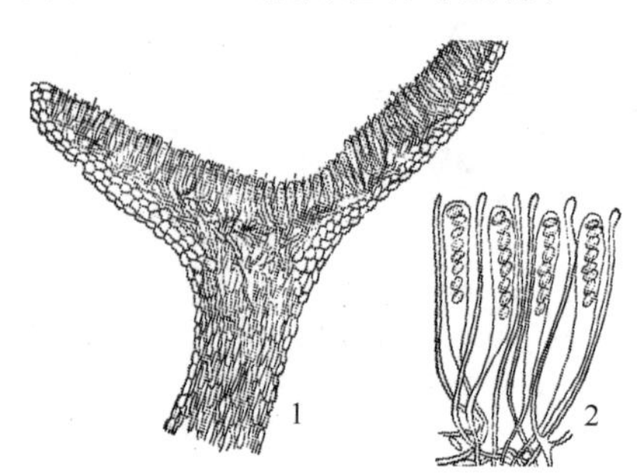

图 2-14 核盘菌属
1—子囊盘；2—子囊和侧丝

盘菌纲有7个目，其中仅有柔膜菌目（Helotiales）与植物病害关系较大，与植物病害有关的属为核盘菌属（*Sclerotinia*）（图 2-14）：菌丝体可形成鼠粪状的菌核，菌核萌发产生子囊盘，子囊盘具长柄。子囊圆筒形或棍棒状，子囊孢子椭圆形或纺锤形，单细胞。典型种如引起油菜菌核病的核盘菌（*S. sclerotiorum*）。

（4）担子菌亚门 该亚门是真菌中最高等的类群，其共同特征为有性生殖产生担孢子。担子菌的营养体为发达的有隔菌丝体。常见的有两种类型的菌丝体：①初生菌丝（primary mycelium）由担孢子萌发产生，初期无隔多核，不久便产生隔膜而成为单核有隔菌丝。②次生菌丝（secondary mycelium）由两根可亲和的初生菌丝发生细胞融合形成单倍体双核次生菌丝，担子菌有很长的双核单倍体阶段。这种次生菌丝与子囊菌的产囊丝相似，占据生活史的大部分时期，可形成菌核、担子果和菌索等结构。担子菌一般没有无性繁殖，不产生无性孢子。

担子菌亚门根据担子果的有无及其发育类型可分为3个纲：冬孢菌纲（Teliomycetes）、层菌纲（Hymenomycetes）和腹菌纲（Gasteromycetes），已知有20个目、16000多种。层菌纲和腹菌纲多是一些食用菌和药用菌，如木耳、银耳、蘑菇、灵芝等，与植物病害关系不大。冬孢菌纲中与植物病害关系密切的有两个目：黑粉菌目（Ustilaginales）和锈菌目（Uredinales），它们引起的病害分别被称为黑粉病和锈病。

① 黑粉菌目 黑粉菌主要以双核菌丝体在寄主的细胞间寄生，后期在寄主组织内产生大量黑色粉末状的冬孢子。黑粉菌多数是高等植物的寄生菌，并且多半引起全株性侵染，少数为局部侵染。双核的冬孢子萌发时进行核配和减数分裂，产生担子，担子上没有小梗，担子侧面或顶端着生担孢子。不同性别的担孢子结合后形成侵染丝再侵入寄主。黑粉菌虽是活体营养的，但不是专性寄生物。

黑粉菌的种类较多，有48属，约980种。其中与植物病害关系较大的主要属有：

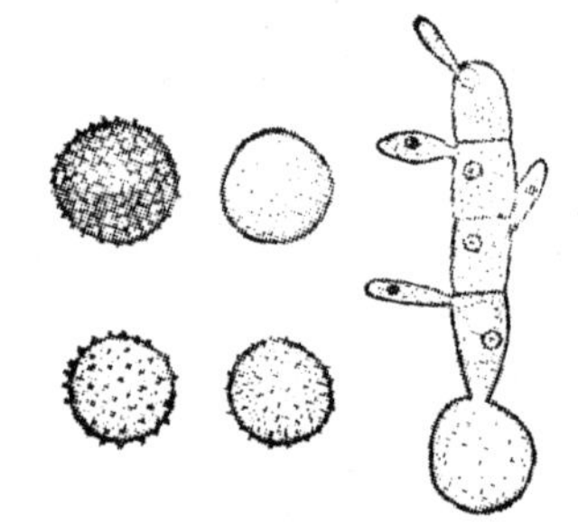
图 2-15 黑粉菌属冬孢子和冬孢子萌发

a. 黑粉菌属（*Ustilago*）（图 2-15） 冬孢子堆黑褐色，成熟时呈粉状，冬孢子散生，近球形，单胞，壁光滑或有纹饰，萌发产生有隔担子，担孢子顶生或侧生，有些种的冬孢子可直接产生芽管而不是先菌丝，因而不产生担孢子。典型种如引起小麦散黑穗病的小麦散黑粉菌（*U. tritici*）和玉米瘤黑粉病的玉蜀黍黑粉菌（*U. maydis*）等。

b. 轴黑粉菌属（*Sphacelotheca*） 冬孢子堆中间有由寄主维管束残余组织形成的中轴，孢子堆由菌丝体组成的包被包围着。其余特征与黑粉菌属相似。典型种如引起玉米丝黑穗病的丝轴黑粉菌（*S. reiliana*）。

c. 腥黑粉菌属（*Tilletia*）（图 2-16） 冬孢子堆通常产生在植物的子房内，有腥味，孢子萌

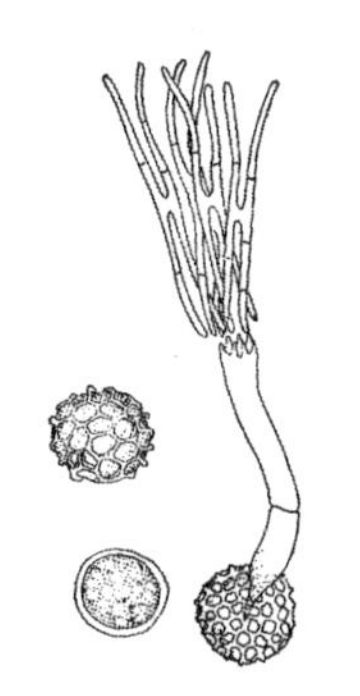

图 2-16　腥黑粉菌属冬孢子和冬孢子萌发

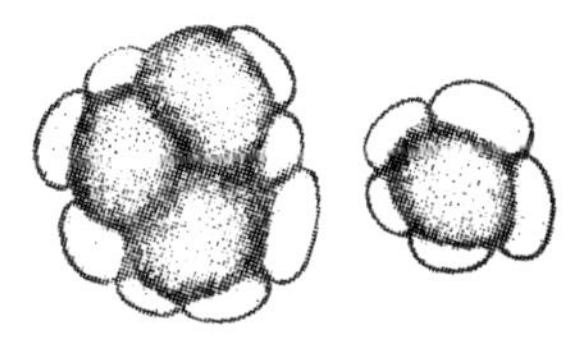

图 2-17　条黑粉菌属冬孢子和不孕细胞形成的孢子球

发产生无隔的先菌丝，顶生成束的担孢子。引起小麦腥黑穗病的通常有 3 个种，即小麦网腥黑粉菌（*T. caries*）、小麦光腥黑粉菌（*T. foetida*）和小麦矮腥黑粉菌（*T. contraversa*）。

d. 条黑粉菌属（*Urocystis*）（图 2-17）　冬孢子结合成外有不孕细胞的孢子球，冬孢子褐色，不孕细胞无色。典型种如引起小麦秆黑粉病的小麦条黑粉菌（*U. tritici*）。

② 锈菌目　锈菌的营养体有单核和双核两种菌丝体。锈菌的冬孢子是由双核菌丝体的顶端细胞形成的，而不是中间细胞，担孢子着生在先菌丝产生的小梗上，释放时可以强力弹射，这是锈菌与黑粉菌的主要区别，黑粉菌的担孢子直接产生在无小梗的先菌丝上，不能弹出。锈菌多为局部侵染。

多数锈菌存在多性现象，典型的锈菌可产生 5 种类型的孢子（图 2-18）：性孢子（0）、锈孢子（Ⅰ）、夏孢子（Ⅱ）、冬孢子（Ⅲ）和担孢子（Ⅳ）。以禾柄锈菌为例，在有些地区，担孢子萌发形成的单核菌丝体侵染小檗后，在寄主表皮下形成性孢子器，内生单核的性孢子和受精丝。性孢子与受精丝交配后形成双核菌丝体，并在叶片的下表皮形成锈孢子器，内生双核的锈孢子。锈孢子只能侵染小麦，不能再侵染小檗。锈孢子萌发成芽管从气孔侵入小麦，并在寄主体内形成双核菌丝体，后在表皮下形成双核的夏孢子，聚集成夏孢子堆。在生长季节中，夏孢子可连续多次产生，不断传播危害。在小麦生长后期，双核菌丝体形成休眠的双核冬孢子，聚集成冬孢子堆。冬孢子萌发形成先菌丝，先菌丝的 4 个细胞上侧生小梗，上面着生单核担孢子。以后担孢子再侵染小檗。

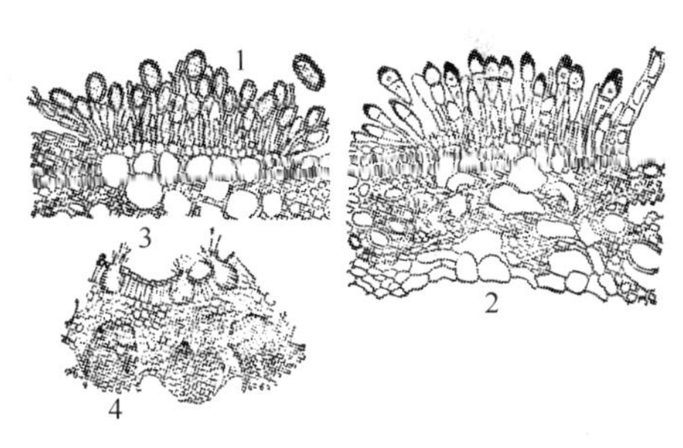

图 2-18　禾柄锈菌

1—夏孢子堆；2—冬孢子堆；3—性孢子器；4—锈孢子器

锈菌的分类主要是根据冬孢子的形态、排列和萌发的方式。已知的锈菌有 150 属，约 6000 种。其中与植物病害有关的主要属（图 2-19）介绍如下。

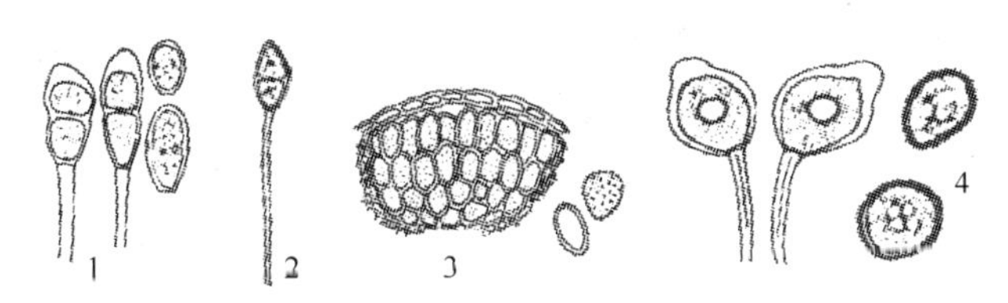

图 2-19　锈菌目主要属的特征

1—柄锈菌属；2—胶锈菌属；3—层锈菌属；4—单胞锈菌属

a. 柄锈菌属（*Puccinia*）　冬孢子双细胞，深褐色，有短柄，椭圆形；性孢子器球形；锈孢子器杯状或筒状，锈孢子单细胞，球形或椭圆形；夏孢子黄褐色，单细胞，近球形，壁上有微刺，单生，有柄。该属可引起多种植物锈病，如小麦秆锈病（*P. graminis* f. sp. *tritici*）、条锈病（*P. striiformis* f. sp. *tritici*）和叶锈病（*P. recondita* f. sp. *tritici*）等。

b. 胶锈菌属（*Gymnosporangium*） 冬孢子双细胞，浅黄色至暗褐色，有可以胶化的长柄；锈孢子器长管状，锈孢子近球形，黄褐色，串生，表面有小的瘤状突起；没有夏孢子阶段。典型种如引起梨锈病的亚洲胶锈菌（*G. asiaticum*）。

c. 单胞锈菌属（*Uromyces*） 冬孢子深褐色，单细胞，有柄，顶壁较厚；锈孢子器杯状；夏孢子堆粉状，褐色，夏孢子单细胞，黄褐色，单生于柄上，椭圆形或倒卵形，有刺或瘤状突起。典型种如引起菜豆锈病的瘤顶单胞锈菌（*U. appendiculatus*）。

d. 层锈菌属（*Phakopsora*） 冬孢子单细胞，无柄，不整齐地排列成数层。夏孢子表面有刺。典型种如引起枣树锈病的枣层锈菌（*P. ziziphivulgaris*）。

（5）半知菌亚门 半知菌，因其有性生殖阶段在自然条件下很少见，或有些已经丧失了有性生殖能力，或有些有性生殖已被准性生殖所代替，我们只能看到无性阶段，即只了解生活史的一半——有丝分裂阶段或无性阶段，所以称它们为有丝分裂孢子真菌、无性菌类真菌或半知菌。

半知菌的营养体多数是有隔菌丝体，菌丝可以形成菌核、子座等结构，也可以分化产生分生孢子梗。无性繁殖产生各种类型的分生孢子，分生孢子的形态、颜色、细胞数目多种多样。有性生殖没有或还没有发现，随着研究的不断深入，许多半知菌的有性阶段已经被发现，经证明大多数半知菌的有性阶段属于子囊菌，少数为担子菌。

着生分生孢子的结构称为载孢体（conidiomata）（图 2-20）。半知菌的载孢体主要有 5 种类型：①分生孢子梗（conidiophore） 由菌丝特化而成，其上着生分生孢子的一种丝状结构。②孢梗束（synnema） 分生孢子梗基部联结成束状，顶端分离而且常具分支的一种分生孢子梗联合体。③分生孢子座（sporodochidium） 由菌丝组织形成的垫状结构，其表面形成分生孢子梗。④分生孢子器（pycnidium） 由菌丝形成近球形的结构，其内壁上产生分生孢子梗，顶端着生分生孢子。⑤分生孢子盘（acervulus） 由菌丝特化成的盘状结构，上面着生成排的分生孢子梗及分生孢子，有些分生孢子盘的四周或中央有深褐色的刚毛。

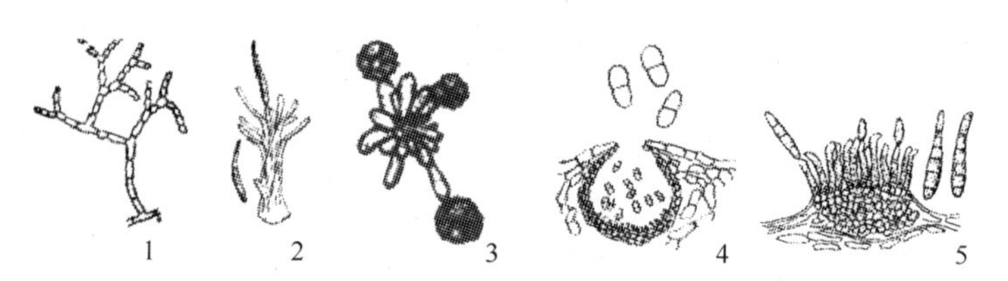

图 2-20 载孢体的类型

1—分生孢子梗；2—孢梗束；3—分生孢子座；
4—分生孢子器；5—分生孢子盘

半知菌分生孢子的产生方式通常有两种类型：体生式（thallic）和芽生式（blastic）。体生式是指营养菌丝的整个细胞作为产孢细胞，以断裂的方式形成分生孢子，分生孢子由产孢细胞整个转化而来，这种孢子称为菌丝型分生孢子或节孢子（arthrospore）；芽生式是指产孢细胞以芽殖的方式产生分生孢子，产孢细胞的一部分参与分生孢子的产生，分生孢子由产孢细胞的一部分发育而来，这种孢子称为芽殖型分生孢子。根据分生孢子的形成涉及的是产孢细胞的内壁还是全壁（内、外壁），以上分生孢子生成的两种方式可进一步分为全壁体生式（holothallic）、内壁体生式（enterothallic）和全壁芽生式（holoblastic）、内壁芽生式（enteroblastic）。大多数分生孢子的形成是芽生式的。依据产孢方式的特征，芽生式还可分为合轴式、环痕式、瓶梗式、孔生式等多种类型。

对于半知菌的分类，真菌学家们的意见有较大差异。本书采用 Ainsworth（1973）的分类系统，根据载孢体的类型、分生孢子的产生方式和分生孢子的特征，将半知菌亚门分为 3 个纲：芽孢纲（Blastomycetes）、丝孢纲（Hyphomycetes）和腔孢纲（Coelomycetes）。其中与植物病害有关的是丝孢纲和腔孢纲。芽孢纲包括酵母菌和类似酵母的真菌。

① 丝孢纲　丝孢纲是半知菌亚门中最大的一个纲，本纲真菌分生孢子不产生在分生孢子盘或分生孢子器内，分生孢子梗散生、束生或着生在分生孢子座上，梗上产生分生孢子。丝孢纲分为 4 个目，分目依据为是否形成分生孢子和载孢体的类型。

无孢目（Agonomycetales）：不产生分生孢子。

丝孢目（Moniliales）：分生孢子梗散生或丛生。

束梗孢目（Stilbellales）：分生孢子梗聚生形成孢梗束。

瘤座菌目（Tuberculariales）：分生孢子梗着生在分生孢子座上。

丝孢纲真菌与植物病害有关的主要属（图 2-21）如下。

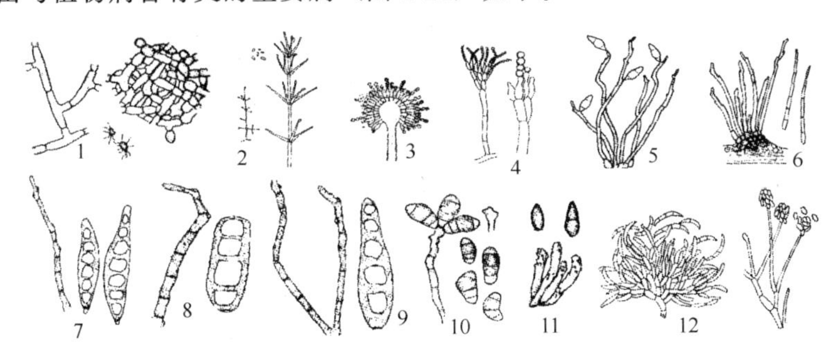

图 2-21　丝孢纲主要属的特征

1—丝核菌属；2—轮枝孢属；3—曲霉属；4—青霉属；
5—梨孢属；6—尾孢属；7—突脐蠕孢属；8—内脐蠕孢属；
9—平脐蠕孢属；10—弯孢属；11—黑星孢属；12—镰孢属

a. 丝核菌属（*Rhizoctonia*）　属于无孢目。菌丝纠结形成菌核，菌核褐色或黑色，内外颜色一致，表面粗糙。菌丝褐色，多为直角分枝，靠近分枝处有隔膜，分枝处有缢缩。典型种有引起多种植物立枯病的立枯丝核菌（*R. solani*）。

b. 轮枝孢属（*Verticillium*）　属于丝孢目。分生孢子梗无色，呈轮状分枝，分生孢子单细胞，卵圆形，无色或淡色，常聚集成孢子球。典型种为引起棉黄萎病的大丽轮枝孢（*V. dahliae*）和黄萎轮枝孢（*V. alboatrum*）。

c. 曲霉属（*Aspergillus*）　属于丝孢目。分生孢子梗顶端膨大成球形，其上着生放射状排列的瓶状小梗，分生孢子串生在小梗上，单细胞，无色或淡色，圆形。多为腐生菌，可引起种子的腐烂霉变、烂果、烂铃和茎腐等。

d. 青霉属（*Penicillium*）　属于丝孢目。分生孢子梗有一次至数次的扫帚状分枝，顶端产生产孢瓶体，其上着生成串的分生孢子。分生孢子圆形或卵圆形，无色，单胞。多数腐生。典型种如引起柑橘青霉病的意大利青霉（*P. italicum*）。

e. 梨孢属（*Pyricularia*）　属于丝孢目。分生孢子梗细长，淡褐色，有屈膝状弯曲，合轴式延伸。分生孢子无色或淡橄榄色，梨形，多有 2 个隔膜，单生。典型种如引起稻瘟病的灰梨孢（*P. grisea*）。

f. 尾孢属（*Cercospora*）　属于丝孢目。分生孢子梗褐色，合轴式延伸，分生孢子脱落后留下的孢子痕明显。分生孢子多细胞，鼠尾状，无色或淡褐色。典型种如引起花生褐斑病的落花生尾孢（*C. arachidicola*）。

g. 蠕孢菌　属于丝孢目。主要有 3 个属，共同点是：分生孢子梗褐色，合轴式延伸，有屈膝状弯曲，分生孢子单生，多细胞，淡色至暗色。不同点：内脐蠕孢属（*Drechslera*），分生孢子脐点凹陷在基细胞内，典型种如引起大麦条纹病的大麦条纹病菌（*D. graminea*）；平脐蠕孢属（*Bipolaris*），分生孢子梭形，脐点与基细胞平截，典型种如引起玉米小斑病的玉蜀黍平脐蠕孢（*B. maydis*）；突脐蠕孢属（*Exserohilum*），分生孢子梭形、圆筒形，脐点明显突出于基细胞外，典型种如引起玉米大斑病的玉米大斑病菌（*E. turcicum*）。

h. 弯孢属（*Curvularia*）　属于丝孢目。分生孢子梗褐色，合轴式延伸，有屈膝状弯曲，孢子痕明显。分生孢子淡褐色至深褐色，具3个隔膜，中间1个或2个细胞常膨大，使分生孢子略弯。典型种如引起玉米弯孢霉叶斑病的新月弯孢（*C. lunata*）。

i. 黑星孢属（*Fusicladium*） 属于丝孢目。分生孢子梗褐色，合轴式延伸，孢子痕明显。分生孢子淡褐色，广梭形，单细胞。典型种如引起梨黑星病的梨黑星孢（*F. pyrinum*），有性态是黑星菌属。

j. 镰孢属（*Fusarium*） 属于瘤座菌目。又称镰孢菌属或镰刀菌属。分生孢子梗无色。分生孢子有两类：大型分生孢子，镰刀形，多细胞，无色，两端稍尖，略弯曲，基部常有明显突起的足细胞；小型分生孢子，卵圆形至椭圆形，无色，单胞至双胞，单生或串生。有些种可形成厚垣孢子。厚垣孢子无色或有色。典型种如引起多种植物枯萎病的尖孢镰孢（*F. oxysporum*）。

图 2-22 炭疽菌属

② 腔孢纲 该纲真菌的特点是分生孢子产生在分生孢子盘或分生孢子器内。本纲可分为2个目：黑盘孢目（Melanconiales），分生孢子产生于分生孢子盘内；球壳孢目（Sphaeropsidales），分生孢子产生于分生孢子器内。

腔孢纲中有许多重要的植物病原菌，侵染植物后可在病部看到小黑点，即是病菌的分生孢子盘或分生孢子器。主要属有：

a. 炭疽菌属（*Colletotrichum*）（图 2-22） 属于黑盘孢目。分生孢子盘生于寄主表皮下，有些生有黑褐色有隔的刚毛，分生孢子梗无色至褐色，分生孢子单细胞，无色，长椭圆形或新月形。炭疽菌属的寄主范围很广，可侵染多种植物引起炭疽病。

b. 壳囊孢属（*Cytospora*）（图 2-23） 属于球壳孢目。分生孢子器产生在子座组织中，分生孢子器腔不规则地分为数室，分生孢子香蕉形。典型种如引起苹果、梨腐烂病的梨壳囊孢菌（*C. carphosperma*），其有性态属于黑腐皮壳属。

c. 壳针孢属（*Septoria*）（图 2-24） 属于球壳孢目。分生孢子器球形，褐色。分生孢子无色，线形，多细胞。典型种如引起芹菜斑枯病的芹菜小壳针孢（*S. apii*）。

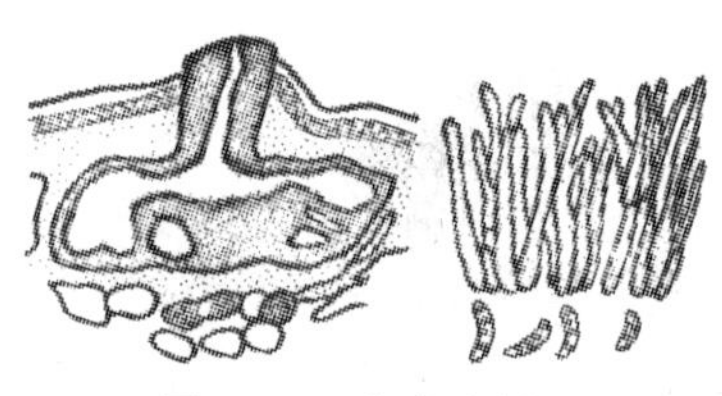

图 2-23 壳囊孢属

图 2-24 壳针孢属

二、植物病原原核生物

原核生物（Prokaryote）是指没有真正的细胞核，DNA分散在细胞质内的一类细胞生物。它们的细胞核没有核膜包围，细胞质中没有内质网、线粒体和叶绿体等细胞器。能够引起植物病害的原核生物包括细菌、菌原体等。

1. 原核生物的形态

细菌的形态有球状、杆状和螺旋状，植物病原细菌多为短杆状。细菌多为单生，少数串生或聚生，菌体大小一般为（0.5～0.8）μm×（1～3）μm。细菌的细胞壁是由肽聚糖、脂类和甲壳质组成，细胞壁外有薄厚不等的黏质层，比较厚而固定的黏质层称荚膜。细胞壁内是质膜，细菌的鞭毛（flagellum）（图 2-25）是从细胞质膜下粒状鞭毛基体上产生的，穿过细胞壁和黏质层延伸到体外。细菌鞭毛的数目和着生位置是分属的重要依据，着生在菌体一端或两端的鞭毛称为极鞭，着生在菌体四周的鞭毛称为周鞭。质

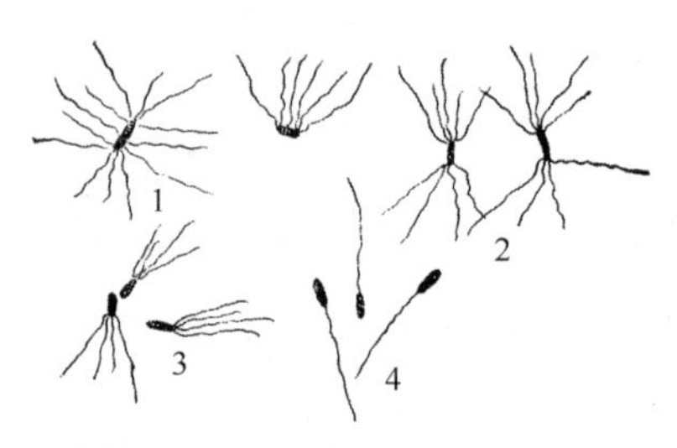

图 2-25 细菌鞭毛的着生方式
1—周生；2～4—极生

膜内是含有液泡、气泡、异粒体、中心体、核糖体等内含物的细胞质，细胞质的中央是细菌的核区。有些细菌，还有独立于核质之外的环状 DNA，称为质粒（plasmid）。根据细菌细胞壁的差异，通过革兰染色可将其分为革兰阴性菌（G^-）和革兰阳性菌（G^+），革兰阴性菌（G^-）细胞壁薄，有脂多糖和脂蛋白，经革兰染色后呈红色；革兰阳性菌（G^+）细胞壁厚，以肽聚糖为主，经革兰染色后呈紫色。而植物病原细菌多为革兰阴性菌。

菌原体包括支原体（Phytoplasma）和螺旋体（Spiroplasma），是一类不具有细胞核的原核生物。支原体的形态多种多样，如圆形、哑铃形、椭圆形、梨形等，大小为 80～1000nm。细胞内有颗粒状的核糖体和丝状的核酸物质。螺旋体菌体呈线条状、螺旋形，一般长度为 2～4μm，直径为 100～200nm。

原核生物常见的繁殖方式是裂殖。单个细菌非常小，只能在高倍光学显微镜下才能观察到，但细菌经大量繁殖后聚集成群体，人们的肉眼就可看见。细菌在固体培养基上大量繁殖形成菌落，菌落的性状如颜色、形状、边缘的形态、隆起情况、流动性等可作为初步鉴别细菌的一个重要依据。在液体培养基上培养时细菌还能形成菌膜、菌环及一些沉淀物等。支原体不能人工培养，螺旋体在含有甾醇的固体培养基上才能生长，形成煎蛋状菌落。

2. 原核生物的危害及症状特点

原核生物病害的种类和危害性在侵染性病原物中不如真菌和病毒，位于第三。但其中也存在很多生产上重要的植物病害，如水稻白叶枯病、茄科植物青枯病、十字花科植物软腐病、泡桐丛枝病等。

植物病原原核生物引起植物细胞和组织的内部病变，可造成各种症状，其中最常见的有坏死、腐烂、萎蔫和畸形等。

原核生物引起的坏死症状主要是叶斑和叶枯，叶斑常常呈现水渍状，如黄单胞杆菌属（*Xanthomonas*）引起的水稻白叶枯病；腐烂则主要产生在果实、根部、茎部，表现为软腐，如欧文菌属（*Erwinia*）引起的十字花科蔬菜软腐病；萎蔫主要是维管束组织发生病变引起的，如棒状杆菌属（*Clavibacter*）引起的马铃薯环斑病；畸形症状主要是由螺旋体和支原体引起，如支原体引起的泡桐丛枝病。

3. 原核生物的主要类群

最早的生物五界系统中，原核生物属于原核生物界。Woese（1990）提出了三域系统，将细胞生物分为古菌域（Archaea）、细菌域（Bacteria）和真核域（Eukarya）。植物病原原核生物属于细菌域，2005 年出版的《Bergey 细菌分类手册》第二版第二卷中分为 24 个门，与植物病害有关的是普罗特斯菌门（Proteobacteria）、厚壁菌门（Firmicutes）和放线菌门（Actinobacteria）。本书仍采用生物五界系统，按照伯杰氏细菌鉴定手册（第九册，1994）及 Gibbons 和 Murray（1978）的分类系统，将原核生物界分为 4 个门：疵壁菌门（Phylum Mendosicutes）、薄壁菌门（Phylum Gracilicutes）、厚壁菌门（Phylum Firmicutes）和软壁菌门（Phylum Tenericutes）。其中与植物病害有关的是薄壁菌门、厚壁菌门和软壁菌门，前两者有细胞壁，后者没有细胞壁。

（1）薄壁菌门　《Bergey 细菌分类手册》第二版第二卷中属于普罗特斯菌门。该门的主要特征为细胞壁薄，厚度为 7～8nm，细胞壁中肽聚糖含量少，属于革兰阴性菌。

与植物病害有关的主要属有：

① 假单胞菌属（*Pseudomonas*）　菌体短杆状，直或略弯，大小为（0.5～1.0）μm×（1.5～5.0）μm，一根至数根鞭毛极生。G^-，好气性，代谢为呼吸型，无芽孢。菌落圆形、隆起、灰白色，有些有荧光反应的为白色或褐色。DNA 中 G+C 含量为 58%～70%。近年来，一些成员如噬酸菌属（*Acidovorax*）、布克菌属（*Burkholderia*）和劳尔菌属（*Ralstonia*）等陆续从本属中独立出去成立新属。典型种如引起桑疫病的丁香假单胞菌桑树致病变种（*P. syringae* pv. *mori*）。

② 黄单胞菌属（*Xanthomonas*）　菌体短杆状，单鞭毛，极生，G^-，大小为（0.4～0.6）μm×（1.0～2.9）μm。好气性，代谢为呼吸型，菌落圆形、隆起、蜜黄色，产生黄单胞菌色素。氧化酶阴性，过氧化氢酶阳性，DNA 中 G+C 含量为 63%～70%。典型种如引起水稻白叶枯病的稻黄单胞菌水稻致病变种（*X. oryzae* pv. *oryzae*）和水稻细菌性条斑病的稻黄单胞菌稻生

致病变种（*X. oryzae* pv. *oryzieola*）。

③ 土壤杆菌属（*Agrobacterium*） 菌体短杆状，大小为（0.6～1.0）μm×（1.5～3.0）μm，鞭毛1～4根，周生或侧生。好气性，G^-，无芽孢。菌落为圆形，光滑、隆起、灰白色至白色，不产生色素。氧化酶反应阴性，过氧化氢酶反应阳性。DNA中G+C含量为57%～63%。该属细菌都是土壤习居菌。该属植物病原细菌都含有质粒，它控制着细菌的致病性和抗药性等。如侵染寄主引起肿瘤症状的质粒称为“致瘤质粒”（tumor inducing plasmid，即Ti质粒）。典型种如引起桃根癌病的根癌土壤杆菌（*A. tumefaciens*）。

④ 欧文菌属（*Erwinia*） 菌体短杆状，大小为（0.5～1.0）μm×（0～3）μm，G^-，多根鞭毛周生，兼性好气性，无芽孢，菌落圆形、隆起、灰白色，氧化酶反应阴性，过氧化氢酶反应阳性，DNA中G+C含量为50%～58%。典型种如引起梨火疫病的梨火疫病菌（*E. amylovora*）。其是我国对外检疫性病害。

⑤ 木质菌属（*Xylella*） 菌体短杆状，大小为（0.25～0.35）μm×（0.9～3.5）μm，G^-，无鞭毛，好气性，氧化酶反应阴性，过氧化氢酶反应阳性。需要特殊的培养基才能生长。菌落较小，边缘平滑或成波纹状。DNA中G+C含量为49.5%～53.1%。典型种如引起葡萄皮尔病的葡萄皮尔菌（*X. fastidiosa*），造成叶片边缘焦枯、生长缓慢、植株萎蔫等症状。

（2）厚壁菌门 《Bergey细菌分类手册》第二版第二卷中属于放线菌门。该门主要特征是细胞壁肽聚糖含量高，G^+。

与植物病害有关的主要属如下。

① 棍状杆菌属（*Clavibacter*） 菌体短杆状，直或微弯，大小为（0.4～0.75）μm×（0.8～2.5）μm，无鞭毛，G^+，好气性。菌落圆形、隆起、不透明、多为灰白色。典型种如引起马铃薯环腐病的密执安棍形杆菌环腐致病亚种（*C. michiganensis* subsp. *sepedonicus*），主要危害马铃薯的维管束组织，引起环状维管束组织坏死。

② 链霉菌属（*Streptomyces*） 菌体分枝如细丝状，G^+，无鞭毛，菌落圆形、紧密、多为灰白色。链霉菌多为土壤习居菌，个别为植物病原菌，典型种如引起马铃薯疮痂病的疮痂链霉菌（*S. scabies*）。

（3）软壁菌门 《Bergey细菌分类手册》第二版第二卷中属于厚壁菌门。本门的主要特征是菌体无细胞壁，只有一种称为单位膜的原生质膜包围在菌体周围，厚8～10nm，没有肽聚糖成分，没有鞭毛，多数不能运动，营养要求苛刻，对四环素类敏感，而对青霉素不敏感。

与植物病害有关的主要属如下。

① 支原体属（*Phytoplasma*） 菌体没有细胞壁，形态多为圆形、椭圆形、哑铃形，大小为80～1000nm。支原体最早归于病毒，后来又称类菌原体（Mycoplasma-like organism，MLO）或植原体。很难进行人工培养。对四环素族抗生素敏感。常见的支原体病害有桑萎缩病、泡桐丛枝病、枣疯病等。

② 螺原体属（*Spiroplasma*） 菌体螺旋形，繁殖时可产生分枝，分枝亦呈螺旋形。生长繁殖时需要提供固醇，菌落很小，呈煎蛋状。菌体无鞭毛，在液体培养基中可旋转，属兼性厌氧菌。基因组大小约5×10^8，DNA中G+C含量为24%～31%。典型种如僵化病的柑橘螺原体（*S. citri*），造成枝条直立，节间缩短，叶变小，丛生枝或丛芽，树皮增厚，植株矮化，且全年可开花，但结果小而少，多畸形，易脱落。

4. 植物病原原核生物的防治原则

对于植物病原原核生物的防治应加强植物检疫，避免发病地区扩大；种植抗病品种；选用无病种苗、种子及种子消毒；减少初侵染源，清除病残体，注意田间卫生；实行轮作，加强栽培管理，及时地进行化学防治。

三、植物病原病毒

病毒（Virus）（图2-26）是由核酸和蛋白质或脂蛋白外壳组成的，只能在特定的寄主细胞内完成自身复制的一种非细胞生物。病毒根据寄主的不同分为植物病毒（plant virus）、动物病毒

(animal virus) 和细菌病毒等，细菌病毒又称噬菌体（Bacteriophage）。植物病毒的危害仅次于真菌，居第二位。生产上有许多重要的病毒病害如小麦黄矮病、小麦土传花叶病、水稻条纹叶枯病、烟草花叶病等。

1. 植物病毒的形态结构

（1）植物病毒的形态　植物病毒的基本形态为粒体，病毒粒体多为球状、杆状和线状，少数为弹状、杆菌状和双联体状等。球状病毒并不是光滑的球形，而是由许多正三角形组成的二十面体（图 2-27）或多面体，直径多为 20～35nm，少数可以达到 70～80nm。杆状病毒粒体刚直，不易弯曲，多为（20～80）nm×（100～250）nm。线状病毒粒体有不同程度的弯曲，大小多为（11～13）nm×（700～750）nm，个别短的为 480nm，长的可达 2000nm 以上。

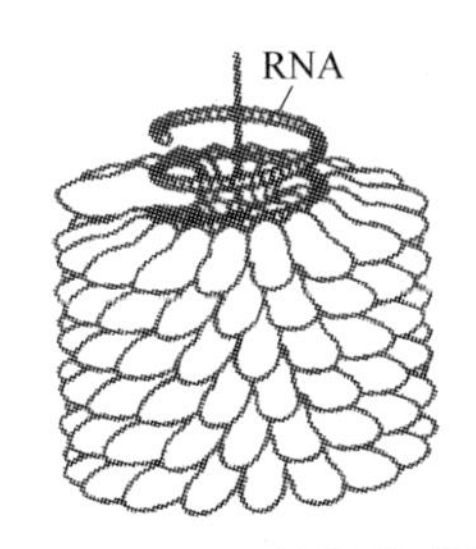

图 2-26　TMV 结构模式图

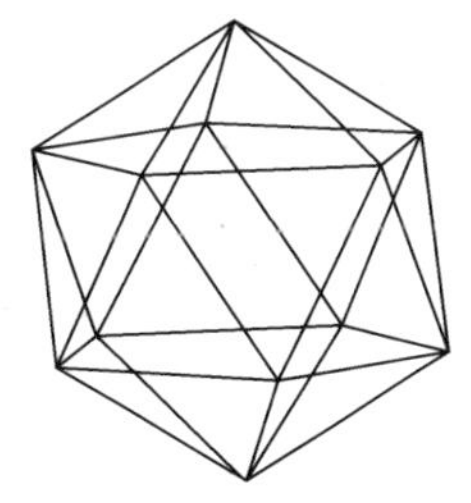

图 2-27　正二十面体模式图

（2）植物病毒的结构　植物病毒粒体是由核酸分子包被在蛋白质衣壳里构成的。如果只有核酸而没有蛋白质衣壳的称为类病毒（Viroid）。球状、杆状和线状植物病毒的表面由许多蛋白质亚基构成。

（3）植物病毒的组成　植物病毒的主要成分是蛋白质和核酸。植物病毒的蛋白质主要有构成病毒粒体必需的结构蛋白、病毒复制需要的酶及参与传播、运动需要的运动蛋白等。病毒的核酸有 RNA 和 DNA 两种类型。除蛋白质和核酸外，植物病毒含量最多的是水分，如芜菁黄花叶病毒的结晶体中，水分的含量为 58%。有些病毒如植物弹状病毒科还有少量的脂类和糖蛋白存在于囊膜中。有些病毒粒体还含有精胺和亚精胺等多胺，它们与核酸上的磷酸基团相互作用，其作用是稳定折叠的核酸分子。此外，钙离子、钠离子和镁离子等金属离子也是许多病毒必需的，起着稳定外壳蛋白与核酸结合的作用。

（4）植物病毒理化性质　不同的病毒具有不同的理化性质，这些性质可以作为区分不同病毒的依据之一。

① 稀释限点　指含有病毒的植物汁液保持侵染力的最高稀释倍数。例如 TMV 的稀释限点为 10^{-7}～10^{-4} 倍。

② 钝化温度　指含有病毒的植物汁液恒温处理 10min 失去侵染力的最低温度。多数植物病毒的钝化温度为 55～70℃。

③ 体外存活期　指在室温（20～22℃）下，含有病毒的植物汁液能保存其侵染力的最长时间。例如烟草花叶病毒的体外存活期为几个月以上。

2. 植物病毒病的症状

植物病毒病的症状主要表现为变色、坏死和畸形，腐烂和萎蔫则很少见。

变色是植物病毒病最常见的症状，主要表现为花叶和黄化，所以很多病毒病都称为花叶病。例如烟草花叶病毒、黄瓜花叶病毒等。

植物病毒引起的坏死主要是叶片上的各种枯斑、枝条的坏死和茎秆上的条状坏死。如烟草病毒病可造成烟草叶片上产生环斑，番茄病毒病可在果实和茎秆上发现条形坏死斑。

植物病毒病可表现出各种各样的畸形症状。如小麦黄矮病引起的植株矮化，小麦丛矮病引起的植株矮化丛生，番茄病毒病引起的蕨叶等。

3. 植物病毒的主要类群

（1）烟草花叶病毒（Tobacco mosaic virus，TMV）　病毒粒体为直杆状，直径 18nm，长

300nm；核酸为一条+ssRNA，衣壳蛋白为一条多肽。烟草花叶病毒的寄主范围较广，主要通过汁液摩擦传播。对外界环境的抵抗力强，其体外存活期一般在几个月以上，在干燥的叶片中可以存活50多年，稀释限点为10^{-7}～10^{-4}，钝化温度为90℃左右。可引起烟草、辣椒、番茄等作物的花叶病。

（2）黄瓜花叶病毒（Cucumber mosaic virus，CMV） 粒体球状，直径28nm。三分体病毒，由三条正单链RNA1、RNA2、RNA3组成。在CMV中存在有卫星RNA。其稀释限点为10^{-6}～10^{-5}，钝化温度为55～70℃，体外存活期为1～10d。CMV寄主范围很广，可侵染1000多种植物。在自然界主要由蚜虫传播，也可经汁液接触而机械传播。

（3）马铃薯Y病毒（Potato virus y，PVY） 马铃薯Y病毒属（*Potyvirus*）是植物病毒中最大的一个属，包含200多个种。粒体形态为线状，大小为（11～15）nm×750nm。可在寄主细胞内形成风轮状内含体，也有的产生核内含体或不定形内含体。核酸为一条+ssRNA。其稀释限点为10^{-6}～10^{-2}，钝化温度为50～62℃，体外存活期为2～6d。PVY寄主范围较广，可侵染茄科、豆科等的60多种植物。主要由蚜虫进行传播，也可由种子、无性繁殖材料或机械摩擦传毒。

（4）大麦黄矮病毒（Barley yellow dwarf virus，BYDV） 粒体球形，直径20～30nm，核酸为一条+ssRNA，全长5500～6000核苷酸。BYDV寄主范围很广，可侵染大麦、小麦、燕麦、黑麦等100多种禾本科植物。大麦黄矮病毒由蚜虫传播。

（5）马铃薯纺锤形块茎类病毒（Potato spindle tuber viroid，PSTVd） 病毒基因组为一条环状ssRNA，稀释限点为10^{-3}～10^{-2}。PSTVd自然寄主为马铃薯。PSTVd可以经种子或种薯传播，也可经切刀和嫁接传播；类病毒被包裹在马铃薯卷叶病毒粒体中时，也可以经蚜虫传播。

4. 植物病毒病的防治原则

病毒病一旦发生，很难防治。防治的原则是预防为主，综合防治。

① 培育种植抗（耐）病的品种 抗病品种的选用是防治病毒病最经济有效的方法。

② 消灭初侵染来源 进行土壤、种子、切刀等的消毒，选用无毒的繁殖材料如薯块、接穗和砧木等。

③ 防治生物介体 由昆虫、线虫、菟丝子等生物介体传播的病毒，应尽早防治生物介体。

④ 其他防治方法 如TMV可利用弱毒株系的交叉保护作用防治病害。

四、植物病原线虫

线虫（Nematode）是一种低等的无脊椎动物，可以寄生人、动物和植物，寄生于植物的线虫称为植物病原线虫。目前，已报道的植物病原线虫有6000多种，几乎每一种作物上都有线虫为害，其中有许多重要的植物病害，如大豆胞囊线虫病、花生根结线虫病、甘薯茎线虫病和水稻干尖线虫病等。此外，有些线虫还能传播真菌、细菌和病毒，从而加重对植物的危害。线虫为害后植物表现的症状与一般的病害症状相似，而线虫对植物的破坏作用又主要是通过分泌有毒物质和夺取营养的方式，与昆虫对植物的取食大不相同，所以通常把植物寄生线虫作为病原物来研究。

1. 形态

植物病原线虫的虫体细长，多为线形，两端略细，长0.2～12mm，少数种类的雌虫膨大成梨形、柠檬形、肾形或囊状。

线虫的虫体结构比较简单，可分为体壁和体腔。线虫的体壁几乎是透明的，体壁的最外面是一层平滑而有横纹或纵纹或突起不透水的表皮层，称角质层。里面是下皮层，接着是线虫运动的肌肉层。线虫体腔内有消化系统、生殖系统、神经系统和排泄系统等器官。线虫的消化系统是由口孔、口针、食道、肠、直肠和肛门连成的一条不规则直通管道。口孔是线虫取食时口针的进出口，口针是植物寄生线虫从寄主体内获取营养和侵入寄主体内的工具。口孔的后面是口腔。食道紧接在口腔之后，植物寄生线虫的食道类型主要有三种：①垫刃型食道（tylenchoid oesophagi）其结构包括前体部、中食道球、狭部和食道腺四部分。背食道腺开口位于口针基球后，而腹食道腺则开口于中食道球腔内。多数植物病原线虫的食道属于此类。②滑刃型食道（ aphelenchoid oesophagi）　整个食道构造与垫刃型食道相似，但中食道球较大，背、腹食道腺均开口于中食道球腔内。③矛线型食道（dorylaimoid oesophagi）　口针强大，食道分两部分，食道管的前部较细而薄，后部呈瓶状，没有中食道球。线虫的食道类型是线虫分类鉴定的重要依据。

线虫的生殖系统非常发达。雌虫由1条或2条生殖管组成。每条生殖管包括卵巢、输卵管、受精囊、子宫、阴道和阴门，双生殖管的雌虫两条生殖管拥有同一阴道和阴门。雄虫由1条或2条生殖管和一些附属的交配器官组成。单生殖管包括睾丸、精囊、输精管和泄殖腔等。双生殖管的雄虫则有两个睾丸，附属交配器官有交合刺（spicule）、引带和交合伞等。

2. 生活史

线虫生活史包括卵、幼虫和成虫3个时期。幼虫一般有4个龄期，第1龄幼虫多在卵内发育，因此从卵孵化出来的幼虫是2龄幼虫，每蜕皮1次，就增加1个龄期。经最后一次蜕皮发育为成虫，两性交配后雌虫产卵，雄虫一般随后死亡。2龄幼虫是许多植物病原线虫侵染寄主的虫态，所以也称侵染性幼虫。在环境条件适宜的情况下，线虫一般3～4周繁殖1代，1个生长季节可发生多代。

植物病原线虫都是专性寄生。它们大多生活在土壤的耕作层中，从地面到15cm深的土层中线虫较多，特别是在根围土壤中更多，主要是由于有些线虫只有在根部寄生后才能大量繁殖，同时根部的分泌物对线虫有一定的吸引力，或者能刺激线虫卵孵化。不同的线虫对土壤条件的要求不同。一般温度在20～30℃有利于线虫孵化和发育。多数线虫的生长发育喜好较干旱的条件，而有些线虫则在淹水条件下有利于生长繁殖。一般线虫病多发生在砂壤土中，而有些线虫病则在黏重土中发生严重。线虫在土壤中的活动性不大，在整个生长季节内，线虫在土壤中移动的范围很少超过30～100cm。但是植物病原线虫可通过人为的传带、种苗的调运、风和灌溉水以及耕作农具的携带等，进行远距离的传播。

不同的线虫寄生方式也不相同。多数线虫在寄主体外以口针穿刺进寄主组织内吸取营养，称为外寄生；有些线虫则进入寄主组织吸取营养，称为内寄生；还有一些线虫先进行外寄生而后进行内寄生。

3. 主要属特征

传统的分类系统把线虫放在线形动物门（Nemathelminthes），称为线虫纲。20世纪80年代后，线虫成为一个单独的门——线虫门（Nematoda）。在线虫门以下，根据侧尾腺的有无分为侧尾腺纲（Secernentea）和无侧尾腺纲（Adenophorea）。植物病原线虫主要属于侧尾腺纲中的垫刃目（Tylenchida）和滑刃目（Aphelenchida）。其中比较重要的属如下所述。

（1）粒线虫属（*Anguina*）（图2-28）　垫刃目的成员。雌虫和雄虫均为蠕虫形，虫体肥大较长，雌虫稍粗长，通常大于1mm。垫刃型食道，口针较小。雌虫往往两端向腹面卷曲，单卵巢；雄虫稍弯，但不卷曲，交合伞长，但不包到尾尖，交合刺粗而宽。多寄生在禾本科植物的地上部，在茎、叶上形成虫瘿（gall），或者为害子房形成虫瘿。典型种如引起小麦粒线虫病的小麦粒线虫（*A. tritici*）。

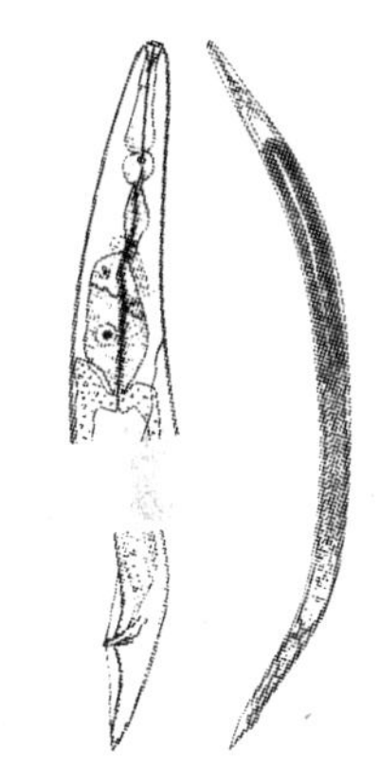

图2-28　粒线虫属

（2）茎线虫属（*Ditylenchus*）　垫刃目的成员。雌虫和雄虫均为蠕虫形，虫体纤细；垫刃型食道，口针细小。雌虫前生单卵巢，卵母细胞1～2行排列，阴门在虫体后部；雄虫交合伞达尾长的3/4处，不包至尾尖。雌虫和雄虫尾为长锥状，末端尖锐，侧线4～6条。茎线虫属全部为迁徙性内寄生线虫，可以为害地上部的茎叶和地下的根、鳞茎和块根等，引起寄主组织的坏死和腐烂。典型种如引起甘薯茎线虫病的腐烂茎线虫（*D. destructor*）（图2-29）。

（3）根结线虫属（*Meloidogyne*）　垫刃目的成员。雌雄异型，雄虫蠕虫形，尾短，无交合伞，交合刺粗壮；雌虫成熟后呈梨形，双卵巢，阴门和肛门在虫体后部，阴门周围的角质膜形成特征性的花纹即会阴花纹，是鉴定种的重要依据。根结线虫属与胞囊线虫属的主要区别是前者使受害植物的根部肿大，形成瘤状根结，雌虫的卵全部排出体外进入卵囊中，成熟雌虫的虫体不形成胞囊；后者危害寄主不形成肿瘤，雌虫成熟后卵部分排出体外，成熟雌虫体皮褐化成为胞囊。

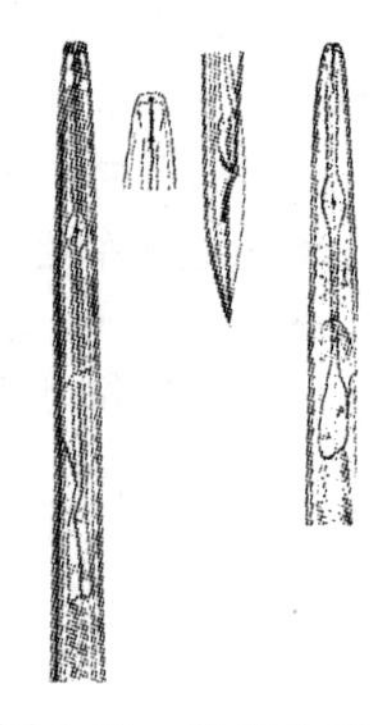
图 2-29 茎线虫属

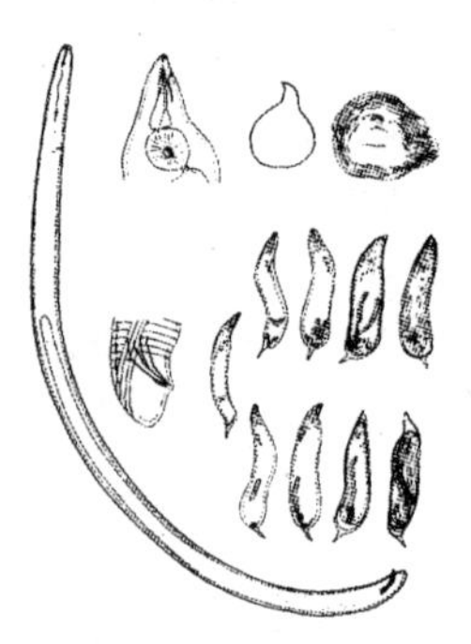
图 2-30 根结线虫属

根结线虫属是目前世界上危害最严重的植物病原线虫，可为害单子叶和双子叶植物，广泛分布于世界各地，已报道的至少有 80 个种，其中分布最广泛的有 4 个种，即南方根结线虫（*M. incognita*）、北方根结线虫（*M. hapla*）、花生根结线虫（*M. arenaria*）和爪哇根结线虫（*M. javanica*）（图 2-30）。

（4）胞囊线虫属（*Heterodera*） 又称异皮线虫属，垫刃目的成员。雌雄异型，成熟雌虫膨大呈柠檬状、梨形，前生双卵巢，发达，阴门和肛门位于尾端，有突出的阴门锥，阴门裂两侧为双半膜孔，雌虫成熟后卵一部分排出体外胶质的卵囊中，另一部分保存在体内，体壁角质层变厚、褐化，这种内部具有卵的雌虫称作胞囊（cyst）；雄虫虫体蠕虫形，尾短，末端钝圆，无交合伞。典型种为引起大豆胞囊线虫病的大豆胞囊线虫（*H. glycines*）（图 2-31）。

（5）滑刃线虫属（*Aphelenchoides*）（图 2-32） 滑刃目的成员。雌虫和雄虫均为蠕虫形，滑刃型食道，口针较长。雄虫尾端弯曲呈镰刀形，尾尖有 4 个突起，交合刺强大，呈玫瑰刺状，无交合伞。雌虫尾端不弯曲，从阴门后渐细，单卵巢。滑刃线虫属已报道至少有 180 种，典型种为引起水稻干尖线虫病的贝西滑刃线虫（*A. besseyi*）。

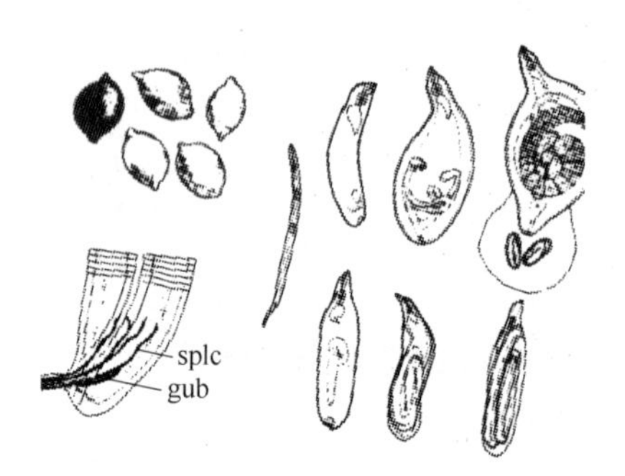

图 2-31 胞囊线虫属

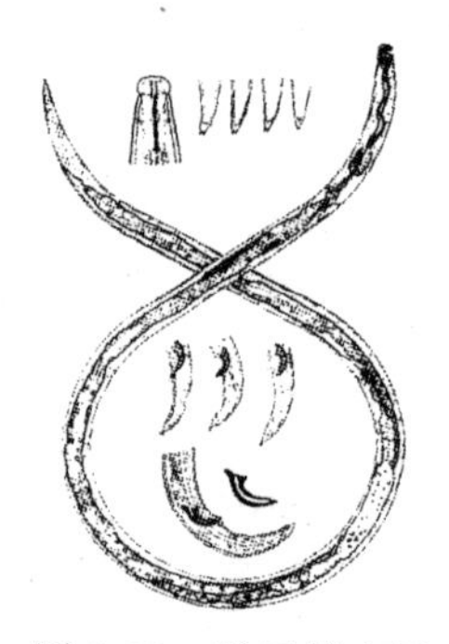
图 2-32 滑刃线虫属

4. 线虫病的防治原则

① 严格检疫制度 严禁从病区调运种子、种苗等。

② 种植抗病品种 不同的地区可因地制宜地选用抗耐病的品种，减少线虫病的危害。

③ 实行轮作 与非寄主作物轮作，特别是水旱轮作，可有效减轻线虫病的发生。

④ 药剂防治 用熏蒸剂熏杀土壤内的线虫，或用克百威对土壤进行消毒处理，都有不同程度的防治效果。

五、寄生性种子植物

大多数植物是自养生物，但也有少数植物由于缺乏足够的叶绿素或根系、叶片退化而营寄生生活，它们必须从其他植物上获取营养物质以维持其生长和繁殖，称为寄生性植物。除了少数低等的藻类植物可以寄生植物外，大多数寄生性植物是高等的双子叶植物，所以又称为寄生性种子植物。寄生性种子植物在热带和亚热带分布较多，如桑寄生、独脚金等。部分分布在温带地区，如菟丝子。寄生性种子植物的寄主多为野生木本植物，少数为农作物。

1. 寄生性种子植物的一般性状

不同的寄生性种子植物从寄主植物上获得营养物质的方式和成分也不同。根据其对寄主的依赖程度，可将寄生性种子植物分为全寄生和半寄生两类。全寄生是指寄生性种子植物从寄主植物上夺取自身所需的全部营养物质，如菟丝子（*Cuscuta*）和列当（*Orobanche*）等，它们的叶片已经退化或叶片缺乏足够的叶绿素，根系也退变为吸根，吸根中的导管和筛管分别与寄主植物的导管和筛管相连。半寄生是指寄生性种子植物具有叶绿素，能进行光合作用，但根系退化，以吸根的导管与寄主维管束的导管相连，从寄主植物中吸取水分和无机盐，如桑寄生（*Loranthus*）和槲寄生（*Viscum*）等。由于它们对寄主的寄生关系主要是水分的依赖关系，所以也称为水寄生。此外，根据寄生部位不同，寄生性种子植物可分为茎寄生和根寄生。寄生在植物茎秆上的称为茎寄生，如菟丝子、桑寄生等；寄生在植物根部的称为根寄生，如列当等。

寄生性种子植物的致病作用主要表现为对营养物质的争夺上，因此全寄生类的致病力比半寄生类的要强。寄生性种子植物除了本身的为害外，还是一些病害的传播介体，如菟丝子可传播病毒病。草本植物受害主要表现为植株矮小、黄化，严重时全株枯死。木本植物受害通常出现落叶、落果、开花延迟或不开花、顶枝枯死、不结实，最终导致死亡。

2. 寄生性种子植物的主要类群

寄生性种子植物属于被子植物门，有 12 个科，约 2500 种。其中最重要的是桑寄生科（Loranthaceae）、旋花科（Convolculaceae）和列当科（Orobanchaceae）。重要的属有：

（1）菟丝子属（*Cuscuta*） 菟丝子又称金钱草，是攀缘寄主的一年生草本植物，没有根和叶，或叶片退化成鳞片状，无叶绿素，为全寄生。茎为黄色丝状，与寄主接触处长出吸盘（haustorium），侵入寄主体内。花小，白色至淡黄色，头状花序。蒴果球状，有种子 2～4 枚。种子小，卵圆形，黄褐色至黑褐色，表面粗糙。成熟后的种子落入土中或脱粒时混在作物种子内，成为来年病害的主要侵染源。翌年，菟丝子种子发芽，生出旋卷的幼茎，接触到寄主就缠绕到上面，长出吸盘侵入寄主维管束中寄生。下部的茎逐渐萎缩，与土壤分离。以后上部的茎不断缠绕寄主，并向四周蔓延危害（图 2-33）。菟丝子的种类很多，可为害大豆、花生、马铃薯、苜蓿、胡麻等多种作物。典型种如引起大豆菟丝子病害的中国菟丝子（*C. chinensis*）。

（2）列当属（*Orobanche*） 列当是一年生草本植物。茎单生或少有分枝，直立，高度不等，黄色至紫褐色，叶片退化为鳞片状，没有叶绿素，根退化成吸根（radicle），以吸器与寄主植物根部的维管束相连，为全寄生，穗状花序，花冠筒状，多为白色或紫红色，也有米黄色和蓝紫色等。球状蒴果，有种子 500～2000 枚。种子极小，卵圆形，深褐色。种子落在土中后，经过休眠在适宜的温、湿度条件下萌发成线状的幼芽。当幼芽遇到寄主植物的根，就以吸根侵入寄主根内吸取养分。在吸根生长的同时，根外形成的瘤状膨大组织向上长出花茎（图 2-34）。寄主植物因养分和水分被列当吸取，生长不良，产量减少。典型种如侵染瓜类、番茄等的埃及列当（*O. aegyptica*）。

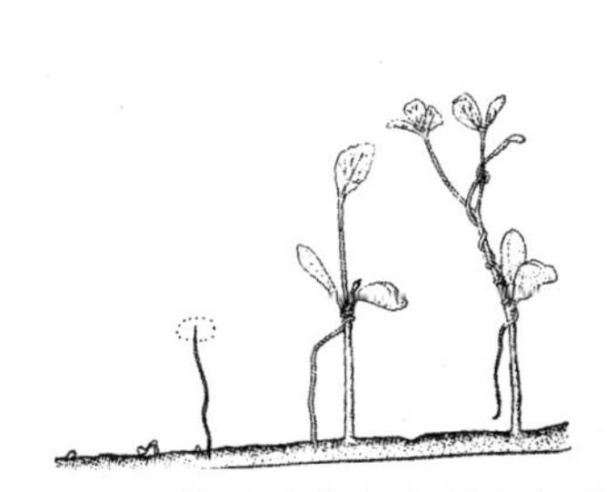

图 2-33 菟丝子萌发和侵害方式

图 2-34 向日葵列当

（3）槲寄生属（*Viscum*） 槲寄生为绿色小灌木，营半寄生生活。叶片对生、革质、无柄或全部退化，茎圆柱形叉状分枝，节间明显，花极小，雌雄异株，果实为浆果，黄色。主要寄生于桑、杨、板栗、梨、桃、李、枣等多种林木和果树等木本植物的茎枝上。典型种如槲寄生（*V. album*）和东方槲寄生（*V. orientale*）等。

第三节 植物侵染性病害的发生发展

一、病原生物的寄生性和致病性

1. 寄生性

病原物的寄生性是指病原物从寄主活的细胞和组织中夺取养分和水分的能力。引起植物病害的病原生物大多数都是寄生物，但寄生程度对于不同的病原物来讲存在很大的差异。有的只能从活的植物细胞和组织中获得所需要的营养物质，而有的除营寄生生活外，还可在死的植物组织上生活，或者以死的有机质作为其生活所需要的营养物质。按照它们从寄主获得活体营养能力的大小，可以把病原物分为3种类型。

（1）活养寄生物（严格寄生物、专性寄生物） 活养寄生物的寄生能力最强，在自然界它们只能从活的寄主细胞和组织中获得所需要的营养物质，称为活养寄生物，其营养方式为活体营养型。当寄主植物的细胞和组织死亡后，它们也停止生长和发育。它们对营养的要求比较复杂，一般不能在普通的人工培养基上培养。如所有的植物病毒，寄生性种子植物，真菌中的霜霉菌、白锈菌、白粉菌和锈菌均属此类型。近年来，虽有的专性寄生物如锈菌，已能在特殊的人工培养基上培养，但生长缓慢。

（2）半活养寄生物 这类寄生物既可以在活的寄主细胞和组织中寄生生活，又可以在死的植物组织上生活，或者以死的有机质作为生活所需要的营养物质。但它们的寄生能力有强弱之分，根据半活养寄生物寄生能力的强弱，又可分为两类。

① 强寄生物（兼性腐生物） 一般以寄生生活为主，寄生性很强，但在某种条件下，也有一定的腐生能力，可以营腐生生活。多数病原物属于强寄生生物，如引起叶斑病的许多真菌和叶斑性病原细菌属于这一类。

② 弱寄生物（兼性寄生物） 该类寄生物一般以腐生生活方式为主，寄生性较弱，它们只能侵染生活力弱的活体寄主植物或处于休眠状态的植物组织或器官。在一定的条件下，它们可在块根、块茎和果实等贮藏器官上营寄生生活，其寄生方式大都是先分泌一些酶或其他能破坏或杀死寄主细胞和组织的物质，然后从死亡的细胞和组织中获得所需的养分。这类寄生物包括腐烂病菌、白绢病菌和软腐病菌等。弱寄生物可以在人工培养基上完成生活史，易于进行人工培养。

（3）死养生物（严格腐生物、专性腐生物） 该类微生物只能从已死亡的有机体上获得营养，不能侵害活的有机体。常见的是食品上的霉菌，木材上的木耳、蘑菇等腐朽菌。

（4）病原物的寄主范围与寄生专化性 由于病原物对营养条件的要求不同而对寄主植物具有选择性，因此，病原物的寄主范围是指一种病原物能寄生的寄主植物种的多少，有的病原物只能寄生在一种或几种植物上，如稻瘟病菌；有的却能寄生在几十种或上百种植物上，如灰霉病菌。了解病原物的寄主范围，对于设计轮作防病和铲除野生寄主具有重要的指导意义。

寄生物对寄主植物的种和品种的寄生选择性，称寄生专化性。寄生专化性最强的表现是专化型和生理小种。专化型是指病原物的种内对寄主植物的科、属具有不同致病力的专化类群。生理小种是病原菌种内形态相同，根据其对寄主植物的品种的致病力不同而划分的分类单位。在严格寄生物和强寄生物中，寄生专化性是非常普遍的现象。例如，禾谷秆锈菌（形态种）的寄主范围包括300多种植物，依据对寄主属的专化性分为十几个专化型；同一专化型内又根据对寄主种或品种的专化性分为若干生理小种。用于鉴别病原菌生理小种的寄主植物品种叫鉴别寄主。在植物病害防治中，了解当地存在的具体植物病原物的生理小种，对选育和推广抗病品种，分析病害流行规律和预测预报具有重要的实践意义。例如，在抗病育种工作中，大多是针对寄生性较强的严格寄生物和强寄生物引起的病害，对于许多弱寄生物引起的病害，一般难以得到较为理想的抗病品种。

2. 致病性

致病性是病原物所具有的破坏寄主植物导致植物发生病害的能力，即决定寄主植物能否发病和发病程度的特性。一种病原物的致病性并不能完全从寄生关系来说明，它的致病作用是多方面的。

病原物的致病性机制主要表现在4个方面。

(1) 营养掠夺　吸取寄主的营养物质和水分使寄主生长不良。如寄生性种子植物和根结线虫，靠吸收寄主的营养物质和水分使寄主生长衰弱。

(2) 酶类破坏　侵入寄主，分泌果胶质酶、脂肪酶、纤维素酶等各种酶，消解和破坏寄主细胞和组织，并引起病害。例如软腐病菌分泌的果胶酶，分解消化寄主细胞间的果胶物质，使寄主组织软化，细胞彼此分离，而呈水渍状腐烂。

(3) 毒素毒害　分泌各种毒素，毒害和杀死寄主的细胞和组织，引起褪绿、坏死、萎蔫等不同症状。毒素是植物病原真菌和细菌代谢过程中产生的，能在非常低的浓度范围内干扰植物正常生理功能，对植物有毒害的非酶类化合物。依据对毒素敏感的植物范围和毒素对寄主种或品种有无选择作用可将植物病原菌产生的毒素划分为寄主选择性毒素与非寄主选择性毒素两大类。现在已发现的寄主选择性毒素有十余种，例如玉米小斑病菌T小种产生的玉米长蠕孢毒素（HMT毒素）对T型雄性不育细胞质的玉米品系致病性很强。非寄主选择性毒素很多，已发现的有120多种，如镰刀菌酸、烟草野火毒素等。

(4) 激素干扰　分泌与植物生长调节物质相同或类似的物质，或干扰植物的正常激素代谢，严重扰乱寄主植物正常的生理过程，从而诱导植物产生徒长、矮化、畸形等多种形态病变。如线虫侵染植物形成的巨型细胞，根癌细菌侵染植物可刺激根系细胞过度分裂和增大而形成的肿瘤等。

不同的病原物往往有不同的致病方式，有的病原物同时具有上述两种或多种致病方式，也有的病原物在不同的阶段具有不同的致病方式。

二、寄主植物的抗病性

寄主植物对病原物的侵害会产生各种抵抗反应，在植物病害的形成和发展过程中，病原物要侵入、扩展，寄主则要做出反应，进行抵抗。植物的抗病性是指植物避免、阻滞或中止病原物的侵入和扩展，抑制发病和减轻损失程度的能力。抗病性是植物的一种属性，具有一定的遗传稳定性，但也可以发生变异。抗病性和感病性并非是对立相斥的，而是两者共居于一体，植物的抗病性是相对的，在寄主和病原物相互作用中抗病性表现的程度有阶梯性差异，抗病性强便是感病性弱，抗病性弱便是感病性强（图2-35）。

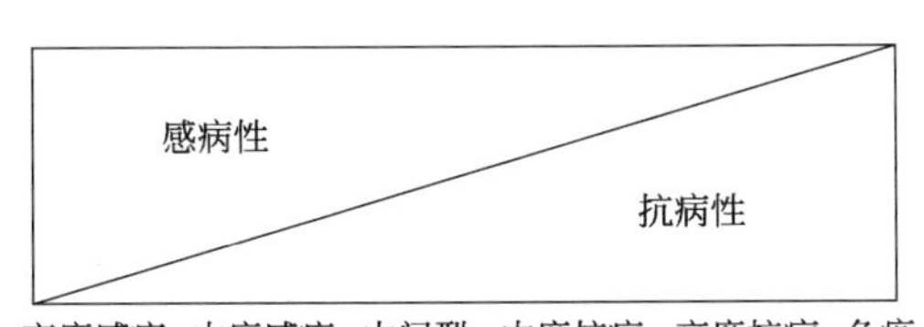

图2-35　抗病性和感病性的消长关系图解

1. 寄主植物的抗病性表现

当病原物侵染植物寄主时，不同的寄主植物就会有不同的反应。一般而言，寄主植物的抗病性表现可分为以下五大类。

(1) 感病　植物容易遭受病原物的侵染而发生病害的特性称为感病。根据感病能力的差异，其中发病很重的称为高度感病，发病较重的称为中度感病。感病的植物与病原物之间是亲和的，表现为感病的植物受到病原物的极大破坏作用。

(2) 抗病　寄主植物对病原生物具有组织结构或生化抗性的性能，以阻止病原生物的侵染，使病害局限在很小的范围内称为抗病。根据抗病能力的差异，其中寄主植物受病原物侵染后发病轻的称为中度抗病，发病很轻的称为高度抗病。抗病的植物与病原物之间亲和性较差。

（3）免疫　在有利于病害发生的条件下，植物完全不发病称为免疫。植物对病原物的免疫反应表示抗病的最高程度，代表绝对抗病。具免疫性的植物与病原物之间是完全不亲和的。

（4）耐病　植物忍受病害的能力称为耐病。在外观上，植物表现感病，但由于植物体的恢复补偿能力比较强，因而病害对产量和品质的影响较小，即植物对病害的高忍耐程度。例如，与常规稻相比，杂交水稻对纹枯病菌的侵染具有较强的忍耐性。

（5）避病　寄主植物因接触病原物机会较少或不能接触病原物，而在时间或空间上避开病原物，表现不发病或发病减轻的现象称为避病。例如，适当迟播小麦，在入冬前，可避开纹枯病菌的侵染，最后发病较轻。必须指出，避病并非是植物本身具有的抗病能力，但是它在防治病害中很有应用价值。

2. 小种专化抗性和非小种专化抗性

南非科学家 Van der Plank 于 1963～1978 年提出了小种专化抗性和非小种专化抗性。

（1）小种专化抗性　是指寄主植物品种的抗病力和病原物小种的致病力之间有特异相互作用，即植物品种仅仅对病原物的某些小种具有抗性，而对另一些小种则缺乏抵抗力。小种专化抗性又叫垂直抗性。小种专化抗性一般表现为高度抗病或免疫，但其抗病性常不稳定和不持久，表现为因病原物的小种不同，一个高抗品种在此地表现高抗，但在彼地则表现为高感；或者抗病品种推广不了几年，容易因为田间病原物出现了致病力不同的小种，就会表现为高度感病。在遗传学上，小种专化抗性是由单基因或寡基因控制的，表现为质量遗传。例如，水稻品种汕优 2 号对稻瘟病菌生理小种 ZG 群表现的小种专化抗性。

（2）非小种专化抗性　与小种专化抗性相对应，是指寄主植物品种的抗病力和病原物小种的致病力之间没有特异相互作用，具非小种专化抗性的植物品种对病原物的所有小种的反应基本一致，即植物的某个品种能抵抗病原物的多个生理小种，因而不易因某一生理小种的变化而在短期内变为感病。非小种专化抗性又叫水平抗性。这种抗病性比较稳定而且持久。遗传学上，非小种专化抗性是由多基因控制的，表现为数量遗传，可以阻止病原物的繁殖和扩展，使寄主植物发病程度比较轻。如重庆市巫山县马铃薯地方品种白石板对晚疫病表现的非小种专化抗性。育种学家往往致力于培育具水平抗性的植物品种。

三、植物侵染性病害的发生、发展过程

1. 病原物的侵染过程（病程）

病原物的侵染过程，是指病原物与寄主植物可被侵染部位接触，并侵入寄主植物，在植物体内扩展致病，使寄主表现病害症状的全过程，也是植物个体受到病原物侵染后的发病过程。病原物侵染过程是一个连续的过程，大体包括侵入前期、侵入期、潜育期和发病期 4 个阶段。

（1）侵入前期　侵入前期是指病原物侵入前与寄主植物存在相互关系并直接影响病原物侵入的时期。病原物在侵入寄主之前与寄主植物的可侵染部位初次直接接触，或达到能够受到寄主外渗物质影响的根围或叶围后，开始向侵入的部位生长或运动，并形成某种侵入机构。此时，病原物处于寄主体外的复杂环境中，受到物理、化学和生物因素的影响，病原物必须克服这些对其不利的因素才能进一步侵入。这个时期是决定病原物能否侵入寄主的关键，也是病害生物防治的重要时期。只有尽量避免或减少病原物与寄主植物接触，才能有效预防病原物的侵染。如在植物病害生物防治中，把具有拮抗作用的微生物施入土壤，从而使病原生物不能在植物根系生长繁殖，可防治土传病害。

（2）侵入期　病原物接触植物后，从开始侵入植物到侵入后与植物建立寄生关系为止的一段时间，称为侵入期。

① 侵入途径

a. 直接侵入　是指病原物直接穿透寄主表面保护层的侵入，一部分真菌可以从植物幼嫩的部分及健全的寄主表皮直接侵入。寄生性种子植物可以产生吸盘突破寄主表皮组织。植物寄生线

虫可以通过锋利的吻针刺破寄主的表皮而直接侵入细胞和组织中。

b. 自然孔口侵入　植物的许多自然孔口都可以是病原物侵入的通道，这些自然孔口有气孔、水孔、皮孔、柱头、蜜腺等，其中最为普遍和重要的是气孔侵入。如许多真菌孢子落在植物叶面，可萌发形成芽管，然后芽管直接通过气孔和水孔等侵入植物。多数细菌也能从气孔侵入植物。有的细菌如稻白叶枯病菌通过植物叶片的水孔侵入。

c. 伤口侵入　植物表面的各种损伤，如虫伤、碰伤、冻伤、风雨的损伤、机械损伤和叶痕等，都是病原物侵入的通道。许多细菌和寄生性弱的真菌，往往通过伤口侵入。如甘薯软腐病菌由伤口侵入。植物病毒也是伤口侵入，但它侵入细胞所需的伤口，必须是使受伤细胞不死亡的微伤。

必须指出，各种病原物的侵入途径和方式是有所不同的。寄生性强的真菌以直接侵入或自然孔口侵入为主；寄生性弱的真菌主要从伤口或衰亡的组织侵入；一般细菌主要经自然孔口或伤口侵入；有的只能从伤口侵入；植物病毒一般经各种方式造成的微伤口侵入，这些微伤口包括机械微伤口和介体传染时造成的伤口。病原线虫一般是以穿刺方式直接侵入寄主，有时也可经自然孔口侵入。寄生性种子植物是通过产生吸根直接侵入寄主。

② 环境条件对侵入的影响　病原物的侵入受环境条件的影响，其中以湿度和温度的影响最大。

a. 湿度　湿度是病原物侵入的必要条件。对于真菌和细菌引起的病害，湿度越高，对侵入越有利。这是因为，大多数气传真菌孢子的萌发和细菌的繁殖，需要有水滴或水膜的存在。另一方面，湿度太大可使植物的抗病性降低。因此，在栽培措施上，通过及时开沟排水，合理密植，改善田间通风透光条件，以降低湿度，从而减轻植物病害。

b. 温度　温度主要影响病原菌孢子萌发与侵入的速度。各种病原菌孢子的萌发都有其最高、最低、最适温度，各种病原物在其适宜的温度范围内，一般侵入的速度快，侵入率高。芽管侵入以后菌丝的发育需要比较高的温度。一般的情况是适于高温生长的作物在低温条件下易受侵染发病，而适于低温生长的植物在高温条件下易发病。

此外，光照和酸碱度与侵入也有一定关系。如在光照下，稻瘟菌孢子萌发受抑制。病毒的侵入方式比较特殊，受湿度的影响较小。

(3) 潜育期　潜育期是指从病原物侵入寄主后与寄主建立寄生关系开始，直到寄主表现明显症状为止的这一时期。潜育期是病原物从寄主体内吸收水分和养分，不断扩展、蔓延的时期，也是植物体对病原物的扩展产生一系列抵抗反应的时期。

① 病原物的扩展　病原物利用寄主所提供的营养物质作为能源，不断生长发育，并进行繁殖、扩大其危害的全过程，称为病原物的扩展。病原物在植物体内繁殖和蔓延时，消耗了植物的养分和水分，同时由于病原物分泌酶、毒素、生长激素或其他物质，从而改变了寄主的新陈代谢，破坏了植物的细胞和组织，使植物表现症状，潜育期也到此结束。

寄生关系建立以后，病原物在寄主体内扩展的范围因种类不同而异，基本上可以归纳为两类。一类是病原物侵入后在寄主体内扩展蔓延的范围，局限于侵染点附近的细胞组织，形成局部的或点发性的感染，称为局部性侵染，大多数植物病害属于局部性病害，如水稻胡麻斑病和棉花细菌性角斑病。另一类是病原物在寄主体内可以从侵染点向植物各个部位扩展，甚至扩展到全株，即引起全株性的感染，称为系统性侵染。如枯萎病类、细菌性青枯病、大部分病毒病和类病毒病都是系统侵染性病害。

② 寄主植物抗扩展　植物对于病原物的侵染并不完全是被动的，也发生一系列的保护反应，以抵抗病原物的扩展。因此，潜育期实际上是病原物与寄主植物相互斗争的过程。有些植物在病原物侵入以后，可以产生一系列生理生化反应，阻止其进一步扩展。

③ 潜育期的长短　植物病害潜育期的长短不一，其长短主要取决于病原物的生物学特性，局部性病害的潜育期较短，而系统性病害的潜育期较长。如一般局部性病害的潜育期为 3～10d；而小麦散黑穗病潜育期将近 1 年。此外，环境条件和寄主的抗病性对潜育期的长短也有一定的影响。在潜育期中，寄主体就是病原物的生活环境，其水分、养分都是充足的。在环境条件中，气

温对潜育期的影响最大，在一定温度范围内，温度越高，病原物在寄主体内的扩展越快，潜育期越短。例如，稻瘟病在温度 9～11℃时潜育期 13～18d；17～18℃时，8d；24～25℃时，5.5d；在最适温度 26～28℃时，潜育期为 4.5d。

（4）发病期　经过潜育期后，寄主植物就开始出现症状，即表示发病期开始。植物病害从症状开始出现到病害进一步发展加重的时期称为发病期。症状出现以后，如环境条件适宜，病害的严重程度就会不断加深。许多真菌和细菌病害随着症状的发展，往往在受害部位产生病征如孢子和菌脓等，这一阶段病原物由营养生长转向生殖生长，为进行下一个侵染活动准备接种体，病原物新产生的繁殖体可成为再侵染或下一次侵染的来源。发病期即从出现症状直到寄主生长期结束，甚至植物死亡为止的一段时期。

环境条件，特别是湿度、温度，对发病都有一定的影响。马铃薯晚疫病、烟草黑胫病在潮湿条件下病斑迅速扩大并产生大量孢子；气候干燥，产生孢子少，病斑则停止发展。多数病原真菌产生孢子的最适温度为 25℃左右，低于 10℃孢子难以形成。

2. 植物病害的病害循环

病害循环是指一种病害从寄主的植物前一生长季节开始发病，到后一生长季节再度延续发病的过程，它主要涉及以下三个环节：①病害的初侵染和再侵染；②病原物的越冬和越夏；③病原物的传播。例如稻瘟病菌以分生孢子和菌丝体在稻草和种子上越冬。病稻草是次年发病的主要初侵染来源，春季气温均温回升到 15℃左右，又遇降雨，空气湿度大，露天堆放的病草就会陆续产生分生孢子，分生孢子借气流传播到稻田。水稻叶片受初侵染发病后，在条件适宜的情况下，病斑上可产生大量的分生孢子，借气流传播进行多次再侵染。种子上的病菌容易引起水稻苗瘟，较大的风力更有助于扩大传播范围。水稻成熟收割，病菌在病组织内外越冬，越冬后的病菌，经传播引起水稻下一生长季节的发病。不同的病害，其病害循环的特点各异。了解各种病害循环的特点有助于认识病害发生、发展规律，也有助于对病害进行预测预报及制定防治对策。

（1）病害的初侵染和再侵染　由越冬或越夏的病原物在植物新的生长季节中引起的初次侵染称初侵染。在初侵染已发病的植株上产生的病原物，通过传播扩散后，又侵染植物的健康部位称为再侵染。在同一生长季节，再侵染往往发生许多次，病害的侵染循环可按再侵染的有无分为以下两种。

① 单病程病害　在植物的一个生长季节只有一次侵染过程，即只有初侵染，没有再侵染的病害，称为单病程病害。如小麦黑穗病、水稻干尖线虫病等属于这类病害。这类病害多为系统性病害，潜育期一般较长。

② 多病程病害　在植物的一个生长季节中除了初侵染过程外还有多次再侵染过程，称为多病程病害。如稻瘟病、水稻白叶枯病、小麦条锈病和玉米大、小斑病等属于这类病害。这类病害多为局部性病害，潜育期一般较短。对此类病害的防治难度往往较大。

对于单病程病害每年的发病程度取决于初侵染多少，只要集中消灭初侵染来源或防止初侵染，就可达到防治病害的目的。对于多病程病害，情况则比较复杂，除防治初侵染外，还要解决再侵染问题。对此类病害的防治，一般要通过种植抗病品种、改善栽培措施和药剂防治来降低病害的发展速度。

（2）病原物越冬和越夏　病原物越冬和越夏是指病原物以一定的存活方式在特定存活场所度过不利其生存和生长的冬天及夏天的过程。例如，在我国大多数纬度较高即温带地区或纬度低而海拔较高的地区，许多植物到冬季大都进入落叶休眠或停止生长状态，甚至冬前被收获。寄生在植物上的病原物如何度过这段时间，并引起下一生长季节的侵染，越冬问题就显得更为突出。病原物越冬和越夏是病害循环中的一个薄弱环节，病原物越冬和越夏的场所，一般也就是初次侵染的来源。因此，抓住这个环节对于某些病害进行防治极为重要，病原物越冬及越夏的场所如下所述。

① 田间病株　各种病原物都能以不同的方式在田间正在生长的病株的体内或体外越冬或越夏。寄主体内的病原物因有寄主组织的保护，不会受到外界环境的影响而能够安全越冬，成为次年初侵染来源。有些活体营养病原物必须在活的寄主之上寄生才能存活。例如，黄瓜花叶病毒可以在多年生野生植物上越冬。小麦条锈菌不耐高温，只能在夏季冷凉的高山高原春麦上越夏。

② 病株残体　绝大部分非专性寄生的真菌、细菌，一般都在病株残体中潜伏存活，或以腐生方式在残体上生活。病原物在病株残体中存活的时期较长，主要原因就是受到植物组织的保护，对环境不利因子的抵抗能力较强，尤其是受到土壤中腐生菌的拮抗作用影响较小。例如玉米大、小斑病菌，水稻白叶枯病菌等，都以病株残体为主要的越冬场所。因此，彻底清除病株残体等措施有利于消灭和减少初侵染来源。

③ 种子苗木和其他繁殖材料　种苗和其他繁殖材料携带的病原物，常常是下一年初侵染最有效的来源。病原物在种苗萌发生长时，无需经过传播接触而引起侵染。由种苗和无性繁殖材料带菌而引起感染的病株，不但本身发病，而且往往成为田间的发病中心，通过再侵染向四周不断扩展。种子苗木和其他繁殖材料也是病菌远距离传播的主要来源。例如小麦粒线虫的虫瘿、油菜菌核病菌的菌核等病原物以各种休眠状态混杂于种子中，小麦腥黑穗病菌的冬孢子附着于种子表面，小麦散黑穗病菌可潜伏在种胚内。

④ 土壤　土壤是许多病原物重要的越夏、越冬场所，侵染植物根部的病原物尤其如此。病原物的休眠体可以在土壤中长期存活，有的可存活数年之久，病原物还可以腐生的方式在土壤中存活。如黑粉菌的冬孢子先存在于病残体内，当残体分解腐烂后，再散落于土壤中。以土壤作为越冬、越夏场所的病原真菌和细菌，大体可分为土壤寄居菌和土壤习居菌两类。土壤寄居菌必须在土壤中的病株残体上腐生或休眠越冬，一旦寄主残体分解腐烂后，就不能在土壤中存活。土壤习居菌对土壤适应性强，当寄主残体分解后可在土壤中长期营腐生生活存活，并且能够繁殖，例如丝核菌和镰孢菌等真菌都是土壤习居菌。

⑤ 粪肥　病原物可以随着病株的残体作积肥而使病原物混入肥料内，少数病菌的休眠体也能随病残体通过牲畜排泄物单独散落在肥料中。如果粪肥未充分腐熟而施到田间，其中的病原物接种体就可以长期存活而引起感染。例如谷子白发病菌卵孢子和小麦腥黑穗病菌冬孢子，经牲畜肠胃后仍具有生活力。

⑥ 昆虫或其他介体　昆虫是多种病毒、细菌、线虫的传播介体，一些由昆虫传播的病毒可以在昆虫体内增殖并越冬或越夏，并使昆虫终生具有传毒能力。例如，水稻黄矮病病毒和普通矮缩病病毒就可以在传毒的黑尾叶蝉体内越冬，小麦土传花叶病毒在禾谷多黏菌休眠孢子中越夏。

⑦ 温室内或贮藏窖内　有些病原物可以在温室内生长的植物上或贮藏窖内储存的农产品中越冬。例如灰霉病以菌核在温室内土壤或病残体上越冬、越夏。

总之，病原物的越冬或越夏阶段是病害循环中的薄弱环节，查明病原物越冬场所，控制或消灭越冬或越夏病原物的数量，是防治植物病害的有效方法。通过检疫、烧毁、铲除转主寄主以及种子和土壤消毒等各种措施就可以控制病害的发生。

(3) 病原物的传播　在植物体外越冬、越夏的病原物，必须传播到植物体上才能发生初侵染，在植株之间传播则能引起再侵染。因此，病原物的传播是病害循环联系的纽带。有些病原物如带鞭毛的细菌、真菌游动孢子和线虫等可以由本身的活动进行有限范围的主动传播。但是，这种主动传播的距离极为有限，不是传播的主要方式。病原物的传播主要依靠自然因素或人为因素等外界因素进行被动传播，其主要传播方式如下。

① 风力传播（气流传播）　真菌繁殖的主要方式是产生各种类型的孢子。真菌的孢子很多是借风力传播的，真菌产生孢子的数量很多，体积很小而质量轻，犹如空气中的尘埃微粒一样，可以随气流进行远或近距离传播。例如，小麦锈菌、稻瘟病菌以及玉米大、小斑病菌等都主要通过气流进行传播。气流可将真菌孢子或其他病原物的休眠体或病组织吹到空中，再传到较远的地方。一般情况下，真菌孢子的气流传播，多属近程传播（传播范围几米至几十米）和中程传播（传播范围百米以上至几千米）。远程传播比较典型的是小麦秆锈菌和条锈菌。如条锈菌在夏孢子很多、风力很大时，强大的气流可将孢子携带到1500～4300m高空，吹送到几百千米以外的地方。

借助气流传播的病害，在防治方法上，除注意消灭当地的病原物以外，还要防止外地病原物的传入。例如，根据小麦秆锈菌和条锈菌远程传播的特点，我国采取控制菌源基地的侵染和在不同区域布局不同抗原的抗性品种的措施，收到了明显成效。确定病原物的传播距离，在防病上很重要，转主寄主的砍除和无病苗圃的隔离距离都是由病害传播距离决定的。又如，梨锈病的孢子只能通过风力传播，其飞散距离最远不超过5km，为了防治梨锈病，中断转主寄主，要求在梨园5km内不种植桧柏。

② 雨水和流水的传播　植物病原细菌和真菌中的黑盘孢目、球壳孢目的分生孢子多半是借雨水或雨滴传播的。多数细菌病害能产生菌脓，一些真菌能形成胶质黏结的子实体（如分生孢子器、分生孢子盘），在干燥的环境下是不能传播的，必须靠雨水把胶体膨胀和溶化后，病原物才能散出，而后随雨水的飞溅和地面的流水而传播。例如，水稻白叶枯病菌是经雨水传播的，暴风雨一方面引起叶片擦伤，有利细菌传染和侵入，另一方面病田水中的细菌，又可通过田水排灌向无病田传播。因此，流水也是重要的传播途径。此外，喷灌常使许多叶部病害加重。

③ 昆虫等生物介体传播　有许多昆虫在植物上取食活动，成为传播病原物的介体，除传播病毒外还能传播病原细菌和真菌，同时在取食和产卵时，给植物造成伤口，为病原物的侵染造成有利条件。例如，昆虫传播与病毒和菌原体病害的关系最大，蚜虫、飞虱和叶蝉在植物上取食和活动，传播了植物病毒。玉米啮叶甲可以传播玉米细菌性萎蔫病。松材线虫病是由松褐天牛携带线虫传播的。另外，线虫、鸟类等动物也可传带病菌。

④ 人为传播　人们在育苗、栽培管理及运输等各种活动中，常常无意识传播病原物。因此，各种病原物都能以多种方式由人为的因素传播。在人为的传播因素中，以带病的种子、苗木和其他繁殖材料的流动最重要。农产品和包装材料的流动与病原生物传播的关系也很大。人为的传播往往都是远距离的，而且不受自然条件和地理条件的限制，并且是经常发生的，因此，人为的传播就更容易造成病区的扩大和形成新病区。故针对人为传播的植物检疫对象，要通过植物检疫措施来限制这种人为的传播，从而避免将危险性的病害带到无病的地区。人为的因素中，也不能忽视一般农事操作与病害传播的关系。例如，烟草花叶病毒是接触传染的，所以在烟草移苗和打顶去芽时就可能传播病毒。

3. 植物病害的流行与预测

（1）植物病害流行的概念　在较短的时间内和较大的地域内病害在植物群体中迅速蔓延，发生普遍而且严重，使寄主植物受到很大损害，或产量受到巨大损失，称为植物病害的流行。换句话说，植物病害流行就是病害大发生。经常引起流行的病害，叫流行性病害。例如，在中国，20世纪50年代由于锈病流行，小麦减产60×10^8kg。在美国，20世纪70年代，玉米小斑病流行，损失10亿美元。

（2）植物病害流行的类型　根据病害的流行特点不同，植物病害流行的类型大体可分为积年流行病害和单年流行病害。

① 积年流行病害　单循环和少循环病害在一个生长季节中菌量增长幅度不大，需要连续几年才能完成菌量积累过程，最后导致病害的流行。其发生特点是：a. 在病害循环中只有初侵染而没有再侵染，或者虽有再侵染但作用很小，潜育期长或较长，故又称为单循环病害；b. 多为全株性或系统性病害，包括茎基部及根部病害；c. 多为种传或土传病害，其自然传播距离较近，传播效能较小；d. 病害是否流行主要取决于初始菌量，在一个生长季节中，菌量增长幅度不大，但能够逐年积累，稳定增长，若干年后将导致较大的流行。

属于该类病害的有小麦散黑穗病、小麦粒线虫病、水稻恶苗病、稻曲病、大麦条纹病、玉米丝黑穗病、麦类全蚀病、棉花枯萎病和黄萎病等。例如，小麦散黑穗病病穗率每年增长4～10倍，如第1年病穗率仅为0.1%，到第4年病穗率将达到30%左右，会造成严重减产。

② 单年流行病害　多循环病害的病原物在一个生长季节中能够连续繁殖多代，只要条件适宜，就能完成菌量积累过程，造成病害的流行。其发生特点是：a. 在病害循环中再侵染频繁，潜育期短，故又称为多循环病害；b. 大多数是局部侵染的，且多为植株地上部分的叶斑病类；c. 多为气传、雨水传或昆虫传播的病害，有的为远程传播病害，传播距离可达1000km；d. 在有利的环境条件下增长率很高，病害数量增幅大，具有明显的由少到多、由点到面的发展过程，可以在一个生长季内完成菌量积累，造成病害的严重流行。

属于这一类的有许多重要的作物病害，如稻瘟病、锈病、白粉病、马铃薯晚疫病、油菜霜霉病等。例如，马铃薯晚疫病在一个生长季内，若天气条件适宜，潜育期仅3～4d，可再侵染10

代以上，病斑面积约增长 10 亿倍。

由于单循环病害与多循环病害的流行特点不同，应采取相应的防治对策。针对单循环病害，消灭初始菌源很重要，通过种苗处理、田园卫生、土壤消毒等铲除初始菌源和抑制菌量的逐年积累措施，往往可以收到良好防效。而针对多循环病害，主要通过种植抗病品种、采用药剂防治和农业防治等综合措施，控制病害的增长率。

(3) 病害流行的基本因素和主导因素　传染性病害的流行必须具有三个方面的条件，即需要大量的高度感病的寄主植物、大量的致病力强的病原物存在和有对病害发生极为有利的环境条件。三方面缺一不可，必须同时存在，而且这三方面条件相互联系、互相影响。

① 大量的高度感病的寄主植物　感病寄主植物的数量和分布，是病害能否流行和流行程度轻重的基本条件之一。易于感病的寄主植物大量而集中地存在是病害流行的必要条件。人们往往在特定的地区大面积种植单一农作物甚至单一感病品种，这就特别有利于病原物增殖和病害的传播，常导致病害大流行。即使当时是抗病品种，长期大面积单一种植后，也易因病原物群体致病性变化而“丧失”抗病性，沦为感病品种，造成病害大流行。例如，1970 年美国由于大面积推广 T 型细胞质雄性不育系配制的杂交种，造成玉米小斑病在美国大流行，减产 165 亿千克，占美国玉米总产量的 15%，损失产值约 10 亿美元。因此，在制订种植计划时，为了防止病害大流行，必须考虑品种的更换、品种的布局和合理搭配。

② 大量的致病力强的病原物　病原物的致病力强、数量多并能有效传播是病害流行的主要原因。病害的流行必须有大量的致病力强的病原物存在，并能很快地传播到寄主体上。病原物具有强致病性的小种或菌株占据优势就有利于病害大流行。对于没有再侵染或再侵染次要的病害，病原物越冬的数量多少，对病害流行起决定作用。而对于具有再侵染能力的病害，除初侵染来源外，侵染次数多，潜育期短，病原物繁殖快，就能迅速地积累大量的病原，引起病害的广泛传播和流行。此外，外地传入的新病原物，由于本地栽培的寄主植物对它缺乏抗病力，因而容易导致病害的流行。

③ 适宜发病的环境条件，且持续时间长　适宜发病的环境条件不但有利于病原物的繁殖、传播和侵入，而且会削弱寄主植物的抗病性。在前两个因素具备的前提下，当环境条件有利于病原物的繁殖、传播和侵入而不利于寄主植物的抗病性时，病害就流行。环境条件主要包括气象条件、栽培条件和土壤条件，其中最为重要的是气象条件，如温度、湿度、光照等。在气象条件中，湿度又比温度的影响更大。对多数真菌和细菌病原物而言，必须在适宜湿度条件下，才能繁殖、传播和侵入。例如，在雨水多，且持续时间长的年份，常引起稻瘟病、小麦赤霉病和马铃薯晚疫病的流行。

以上三方面因素是病害流行的充分和必要条件，缺一不可。这就犹如三角形的 3 条边，如果缺少其中任何一边就不成三角形。因此，系统观测寄主、病原物和环境条件的实际状态，就能够积累大量的基础数据，通过分析其中与病害流行的相关关系，并且用多元回归公式表达，就可根据流行条件来预测病害流行程度。但是，在一定地区、一定时间内，分析病害流行条件时，三个因素在病害流行中不是同等重要，可能其中某些因素基本具备，相对稳定，而其他因素比较缺乏或变动幅度较大，如不能满足，病害就不可能流行，这种或这些因素就在很大程度上左右了病害流行。因此，把这些一个或少数几个起主要作用的病害流行因素，称为流行的主导因素。正确地确定主导因素，抓住主要矛盾，对于预测病害和设计防治方案都有重要意义。如水稻苗期立枯病，低温高湿是病害流行的主导因素，因为品种抗性无明显差异，土壤中存在病原物，只要苗床持续低温高湿，对水稻苗生长极为不利，抗病力大大降低，就会引起病害流行。

(4) 病害流行的变化　病害发生发展不是静止现象，是一个动态过程。通常说的病害流行也常定义为“病害在时间和空间中的增长”。植物病害的流行是随着时间而变化的，亦即有一个病害数量由少到多、由点到面的发展过程。研究病害数量随时间而增长或衰落的发展过程，叫做病害流行的时间动态。

① 季节流行变化　病害在一个生长季中的消长变化叫季节流行变化。如果定期系统调查一个生长季中田间数量（发病率或病情指数）随病害流行时间而变化的数据，再以调查日期为横坐

标、以发病数量的系统数据为纵坐标，即可得到病害的季节流行曲线，整个过程中病害的普遍率和严重度的变化因病害而不同，同时也受到环境条件的影响。

一种病害在不同发病条件下或不同的多循环病害，可有不同类型的季节流行曲线，最常见的流行曲线为S形曲线。对于一个生长季中只有一个发病高峰的病害，若最后发病达到或接近饱和(100%)，寄主群体亦不再生长，其流行曲线呈典型的S形曲线，如马铃薯晚疫病。在S形曲线中，病害流行过程可划分为指数增长期、逻辑斯蒂增长期和衰退期，其中指数增长期比较长，为整个流行过程积累了菌量基础，是菌量积累和流行的关键时期。因此，病害预测、药剂防治和流行规律的分析均应以指数增长期为重点。

如果发病后期因寄主成株抗病性增强，或气象条件不利于病害继续发展，但寄主仍继续生长，以至新生枝叶发病轻，流行曲线呈单峰型（马鞍型），例如甜菜褐斑病。有些病害在一个生长季节中的发展是波浪形的，有多个发病高峰，流行曲线为多峰型。如在南方稻区，因稻株生育期和感病性的变化，稻瘟病可以出现苗瘟、叶瘟和穗颈瘟等3次高峰，呈三峰型。季节流行曲线的几种常见形式如图2-36所示。

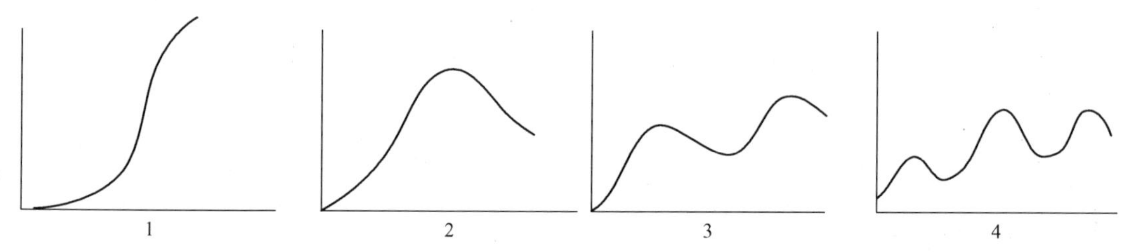

图2-36　季节流行曲线的几种常见形式（引自曾士迈、杨演）
1—S形；2—单峰形；3,4—多峰形

② 植物病害的逐年流行动态　同一地区的1种病害在不同年份的发生程度的变化叫年份流行变化，即病害几年或几十年的发展过程。积年流行病害有一个菌量逐年积累，发病数量逐年增长的过程。单年流行病害年份间流行程度波动大，很不稳定，大多数流行性强的单年流行病害，在病原和寄主的抗性等均无很大变化的情况下，病害流行与否及流行程度往往决定于气象条件，在气象条件中，湿度、雨量等因素的作用常常大于温度，侵染地上的病害比侵染地下的病害更易受气象因素的影响，因而逐年流行波动更大。如小麦赤霉病，可以根据小麦抽穗开花期的温度、雨日的比例预测当年的发病程度。其他如稻瘟病、稻白叶枯病、玉米小斑病、马铃薯晚疫病等，都可以气象条件作为病害流行预测的重要依据。如果病害流行的主导因素是气象因素，那么病害引发所涉及的地区就很广，可以覆盖该气象因素所影响的地区。另外，许多由昆虫传播的病毒病害，气象条件不仅影响寄主植物的抗性，更会影响传毒昆虫的活动。如干旱年份，蚜虫易大发生，因而病毒病易流行。

此外，病害分布由点到面的发展变化，叫做病害流行的空间动态。病害流行过程的空间动态包括病害的传播距离、传播速度以及传播的变化规律。病害传播的距离按其远近可以分为近程、中程和远程三类。病害在田间的扩展和分布型与病原物初次侵染的来源有关，可分为位于本地的初侵染来源和外来菌源两种情况。初侵染源位于本地内，在田间有一个发病中心或中心病株；病害在田间的扩展过程是由点到片，逐步扩展到全片；传播距离由近及远，发病面积逐步扩大。初侵染源为外来菌源，病害初发时在田间一般是随机分布或接近均匀分布。如果外来菌量大、传播广，则全片普遍发病。

单元检测

一、名词解释

植物病害，专性寄生物，非侵染性病原，症状，病状，病征，菌丝体，无性繁殖，子实体，真菌的生活史，转主寄生，半知菌，寄生性，致病性，植物的抗病性，专性寄生物，生理小种，病程，系统侵染，病害循环，植物病害流行，积年流行病害，单年流行病害

二、简答题

1. 植物侵染性病害是怎样发生的（如何理解病害三因素的关系）？
2. 植物病害的症状类型及各类症状特点是什么？
3. 简述侵染性病害和非侵染性病害的区别和联系。
4. 植物病害的病原生物有哪些主要类群？
5. 植物病原真菌的无性繁殖及有性繁殖产生的孢子类型有哪些？
6. 鞭毛菌亚门主要特征及所致农作物病害有哪些？
7. 接合菌与鞭毛菌有什么区别？
8. 子囊菌亚门主要特征及所致农作物病害有哪些？
9. 担子菌亚门主要特征及所致农作物病害有哪些？
10. 半知菌的含义是什么？半知菌事实上包含哪些类别的真菌？
11. 植物病原细菌有哪些性状？细菌性病害的诊断要点是什么？其引致的农作物病害有哪些？
12. 植物病原病毒有哪些性状？其引致的农作物病害有哪些？
13. 说明病毒性病害的防治策略。
14. 为什么将线虫列为植物的病原物范围？怎样防治线虫？
15. 如何防除寄生性种子植物？
16. 简述植物侵染性病害的诊断方法。
17. 什么是病害循环？绘出病害循环简图。
18. 简述影响病程的各个因素。
19. 植物抗病性类型及抗病机制有哪些？
20. 你是如何理解植物的垂直抗性和水平抗性的？
21. 比较各种病原物的侵入途径与方式。
22. 病原物的越冬、越夏场所有哪些？
23. 分析植物病害流行的条件有哪些？
24. 试举例比较积年流行病害、单年流行病害的流行学特点。
25. 以稻瘟病或小麦锈病为例，说明单年流行病害流行的时间动态。
26. 试举出流行因素变动导致病害大流行的实例。

三、归纳与总结

可以在教师的指导下，在各学习小组讨论的基础上，从植物病害的概念、病程、植物病害的病状、病征类型，病原生物的形态特征、分类和所致病害特点，以及病害循环和流行条件等方面进行归纳与总结，并分组进行报告和展示（注意从知道、了解、理解、掌握、应用五个层次来把握）。

第三单元 有害生物的综合治理

学习目标

知识目标

1. 明确有害生物综合治理的意义。
2. 掌握各种防治方法的概念、基本内容和具体措施。
3. 熟悉当地常用农药的性质和使用方法。

技能目标

1. 根据具体的有害生物起草制订科学合理的综合治理方案。
2. 学会农药稀释的有关计算。

第一节 有害生物综合治理的含义

传统农业生产中，由于科学技术不发达，人们主要应用农业措施和简单的人工方法防治植物病虫害。第二次世界大战后，杀虫剂，特别是六六六、DDT等的相继问世，充分显示出其杀虫的显著效果。人们产生了一个错觉，以为植物保护就是打农药，就是化学防治，农药是万能的。然而，由于长期大量、不合理地使用化学农药，导致了害虫产生抗药性、害虫的天敌被大量杀伤、环境污染、食物污染等负作用。为了消除这些负面的影响，人们正在寻求更好的防治方法。历史实践证明，任何依赖单项手段来防治有害生物是有很大的局限性的。比如，生物防治具有成本低、无公害、有效期长的优点，但是，对防治对象选择性强、受环境因素影响大、作用速度慢，害虫暴发时有“远水救不了近火”之弊。总之，各种防治方法都各有优缺点，只有把植物病虫害问题看成是生态学问题，并且将各种方法有机地结合起来，走综合防治（综合治理）道路，才能达到防患于未然的目的。于是，现代有害生物的治理策略被相继提出。

以植物为基础，包括其他植物、动物、微生物等生物因子以及土壤、光、温度、水、空气等非生物因子，组成一个生态系统。在生态系统中，植物与害虫、害虫与其天敌在生态环境因素的作用和影响下，构成了一种动态平衡，它们相互依赖，又相互制约。理想的生态系统应是害虫和天敌处于动态平衡，其密度处于经济危害水平之下。对害虫进行综合治理，就是要使它们的种群数量低到不足以造成经济上的损失。

有害生物的综合治理（IPM），又可称为“有害生物综合防治”（integrated pest control，简称IPC），包含了生态学、经济学、社会学三个基本观点。随着对有害生物发生规律的认识不断地加深，以及新方法、新技术的增加和应用，综合治理的内容又有了新的发展。其概念是从农业生态系统总体观点出发，根据有害生物和环境之间的相互关系，充分发挥自然控制因素的作用，因地制宜、协调应用必要的措施，将有害生物控制在经济允许水平以下，以获取最佳的经济、生态和社会效益。综合治理这一基本点强调了生物与环境的整体观和不以彻底消灭病虫为目的的防治思想。

第二节 有害生物综合治理的原则

有害生物综合治理策略的提出，既是人类与有害生物长期作斗争的经验总结，也是科学技术发展的必然产物。它与传统的防治观念的差别可归纳成以下 4 个原则。

一、生态原则

传统的防治观念往往是头痛医头、脚痛医脚，而有害生物综合治理是从生态系统的总体观点出发，把有害生物作为生态系统中的重要组成部分，认为植物、有害生物及其天敌同处在一个生态环境中，都是生态系统的组成部分，三者之间相互依存、相互制约。它们的发生和消长又与其共同所处的生态环境的状态密切相关。有害生物也并非永远是有害的，当低于危害水平时，它们不过是生物链中的一员。要以保持生态系统的平衡为基础，全面分析各个生态因子之间的相互关系、有害生物和环境之间的相互关系，以预防为主，全面考虑生态平衡及防治效果之间的关系，综合解决有害生物的危害问题。

综合治理就是在作物播种、育苗、移栽和管理的过程中，有针对性地调节生态系统中某些组成部分，创造一个有利于植物及有害生物的天敌生存、不利于有害生物发生发展的环境条件，从而预防或减少有害生物的发生与危害。在综合治理过程中，要充分发挥自然控制因素（如气候、天敌等）的作用预防有害生物的发生，将有害生物的危害控制在经济允许的损失水平之下，不要求完全彻底地消灭有害生物，这就是全局观点、整体观点，也可以说是生态原则。当前，安全农产品的生产对有害生物治理的生态原则提出了更新的要求，例如，有机农产品在土地生产转型方面有严格规定，考虑到某些物质在环境中会残留相当一段时间，土地从生产其他农产品到生产有机农产品需要 2～3 年的转换期。

二、效益原则

综合治理效果的好坏，不是看是否把有害生物彻底消灭，而是看是否以最少的人力、物力投入控制有害生物，使它们的种群数量低到不足以造成经济上的损失，从而获得最大的经济效益。因此，在综合治理中，要根据经济允许水平确定有害生物的防治指标，当危害程度低于防治指标时，可不防治；否则，必须掌握有利时机，及时防治。也就是说，必须研究当有害生物的数量发展到何种程度，就要采取防治措施，以阻止有害生物达到造成经济损失的程度，这就是防治指标。例如，麦田蚜虫防治指标为有蚜株（茎）率超过 25%，百株蚜量 250 头以上，因此，它是一种“容忍哲学”，即把害虫控制在“有虫无害”的水平。综合治理所采用措施必须有利于维护生态平衡，避免对生态平衡的破坏及对生态环境的污染；必须符合社会公德及伦理道德，避免对人、畜的健康造成损害。总之，进行综合治理，目标是实现“三大效益”，即在追求经济效益的同时也要重视生态效益和社会效益。

三、综合原则

防治方法多种多样，但任何一种方法并非万能，且各种方法各有利弊，有的对一种病虫有效，而对另一种的防治不利。综合防治不是许多防治方法的机械拼凑和组合，各种防治措施必须从经济、生态、社会效益等方面综合加以考虑，有机地结合，辩证地配合，取长补短，相辅相成。有害生物综合治理的策略要求协调应用各种防治措施，其中特别重视自然控制因素的作用。为了充分发挥自然控制因素的作用，必须贯彻落实“预防为主，综合防治”的植保方针，所有人为的防治措施应该与自然控制因素相协调，要有机地协调农业防治、物理防治、生物防治和化学防治四者之间的关系。以农业防治为基础，充分发挥物理防治和生物防治对病虫害的控制作用，合理运用化学防治技术，将各项防治措施对农业生态系统产生的不利影响降至最低限度。

在各项措施的协调中，特别重要的是化学防治和生物防治间的协调。一般可从以下几方面着手：①用选择性的农药，改进施药技术。应尽量采用高效、低毒、低残留的农药。改用颗粒剂撒施以及涂抹等方法施用。②调整施药时间，选择对天敌影响最小、杀虫效果最佳的时期用药。③农药交替轮换使用，科学混用。

四、安全原则

综合治理要求一切防治措施应符合环境保护的原则和可持续发展的要求，应该保护人、畜、作物、有益生物等的安全。要针对不同的防治对象，协调选用一种或几种有效的防治措施，如健康栽培技术、病虫天敌的保护和利用、物理机械防治、化学防治等措施，相互取长补短，以达到最好的效果。同时考虑对整个生态系统的影响，将对农业生态系统的不利影响降到最低限度，既控制了病虫危害，又保护了人、畜、天敌和植物的安全，避免发生中毒和药害事故。要特别重视化学防治的安全，近年来，滥用农药已经造成了被称为“3R问题”的严重后果。因此，在化学防治中，必须科学地合理使用农药，达到有效地防治病虫，保护天敌，保证当前安全——毒害小，又能长期安全——残毒少，符合环境保护原则，讲究长远生态效益。

当前，食物中毒事件时有发生，安全农产品成为社会的强烈期盼。与此同时，无公害农产品、绿色农产品和有机农产品也相继涌现，安全农产品的生产对有害生物治理提出了更高的要求，因此，在生产不同类型的安全农产品时，应完全按照其生产标准和技术规程开展有害生物的治理，对产品实行“从土地到餐桌”全程质量控制。

第三节 怎样进行综合治理

综合治理的最终目标是要创造出一个良好的农田环境，即在农田中一切有害生物被抑制到不会危及作物的产量，而作物和有益生物都能够有最有利的条件生长发育和繁殖。当然，不可能一步就达到这种目标，必须努力创造一定的必要条件，必须进行长期的艰苦工作。

一、综合治理的基本条件

（1）摸清整个农田生态系统的基本情况　其中包括整个农田生物群落与它们周围环境的相互关系，明确哪些是有害生物、哪些是有益生物，哪些是优势种、哪些是次要种，以及它们的数量。

（2）掌握主要有害生物和它们的天敌的发生规律　对于农田中的主要有害生物和它们的天敌，要进一步调查清楚它们的发生规律，以便更好地控制和利用。例如，对于害虫和天敌，要调查清楚它们的年生活史及习性、发生条件；对于病害，要掌握它们的病害循环和发病条件的规律。

（3）加强预测预报　在掌握了农田主要有害生物和它们的天敌发生规律的基础上，进行科学准确地预测预报，为指导综合防治、科学合理使用化学农药服务。

二、综合治理方案的三个层次

实现综合治理的步骤，各地可以根据本地区的经验和防治水平，本着由易到难，由简单到复杂，由个别病虫到多种病害的发展过程，分三个层次进行。

① 以一个主要害虫（或病害）为对象，制定它的综合防治的措施。如对二化螟的综合治理措施。

② 以一种作物或者作物的某一生育阶段为对象，制定这种作物（或这一生育阶段）的主要病虫害的综合治理措施。如对烤烟病害的综合治理措施。

③ 以整个农田为对象，制定整个农田的各种主要作物上的重点病虫害的综合防治措施，并将它们纳入整个农田的生产管理及整个生态环境管理体系中去，进行科学系统的管理。如以四川水稻区为对象，构建水稻病虫害的综合治理体系。

必须指出，我国的植物保护方针是"预防为主，综合防治"，这是必须长期坚持的方针。但在生物灾害如此严峻的形势下，我们还要创新植物保护观念，树立"公共植保、绿色植保"新理念。"公共植保"就是把植物保护工作与农村公共卫生事业视为同等重要，是政府部门公共管理、公共服务的一项基本职能，必须采用行政法规进行管理或强制实施，把公益性的植物保护工作纳入依法管理轨道上，努力建成以县级以上国家公共植保机构为主导、乡镇公共植保人员为纽带的多元化专业服务组织为基础的新型植保体系。强化"公共"性质（公共植保）和"公共"管理，开展"公共"服务，提供"公共"产品，着力服务"四大安全"，即农业生产安全、农产品质量安全、农业生态安全和农业贸易安全。"绿色植保"就是把植保工作作为人与自然和谐系统的重要组成部分，突出其对作物高产、优质、高效、生态安全的保障和支撑作用，着力服务资源节约型、环境友好型农业。在当前食物中毒事件时有发生、安全农产品成为社会强烈期盼的形势下，"公共植保、绿色植保"为21世纪的植保工作指明了方向。例如，以昆虫性诱剂组装的绿色防控模式，在蔬菜上用性诱＋色板、性诱＋微生物农药等，节约成本75～225元/(公顷·年)，减少施药50%以上；在水稻上采用佳多频振杀虫灯＋养鸭/养鱼等技术，在16个省、市、自治区应用；在玉米上推广释放赤眼蜂、白僵菌封垛、投撒颗粒剂等防治玉米螟技术；在果树、茶树上推广以螨治螨生物防治技术等。这些都为"公共植保、绿色植保"提供了新经验和新途径，从而催生出绿色防控技术体系的集成创新，催生出专业化统防统治重大举措的贯彻落实。绿色防控是专业化统防统治的技术支撑，专业化统防统治是绿色防控的组织保障。

关于绿色防控的概念，最权威的解释是《农业部办公厅关于推进农作物病虫害绿色防控的意见》(农办农〔2011〕54号)，其中指出：农作物病虫害绿色防控是指采取生态调控、生物防治、物理防治和科学用药等环境友好型措施控制农作物病虫危害的植物保护措施。推进绿色防控是贯彻"预防为主、综合防治"植保方针，是实施绿色植保战略的重要举措。由此可见，绿色防控技术是综合治理技术的优化发展。应用绿色防控，一是可以有效地控制农业生物灾害，减少病虫损失，促进农业增产、农民增收；二是可以大大减少化学农药的使用，特别是减少高毒、高残留农药的使用，从而确保农产品质量安全，满足社会需求；三是可以大大减少因施用化学农药带来的对作物、土壤、水流等造成的环境污染问题，保护农田自然天敌，改善农田生态环境，增加农田生物多样性，维护农田生态平衡。

农作物病虫害专业化统防统治，是指具备一定植保专业技术的服务组织，采用先进、实用的设备，对农作物病虫害开展社会化、规模化和契约性的防治服务行为。2010年，国家提出"大力推进农作物病虫害专业化统防统治"，农业部号召各地将农作物病虫害专业化统防统治作为贯彻落实"预防为主、综合防治"植保方针和践行"公共植保、绿色植保"理念的重大举措，作为实现"保障农业生产安全、农产品质量安全和农业生态安全"三大目标的重要抓手，并要求在更大规模、更广范围、更高层次上深入推进。各地通过大力扶持专业化统防统治组织，搞好技术指导和服务，逐步建立起了一批拉得出、用得上、打得赢的专业化防治队伍，使之成为农作物重大病虫害防控的主导力量，大力提升了农作物重大生物灾害防控能力。实践证明，农作物病虫害专业化统防统治能大力提升农作物病虫害防控效率、防控效果和防控效益，有效减少农药用量、防治用工和环境污染，切实保障作物安全、人畜安全和农产品质量安全。因此，农作物病虫害统防统治是发展"高产、优质、高效、生态、安全"现代农业和建设"资源节约型、环境友好型"农业的客观要求，也是发展现代植保事业和推进"公共植保、绿色植保"的必然选择。

你知道吗？化学防治的适期与防治指标

防治适期是指为了控制有害生物对农作物生长、产量和品质造成不利影响，选择有害生物发育的某个时期进行防治，此时防治成本低，对环境友好，对天敌影响最小，防治效果最佳。掌握防治适期，避开天敌盛期和敏感期施药。施药时期应根据害虫防治适期和天敌发生情况适当地进行安排，若发生矛盾，则必须加以调整，或提前或推迟。例如，为保护寄生蜂，应尽量避开蜂的羽化高峰期、幼蜂期、化蛹前期和初蛹阶段施药；对蜘蛛应避开优势种的孵化和激增期施药；对蛙类则要避开蝌蚪和幼蛙期施药。天敌昆虫一般蛹期抗药能力最强，施药时应该选择盛蛹期进行为宜。

防治指标也叫经济阈值，是指有害生物种群增加到造成农作物经济损失而必须防治时的种群密度临界值。使用化学农药防治害虫时，尽量放宽防治指标，害虫种群达到经济阈值再用药防治，这样可以减少用药次数和用药量，降低选择压力，降低抗性频率上升速度，延缓抗药性的产生。

第四节 植物病虫害综合治理的主要技术

综合治理措施包括植物检疫、农业防治、抗性植物品种的利用、生物防治、物理防治以及化学防治等。

一、植物检疫

我国加入WTO后，随着国际经济贸易活动不断深入，植物检疫工作就显得越来越重要。植物检疫是根据国家颁布的法令，设立专门机构，对国外输入和国内输出，以及国内地区之间调运的种子、苗木及农产品等进行检疫，禁止或限制危险性病、虫、杂草的传入和输出；或者在传入以后限制其传播，消灭其危害的措施。植物检疫又称为法规防治，这是能从根本上杜绝危险性病、虫、杂草的来源和传播，最能体现贯彻“预防为主，综合防治”植保工作方针的一项重要措施。植物检疫为一综合的管理体系，涉及法律规范、国际贸易、行政管理、技术保障和信息管理等诸多方面。

植物检疫可分为对内检疫和对外检疫。对内检疫（国内检疫）是国内各级检疫机关，会同交通、运输、邮电、供销及其他有关部门，根据检疫条例，防止和消灭通过地区间的物资交换，调运种子、苗木及其他农产品而传播的危险性病、虫及杂草。我国对内检疫主要以产地检疫为主，道路检疫为辅。对外检疫（国际检疫）是国家在对外港口、国际机场及国际交通要道设立检疫机构，对进出口的植物及其产品进行检疫处理。防止国外新的或在国内还是局部发生的危险性病、虫及杂草的输入；同时也防止国内某些危险性的病、虫及杂草的输出。对内检疫是对外检疫的基础，对外检疫是对内检疫的保障。

在植物检疫工作中，凡是被列入植物检疫对象的，都是危险性的有害生物，它们的共同特点是：①国内或当地尚未发现或局部已发生而正在消灭的。②繁殖力强、适应性广，一旦传入对作物危害大，经济损失严重，难以根除。③可人为随种子、苗木、农产品及包装物等运输，作远距离传播的。例如，地中海实蝇、水稻细菌性条斑病、毒麦和红火蚁等都是当前重要的植物检疫对象，在疫区都给农林业生产带来了严重灾难。因此，在人员和商品流量大、植物繁殖材料调动频繁的情况下，强化农业植物检疫执法工作的力度，对杜绝外来有害生物入侵、发展出口创汇农业生产、实现农业生产可持续发展、保护生产者利益、促进农民增收具有重大的意义。

二、农业防治法

农业防治法就是通过改进栽培技术措施，使环境条件不利于病虫害的发生，而有利于植物的生长发育，直接或间接地消灭或抑制植物病虫害的发生与危害。这种方法是最经济、最基本的防治方法，其最大优点是不需要过多的额外投入，且易与其他措施相配套，而且预防作用强，可以长久控制植物病虫害，它是综合防治的基础。其局限性有防治效果比较慢，对暴发性病虫的危害不能迅速控制，而且地域性、季节性较强等。

农业防治的主要措施如下所述。

(1) 选用抗病虫品种 培育和推广抗病虫品种是最经济有效的防治措施。目前我国在水稻、小麦、玉米、棉花、烟草等作物上已培育出一大批具有抗性的优良品种，随着现代生物技术的发展，利用基因工程等新技术培育抗性品种，将会在今后的有害生物综合治理中发挥更大作用。在抗病虫品种的利用上，要防止抗性品种的单一化种植，注意抗性品种轮换，合理布局具有不同抗性基因的品种，同时配以其他综合防治措施，提高利用抗病虫品种的效果，充分发挥作物自身对病虫害的调控作用。例如，通过不断培育和推广抗病虫品种，有效控制了常发的和难以防治的病虫害，如锈病、白粉病、病毒病、稻瘟病和吸浆虫等，抗病虫品种已在生产中起了很大作用。

(2) 改革耕作制度 实行合理的轮作倒茬可以恶化病虫发生的环境，例如，在四川推广以春茄子、中稻和秋花椰菜为主的“菜-稻-菜”水旱轮作种植模式，大大减轻了一些土传病害（如茄黄萎病）、地下害虫和水稻病虫的危害；正确的间、套作有助于天敌的生存繁衍或直接减少害虫的发生，如麦棉套种，可减少前期棉蚜迁入，麦收后又能增加棉株上的瓢虫数量，减轻棉蚜危害；合理调整作物布局可以造成病虫的病害循环或年生活史中某一段时间的寄主或食料缺乏，达到减轻危害的目的，这在水稻螟虫等害虫的控制中有重要作用。

(3) 加强田间管理 综合运用各种农业技术措施，加强田间管理，有助于防治各种植物病虫害。一般而言，种植密度大，田间荫蔽，就会影响通风透光，导致湿度大，植物木质化速度慢，从而加重大多数高湿性病害和喜阴好湿性害虫发生危害。因而合理密植不仅能使作物群体生长健壮整齐，提高对病虫的抵抗力；同时也使植株间通风透气好，湿度降低，有利于抑制纹枯病、菌核病和稻飞虱等病虫害的发生。科学管水，控制田间湿度，防止作物生长过嫩过绿，可以减轻多种病虫的发生。如稻田春耕灌水，可以杀死稻桩内越冬的螟虫；稻田适时排水晒田，可有效地控制稻瘿蚊、稻飞虱和水稻纹枯病等病虫的发生。连栋塑料温室可以利用风扇定时排湿，尽量减少作物表面结露，从而抑制病害发生。一般来说，氮肥过多，植物生长嫩绿，分枝分蘖多，有利于大多数病虫发生危害。而采用测土配方施肥技术，肥料元素养分齐全、均衡，适合作物生长需求，作物抗病虫害能力也明显增强，可显著地减轻蚜虫、稻瘟病、纹枯病和枯萎病等病虫害的发生、控制病虫害发病率，从而有利于控制化肥、农药的使用量，减少农作物有害成分的残留，保护农田生态环境。健康栽培措施是通过农事操作，清除农田内的有害生物及其滋生场所，改善农田生态环境，保持田园卫生，减少有害生物发生危害。通过健康栽培措施，既可使植物生长健壮，又可以防止或减轻病虫害发生。主要措施有：植物的间苗、打杈、摘顶、清除田间的枯枝落叶、落果等各种植物残余物。例如，油菜开花期后，适时摘除病、老、黄叶，带出田外集中处理，有利于防治油菜菌核病。

田间杂草往往是病虫害的野生过渡寄主或越冬场所，清除杂草可以减少植物病虫害的侵染源。综上所述，健康栽培措施已成为一项有效的病虫害防治措施。此外，加强田间管理的措施还有改进播种技术、采用组培脱毒育苗、翻土培土、嫁接防病和安全收获等。

你知道吗？为什么西瓜等作物不适宜重茬种植？

随着全球沙漠化、荒漠化形势的日益严峻，可耕土地越来越少，而我国人多地少的矛盾更加突出，提高复种指数（重茬耕作）是解决问题的唯一办法。但是随之而来的土传病害等重茬病造成作物大面积减产、绝产。一般发病率在10%～30%，植株常常枯死，造成缺苗断垄，严重的可达80%～90%，甚至全园死亡，造成绝收，这是一类毁灭性病害。重茬病成为农业专家和广大农民群众研究和关注的重点课题，但长时间一直没有重大的突破性进展。

西瓜枯萎病或根结线虫病等主要靠带菌（或线虫）土壤传播，重茬种植，土壤中病菌（或线虫）多，病株率可达70%左右。因此，西瓜等作物不适宜重茬种植。

三、物理防治法

物理防治法就是利用各种物理因素（如光、电、色、温湿度等）和机械设备来防治有害生物的植物保护措施。此法一般简便易行，成本较低，不污染环境，而且见效快，但有些措施费时费工，需要特殊的设备，有些方法对天敌也有影响。一般作为一种辅助防治措施。

物理防治的主要措施之一为诱杀法，是利用害虫的趋性或其他习性诱集并杀灭害虫。常用方法有以下几种。

(1) 灯光诱杀　利用害虫的趋光性，采用黑光灯、双色灯或高压汞灯，结合诱集箱、水坑或高压电网诱杀害虫的方法。大多数害虫的视觉特性对波长 330～400nm 的短波紫外光特别敏感，黑光灯是一种能辐射出 360nm 紫外线的电光源，因而诱虫效果很好。黑光灯可诱集 700 多种昆虫，在大田作物害虫中，尤其对夜蛾类、螟蛾类、天蛾类、尺蛾类、灯蛾类、金龟甲类、蝼蛄类、叶蝉类等诱集力更强。

目前，生产上所推广应用的另一种光源是频振式杀虫灯，该灯的杀虫机理是运用光、波、色、味四种诱杀方式杀灭害虫。近距离用光，远距离用波，加以黄色外壳和气味，引诱害虫成虫扑灯，外配以频振高压电网触杀，可将成虫消灭在产卵以前，从而减少害虫基数、控制害虫危害作物。可广泛用于农、林、蔬菜、烟草、仓储、酒业酿造、园林、果园、城镇绿化、水产养殖等，对危害作物的多种害虫，如斜纹夜蛾、银纹夜蛾、烟青虫、稻飞虱、蝼蛄等都有较强的杀灭作用。

(2) 色彩板诱杀　利用害虫的趋色彩性，研究各种色彩板诱杀一些“好色”性害虫，常用的有黄板和蓝板。如利用有翅蚜虫、白粉虱、斑潜蝇等对黄色的趋性，可在田间采用黄色黏胶板或黄色水皿进行诱杀。利用蓝板可诱杀蓟马、种蝇等。

(3) 食饵诱杀　利用害虫对食物的趋化性，通过配制合适的食饵来诱杀害虫。如用糖酒醋液可以诱杀小地老虎和黏虫成虫，利用新鲜马粪可诱杀蝼蛄等。

(4) 汰选法　健全种子与被害种子在形态、大小、比重上存在着明显的区别，因此，可将健全种子与被害种子进行分离，剔除带有病虫的种子。可通过手选、筛选、风选、盐水选等方法进行汰选。例如，油菜播种前，用 10%NaCl 溶液选种，用清水冲洗干净后播种，可减轻油菜菌核病的发病率。

(5) 阻隔法　根据害虫的生活习性和扩散行为，设置物理性障碍，阻止其活动、蔓延，防止害虫危害。如在设施农业中利用适宜孔径的防虫网覆盖温室和塑料大棚，以人工构建的屏障，防止害虫侵害温室花卉和蔬菜，从而有效控制各类害虫，如蚜虫、跳甲、甜菜夜蛾、美洲斑潜蝇、斜纹夜蛾等的危害。又如，果园果实套袋可以阻止多种食心虫在果实上产卵，防止病虫侵害水果。

(6) 高温处理　利用热水或热空气可热疗感染病毒的植株或繁殖材料（种子、接穗、苗木、块茎和块根等），从而获得无病毒的植株或繁殖材料。如在 37℃下对感染马铃薯卷叶病毒的马铃薯块茎处理 25d，就可以生产出无毒的植株。太阳能土壤消毒技术（solarization）是利用一年中最炎热的月份，用塑料薄膜覆盖潮湿土壤 4 周以上，以提高耕作层土壤的温度，杀死或减少土壤中的有害生物，控制或减轻土传病害的发生。对收获后的块茎和块根等采用高温愈伤处理，可促进伤口愈合，以阻止部分病原物或腐生物的侵染与危害。如，甘薯薯块用 34～37℃处理 4d，可有效地防治甘薯黑斑病菌。高温烘干也是针对收获后农产品杀死有害生物的办法之一，且不受天气限制。

此外，还可用缺氧窒息、高频电流、超声波、激光、原子能辐射等物理防治技术防治病虫。

四、生物防治法

生物防治法就是利用自然界中各种有益生物或有益生物的代谢产物来防治有害生物的方法。生物防治的优点是对人、畜、植物安全，不杀伤有害生物的天敌及其他有益生物，一般不污染生态环境，往往对有害生物有长期的抑制作用，而且生物防治的自然资源比较丰富，成本比使用化学农药低。因此，生物防治是综合防治的重要组成部分。但是，生物防治也有局限性，如作用较缓慢，在有害生物大发生后常无法控制；使用时受气候和地域生态环境影响大，效果不稳定；多数天敌的选择性或专化性强，作用范围窄，控制的有害生物数量仍有限；人工开发周期长，技术要求高等。所以，生物防治必须与其他防治方法相结合。

生物防治的主要措施如下所述。

1. 以虫治虫

以害虫作为食物的昆虫称为天敌昆虫。利用天敌昆虫来防治害虫，称为“以虫治虫”。天敌昆虫主要有捕食性和寄生性两大类型：

（1）捕食性天敌昆虫　专以其他昆虫或小动物为食物的昆虫，称为捕食性昆虫。分属于18个目近200个科，常见的捕食性天敌昆虫有蜻蜓、螳螂、猎蝽、刺蝽、花蝽、姬猎蝽、瓢虫、草蛉、步甲、食虫虻、食蚜蝇、胡蜂、泥蜂、蚂蚁等。这些天敌一般均较被猎取的害虫大，捕获害虫后立即咬食虫体或刺吸害虫体液，捕食量大，在其生长过程中，能捕食几头至数十头，甚至数千头害虫，可以有效地控制害虫种群数量。例如，利用澳洲瓢虫与大红瓢虫防治柑橘吹绵介壳虫较为成功。一头草蛉幼虫，一天可以吃掉几十甚至上百头蚜虫。

（2）寄生性天敌昆虫　这些天敌寄生在害虫体内，以害虫的体液或内部器官为食，导致害虫死亡。分属于5个目近90个科，主要包括寄生蜂和寄生蝇，其虫体均较寄主虫体小，在幼虫期寄生于害虫的卵、幼虫及蛹内或体上，最后寄主害虫随天敌幼虫的发育而死亡。目前，我国利用寄生性天敌昆虫最成功的例子是利用赤眼蜂寄生多种鳞翅目害虫的卵。

以虫治虫的主要途径有以下三个方面：①保护利用本地自然天敌昆虫。如合理用药，避免农药杀伤天敌昆虫；对于园圃修剪下来的有虫枝条，其中的害虫体内通常有天敌寄生，因此，应妥善处理这些枝条，将其放在天敌保护器中，使天敌能顺利羽化，飞向园圃等。②人工大量繁殖和释放天敌昆虫。目前国际上有130余种天敌昆虫已经商品化生产，其中主要种类为赤眼蜂、丽蚜小蜂、草蛉、瓢虫、小花蝽、捕食螨等。③引进外地天敌昆虫。如早在19世纪80年代，美国从澳大利亚引进澳洲瓢虫（*Rodolia cardinalis*），5年后原来危害严重的吹绵蚧就得到了有效控制；1978年我国从英国引进丽蚜小蜂（*Encarsia formosa* Gahan）防治温室白粉虱取得成功等。

2. 以菌治虫

以菌治虫，就是利用害虫的病原微生物及其代谢产物来防治害虫。该方法具有对人、畜、植物和水生动物无害、无残毒、不污染环境、不杀伤害虫的天敌、持效期长等优点，因此，特别适用于植物害虫的生物防治。

目前，生产上应用较多的是病原细菌、病原真菌和病原病毒三大类。我国利用的昆虫病原细菌主要是苏云金杆菌（Bt），主要用于防治棉花、蔬菜、果树、水稻等作物上的多种鳞翅目害虫。目前，国内已成功地将苏云金杆菌的杀虫基因转入多种植物体内，培育成抗虫品种，如转基因的抗虫棉等。我国利用的病原真菌主要是白僵菌，可用于防治鳞翅目幼虫、叶蝉、飞虱等。目前发现的昆虫病毒以核型多角体病毒（NPV）最多，其次为颗粒体病毒（GV）及质型多角体病毒（CPV）等。其中应用于生产的有棉铃虫、茶毛虫和斜纹夜蛾核型多角体病毒，菜粉蝶和小菜蛾颗粒体病毒，松毛虫质型多角体病毒等。

近年来，在玉米螟生物防治中，还推广以卵寄生蜂（赤眼蜂）为媒介传播感染玉米螟的病毒，使初孵玉米螟幼虫罹病，诱导玉米螟种群罹发病毒病，达到控制目标害虫玉米螟危害的目的。该项目被称为“生物导弹”防治玉米螟技术。

此外，某些放线菌产生的抗生素对昆虫和螨类有毒杀作用，这类抗生素称为杀虫素。常见的杀虫素有阿维菌素、多杀菌素等。例如，阿维菌素已经广泛应用于防治多种害虫和害螨。

3. “以菌治菌（病）”

“以菌治菌（病）”是利用对植物无害或有益的微生物来影响或抑制病原物的生存和活动，减少病原物的数量，从而控制植物病害的发生与发展。有益微生物广泛存在于土壤、植物根围和叶围等自然环境中。应用较多的有益微生物有细菌中的放射土壤杆菌、荧光假单胞菌和枯草芽孢杆菌等，真菌中的哈茨木霉及放线菌（主要利用其产生的抗生素）等。如我国研制的井冈霉素是由吸水链霉菌井冈变种产生的水溶性抗生素，已经广泛应用于水稻纹枯病和麦类纹枯病的防治。

4. 其他有益生物的应用

在自然界，还有很多有益动物能有效地控制害虫。如蜘蛛和捕食螨同属于节肢动物门、蛛形纲，主要捕食昆虫，农田常见的有草间小黑蛛、八斑球腹蛛、拟水狼蛛、三突花蟹蛛等，主要捕食各种飞虱、叶蝉、螨类、蚜虫、蝗蝻、蝶蛾类卵和幼虫等。很多捕食性螨类是植食性螨类的重要天敌，重要科有植绥螨科、长须螨科。这两个科中有的种类如胡瓜钝绥螨、尼氏钝绥螨、拟长行钝绥螨已能人工饲养繁殖并释放于农田、果园和茶园。如以应用胡瓜钝绥螨（*Neoseiulus cucumeris* Oudermans）为主的“以螨治螨”生物防治技术，自 1997 年以来已在全国 20 个省市的 500 余个县市的柑橘、棉花、茶叶等 12 种作物上应用，用以防治柑橘全爪螨、柑橘锈壁虱、柑橘始叶螨、二斑叶螨、截形叶螨、土耳其斯坦叶螨、山楂叶螨、苹果全爪螨、侧多食跗线螨、茶橙瘿螨、咖啡小爪螨、南京裂爪螨、竹裂螨、竹缺爪螨等害螨的危害，年可减少农药使用量 40%～60%，防治成本仅为化学防治的 1/3，具有操作方便、省工省本、无毒、无公害的特点，成为各地受欢迎的一个优良的天敌品种。

两栖类动物中的青蛙、蟾蜍、雨蛙、树蛙等捕食多种农作物害虫，如直翅目、同翅目、半翅目、鞘翅目、鳞翅目害虫等。大多数鸟类捕食害虫，如家燕能捕食蚊、蝇、蝶、蛾等害虫。有些线虫可寄生地下害虫和钻蛀性害虫，如斯氏线虫和格氏线虫，用于防治玉米螟、地老虎、蛴螬、桑天牛等害虫。此外，多种禽类也是害虫的天敌，如稻田养鸭可控制稻田潜叶蝇、稻水象甲、二化螟、稻飞虱、中华稻蝗、稻纵卷叶螟等害虫。鸡可啄食茶树上的茶小绿叶蝉。

5. 昆虫性信息素在害虫防治中的应用

近年来，昆虫性信息素在害虫防治中的应用越来越广泛。昆虫性信息素是由同种昆虫的某一性别分泌于体外，能被同种异性个体的感受器所接受，并引起异性个体产生一定的行为反应或生理效应。多数昆虫种类由雌虫释放，以引诱雄虫。目前，全世界已鉴定和合成的昆虫性信息素及其类似物达 2000 余种，这些性信息素在结构上有较大的相似性，多数为长链不饱和醇、醋酸酯、醛或酮类。每只昆虫的性外激素含量极微，一般在 0.005～1μg。甚至只有极少量挥发到空气中，就能把几十米、几百米、甚至几千米以外的异性昆虫吸引来，因此，可利用一些害虫对性外激素的敏感的原理，来进一步诱杀大量的雄蛾。而用人工合成的性信息素或类似物，通常叫昆虫性引诱剂，简称性诱剂，性诱剂制作成诱芯（性诱剂的载体），再由诱芯和捕虫器两部分组成诱捕器。诱捕器可用来诱杀大量的雄蛾，并减少雄蛾与雌蛾的交配机会，因而对降低田间卵量、减少害虫的种群数量起到良好的作用。目前，已经应用在二化螟、小菜蛾、甜菜夜蛾和斜纹夜蛾的防治中，在农药的使用次数和使用量大幅度削减、减低农药残留的同时，虫害得到有效控制，保护了自然天敌和生物多样性。

五、化学防治法

1. 化学防治的概念、重要性及其局限性

化学防治就是利用化学药剂防治农业、林业中的病、虫、草、鼠害及其他有害生物的一种防治技术。化学防治是当前国内外防治有害生物最常用的方法，也是最广泛采用的防治手段之一，是有害生物防治中的一项重要措施。化学防治具有以下优点：

① 快速高效，使用方便，受地区和季节性限制小，防治范围广，几乎所有的有害生物都可采用化学防治。

② 便于大面积使用及机械化操作。

③ 便于规模工业化生产，因此使用成本相对较低。

④ 便于贮藏和运输。

化学防治虽有诸多优点，但其缺点也比较明显，如果使用不合理，也会出现一些问题。如部分农药毒性大，易造成人、畜中毒，影响人体健康；有的农药残留期较长，不易分解；农药在灭害的同时也能杀伤害虫天敌；污染环境；破坏生态平衡，引起害虫的再次猖獗；长期单一使用某一品种农药，有害生物会产生抗药性；增加农业生产成本等。因此，化学防治时要选择高效、低毒、低残留的农药，改变施药方法，减少用药次数，同时与其他防治方法相结合，扬长避短，充分发挥化学防治的优越性，减少其负作用。

2. 农药的基本知识

(1) 农药的概念 传统农药主要是指用于防治农林及其产品的病、虫、草、鼠害和调节作物生长的物质。随着农药科学的发展，农药的应用范围和作用不断扩大，农药的含义更加广泛。现代农药是指用于农林及其产业，具有杀灭、趋避、预防和减少有害生物以及调节植物、昆虫生长发育的一类物质的总称。农药可以是化学合成物，也可以是来源于生物或其他天然物质；可以是一种物质，也可以是几种物质的混合物及其制剂。目前，农药除在农林领域外，在医学卫生、防腐保鲜、畜牧业、养殖业以及建筑业等方面均有应用。

(2) 农药的加工与剂型

① 农药的加工 从工厂生产出来未经加工的农药叫原药，液体的叫原油，固体的叫原粉。绝大多数原药因为水溶性差或农田单位面积有效需用量少等原因，不能直接使用，必须与一定种类、一定用量的辅助剂、载体配合使用，制成便于使用的形态。这个过程通常叫做农药加工。在农药加工过程中，加入改进药剂性能和性状的物质，可以使之达到一定的分散度，便于储运和使用，更有利于发挥毒剂的效力。因此，农药加工对提高药效是十分重要的。

② 农药的剂型 原药中具有杀虫、杀菌、杀草等作用的成分叫有效成分，其余无作用的成分叫杂质。在农药原药中加入辅助剂，加工制成的便于使用的一定药剂形态称为剂型。辅助剂有填充剂、溶剂、湿润剂、乳化剂等，主要是改善农药的剂型和理化性状，提高药效和使用范围。常用的农药剂型主要有下列几种。

a. 粉剂（dustable powders，DP） 原药加入一定的填充料（如黏土、滑石粉），经过粉碎加工制成的粉状混合物。粉剂质量指标包括有效成分含量、细度、分散性、流动性、容重、水分含量及 pH 值等。粉剂使用等级，低浓度粉剂直接喷粉，高浓度粉剂可做拌种、毒饵及土壤处理，但不能对水喷雾。粉剂加工简单，价格便宜，不需对水，工效高，但附着力差，药效和残留不如可湿性粉剂和乳油，易污染环境。

b. 可湿性粉剂（wettable powders，WP） 原药加填充料、湿润剂、分散剂后粉碎加工制成的粉状混合物。可湿性粉剂质量指标包括有效成分含量、悬浮率、湿润性能、水分含量及 pH 值等。可湿性粉剂在水中易于湿润、分散和悬浮，主要作喷雾使用，也可灌根、泼浇，不宜直接喷粉。

c. 乳油（emulsifiable concentrates，EC） 原药加入溶剂、乳化剂使之互溶而制成透明的油状液体。乳油的质量指标包括有效成分含量、乳化分散性、乳液稳定性、水分含量、pH 值、贮存稳定性等。我国对乳油的质量规定，一般 pH 值为 6～8，稳定性高，正常条件下贮存两年不会分层、不沉淀。乳油的有效成分高，防效好，便于贮存和使用。可用于喷雾、拌种、泼浇。

d. 颗粒剂（granules，GR） 原药加入辅助剂、载体制剂制成的粒状农药制剂。颗粒剂的质量指标包括有效成分、颗粒重、水分、颗粒完整率、产品脱落率等。颗粒剂分为遇水解体与遇水不解体两种。遇水不解体的颗粒剂可供根施、穴施、与种子混播，地面撒施或撒入玉米心叶用，具有残效期长、对环境污染小、对天敌安全等优点。遇水解体的颗粒剂叫水分散粒剂，遇水后能迅速崩解，分散形成悬乳液。兼有可湿性粉剂与悬浮剂的优点，悬浮性、分散性、稳定性好，无粉尘，贮存不易结块，便于运输。主要用于喷雾。

e. 胶悬剂（suspension concentrates，SC） 为一种胶状液体制剂。它是将原药、填充料、湿润剂及分散剂等混合，经多次研磨而成。常用的为水液胶悬剂，可供喷雾使用。其湿润性、展着性、悬浮性、黏着力都优于可湿性粉剂，且能溶入植物的组织和气孔，耐雨水冲刷。

f. 烟剂（fumicant，FU） 农药原药或商品农药、燃料（锯木、木炭粉、尿素等）、氧化剂（氯酸钾、硝酸铵）、阻燃剂（氯化铵、陶土等）混合制成的固体制剂。烟剂点燃后可以燃烧，但无火焰，农药受热气化，在空气中凝结成固体微粒，形成烟而释放有效成分。烟剂主要用于防治塑料大棚及森林病虫害、仓库及卫生害虫。烟剂使用功效高，具有使用不需任何器械、不需用水、简便省力、药剂在空间分布均匀等优点。

g. 缓释剂（sustained release，SR） 原药或其他药剂加入缓释剂、填充料等制成的可缓慢释放农药有效成分的剂型。它具有残效期长、污染轻、使用安全、节省用药、成本低等优点，是一种有发展前途的新剂型。

h. 种衣剂（seed coating agent，SD） 是用于种子处理的流动性黏稠状制剂，或在水中可分散的固体制剂，加水后调成浆状。能均匀地附着在种子表面，溶解挥发后在种子表面形成药膜，用于防治鼠害、地下害虫和病害等。

i. 水分散粒剂（water dispersible granule，WDG） 它是在可湿性粉剂和悬浮剂的基础上发展起来的新剂型，具有分散性好、悬浮率高、稳定性好、使用方便等特点，入水后，迅速自动崩解，分散成悬浮液。

此外，现阶段应用和发展的农药剂型还有：水剂（AS）、大粒剂（GG）、毒饵（RB）、熏蒸剂（VP）、气雾剂（AE）、微乳剂（ME）、悬乳剂（SE）、水悬浮微胶囊剂（ACS）、泡腾片剂（ET）、水溶膜包装剂（WSP）和浓乳剂（CE）等。

（3）农药的通用名称与包装 农药的通用名称是指农药产品中起作用的有效成分名称。农药的通用名称通常由3部分组成，一是农药有效成分的含量，常用百分浓度表示；二是农药有效成分的通用名称，必须采用中文通用名称表示；三是剂型的名称。如15%三唑酮可湿性粉剂，2.5%溴氰菊酯乳油等。

必须指出，在过去，农药产品可以使用三种名称，即通用名称、商品名称、注册商标名称。从2008年7月1日起，生产上市的农药产品一律不得使用商品名称，只能使用通用名称，农药“一药多名”现象将成为历史。

商品农药的包装分为外包装和内包装。外包装主要用于运输和贮存，内包装主要用于销售。外包装的标志有毒性标志，易燃标志和贮存运输标志、类别、品名、毛重、生产日期和批号。内包装表面主要是标签，其内容包括品名、规格、农药产品标准号、登记证号、批准证号、净重、使用说明、生产日期、批号、毒性标志、生产企业名称等。标签下面还有一条与底边平行的颜色标志。绿色表示该品种为除草剂，红色为杀虫剂，黑色为杀菌剂，蓝色为杀鼠剂，深黄色为植物生长调节剂。主要用于区别不同农药类型。

（4）农药的使用技术

① 影响农药药效的因素 影响农药药效的因素主要有：一是药剂因素，药剂不同，化学成分、理化性质、作用机制不同，以及使用时根据不同防治对象所需浓度或剂量，都会对药效产生不同程度的影响。二是有害生物体，由于有害生物体其个体生理状态及其生物学特征、生活习性的差异，对同一类或不同类的药剂反应是不一样的，所以药剂表现出的防治效果就有差异。三是环境因素，环境条件的改变一方面影响了生物体的生理活动，另一方面影响了药剂的理化性状，结果都会影响药效。其中主要的因子就是温度、湿度、雨水、风、光及土壤性质等。四是施药技术，无论采用哪种施药方法，都必须要掌握其施药关键技术，否则都会影响药效。五是施药器械的性能，主要影响施药的均匀度和附着力。六是寄主植物，寄主植物表面的结构如茸毛多少，蜡质层厚薄均直接影响到药液的湿润、展着和附着，从而影响药效。除以上几点外，配药的水质以及施药适期等都影响药效。

② 农药的使用方法 农药的使用方法正确与否对防治效果影响很大，使用中应尽量做到施用较少的药量取得较大的防治效果，还要避免引起人、畜中毒和造成环境污染。因此，农药的使用必须根据防治对象的发生规律、寄主植物的形态和发育阶段、药剂的性质、剂型，以及植物生态、施药环境和施药工具等情况，综合考虑采用最佳的施药方法，才能获得满意的效果。常用的施药方法有以下几种。

a. 喷粉法 是使用喷粉器械将药剂喷布在目标植物上的施药方法。适宜喷粉的剂型为低浓度粉剂。喷粉要求必须均匀周到，使植物体表面均匀覆盖一层极薄的药粉。田间检查时可以用拇指和食指轻轻在叶片上一捺，如看到有点药粉黏在手指上为适度。每公顷喷粉量为22.5～37.5kg。喷粉法不需水，工效高，适宜于干旱地区或缺水地区使用，也是防治暴发性病虫害的有力手段。但喷粉的残效期较短，易飘移污染环境，因此，目前更多地使用在封闭温室、大棚以及果园等。喷粉法按照施药的方式可分为手动喷粉法、机动喷粉法、粉尘法、静电喷粉法等。

b. 喷雾法 是利用喷雾机具，使药液以很小的雾滴均匀覆盖在目标物上的施药方法。它是农药施用中最常用的一种方法。适用于喷雾法的农药剂型包括微乳剂、水剂、可湿性粉剂、可溶性粉剂、悬浮剂、水分散粒剂、超低容量喷雾剂等。根据单位面积上喷液量的多少及其他特点，多为以下几种类型。

第一种，常量喷雾法，又称高容量喷雾法。喷出药液的雾滴直径在100～200μm之间，一般大田作物每亩（1亩＝666.67m^2）用药液量为50～100kg、果树150～300kg。适宜作喷雾的剂型主要有可湿性粉剂、乳油、胶悬剂、水分散粒剂等。常量喷雾通常采用手动喷雾、机动喷雾和航空喷雾三种方式。

常量喷雾要求均匀周到，叶面充分湿润，但药液不从叶面上滑下为度。喷雾时将喷头对准目标物，距离目标物0.5m左右，手要连续均匀地摇动压柄，使雾液在受药表面形成连续性药膜。我国目前常量喷雾普遍使用工农-16型背负式喷雾器，适宜于小面积用药。常量喷雾与喷粉相比，具有附着力强、残效期长、防治效果好等优点。但常量喷雾法用水量多、工效低，浪费较大，以及污染土壤和环境。

第二种，低容量喷雾法，又称弥雾法。它是通过器械的高速气流将药液分散。每亩用药液量仅为常量喷雾的1/20～1/10。雾滴小于常量喷雾，通常在50～100μm。主要采用东方红-18型背负式机动弥雾喷粉机。低容量喷雾法的优点是喷撒速度快、省力、防治效果好，适于缺水或丘陵地区，且对剂型选择性低，能用于常量喷雾的剂型均可用于低容量喷雾。

第三种，超低容量喷雾法。这种方法喷出药液的雾滴直径在15～75μm，用液量一般每亩小于330mL，主要通过高能雾化装置，雾液经飘移沉降到作物上，适宜的剂型为超低容量剂。

超低容量喷雾法的优点是省工、省药、喷药速度快、劳动强度低。但需用专用药械和专用剂型，喷雾操作要求严格，施药效果受气流影响大，不宜喷用高毒农药。

c. 种苗处理法　将药液施用在种子或苗木上的一种施用方法，包括拌种、浸种和种苗处理。用一定量的农药与种子混拌均匀，以防治地下害虫或土传病害等的施药方法叫拌种。拌种用药量要适宜，一般依种子种类、大小及防治对象而定，多为种子重量的0.2%～1%。要混拌均匀，使药剂黏附在种子表面。把种子或种苗浸入一定浓度的药液中，经一段时间后取出晾干再播种或栽植的方法叫浸种。浸种要严格掌握温度、药液浓度和浸种时间，有些药剂浸种后还需要用清水冲洗才能播种。

d. 土壤处理法　又称土壤消毒，是将药剂施于土表，经机械翻耕或简单混土作业，将药剂分散于耕作层中，防治病、虫、草害的一种施药方法。适宜于杀灭土壤中的害虫、病菌、线虫和防除杂草，用药量要准确均匀，一般依土质、有机质含量、土壤颗粒成分、土壤含水量、土壤酸碱度、土壤微生物等而定。使用的剂型包括颗粒剂、胶囊剂、微胶囊剂以及乳油等。

e. 熏蒸法　利用农药毒气来消灭有害生物的方法。熏蒸法主要在密闭条件下进行，大田植物茂密条件下也可采用。利用药剂进行库房熏蒸应注意以下几个问题：第一，创造一个密闭环境，防止毒气外逸。第二，适当控制温度、湿度。温度太低，效果不好；温度、湿度太高，被熏蒸物易发霉变质。第三，作业过程中要有专人看守，避免他人误入作业区。第四，熏蒸完毕要彻底通风散气，确认无毒气后才能进行其他作业。

f. 抛撒法　将农药制剂与细土搅拌成毒土或将颗粒剂撒于作物上或田地里，防治病、虫、草的方法。此法具有工效高，使用方便，目标性强，无粉尘或药液飘移等优点。主要适用于土壤处理、水田施药及多种作物的心叶施药等。对高毒性和易挥发的农药，不便使用喷粉法和喷雾法，通常采用抛撒法。

g. 熏烟法　利用烟剂点燃后发出浓烟或用农药直接加热发烟，防治温室、果园和森林的病、虫以及卫生害虫的方法称熏烟法。此法在保护地栽培中应用较多，主要特点是对各个部位的病虫都有杀灭作用。

除此之外还有毒饵法、泼浇法、涂抹法等。

③ 农药的稀释配制　商品农药大多数不能直接喷撒使用，必须用稀释剂稀释后才能使用。为了保证药效，避免对植物产生药害，就必须掌握农药的稀释计算方法和配制方法。

a. 农药的浓度表示法

第一种，百分浓度（%）表示法：是指100份农药中含有效成分的份数。如5%杀虫双颗粒剂，即表示100份这种颗粒剂中含有5份杀虫双有效成分。

第二种，质量-体积分数（百万分浓度）表示法：是指一百万份农药中含农药有效成分的份数。用 mg/kg 或 μL/L 表示。如 50mg/kg 的赤霉素液表示一百万份药液中含赤霉素 50 份。

第三种，倍数表示法：是加入农药中的稀释剂量的倍数。如 2.5%溴氰菊酯乳油 2000 倍液是指 2.5%溴氰菊酯乳油 1 份加水 2000 份形成的稀释液。倍数法不能直接反映出农药稀释液中有效成分的含量。在应用倍数法稀释农药时，常采用两种方法，一种叫内比法，是指稀释倍数在 100 倍以下时，稀释剂用量应扣除原药剂所占有的份额。如稀释 50 倍液即用原药剂 1 份加水 49 份。稀释倍数在 100 倍以上时采用外比法，计算稀释剂量时不扣除原药所占的 1 份。如稀释 1000 倍液即可用原药剂 1 份加水 1000 份。

b. 农药的稀释计算

ⓐ 按有效成分计算

通用公式：原药剂浓度×原药剂质量＝稀释药剂浓度×稀释药剂质量

例如：用 70%甲基硫菌灵可湿性粉剂 50g，稀释成 0.5%稀释液，需加水多少？

计算：根据公式

$$稀释药剂质量=\frac{原药剂浓度\times 原药剂质量}{稀释药剂浓度}$$

$$=\frac{70\%\times 50}{0.5\%}=7000(g)$$

$$稀释剂需加水量=7000g-50g=6950(g)(即\ 6950mL)$$

答：需加水 6950mL。

ⓑ 按倍数法计算（此法不考虑药剂的有效成分含量）

计算公式为：稀释后药液质量＝商品农药质量×稀释倍数

例如：73%炔螨特乳油稀释 2000 倍防治朱砂叶螨，问每桶喷雾器（约 15kg）需加 73%炔螨特乳油多少？

计算：根据公式

$$商品农药质量=\frac{稀释后药剂质量}{稀释倍数}$$

$$=\frac{15kg}{2000}=\frac{15000g}{2000}=7.5g$$

答：每桶喷雾器需加 73%炔螨特乳油 7.5g（约为 7.5mL）。

c. 药液的配制　配制的药剂包括可湿性粉剂、乳油、胶悬剂、水分散粒剂等。配制药剂时必须注意以下几个问题：第一，认真阅读商品农药的使用说明书，确定当地条件下的用药量。第二，药剂调配要认真计算，避免出错。第三，严格掌握稀释倍数。第四，注意用水质量，最好选用河水、塘水、田水，不用污水或井水。或者用水质优化剂优化水质后再加药配兑。第五，采用两步稀释法，即第一步先用少量的水把药剂配兑搅匀，第二步再加水到所需浓度搅拌均匀。

④ 农药的混合使用　农药混用是将作用机制或防治对象不同的两种或两种以上的商品农药混合使用，或将农药与肥料混合使用。

有些商品农药可以同时混合使用，有的在混合后要立即使用，有些则不可以混合使用或没有必需混合使用。在考虑混合使用时必须有目的，如为了提高药效；扩大杀虫、除草、防病或治病范围；同时兼治其他虫害、病害；收到迅速消灭或抑制病、虫、草危害的效果；防治抗性病、虫和草害；或用混合使用方法来解决农药不足的问题等。但不可盲目混用，因为有些种类的农药混合使用时不仅起不到好的作用，反而会使药剂的质量变坏或使有效成分分解失效，即使有些农药混合使用不会产生不良影响，但也增加了使用上的麻烦，甚至浪费了药剂。

除草剂之间的混用较为普遍，市售的很多除草剂品种本身就是混剂，如丁・苄、二氯・苄、丁・恶、乙・莠等。除草剂的混用除了可以提高药效和扩大杀草谱外，还有一个很重要的目的是降低单剂的使用剂量，从而防止对作物产生药害。

a. 农药混用的优点

第一，能一次用药兼治作物生育期内两种或多种同时发生的病虫草害，使多次重复性田间作业一次性完成，及时防治，节省劳动力。第二，农药混用后可扩大防治范围，提高防效，延长残效期。第三，农药混用后可防止和克服有害生物产生抗药性。第四，农药混用能降低农药剂量，降低成本，减少环境污染及对天敌的伤害。

b. 农药混用的原则

第一，混用品种之间不能发生化学变化，例如，遇碱分解的有机磷杀虫剂不能与碱性强的石硫合剂混用。要随用随配，不宜贮存。第二，不同品种混用后不能使作物产生药害。第三，混用后不能降低防效。第四，混用后不增加毒性，保证人畜安全。第五，混用合理。品种间搭配要合理，如同是防治油菜田中禾本科杂草的吡氟氯禾灵和精喹禾灵，如果两者混用，既不增效，也不扩大防治范围，混用没必要。成本合理，农药混用是为省工省时，提高经济效益，如混配成本增大是不允许的。

（5）农药的药害及避免措施　施用农药的目的是为了防治有害生物，保证农作物的丰收。但由于不正确地使用农药之后，对作物产生的损害，称之为药害。

① 药害产生的原因　农药中特别是除草剂、杀菌剂和植物生长调节剂，它们的作用机理均与细胞的生长和代谢有很大的关系，因此对作物产生药害的概率较大，部分杀虫剂也会对植物产生药害。而产生药害的主要原因除了与农药品种、作物品种密切相关外，与使用的时期和使用浓度、使用剂量及使用环境也有密切的关系。

a. 除草剂的主要作用对象是植物，因此产生药害的概率最大。具有灭生性的除草剂，对任何植物都有可能产生伤害；对于选择性除草剂，其选择的机理主要有生化选择、生理选择、位差选择和时差选择以及形态选择等，如果这些选择的机理被破坏，则容易造成药害。例如，敌稗在水稻与稗草之间有生化选择性，原因是水稻体内的酶可以更快地分解敌稗。但当水稻上施用有机磷和氨基甲酸酯等类杀虫剂后，由于它们能够抑制水稻体内的解毒酶，使水稻对敌稗的解毒能力丧失，就会产生药害；再如，氟乐灵用于小麦田的土壤处理，主要是利用其位差选择性，在播后苗前施药，混土的深度要浅于播种深度，否则容易引起药害。除草剂的使用浓度和剂量过高，往往是造成药害的主要原因，例如乳氟禾草灵用于大豆田防除杂草，若采用高浓度喷雾则药害严重，因此除草剂的喷洒一般需要使用常量喷雾，而不适合于低容量喷雾。

b. 植物生长调节剂与除草剂类似，其使用浓度和剂量是决定其安全性的关键因素，浓度过高则容易造成药害，例如，2,4-滴在低浓度时可以作为植物生长促进剂使用，但高浓度时则是除草剂。

c. 杀菌剂对植物也较容易产生药害，特别是无机杀菌剂，如铜制剂对某些水稻的品种容易引起药害，对某些柑橘、柿子品种也会产生药害；三唑类菌剂如烯唑醇，在水稻田若使用不当，则会造成水稻的抽穗不全或瘪穗。

d. 某些杀虫剂也会造成药害，特别是植物幼嫩的时期容易受害。大部分的药害与使用浓度有关，少部分与农药的品种有关。例如，石硫合剂不适宜在植物的旺盛生长期使用，辛硫磷在白菜、瓜类的幼苗期使用则容易产生药害，灭多威用于棉花田的浓度大于250mg/kg时，容易在棉花叶上产生药斑；乐果、氧乐果用于核果类果树如李、桃、杏等也容易产生药害；敌百虫、敌敌畏等有机磷农药对高粱有药害等。

② 药害的主要类型

a. 根据药害发生的时期分为直接药害与间接药害

ⓐ 直接药害　使用后数小时或短期内对作物产生药害，这种药害称为直接药害。其中的急性药害显示快，症状比较明显，如叶片发生褐焦斑或条纹、卷叶、叶柄扭曲，根部变褐色腐烂，严重者全叶变黄变形、枯焦、脱叶、整株凋萎，最后死亡。慢性药害表现为生长缓慢或受到抑制，叶片产生较小的药斑或黄化，致使结实延迟，穗（果）变小，产量降低，籽粒不满或品质下降。

ⓑ 间接药害（二次药害）　主要指除草剂使用后对下季、下茬作物产生的药害。例如，麦田使用绿麦隆对下茬水稻产生的药害，玉米田使用莠去津对下茬小麦的药害，稻田使用氟乐灵后对下茬高粱、甜菜等的药害，氟磺隆对下茬作物如油菜、玉米的药害。敌草隆在1.8kg/hm^2剂量下，施用后30个月，仍可使高粱的出苗率减少70%，对大豆幼苗也有一定的抑制作用。

b. 根据症状性质分为可见性药害与隐患性药害

ⓐ 可见性药害　此种药害一般从形态上可以直接观察到。例如，激素型药害，主要表现为叶色反常，变绿或黄化，生长停顿、矮缩，茎叶扭曲，心叶变形直到死亡；触杀型药害，主要表现为植物组织出现黄、褐、白色坏死斑点，直至茎、鞘、叶片及组织枯死。

ⓑ 隐患性药害　此种药害主要是植物内部组织的变化，在形态上没有明显的症状表现，因此在田间难以直观测定，但植物内部已发生变化，其变化的结果最终在外部表现出来，影响到作物的产量与品质。例如，丁草胺使用不当能影响水稻根系，使穗粒数、千粒重等下降。过量使用氟乐灵可使棉花主根发生肿瘤，次生根生长严重受到抑制，从而导致产量下降。

③ 药害的主要征象　作物发生药害后，可在作物的不同部位表现出一定的征象。

叶片：表现最明显普遍。常见在叶片局部呈现斑点、灼伤、凋萎枯焦、穿孔或整个叶片失绿、黄化、白化、红叶、卷叶、畸形以至落叶等。

果实：常常形成果斑、褐果、畸形果、果形变小，果实脱落等。

蕾、花：表现为蕾和花瓣的枯焦、落花、落蕾等。

根：表现为肥胖、粗短、根毛少，根部变色或腐烂等。

种子：种子发芽率低，幼芽受害，出芽不整齐等。

植株：整个植株生长受抑制，或不长、矮小、甚至整棵枯死。

④ 常见药害的简易鉴别　农药对植物产生药害，很容易与肥害、植物病害和缺素症状、作物生理障碍等混淆，鉴别难度比较大，所以鉴别时应注意以下几个方面。首先考虑作物出现异常症状是否是在施药后短期发生的，核实用过的药剂品种、使用时间、用法、用量是否正确。第二，查看邻近同种作物田块是否有相同的异常症状。第三，熟悉作物病害、药害和营养缺乏症及发生规律。第四，利用生物培养法和解剖法，检查作物异常部位是否有病原物存在和作物组织细胞的变化。总的来说，药害的鉴别诊断是复杂的，一靠经验，二靠手段，不能凭空猜测。

⑤ 防止及排除药害的措施　植物受害后，根据受害的程度、部位和受害药剂的不同，最终将产生不同的后果。一部分植物的药害是可逆的，最终不影响生长和产量，例如，大豆田中使用乳氟禾草灵时可能会有一些药害，但最终不影响产量。但大部分的药害是不可逆的，最终将对产量和品质产生影响，受到损失。因此，对待作物的药害，也应该采取预防为主的方针。使用中要严格遵守操作技术规程，加强管理。在出现药害后采取措施进行部分补救，减少药害的损失，药害严重时，则只能毁种。

a. 预防药害的主要管理措施

ⓐ 严格掌握新药剂的审批、登记手续；在使用时，要严格按照标签要求使用。

ⓑ 遵循药剂试验、示范、推广程序，坚持先试验、多点示范、总结经验、然后再推广。例如，在高粱上要忌用有机磷、有机氮、无机铜制剂农药等。

ⓒ 每个地区应因地制宜制定除草剂的安全使用操作技术规程，并贯彻与检查。

ⓓ 加强培训，提高施药人员的技术素质。

ⓔ 逐步建立与健全专业化技术服务经营管理体系。

b. 预防药害的主要技术措施

ⓐ 植物解毒剂的应用　如玉米播种前用 NA（1,8-萘二甲酸酯）解毒剂，以 0.5%～1.0%（质量之比）作种子包衣，可保护玉米田不受硫代氨基甲酸酯类除草剂的毒害。此外，NA 对玉米田应用氯磺隆和禾草灵、高粱田应用甲草胺和异丙甲草胺、水稻田应用甲草胺和禾草灵，均有较好的安全保护效果。

ⓑ 选用和培育抗除草剂的作物品种。

c. 药害的解毒措施　解毒剂 R-25788 主要适用于硫代氨基甲酸酯类除草剂以及燕麦灵和氯磺隆。用硫酸亚铁可降低百草枯对小麦、燕麦带来的药害。多硫化钙可使土壤中残留的西玛津活性消失。

d. 药害的补救措施　对生长素类除草剂产生的药害，喷洒赤霉酸或撒石灰、草木灰、活性炭等，可减轻作物的药害；对触杀性除草剂产生的药害，可使用化学肥料和植物生长调节剂促使作物迅速恢复生长，相对能减少药害带来的经济损失；对于土壤处理除草剂产生的药害，可采取耕翻土地、灌水泡田、反复冲洗土壤等措施，尽量把土壤中的残留药剂冲洗排出。对药剂残留严重的田块，应改种不敏感的作物。

(6) 农药的科学使用措施 科学使用农药的重要意义在于：防止农药残留与农药污染危害，避免产生农作物药害，减轻对有益生物的伤害和害虫再猖獗，延缓和减轻有害生物抗药性的发生。为此，在使用农药时，应该遵从以下策略：①限制使用药剂，降低药剂的选择压，做法包括减少农药的使用次数和采用适当的使用剂量；②换用无交互抗药性的杀虫剂；③合理混用（包括应用增效剂）和轮用；④选择靶标敏感的时期；⑤镶嵌式防治。其中，第②、③条措施是预防与治理抗药性的最主要措施，关键是要使用不同作用机制的杀虫剂。其具体的措施如下所述。

① 对症下药 每一种病虫害都具有自身的特点，具有各自的薄弱环节；而农药的种类很多，并且各种农药都有一定的防治范围和对象，即使是广谱性的农药，也不是对任何一种病虫害都有效。例如，甲基硫菌灵是一种广谱性的内吸杀菌剂，对油菜菌核病等的防效高，但对纹枯病、霜霉病等的防效差；敌百虫对黄曲条跳甲、菜青虫效果好，对蚜虫的效果差。另外，各种农药对人畜的毒性、残效期长短、作用方式等差异很大。所以使用时应根据作物和防除对象的特点来选择最适合的品种，防止误用，并尽可能选用对天敌杀伤作用小的品种。

② 适时施药 使用农药防治病虫害时，必须抓住有利时机，才能充分发挥农药的效力。首先，要在调查研究和预测预报的基础上，掌握病虫发生的规律及薄弱环节进行施药。其次，要根据寄主植物的生育期及生长状况选择施药时机。最后，要考虑气象条件及环境条件对药效的影响来选择适宜的时机施药。

现在各地已对许多重要病、虫、草、鼠害制订了防治标准，即常说的防治指标。根据调查结果，达到防治指标的田块应该施药防治，没达到指标的不必施药。施药时间一般根据有害生物的发育期、作物生长进度和农药品种而定，还应考虑田间天敌状况，尽可能躲开天敌对农药敏感期施用。既不能单纯强调“治早、治小”，也不能错过有利时期。特别是除草剂，施用时既要看草情还要看“苗”情，例如芽前除草剂，绝不能在出芽后使用。

③ 适量施药 掌握用药量主要是指准确地控制药剂浓度、每单位面积用药量和施药次数。任何种类农药均需按照推荐用量使用，不能任意增减。为了做到准确，应将施用面积量准，药量和水量称准，不能草率估计，以防造成作物药害或影响防治效果。

④ 均匀施药 喷洒农药时，必须使药剂均匀周到地分布在作物或有害物表面，以保证取得好的防治效果。现在使用的大多数内吸杀虫剂和杀菌剂，以向植株上部传导为主，称“向顶性传导作用”，很少向下传导，因此也要喷洒均匀周到。

⑤ 合理轮换用药 多年实践证明，在一个地区长期连续使用单一品种的农药，容易使有害生物产生抗药性，特别是一些拟除虫菊酯类杀虫剂和内吸性杀菌剂，连续使用数年，防治效果即大幅度降低。轮换使用作用机制不同的品种，是延缓有害生物产生抗药性的有效方法之一。

⑥ 合理混用 合理地混用农药可以提高防治效果，延缓有害生物产生抗药性或兼治不同种类的有害生物，节省人力。混用时要遵循农药混用的原则，不能盲目乱混。

⑦ 注意安全采收间隔期 各类农药在施用后分解速度不同，残留时间长的品种，不能在临近收获期使用。有关部门已经根据多种农药的残留试验结果，制定了《农药安全使用规范——总则》和《农药安全使用准则》，其中，规定了各种农药在不同作物上的“安全间隔期”，即在收获前多长时间停止使用某种农药。

⑧ 注意保护环境 施用农药需防止污染附近水源、土壤等，一旦造成污染，可能影响水产养殖或人、畜饮水等，而且难于治理。按照使用说明书正确施药，一般不会造成环境污染。

(7) 农药的安全使用注意事项

① 施药人员应符合要求

a. 施药人员应身体健康，经过专业技术培训，具备一定的植保知识，严禁儿童、老人、体弱多病者以及经期、孕期、哺乳期妇女参与施用农药。

b. 施药人员需要穿着防护服，不得穿短袖上衣和短裤进行施药作业；身体不得有暴露部分；需穿戴舒适、厚实的防护服，它们能吸收较多的药雾而不至于很快进入衣服的内侧，棉质防护服通气性好于塑料服；使用背负式手动喷雾器时，应穿戴防渗漏披肩；防护服要保持完好无损，施药作业结束后，应尽快把防护服清洗干净。

② 施药时间应安全

a. 应选择好天气施药　田间的温度、湿度、雨露、光照和气流等气象因子对施药质量影响很大。在刮大风和下雨等气象条件下施用农药，对药效影响很大，不仅污染环境，而且易使喷药人员中毒。刮大风时，药雾随风飘扬，使作物病菌、害虫、杂草表面接触到的药液减少；即使已附着在作物上的药液，也易被吹拂挥发、振动散落，大大降低防治效果；刮大风时，易使药液飘落到施药人员身上，增加中毒机会；刮大风时如果施用除草剂，易使药液飘移，有可能造成药害。下大雨时，作物上的药液被雨水冲刷，既浪费了农药又降低了药效，且污染环境。应避免在雨天及风力大于 3 级（风速大于 4m/s）的条件下施药。

b. 应选择适宜时间施药　在气温较高时施药，施药人员易发生中毒。由于气温较高，农药挥发量增加，田间空气中农药浓度上升，加之人体散热时皮肤毛细血管扩张，农药经皮肤和呼吸道吸入，引起中毒的危险性就增加。所以喷雾作业时，应避免夏季中午高温（30℃以上）的条件下施药。夏季高温季节喷施农药，要在上午 10 时前和下午 3 时后进行。对光敏感的农药选择在上午 10 时以前或傍晚施用。施药人员每天喷药时间一般不得超过 6h。

③ 施药操作应规范

a. 田间施药

ⓐ 进行喷雾作业时，应尽量采用降低容量的喷雾方式，把施药液量控制在 300L/hm^2（20L/亩）以下，避免采用大容量喷雾方法。喷雾作业时的行走方向应与风向垂直，最小夹角不小于 45°。喷雾作业时要保持人体处于上风方向喷药，实行顺风、隔行前进或退行，避免在施药区穿行。严禁逆风喷洒农药，以免药雾吹到操作者身上。

ⓑ 为保证喷雾质量和药效，在风速过大（大于 5m/s）和风向常变不稳时不宜喷雾。特别是在喷洒除草剂时，当风速过大时容易引起雾滴飘移，造成邻近敏感作物药害。在使用触杀性除草剂时，喷头一定要加装防护罩，避免雾滴飘失引起的邻近敏感作物药害；另外，喷洒除草剂时喷雾压力不要超过 0.3MPa，避免高压喷雾作业时产生的细小雾滴引起的雾滴飘失。

b. 设施内施药　在温室大棚等设施内施药时，应尽量避免常规大容量喷雾技术。如采用喷雾方法，最好采用低容量喷雾法。如采用烟雾法、粉尘法、电热熏蒸法等施药技术，应在傍晚进行，并同时封闭棚室。第 2 天将棚室通风 1h 后人员方可进入。

如在温室大棚内进行土壤熏蒸消毒，处理期间人员不得进入棚室，以免发生中毒。

（8）农药品种介绍

① 农药的分类　根据防治对象的不同，农药可分为杀虫剂、杀菌剂、杀螨剂、杀鼠剂、杀线虫剂、除草剂、植物生长调节剂等。每一类又可根据其作用方式、化学组成再分为许多类。

a. 杀虫剂　是用来防治有害昆虫的药剂。按照它们的作用方式可分为如下类别。

ⓐ 胃毒剂：通过消化道使有害昆虫中毒的药剂。如敌百虫。

ⓑ 触杀剂：通过体壁渗入有害昆虫的体内，使其中毒死亡的药剂。如溴氰菊酯、高效氯氟氰菊酯等。

ⓒ 熏蒸剂：通过气门进入有害昆虫体内使其中毒死亡的药剂。如敌敌畏等。

ⓓ 内吸杀虫剂：药剂被植物的根、茎、叶、种子等部位吸收，并输导到植物的其他部位，当有害昆虫取食植物组织或汁液时，发生中毒死亡的药剂。如吡虫啉。

ⓔ 特异性杀虫剂：以其特殊的性能作用于昆虫。有拒食剂，如拒食胺；驱逐剂，如蚊香；昆虫生长调节剂，如灭幼脲；引诱剂、不育剂等。杀虫剂常常有许多杀虫方式，常将其主要的作用方式归为某一类。

根据成分分为生物杀虫剂（植物杀虫剂、微生物杀虫剂）、化学杀虫剂（有机磷杀虫剂、有机氮杀虫剂、拟除虫菊酯类杀虫剂等）和无机杀虫剂。

b. 杀菌剂　防治植物病害的药剂。按作用方式可分为保护剂和治疗剂两种。保护剂是指在病菌侵入之前，用来处理作物或作物所处的环境，保护作物免受其危害的药剂。如波尔多液、代森锰锌等。治疗剂是指在植物感病或发病后，用来处理作物，能消灭或抑制病菌，使作物病情减轻或康复的药剂。如多菌灵、甲基硫菌灵等。杀菌剂按原料的来源和化学组成可分为无机杀菌剂（石硫合剂、波尔多液）、有机杀菌剂（代森锰锌、三环唑、多菌灵、三唑酮等）、生物杀菌剂（井冈霉素、多抗霉素等）。此外杀菌剂可根据其使用方法的不同分为种子处理剂、土壤消毒剂、茎叶处理剂等。

c. 杀螨剂 用于防治植食性螨类的药剂，如螺螨酯、哒螨灵等。

d. 杀线虫剂 防治植物线虫病害的药剂，如噻唑膦等。

e. 除草剂 用于防治杂草或有害植物的药剂。除草剂按作用性质分为灭生性除草剂和选择性除草剂。灭生性除草剂是对所有植物均有杀伤作用的除草剂，如草甘膦等。选择性除草剂是指在施药后能有选择地杀死某些植物而对另一些植物杀伤力较小或在一定用量下安全无害的除草剂，如二氯喹林酸、精噁唑禾草灵等。按作用方式可分为触杀性除草剂和内吸输导型除草剂两类。触杀性除草剂是指不能在植物体内输导，而只能与植物接触部位发生作用的除草剂，如百草枯等。输导型除草剂是指能通过植物的根、茎、叶吸收，并在其体内输导扩散到全株，破坏其正常的生理功能，而使杂草死亡的除草剂，如草甘膦等。按使用方法，除草剂可分为茎叶处理除草剂和土壤处理除草剂。除草剂其选择性除草的原理主要有以下几种：一是“位差”选择，即利用植物根系在土层中分布的深浅不同或植物生长点高低的差异而使除草剂产生选择性。二是“时差”选择，即植物萌发出苗的时间差异而造成的选择性。三是形态选择，是不同植物生长点的裸露程度、叶片形状、结构及株形等差异而产生的选择性。四是生理生化选择性，是指除草剂在植物体内传导数量或吸收量的不同，或分解能力不一样而产生的选择性。

f. 杀鼠剂 用于毒杀鼠类的药剂，如溴敌隆。

g. 植物生长调节剂 用于促进或抑制作物生长的药剂，如赤霉酸、芸苔素内酯等。

② 主要农药品种

a. 杀虫剂部分

ⓐ 植物源杀虫剂类

苦参碱：从豆科植物苦参提取制成，是一种低毒、低残留、绿色、环保型农药。其主要功能是麻痹神经中枢，堵塞虫体气孔，使害虫窒息死亡，兼有调节植物生长功能。对人、畜毒性低，对害虫具有触杀和胃毒作用。主要剂型为0.2%水剂、1.1%粉剂、1%可溶性液剂。用法：主要用于防治菜青虫、菜蚜、叶螨等害虫。一般用1%可溶性液剂800～1500倍液均匀喷雾。注意事项：不可与碱性物质混用。

鱼藤酮：从豆科鱼藤属植物根中提取制成，对害虫有较强的触杀和胃毒作用，也有一定的驱逐作用。对蚜虫、飞虱、黄条跳甲、蓟马、黄守瓜、猿叶虫及鳞翅目幼虫有特效，可防治茶叶、桑树、蔬菜、果树等作物上的多种害虫。主要剂型为4%乳油。用法：一般用4%乳油1200～2400mL/hm^2，对水喷雾。注意事项：对鱼类毒性大，避免在养鱼河塘邻近农田使用，不能与碱性物质混用。

烟碱：其有效成分为烟草中所含的烟碱，挥发性强，有熏蒸作用，有强烈的刺激气味，对害虫有强烈的触杀作用，也有熏蒸和胃毒作用，能使害虫迅速麻痹，但药效期短，对人、畜、植物安全。用法：用于防治棉蚜、麦蚜、蓟马、稻飞虱等多种害虫，常用烟草石灰水［按烟草：石灰：水=1：1：(30～40)］来喷雾防治。注意事项：在植物的花期、幼果期注意使用浓度，否则容易发生药害。

印楝素：该药是从印楝树中提取的植物性杀虫剂。具有拒食、忌避、毒杀及影响昆虫生长发育等多种作用，并具有良好的内吸传导性。能防治鳞翅目、同翅目、鞘翅目等多种害虫。对人、畜、鸟类及天敌安全。主要剂型为0.3%乳油（绿晶）、0.5%乳油（大印）。用法：常用0.3%乳油1250mL/hm^2，对水喷雾。

茴蒿素：该药是以茴蒿为原料提取的植物性杀虫剂，主要成分为山道年及百部碱。其杀虫作用主要是触杀和胃毒作用。可用于防治叶螨、蚜虫和鳞翅目幼虫。对人、畜低毒。常见剂型为0.65%水剂。用法：一般使用0.65%水剂400～500倍液喷雾。

ⓑ 微生物杀虫剂类

苏云金芽孢杆菌：是一种细菌性杀虫剂，其杀虫有效成分是细菌产生的一种或数种杀虫晶体蛋白，具有胃毒作用。对人、畜、蜜蜂安全，对作物无药害。但对家蚕高毒。剂型为3.2%可湿性粉剂或Bt乳剂（100亿孢子/mL）。用法：本品对鳞翅目幼虫防效高，主要用于防治松毛虫、毒蛾、菜青虫等，对刺吸式口器害虫无效。使用Bt乳剂（100亿孢子/mL）400～600倍液喷雾。注意事项：不能在桑园中使用，不可与杀菌剂混用。

杀螟杆菌：本品有鱼腥气味，是一种细菌性杀虫剂，属于膜状芽孢杆菌，对害虫以胃毒作用为主，对人、畜无毒，对蜜蜂安全。主要剂型为粉剂（每克含活孢子100亿个以上）。用法：主要防治水稻、蔬菜、玉米等作物上的鳞翅目害虫及森林松毛虫等，一般用粉剂（每克含活孢子100亿个以上）1200～1500g/hm^2，对水喷雾。注意事项：本品不能在桑树上使用，不能与杀菌剂混用。

白僵菌：是由微生物发酵生产的一种真菌性杀虫剂，待孢子接触虫体后，遇适宜的环境条件萌发生长菌丝，穿过体壁而在害虫体内大量繁殖，使害虫得病死亡。温度过高则会自然死亡或失效。对人畜无害，对家蚕有毒。主要剂型为粉剂。用法：适宜于防治水稻、玉米、大豆、蔬菜作物上的害虫。防治玉米螟每亩用每克含70亿左右孢子的粉剂0.5kg拌沙土5kg，在玉米心叶期点心。注意事项：本品不能在桑树区使用，不能同化学杀菌剂混用。

ⓒ 抗生素类杀虫剂类

阿维菌素：是高效广谱的杀虫、杀螨剂。对昆虫与螨类具有胃毒和触杀作用。毒性较高，对鱼类中毒、蜜蜂高毒、鸟类低毒。主要剂型为1.8%乳油，主要用于防治棉花、果树、蔬菜、茶树、药用植物或园林植物上的害虫害螨。用法：防治叶螨用1.8%乳油8000～10000倍液喷雾，防治棉铃虫用1.8%乳油5000～8000倍液喷雾。注意事项：配好的药液应当日使用。防止鱼、蜜蜂中毒。

甲氨基阿维菌素苯甲酸盐：是一种超高效、绿色环保型杀虫、杀螨剂，具有广谱、无残留、高选择性。其是阿维菌素经化学合成的产物，同阿维菌素相比，活性提高了100～200倍，毒性更低，其制剂毒性为低毒，是生物源类无公害农药。其作用机理是通过抑制害虫运动神经内的氨基丁酸传递使害虫几小时内迅速麻痹、拒食、缓慢或不动，会在24h左右死亡。具有胃毒与触杀作用。残效期较长。主要用于防治鳞翅目（夜蛾、小菜蛾）、鞘翅目、同翅目害虫及螨类等。不污染环境，对天敌、人、畜安全。常用的制剂为2.5%乳油、5%可溶性粒剂。用法：防治甜菜夜蛾、小菜蛾，用2.5%乳油2500倍液喷雾或5%可溶性粒剂5000倍喷雾。注意事项：注意保护鱼、蜜蜂。

乙基多杀菌素（spinetoram）：是多杀菌素的换代产品，其原药的有效成分是乙基多杀菌素-J和乙基多杀菌素-L，二者比例为3∶1。乙基多杀菌素-J（XDE-175-J，22.5℃）外观为白色粉末，乙基多杀菌素-L（XDE-175-L，22.9℃）外观为白色至黄色晶体，带苦杏仁味。其作用于昆虫的神经系统，主要用于防治鳞翅目幼虫、蓟马和潜叶蝇等，对小菜蛾、苹果蠹蛾、稻纵卷叶螟、甜菜夜蛾、蓟马等有较好的防治效果。乙基多杀菌素的环境安全性为：对鸟类、鱼类、蚯蚓和水生植物毒性很低；对田间有益节肢动物的影响是轻微的、短暂的；适用于有害生物的综合治理。常用的剂型为6%悬浮剂。用法：防治甜菜夜蛾、小菜蛾，用6%悬浮剂300～600mL/hm^2，对水喷雾。注意事项：对蜜蜂有高毒性，故应在蜜源作物花期禁用，施药时密切注意对周围蜂群的影响；对家蚕剧毒，在蚕室及桑园附近禁用。

ⓓ 化学杀虫剂类

Ⅰ．有机磷杀虫剂

敌百虫：为一种低毒广谱有机磷杀虫剂，对害虫有较强的胃毒作用。对人、畜毒性较低，剂型主要为90%晶体、80%可溶性粉剂、25%油剂。用法：适用于防治水稻、麦类、蔬菜、果树、棉花等多种作物害虫以及卫生害虫。防治二化螟、黏虫等用80%可溶性粉剂1200～3000g/hm^2对水喷雾。注意事项：本品对瓜类、高粱、玉米、豆类幼苗易产生药害。

敌敌畏：在水中缓慢水解，碱性条件下水解快，是一种高效、广谱的有机磷杀虫剂。具有胃毒、触杀和熏蒸作用。对咀嚼式口器和刺吸式口器的害虫具有良好的防效，对人畜毒性中等，对蜜蜂有毒。剂型主要为80%乳油。用法：适宜于菜、桑、蔬菜及果树、仓库害虫及卫生害虫的防治，防治飞虱、蚜虫等用80%乳油1000～2000倍液喷雾。注意事项：本品对高粱、月季花易产生药害，对玉米、豆类、瓜类幼苗也较敏感，不能与碱性药剂混用。

辛硫磷：高温易分解，光解速度快。是高效广谱性杀虫剂。对害虫有触杀和胃毒作用。无内吸作用。击倒力强，残效期短。对人畜毒性低，对蜜蜂有毒。主要剂型为50%乳油、5%颗粒剂，适宜于防治棉花、水稻、玉米、果蔬等作物上的多种鳞翅目幼虫及仓库、卫生害虫，特别是防治地下害虫效果良好。用法：防治棉蚜、稻苞虫、黏虫等用50%乳油750～1125mL/hm^2 对水喷雾；5%颗粒剂30～40kg/hm^2 处理土壤，可用于防治地下害虫。注意事项：高粱、黄瓜、菜豆对辛硫磷敏感。

毒死蜱：具有触杀、胃毒和熏蒸作用，在叶片上的残留期不长，但在土壤中的残留期则较长，对地下害虫防效好。主要剂型为48%乳油，主要用于防治水稻、果树、小麦、棉花等作物上害虫。用法：如防治稻纵卷叶螟用48%乳油600～1500mL/hm^2 对水喷雾。注意事项：对鱼类及水生生物毒性较高，对人的眼睛、皮肤有刺激作用，对烟草敏感。

Ⅱ. 拟除虫菊酯杀虫剂

溴氰菊酯：广谱性的拟除虫菊酯类杀虫剂。具有触杀和胃毒作用，并对害虫有一定的驱避与拒食作用。击倒速度快。对人、畜毒性比其他菊酯类农药大，对鱼有毒。主要剂型为2.5%乳油，适用于防治棉花、蔬菜、果树、茶树、烟草、水稻、玉米、小麦、大豆等作物上的害虫及仓贮卫生害虫。用法：如防治菜青虫、食心虫等用2.5%乳油300～600mL/hm^2 对水喷雾。注意事项：本品不能在桑园、鱼塘、养蜂场周围使用，本品对螨、蚧效果差。

醚菊酯：是一种拟除虫菊酯杀虫剂的醚类化合物。对害虫具有触杀和胃毒作用，无内吸传导作用，对人畜、鸟类低毒，对蜜蜂和家蚕有毒。主要剂型为10%悬浮剂，适用于防治棉花、果树、蔬菜、水稻等作物上的害虫，但对螨类无效。用法：防治菜青虫在3龄幼虫期用10%悬浮剂1050～1350mL/hm^2，防治小菜蛾用10%悬浮剂1200～1500mL/hm^2，对水喷雾。注意事项：不能在桑园、鱼塘周围使用。

高效氯氰氰菊酯：工业品为黄色至棕色黏稠油状液体，纯品为白色固体。为高效、广谱、速效拟除虫菊酯类杀虫、杀螨剂，以触杀和胃毒作用为主，无内吸作用。主要剂型有2.5%乳油、2.5%水乳剂、2.5%微胶囊剂、0.6%增效乳油、10%可湿性粉剂，用于小麦、玉米、果树、棉花、十字花科蔬菜等防治麦蚜、吸浆虫、黏虫、玉米螟、甜菜夜蛾、食心虫、卷叶蛾、潜叶蛾、凤蝶、吸果夜蛾、棉铃虫、红铃虫、菜青虫等，用于草原、草地、旱田作物防治草地螟等。用法：如防治棉红铃虫、棉铃虫，在第二、三代卵盛期，用2.5%乳油1000～2000倍液喷雾，兼治红蜘蛛、造桥虫、棉盲蝽。注意事项：不能与碱性农药混用，茶叶采收前7d禁用。

联苯菊酯：是一种广谱性的拟除虫菊酯类杀虫剂、杀螨剂，具有触杀和胃毒作用。作用迅速，残效期较长，主要剂型为2.5%乳油、10%乳油，适用于防治棉花、果树、蔬菜、茶叶等作物上的多种害虫及害螨。用法：防治桃小食心虫，红蜘蛛、茶小绿叶蝉用2.5%乳油1500～2000倍液喷雾。注意事项：不能在池塘、河流、桑园中使用。

Ⅲ. 昆虫生长调节剂

灭幼脲：属苯甲酰基类杀虫剂。主要是胃毒作用，对鳞翅目幼虫高效，可用于多种作物的害虫防治。残效期长达15～20d，耐雨水冲刷，在田间降解速度慢。主要剂型为25%悬浮剂，适用于防治果树、大田作物上的害虫幼虫。用法：防治黏虫、天幕毛虫等用25%悬浮剂450～700mL/hm^2，对水喷雾。注意事项：使用时要摇匀加水稀释，该剂为迟效剂，需要在害虫发生早期使用。不能与碱性农药混用。

Ⅳ. 新烟碱类杀虫剂

吡虫啉：是一种高效内吸型广谱性杀虫剂。具有胃毒和触杀作用，残效期较长，对刺吸式口器害虫有较好的防治效果，干扰害虫运动神经系统。主要剂型为10%可湿性粉剂，主要用于防治水稻、小麦、果树、棉花等作物上的刺吸式口器害虫。用法：一般用10%可湿性粉剂375～

525g/hm²，对水喷雾。注意事项：贮存于干燥通风处。

噻虫嗪：是一种结构全新的低毒烟碱类杀虫剂。施药后可被作物的根或叶片迅速吸收，并传导到植株各部位。主要是内吸作用，无触杀作用。主要剂型为25%水分散粒剂，用于防治多种作物的刺吸式口器害虫。用法：如防治稻飞虱用25%水分散粒剂30～60g/hm²；防治茶小绿叶蝉用25%水分散粒剂60～90g/hm²，均对水喷雾。注意事项：对蜜蜂、家蚕高毒，不能污染河塘及水源，施药时注意人体保护。

呋虫胺（dinotefuran）：日本三井化学公司开发的第三代烟碱类杀虫剂。该药剂具有触杀、胃毒和根部内吸性强、速效、持效期长达3～4周（理论持效性43d）、杀虫谱广等特点，且对刺吸式口器害虫有优异防效，并在很低的剂量时即显示很高的杀虫活性。主要剂型为20%可溶性粒剂，主要用于防治小麦、水稻、棉花、蔬菜、果树、烟叶等多种作物上的蚜虫、叶蝉、飞虱、蓟马、粉虱及其抗性品系，同时对鞘翅目、双翅目和鳞翅目、双翅目、甲虫目和总翅目害虫有高效，并对蜚蠊、白蚁、家蝇等卫生害虫有高效。用法：如用20%可溶性粒剂450g/hm²对水喷雾，可防治稻飞虱。呋虫胺具有良好的环境安全性，对哺乳动物、鸟类、水生生物均很安全，对作物无药害。

Ⅴ. 酰胺类杀虫剂

氯虫苯甲酰胺：是一种结构全新的微毒类杀虫剂，具有渗透性、传导性、化学稳定性、高杀虫活性和导致害虫立即停止取食等作用。施药后传导到植株各部位，主要是内吸、胃毒和触杀作用，在接触到药物几分钟内害虫即停止取食，它的持效期可达15d，还具有很强的渗透作用，同时耐雨水冲刷的能力也较强。主要剂型为20%悬浮剂，该杀虫剂目前主要用于防治水稻害虫，尤其对其他水稻杀虫剂已经有抗性的害虫更有特效，如稻纵卷叶螟、二化螟、三化螟、大螟等，对稻瘿蚊、稻象甲、稻水象甲、小菜蛾、棉铃虫、菜青虫，夜蛾类等害虫也有很好的防治效果。用法：在水稻上防治二化螟和稻纵卷叶螟时，施用时期为卵孵高峰期至低龄幼虫始盛期，用20%悬浮剂150mL/hm²，对水喷雾。注意事项：为避免害虫对该农药产生抗药性，一季作物或一种害虫宜使用2～3次，每次间隔时间在15d以上。

四氯虫酰胺（SYP9080）：是以氯虫苯甲酰胺为先导开发的新型邻氨基苯甲酰胺类化合物。四氯虫酰胺杀虫谱广，尤其对鳞翅目害虫杀虫效果优异。速效性好，施药后几分钟害虫即停止进食。持效期长，对作物的保护时间达14d以上。同时还具有内吸传导性好、保护活性优异、施药时间灵活、耐雨水冲刷等特点。主要剂型为10%悬浮剂，可广泛应用于水稻、蔬菜、棉花等作物的害虫控制，对鳞翅目昆虫黏虫、小菜蛾、二化螟、玉米螟幼虫等具有很好的杀虫活性。用法：如用10%四氯虫酰胺悬浮剂600mL/hm²对水喷雾可防治二化螟。注意事项：尽可能在害虫低龄期施药。

Ⅵ. 新型杀虫剂

茚虫威：又名安打，是美国杜邦公司新近开发生产的一种杀虫剂。具有触杀和胃毒作用，对各龄期幼虫都有效。药剂通过接触和取食进入昆虫体内，0～4h内昆虫即停止取食，随即被麻痹，昆虫的协调能力会下降（可导致幼虫从作物上落下），一般在用药后24～60h内死亡。适用于防治甘蓝、花椰类、芥蓝、番茄、辣椒、黄瓜、小胡瓜、茄子、莴苣、苹果、梨、桃、杏、棉花、马铃薯、葡萄等作物上的甜菜夜蛾、小菜蛾、菜青虫、斜纹夜蛾、甘蓝夜蛾、棉铃虫、烟青虫、卷叶蛾类、苹果蠹蛾、叶蝉、金刚钻、马铃薯甲虫。其环境安全性为：对哺乳动物、家畜低毒，同时对环境中的非靶生物等有益昆虫非常安全，在作物中残留低，用药后第2天即可采收。尤其是对多次采收的作物如蔬菜类也很适合。可用于害虫的综合防治和抗性治理。主要剂型为30%水分散粒剂、15%悬浮剂。用法：如防治甜菜夜蛾，在低龄幼虫期用30%水分散粒剂66～132g/hm²或15%悬浮剂132～264mL/hm²，对水喷雾。注意事项：每季作物上使用不超过3次，以避免抗性的产生。配制好的药液要及时喷施，避免长久放置。使用中应使用足够的喷液量，以确保作物叶片的正反面能被均匀喷施。

吡蚜酮：该药为非杀生性杀虫剂，对多种作物的刺吸式口器害虫表现出优异的防治效果。吡蚜酮对害虫具有触杀作用，同时还有内吸活性。在植物体内既能在木质部输导也能在韧皮部输导；因此既可用作叶面喷雾，也可用于土壤处理。吡蚜酮本品选择性极佳，对某些重要天敌或益虫，如七星瓢虫、普通草蛉和农田蜘蛛等益虫几乎无害。同时，其内吸活性（LC_{50}）是抗蚜威的2～3倍，是氯氰菊酯的140倍以上。主要剂型为50%水分散粒剂、25%可湿性粉剂。用法：主要用于蔬菜、小麦、水稻、棉花、果树等作物，防治蚜虫科、飞虱科、粉虱科、叶蝉科等多种害虫，如甘蓝蚜、棉蚜、麦蚜、桃蚜、小绿斑叶蝉、褐飞虱、灰飞虱、白背飞虱、甘薯粉虱及温室粉虱等。如防治小麦蚜虫，用50%水分散粒剂75～150g/hm²；防治水稻飞虱、叶蝉，用50%水分散粒剂225～300g/hm²，对水喷雾。注意事项：喷雾时要均匀周到，尤其对目标害虫的危害部位。

氟啶虫胺腈（Isoclast）：该药为酰胺亚胺类杀虫剂，被杀虫剂抗性行动委员会（IRAC）认定为唯一的Group 4C类全新有效成分。可经叶、茎、根吸收而进入植物体内，具有高效、广谱、快速、残效期长等特点。氟啶虫胺腈主要针对各种主要作物的刺吸式口器害虫，可通过直接接触杀死靶标害虫，具有触杀作用。同时具有渗透性、内吸传导性等特点。对非靶标节肢动物毒性低，是害虫综合防治优选药剂。用法：适用于防治棉花盲蝽、蚜虫、粉虱、飞虱和介壳虫等，能有效防治对烟碱类、菊酯类、有机磷类和氨基甲酸酯类农药产生抗性的吸汁类害虫。主要剂型为22%悬浮剂、50%水分散剂。如用22%悬浮剂75～100g/hm²，对水喷雾，可防治水稻飞虱和黄瓜烟粉虱。注意事项：用量不得低于标签推荐的用量，尽可能在害虫低龄期施药，达到防治指标即应开始施药，尽量避免连续使用两个世代。

Ⅶ. 杀螨剂

浏阳霉素：是从灰色链霉菌分离出的抗生素类杀螨剂，毒性低，对作物及多种昆虫天敌、蜜蜂、家蚕安全，对鱼有毒。有较强的触杀作用，对螨卵也有一定的抑制作用。主要剂型为10%乳油，主要用于防治作物的害螨。用法：如用10%乳油600～900mL/hm²对水喷雾，防治叶螨。注意事项：喷雾要求均匀周到。本品对人眼有刺激作用，注意保护。对紫外线不稳定，应存放于干燥避光处。

炔螨特：是一种广谱性的杀螨剂，具有触杀和胃毒作用，无内吸、渗透传导作用，持效期长，一般为15d以上，对人、畜低毒，对天敌安全。主要剂型为73%乳油，适用于防治棉花、果树、蔬菜、茶树等作物的多种害螨。用法：防治叶螨用73%乳油1500～2000倍液喷雾。注意事项：作物幼苗期、花期、幼果期使用易发生药害。

螺螨酯：是一种广谱、长效性杀螨剂，具有抑制害螨体内脂肪合成，阻断能量代谢的全新作用机理，与常规杀螨剂无交互抗性。毒性低，对人和自然环境安全，耐雨水冲刷。对叶螨的卵、幼螨及雌成螨都有触杀效果。持效期35～45d。主要剂型为24%悬浮剂，主要用于防治害螨。用法：防治柑橘全爪螨使用24%悬浮剂4000～6000倍液均匀喷雾。注意事项：喷雾要求均匀周到，要求在害螨种群达到防治指标的早期施药。

氟虫脲：是酰基脲类杀虫杀螨剂。具有触杀和胃毒作用，作用机制是抑制几丁质的合成。对叶螨属、全爪螨属多种害螨有效，杀幼螨效果好，不能直接杀死成螨，但接触药的雌成螨产卵量减少，卵不能孵化。主要剂型为5%乳油，能防治鳞翅目、鞘翅目、双翅目、半翅目、螨类等害虫。用法：防治叶螨用5%乳油1000～1500倍液喷雾。注意事项：不能与碱性农药混用，禁止在桑园使用。

吡螨胺：本品为酰胺类杀螨剂，是一种快速高效的新型杀螨剂，对各种螨类和螨的各生育期均有高效杀灭作用，持效期长。主要剂型为10%可湿性粉剂。用法：防治柑橘全爪螨和锈螨以及苹果、梨、桃上的叶螨，用10%可湿性粉剂2000～3000倍液喷雾。注意事项：对鱼类高毒；喷雾要均匀周到，不宜与碱性农药混用。

b. 杀线虫剂部分

棉隆：为一种广谱性的杀线虫剂，并能兼治土壤中的病原真菌、地下害虫及杂草。杀线虫作用全面而且持效期长，易于扩散而不在植物体内残留。主要剂型为80%可湿性粉剂，适用于花生、草莓、蔬菜、烟草、茶、果树、林木等作物的根结线虫、胞囊线虫等。用法：一般用80%可湿性粉剂22.5kg/hm²进行土壤处理，拌细土施在沟内。注意事项：与土壤拌匀。

噻唑膦：又名福气多，纯品为浅棕色油状。噻唑膦杀线虫持效期长，一年生植物2～3个月，多年生植物4～6个月。杀线虫效果不受土壤温度的影响。噻唑膦具有较好的环境安全性，对人、畜安全，对土壤中的有益微生物无害，对环境也无污染。主要剂型为10%颗粒剂、75%乳油，主要用于防治线虫、蚜虫。噻唑膦具有触杀和内吸作用，毒性较低，杀虫范围广，对根结线虫、根腐线虫、茎线虫、胞囊线虫有特效，同时对地上害虫如蚜虫、叶螨、蓟马等也有效果。用法：使用方法通常为撒施与沟施，一般种植前每公顷用10%颗粒剂22.5～30kg，拌细干土600～750kg，均匀撒于土表或畦面，再翻入225～300kg耕层，防治番茄、西瓜、香菜等作物上的线虫。注意事项：施药与播种、定植的间隔时间尽可能短。

c. 杀菌剂

ⓐ 保护性杀菌剂类

波尔多液：是由硫酸铜与石灰乳配制而成的一种天蓝色黏稠的悬浮液，呈碱性。是一种广谱性的无机杀菌剂。具有保护作用，黏着力强，在植物表面形成一层薄膜，可防止病菌的侵入。对人、畜低毒，但对蚕的毒性大。主要剂型为1%石灰等量波尔多液、0.5%石灰半量式波尔多液，适用于防治果树、蔬菜等作物上的多种病害。用法：防治葡萄霜霉病、黑痘病、炭疽病、瓜类炭疽病用0.5%半量式波尔多液喷雾。马铃薯晚疫病用1%等量波尔多液。注意事项：作物花期不宜使用。喷药时或喷药后遇雨及雾天易产生药害。桃、李、杏、梅、柿、白菜、莴苣、大豆、小麦等对铜敏感，一般不用波尔多液。马铃薯、番茄、辣椒、瓜类、葡萄等易受石灰伤害，要配石灰半量式。对蚕有害，不宜在桑树上使用。

石硫合剂：是由石灰、硫黄和水熬制成的深红棕色透明液体。有臭鸡蛋气味，呈碱性，有腐蚀作用，是一种无机杀菌杀虫兼杀螨药剂，具有保护和治疗作用。对人、畜毒性中等。主要剂型有45%晶体、自行熬制的石硫合剂液，主要用于防治麦类、棉花、果树、蔬菜等作物的多种病害、螨类及蚧类。用法：防治麦类锈病、白粉病用45%晶体150倍液喷雾。防治果树蚧类用2°Bé的石硫合剂液喷雾。注意事项：对硫敏感的作物，如豆类、马铃薯、黄瓜、桃、李、梅、梨、杏、番茄、洋葱等易产生药害，不能与碱性农药混用。药液接触皮肤应立即用清水冲洗。果实即将成熟时不宜使用，易污染果皮。

代森锰锌：是广谱性的保护性杀菌剂。具有保护作用，遇酸碱分解，高温时暴露在空气中或受潮易分解。对人、畜低毒，对鱼类有毒。剂型为80%可湿性粉剂，主要用于防治果树、蔬菜上的炭疽病、早疫病等多种病害。用法：防治炭疽病、叶斑病、疫病等用80%可湿性粉剂2250～3000g/hm^{2}对水喷雾。注意事项：施药时要注意个人保护，花期、幼果期不能用药。不能与碱性农药混用，高温季节、中午避免用药。

百菌清：是一种取代苯类广谱杀菌剂。具有保护和一定的治疗作用。化学性质稳定，耐雨水冲刷，残效期较长，对人、畜低毒，对蚕安全，对鱼类高毒。主要剂型为75%可湿性粉剂，可用于防治大田、棉花、蔬菜、果树等作物上的多种真菌病害。用法：防治瓜类炭疽、多种霜霉病、早疫病等用75%可湿性粉剂500～800倍液喷雾。注意事项：梨树、柿树对本品敏感，桃、梅、苹果树施用浓度不宜过高。不能污染鱼塘和水域。

噁霜锰锌：是一种由噁霜灵和代森锰锌混合的内吸、保护性杀菌剂，属于苯基酰胺类杀菌剂。对人、畜、鸟、鱼、蜜蜂低毒。施药后药效可持续13～15d，主要剂型为64%噁霜灵锰锌可湿性粉剂，主要防治包括霜霉、疫病、白锈、腐霉等病害。用法：防治白菜霜霉、辣椒疫病用64%可湿性粉剂400～600倍液喷雾。注意事项：不宜与碱性农药混用。葡萄上使用不超过4次。

三环唑：三环唑是一种内吸性较强的保护性三唑类杀菌剂，能迅速被水稻根、茎、叶吸收，并输送到稻株各部，耐雨水冲刷，主要抑制稻瘟病菌孢子的萌发和附着孢子形成，阻止病菌入侵。主要剂型为75%可湿性粉剂。用法：主要用于防治稻瘟病，可采用浸根和叶面喷雾。防治稻瘟病用75%可湿性粉剂（主要用于预防穗颈瘟）375～450g/hm^{2}对水喷雾。注意事项：防治穗颈瘟时，第一次施药最迟不宜超过破口后3d。

农抗120：本品为嘧啶核苷类抗生素，系内吸性杀菌剂，具有保护作用。对瓜类、麦类、烟草、棉花等作物的多种病菌具有强烈的抑制作用，毒性较低。主要剂型为4%水剂。用法：用

4%水剂 300～400 倍液喷雾，可防治作物白粉病、炭疽病、纹枯病。注意事项：不宜与碱性农药混用。

ⓑ 治疗性杀菌剂类

多菌灵：是广谱内吸性杀菌剂。具有保护和治疗作用，能防治多种作物的多种病害，尤其对高等真菌引起的病害有较好的防效。属于低毒杀菌剂。主要剂型为 50%可湿性粉剂，主要用于防治子囊菌亚门、半知菌亚门真菌引起的病害。用法：防治油菜菌核病、小麦赤霉病、水稻恶苗病等用 50%可湿性粉剂 1025～1500g/hm^2 对水喷雾。注意事项：不能与铜制剂混用。

甲基硫菌灵：是一种广谱的内吸性杀菌剂，具有保护和治疗作用，对人、畜、鸟、蜜蜂、鱼类低毒。主要剂型为 70%可湿性粉剂，主要用于防治粮、棉、油、蔬菜、果树等作物及草坪的多种病害。用法：如防治玉米大小斑病用 70%可湿性粉剂 750g/hm^2 对水喷雾。注意事项：该药剂与多菌灵存在交互抗性。

三唑酮：是一种高效、低毒、低残留、持效期长、内吸性强的三唑类杀菌剂。化学性质稳定，残效期 30～50d。对人、畜、鱼类低毒。能被植物各部分吸收，在体内传导。具有预防、铲除、治疗、熏蒸等作用。主要剂型为 15%可湿性粉剂、25%可湿性粉剂、20%乳油等，主要用于防治锈病、白粉病。用法：如用 25%可湿性粉剂 750～1050g/hm^2 对水喷雾。注意事项：若用于拌种应严格掌握用量和充分拌匀，以防药害。

丙环唑：是一种具有保护和治疗作用的内吸性三唑类杀菌剂，可被根、茎、叶吸收，在植物体内传导。对人、畜、鱼低毒。主要剂型为 25%乳油，可防治子囊菌、担子菌、半知菌所引起的病害，特别是对白粉病、水稻恶苗病有较好的防治效果。用法：如防治叶斑病或白粉病用 25%乳油 225～375mL/hm^2 对水喷雾。注意事项：对人及动物的眼、皮肤有刺激作用，药剂要放于儿童、家畜接触不到的地方。

咪鲜胺：是咪唑类广谱性杀菌剂，不具有内吸作用，但具有一定的传导性能。对人畜低毒。主要剂型为 25%乳油，主要用于防治各种叶斑病、水稻恶苗病和果实的贮藏保鲜。用法：如防治叶斑病使用 25%乳油 1000 倍液喷雾，贮藏保鲜时使用 25%乳油 500 倍液浸果。注意事项：不能与碱性农药混用。

农用硫酸链霉素：属抗生素类杀菌剂，毒性低，主要剂型为 72%可湿性粉剂，主要用于防治细菌性病害。用法：防治水稻白叶枯病或大白菜软腐病，用 72%可湿性粉剂 210～420g/hm^2 对水喷雾。注意事项：不能与碱性农药混用。喷药 8h 内遇雨应补喷。

多抗霉素：本品可湿性粉剂为浅棕色粉末，在碱性条件下不稳定，在酸性和中性溶液中稳定，是一种广谱性的抗生素类杀菌剂，具有较好的内吸传导作用，并且有保护和治疗作用。对人、畜低毒。主要剂型为：1.5%、2%、3%、10%可湿性粉剂。用法：防治水稻纹枯病、小麦白粉病等用 2%可湿性粉剂 100～200 倍液进行喷雾。注意事项：不宜与碱性农药混用。

戊唑醇：戊唑醇为三唑类杀菌剂，主要对病菌的麦角甾醇的生物合成起抑制作用，可防治白粉病、锈菌、稻曲病、纹枯病等病菌，主要剂型为 2%干拌剂和 43%悬浮剂。用法：每 100kg 小麦种子用 2%干拌剂 2～3g 拌种，充分拌匀，可有效防治小麦的黑穗病；防治水稻稻曲病，在水稻抽穗前 5～7d，用 43%悬浮剂 150～225mL/hm^2 对水喷雾。注意事项：拌种后多余的种子不能食用或作饲料，应储存于阴凉干燥通风处。

嘧菌酯：嘧菌酯是以源于蘑菇的天然抗生素为模板，通过人工仿生合成的一种全新的病害管理产品，属甲氧基丙烯酸酯类杀菌剂，具保护、治疗和铲除三重功效，通过抑制病菌的呼吸作用来破坏病菌的能量合成而丧失生命力。嘧菌酯的杀菌谱非常广，对四大类致病真菌：子囊菌、担子菌、半知菌和卵菌纲中的绝大部分病原菌均有效。可防治霜霉病、早疫病、炭疽病、叶斑病等病害，还可促使作物早发快长，增强植株长势，提高抗逆能力，延缓衰老，增加总产量等。主要剂型为 25%嘧菌酯悬浮剂。用法：用 25%悬浮剂 1500 倍液防治番茄早疫病、晚疫病、灰霉病、叶霉病、基腐病，辣椒炭疽病、灰霉病、疫病、白粉病，茄子疫病、白粉病、炭疽病、褐斑病、黄萎病，以及黄瓜霜霉病、疫病、白粉病、炭疽病、灰霉病、黑星病等病害。

注意事项：嘧菌酯最强的优势是预防保护作用，为了充分发挥嘧菌酯的效果，一定要在发病前或发病初期使用；在苹果、梨上严禁使用本剂。

d. 除草剂

ⓐ 免耕田除草剂类

草甘膦：是一种内吸传导型广谱灭生性除草剂，凡有光合作用的植物绿色部分均能较好地吸收草甘膦而被杀死。对多年深根杂草破坏力很强，在土壤中能迅速分解失效，故无残留作用，并对未出土的杂草无效，对人畜低毒。主要剂型为41%草甘膦异丙胺盐水剂和10%草甘膦水剂，主要用于防除茶园、桑园、果园以及休耕、免耕田杂草，包括单子叶植物和双子叶植物，一年生和多年生，草本和灌木等植物。用法：果园除草用41%草甘膦异丙胺盐水剂3.0～4.5L/hm^2 对水喷雾。免耕田除草每亩用10%草甘膦水剂800～900mL对水喷雾。注意事项：喷药时不能喷到其他作物上。免耕田除草一周后才能播种。

ⓑ 旱地除草剂类

乙草胺：是旱地作物选择性芽前除草剂。可被植物幼芽吸收。有效成分在植物体内干扰核酸代谢及蛋白质合成，使幼芽、幼根停止生长。在土壤中被微生物降解，对后茬作物无影响。毒性低。主要剂型为50%乳油，适用于大豆、花生、玉米、棉花、甘蔗、蔬菜等作物，防除一年生禾本科及阔叶杂草，对萌芽出土前的杂草效果好，对已出土的杂草无效。一般大豆播种前土壤处理用50%乳油1500～2100mL/hm^2 对水喷雾。注意事项：必须掌握在杂草萌芽前施药。水稻、小麦、韭菜、甜菜、西瓜、黄瓜、菠菜、葫芦科作物和高粱等对乙草胺敏感。

高效吡氟氯禾灵：是一种苗后选择性除草剂，茎叶处理后能很快被禾本科杂草的叶子吸收，传导至整个植株，抑制植物分生组织而杀死禾草。对苗后到分蘖、抽穗初期的一年生和多年生禾本科杂草防效好，对阔叶作物安全。主要剂型为10.8%乳油，广泛用于大豆、花生、棉花、油菜、马铃薯、西瓜等阔叶作物和多种阔叶蔬菜、果园、花卉防除一年生禾本科杂草和多年生杂草。用法：油菜田除草用10.8%乳油375～450mL/hm^2 对水喷雾。注意事项：避免药物漂移到玉米、小麦、水稻等作物上。

精噁唑禾草灵：选择性内吸传导型芽后茎叶处理剂。宜用于杂草2次分蘖前。对人畜低毒。施药期长，对作物安全，常见的剂型有6.9%精噁唑禾草灵水乳剂。主要用于小麦田防除禾本科杂草及草坪苗后防治马唐、牛筋草、稗草、看麦娘、石芽高粱等。用法：防治小麦田禾本科杂草用6.9%精噁唑禾草灵水乳剂750～1050mL/hm^2对水喷雾。注意事项：对水生生物毒性较强，使用时注意保护，霜冻期不宜使用；对雀麦、早熟禾、节节麦无效。

甲基二磺隆：为磺酰脲类除草剂，主要通过植物的茎叶吸收，少量通过土壤吸收，抑制杂草体内的乙酰乳酸合成酶的活性，导致支链氨基酸的合成受阻，从而抑制细胞分裂，导致杂草死亡。适用于在软质型和半硬质型冬小麦品种中使用。常见剂型有3%油悬浮剂。用法：用3%油悬浮剂300～450mL/hm^2对水喷雾，可防除看麦娘、野燕麦、棒头草、早熟禾、硬草、碱茅、多花黑麦草、毒麦、雀麦、蜡烛草、节节麦、茼草、冰草、荠菜、播娘蒿、牛繁缕、自生油菜等。注意事项：严格按照推荐的药量、时期、方法进行喷施，否则易产生药害。特别注意过湿、积水、涝害、冻害等情况下不能用药。

烟嘧磺隆：又名玉农乐、烟磺隆，为内吸性除草剂，适用于玉米，具有速效性好、持效性好、耐雨性好以及安全性好等优点。作用方式为杂草茎叶和根部吸收，随后在体内传导，造成杂草生长停滞、茎叶褪绿、逐渐枯死，一般情况下20～25d死亡，但在气温较低的情况下对某些多年生杂草需较长的时间。常见剂型有4%悬浮剂。用法：用4%悬浮剂1200～1500mL/hm^2对水喷雾，可以防除一年生和多年生禾本科杂草、部分阔叶杂草。注意事项：对部分蔬菜有药害，喷雾器应专用，与种子、苗、肥料及其他农药分开放置，尽量放置在低温、干燥的地方密封保管。

ⓒ 水田除草剂类

二氯喹啉酸：是一种稻田除稗剂，主要通过稗草根的吸收，在稗草内传导。对鱼低毒，对蜜蜂、家蚕、鸟类无影响。对高龄稗草药效突出。主要剂型为25%可湿性粉剂，主要用于水稻田防除稗草，可用于秧田、直播田、移栽田。用法：用25%可湿性粉剂450～900g/hm^2 对水喷雾或拌毒土撒施。注意事项：本品在直播田或秧田使用时必须在秧苗2～3叶期使用为宜。对萝卜、芹菜敏感。

苄嘧磺隆：是选择性内吸传导型除草剂。有效成分可在水中迅速扩散，由杂草根部或叶片吸收传导到杂草各部位，幼嫩组织发黄，抑制叶片生长、阻碍根部生长而坏死。对水稻安全。主要剂型为10%可湿性粉剂，适用于不同土质、各种类型的稻田除草。水稻移栽前或移栽后3周均可使用。用法：用10%可湿性粉剂200～300g/hm²，拌细土300kg，均匀撒施，田间需有水层3～5cm，保水5～7d。注意事项：施药时田内必须有水层3～5cm。

e. 杀鼠剂部分

敌鼠钠盐：本品钠盐制剂为黄色粉末，稳定性好。长期保存不会变质。杀鼠谱广，适口性好，作用缓慢，效果好。对人畜及家禽低毒。主要制剂为80%敌鼠钠盐。用法：可防治室内和田野的各种老鼠，可用玉米粉、小麦粉、鲜甘薯拌入敌鼠钠盐，加适量的动植物油，配成含有效成分为0.05%的毒饵，晚间投放于老鼠出没地方。连续投放3～4d。

杀鼠灵：本品母粉为白色粉末，性质稳定，是一种急性毒性低、慢性毒性高，连续多次服药才致死的第一代抗凝血杀鼠剂，毒鼠死于内出血，对人畜比较安全。剂型为2.5%母粉，主要用于居住区、仓库、码头、家畜饲养等场所治鼠。用法：取2.5%母粉一份，加99份饵料拌匀即成0.025%的毒饵。

大隆：本品饵剂为红色粒状物，是第二代抗凝血杀鼠剂。急性毒力大，又有慢性积累毒力，是田间最理想的灭鼠剂。杀鼠谱广，兼有急性灭鼠和慢性灭鼠的优点。常用的剂型为0.005%的饵剂，可用于防治田鼠及家鼠。用法：沿田埂每隔5m布一饵点，每点放5g。注意事项：注意人畜安全。

溴敌隆：原药为黄色粉末，毒力强，是一种杀鼠谱广的高效杀鼠剂，适口性好，可有效杀灭对第一代抗凝血剂有抗性的鼠害，属高毒农药，主要剂型为0.005%溴敌隆毒饵。用法：直接使用。每间房投2～3堆，每堆用5～15g毒饵。

f. 植物生长调节剂

多效唑：是植物生长延缓剂，是三唑类植物生长调节剂，明显减弱顶端优势，促进侧芽滋生。对人畜、鸟类、蜜蜂低毒。主要剂型为15%多效唑可湿性粉剂，用于水稻及其他作物，控制节间生长。也可用于桃、梨、柑橘、苹果等果树的控梢保果。用法：防治水稻倒伏，每亩用15%可湿性粉剂33g对水喷雾。果树控梢可使用15%多效唑可湿性粉剂75～100倍液叶面喷雾或灌根。注意事项：多效唑在土壤中残留时间较长，施药田块必须翻耕，以防止对后作产生影响。

芸苔素内酯：为含甾醇类植物激素，是一种新型绿色环保植物生长调节剂，在很低浓度下，即能显著地增加植物的营养体生长和促进受精作用。它的一些生理作用表现有生长素、赤霉素、细胞分裂素的某些特点，并对人、畜、鱼类低毒。主要剂型为0.01%芸苔素内酯粉剂、0.0075%芸苔素内酯水剂，用于小麦、玉米、水稻等各种作物，增强根系及光合作用，提高产量。用于果树可保花保果，改善品质。可作叶面喷施或浸种、拌种等处理。例如：小麦孕期用0.01～0.05mg/kg的药液进行叶面喷雾，增产效果最显著，一般可增产7%～15%；在玉米抽雄前以0.01mg/kg的药液全株喷雾处理，可增产20%，吐丝后处理也有增加千粒重的效果。也可用于油菜蕾期和幼荚期，水果花期、幼果期、蔬菜苗期和旺长期，豆类花期、幼荚期等，增产效果都很好。注意事项：喷药时间宜在早上露水干后为佳；下雨不能喷施，喷药后6h遇雨应补喷；不能与碱性农药混用；贮存在阴凉通风处。

你知道吗？化学防治诱发的生态环境问题

美国女作家拉琪尔·卡森在1962年发表专著《寂静的春天》(Silent Spring)，向全球发出了环境保护的呼吁。她在书中向人们描述了因滥用杀虫剂而导致的一个没有鸟、蜜蜂和蝴蝶的世界，第一次向世界提出了对“生态”和“绿色”的高度关注，告诫人类必须学会从整个自然系统及其内在规律看问题，只有重视“生态圈”的完整和协调，才能确保自然整体包括人类的生存。在我国，农药的大量使用导致的生态环境问题也十分突出。我国的农药生产和使用对土壤、水体、空气、农产品，以及生物链都产生了较大的危害。这些危害是长期的，甚至是不可逆转的。

一是污染大气。农药喷施中形成大量漂浮物，这些漂浮的农药残留物，随着空气流动而扩散，造成很大的污染区域。如DDT（双对氯苯基三氯乙烷）就具有较高的稳定性和持久性，在用药6个月后的农田里，仍可检测到DDT的蒸发。从漂移1000km之外的灰尘以及从南极融化的雪水中仍可检测到微量的DDT。

二是污染水体。目前，我国部分地区在地面水和地下水中检测出了农药。农药使用后随着地表径流、降雨等途径进入湖泊、水库等，形成大规模的水体污染，使其中的水生生物大量减少，破坏生态平衡。地下水受到农药污染后极难降解，造成持久性污染。

三是污染土壤。农药的大量使用导致有害物质在土壤中积累得越来越多，对土壤结构和土壤肥力产生较大的负面影响，对植物生长形成危害。相关研究表明，由于农药制剂的物理和化学性能局限，农药施用量的50%～60%残留于土壤中。我国从1983年起已经全面禁用有机氯农药，但以往累积的农药仍然在继续起作用。

四是破坏生态平衡。农药在杀死害虫的同时，也杀害了害虫的天敌，原有的生态平衡被打破。天敌由于食物链中断，被迫迁移或是繁殖能力下降，降低了它们对害虫的控制作用，反过来导致害虫的猖獗。同时，随着农药的反复使用，害虫逐渐形成对农药的抗药性，并将抗药性遗传到下一代。这种情况下，就需要应用新的活性更强的杀虫剂，或者是增加用药次数、浓度和用量等，进而形成滥用农药的恶性循环。

五是通过食物链传递危害人体健康。农药使用后通过在食物链上的传递与富集，使处于食物链高位的生命体遭受更大的毒害风险。喷施的农药被植物吸收，经过初级消费后，逐级向高营养级传递并逐渐富集。即：农药残留可通过植物传递向人体，也可通过植物传递向动物，动物再传递向人体。农药残留经过逐级放大之后，对人体健康造成极大的危害。

如上所述，化学防治会诱发一系列的生态环境问题，因此，在化学防治中，必须注意趋利避害，科学、合理地使用农药。

单元检测

一、名词解释

植物检疫，农业防治法，物理机械防治法，生物防治法，化学防治法，3R问题，有害生物综合治理，经济允许水平，防治指标，绿色植保，公共植保

二、简答题

1. 比较生物防治与化学防治的优缺点。
2. 在植物生产中，如何利用生物防治来防治有害生物?
3. 如何利用农业防治方法来防治有害生物?
4. 防治有害生物的方法有哪些? 如何有效发挥各自的防治效果?
5. 说明植物检疫与植物保护的关系。
6. 试述物理机械防治法在有害生物综合治理中的应用现状与前景?
7. 何为农药?
8. 何为农药剂型? 常用农药的主要剂型有哪些? 怎样施用?
9. 商品农药的名称由哪几部分组成? 包装上有何标志?

10. 农药的常用施药方法各有何特点?

11. 怎样稀释配制农药?

12. 何为药害? 急性药害的田间征象有哪些? 怎样预防?

13. 怎样做到合理安全用药?

14. 常用杀虫剂、杀菌剂、杀螨剂、杀鼠剂、杀线虫剂、除草剂、植物生长调节剂有哪些主要种类? 怎样使用?

三、计算题

1. 用40%乐果1500倍液,每亩田地用稀释药液量为75L,问每亩地防治需要商品农药多少毫升?

2. 今有25°Bé石硫合剂,若需要稀释为0.5°Bé药液150kg,问需25°Bé石硫合剂多少千克?

四、归纳与总结

可在教师的指导下,在各学习小组讨论的基础上,从有害生物综合治理的意义、各种防治方法的概念、基本内容和具体措施、当地常用农药的性质和使用方法等方面进行归纳与总结,并分组进行报告和展示(注意从知道、了解、理解、掌握、应用五个层次去把握)。

选用模块

第四单元 地下害虫识别与防治技术

学习目标

知识目标

1. 了解当地主要地下害虫的种类和发生规律。
2. 掌握当地主要害虫的识别特征和防治技术。

技能目标

1. 熟练地识别出当地常见地下害虫的种类。
2. 能够有效防治地下害虫。

地下害虫是指活动危害期间生活在土壤中，主要为害植物的地下部分（如种子、地下茎、根等）和近地面部分的一类害虫，亦称土壤害虫。它们是农业害虫中的一个特殊生态类群。地下害虫的发生遍及全国各地，根据《中国地下害虫》记载，我国已知地下害虫有 8 目、38 科、320 多种，主要种类有直翅目的蝼蛄、蟋蟀，鞘翅目的蛴螬、金针虫、象甲、拟步虫等，鳞翅目的地老虎和双翅目的种蝇等。其中蛴螬在全国各地为害均较突出；金针虫主要分布于华北、西北、东北及内蒙古、新疆等地；蝼蛄则主要以南方为主，地老虎在许多地区都发生严重，且有逐年上升的趋势。地下害虫的发生和为害特点表现为：食性杂、寄主范围广，一般可为害粮食作物、棉花、油料和各种蔬菜、果树、森林苗木；咬食幼苗根、茎，而且还能传播病菌，对植物生长危害极大，为害时间长，防治比较困难，生活周期长且与土壤的关系密切，危害方式多样。作物受害后轻者萎蔫，生长迟缓，重的干枯死亡，造成缺苗断垄。麦田受害，一般缺苗 5%～15%，严重的达一半以上，甚至毁种须重播，为害很大。因此，一定要引起人们的高度重视，既要掌握有关地下害虫的理论知识，更要重视地下害虫的防治技术锻炼，首先要学会各种地下害虫的测报技术，其次是掌握地下害虫的综合治理方法，应切实重视动手操作能力的培养。

第一节 地老虎

地老虎属鳞翅目，夜蛾科。地老虎幼虫俗称地蚕，是农作物的重要害虫。地老虎的食性较杂，为害范围十分广泛，不仅为害玉米、高粱、麦类、谷子、棉花、烟草、甘薯、马铃薯、芝麻、豆类、向日葵、苜蓿、麻类等农作物和各种蔬菜，而且为害果树、林木、花卉等苗木和多种野生杂草。低龄幼虫昼夜活动，取食子叶、嫩叶和嫩茎，3 龄后昼伏夜出，可咬断近地面的作物幼茎、叶柄，严重时造成缺苗断垄，甚至毁种须重播。

地老虎种类很多，全国已发现 170 余种，为害农作物比较严重的有小地老虎（*Agrotis ypsilon* Rottemberg）、黄地老虎（*Agrotis segetum* Schiffermuller）和大地老虎（*Agrotis tokionis* Butler）等 20 余种。其中小地老虎属于世界性的害虫，分布很广，我国各地均有发生。黄地老虎主要分布在黄河以北地区，常与小地老虎混合发生。大地老虎仅在长江沿岸局部地区危害严重，北方发生较少。

一、形态识别

1. 小地老虎

成虫：体长 16～23mm，翅展 42～54mm，体色暗褐色较深，触角，雌蛾丝状、雄蛾双栉齿状，前翅黑褐色，内、外横线将翅分为三部分，中部有明显环状斑和肾状纹，肾状纹与环状纹暗褐色，有黑色轮廓线，在肾状纹外侧凹陷处有一个尖三角形剑状纹，外缘内侧有 2 个尖端向内的剑状纹，是其最显著特征，后翅背面灰白色，前缘附近黄褐色。

卵：散产于地表，呈扁圆形，高 0.5mm、宽 0.68mm，表面有纵横交叉的隆起脊，初产时乳白色，逐渐变为淡黄色，孵化前为灰褐色。

幼虫：多为 6 龄。少数 7～8 龄，幼虫体长 41～50mm。体形稍扁平，黄褐色至黑褐色，体表粗糙，密生大小不等的黑色颗粒，腹部 1～8 节，背面后两个毛片比前两个大 1 倍以上，腹末臀板黄褐色，有对称的 2 条深褐色纵带。

蛹：体长 18～24mm。体色红褐色或暗褐色，腹部第 4～7 节，基部有 1 圈点刻，在背面的大而深，腹端具臀棘 1 对，带土茧，第 1～3 腹节无明显横沟。

2. 黄地老虎

成虫：体长 14～19mm，翅展 32～43mm。雌蛾触角为丝状，雄蛾为双栉齿状；栉齿基部长端部渐短，仅达触角的 2/3 处，端部为丝状。体色为黄褐色或灰褐色，前翅黄褐色，散生小黑点，横线不明显，肾状纹和环状纹很明显，均有黑褐色边，斑中央暗褐色，翅面上散布褐色小点。肾状纹外方没有任何斑纹。

卵：散产于地表，呈扁圆形，高 0.5mm、宽 0.7mm，初产时乳白色，逐渐变为黄褐色，孵化前为黑色。

幼虫：幼虫体长 33～43mm，体色呈灰褐色，体表颗粒不明显，多皱纹，腹部 1～8 节，背面后两个毛片略大于前两个，腹末臀板中央有一黄色纵纹，将臀板划分为两块黄褐色大斑。

蛹：体长 16～19mm，颜色为红褐色，第 1～3 腹节无明显的横沟。

3. 大地老虎

成虫：体长 20～23mm，翅展 52～62mm。雌蛾触角为丝状，雄蛾为双栉齿；双栉齿状部分几乎达末端。体色为暗褐色，较浅，前翅灰褐色，肾状纹和环状纹明显，有黑褐色边，肾状纹外侧有一个不定型黑斑，但肾状纹外侧没有黑色剑状纹，后翅淡褐色。

卵：呈半球形，高 1.5mm、宽 1.8mm，初产时乳白色，逐渐变深呈褐色，孵化前为灰褐色。

幼虫：幼虫长 40～60mm，颜色呈黄褐色，体表颗粒不明显，多皱纹，腹部 1～8 节，背面后两个毛片和前两个毛片大小相似，腹末臀板深褐色，布满龟裂皱纹。

蛹：体长 23～29mm，颜色为黄褐色，第 1～3 腹节有明显的横沟（图 4-1）。

二、发生规律

以下介绍地老虎的年生活史及习性。

(1) 小地老虎　小地老虎无滞育现象，只要条件适宜可连续繁殖，年发生世代数和发生期因

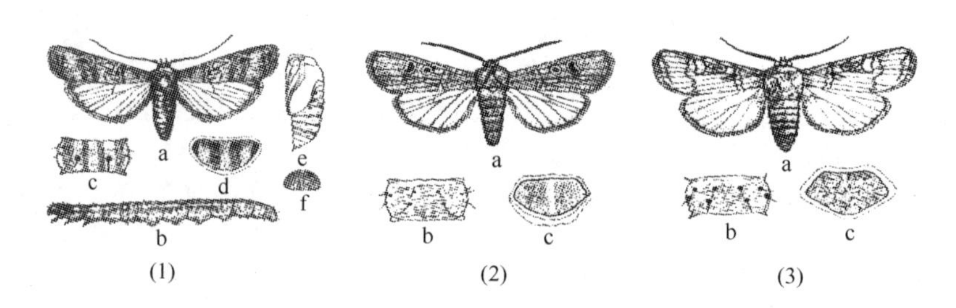

图 4-1 (1) 小地老虎(a—成虫;b—幼虫;c—幼虫第 4 腹节背面;d—幼虫末节背板;e—蛹;f—卵)和(2)黄地老虎(a—成虫;b—幼虫第 4 腹节背面;c—幼虫末节背板)以及(3)大地老虎(a—成虫;b—幼虫第 4 腹节背面;c—幼虫末节背板)

地区、气候条件而异,在我国从北到南一年发生 1～7 代不等,一般以第一代发生数量大,危害严重。越冬情况随各地冬季气温不同而异。在我国南方,1 月份平均气温高于 8℃的地区,冬季也能持续繁殖为害,在我国北方,1 月份平均气温 0℃以下的地区,尚未查到虫源。我国北方大部分地区的越冬代成虫均由南方迁入,所以小地老虎是一种迁飞性害虫。我国北方小地老虎越冬代蛾都是由南方迁入的,属越冬代蛾与 1 代幼虫多发型。

小地老虎成虫昼伏夜出,趋光、趋化性强,喜食花蜜补充营养,卵散产或堆产在土块、枯草、作物幼苗及杂草叶背,单雌产卵量 800～1000 粒。幼虫分 6 龄,1～3 龄昼夜活动,钻入幼苗心叶剥食叶肉,吃成孔洞或缺刻;3 龄后昼伏夜出,白天潜伏于土中,夜晚活动取食,将幼苗茎基部咬断,并拖入洞中,5～6 龄为暴食期,食量占总食量的 90%以上。幼虫动作敏捷,3 龄后有自残性和较强的耐饥能力,对泡桐叶有一定的趋性。大龄幼虫有假死性,受惊时缩成环形。幼虫老熟后潜入 5～7cm 表土层中筑土室化蛹。最适生长发育温度为 13～25℃,土壤含水量为 15%～25%。小地老虎在 25℃条件下卵期 5d,幼虫期 20d,蛹期 13d,成虫全期 12d,世代历期约 50d。

(2) 黄地老虎 黄地老虎每年发生 1～5 代,发生世代自南向北逐渐减少。越冬虫态亦因地而异,我国西部地区,多以老熟幼虫越冬,少数以 3、4 龄幼虫越冬;在东部地区则无严格的越冬虫态,常随各年气候和发育进度而有不同,幼虫越冬常在麦田、菜田以及田埂、沟渠等处 10cm 左右土层中越冬。春季均以第一代幼虫发生多,为害严重。主要为害棉花、玉米、高粱、烟草、大豆、蔬菜等春播作物。成虫习性与小地老虎相似,成虫趋化性弱,但喜食洋葱花蜜,卵一般散产在地表的枯枝、落叶、干草棒、根茬、土块及麻类、杂草的叶片背面,有时也产在距地表 1～3cm 处的植物老叶上。初龄幼虫主要食害心叶,2 龄以后幼虫昼伏夜出,咬断幼苗,老熟幼虫在土中做土室越冬,低龄幼虫越冬只潜入土中不做土室,越冬代成虫单雌平均产卵量 608 粒。春秋两季为害,而以春季为害最重。

(3) 大地老虎 大地老虎 1 年 1 代,以老熟幼虫滞育越夏,以低龄幼虫在田埂杂草丛及绿肥田中表土层越冬。长江流域 3 月初出土为害,5 月上旬进入为害盛期,10 月上中旬羽化为成虫。每雌可产卵 1000 粒,卵期 11～24d,幼虫期超过 300d。成虫趋光性不强,卵散产在地表土块、枯枝、落叶及绿色植物下部的老叶上,幼虫食性杂,共 7 龄。4 龄前不入土蛰伏,常啮食叶片,4 龄后白天潜伏表土下,夜晚出来为害,5 月中旬开始滞育越夏到 9 月下旬。

三、防治方法

1. 农业措施

杂草是地老虎早春产卵的主要场所,是幼虫向作物迁移的桥梁。因此,在作物幼苗期或幼虫 1～2龄时结合松土、清除田内外杂草,沤肥或烧毁,均可消灭大量卵和幼虫;如发现 1～2 龄幼虫时,则应先喷药后除草,以免个别幼虫入土隐蔽。同时进行春耕、细耙等整地工作,可消灭部分卵和早春的杂草寄主。在地老虎大量发生时,还可将苗圃灌足水 1～2d,淹死大部分地老虎,或者迫使其外逃,人工捕杀。

2. 生物防治

地老虎的天敌种类很多，研究和保护利用天敌，是防治地老虎的有效途径之一。据新疆农科院报道，利用颗粒体病毒防治黄地老虎，将感病死虫的粗制品10g/亩，加水50kg喷洒在白菜幼苗上，1～2龄幼虫感病率达72%。至幼虫3～5龄时调查，防治区比对照区虫口减少90%以上。

3. 物理防治

利用地老虎昼伏夜出的习性，清晨在被害幼苗周围的地面上人工捕捉或挖土杀灭；在成虫发生期利用黑光灯诱杀，在黑光灯下放一盆水，水中放农药，或倒一层废机油，有很好的杀灭效果，还可以用糖醋液或杨树枝把、泡桐叶或雌虫性诱笼等诱杀，糖醋液诱杀时用糖6份、醋3份、水10份、90%敌百虫1份调匀，在成虫盛发期的晴天傍晚可连续诱杀5d。堆草诱杀是将柔嫩多汁的杂草、菜叶、树叶用50%辛硫磷500～1000倍液浸透，傍晚撒在田间诱杀地老虎。也可以将杂草、树叶直接散堆在田间，次日清晨翻开杂草、树叶捕捉。

4. 化学防治

在幼虫3龄以前可撒施毒土，喷粉或喷雾。毒土用2.5%敌百虫粉1.5kg与细土22.5kg混匀制成。喷粉可用2.5%敌百虫粉剂，2～2.5kg/亩。喷雾可用90%敌百虫晶体800～1000倍液，或50%辛硫磷乳剂1000倍液。在幼苗及周围地面上，喷洒具有胃毒和触杀双重作用的农药，如80%敌百虫、50%辛硫磷1000倍液等，可有效防治地老虎。

第二节 蛴螬

蛴螬是鞘翅目金龟甲幼虫的总称，俗称白地蚕、白土蚕、鸡粪虫，是地下害虫中种类最多、分布最广、危害最大的一个类群。我国普遍发生、危害严重的种类主要有：东北大黑鳃金龟（*Holotrichia diomphalia* Bates）、华北大黑鳃金龟（*Holotrichia oblita* Fald.）、暗黑鳃金龟（*Holotrichia parallela* Motschulsky）和铜绿丽金龟（*Anomala corpulenta* Motschulsky）。东北大黑鳃金龟分布于东北三省及河北，华北大黑鳃金龟分布于华北、华东、西北等地，暗黑鳃金龟和铜绿丽金龟除新疆和西藏尚无报道外，各地都有发生。蛴螬是多食性害虫，主要为害麦类、玉米、花生、大豆、甘薯、棉花、甜菜等农作物和蔬菜，幼虫啃食幼苗的根、茎或块根、块茎，成虫主要取食各种植物的叶片。

一、形态识别

1. 东北大黑鳃金龟

成虫体长16～22mm，鞘翅长椭圆形，黑色或黑褐色，有光泽，每侧各有4条明显的纵肋。阳基侧突下部分叉，成上下两突，上突呈尖齿状，下突短钝，不呈尖齿状。幼虫头部前顶刚毛，每侧各有三根，排一纵列，臀节腹面，肛门孔呈三射裂缝状。肛腹片后部复毛区，散生钩状刚毛，无刺毛列。紧挨肛门孔裂缝处，两侧无毛裸区不明显。

2. 华北大黑鳃金龟

成虫体长16～22mm，鞘翅黑或黑褐色，有光泽。雄性外生殖器阳基侧突下部分叉，成上下两突，两突均呈尖齿状。幼虫头部前顶有刚毛，每侧各有三根，排一纵列，臀节腹面，肛腹片后部有钩状刚毛群，紧挨肛毛孔裂缝处，两侧具明显的横向小椭圆形的无毛裸区。

3. 暗黑鳃金龟

成虫体长17～22mm，鞘翅黑或黑褐色，无光泽，每侧有不明显的纵肋，翅面及腹部有短小绒毛。雄性外生殖器阳基侧突下部不分叉。幼虫头部前顶生刚毛，每侧各一根，位于冠缝两侧，臀节腹面，肛腹片后部刚毛多为70～80根，分布不均，上端（基部）中间具无毛裸区。

4. 铜绿丽金龟

成虫体长19～21mm，鞘翅铜绿色具闪光，上面有细密刻点，每侧有明显的纵肋，前胸背板及鞘翅铜绿色。雄性外生殖器基片、中片和阳基侧突三部分几乎相等，阳基侧突左右不对称。幼虫头部前顶刚毛，每侧各六至八根，排成一纵列，臀节腹面，肛毛孔横裂。肛腹片后部有两列长刺毛，每列15～18根，两列刺毛尖端大部分相遇和相交（图4-2）。

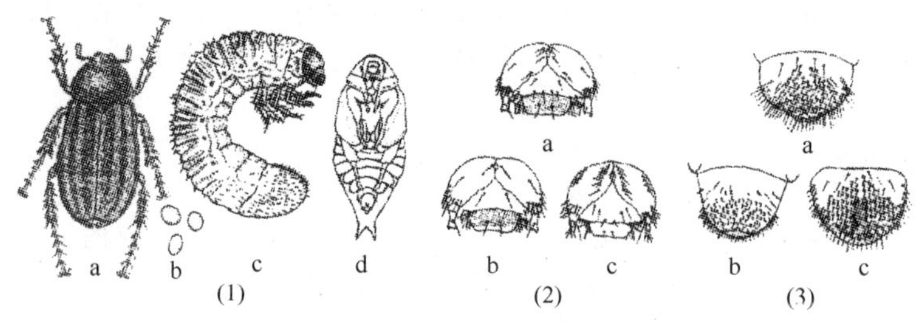

图4-2 几种蛴螬形态特征

(1) 东北大黑鳃形态特征（a—成虫；b—卵；c—幼虫；d—蛹）和（2）几种蛴螬头部比较（a—东北大黑鳃金龟；b—暗黑鳃金龟；c—铜绿丽金龟）以及（3）几种蛴螬臀节腹面比较（a—东北大黑鳃金龟；b—暗黑鳃金龟；c—铜绿丽金龟）

二、发生规律

1. 东北大黑鳃金龟

在我国南方东北大黑鳃金龟1年发生1代，在北方为2年发生1代，东北大黑鳃金龟以成虫和幼虫隔年交替越冬。成虫昼伏夜出，趋光性弱，有假死习性。东北大黑鳃金龟在25℃条件下，卵期15～22d，幼虫期340～400d，蛹期22～25d，成虫期300d左右，世代历期1～2年。东北大黑鳃金龟的虫口密度非耕地高于耕地，油料作物地高于粮食作物地，向阳坡岗地高于背阴平地，其发生与环境关系密切。

2. 华北大黑鳃金龟

华北大黑鳃金龟在我国黄淮海地区为2年发生1代，其他地区为1年1代，以成虫、幼虫隔年交替越冬。越冬成虫春季10cm土温达14～15℃时开始出土，10cm土温达17℃以上时盛发。日平均温度21.7℃时，开始产卵，24.3～27.0℃时为产卵盛期。幼虫孵化后活动取食，秋季当土温低于10℃时，其开始向深土层移动，当土温在5℃以下时，全部进入越冬状态。以幼虫越冬为主的年份，第二年春季麦田和春播作物受害严重，而夏秋作物受害较轻；以成虫越冬为主的年份，第二年春季麦田和春播作物受害则轻，夏秋作物受害就重。成虫在傍晚的时候开始出土活动，20～21时是活动最盛期。它趋光性弱，有假死性，飞翔能力弱，活动范围较小，常常在局部地区形成连年为害的老虫窝。卵散产于土壤6～15cm处，单雌平均产卵量为102粒。幼虫分为3龄，全部在土壤中度过，一年中随着土壤温度变化而上下迁移。以3龄幼虫历期最长，危害最重。华北大黑鳃金龟在25℃条件下，卵期12～20d，幼虫期340～380d，蛹期14～17d，成虫期282～420d，世代历期1～2年。华北大黑鳃金龟在黏土或黏壤土中发生数量较多，粮改菜或者连作菜地幼虫密度较大，发生与环境关系密切。

3. 暗黑鳃金龟

暗黑鳃金龟在苏、皖、豫、鲁、冀等地每年发生1代，多数以3龄老熟幼虫筑土室越冬，少数以成虫越冬。以成虫越冬的幼虫，第二年5月份成为出土的虫源；以幼虫越冬的春季不取食，于5月上中旬化蛹，6月上中旬羽化，7月中旬至8月中旬为成虫活动高峰期。7月上中旬产卵，7月中下旬孵化。初孵化幼虫即可取食，秋季为幼虫为害盛期。暗黑鳃金龟在25℃条件下，卵期8～13d，幼虫期265～318d，蛹期16～21d，成虫期40～60d，世代历期约1年。成虫大都晚上出来活动，具有很强的趋光性，飞翔速度很快，到黎明前入土潜伏。暗黑鳃金龟在7月份降雨量大、土壤含水量高时，其幼虫死亡率高，发生与环境关系密切。

4. 铜绿丽金龟

铜绿丽金龟也是每年发生1代，以幼虫在深土中越冬。春季在10cm深处土壤温度大于6℃时开始活动，第二年春季有短时间为害。6月上中旬为成虫活动盛期，6月下旬至7月上旬为产卵盛期。卵孵化盛期在7月中旬，孵化幼虫为害至10月中下旬进入2～3龄，当土壤10cm深处地温低于10℃时，幼虫开始下潜越冬，成虫昼伏夜出，并有很强的趋光性。铜绿丽金龟在25℃条件下，卵期7～12d，幼虫期313～333d，蛹期7～10d，成虫期24～30d，世代历期约1年。铜绿丽金龟在撂荒地和有机质丰富的地块以及豆、薯类作物田块发生量大。砂壤土或者水浇条件好的湿润地（土壤含水量15%～18%）幼虫密度大，成虫对未腐熟基肥有较强趋性。可利用这些习性进行人工捕捉和诱杀，其发生与环境关系密切。

三、防治方法

1. 农业防治

深耕多耙、轮作倒茬，有条件的实行水旱轮作，中耕除草，不施未经腐熟的有机肥，消灭地边、荒坡、沟渠等处的蛴螬及其栖息繁殖场所。

2. 生物防治

蛴螬的生物防治主要集中在病毒、细菌、真菌和线虫等的应用和天敌昆虫及脊椎动物的利用方面。比如利用步行虫、青蛙、刺猬和各种益鸟等捕食金龟子成虫和幼虫；利用布氏白僵菌、球孢白僵菌和绿僵菌等真菌防治蛴螬1龄幼虫，利用乳状菌和苏云金杆菌感染蛴螬；寄生于蛴螬的土蜂和金龟长喙寄蝇等均能防治蛴螬，利用性信息素诱捕成虫。

3. 物理防治

利用蛴螬成虫的趋光性，设置黑光灯或荧光灯诱杀铜绿丽金龟及暗黑色金龟成虫，一支20W的黑光灯一晚上可诱杀成虫几千头之多。还可利用成虫的假死性和交尾时不活动的习性，进行振落捕杀。春季组织人力随犁拾虫。田间发生蛴螬为害，逐株检查捕杀幼虫。

4. 化学防治

成虫初发生期，对成虫密度大的果园树盘喷施2.5%敌百虫粉剂，浅锄拌匀，可杀死出土成虫；发生盛期可在天黑前，树上喷施90%敌百虫晶体、50%马拉硫磷乳油等农药1000～1500倍液。可用2.5%敌百虫粉剂30～45kg/hm² 拌干粪1500kg撒施于地面，制成毒饵进行毒饵防治。也可用50%辛硫磷乳油或25%辛硫磷微胶囊缓释剂，药剂1.5kg/hm² 加水7.5kg和细土300kg制成毒土，撒于种苗穴中防治幼虫。在幼虫发生量较大的地块，用上述药剂3～3.75kg/hm²，加水6000～7500kg灌根，即药液灌根。此外，18%氟虫腈·毒死蜱种子处理微胶囊悬浮剂在花生地下害虫防治中防治效果优异，采用18%氟虫腈·毒死蜱微胶囊悬浮剂拌花生种，防治蛴螬，具有高效、持效期长，且对花生安全等优点。

第三节　蝼蛄

蝼蛄属直翅目蝼蛄科，俗称拉拉蛄、地拉蛄、土狗子。我国记载的有六种，其中为害严重的主要是东方蝼蛄（*Gryllotalpa orientalis* Burmeister）和华北蝼蛄（*Gryllotalpa unisprna* Saussure）。东方蝼蛄分布全国，但以南方受害较重。华北蝼蛄主要分布在我国北方各省，尤以河南、河北、山东、陕西、山西、辽宁和吉林的盐碱地、砂壤地为害严重。黄河沿岸和华北西部地区以华北蝼蛄为主，东北除了辽宁、吉林西部外以东方蝼蛄为主。

蝼蛄为多食性，成虫、若虫都非常活跃，在土中咬食刚播下的种子和幼芽，或将幼苗咬断，使幼苗枯死。受害株的根部呈乱麻状，造成严重缺苗断垄。蝼蛄将表土窜成许多隧道，使苗土分离，致幼苗失水干枯而死，俗话说"不怕蝼蛄咬，就怕蝼蛄跑"就是这个道理。在温室大棚和苗圃地，由于温度高、蝼蛄活动早、小苗集中，因而受害更重。

一、形态识别

1. 东方蝼蛄

成虫体长30～35mm，灰褐色，腹部色较浅，全身密布细毛。头圆锥形，触角丝状。前胸背板卵圆形，中间具一明显的暗红色长心脏形凹陷斑。前翅灰褐色，较短，仅达腹部中部。后翅扇形，较长，超过腹部末端。腹末具1对尾须。前足为开掘足，后足胫节背面内侧有4个距，别于华北蝼蛄。卵初产时长2.8mm，孵化前4mm，椭圆形，初产卵乳白色，后变黄褐色，孵化前暗紫色。若虫共8～9龄，末龄若虫体长25mm，体形与成虫相近（图4-3）。

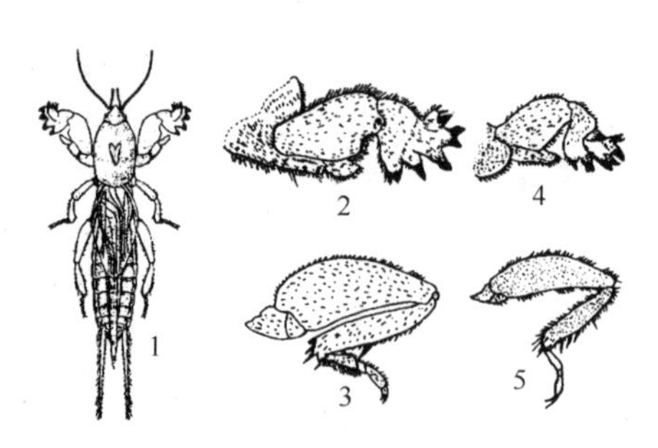

图4-3 蝼蛄
1—华北蝼蛄；2,3—华北蝼蛄的前足和后足；
4,5—东方蝼蛄的前足和后足

2. 华北蝼蛄

雌成虫体长45～66mm，雄虫39～45mm，体黄褐色，头暗褐色，卵形，复眼椭圆形，单眼3个，触角鞭状。前胸背板盾形，其前缘内弯，背中间具一心形暗红色斑。前翅黄褐色平叠在背上，长15mm，覆盖腹部不足1半；后翅长30～35mm，纵卷成筒状。前足发达，中、后足小，后足胫节背侧内缘具距1～2个或无，别于东方蝼蛄。卵长1.6～1.8mm，椭圆形，黄白色至黄褐色。若虫共12龄，5龄若虫体色、体形与成虫相似（图4-3）。

二、发生规律

1. 东方蝼蛄

东方蝼蛄在长江流域及以南各地每年发生1代，在华北、东北和西北地区约2年完成1代。以成虫、若虫在冻土层以下和地下水位以上的土层中越冬。第二年春天随着气温的回升，开始慢慢上升到表土层活动，形成一个个新鲜的虚土堆，这是结合春播拌药和撒毒饵保苗的关键时期，天气炎热时，东方蝼蛄潜入14cm以下土层中产卵越夏。东方蝼蛄喜欢在潮湿处栖息，大多集中在沿河两岸、池塘的沟渠附近砂壤土里产卵。在20cm深处，土温为15～20℃、含水量20%是东方蝼蛄活动为害最适宜的温湿度条件。

2. 华北蝼蛄

华北蝼蛄生活史较长，大约3年完成1代。以成虫和若虫在冻土层以下和地下水位以上(30～100cm）的土层中越冬。第二年3～4月份随着气温的回升，开始慢慢上升到表土层活动，形成一个长10cm左右的虚土隧道，4～5月份地面隧道大增即为为害盛期，这是春季挖洞灭虫和调查虫口密度的最好时机。地表出现大量的弯曲隧道，标志着蝼蛄已出窝为害，这是结合春播拌药和撒毒饵保苗的关键时期。春播作物苗期，华北蝼蛄活动危害最为活跃，形成一年当中的春季为害高峰期，也是第二次施药保苗的关键时刻。天气炎热时，华北蝼蛄潜入14cm以下土层中产卵越夏。秋播作物播种和幼苗期，大批若虫和新羽化的成虫又开始上升到地表为害，形成秋季为害高峰。天气转冷，成虫、若虫陆续潜入深土层越冬。华北蝼蛄昼伏夜出，以晚上9～11时活动最盛，特别是在气温高、湿度大、闷热无风的夜晚，大量出土活动为害。有较强的趋光性和趋声性；华北蝼蛄喜在植被稀少的盐碱地或干燥向阳的渠旁、路边、田埂处产卵。

三、防治方法

1. 农业防治

深耕多耙，轮作倒茬，有条件的实行水旱轮作，中耕除草，合理施肥，不施未经腐熟的有机肥，消灭地边、荒坡、沟渠等处的蝼蛄及其栖息繁殖场所，适时灌水，在作物生长期间灌水，迫使上升土表的蝼蛄下潜或死亡。

2. 生物防治

鸟类是蝼蛄的天敌，可在田块周围栽植杨树、刺槐等招引喜鹊、戴胜和红脚隼等食虫鸟以控制害虫。

3. 物理防治

于蝼蛄发生盛期，在田间堆新鲜马粪，粪内放少量农药，可消灭一部分蝼蛄。或用90%敌百虫晶体拌炒香的饵料（麦麸、豆饼、玉米碎粒或谷秕），用药1.5kg/hm^2，加适量水，拌饵料

30～37.5kg 制成毒饵，在无风闷热的傍晚施于苗穴里。也可利用蝼蛄的趋光性较强，羽化期间可用黑光灯诱杀成虫。夏季在蝼蛄产卵盛期，结合中耕，发现卵洞口时，向下挖 10～20cm，找到卵室，将挖出的蝼蛄和卵粒集中处理。

4. 化学防治

（1）撒施毒土　用50%辛硫磷乳油，按1∶15∶150的药∶水∶土比例，施毒土 225kg/hm^2，于成虫盛发期顺垄撒施。

（2）拌麦种　用3%啶虫脒乳油 25mL 或 20%啶虫脒可溶性液剂 3～4mL，加水 15～20kg，拌麦种 150～200kg，晾干后播种，该药有较强的触杀和渗透作用，持效期长，还能兼治多种地下害虫。

第四节　金针虫类

金针虫又名铁丝虫、黄夹子虫，是鞘翅目叩头甲科幼虫的总称，为多食性，为害幼芽、幼苗的须根、主根和嫩茎，使幼苗死亡，造成片状缺苗现象。金针虫长期生活在土壤中，是一类重要的地下害虫。金针虫在我国分布有 10 多种，其中分布广、危害性较大的有沟金针虫和细胸金针虫。沟金针虫［*Pleonomus canaliculatus*（Faldemann）］是我国北方旱区的重要地下害虫，细胸金针虫（*Agriotes subrittatus* Motschulsky）是东北、华北、西北、华东等地农田灌溉区的地下害虫优势种。两种金针虫均为以幼虫为害各种农作物，幼虫也常钻入地下根茎、大粒种子和薯类等地下块茎块根内部取食为害，同时传播病原菌引起腐烂，金针虫咬断的根茎被害部呈刷状。

一、形态识别

1. 沟金针虫

老熟幼虫体长 20～30mm，细长筒形略扁，体壁坚硬而光滑，具黄色细毛，尤以两侧较密。体黄色，前头和口器暗褐色，头扁平，上唇呈三叉状突起，胸、腹部背面中央呈一条细纵沟。尾端分叉，并稍向上弯曲，各叉内侧有 1 个小齿。各体节宽大于长，从头部至第 9 腹节渐宽（图4-4）。

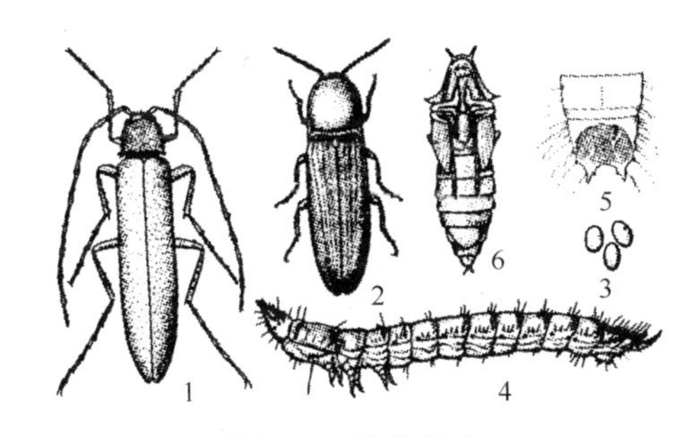

图 4-4　沟金针虫

1—雄成虫；2—雌成虫；3—卵；4—幼虫；5—幼虫腹部末节；6—蛹

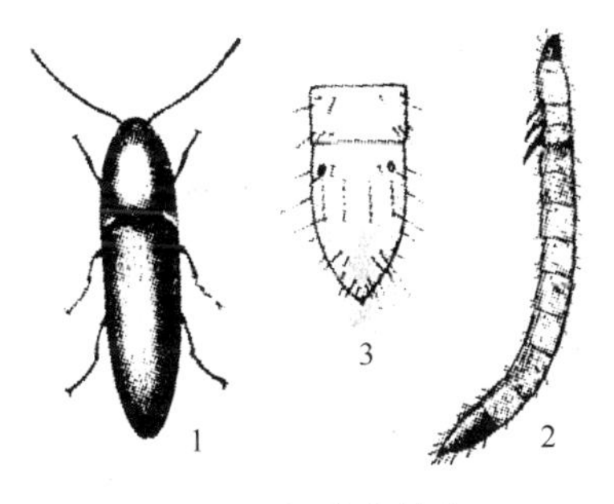

图 4-5　细胸金针虫

1—成虫；2—幼虫；3—幼虫腹部末节

2. 细胸金针虫

细胸金针虫末龄幼虫体长约 32mm，宽约 1.5mm，细长圆筒形，淡黄色，光亮。头部扁平，口器深褐色。第 1 胸节较第 2、3 节稍短。1～8 腹节略等长，尾节圆锥形，近基部两侧各有 1 个褐色圆斑和 4 条褐色纵纹，顶端具 1 个圆形突起（图 4-5）。

二、发生规律

1. 沟金针虫

沟金针虫的生活史很长，3 年完成 1 代，以幼虫和成虫在土壤中越冬，入土深度在 20～85cm 范围。3 月中旬至 4 月上旬为越冬成虫出土活动高峰期。其他特性与细胸金针虫相同。

2. 细胸金针虫

金针虫的生活史很长，细胸金针虫2年1代。以幼虫和成虫在土壤中越冬，入土深度在20～85cm范围。4～6月为产卵期，卵历期平均为42d，5月上中旬为卵孵化盛期。孵化幼虫为害至6月底下潜越夏，到9月中下旬又上升到表土层活动，危害秋播作物幼苗，11月上中旬钻入深土层越冬。第二年春、秋上升为害，冬、夏季休眠，直至第三年8～9月老熟入土化蛹，幼虫期长达1150d左右。9月份成虫羽化后不出土，到第四年春季方才出土、交配、产卵。成虫昼伏夜出，雄虫善飞有趋光性，雌虫只能在地面或在麦苗上爬行。卵散产于3～7cm表土层，单雌平均产卵量200余粒。细胸金针虫成虫亦昼伏夜出，喜食麦叶，有假死性，3～4月份活动产卵，幼虫4～5月危害。温度对金针虫影响较大，一般10cm土温达10℃时，成、幼虫开始活动，10～15℃时活动危害最盛；土壤湿度主要影响金针虫种类的分布，不耐干燥，要求20%～25%的土壤湿度。新垦荒地、禾本科作物及苜蓿茬口金针虫数量多。

三、防治方法

1. 农业防治

小麦与棉花、油菜、豌豆、绿豆、芝麻、水稻等作物轮作。春、秋耕翻与整地可压低越冬虫源数量，中耕除草可杀死部分蛹和初羽化的成虫，做好田间清洁和增施腐熟的有机肥料可减轻危害。还可通过适当浇水，使土壤湿度达到35%～40%时，即可使其停止为害，下潜到10～30cm深的土壤中。

2. 诱杀害虫

对以细胸金针虫为害为主的地区，在成虫大量产卵前（4～5月份），把春锄杂草堆于田间，也可用3%亚砷酸钠溶液浸过的禾本科杂草，诱杀大量成虫。

3. 药剂防治

用50%的辛硫磷800倍液喷幼苗根部土壤，用5%辛硫磷颗粒剂按35kg/hm^{2}施入表土层防治。

第五节 根蛆

根蛆有的地方称地蛆，蛆是各种蝇类幼虫的总称，其种类很多，我国常见的有种蝇［*Delia platura*（Meigen）］、葱蝇［*Delia antigua*（Meigen）］和萝卜蝇｛*Delia floralis*（Fallen)｝。种蝇为多食性害虫，主要为害多种作物，以幼虫为害播种后的种子、幼根和地下茎，种子受害后不能发芽，也常钻入地下茎向上蛀食，致使幼苗不能出土或者整苗枯死。葱蝇在我国北部和中部地区发生严重，为害百合科大蒜和葱，使鳞茎腐烂，植物地上部分叶片枯黄、萎蔫甚至死亡。萝卜蝇除我国西南和华南地区外，全国均有分布，根蛆的成虫（蝇）一般不会直接为害，造成为害的是它们的幼虫，所以根蛆亦列为地下害虫。

一、形态识别

各种根蛆的成虫均为小型蝇类，其形态很相似，体长6～7mm，翅暗黄色。静止时，两翅在背面叠起后盖住腹部末端。它们的纵翅脉都是直的，而且直达翅缘。下面以种蝇为例进行介绍。

雌、雄成虫之间除生殖器官不同外，头部有明显区别，雄蝇两复眼之间距离很近，雌蝇两复眼之间距离很宽。卵乳白色，长椭圆形。蛹是围蛹，红褐色或黄褐色，长5～6mm，尾部有7对小突起。幼虫叫蛆，尾部是钝圆的（图4-6）。

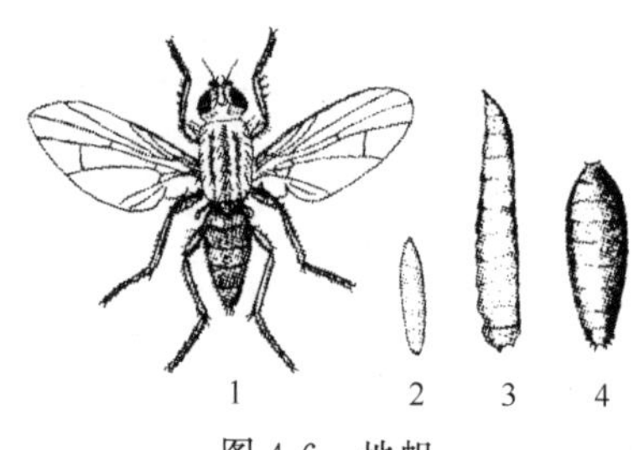

图4-6 地蛆
1—成虫；2—卵；3—幼虫；4—蛹

二、发生规律

在北方，种蝇一年发生3～6代，萝卜蝇一般为1年1

代，葱蝇为1年3～4代。三种蝇都是以蛹越冬。种蝇是以老熟幼虫在植物根部化蛹越冬；萝卜蝇是以蛹在植物根附近的浅土层中越冬；葱蝇是以蛹在被害的葱、蒜、韭根部附近土中或粪堆中越冬。种蝇是以孵化的幼虫钻入植物幼茎为害；萝卜蝇是从叶柄基部钻入为害，以幼虫从白菜、萝卜心叶及嫩茎再钻入根茎内部为害；葱蝇是以幼虫钻入鳞茎内为害。种蝇把卵产在种株或幼苗附近表土中；萝卜蝇是把卵产在根茎周围土面或心叶、叶腋间；小萝卜蝇是产在嫩叶上和叶腋间；葱蝇是在鳞茎、葱叶或植株周围的表土里产卵。三种蝇都有很强的趋性，种蝇的成虫喜聚于臭味重的粪堆上，早晚和夜间凉爽时躲于土缝中；萝卜蝇的成虫不喜日光，喜在荫蔽潮湿的地方活动，通风和强光时，多在叶背和根周背阴处，萝卜蝇成虫活跃易动，春季发生数量多；葱蝇成虫多在胡萝卜、茴香及其他伞形花科蔬菜周围活动，中午活跃，喜粪肥味，更喜蒜气味。

三、防治方法

1. 农业防治

不施用未经腐熟的粪肥和饼肥，施肥时做到均匀、深施、种肥隔离，施肥后应立即覆土，在植物生长期间不要追施稀粪，必要时可大水漫灌，抑制地蛆活动或者淹死部分幼虫，大水漫灌对种蝇和葱蝇有效，对萝卜蝇效果较差。在作物播种前，也可随着浇水追加施入氨水2次，可减轻危害。还要做到精选种子，葱、蒜剥皮种植，可减轻葱地种蝇发生为害。

2. 化学防治

在定植前或者播种时，用90%敌百虫晶体2.25kg、48%的毒死蜱乳油3L或者50%的辛硫磷乳油3L拌细土750kg撒施，当幼虫刚开始发生为害时，用48%的毒死蜱乳油或者50%的辛硫磷乳油1500倍液灌根，也可以在成虫发生盛期用上述任何一种液剂在植株周围地面和根部附近喷洒，隔7～10d喷1次，共喷2～3次。

单元检测

一、填空题

1. 金龟子的幼虫通称________，属________目________科。
2. 蝼蛄属________目________科，我国常见的两种蝼蛄为________和________。
3. 金针虫属________目________科，其成虫称________。

二、简答题

1. 什么是地下害虫？地下害虫有哪些重要的类群？
2. 简述蛴螬、蝼蛄、小地老虎的发生及为害状特点。
3. 如何区别华北蝼蛄和东方蝼蛄？
4. 根据小地老虎的生物学特性，提出一套切实可行的综合治理方案。
5. 防治秋菜根蛆的主要方法有哪些？
6. 试述地下害虫的综合防治方法。

三、归纳与总结

可对地下害虫的种类、危害、发生规律以及防治方法进行阐述，种类主要介绍了蝼蛄、蛴螬、地老虎、金针虫和根蛆等五类，发生特点是大都为地下隐蔽生活，受土壤质地、含水量等的影响大，在土壤中分布随季节变化，防治也很困难，因此防治方法采取人工捕杀、诱杀成虫、加强田间管理、合理施肥以及选择合适的药剂等综合措施。

水稻病虫害防治技术

学习目标

1. 熟悉常见的水稻病虫害。
2. 掌握常见水稻害虫的发生规律和常见病害的发病规律。

能针对水稻病虫害发生的实际状况制定行之有效的防治方案，并能在防治中为无公害稻米生产服务。

第一节 水稻害虫

水稻是我国的重要粮食作物之一，无论是栽培面积，还是总产量均居世界第一。害虫的危害是影响水稻高产优质的重大障碍，现已查明水稻虫害350余种，较重要的害虫有吸食稻株汁液的飞虱类、叶蝉类、蝽类、沫蝉类、蚜虫类和蓟马类；蛀食茎或心叶生长点的螟虫类和蚊蝇类；咬食叶片或潜食叶肉的卷叶虫类、夜蛾类、弄蝶类、稻蝗类、甲虫类和蝇类；取食稻根的甲虫类、蚊蝇类和石蚕类；传播水稻病毒的叶蝉类和飞虱类。

一、水稻主要害虫

1. 水稻螟虫

水稻螟虫俗名“钻心虫”。危害水稻的螟虫主要有二化螟（*Chilo suppressalis* Walker）、三化螟（*Tryporyza incertulas* Walker）、大螟（*Sesamia inferens* Walker）等，还有部分稻区零星发生的褐边螟（*Catagella adjurella* Walker）和台湾稻螟（*Chilo auricillius* Dudgeon）均属鳞翅目。除大螟属夜蛾科外，其余4种均属螟蛾科。稻螟幼虫蛀食水稻茎秆主要造成枯心、白穗，有的种的初孵幼虫还群集于叶鞘内取食，造成枯鞘。水稻螟虫是水稻的历史性大害虫。

三化螟是单食性害虫，只食水稻和野生稻。二化螟和大螟寄主范围广，除为害水稻外，还可为害玉米、高粱、茭白、小麦、蚕豆、稗等作物。

三种螟虫常混合发生，形态特征如下所述。

(1) 形态识别

① 三化螟

a. 成虫　体长8～13mm，前翅长三角形。雌虫体较大，淡黄色，前翅中央有一明显的小黑点，腹部末端有一束黄褐色绒毛，雄虫体较小，淡灰褐色，除有上述黑点外，翅尖至翅中央还有一条黑褐色斜纹。

b. 卵　由几十至几百粒分层排列的卵粒组成卵块，卵块椭圆形，表面被有黄褐色绒毛，像半粒发霉的黄豆。

c. 幼虫 初孵幼虫灰黑色，称蚁螟。以后各龄幼虫乳白色或淡黄绿色，背面中央有一条透明纵线。腹足不发达。

d. 蛹 长圆筒形，褐色，长12～13mm。后足特长，雌的伸展达腹部第五至第六腹节，雄的伸展达第八腹节处（图5-1）。

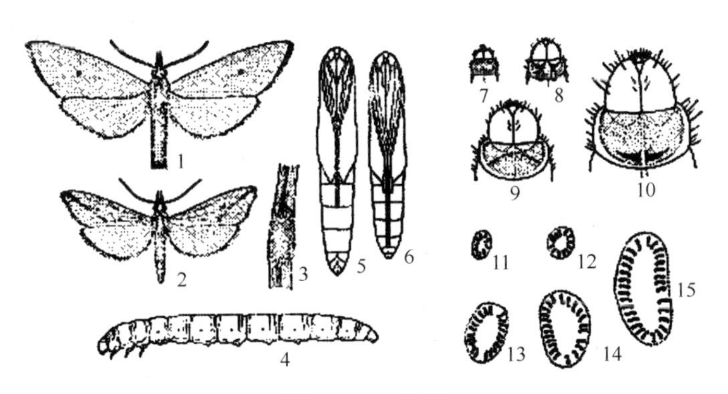

图5-1 三化螟

1—雌成虫；2—雄成虫；3—卵块；4—幼虫；5—雌蛹；6—雄蛹；
7～10—第1至第4龄幼虫的头部和胸部；11～15—第1至第5龄幼虫的腹足趾钩

② 二化螟

a. 成虫 体长10～15mm，灰黄褐色。前翅近长方形，外缘有7个小黑点。雄蛾较雌蛾稍小，体色和翅色较深。

b. 卵 由多个椭圆形扁平的卵粒排列成不规则鱼鳞状卵块，外覆胶质。

c. 幼虫 淡褐色，背面有5条棕褐色纵线。腹足较发达。

d. 蛹 黄褐色，前期背面可见5条深褐色纵线，后足末端与翅芽等长（图5-2）。

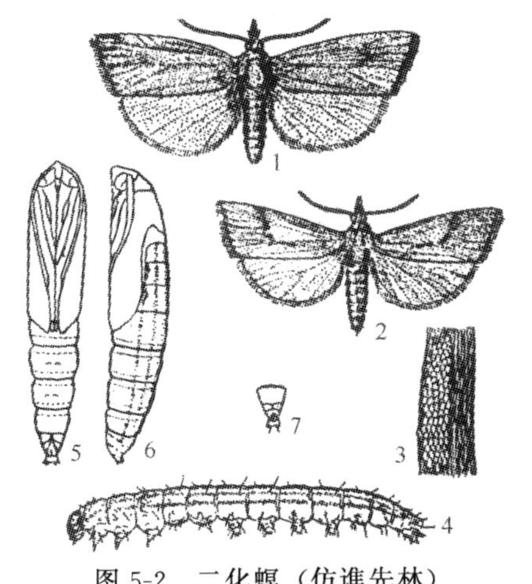

图5-2 二化螟（仿谯先林）

1—雌成虫；2—雄成虫；3—卵块；
4—幼虫；5—雌蛹（腹面观）；
6—雄蛹（侧面观）；
7—雄蛹腹部末端

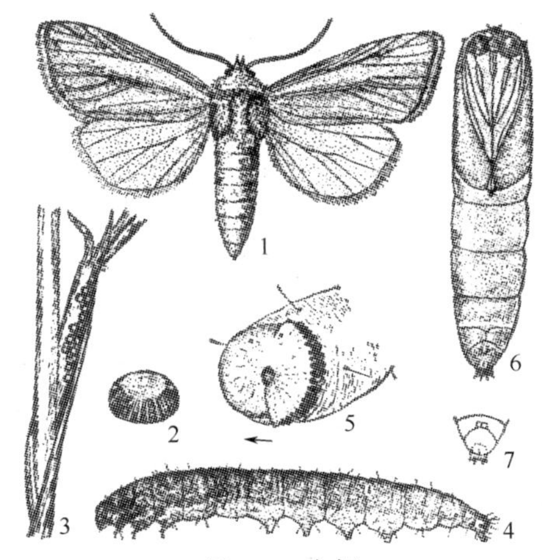

图5-3 大螟

（仿游贵湘等《农作物病虫害防治学》）

1—成虫；2—卵粒；3—卵块；4—幼虫；
5—幼虫的腹足趾钩（右腹足，箭头表示外方）；
6—雌蛹；7—雄蛹腹部末端

③ 大螟

a. 成虫 体较肥大，长11～15mm。雄蛾较瘦小。灰褐色，前翅宽短，自翅基部向外缘有一条暗褐色纵纹，此纵纹上下各有2个黑点。

b. 卵 卵粒扁球形，顶端稍凹，表面有放射状细隆线，多产在寄主植物叶鞘内侧，排列成2～3行。

c. 幼虫　体肥壮，背面紫红色。腹足发达。

d. 蛹　较肥大，黄褐色，头胸部分常有白色粉末状物（图 5-3）。

（2）发生规律

① 年生活史及习性

a. 三化螟　三化螟在我国一年发生 2～7 代，主要分布在北纬 36°～38°以南的南方稻区，每年发生的代数因气候条件不同而异，由南向北或从平原到高原逐渐减少。主要为害晚稻、迟中稻、再生稻、杂交稻秋制种田，造成枯心和白穗。

三化螟以老龄幼虫在稻桩内越冬。翌年春季气温回升到 16℃左右时，越冬幼虫开始化蛹羽化。

三化螟成虫白天潜伏于稻苗基部，黄昏后飞出活动，有较强趋光性。特别是气温超过 20℃，风力在 3 级以下闷热的黑夜，扑灯量最多，多在上半夜扑灯。螟蛾羽化的当晚即交尾，翌日开始产卵，以第二、三天产卵最多。每只雌蛾一生可产卵 1～5 块，产卵两块的为多。每个卵块含卵 50～100 粒。雌蛾多选择稻苗生长旺盛，分泌稻酮较多，处于分蘖盛期和孕穗末期，水层偏深，嫩绿茂密的稻田，在距稻叶尖端 6～10cm 处的叶面或叶背面产卵。

蚁螟孵出后，有的沿叶片下爬，有的爬到叶尖吐丝下垂，随风飘散，约经半小时左右，即选择适当部位蛀入茎内为害。水稻分蘖期、孕穗末期到破口吐穗期，最适合蚁螟蛀入，称为危险生育期。在分蘖期为害，一般从稻株基部离水面 2cm 左右咬孔蛀入，取食稻茎，使心叶纵卷，发黄枯萎，造成枯心苗，在孕穗末期到破口吐穗期为害，侵入率最高，蚁螟多由剑叶苞缝隙或咬孔蛀入，先取食稻花，4～5d 后即转移到柔嫩的穗颈部分，咬孔蛀入，逐步向下蛀食，再过 3～5d，在近节间处整齐地切断穗秆，形成所谓“环状切口”，由于水分和养分不能正常输送，造成白穗，以后无法补偿。同一个卵块孵出的蚁螟，常在附近的稻株上为害，能造成数十根甚至一百余根稻株枯心或白穗，称枯心团（塘）或白穗团。通常一株苗内只有 1 条幼虫，为害一株后能转入另一健株为害。1 龄末期以上的幼虫能转株为害灌浆期稻株。茎秆粗壮的品种，不易被幼虫咬断而造成虫伤株。幼虫老熟后，转入健株茎内在茎壁咬一个羽化孔，仅留一层表皮薄膜，然后化蛹。羽化后，蛾破膜而出。如积水超过羽化孔位置，水不会侵入茎内，蛹仍正常发育，羽化后，蛾穿过水层浮出水面，爬上稻茎。

b. 二化螟　在我国一年发生 1～5 代，有世代重叠现象，地区不同发生代数不等，以黄淮流域以南的丘陵和湖滨水稻混栽区发生较重。

二化螟食性杂，寄主多。主要为害禾本科。隐蔽为害，2 龄前，为害叶鞘，造成枯鞘（集中危害枯鞘）。2 龄后，造成枯心苗、枯孕穗、白穗和虫伤株。

二化螟以 4～6 龄幼虫在稻桩、稻草中越冬，也有部分在茭白、芦苇茎秆内或杂草丛中越冬。稻桩的越冬虫量最多，约占 90%以上。越冬幼虫抗逆能力较强，冬季低温对其影响不大，由于越冬场所的条件差异，幼虫、蛹发育进度不一，使越冬幼虫化蛹、羽化极不整齐，故田间有世代重叠现象。抗寒性强，4 龄以上幼虫即可安全越冬。翌年气温回升到 11℃时，末龄幼虫开始化蛹。15～16℃时，羽化为成虫。未老熟的越冬幼虫则在土温上升到 7℃时，开始转移到麦类、蚕豆和油菜等越冬作物的茎秆内继续取食，直到老熟羽化蛹。由于越冬场所的条件差异和虫龄不同，因此越冬幼虫个体发育有早有迟，出蛾有先有后，以致越冬代蛾羽化期长达 2 个多月，并出现2～3 个高峰。

二化螟蛾昼伏夜出，羽化后 1～2d 交尾产卵，趋光性较弱，喜欢趋嫩绿。因此，高秆、茎粗、叶片宽大、叶色浓绿的稻田最易诱蛾产卵。晚上产卵最多。产卵部位随着水稻生长而有变化，在水稻苗期和分蘖期多产卵在叶面距叶尖 3～6cm 处，拔节后多产卵在距水面 6cm 以上的叶鞘上。每只雌蛾产卵 2～3 块，每块有卵 40～80 粒。初孵幼虫称“蚁螟”，蚁螟孵化后，先群集在叶鞘内为害，蛀食叶鞘组织，造成枯鞘。枯鞘内幼虫的多少视植株叶鞘大小而定。2 龄、3 龄幼虫食量增大，开始蛀茎并转株分散为害，如遇水稻正在分蘖，则造成枯心苗，若正在孕穗、抽穗，则造成枯孕穗、白穗和虫伤株。幼虫转株为害比三化螟频繁，各种被害株也成团出现。幼虫经 6～8 龄老熟，在稻株下部茎内或叶鞘内侧化蛹，通常距水面 3cm 左右。

c. 大螟 大螟又名紫螟。在我国一年发生2～8代，在长江中下游稻区一年发生3～4代，第一代盛蛾期在4月下旬至5月下旬，第二代盛蛾期在7月上旬，第三代盛蛾期在8月中旬。第一代幼虫主要为害早稻和春玉米，造成枯心；第二代幼虫成为夏制种田的主要害虫之一；第三代为害秋玉米和晚稻、杂交稻秋制种田的父本，造成枯心和白穗；第四代主要为害迟栽粳稻型双季晚稻。一般以第三代幼虫为害最严重。

以幼虫在稻桩及玉米、高粱、茭白等残株中或杂草根际越冬，无滞育现象。老熟幼虫在翌年温度达10℃时开始化蛹，15℃时羽化，未老熟的越冬幼虫则在春暖时转移到麦类、油菜等越冬作物上取食为害，完成发育。所以，越冬代蛾的发生期较三化螟和二化螟早而不整齐，时间很长。多在春玉米和杂草上产卵为害。

螟蛾趋光性较三化螟和二化螟差，喜选择植株高大、茎秆粗壮、叶色浓郁、叶鞘抱合不紧密的稻株上产卵。特喜好杂交稻。卵多产于叶鞘内侧，且以近田埂2m以内稻株上最多。雌蛾羽化后2～4d即可产卵，每只雌蛾产卵200～300粒。

初孵幼虫在苗期常聚集在原叶鞘内侧蛀食，两天后叶鞘变黄，幼虫第一次分散到同丛其他稻株上为害，造成枯鞘，并零星出现枯心苗，5～6d后，幼虫已成2龄，第二次分散到同丛及附近稻株上，造成枯心增多，再经四五天，幼虫已成3～4龄，第三次转移为害，造成大量枯心苗。在孕穗期，产在剑叶鞘内的卵块所孵化的幼虫可直接为害幼穗，取食颖壳和花粉。抽穗后，幼虫从剑叶鞘向里钻蛀，造成白穗。产在剑叶下叶鞘内的卵块所孵幼虫，先在原叶鞘内取食2～3d，然后向上转移，从穗苞破口处侵入，未抽穗的造成枯孕穗，已抽穗的直接从剑叶鞘钻孔侵入稻茎，造成白穗。3龄以上幼虫大量分散，白穗大量出现。通常，一条幼虫能造成4～6株枯心苗。一个卵块孵化的幼虫能造成40～80株的成团枯心或10～20株白穗、枯孕穗和若干虫伤株。由此可见，大螟为害的突出特点是转株次数多，蛀孔大，有大量稀粪便排出孔外，易于与三化螟和二化螟相区别。末龄幼虫在寄主基部枯鞘缝隙内、茎内或稻丛株间化蛹。

② 发生条件 实践证明，耕作制度的变革、水稻品种的更新、年度间气象因素的变化、天敌种群的盛衰和大面积药剂防治，是影响螟虫种群数量消长的5个重要因素。

a. 耕作制度 不同的水稻耕作制度影响到水稻易发生螟害的生育期与蚁螟盛孵期相配合的情况，以及有效虫源田和世代转化的桥梁田，从而决定了螟虫种群的盛衰和为害程度的轻重。螟虫为害的轻重，在相当大的程度上取决于成虫发生盛期与水稻敏感生育期相吻合的程度，水稻容易遭受螟虫为害的生育期（分蘖期、孕穗到抽穗期，特别是孕穗末期到抽穗初期）与螟卵孵化盛期相吻合，种群兴旺，则螟害重；错开则螟害轻，种群凋落。20世纪70年代后期，我国开始大面积推广杂交稻，长江流域单季双季稻并存地区（三化螟每年发生3代），淘汰了双季稻，恢复单季稻，双季稻区（三代螟每年发生4代）后季种杂交稻，缩短了生长期，整个长江流域三化螟种群全面下降，二化螟普遍回升成为优势种群。总之，水稻耕作制度由单纯改向复杂，由于三化螟是单食性害虫，三化螟种群则趋向繁荣，二化螟种群随着趋于凋落。反之，水稻耕作制度由复杂变为单纯，则相对地有利于二化螟而不利于三化螟的发生，二化螟种群则趋向繁荣。

近年来，三化螟种群在各地都有不同程度的回升，其原因是多方面的。现行的不合理水稻耕作制度、大量的虫源田和桥梁田是造成三化螟种群回升的主要原因。农户之间种植的水稻品种杂乱，移栽期和成熟期不同，管理水平和防治要求各异，这为三化螟提供了充足的食料和转主为害的桥梁田。越冬虫源未能很好地清理，冬后未及时翻耕和迟熟油菜的种植都扩大了虫源基数。此外，稻田施用植物生长调节剂多效唑后改变了稻株的形态和机理，使原不利于三化螟发生的秧苗期变为有利，虫口密度大幅度上升。当前，随着旱育秧、抛秧的推广，对螟虫发生很有利。

b. 水稻品种 水稻品种对稻螟的抗性和耐性不同也影响到螟害的轻重。抗螟品种一般茎壁较厚，髓腔较小，维管束之间距离及叶鞘气腔均较小，维管束两侧常有硅化细胞，叶绿素含量偏低。杂交稻茎粗、叶绿、根系发达、吸肥力强和稻株内营养丰富等生物学特点通常适于螟虫的发生，特别是二化螟和大螟。一般粳稻品种比籼稻品种有利于三化螟的发生，籼稻品种比粳稻品种适合二化螟的发生。此外，杂交稻上的叶鞘组织厚，二化螟虫量是常规稻的5～6倍。

c. 气象因素　温度对螟虫发生期的影响较大。螟虫生长发育需要一定的温度，达不到这个温度，越冬幼虫就不能正常化蛹、羽化。三化螟要求温度较高、二化螟次之、大螟最低，所以发生期各不相同。当年春季气温偏高，越冬代螟蛾发生较早，反之推迟。

湿度和雨量对稻螟发生量影响较大。三化螟越冬幼虫化蛹期间及其以前1个月左右，如多雨，稻桩中的三化螟因缺氧气窒息，或因病原微生物繁殖、寄生，并随径流而蔓延感染，或因水源充足，浸水溶田进度快，淹没稻桩而大量死亡，则发生量少。再如雨量特少，发蛾量也会显著减少。二化螟和三化螟盛孵期间，如经常下雨，稻叶、稻茎上布满水滴，能阻扰蚁螟爬行侵入，雨冲水淹，蚁螟大量死亡，则螟害减轻。

d. 天敌因素　稻螟的天敌很多，螟卵有赤眼蜂、黑卵蜂、啮小蜂的寄生；幼虫的天敌属寄生性的有小茧蜂、姬蜂、病原真菌、细菌及线虫；捕食性天敌青蛙、蜘蛛、鸭、隐翅虫、步行虫及虎甲等对抑制螟害均有一定的作用；有的还寄生蛹，有的也捕食成虫。能在短期内使稻螟死亡率高达90%以上的天敌，目前发现两种，一是三化螟越冬幼虫和蛹的病原微生物，二是二化螟卵期的稻螟赤眼蜂。

(3) 防治方法　采取农业防治为基础，栽培避螟品种，保护利用天敌促进生态平衡为核心，与科学用药相结合的综合防治技术措施。

① 栽培避螟　选用生长期长短适宜的水稻抗虫良种，提高种子纯度，改单、双季稻共存为大面积双季稻或一季稻，力求连片单一种植，尽量避免混栽，尽量消除有利螟虫生存的“桥梁田”。同时合理搭配早、中、晚熟品种，使两头小中间大，适时栽插，科学管理肥水，使螟虫的盛发期和水稻的敏感生育期、分蘖期和孕穗期错开。

② 消灭越冬虫源　利用螟虫化蛹期抗逆性弱的特点，在春季越冬代螟虫化蛹期统一翻耕冬闲田、绿肥田，灌深水浸沤，浸没稻桩7～10d，可杀死70%～80%的螟蛹，有效降低虫源基数。冬种田在收获后及时耕沤，也有一定的灭螟效果。双季稻连作田早稻收割后及时翻耕灌水淹没稻桩，可杀死90%以上的螟虫。

③ 保护和利用天敌　一般稻田都有丰富的害虫天敌，抛插秧后30d内不施用杀虫药剂，为有益生物创造了良好的繁殖环境。应选择对天敌杀伤小的农药品种，改进施药方法，可以起到保护天敌的作用。提倡田埂种豆类植物，增加天敌的蜜源，早稻收割后田埂留草把，每3m一把，创造适宜天敌繁殖和越夏的生态环境。可利用防治螟虫的生物源农药杀螟杆菌、Bt乳剂等。还要积极推广稻田养鸭、养鱼。在螟蛾盛发期，发动群众采卵块放置寄生蜂保护器内，使寄生蜂能安全飞回稻田寻找螟卵寄主产卵。

④ 性诱剂或杀虫灯诱杀技术　在二化螟越冬代和主害代始蛾期之前，田间设置二化螟性信息素，每亩放一个诱捕器，内置诱芯1个，每代更换一次诱芯，诱捕器低于水稻植株顶端20cm。集中连片使用，可诱杀二化螟成虫，降低田间落卵量和种群数量；或每30～50亩稻田安装一盏频振式杀虫灯诱杀成虫，杀虫灯底部距地面1.5m，于害虫成虫发生期天黑后开灯、天亮后关灯。

⑤ 适期药剂防治　在二化螟为主的地区，药治策略是“一代狠治秧田，二代挑治本田，压上控下兼治其他稻虫”，在以三化螟为主的地区，应采取“挑治一、二代，狠治三代”的策略。

防治指标：二化螟分蘖期枯鞘株率达到3%、孕穗后期至抽穗期每亩卵块数达到50块的稻田，于卵孵化高峰期施药防治。三化螟每亩卵块数达到40块的稻田，在水稻破口抽穗初期施药防治。

药剂处方：20%氯虫苯甲酰胺悬浮剂150mL/hm^2，或1.5%甲氨基阿维菌素苯甲酸盐乳油150mL/hm^2，或10%氟虫双酰胺悬浮剂300mL/hm^2，或10%四氯虫酰胺悬浮剂600mL/hm^2，或48%毒死蜱乳油750～1050mL/hm^2加水常规喷雾。施药时，田中保持3～5cm水层。

注意事项：施药时田中保持有水层，以确保防治效果。

此外，采用40%乐果乳油800倍液浸秧苗1min，随后堆闷1h，能杀死秧苗所带幼虫和卵，效果显著。

大家一起来！调查二化螟的枯鞘率

对于大田治螟，常采用检查枯鞘率来确定该类型田是否进行药剂防治。调查枯鞘率的方法是按稻型、品种、栽插期不同，选择有代表性的稻田3～5块，采取平行跳跃方法，取样200丛，检查枯鞘株数，同时随机检查20丛稻株，记载分蘖总数或有效穗总数，计算枯鞘率。在分蘖期枯鞘率达3%～5%、孕穗期达0.5%～1%时，则应立即对该类型田进行药剂防治。

2. 稻飞虱

稻飞虱是我国水稻生产上一类重要的迁飞性害虫，俗名火蠓、响虫、火旋、稻虱子等，属同翅目、飞虱科。稻飞虱常见的有三种：褐飞虱（*Nilaparvata lugens* Stal）、白背飞虱（*Sogatella furcifera* Horv）和灰飞虱（*Laodelphax striatella* Fall）。三种飞虱以褐飞虱为主，白背飞虱次之，灰飞虱更次之。这类害虫在一般年份为害，可使水稻减产1成以上，大发生年可减产2～3成。

褐飞虱系南方性昆虫种类，因而在长江流域以南稻区发生严重；白背飞虱为广跨偏南种类，分布比褐飞虱广，在长江流域发生最重，南方稻区发生严重，北方稻区偶尔猖獗；灰飞虱为广跨偏北种类，在全国各地分布普遍，华南稻区发生较少。

稻飞虱的成虫和若虫都群集在稻株下部，以刺吸式口器刺入稻株组织吸取汁液，造成各种不规则的白色或褐色条斑，同时雌虫以产卵器刺伤叶鞘、嫩茎和叶中脉等组织，产卵于其中，形成大量伤口，使稻株枯黄或倒伏，严重为害时，可在短期内导致全田叶片焦枯，状似火烧，虫量大时引起稻丛基部变黑发臭，常引起烂秆倒伏，俗称“冒穿”。秕谷粒增加，千粒重显著下降，导致严重减产甚至绝收。群众比喻为：“远看似火烧，近看不likely倒，镰刀割不起，吊吊轻飘飘”。

褐飞虱为单食性害虫，只为害水稻。而白背飞虱和灰飞虱除为害水稻外，尚可为害麦类、甘蔗、玉米、茭白、紫云英、稗草、看麦娘和游草等。此外，稻飞虱还可诱发和传播水稻病害，如造成的伤口是纹枯病、菌核病的侵染通道，褐飞虱和灰飞虱还会传播水稻病毒病。由灰飞虱传播病毒所引起的经济损失常大于直接虫害。

（1）形态识别　稻飞虱体小，长度均在5mm以下。触角短小、锥状，后足胫节末端有一可活动的大距，善跳，易与稻叶蝉相区别。

① 褐飞虱　一生中有卵、若虫、成虫3个虫态，成虫有长翅和短翅两种类型。

长翅型成虫体长4～5mm，体黄褐色或黑褐色。前胸背板和小盾片都有3条明显的凸起纵线。短翅型和长翅型相似，但翅短，长度不到腹部末端，体型粗短，长3.5～4mm。卵前期丝瓜形，后期弯弓形，10～20粒成行排列，前部单行，后部挤成双行，卵帽稍露出产卵痕。若虫初孵时淡黄白色，后变褐色，近椭圆形，5龄若虫腹部第三、第四腹节背面各有1个白色“山”字形纹。若虫落于水面后足伸展成一直线。褐飞虱，长翅型成虫体长3.6～4.8mm，短翅型2.5～4mm。深色型头顶至前胸、中胸背板暗褐色，有3条纵隆起线，浅色型体黄褐色。卵呈香蕉状，卵块排列不整齐。老龄若虫体长3.2mm，体灰白至黄褐色（图5-4）。

② 白背飞虱　长翅型成虫体长3.8～4.6mm，淡黄色具褐斑，前胸背板黄白色，小盾片中间淡黄色，雄虫两侧黑色，雌虫两侧深褐色。短翅型雌虫体肥大，灰黄色或淡黄色，体长3.5mm左右，短翅仅及腹部的一半。卵前期新月形，中后期长辣椒形，3～10余粒单行排列，卵帽不露出产卵痕。若虫橄榄形，初孵时乳白色有灰斑，2龄后灰白色或灰褐色，落于水面后足平伸成“一”字形（图5-5）。

③ 灰飞虱　长翅型雌虫体长4～4.2mm，短翅型2.4～2.8mm。全体淡黄褐或灰褐色，小盾片中央黄白色、土黄色或黄褐色，两侧各有1个半月形褐色斑纹。短翅型雌虫翅伸达腹末。长翅型雄虫体长3.5～3.8mm，短翅型2.1～2.3mm，色较雌虫深，小盾片黑色。卵前期为香蕉形，中后期为长茄子形，通常3～5粒到20余粒排列成串、成簇，前部单行，后部挤成双行。若虫近

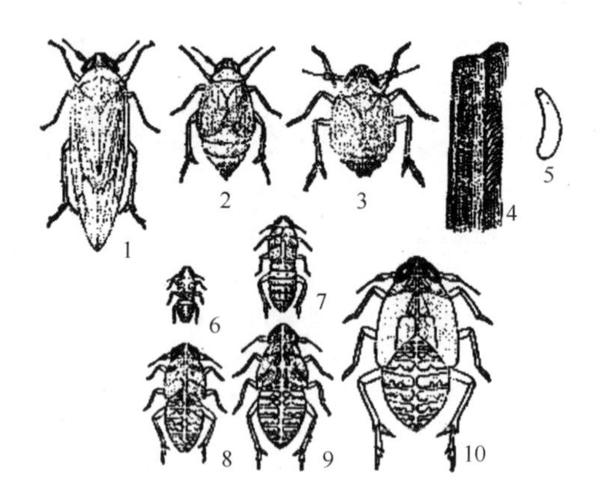

图 5-4 褐飞虱

1—长翅型成虫；2—短翅型雌成虫；3—短翅型雄成虫；4—卵；5—产在稻叶内的卵；6～10—第 1 至第 5 龄若虫

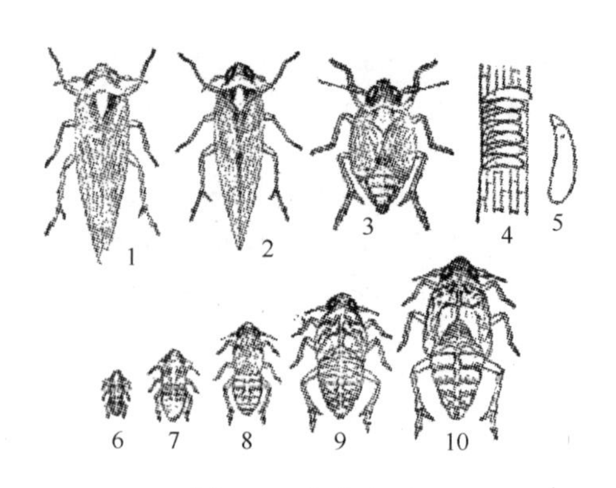

图 5-5 白背飞虱

1—长翅型雌成虫；2—长翅型雄成虫；3—短翅型雌成虫；4—卵；5—产在稻叶内的卵；6～10—第 1 至第 5 龄若虫

椭圆形，1～2 龄时乳白或黄白色，3 龄后灰褐相嵌，落于水面后足向后斜伸成“八”字形（图 5-6）。

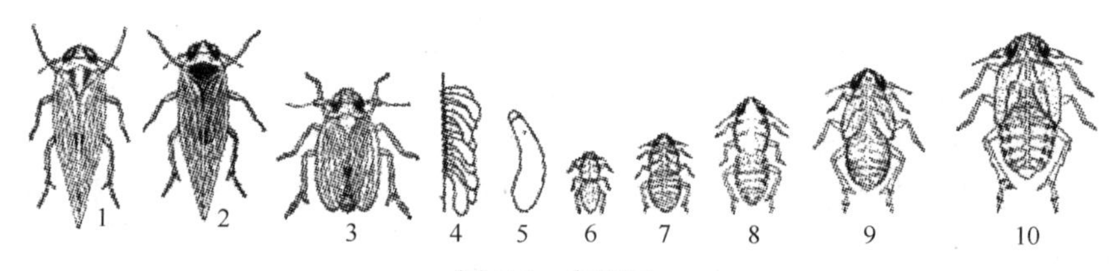

图 5-6 灰飞虱

1—长翅型雌成虫；2—长翅型雄成虫；3—短翅型雌成虫；4—卵；5—产在稻叶内的卵；6～10—第 1 至第 5 龄若虫

（2）发生规律

① 生活史及习性　在我国，褐飞虱仅在南方少数地区可以越冬。在北纬 25°以北的其他大部分稻区为不能越冬的稻区，其虫源主要来自于南方终年繁殖区，褐飞虱随着春夏暖湿气流，由南向北逐区渐次连续迁飞而来。在秋季，则随南向气流由北向南回迁到不同地区。这种季节性南北往返迁飞与水稻黄熟关系密切，水稻临近黄熟时即产生大量长翅型成虫向外迁出。在我国褐飞虱一年发生 1～12 代，大体上自北向南每减少 2 个地理纬度其发生代数增加 1 代。由淮河以北年仅发生 1～2 代到海南岛南部发生 12 代，在长江中下游地区年发生约 4 代。

白背飞虱在我国广大稻区的初期虫源也主要由热带地区迁飞而来，其迁入期比褐飞虱早。各地都是以成虫迁入后田间第 2 代若虫高峰构成主要为害世代，有时迁入成虫即能造成明显的“落地成灾”现象。我国自南向北主要为害时期从 5 月中下旬至 9 月上旬。

在全国各地灰飞虱发生 4～8 代不等，长江中下游地区年发生 5～6 代。灰飞虱的抗寒力和耐饥力较强，不会长距离迁飞，活动半径一般不超过 50km，为居留型昆虫，在我国各稻区均可安全越冬，一般以 3、4 龄若虫在麦田、绿肥田及游草等禾本科杂草上越冬。在南方无明显越冬地区，冬季仍可继续为害小麦。灰飞虱一般为害秧田和本田分蘖期的稻苗，其传毒为害所造成的损失远大于直接为害。

三种飞虱田间混合发生，一般以灰飞虱发生最早，白背飞虱次之，褐飞虱最迟。三种飞虱都具有趋光性、趋嫩绿性和喜阴湿。成、若虫喜在稻丛下部叶鞘上取食、产卵、栖息，最喜在孕穗至扬花期的稻株上产卵，成虫产卵痕初为黄白色，后变为褐色条斑。白背飞虱和灰飞虱具有趋稗产卵性。白背飞虱和褐飞虱长翅型成虫起迁飞扩散作用，短翅型成虫则定居繁殖。短翅型成虫产卵前期短、产卵历期长、产卵量高，因此短翅型成虫在飞虱种群中的比例迅速增大是白背飞虱和褐飞虱暴发成灾的预兆。

② 发生条件 褐飞虱和白背飞虱属迁飞性害虫，影响发生的首要条件是迁入虫量的多少。如果虫源基地有大量虫源，迁入季节又雨日频繁，雨量大，降落的虫量就多。一般初见虫源到主要为害期有50～60d，以主害期前10～20d迁入虫量最多。灰飞虱则主要靠当地虫源。在一定的虫源基数下，充足的食料和适宜的气候条件有利于飞虱的大量繁殖。害虫天敌和良好的栽培管理技术有一定的控制作用。

a. 品种与生育期 水稻品种不同，对飞虱抗性有明显差异，抗性品种不利于飞虱的取食繁殖。

害虫发生量与水稻生育期关系密切，水稻孕穗至开花期对褐飞虱繁殖为害最为有利，而白背飞虱则以分蘖和拔节期为其繁殖盛期。成熟期和苗期不适于成虫繁殖，当水稻临近黄熟时就产生大量长翅型褐飞虱成虫向外迁出。

b. 气象因素

ⓐ 温度 褐飞虱喜温暖，生长发育的适宜温度为20～30℃，最适温度26～28℃，高于30℃或低于20℃对成虫繁殖、若虫孵化和存活有不利影响。长江流域，如遇盛夏不热，晚秋不凉，夏秋多雨年份，则有利于褐飞虱大发生。

白背飞虱对温度适应范围广，15～30℃的温度范围都能正常生长、发育、繁殖。灰飞虱耐低温，但夏季高温影响其生存和繁殖。

ⓑ 雨量和湿度 多雨高湿对褐飞虱和白背飞虱发生有利，每年6～7月份降雨过程与飞虱迁入关系极大，各个迁入峰几乎都是伴随着降雨天气过程。湿度偏低有利于灰飞虱的发生。

c. 栽培管理技术 重施或偏施氮肥，密植和长期灌深水等，都有利褐飞虱和白背飞虱的发生。不合理地使用化学农药，大量杀伤天敌，也可导致种群数量迅速上升。

d. 天敌 稻飞虱的天敌种类很多，卵期主要有寄生蜂和黑肩绿盲蝽，成虫和若虫期主要有螯蜂、蜘蛛（如拟水狼蛛）、尖钩宽黾蝽、隐翅虫、捻翅虫、线虫和寄生菌等，这些天敌对飞虱有较大的控制作用。

（3）防治方法 各地防治稻飞虱的经验，可概括为农业防治为基础，保护天敌压基数，压前控后争主动，合理及时用药保丰收。

① 农业防治

a. 选用抗虫高产良种 水稻不同品种对稻飞虱的抗性存在一定的差异，因地制宜地选用抗（耐）虫品种，是防治稻飞虱经济有效的措施。因抗虫高产的品种可以防治或减轻为害，大大有利于减少用药、保护天敌等。如国际水稻研究所鉴定出褐飞虱有4个生物型，同时在大量的水稻育种材料中发现了4个抗虫基因，并且育成了一大批抗虫良种。近年来，我国选育出了一批抗褐飞虱和白背飞虱的水稻品种，可供生产上选用。使用这些水稻品种，即使少打农药，也可将飞虱种群密度控制在经济允许受害水平之下。

b. 消灭越冬虫源 针对灰飞虱的越冬场所，冬春结合积肥，铲除田边、沟边的杂草，消灭越冬虫源。

c. 加强田间管理 推行配方施肥，避免氮肥过多，施足基肥，及时追肥，浅水勤灌，适时挖沟晒田，降低田间湿度，恶化飞虱生境，除稗，干干湿湿，可起到防止禾苗暴长，避免过早封行和后期贪青徒长，从而有效减轻稻飞虱为害并获水稻高产。

② 生物防治 稻飞虱各虫期的天敌多达数十种，因此应注意合理使用农药，保护利用稻田蜘蛛、青蛙、寄生蜂等自然天敌。通过选择高效、低毒、低残留的农药，改进施药方法，调整用药时间，减少用药次数等，尽量避免大量杀伤天敌，应充分发挥天敌对飞虱的自然控制作用，如当蛛虱比达1∶（4～5）（早稻）或1∶（8～9）（晚稻）时就可不用药防治。

此外，人工搭桥助迁蜘蛛和稻田放小鸭吃虫，均能收到明显的生物防治效果。

③ 药剂防治 重点做好水稻生长中后期白背飞虱和褐飞虱的防治，西南稻区要注重防治水稻前期的迁入代。孕穗抽穗期百丛虫量1000头以上，杂交稻穗期防治指标可放宽到百丛虫量1500头以上，于低龄若虫高峰期施药防治，优先选择昆虫生长调节剂等对天敌相对安全的药剂

品种，提倡使用高含量单剂，避免使用低含量复配剂。江南、江淮、环渤海湾稻区做好秧田期、移栽分蘖期的灰飞虱防治，控制灰飞虱传播条纹叶枯病和黑条矮缩病。南方水稻黑条矮缩病发生区，抓好中晚稻药剂浸种或拌种和秧苗期稻飞虱防治，打好秧田送嫁药，分蘖初期及早防治，预防白背飞虱传播南方水稻黑条矮缩病。

药剂处方：10%烯啶虫胺水剂 600mL/hm²，25%吡蚜酮可湿性粉剂 360～480g/hm²，10%乙虫腈悬浮剂 600mL/hm²，25%噻虫嗪水分散粒剂 90g/hm²，3%啶虫脒可湿性粉剂 300g/hm²，20%呋虫胺可溶性粒剂 450g/hm²，20%异丙威乳油 2.25～3L/hm²。针对虫量特别多并且成虫比例较大的田块，可将上述药剂与80%敌敌畏乳油混用，以提高防治效果。

任选以上药剂，在若虫发生初盛期，加水 900kg 常量喷雾，或加水 112.5～150kg 进行低容量喷雾。

注意事项：施药前可先灌满水，抬高稻飞虱的栖息位置，施药时先从田的四周开始，由外向内，实行围歼，并对准稻株中下部均匀喷洒药液。水稻生长后期或超级稻应加大用水量，以保证防治效果。

大家一起来！查稻飞虱成虫

从防治代的上一代成虫初羽化时开始，选有代表性的类型田各2～3丘，逢五、逢十调查，采用平行多点跳跃取样法，定田不定点，随机取样。水稻分蘖期，每丘田查25点，每点查4丛，共查20～40丛。调查时用盘拍法较好，即在长方形白搪瓷盘(33cm×45cm)内涂一薄层机油，将盘轻轻地倾斜立放在稻丛旁，快速拍动稻株，一般重拍三次，立即端起检查。

3. 稻纵卷叶螟

稻纵卷叶螟（图 5-7），俗称苞叶虫、卷叶虫、刮青虫、百叶虫等，被称为“两迁”害虫之一，是具有迁飞习性的我国水稻上的主要食叶类害虫，属鳞翅目、螟蛾科。此虫主要在江淮地区及以南地区发生，在北方地区也有偶发。稻纵卷叶螟除为害水稻外，尚可为害麦类、甘蔗、粟、玉米、雀稗、游草等。初龄幼虫先在心叶、叶鞘内或叶片表皮取食叶肉，二龄虫吐丝纵卷，在苞中啃食叶肉，留下灰白色条斑，大龄幼虫转苞多次。为害严重时形成“虫苞累累，白叶满田”的状况，影响水稻光合作用，并使水稻分蘖减少，穗小粒小，千粒重下降，空壳率增加，一般可减产 2～3 成，严重者达 5 成以上。正如俗话说：“叶子白一白，减产一二百”。20 世纪 70 年代以后，稻纵卷叶螟危害日趋严重。

(1) 形态识别

① 成虫　体长约 8mm，翅展约 18mm，体翅黄褐色。前翅近三角形，由前缘到后缘有两条暗褐色横线，两线间有一条短线。后翅有横线两条，内横线不达后缘。前后翅外缘均有暗褐色宽边。雄性体较小，前翅前缘中央有一丛暗褐色毛。

② 卵　椭圆形，中央稍隆起，表面有白网纹，初产时白色半透明，渐变淡黄。

③ 幼虫　5～7 龄，多数 5 龄，末龄体长 14～19mm，黄绿色，前胸背板上黑点成括号纹，中、后胸背板各有两排横列黑圈，后排两个，腹足趾钩三序缺环。

④ 蛹　长 9～11mm，略呈细纺锤形，末端尖，有臀刺 8～10 根（图 5-7）。

(2) 发生规律

① 年生活史及习性　稻纵卷叶螟是一种迁飞性害虫。一年发生代数由北向南递增，为 1～11 代不等。在我国，该虫一般在北纬 30°以南即岭南地区越冬，每年春、夏季可从南到北发生 5 次迁飞，秋季自北向南大幅度回迁 3 次，从而完成周年迁飞循环。

成虫昼伏夜出，白天多躲藏在生长茂密的稻田或杂草丛中，黄昏后出来活动，喜群集，趋嫩绿，有趋光性，取食花蜜或蚜虫蜜露为补充营养。经取食补充营养的成虫产卵多，寿命长。成虫羽化后，翌日即可交配，3～4d 后开始产卵。产卵趋嫩绿，卵多产在中上部叶片的正面或背面，尤以倒1～2叶最多，蛾子有多次交配习性，每只雌蛾一生可产卵30～50粒，最多可达400粒。卵散产，大多一处1粒，少有数粒靠在一起的。

初孵幼虫先爬入心叶、嫩叶鞘或老虫苞内啃食叶肉，然后爬上叶片结苞。多数2龄开始爬在离叶尖3cm处卷叶，结1～2cm小虫苞为害，称“束尖期”，这时应及时防治。3龄后可以吐丝缀合稻叶两边，将叶片纵卷成圆筒状，幼虫藏身其内啃食叶肉，留下表皮呈白色条斑，并不断转苞为害。一般1叶1苞1虫，4龄后转株频繁，虫苞大，食量大，抗药性强，为害重。5龄是暴食阶段，食量占总食量的79.5%～89.6%。4～5龄偶有将几张叶片缀连成苞者。整个幼虫期可为害叶5～9片（稻苞虫也可危害水稻并形成虫苞，但它所结的虫苞由多张水稻叶片缀连而成）。幼虫活泼，当剥开其卷叶时即迅速跳跃后退，吐丝下坠脱逃。末龄幼虫多在稻丛基部的枯黄叶片、无效分蘖或鞘内侧吐丝结茧化蛹。

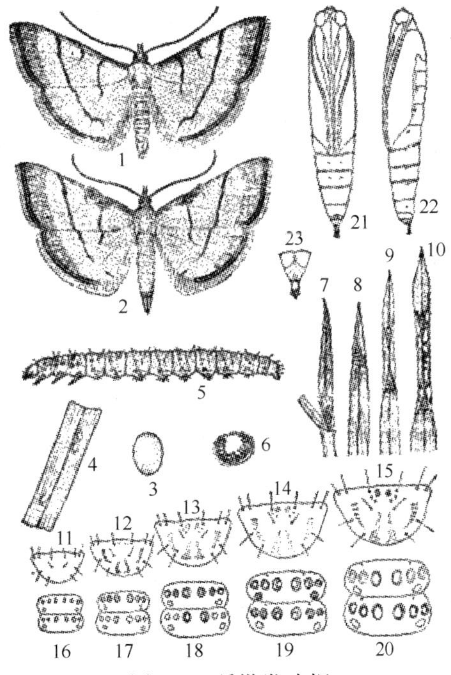

图5-7 稻纵卷叶螟

1—雌成虫；2—雄成虫；3—卵；4—稻叶上的卵；5—幼虫；6—幼虫腹足趾钩；7～10—为害状（7—初孵幼虫为害状；8—卷尖期；9—卷叶期；10—纵卷期）；11～15—第1至第5龄幼虫的前胸盾片；16～20—第1至第5龄幼虫的中后胸，背面观；21—雄蛹，腹面观；22—蛹，侧面观；23—雌蛹的腹部末端

② 发生条件 稻纵卷叶螟的种群数量消长与虫源基数、气象因素、栽培管理、天敌因素等有关。

a. 虫源基数 在以本地虫源为主的周年繁殖区，稻纵卷叶螟发生轻重主要由上代虫口基数决定。在其他稻区，则取决于迁入虫源的数量。

b. 气象因素 适温高湿有利于稻纵卷叶螟的成活和繁殖。一般孵期日平均温度22～28℃。雨日多，雨量大，多露水，相对湿度80%以上，有利成虫交配、产卵和卵的孵化。幼虫成活率高，当代就可能大发生。而长期高温（30℃以上）和干旱（相对湿度80%以下）条件下，成虫寿命短，产卵少，幼虫孵化率低，1～2龄幼虫死亡率高，并因有利天敌活动、繁殖和寄生，则虫量发生程度减轻。

c. 栽培管理 凡早、中、晚稻混栽地区，种植品种复杂，田间水稻生育期参差不齐，各代稻纵卷叶螟都有充足的食料，繁殖率和成活率相应提高，发生量加大。就水稻品种类型而言，一般籼稻的虫量大于粳稻，杂交稻虫量大于常规稻。阔叶矮秆嫩绿的品种，有利幼虫结苞取食，虫量最集中。如水肥管理不当，引起稻株贪青疯长，也有利于稻纵卷叶螟的繁殖为害。

d. 天敌因素 稻纵卷叶螟的天敌种类很多，控制作用很强。卵期的主要天敌是稻螟赤眼蜂，有些地方寄生率高达80%；幼虫期以稻纵卷叶螟绒茧蜂为主，通常寄生率为20%～30%，有时高达70%～80%。蛹期有寄蝇、姬蜂。此外，草间小黑蛛、青翅蚁形隐翅虫、步甲、螨类等也捕食稻纵卷叶螟，对压低虫口密度有一定的作用。由此可见，保护和利用天敌十分重要。

（3）防治方法 采用农业防治，保护利用自然天敌和合理使用农药相结合，方可收到较好的防治效果。

① 农业防治 注意品种合理布局，避免早、中、晚稻混种。合理施肥，防止水稻贪青晚熟，可减轻为害。

② 人工物理防治 利用成虫趋嫩绿、趋光和群集习性，可结合治螟设立诱集田和点灯诱蛾。

③ 生物防治 为了保护天敌，充分发挥其对稻纵卷叶螟的控制作用，应选择对天敌杀伤力小的农药品种和使用浓度，避开天敌敏感期施药。在成虫产卵始盛、高峰、盛末期分批释放赤眼蜂，每次每亩放蜂1万～2万头，每3～4天放1次，连续放3～4次，掌握晴天释放。其次还可应用苏云金杆菌乳剂、青虫菌、“7216”等细菌农药制剂100～150g（每克菌粉含活孢子100亿以

上），对水 60～75kg 喷雾，并加入 0.1%洗衣粉，可提高防治效果。

④ 药剂防治 根据水稻孕穗、抽穗期易受稻纵卷叶螟为害损失大的特点，药剂防治的策略为：狠治穗期世代，挑治一般世代。

防治适期：掌握 1 龄、2 龄幼虫高峰期为防治适期，防治指标为百丛 50 个束尖。

药剂处方：20%氯虫苯甲酰胺悬浮剂 150mL/hm^2，或 24%氰氟虫腙悬浮剂 600～750mL/hm^2，或 1%甲氨基阿维菌素苯甲酸盐乳油 675～900mL/hm^2，或 48%毒死蜱乳油 600～750mL/hm^2，或 6%乙基多杀菌素悬浮剂 525mL/hm^2，或 15%茚虫威悬浮剂 180～225mL/hm^2，或 50%氟啶脲乳油 150mL/hm^2，轮换使用上述药剂，加水均匀喷雾。

注意事项：稻纵卷叶螟喜欢在傍晚或清晨结苞转叶为害，阴雨天则全天结苞转叶，因此，以傍晚（特别是晴天的傍晚）进行药剂防治效果最好。防治适期内如遇阴雨天气，必须抓紧雨停间隙用药，不能延误。

二、水稻其他害虫

水稻其他害虫见表 5-1。

表 5-1 水稻其他害虫

害虫名称	形态特征	年生活史及习性	防治要点
稻水象甲（*Lissorhoptrus oryzophilus* Kuschel）	成虫长 2.6～3.8mm。喙与前胸背板几乎等长，稍弯，扁圆筒形。前胸背板宽。鞘翅侧缘平行，比前胸背板宽，肩斜，鞘翅端半部行间上有瘤突。雌虫后足胫节有前锐突和锐突，锐突长而尖，雄虫仅具短粗的两叉形锐突。幼虫头黄褐色，体白色，腹部 2～7 节背面有成对向前的钩状气门	稻水象甲是植物检疫对象中的二类检疫性害虫，1988 年在中国首次发现，该虫危害重、蔓延快、防治难，以孤雌生殖繁殖。稻水象甲国内分布于黑龙江、吉林、辽宁、天津、北京、河北、山东、江苏、浙江、安徽、山西、湖南、陕西、云南、贵州和四川等 16 个省（市），在我国北方一年发生 1 代，南方一年 2 代。主要以成虫在田边、草丛、树林落叶层中越冬，且成虫在－15℃仍能越冬。该虫为半水生昆虫，卵多产于浸水的叶鞘内，初孵幼虫仅在叶鞘内取食，后进入根部取食，造成断根，形成浮秧或影响水稻生长发育。成虫蚕食叶片，在叶尖、叶缘或叶间沿叶脉方向啃食叶肉，留下表皮，形成长短不等的白色条斑，长度一般不超过 3cm。稻水象甲成虫可借气流迁移 10km 以上，借助流水蔓延，随人为远距离调运而传播	①严格检疫检验 禁止从疫区调运秧苗、稻草、稻谷、鱼苗和其他寄主植物及其制品。②农业防治 实行水旱轮作，恶化稻水象甲生存环境；在发生区水稻收割后，及时翻耕土地，焚烧全部稻草；并拔除禾蔸，铲除周边杂草，均全部焚烧。③物理防治 推广应用杀虫灯诱杀成虫，每 4hm^2 安装一盏。④药剂防治 防治成虫，在成虫活动高峰期，用 40%氯虫·噻虫嗪水分散粒剂、20%氯虫苯甲酰胺悬浮剂、25%噻虫嗪水分散粒剂、48%毒死蜱乳油，任选一种，对水喷雾，扑杀成虫；防治幼虫，用 10%毒死蜱颗粒剂、5%辛硫磷颗粒剂效果好，但对鱼虾有害，注意家禽不要放入施药的田。⑤生物防治 注意保护利用青蛙、蟾蜍、蜘蛛、蚂蚁、鱼类和鸭子等天敌；应用白僵菌和线虫对其成虫防治有效
黑尾叶蝉［*Nephotettix bipunctatus*（Fabricius）］	成虫体长 4.5～5.5mm，黄绿色或淡绿色，头顶圆弧形，触角刚毛状，前翅翅端，雄虫为黑色，雌虫为淡褐色或黄白色。若虫黄绿色，雌虫色淡，雄虫色暗，并有明显的小黑点。腹部各节有排列不整齐的细毛	一年发生 2～8 代。以若虫及少量成虫在绿肥田、小麦田及其他冬作田的看麦娘上和田边、沟边、塘边的杂草上过冬。成虫趋光性强，并有较强的趋绿性，能飞善跳。雌成虫多产卵于水稻叶鞘边缘内侧。成虫和若虫以刺吸式口器吸食稻茎组织汁液，还能传播水稻普通矮缩病和黄矮病等。冬春温暖，寒流次数少，持续时间短，有利于稻叶蝉安全过冬；6～8 月高温干旱，有利于稻叶蝉的大量繁殖。早、中、晚稻混栽地方，偏施氮肥，虫口密度则大	①农业防治 选择抗虫耐病品种，注意铲除田边、沟边、塘边杂草，以清除越冬虫源，加强肥水管理。②物理防治 在成虫盛发期，用频振式诱虫灯诱杀。③化学防治 主要农药种类和使用方法参照稻飞虱。④生物防治 注意保护利用褐腰赤眼蜂和捕食性蜘蛛等天敌；在稻田放养小鸭

续表

害虫名称	形态特征	年生活史及习性	防治要点
直纹稻苞虫[*Parnara guttata* (Bremer et Grey)]	成虫是一种黑褐色的弄蝶，体长17～19mm，翅展36～40mm。前翅有8个半透明的白斑，排成半环状，后翅有4个白斑，排成"一"字形。成熟幼虫体长30～40mm，全体青绿至灰绿色。头大，正面有"W"形淡黑褐色纹。胴部第一、二节细小如颈，中段肥大，末端又细小，略呈纺锤形。快成熟时，在4～7腹节两侧有白色分泌物	以幼虫在背风向阳的沟边、田边、塘边的游草等杂草上和板田的稻桩间越冬。一年发生2～8代，成虫白天活动，飞翔迅速，晚间停息于树荫、杂草间。此虫需补充营养，常在各种蜜源植物(南瓜、丝瓜、棉花、千日红等)上取食花蜜。有趋嫩绿产卵习性，以叶色浓绿、生长旺盛的分蘖、圆秆期水稻，最易招引成虫产卵，卵散产于稻叶背面中脉处。1、2龄幼虫在叶缘叶尖结小苞，3龄以单叶纵卷或2叶折卷成苞，4龄则缀3～4叶成苞，5龄多缀5～10片叶成大苞。5龄幼虫进入暴食期，严重时咬断嫩穗和吃光叶片，影响水稻产量。幼虫白天躲在苞中，早晚和阴天出苞取食。幼虫老熟后，多数缀叶作苞化蛹。冬季适温，高湿，6～7月份雨多，且蜜源植物多的地区稻苞虫发生较重	①农业防治　冬季清除塘、沟、田边杂草，压低越冬虫源；加强田间管理，改造下湿田，合理施肥和灌溉，促进水稻生长健壮和早熟以减轻危害。②生物防治　在田间释放松毛虫赤眼蜂、拟澳洲赤眼蜂；在幼虫孵化高峰期，选用苏云金杆菌乳剂加水喷雾。③药剂防治　掌握在幼虫3龄以前用药，选用50%杀螟硫磷乳油，或80%敌敌畏乳油，或50%辛硫磷乳油，或2%阿维菌素乳油，对水喷雾
稻蓟马(*Thrips oryzae* Williams)	成虫体长1～1.5mm，黑褐色，似蚊。头近长方形，触角7节。前后翅均深灰色，近基部色淡，顶端较尖，翅缘有长缨毛，雌虫产卵管锯齿状，向下方弯曲。若虫无翅，初孵时白色透明，复眼红色，以后体色转黄	一年发生10～19代，如在四川成都一年发生14代，福建中部约15代。世代重叠。多数以成虫在小麦、看麦娘、游草等杂草上越冬。成虫有趋嫩绿产卵的习性，在秧苗3叶期产卵，以3～5叶期产卵量最多。稻蓟马初孵若虫，常隐藏于心叶内为害，有趋光性，喜湿，能带水生活。成虫和若虫用口器刮破稻苗嫩叶表面，锉吸汁液，使被害叶出现花白斑点，叶尖卷缩。严重时，稻苗僵而不发，常成片枯死，状如火烧。冬春气候温暖，冬小麦面积扩大，有利于稻蓟马的越冬与早春繁殖，增大了虫口数量，几个水稻品种混栽、提早栽插，可为稻蓟马提供食料条件	①农业防治　冬春除草积肥，破坏越冬及春、夏繁殖场所，减少虫源；改变插花混栽，使同品种稻型集中成片种植；重施底肥，早施分蘖肥，促使水稻分蘖，早生快发，配合化学防治，在杀虫药液中加入尿素2250g/hm² 一起喷雾，能使受害稻苗迅速恢复生长；分蘖末期适时晒田，可减轻为害。②药剂防治　拌种，用35%丁硫克百威种子处理剂，用药量为干种子重量的0.6%～1.1%，在常规方法浸种后拌匀药剂，然后踏谷播种。喷雾，防治指标为4叶期每百株有虫200头以上或叶尖初卷叶10%～30%，本田分蘖初期每百株有虫300～500头，可选用下列药剂防治：40%氯虫·噻虫嗪水分散粒剂或6%乙基多杀菌素悬浮剂，或10%吡虫啉可湿性粉剂，或15%丁硫·吡虫啉乳油，或40%乐果乳油，加水喷雾。此外，秧苗移栽时，可用40%乐果乳油1000倍液浸秧尖，浸后堆闷1h移栽，效果更好

续表

害虫名称	形态特征	年生活史及习性	防治要点
中华稻蝗[*Oxya chinensis* (Thunberg)]	成虫体长，雌24.5～39.5mm，雄18.3～27mm；黄绿色或黄褐色，有光泽。头顶两侧在复眼后方各有一深褐色纵纹，延伸至前胸背板后缘止。若虫叫蝗蝻，似成虫，淡黄绿色，头大，体小，第三龄时长出翅芽	中华稻蝗几乎遍布国内所有稻区，但以长江流域和黄淮稻区发生为害较重。在我国北方一年发生1代，南方一年2代，以卵囊在田边、沟边、荒坟、草坪等场所越冬。成、若虫咬食稻叶，受害轻的将叶吃成缺刻状，严重时全部叶片被吃光，仅留茎脉，当水稻抽穗后集中为害上部3片功能叶，对产量影响较大，有时咬断咬伤穗颈，形成断穗、白穗等。稻田附近田间杂草地是稻蝗的滋生基地，该虫除为害水稻外，尚可为害玉米、高粱、黄豆、麦类、红薯、甘蔗、茭白、柑橘、棕树等植物	①农业防治　充分开发利用稻田附近荒地，冬春结合积肥修培田埂，铲除田埂及附近杂草，连土刨起，杀伤越冬蝗卵，压低虫口基数，春季泡田时，打捞漂浮在水面上的卵块，然后深埋入土或烧毁。②化学防治　调查田间虫口密度，当田边6m以内每100丛水稻有若虫90头时，应列为防治对象田，可用10%阿维·氟酰胺悬浮剂，或20%氯虫苯甲酰胺悬浮剂，或20%氟虫双酰胺水分散粒剂，或25%噻虫嗪水分散粒剂，或5%氟虫脲可分散液剂，或50%辛硫磷乳油，或50%马拉硫磷乳油，或20%啶虫脒可溶性粉剂，对水喷雾。③人工扑杀　利用网捕、拍打扑捉等人工方法，消灭害虫，减轻危害。④生物防治　注意保护利用青蛙、蟾蜍、蜻蜓、螳螂、蜘蛛、鸟类；在稻田放养小鸭
稻赤斑黑沫蝉[*Callietti x versicolor* (Fabricius)]	成虫体长11～13.5mm，黑色略带光泽。头顶稍前突，小盾片三角形，顶有一个大的梭形凹陷。前翅黑色；近基部处各有两个大白斑。中央稍后外侧，有一肾形红斑，雌虫在此斑内侧，尚有一小红斑。卵长椭圆形，乳白。若虫共5龄，形似成虫，初为乳白，后变淡黑，体表周围有泡沫状液	在国内主要分布于陕西、四川、湖南、湖北、江西、贵州、云南、广东等地稻区，在四川一年发生1代，以卵在田埂的土缝中越冬。若虫共5龄，多在土缝中吸食草根，有分泌白色泡沫的习性，若虫羽化为成虫，爬出泡沫团。成虫活动性较强，有趋绿性。成虫以刺吸式口器插入寄主叶组织吸取汁液，水稻上部叶片常受害，以剑叶受害重，危害状为条斑，严重时全叶枯焦似火烧，孕穗前受害重的，不能抽穗，孕穗后受害重的，不能正常抽穗结实，空壳率增加，千粒重减轻。此虫还可为害高粱、玉米、甘蔗等。在丘陵山区的中低产田时有发生，偏于旱年发生重	①农业防治　结合秋耕或冬耕，铲净田埂杂草，并用田泥糊田坎，春季结合种豆再糊一次田坎。结合稻田周围豆类、高粱等作物中耕除草。②人工诱杀　用麦秆或青草捆扎成30～50cm长的草把，洒上少许甜酒液或糖醋混合液，在傍晚时将草把均匀插在稻田四周，每亩约插20把，引诱成虫飞到草把上吸食，次日早上露水没晒干之前进行集中捕杀。此外，还可组织人力，网捕成虫。③化学防治　加强越冬场所检查，当田埂表层等处出现较多的白色的泡沫时，即用50%辛硫磷或80%敌敌畏乳油或1%甲氨基阿维菌素苯甲酸盐乳油对水做针对性田埂喷射，若虫期连治2～3次。选用对路农药扑灭成虫：用50%辛硫磷乳油，或2%阿维菌素乳油，或1%甲氨基阿维菌素乳油，或20%三唑磷乳油加水喷雾。④生物防治　注意保护利用蚂蚁、蜘蛛、青蛙、螳螂等天敌

第二节 水稻病害

我国有70余种水稻病害，其中重要病害有20多种。真菌病害有稻瘟病、纹枯病、旱育秧田立枯病、水稻恶苗病、稻曲病、稻粒黑粉病、云形病、稻叶鞘腐败病和水稻胡麻斑病等；细菌病害有白叶枯病、水稻细菌性条斑病等；病毒病害有稻黑条矮缩病、稻条纹叶枯病和稻黄萎病等；线虫病有水稻干尖线虫病等；非传染性病害有赤枯病和非传染性烂种、烂芽和中毒发僵等。

一、水稻主要病害

1. 稻瘟病

稻瘟病俗名烂颈瘟、吊颈瘟、火风。此病在全国南北稻区均有发生，一般在南方重于北方、山区重于平原，是当前水稻的三大病害之一。尤其是湖北、湖南、广东、广西、福建、四川、贵州、云南、重庆和吉林等地常年发生严重，因其具有流行性、毁灭性，病害流行年份，发病稻区一般减产10%～30%，严重时可达40%～50%，甚至颗粒无收。

(1) 症状　根据危害部位和生育期，可分为苗稻瘟、叶稻瘟、叶节瘟、节稻瘟、穗颈瘟和谷粒瘟等。

① 苗稻瘟　发生在三叶期以前，病苗在靠近土面的基部变成灰黑色，上部变成淡红褐色，卷缩而枯死，潮湿时在病部可见到灰绿色霉层。注意苗稻瘟与苗期叶瘟的区别。

② 叶稻瘟　三叶期后的秧苗和成株期的叶片均可发生，开始时，叶片上出现针头大小的褐色斑点，然后扩大，随水稻抗病性及气候条件不同而形成几种类型的病斑，常见为慢性型和急性型。叶瘟严重时，全田呈火烧状，植株矮缩，新叶难以生长，抽穗艰难。

a. 慢性型　为常见的典型病斑，呈梭形，外层为黄色晕圈叫中毒部，内层为褐色叫坏死部，中央灰白色为崩坏部，病斑两端中央有向纵脉伸展的褐色线条（坏死线），潮湿条件下，病斑背面可产生灰绿色霉层。“三部一线”为慢性型病斑的主要特征。

b. 急性型　多为椭圆形，鸟眼状，病斑呈暗绿色水渍状，无光泽，正反两面密生大量灰绿色霉层。这种病斑多发生在氮肥施用过多或感病品种的稻株上，病斑发生很快，危害最大，是稻瘟病流行的预兆。当天气干旱，植株抗病力增强时，可转变为慢性型。

c. 褐点型　病斑呈褐色小点，局限于叶脉之间，周围有黄色晕圈，病斑上无霉状物，常发生于抗病品种或植株下部的老叶上，不产生分生孢子，对稻瘟病的发展作用不大。

d. 白点型　病斑多数近圆形，呈白色，病部不产生孢子，若温湿度适宜时，可转变成急性病斑。

③ 节稻瘟　多发生于穗颈以下1、2节上，初期为针头大小的褐色小点，以后呈环绕节部扩展，使整个节部变黑腐烂。干燥时，病节干缩凹陷，茎节易折断，潮湿时病部可见到灰绿色霉层。

④ 穗颈瘟　发生于穗颈、穗轴和枝梗上，病部初见褐色，最后呈黑褐色，发病早的常造成白穗，与螟害极相似。病害严重时，易从感病穗节处折断倒吊，故叫吊颈瘟。发病轻的成秕谷，千粒重降低，影响产量。

⑤ 谷粒瘟　发生于护颖及谷粒上，病斑一般为褐色或黑褐色，椭圆形或不规则形的病斑，中央为灰白色，严重时谷粒不饱满，米粒变黑。护颖最易感病，其发病情况基本代替谷粒发病情况（图5-8）。

(2) 病原　稻瘟病菌（*Pyriculaia oryxae* Cavara）为无性世代属半知菌亚门，梨孢属。有性世代属子囊菌亚门，一般不常见。分生孢子梗数根丛生，多自气孔伸出，长有5～6个分生孢子。分生孢子洋梨形，基部钝圆，有脚孢，顶端狭窄，无色透明，多数有2个分隔（图5-8）。

注意与胡麻斑病菌［*Bipolaris oryzae*（Breda de Haan）Shoean et Jain］形态的区别，胡麻斑病菌分生孢子梗单生或丛生，基部深褐色，膨大，顶部色淡，多隔膜，不分枝，曲膝状，有疤

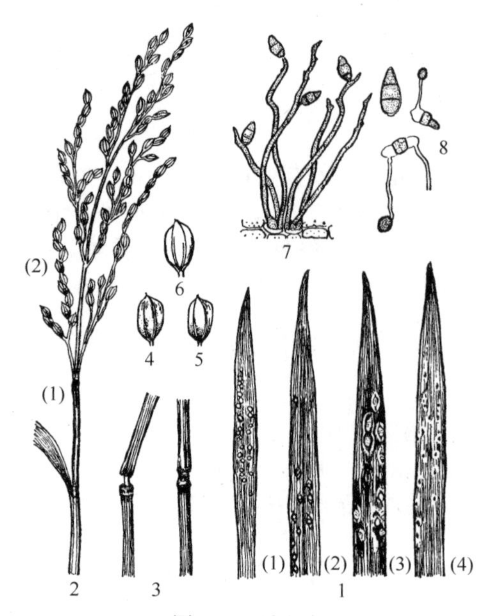

图 5-8 稻瘟病
（仿游贵湘等《农作物病虫害防治学》）
1—叶稻瘟［(1) 白点型；(2) 急性型；(3) 慢性型；(4) 褐点型］；2—穗瘟［(1) 穗颈瘟；(2) 枝梗瘟］；3—节稻瘟；4—谷粒瘟；5—护颖瘟；6—健粒；7—分生孢子梗及着生情况；8—分生孢子及其萌发

痕。分生孢子纺锤形，明显弯曲，近中部最宽，两端窄，脐点基部平截，褐色，有 3～11 个隔膜。

稻瘟病菌分生孢子形成温度范围为 10～35℃，最适温度为 25～28℃，相对湿度在 96%以上，并有水滴存在时孢子萌发良好，因此稻瘟病菌属一种“温暖潮湿型”病菌。病菌对低温和干热有较强的抵抗力。分生孢子的形成要求光、暗交替的条件。直射阳光可抑制孢子萌发和芽管的伸长。

稻瘟菌具生理分化现象，存在不同的生理小种。1985 年，我国用特特勃（Tetep）等 7 个水稻品种为鉴别寄主，共鉴定出 8 群 66 个生理小种，8 群分别命名为 A、B、C、D、E、F、G 和 H，在每群中又包含若干个生理小种，都是用阿拉伯数字编号表示。如中 A25、中 B13、中 C8 等。其中以 ZG1 小种为主。目前长江流域双季籼粳稻区，籼稻品种上以 ZB、ZC 群为主，粳稻上以 ZF、ZG 群居多。

稻瘟菌在自然条件下只侵染水稻，近年证实马唐瘟菌可侵染水稻，主要引起穗稻瘟，铺地黍的叶瘟菌可侵害水稻中的一些品种。

（3）发病规律

① 病害循环　稻瘟病菌以分生孢子和菌丝体在稻草（节和穗颈）和种子上越冬。在干燥情况下，分生孢子可以存活半年至 1 年，病组织里的菌丝体可存活 1 年以上。但在潮湿情况下经过 2～3 个月便死亡。种子上的病菌容易引起苗稻瘟，病稻草是次年发病的主要初侵染来源。

春季气温均温回升到 15℃左右，若又遇降雨，空气湿度大，露天堆放的病草就陆续产生分生孢子，分生孢子借气流传播到稻田。水稻叶片受初侵染发病后，在条件适宜的情况下，病斑上可产生大量的分生孢子，形成中心病株，然后，形成的分生孢子借气流传播进行多次再侵染，较大的风力更有助于扩大传播范围。水稻成熟收割后至环境条件不适时，病菌在病组织内外越冬（图 5-9）。

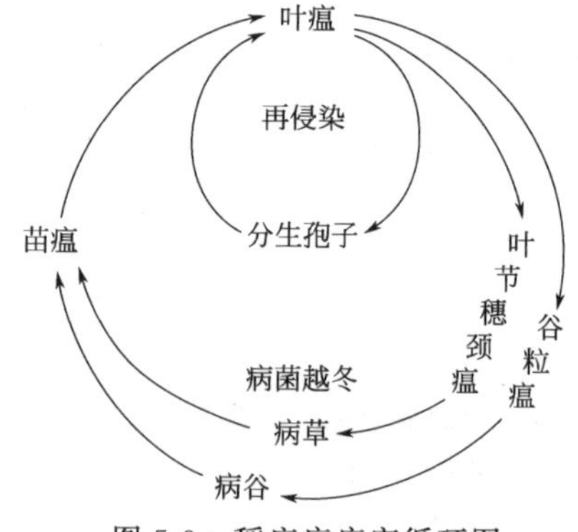

图 5-9 稻瘟病病害循环图

② 发病条件

a. 品种和生育期　水稻品种间的抗病性差异很大，目前培育的抗病品种大都是垂直抗性，这类品种抗病性容易发生变异，同一品种的抗病性还常有地区性和年度间的差异。这是因为稻瘟病菌存在着不同致病力生理小种。四川稻区 20 世纪 70 年代后期开始大面积种植杂交稻汕优 2 号，80 年代初就变成了感病品种，1986 年全省开始推广当时抗性较好的汕优 63、D 优 63 等替换品种，但近年来这两个品种又已逐渐丧失抗病性。导致上述品种抗病性丧失的原因，主要是长期的、大面积单一种植后，其抗性基因单一，为病菌新小种产生适应性变异和强毒力小种的增殖、积累创造了有利条件。如汕优 2 号大量种植，导致生理小种 ZB 群替代原来的 ZG 群成为优势小种，使该品种严重丧失抗性。汕优 63、D 优 63 等品种大面积种植，ZA、ZC 群逐渐上升，又使这两个品种丧失抗病性。

水稻在不同生育期因组织老嫩所表现的抗病性也不一样，一般幼嫩组织易感病，故一般苗期

（四叶期）、分蘖盛期和抽穗初期最易感病，而圆秆期和齐穗后期一般较抗病。就叶片而言，抗病性随出叶日数增加而增强，出叶当天最易感病。品种对叶稻瘟和穗颈瘟的抗性一般呈正相关。

b. 气象因素　在菌源具备、品种感病的前提下，气象因素是影响病害发生和发展的主导因子。气象因素中影响最大的是温湿度，其次是光和风。稻瘟病流行的适宜温度范围为20～30℃，最适温度为24～28℃。田间湿度在90％以上，稻株体表每天保持一层水膜达6～10h的情况下，最易发病。光照少，稻株组织柔嫩，抗病性降低。

因此，一般在温暖、高湿、阴雨天多，日照不足的山区、丘陵易于发病。由于气候特点，长江流域一年中通常有两个发病高峰：一是6月上旬至7月上旬，气温适宜、阴雨连绵，容易引起早稻穗颈瘟和中、晚稻叶瘟发生；二是8月下旬至9月份，气温下降至适宜发病的温度，此时秋雨连绵，就会导致中晚稻叶瘟和穗颈瘟发生。

c. 栽培管理　栽培管理技术既影响水稻抗病力，又影响田间小气候。凡氮肥施用过多或过迟，常引起稻株徒长，表皮细胞硅化程度低，叶片柔嫩披垂，兼之体内氮素营养丰富，易被病菌侵染。

长期深灌或山泉冷灌，土壤缺氧，土温低，根系发育不良，这样削弱了植株抗病性，易发生稻瘟病。长期水分不足或干旱，对水稻生长不利，也容易发病。

d. 病菌越冬基数　病稻草多，种子带菌率高，稻瘟病的初次侵染源广，来年病害可能重。反之初侵染源少病害较轻。

（4）防治方法　以消灭越冬菌源为前提，选育和利用抗病丰产优质良种为中心，农业栽培技术为基础，适时药剂防治为辅助，是防治稻瘟病的策略。

① 农业防治

a. 选用高产抗病良种　选用抗病品种既是防治稻瘟病最经济有效的措施，也是综合防治的关键措施。针对水稻品种易丧失抗瘟性的特点，用Tetep、Carren等抗病谱广、抗性稳定的品种作亲本杂交，培育新品种。我国在北方、华北、云贵高原和长江流域等稻区，已筛选出双抗77021、谷梅3号、南花11等抗病谱广的品种。用远源杂交方法，扩大品种遗传基础。但应当注意防止品种单一化，以稳定病菌的生理小种。要通过抗病品种定期轮换、抗病品种合理布局和应用多主效抗病基因和微效抗病基因品种等途径，以延缓品种抗病性丧失，延长品种的使用年限。引进新品种时，必须经过引、试、繁三个阶段。

b. 消灭越冬菌源

ⓐ 处理病稻草　病区收稻时将病草分开堆放，尽早于播稻前用光，未用完的搬入室内或加以覆盖。不能用病草盖房或覆盖催芽和捆秧把。利用病草堆肥或垫圈要充分腐熟后才能使用。

ⓑ 种子消毒　种子消毒是预防水稻病害最简便而有效的方法。一般先用清水预浸稻种24h滤水稍晾干，再用85％三氯异氰尿酸（TCCA）300倍药液浸种12h，或用40％稻瘟灵乳油1000～1500倍液浸种24h，浸后捞起，再用清水洗净沥干催芽。或用25％咪鲜胺乳油2000倍液浸种，连续浸24h后捞起稻种，直接催芽播种。

c. 加强田间管理　对稻瘟病常发区，以矮秆杂交稻品种为主栽品种，利用当地高秆糯稻为间栽品种，规格化混合间栽，防治效果较好。施足底肥，增施磷、钾肥，不过多过迟施用氮肥，适当施用含硅酸的肥料（如草木灰、矿渣、窑灰钾肥等）。采取深水返青、浅水分蘖、晒田拔节和后期浅水的控水原则，以控制稻瘟病。

② 药剂防治　药剂防治采取“抓两头，控中间”的策略，即重点抓好水稻秧田叶瘟防治和破口期穗颈瘟的预防，对移栽返青后的本田叶瘟实施挑治。

a. 防治秧田叶瘟　病区提倡秧田普遍打药，避免病苗栽入本田，还可在栽秧前进行药液浸苗，即带药移栽。带药移栽的方法是：用20％三环唑可湿性粉剂750倍液；或40％稻瘟灵乳油750倍液，或30％稻瘟灵乳油500倍液，浸秧苗3～5min，再堆放半小时后移栽。

b. 挑治本田叶瘟　水稻移栽返青后，加强田间检查，当叶瘟病株率为3％，或病叶率为1％～2％，或出现发病中心或有急性型病斑的稻田，应立即施药防治。

c. 预防稻穗颈瘟　预防的对象田以常发病区、重病区、感病品种以及叶瘟发生重的田块，孕穗破口期始见剑叶叶枕瘟等田块为重点。一般轻病田打药1～2次，重病田2～3次。打药适期：第一次在水稻孕穗末到破口初期；第二次在齐穗期；第三次在第二次打药后第7天。

d. 药剂及用量　40%稻瘟灵可湿性粉剂1500g/hm²；20%三环唑可湿性粉剂1500g/hm²；75%三环唑可湿性粉剂（主要用于预防穗颈瘟）375～450g/hm²；6%春雷霉素可湿性粉剂750g/hm²；25%嘧菌酯悬乳剂1600g/hm²。以上药剂，任选一种，按公顷用药量加水900L常量喷雾，或加水150L低容量喷雾。

注意事项：三环唑对水稻稻瘟病预防效果好，但没有治疗作用；提倡使用高含量单剂农药，避免使用低含量复配剂。

大家一起来！稻瘟病病情调查

（1）叶瘟调查　自分蘖始期开始到拔节，调查长势嫩绿的感病品种，每3天一次，发现中心病株后，固定4丛，调查发病率和病斑。水稻孕穗后，调查1～2次叶片（上部5片）叶瘟发病率。

（2）穗瘟调查　自齐穗开始到蜡熟期，选早、中、迟不同类型田各2块，5天调查一次，每块查200穗，记录穗发病率和病情指数。

2. 稻纹枯病

水稻纹枯病俗称“烂脚秆”、“花脚秆”，在我国各稻区都有分布，近年来因田间菌源充足、种植矮秆品种、采用高产栽培措施以及超级稻推广等因素对纹枯病发生有利，纹枯病的为害在全国呈上升趋势，尤其是湖北、湖南、广东、广西、海南、江西、安徽、江苏、浙江、福建、四川、贵州、云南、重庆和吉林等地常年发生严重。在高产栽培地区，危害最为突出。此病主要为害叶鞘、叶片，而且还会影响杂交中稻蓄留再生稻，严重时为害稻穗，使结实率下降，千粒重减轻，一般造成产量损失10%～30%，严重时达50%以上。该病害在南方稻区，无论是发病面积和所致损失都超过了稻瘟病和白叶枯病，成为水稻的第一大病害。

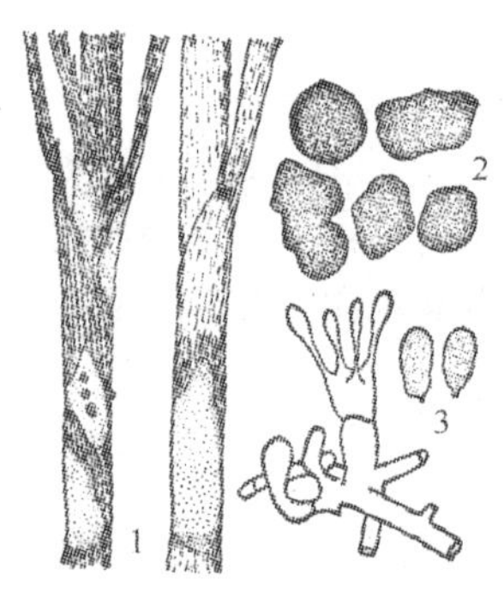

图5-10　水稻纹枯病
（仿游贵湘等《农作物病虫害防治学》）
1—叶鞘病斑；2—菌核；
3—病原菌（担子和担孢子）

（1）症状　发病初期在近水面的叶鞘上生暗绿色水渍状、边缘不规则的小斑，逐渐扩大成椭圆形病斑，病斑边缘褐色或深褐色，中部草黄至灰白色，潮湿时则呈灰绿至墨绿色，相互扩展成云纹状大病斑。叶片上，病斑的形状和色泽与叶鞘基本相似。天气潮湿，病部出现白色丝状菌丝体，并有由菌丝集结形成的黑褐色菌核。菌核大小似萝卜籽，菌核可分为浮于水面的浮核和沉入水中的沉核。潮湿条件下，病斑表面还可见到一层白色粉状物。田间发病严重时，植株茎秆易折断或造成叶片干枯，提早枯死（图5-10）。

（2）病原　稻纹枯病菌无性菌态为立枯丝核菌（*Rhizoctonia solani* Kühn），属半知菌亚门丝核菌属；有性菌态为瓜亡革菌［*Thanatephorus cucumeris*（Frank）Donk.］，属担子菌亚门亡革菌属。

菌丝初期白色或无色，老熟时浅褐色，母枝与分枝成锐角或直角，分枝处缢缩，离分枝不远处有隔膜。后期菌丝聚集生成菌核，初为白色，后变暗褐色，如萝卜籽般大小，表面粗糙呈蜂窝状，内外颜色一致。有性阶段产生担子和担孢子，即病斑表面的白色粉状物（图5-10）。

病菌发育温度范围10～38℃，适温为28～32℃，侵染稻株温度范围为23～35℃，适温也为28～32℃，但要求96%以上的相对湿度，若湿度在85%以下则病害受抑制。可见，稻纹枯病菌属“高温高湿型”病菌。

茄丝核菌存在着生理分化现象，致病力分强、中、弱三等，丝核病菌寄主范围广泛，是典型的多主寄生型病菌，自然发病寄主有15科近50种植物，主要寄主植物有水稻、玉米、小麦、棉花等。应注意的是水稻和玉米上的纹枯病菌为同一个种群，小麦上的是另一个种群。

（3）发病规律

① 病害循环　纹枯病属典型的土传病害。病菌主要以菌核在土壤中越冬，水稻收割时大量菌核落入田中，成为次年或下季的主要初侵染源。菌核的生活力极强，种植各种不同冬季作物的稻田中，在土表或有水层越冬菌核的存活率达96%以上，在土表或土表下1～3cm土层的菌核存活率也在87.8%以上。在室内干燥条件下，保存11年的“浪渣”菌核萌发率仍有27.5%，所以，菌核在土中有逐年累积的趋势。

菌核具有上浮特性，特别是在春耕灌水耕耙后，越冬菌核大多漂浮水面。插秧后菌核随水漂浮附在稻丛基部的叶鞘上，条件适宜时，菌核萌发长出菌丝，菌丝在稻株叶鞘上延伸并伸入叶鞘缝隙，从叶鞘内侧侵入组织，经1～2d后出现病斑，完成初次侵染。

病菌侵入后，在植株组织内不断扩展，并向外长出气生菌丝，对邻近的叶鞘、叶片进行再侵染。病部新形成的菌核掉入田水中，随水漂浮附在周围的稻株基部，萌发产生菌丝，也可再侵染。一般在分蘖盛期至孕穗初期，此病可在株间或丛间不断地横向扩展（称水平扩展），以孕穗期最快，导致病株率或病丛率的增加。随后，植株病部由下位叶鞘向上位叶鞘蔓延扩展（称垂直扩展），以抽穗期至乳熟期最快。水稻收割，掉入田里的菌核又休眠越冬。如图5-11所示。

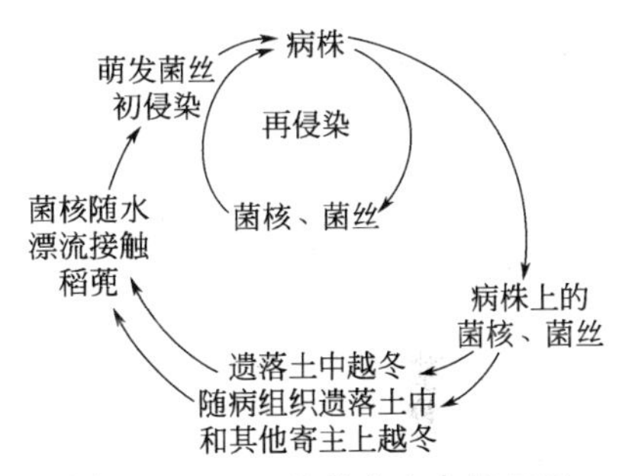

图5-11　水稻纹枯病病害循环图

② 发病条件

a. 菌源基数　田间越冬菌核残留量的多少与稻田初期发病轻重密切相关。上季、上年轻病田以及打捞菌核彻底的田和新垦田，一般发病轻；反之，历年重病区、上季或上年重病田。田间残留菌核多，初期发病则多。但以后病情的发展则受稻田小气候影响很大。有资料表明，南方稻区，一般发病田存留土中菌核数每亩达（5～10）$\times 10^4$ 粒，重病田达（60～70）$\times 10^4$ 粒，甚至达 100×10^4 粒以上。

b. 栽培管理　施氮量、水层及密度对纹枯病的流行效应较显著。其中，施氮水平的高低对纹枯病发生轻重影响最大，其次是水层深浅和密度大小。

肥力水平高的田块（偏施和过量施用氮肥的田块、屋基田等）纹枯病一般较重；肥力低的田块一般较轻，一般施足基肥、早施追肥以及增施钾、磷肥，能增强稻株叶鞘和茎秆硬度，提高稻株抗病力。长期深水灌溉，稻丛间湿度大，有利于病害的发展。据测定，稻田相对湿度在95%～100%时，病害发展迅速，83%～86.5%时病害发展缓慢。晒田期间湿度变动在80%～90%之间，最低75%，不晒田的在92%～96%之间，所以晒田有阻止病害发展的作用。灌水以后，病害又出现高峰。排灌合理还可控制无效分蘖的产生，增加田间通透性，降低湿度，并可提高光合效能，增强抗病力。

密度大小对纹枯病的作用体现在两个方面：第一，密度大，田间通透性差，湿度大，有利于病害的发生发展；第二，密度大有利于病菌气生菌丝接触周围的稻株，即对水平扩展有利。

c. 气象因素　纹枯病属高温高湿型病害，在温度较高、湿度大时发病重。温度在23℃病害才会流行。当温度达到28～31℃、相对湿度在97%～100%时，纹枯病猛发。决定水稻纹枯病流行的关键因素是雨湿，其中以降雨量、雨日、湿度（雾、露）为最重要。长江中、下游稻区，常年雨量多集中在春夏季，因此，早稻纹枯病发病较重。晚稻如秋雨多、寒露风较不明显的年份，发病亦重。

d. 品种和生育期　不同品种间对纹枯病的感病性有一定差异，但至今未发现免疫和高抗的品种，一般糯稻最易感病，粳稻次之，籼稻更次之；阔叶矮秆品种一般比窄叶高秆品种易感病。水稻一般从分蘖期开始发病，孕穗期至抽穗期蔓延最快，这是整个生育期最易感病的时期。在抽穗至乳熟期，病害自下而上向剑叶鞘和穗发展，为害加剧。至乳熟后期发病相对减轻。所以，纹枯病的发病高峰期总在抽穗前后。

(4) 防治方法 防治水稻纹枯病应采取以消灭菌源为主，培育和应用中抗以上品种，加强农业栽培管理。

① 农业防治

a. 消灭菌源 灌水整田耙平时，大多数菌核漂浮水面，混在“浪渣”内，被风吹集到田边和田角，可用布网或密簸箕等工具打捞“浪渣”，并带出田外烧毁或深埋，以减少菌源，可有效地减轻前期发病。

b. 栽培管理 在确保基本苗的情况下，适当放宽行距，改善稻田群体通透性，降低田间湿度，减轻病害危害。水稻采用“宽窄行栽培”有利于增加田间通透性，降低田间小气候湿度，因而具有一定的控制病害的作用。

c. 加强肥水管理 施足底肥，及早追肥，避免偏施、迟施氮肥，增施磷、钾肥，以水控病，水稻分蘖盛期前浅水灌溉，分蘖末期至拔节前进行排水晒田，孕穗后保持干干湿湿的排灌管理，降低株间湿度，促进稻株健壮生长，这种肥水管理方式，可减轻发病程度。

② 药剂防治 以保护稻株最后3～4片功能叶为主，抓住病害垂直发展期前施药。

a. 防治指标 在水稻分蘖末期至孕穗抽穗期防治，当田间病丛率达到20%时进行药剂防治。

b. 药剂及用量 20%井冈霉素水溶性粉剂750g/hm^2，对水喷施稻株下部，重病田需施第二次药，间隔期为7～10d，这样可以控制纹枯病的横向和纵向扩展蔓延，减轻为害，或24%噻呋酰胺悬浮剂300mL/hm^2，或30%苯醚甲环唑乳油225mL/hm^2，对水喷施。穗期可用20%烯肟菌胺·戊唑醇（爱可）悬浮剂300～450mL/hm^2，或15%三唑酮可湿性粉剂1125g/hm^2，或30%苯甲·丙环唑225mL/hm^2对水进行防治，尚可兼治稻曲病、云形病、稻粒黑粉病等。此外，还可选用芽孢生防菌株B908，用量7.5kg/hm^2或2.5%井·100亿活芽孢/mL枯草芽孢杆菌（纹曲宁）水剂4500～5250mL/hm^2常规喷雾，均可以取得明显的以菌治病效果。

注意事项：施药时田间要有水层，水稻分蘖末期后施药要增加用水量。

3. 稻白叶枯病

水稻白叶枯病俗称着风、白叶瘟等，系细菌性病害，是当前我国水稻三大病害之一，除新疆、甘肃外，我国其余各省区均有发生，尤其以华南、华中和华东稻区发生普遍而严重。水稻发病后，常引起叶片干枯，不实率增加，米质松脆，千粒重降低，一般减产10%～30%，甚至达50%以上。发生凋萎型白叶枯病的稻田，容易造成死丛现象。

(1) 症状 水稻在苗期、分蘖期受害最重，叶片最易染病。白叶枯病的常见症状有叶枯型和凋萎型。

① 叶枯型 大多数从叶尖或叶缘开始发生，出现黄绿色或暗绿色斑点，斑点沿叶脉从叶缘或中脉迅速向下加长加宽而扩展成条斑，长可达叶片基部，宽可达叶片两侧。病健组织交界明显，分界处有时呈波纹状。病斑最后呈灰白色或黄白色。高温、高湿时，尤其在雨后、傍晚或清晨有露水时，病部表面，特别是近叶缘的病斑处，有蜜黄色露珠状菌脓，菌脓干燥后呈鱼子状小粒（图5-12）。

② 凋萎型 又称枯心型，一般在杂交稻及高感品种移栽后1～4周内稻株分蘖期显症，病株主要是心叶或心叶下1～2个叶片失水，并以主脉为中心，从叶缘向内紧卷青枯，似螟害“枯心”，但无虫孔食痕，最后枯死。病重时，可使主茎及分蘖的茎叶相继凋萎，引起缺蔸或死丛现象。折断病株茎基部，可发现节部呈褐色坏死状，用力挤压或剖开病节空腔，可见大量黏稠状的黄色菌脓，如剥展刚刚青卷的心叶，也常见叶面有珠状黄色菌脓，并伴有臭味。

此外，白叶枯病还可因水稻品种抗病性、环境条件等影响而表现为急性型、褐斑或褐变型和黄化型等症状。

白叶枯病在未产生菌脓时易与生理型枯黄混淆，两者主要区别是受害叶片里有没有细菌，这可用溢菌现象的有无加以鉴别，即切取病叶组织放在滴有净水的载玻片上，盖上盖玻片，约停半分钟，显微镜下弱光观察，如在与叶脉垂直的切口处见到浑浊的液体不断流出，即为细菌性病害，反之为生理性枯黄。

（2）病原　白叶枯病菌为稻生黄单胞菌（*Xanthomonas campestris* pv. *oryzae*）白叶枯致病型，属薄壁菌门黄单胞杆菌科黄单胞杆菌属细菌。

菌体短杆状，两端钝圆，（1.0～2.7）μm×（0.5～1.0）μm，极生鞭毛1根（图5-12），革兰染色反应阴性。病菌发育的适宜温度为26～30℃，超过35℃则生长不良。适宜酸碱度为pH 6.5～6.8。致死温度在无胶膜保护下为53℃、10min，在有胶膜保护下为57℃。

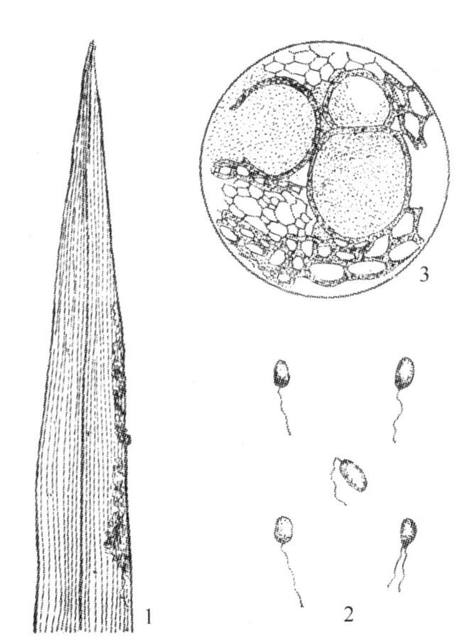

图5-12　水稻白叶枯病
（仿游贵湘等《农作物病虫害防治学》）
1—症状（示病菌菌脓）；
2—病原菌；3—病组织中的细菌

白叶枯病菌菌株存在致病性分化现象。我国的白叶枯病菌分成7个小种（或致病型），如长江流域以北以Ⅱ型和Ⅰ型为优势小种，长江流域以Ⅱ型和Ⅳ型为主，南方稻区以Ⅳ型最多，广东和福建还有少量Ⅴ型菌。

自然条件下，病菌主要侵染栽培稻，此外野生稻、李氏禾、茭白、莎草、异型莎草等植物也可发病。

（3）发病规律

① 病害循环　病菌主要在病种、病草和病稻茬上越冬，带菌的种子是病害远距离传播的主要原因，也是新病区的初次侵染来源。有病的稻草则是老病区第二年病菌侵染的主要来源。田边杂草或稻桩上的病菌，也是病害的侵染来源之一。叶片伤口和水孔是病菌侵入植株的两个重要途径。病菌从稻叶侵入水稻后，通常会在导管内大量繁殖，引起典型叶枯症状。从基部或根部伤口侵入时，病菌可在维管束中大量繁殖，引起系统侵染而表现凋萎症状。中心病株的叶片表面溢出的菌脓可不断进行再侵染。病菌在田间的传播和再侵染，主要是通过灌溉水、暴风雨、昆虫以及人畜的活动而传带扩散。环境条件适宜时，再侵染频率高，在一个生长季中就可大流行（图5-13）。

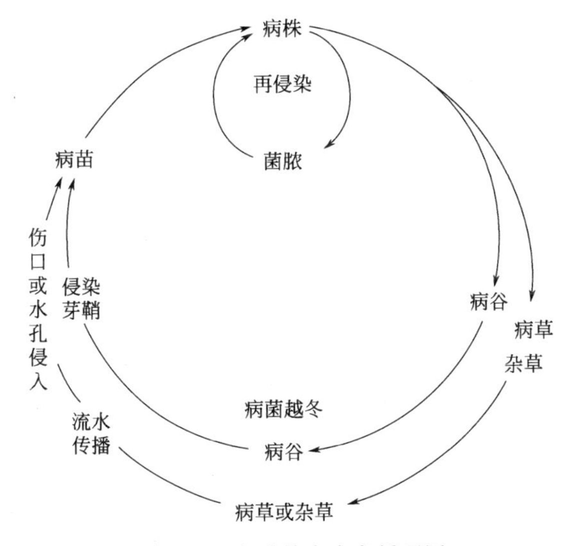

图5-13　白叶枯病病害循环图

② 发病条件

a. 品种抗病性　一般而言，糯稻抗病性强于粳稻，粳稻强于籼稻。水稻生育期不同，其抗病性也不同。一般苗期较抗病，分蘖末期起逐渐感病，孕穗抽穗期最易感病。

b. 气象因素　高温、高湿、多露、多雨、强风与少日照是白叶枯病发生和流行的条件，病害流行的最适温度为26～30℃，20℃以下或33℃以上病害停止发生发展。台风、暴雨、洪涝之后常造成叶片大量伤口，有利于病菌的侵入和传播，而且具备高湿环境，易引起病害流行。我国南方稻区一般在5～7月上旬和9～10月，气温均适于发病，所以雨湿便成为影响流行的主要气候因素。

c. 栽培管理　氮肥施用过多、过迟，深水灌溉或稻株受淹，田水串灌漫灌，低洼积水、排水不良、雨涝等因素，均会使病害发生加重。

（4）防治方法　防治白叶枯病必须以培育和推广抗病品种为基础，加强植物检疫工作，杜绝病菌来源为前提，科学肥水管理为重点，抓住时机进行药剂防治为关键。

① 培育和推广抗病品种　这是控制和防治水稻白叶枯病最经济有效的措施。要注意应用隐性抗病基因 *Xa 21* 等培育转基因抗病水稻品种。不同水稻品种对病害抗性的差异十分明显。

IR26、特青、青华矮、扬稻2号、扬稻3号等均有较强的抗病性，南京14、鄂宜105、湘早籼、武育粳、黎明、南粳15及汕优桂33等丰产性和抗性较好。应选用适合当地的2～3个主栽抗病品种，重点布局在发生过白叶枯病的田块和低洼易涝田。

② 加强植物检疫工作　水稻白叶枯病目前虽已不再是检疫对象，但在全国分布仍是零星的，所以仍要注意检疫问题，应查清病区与无病区。调运种子时必须检疫，无病区不得从病区引进未经过检疫的种子，以控制病害传播与蔓延。

③ 杜绝病菌来源　在上年未发病的田块育秧，对带菌或可能带菌的种子在播种前结合浸种催芽进行种子处理，可用农用链霉素、三氯异氰尿酸或抗菌剂“402”等药剂进行种子消毒，并处理好病草和晒场秕谷，清除田边再生稻株或杂草，不用病草扎秧，堵塞稻田水口等。

④ 科学肥水管理　合理施肥，配方施肥，施足基肥，多施磷钾肥，不要过量、过迟追施氮肥，科学用水、灌排分开，浅水勤灌，雨后及时排水，严防涝害，分蘖期适时晒田，不准串灌、漫灌等，使禾苗壮而不过旺，控制病害的发展。

⑤ 药剂防治，预防为主

a. 种子消毒　用强氯精浸种，稻种预浸12h后，用强氯精300～400倍液浸种12h，洗净药液催芽；以80%“402”2000倍液浸种48h，洗净药液催芽，可兼治恶苗病。

b. 秧苗施药保护　病区秧苗在三叶一心期和移栽前喷药预防，可选用20%噻菌酮悬浮剂1500mL/hm^2，或20%叶枯唑可湿性粉剂1500g/hm^{2}对水进行叶面喷雾，或72%农用链霉素可溶性粉剂2700～5400倍液喷雾防治，一般连续施药2次（间隔7～10d）为宜。

c. 大田施药保护　水稻拔节后对感病品种要及早检查，如发现发病中心，应立即施药防治；在老病区台风、暴雨过后，以及洪水淹没田块水退后，应加强检查。应在出现病株或病团时立即施药挑治，封锁发病中心，控制病害于点发阶段。所用药剂和剂量同秧苗保护。此外，还可应用白叶枯病菌毒性基因突变体开展生物防治。

d. 注意事项　施药等人为作业有助于病害的扩散流行，在防治发病中心时要尽量减少在发病中心行走。

二、水稻其他病害

水稻其他病害见表5-2。

表5-2　水稻其他病害

病害名称	症状	发病规律	防治要点
稻苗立枯病	全株呈青枯或变褐枯死，病苗根暗白，茎基部变褐腐烂，常生有霉层，心叶枯黄、萎蔫、卷缩。黄枯多从1叶1心开始到3、4叶期发生，从下叶开始发黄，并逐渐萎蔫枯黄，仅心叶卷曲，残留少许青色，初期茎基不腐烂，根变暗，根毛稀少，可连根拔起。以后基部变褐甚至软腐。心叶易被拔断，此病在畦面中间常成簇成片发生。青枯多发生于3叶期前后，病秧先不吐水，心叶或上部叶片卷成柳叶状，略呈青灰色，常成簇成片发生，轻者造成弱苗，重者使秧苗成团、成片死亡	常由鞭毛菌中的腐霉菌（*Pythium* spp.）或半知菌中的立枯丝核菌（*Rhizoctonia solani*）及镰刀菌（*Fusarium graminearum*）引起。腐霉菌普遍存在于污水中，以菌丝、卵孢子在土壤中越冬，游动孢子靠流水传播。稻苗立枯丝核菌是一种腐生兼寄生的土壤习居菌，寄主范围广，通过耕作活动、流水及土壤肥料传播，病菌侵害稻苗最适土温为15～23℃，以18℃侵染力最强。镰刀菌则一般以菌丝和厚壁孢子在多种寄主的残体上及土壤中越冬，条件适宜时产生分生孢子，借气流传播。这些病菌系弱寄生菌，几乎处处都有，它们一般不易侵染健壮幼苗，仅当秧苗生长衰弱时才造成危害。因此，当天气异常和管理不当，造成秧苗细弱，抗性降低之后，上述各种弱寄生菌就得以乘虚而入，侵害秧苗造成病害。秧苗期气温愈低，低温持续时间愈长，而且多阴雨，光照不足，秧苗受害愈大，烂秧愈重。若幼苗受侵害，遇到冷后暴晴、温差过大时，迅速发生水分供不应求出现急性型的青枯死苗，如转晴后温度相差不大，病苗出现营养物质供不应求，叶片逐渐褪绿而成慢性黄枯死苗	①改进育秧方式，保证秧苗质量。②精选谷种，避免使用有伤口的种子，提高催芽技术。③适期播种，加强苗期管理。④科学管水，合理施肥：管水以防寒保暖护苗、控水通气供氧促根为主，施肥掌握“前控后促”和“低氮高磷钾”的原则。另外，在旱育秧中，用2%硫酸或硫黄粉调整土壤pH值至5左右，形成有利于秧苗抗病和不利于病原物腐霉菌致病的土壤生态环境。⑤药剂防治，播种前可用敌磺钠、噁霉灵等药剂做苗床（秧板）消毒。种子处理。用咪鲜胺或甲霜灵等进行种子处理。当秧苗1叶1心至3叶期时，出现叶尖无水珠和有零星卷叶时，应及时用甲霜灵、噁霉灵、敌磺钠、多·福锌对水喷雾，可抑制病情发展

续表

病害名称	症状	发病规律	防治要点
稻恶苗病	该病从苗期至抽穗期都有发生。秧田病苗通常徒长，即比健苗高出很多，茎叶纤弱细长，叶片淡黄绿色，根系发育不良，部分苗在移栽前死亡，在枯死苗上有淡红或白色霉粉状物。本田一般在分蘖期病株陆续出现，可出现第二次显症高峰，症状与苗期相似，同时分蘖减少或不分蘖，节间伸长，下部茎节生有许多倒生的不定根，叶鞘和茎秆上有淡红至灰白色粉霉，发病的植株抽穗较早，穗子较小，并且谷粒少，或成为不实粒，严重时病株枯死。湿度大时，病部前期产生粉红色霉状物，后期产生蓝黑色针头般小粒	常由半知菌中的串珠镰孢菌（*Fusarium moniliforme* Sheld.）引起。病菌以菌丝体和分生孢子在种子和病稻草上越冬，带菌种子及病稻草是主要的初侵染源。在水稻浸种过程中，若不进行种子处理或种子处理不好，病种上的病菌可污染无病种子，因而使得带菌种子大量增加，引起病害蔓延。使用病稻草作秧田覆盖物也可导致发病。带菌秧苗移栽到大田后，在适宜条件下陆续表现出症状。水稻扬花时，分生孢子借风雨、昆虫等传播到花器上进行再侵染，感染早的谷粒受害，感染迟的谷粒已带菌。20 世纪 90 年代以来，随着肥床旱育技术的推广和种子处理工作的放松，恶苗病发生呈现上升趋势。一般籼稻较粳稻发病重，糯稻发病轻，晚播发病重于早稻。该病菌最适宜温度为 25～30℃，30℃高温加上干旱会促进发病，在 31℃下易引起水稻病株徒长。此外，增施氮肥、施用未腐熟有机肥、有伤口等均有利于病害发生	①建立无病留种田，选用无病种子留种。②加强种子消毒：可选用溴硝醇、或二硫氰基甲烷、或咪鲜胺、或三氯异氰尿酸稀释药液，浸种 24h（晚稻）至 48h（早稻），水洗后催芽播种。③选栽抗病品种，拔秧应尽量避免秧根损伤，发现病株要及时拔掉并销毁，病稻草不能堆放在田边地头，也不能作种子催芽的覆盖物或扎秧把
稻曲病	病菌侵入谷粒后形成孢子球，使内外颖张开，露出淡黄绿色的块状物，其后逐渐膨大，包裹全粒，病粒可比健谷粒体积大 3～4 倍，颜色变为墨绿色，最后龟裂，散出墨绿色粉末	由绿核菌（*Ustilaginoidea virens*）（无性态）、稻麦角菌（*Clavicepsoryzae sativae*）（有性态）引起。病菌以菌核在土壤中或以厚垣孢子在种子上越冬。次年菌核萌发并产生子囊孢子，以及厚垣孢子产生分生孢子，都可借助风雨传播侵染花器及幼颖，使谷粒发病。病菌在 24～32℃发育良好，以 26～28℃为最适宜。水稻孕穗至抽穗期高温、多雨、日照少有利发病。此外，过多、过迟施用氮肥和长期深水灌溉则发病重，种植迟熟品种或插秧过迟，栽培密度过大，能增加感病机会。一般粳、糯稻发病较重，杂交稻较常规稻易感病，在杂交稻中尤其以制种田母本发病最重，在常规稻中以桂朝 13 号、桂朝 2 号易感病，发病重	①在无病区选留种子，选用抗病良种，并进行种子消毒处理，可先用泥水或盐水选种，清除病粒，再用多菌灵或三氯异氰尿酸稀释药液浸种。②深翻耕，将菌核深埋土中，可减少初次侵染来源。③加强肥水管理，浅水勤灌，切忌过多过迟施用氮肥，使稻株生长健壮。④早期摘除有病小穗。⑤药剂防治：在破口抽穗前 7～10d 用药，可用井・100 亿活芽孢/mL 枯草芽孢杆菌（纹曲宁）、井・蜡芽、苯醚甲环唑・丙环唑、井冈霉素、烯唑醇任选一种对水喷雾，如果是感病品种和气候易发生的年份，在第一次喷药以后 7d，还要再补治一次

续表

病害名称	症状	发病规律	防治要点
稻粒黑粉病	本病发生在稻穗的谷粒上，在黄熟期才易发现，穗部病粒少则数粒，多则十多粒以致几十粒。病谷粒全部或部分被破坏，病粒色暗，病菌只为害米质部分，使米粒变成黑色粉末，成熟时内、外颖开裂，散出大量黑粉。有些病粒不开裂，似青秕谷，但手捏有松软感，内部充满黑粉	由稻粒尾孢黑粉菌（*Neovossia horrida*）引起，是杂交稻制种田母本易发生的最重要病害，病菌以厚垣孢子在土壤中、种子或禽畜粪肥中越冬。厚垣孢子抗逆力强，寿命长，在土中可存活 1 年以上，在贮存期的种子上可存活 3 年。第二年水稻花期尤其盛花期时，厚垣孢子发芽产生担孢子，借风雨传播从花器侵入，并在谷粒内繁殖，最后形成厚垣孢子，使米粒变成黑粉，厚垣孢子在病粒内或因病粒破裂而黏附到健粒上，或落入土中越冬。通常连续制种 3 年以上的田块，杂交稻父母本花期不遇或母本内外颖不能闭合和扬花时颖壳张开角度大、柱头外露率高、外露时间长的制种田母本发病较重。在水稻开花期间，如遇低温阴湿多雨，或多施迟施氮肥、花期长，发病重	①严格实行检疫，防止带病谷种将病菌传入无病地区。②种子播前先经过精选机选种，再用泥水或盐水选种，淘除秕谷、病粒，并可用三唑酮或多菌灵或甲醛稀释液浸种。③杂交稻制种田实行轮作或秋冬季翻耕种植小春作物，要通过栽培措施，调整开花期避开低温阴雨天气，错开易感病期；重视配方施肥，施肥要做到节氮增磷钾，前促后控，特别是在抽穗期施肥要慎重；后期田间用水要干湿交替，做到适时晒田，降低田间湿度。④带菌禽畜肥要经充分腐熟后方可使用。⑤药剂防治：防治适期为始穗和齐穗扬花期，喷药重点是穗部用丙环唑·苯醚甲环唑、戊唑醇、多菌灵或三唑酮等任选一种药剂对水喷雾
稻细菌性条斑病	叶片上病斑初期呈暗绿色水渍状半透明小斑点，在叶片上沿叶脉扩展形成短条状、暗绿色至黄褐色病斑，病斑宽 0.5～1mm、长 3～5mm，如果对光观察，可见小条斑呈现半透明状。严重时病斑增多而联合，不断扩展，整叶变为红褐色枯死。病斑上常有许多小露珠状蜜黄色菌脓，干燥后不易脱落。甚至稻株矮化，叶片卷曲	由水稻黄单胞菌（*Xanthomonas oryzae*）稻生致病变种引起，是我国南方稻区发生的重要植物检疫性病害。病原菌主要在病种子和病稻草上越冬，并成为次年该病的主要初侵染来源。带菌种子的调运为病害远距离传播的主要途径。在田间，病菌主要通过灌溉水、雨水接触秧苗，从气孔或伤口侵入。叶脉对病菌扩展有限制作用，故形成条斑。病斑上产生的菌脓可借风雨、露滴、水流及叶片接触等传播，进行再侵染，引起病害扩展蔓延。水稻品种的抗病性有明显差异。一般常规稻较杂交稻抗病，粳、糯稻比籼稻抗病。水稻在分蘖期至抽穗期最易感染。该病的发生流行要求高温、高湿条件，特别是台风暴雨的侵袭，造成叶片大量伤口，有利于病菌的侵入和传播，易引起病害流行。一般深灌、串灌、偏施和迟施过量氮肥，均有利于此病的发生与流行	①严格实行植物检疫　无病区不宜到病区调运稻种和繁种，以防传入；确需引种时必须严格实行产地检疫，封锁带病种子。病害偶发区，要封锁病区，种子、稻草不要外运。病区应建立无病留种田，严格控制带菌种子外调。②清除菌源　严格执行种子消毒，同白叶枯病；不宜用带病稻草作浸种催芽覆盖物或扎秧把等。对零星发病的田块，应及时摘除病叶、病株并烧毁。③农业防病措施　病害发生区应因地制宜选育和换栽抗（耐）病品种。培育无病壮秧，选用未发生稻细菌性条斑病的田块作秧田，采用旱育秧或湿润育秧，严防淹苗。避免深水灌溉和串灌、漫灌，防止涝害；暴风雨后迅速排除稻田积水，严控发病稻田田水串流；配方施肥，多施腐熟有机肥，避免中期过量施用氮肥。④药剂防治　历史性病区应在暴风雨过后及时排水施药，其他稻田在发病初期施药，药剂种类及用法同白叶枯病

续表

病害名称	症状	发病规律	防治要点
稻条纹叶枯病	水稻发病后，一般先在心叶及心叶下第一叶基部出现褪绿黄斑，逐渐向上扩展形成黄绿相间的条纹或斑驳，叶片质薄而软。糯粳稻和高秆籼稻感病后，心叶变黄白色，柔软细长，卷曲成“纸捻”状，下垂而成“假枯心”；矮秆籼稻感病后，心叶展开较正常，分蘖减少，植株提早枯死。后期发病，仅在剑叶或剑叶鞘上出现褪绿斑块，但穗不易抽出或畸形不结实，植株矮化不明显	由条纹叶枯病毒(rice stripe virus，RSV)引起，该病毒主要由灰飞虱传播，并能经卵传给下一代。病毒在大、小麦等病株及带毒灰飞虱体内越冬，成为主要初侵染源。在大、小麦田越冬的灰飞虱若虫，羽化后在原麦田繁殖，然后迁飞至早稻秧田或本田传毒为害并繁殖，早稻收获后，再迁飞至晚稻上为害，晚稻收获后，迁回冬麦上越冬。病害潜育期 10～30d。春季气温偏高，降雨少，灰飞虱虫口多，发病重。稻、麦两熟区发病重。品种间的抗病性有一定差异	①清除沟、渠、路边杂草，减少毒源。②选用杂交中籼稻抗病品种，调整水稻播种期，避开灰飞虱传毒高峰期，合理布局，成片种植，加强肥水管理。③移栽稻秧田揭膜后用防虫网或者无纺布覆盖，可有效阻隔灰飞虱接触稻苗。④治虫防病：治麦田保稻田，治秧田保大田，治早稻田保晚稻田，用吡蚜酮、毒死蜱、敌敌畏、呋虫胺、烯啶虫胺及异丙威等对水喷雾防治灰飞虱，连续用药时要注意药剂交替轮用。此外，结合使用杀虫剂施用宁南霉素等抗病毒药剂，能在一定程度上缓解或减轻水稻条纹叶枯病症状
南方水稻黑条矮缩病	在水稻各生育期均可感病，秧苗期感病的稻株严重矮缩(不及正常株高的 1/3)，不能拔节，重病株早枯死亡；大田初期感病的稻株明显矮缩(约为正常株高的 1/2)，不抽穗或仅抽包颈穗；拔节期感病的稻株矮缩不明显，能抽穗，但穗型小、实粒少、粒重轻。容易在叶背的叶脉和茎秆上现初蜡白色、后变褐色的短条瘤状隆起。高位分蘖及茎节部倒生气须根	由南方水稻黑条矮缩病毒(Southern rice black-streaked dwarf virus，SRBSDV)引起，该病毒主要由白背飞虱传播，介体一经染毒，终身带毒，稻株接毒后潜伏期 14～24d。中晚稻发病重于早稻；育秧移栽田发病重于直播田；杂交稻发病重于常规稻；田块间发病程度差异显著，发病轻重取决于带毒白背飞虱迁入量；尚未发现有明显抗病性的水稻品种	①清除杂草：对秧田及大田边的杂草进行清除，减少白背飞虱的寄主和毒源。②及时拔除病株：对发病秧田，要及时剔除病株，并集中埋入泥中，对重病田及时翻耕改种，以减少损失。③秧田应远离感病早稻田和玉米田，采用防虫网或无纺布覆盖保护或集中保护育秧，弃用感病秧苗。④治虫防病：采取“抓秧田保大田，抓前期保后期”的“治虫防病”策略，做好单季稻和双季晚稻秧田和本田初期稻飞虱的防治。重点抓好药剂拌种或浸种及带药移栽，选用吡蚜酮、呋虫胺、烯啶虫胺、氯虫·塞虫嗪、异丙威等对水喷雾防治白背飞虱，连续用药时要注意药剂交替轮用。此外，结合使用杀虫剂施用盐酸吗啉胍或宁南霉素等抗病毒药剂，加上叶面肥对水喷雾，能在一定程度上缓解南方水稻黑条矮缩病症状
稻赤枯病	水稻移栽后，长期不转青，一般在水稻分蘖期开始发病，以后逐渐加重，至抽穗期表现最为严重。受害的水稻植株矮小，分蘖减少，叶片初期变为暗绿色，中下部叶片尖端出现许多红褐色小斑，好像铁锈。病斑逐步从叶尖沿叶缘向基部扩展，出现叶片枯黄、甚至焦枯，后蔓延至上部的叶片，造成坐蔸。重病株根系呈灰黑色，发臭，新根极少。病根腐烂后，常在接近地面处生出短新根。用脚踩病丛附近的稻田土，常有大量气泡冒出。中后期病情严重时，叶面出现大量不规则的红褐色斑块，叶片逐渐从下到上枯死，只剩植株顶部两三片叶，远望如火烧焦似的，影响抽穗灌浆，秕谷增多	稻赤枯病系生理病害，主要是由于土壤条件不良，大量施用未腐熟的肥料，容易产生有毒物质，使根部中毒变黑，通透性不好，长期积水的低湿田，土壤中氧气不足，还原性加强，产生较多的硫化氢和有机酸等有毒物质，使稻根中毒，降低吸收能力而诱发此病，或由于营养失调引起，因土壤中缺钾、缺磷、缺锌及土壤环境不良，造成水稻生理功能失调都可导致发病。发病稻株常伴发水稻胡麻斑病，使为害加重	①适当提早翻沤绿肥，施用充分腐熟的农家肥作底肥。②开沟排除锈水、冷水，改造冷浸田和烂泥田，改善土壤透气性。③科学用水，做到浅水勤灌，适时晒田，促进稻株壮苗早发。④适时插栽，结合薅田追施速效性肥料。⑤遇寒潮，注意灌水防寒。⑥针对性施肥：在比较缺磷、钾肥的红泥、黄泥、白鳝泥等几类稻田，针对缺钾肥的田块施钾肥和草木灰；缺磷肥的田块施过磷酸钙，每亩田块用过磷酸钙 10～15kg。在有效锌含量低的碱性土、紫色土、长期施用石灰的土壤以及砂土、冬水田、下湿漕田等土壤，针对缺锌肥的田块，每亩田块可撒施 1kg 锌肥，或 0.2%硫酸锌液喷叶面，每亩田块喷 50kg 左右，每隔 5～7d 喷一次，共喷 2 次。在发生酸性中毒的田块，每亩田块撒石灰 15～25kg，但要注意防止连年过量施用石灰。根腐型赤枯病可施草木灰和石灰粉(3∶1)。⑦加强病虫害防治：水稻生长中后期应重点防治白叶枯病、纹枯病、稻曲病与稻蓟马、二化螟、三化螟以及稻飞虱等病虫害

第三节 水稻病虫害的综合治理

我国水稻病虫害暴发频繁，危害严重，防控压力大，及时有效地控制病虫危害，对确保水稻生产和粮食生产安全意义重大。农业部农技办制定的防控策略是：以稻田生态系统为中心，以重大病虫为主攻对象，抓住重点区域和关键时期，做好害虫主害代和病害流行关键期的防控，主推绿色防控技术，注重合理用药，推进专业化防治，将病虫危害损失控制在经济允许水平以下，减少使用化学农药，保护稻田生态环境，努力实现水稻病虫害的可持续治理。

1. 加强植物检疫

针对细菌性条斑病、白叶枯病、干尖线虫病以及危险性害虫稻水象甲等随种子的调运，在调种前要做产地检疫，严禁危险性病虫随种子的调运而传入，一旦发现检疫对象传入，应采取果断措施进行封锁，避免检疫对象的任意传播蔓延。任何单位或个人不得购、卖无《植物检疫证书》的水稻种子；一旦发现无证种子经销商，则有义务向当地县农业局所属的植物检疫站举报，严厉打击违法违规调运、经营水稻种子的行为。

2. 消除病虫源

冬春应及时处理稻草及玉米、高粱等的秸秆，拾尽田间稻桩。结合积肥铲除田边、沟边杂草。春耕灌水整田时，打捞田边四角浪渣。在稻瘟病、纹枯病和白叶枯病发生严重的地区，要及时将病稻草烧毁、沤肥、喂牛，对尚未处理完的露天病稻草，宜迁入室内或加覆盖物，可消灭越冬螟虫、稻苞虫、稻飞虱、叶蝉、稻蓟马等，压低越冬虫源；还可消灭稻瘟病、纹枯病、白叶枯病、小球菌核病等多种稻病的初次侵染源。不要用病稻草盖房或覆盖催芽和捆秧把。发现恶苗病株，立即拔出烧毁。做好种子消毒，早稻用咪鲜胺浸种，预防恶苗病和稻瘟病。单季稻和双季晚稻用吡虫啉拌种或浸种，预防秧苗期稻飞虱及南方水稻黑条矮缩病、条纹叶枯病等病毒病和稻蓟马。

在螟虫发生较重区域，要积极推广深耕灌水灭蛹控螟技术，利用螟虫化蛹期抗逆性弱的特点，在春季越冬代螟虫化蛹期统一翻耕冬闲田、绿肥田，灌深水浸沤，浸没稻桩7～10d，可杀死70%～80%的螟蛹，有效降低虫源基数。冬种田在收获后及时耕沤，也有一定的灭螟效果。双季稻连作田早稻收割后及时翻耕灌水淹没稻桩，可杀死90%以上的螟虫。

3. 合理栽培管理

选用抗（耐）稻瘟病、稻曲病、条纹叶枯病和抗（耐）虫害好的水稻品种，淘汰抗性差、易感病品种，及时轮换种植年限长的品种，是预防水稻病虫害的根本措施。

要因地制宜推广应用合理的耕作制度，尽可能防避病虫害。合理轮作可以减轻许多水稻病虫的危害；培育无病虫壮秧，推广保温育秧以及旱育稀播壮秧、抛秧等新技术，可提高秧苗素质，增强抗病虫能力；合理密植，推广宽窄行等新技术，可改善田间通风透光条件，减轻病虫为害；推广利用水稻生物多样性（杂糯间栽）技术，可控防稻瘟病。肥水管理是栽培控害技术中重要的一环，要通过合理施肥，尤其是推广配方施肥，增加水稻对病虫害的抗性；预防赤枯病可增施锌肥、追施硼肥；加强田间肥水管理，在管水方面做到浅水灌溉，及时露田晒田，达到“田中不掐脚，田面不翻根”的程度，减少无效分蘖，齐穗深水，乳熟后干干湿湿到成熟，防止后期断水过早的管水，这样能提高秧苗素质，增强水稻抗病虫能力，控制纹枯病等高湿型病害的发生和流行，为综合防治措施的开展，创造一个良好的栽培环境。

4. 运用生物防治

稻田中的天敌种类很多，主要有两大类：第一类是捕食性天敌。数量大、捕食力强的有各种蜘蛛、隐翅虫、黑肩绿盲蝽、宽黾蝽、豆娘等。第二类是寄生性天敌。例如稻苞虫赛寄蝇、黑卵蜂、黑腹螯蜂、红螯蜂、赤眼蜂、螟蛉绒茧蜂，还有大量的寄生线虫、细菌、真菌等，它们寄生在害虫体内，抑制害虫繁殖为害。所有这些种类的天敌，只有通过合理用药，减少农药的使用数量，才能获得保护和利用。与此同时，还有必要积极推广以下较为成熟的生物防治措施，才能确保防治效果优良。

(1) 昆虫性信息素诱杀二化螟技术　在二化螟越冬代和主害代始蛾期开始，田间设置二化螟性信息素，每亩放一个诱捕器，内置诱芯1个，每代更换一次诱芯，诱捕器高出水稻植株顶端30cm。集中连片使用，可诱杀二化螟成虫，降低田间落卵量和种群数量。

(2) 生物农药防治病虫技术

① 苏云金杆菌（Bt）防治二化螟和稻纵卷叶螟技术　于二化螟、稻纵卷叶螟卵孵化盛期采用Bt防治，有良好的防治效果，尤其是在水稻生长前期，使用Bt可有效保护稻田天敌，维持稻田生态平衡。注意Bt对蚕高毒，临近桑园的稻田慎用。

② 井·蜡质芽孢杆菌、枯草芽孢杆菌防治稻瘟病技术　在叶（苗）瘟出现急性病斑或发病中心、破口抽穗期遇阴雨天气时，采用井·蜡质芽孢杆菌或枯草芽孢杆菌均匀喷雾，齐穗后再喷1次，对稻瘟病有良好的预防和防治效果，且不污染环境，对水稻安全。

③ 井·蜡质芽孢杆菌防治稻曲病技术　于水稻孕穗期破口抽穗前7～10d，施用井·蜡质芽孢杆菌，可有效预防稻曲病，并兼治纹枯病。

(3) 保护利用天敌治虫技术　常用措施有：田埂种植芝麻、大豆等显花植物，保护利用蜘蛛、寄生蜂、瓢虫、草蛉、青蛙等天敌；释放赤眼蜂防治二化螟和稻纵卷叶螟。

(4) 稻鸭共育治虫控草技术　水稻移栽后7～10d扎根返青、开始分蘖时，将15d左右的雏鸭放入稻田饲养，每亩稻田放鸭10～20只，破口抽穗前收鸭。通过鸭子的取食活动，可减轻纹枯病、稻飞虱和杂草等病虫草的发生为害。

5. 开展物理防治

针对夜蛾类、叶蝉类、多数螟虫类等趋光性害虫，可在成虫盛发期设置频振灯、黑光灯、高压汞灯、双色灯等进行诱杀，诱集到的虫体还可作家禽的饲料。对稻螟蛉进行人工扫杀和捞出虫苞，用扫网在田边、池塘等处网捕稻蝗成虫和若虫，网捕稻水蝇成虫，人工捞出水面漂浮物防治稻水蝇，均可减少虫源。

关于灯光诱杀害虫的技术要点是：每30～50亩稻田安装一盏频振式杀虫灯，杀虫灯底部距地面1.5m，于害虫成虫发生期天黑后开灯，天亮后关灯，可诱杀二化螟、三化螟、稻纵卷叶螟、稻飞虱、稻黑蝽等多种害虫。

6. 搞好药剂防治

水稻生长期长，病虫害发生比较多，防治技术复杂，其中药剂防治是控制病虫害的主要手段，要根据水稻生育期、病虫害种类及防治指标，选择使用高效、低毒、低残留、安全性好的农药品种，按最佳药剂配方防治多种病虫，努力做到科学合理用药。积极推广应用新剂型，如水乳剂、水分散性粉剂、缓释剂等，既保护作物、天敌不受害，同时又能取得较高的防治效果。在水稻病虫害药剂防治中，要实施“狠抓苗期、穗期，重视生长期”的防治策略。

(1) 秧苗期以“防”为主　要加强肥水管理，培育壮秧，提高秧苗抗病虫能力。由于秧苗面积小，病虫害集中和易于防治。在病害防治上，要注意防治立枯病，旱育秧、抛秧应从1叶1心开始，在初见秧苗枯黄时用可杀得、甲霜灵、恶霉灵、敌磺钠、多·福锌喷雾，针对条纹叶枯病、要注意用吡蚜酮、吡虫啉、噻嗪酮等药剂防治灰飞虱（传毒虫媒），斩断毒源传播途径。在虫害防治方面，主要防治稻潜叶蝇、稻负泥虫、稻摇蚊、蓟马、食根叶甲、稻水象甲等。对为害稻种子及幼根幼芽的食根叶甲、稻摇蚊、稻水蝇及检疫对象稻水象甲幼虫等，除排水晒田外，可撒毒沙或毒土防治。水稻苗床如蝼蛄危害较重时可撒毒土或毒饵诱杀。

要普及带药移栽预防病虫技术，秧苗移栽前3～5d喷施送嫁药，预防或减轻大田病虫的发生为害。双季早稻施用送嫁药，预防螟虫和稻瘟病。单季稻和双季晚稻施用送嫁药，预防稻蓟马、螟虫、稻飞虱及传播的病毒病。

(2) 重视分蘖期至孕穗期防治　在病害防治上，要加强田间检查，做到叶瘟防治见病用三环唑、稻瘟灵等药，及时控制其蔓延，对纹枯病则用井冈霉素、己唑醇等药剂喷于稻株中下部。

在虫害防治上，这一阶段主要害虫有黏虫、稻纵卷叶螟、飞虱、叶蝉、水稻螟虫、夜蛾类、蝽类等，可用杀虫剂常规喷雾防治。提倡使用除虫脲、氟铃脲、定虫隆、苏云金杆菌乳剂等生物制剂，尤其是生物农药与化学药剂合理混用，更有利于提高防治效果。

（3）穗期突出“药保” 水稻孕穗末期至齐穗期是水稻多种病虫害混发为害期，尤其是稻瘟病、纹枯病、稻螟虫、稻纵卷叶螟、稻飞虱等重要病虫害防控的关键时期。

在病害防治上，要以防治稻瘟病、纹枯病为重点，应坚持预防为主的植保方针，加强预测预报，突出“药保”，及时预防中高山稻区穗颈瘟。要以感病品种、常发病区及老病区为重点，在水稻破口初期、抽穗盛期和齐穗期，分别抢晴天施三环唑或稻瘟灵或春雷霉素等药各1次，尤其是在水稻破口初期必施1次，若后期低温、阴雨天气较多，在灌浆初期可增防一次。对纹枯病可选用井冈霉素或苯醚甲环唑·丙环唑防治，在水稻破口前7d用药可兼治稻曲病，在抽穗、灌浆期用药可防早衰和兼治穗期综合性病害，起到促青秆黄熟、提高千粒重的作用。除稻瘟病、纹枯病以外，还要控制白叶枯病、细菌性条斑病、稻曲病等主要病害的危害，杂交稻制种田要针对稻粒黑粉病进行喷药防治。因此，要根据当地病害发生实际，合理组织防治，科学选用药剂，提倡一药多治和合理混配兼治，提高防治效果、减少用药次数、降低防治成本。可选用的药剂种类有：井·蜡芽、井冈·三唑酮、噻森铜、戊唑醇、多菌灵、噻菌铜、叶枯唑、农用链霉素等。

在虫害防治上，这阶段发生的主要害虫有水稻螟虫类、稻纵卷叶螟、稻飞虱、叶蝉、稻螟蛉、稻蝗、稻苞虫，此时的药剂防治，目的是保粒、保穗、保丰收。可使用杀虫剂常规喷雾或泼浇。防治水稻害虫的常用药剂有：氯虫苯甲酰胺、甲氨基阿维菌素苯甲酸盐、氟虫双酰胺、四氯虫酰胺、毒死蜱、烯啶虫胺、吡蚜酮、乙虫腈、噻虫嗪、啶虫脒、呋虫胺、异丙威、氰氟虫腙、乙基多杀菌素、茚虫威、氟啶脲等。

总之，只要充分发挥水稻品种对水稻病虫的抵抗能力和补偿能力，保护有益生物控制病虫为害，就一定能把病虫害损失控制到最低限度，实现水稻高产、优质、少公害、低成本，获得更好的经济效益。

你知道吗？稻鸭共育技术

稻鸭共育技术是利用生物多样性来控制水稻有害生物的绿色防控技术。该技术是以水田为基础，以种植优质稻为中心，以家鸭野养、野宿为特点的自然生态与人工干预相结合的复合生态系统，稻和鸭构成一个相互依赖、共同生长的复合生态农业体系，主要利用家鸭在稻间野养，不断捕食害虫，吃（踩）杂草，排泄优良有机肥，耕耘和刺激水稻生育生长，减轻稻田虫、草、病的危害，具有明显的节本增收和保护环境功效。

此项技术实施要点有：水稻移栽后7～10d扎根返青、开始分蘖时，将15d左右的雏鸭放入稻田，每亩放养10～20只，在水稻破口抽穗前收鸭。稻鸭共育技术在四川省泸州市等地推广，收到了满意的效果：一是鸭子在田间活动取食，使鸭舌草、节节菜以及空心莲子草等稻田杂草，福寿螺、稻飞虱、螟虫和纹枯病菌等主要有害生物能够得到较好控制，具有良好的生物防治效果。二是稻鸭共育由于不施农药（或只施少量杀菌剂），为大多数有益生物创造了良好的繁衍环境，减少化学农药的使用量及农药使用造成的面源污染，可有效提高农产品质量和市场竞争能力，鸭粪还可以作有机肥料，使稻田生态系统向良性的方向发展。能够解决无公害稻米，甚至是绿色稻米生产中的病虫杂草和螺害的防治问题。三是稻鸭共育能提高中稻和再生稻产量，提高稻谷和肉鸭安全质量，产出的稻米和肉鸭基本上可以达到无公害水平，稻米外观细长、光滑、适口性好，可有效提高农产品质量和市场竞争能力。四是稻农将稻田鸭销售后可以获得额外收入，增加水稻种植附加值，农民销售稻田鸭平均每亩能增加纯收入185.2元。总之，稻鸭共育可生产出无公害稻谷、生态鸭，是建设高效农业、发展有机农业的新模式，有利于农业的可持续发展。

单元检测

一、简答题

1. 从形态特征上怎样区别三种螟虫的成虫与幼虫？

2. 在目前的水稻栽培制度下，二化螟发生几代？各代成虫盛发期和卵孵盛期各在什么时间？

3. 根据三种螟虫成虫、幼虫和蛹的习性，如何采取相应的防治措施？怎样进行稻螟虫的综合治理？

4. 药剂防治水稻螟虫的策略、时期及药剂种类、浓度和用法是怎样的？

5. 稻田主要发生哪三种飞虱？哪两种属迁飞性害虫？哪几种可传播哪些病毒病？

6. 稻飞虱和稻叶蝉的发生和为害有何特点？

7. 产生褐飞虱、白背飞虱翅型分化的原因是什么？不同翅型有何生态作用？

8. 控制稻飞虱和稻叶蝉的发生为害，应抓住哪些关键时期和措施？

9. 直纹稻苞虫猖獗发生与哪些主要环境因素有密切关系？如何进行防治？

10. 稻纵卷叶螟主要生活习性有哪些？根据这些习性如何进行测报防治？

11. 稻蓟马的为害特点是什么？其主要生活习性有哪些？

12. 根据水稻受害时期和部位不同，稻瘟病分为哪几类？其主要症状特点是什么？

13. 稻瘟病的发生规律是怎样的？

14. 根据稻瘟病的发生特点，在防治上应采取怎样的策略和综合措施？

15. 根据水稻纹枯病的发生规律，拟定综合防治措施。

16. 稻粒黑粉病和稻曲病在什么条件下发生重？防治这两种病应采取哪些措施？

17. 分析引起稻苗立枯病的因素有哪些？在防治上应采取的综合措施有哪些？

18. 水稻白叶枯病与水稻生理性枯黄不易区别时，可采用什么方法进行诊断？如何防治这种病害？

19. 如何区别稻白叶枯病与细菌性条斑病的症状？

20. 根据当地水稻主要病虫发生特点，试拟定无公害稻米生产中水稻病虫害的防治策略与综合防治措施。

二、归纳与总结

可在教师的指导下，在各学习小组讨论的基础上，从常见的水稻病虫害种类、水稻害虫的发生规律（主要包括水稻害虫的年生活史及习性、发生条件）、病害的发病规律（主要包括病害循环、发病条件）以及水稻病虫害综合防治等方面进行归纳与总结，并分组进行报告和展示（注意从知道、了解、理解、掌握、应用五个层次去把握）。

麦类病虫害防治技术

学习目标

1. 科学诊断麦类的主要病虫害。掌握病虫害的发生规律，并且学会结合作物生育期预防其发生。

2. 根据麦类病害和虫害的发生特点进行综合防治，减少病虫害的发生，提高麦类作物的品质。

能够根据麦类作物病虫害的特征，预测麦类作物病虫害发生程度，并且能够做好防治工作。

麦类作物是世界重要的粮食作物之一，病虫害的危害一直影响着麦类作物的生产。麦类作物的病虫害种类很多，在麦类作物的不同生长时期，各种病虫害的为害状及程度也不尽相同，科学预测和诊断并且适时地进行防治是减轻危害、提高产量的关键。

第一节 麦类害虫

麦类虫害是影响麦类生产的重要因素之一，其危害可造成减产和绝收。为害麦类的害虫（包括害螨）约有237种，分属于11目57科。其中取食茎、叶、种子的87种，刺吸、锉吸的82种，地下害虫55种。而分布广泛、危害严重的有黏虫、麦蚜、麦害螨、麦秆蝇和小麦吸浆虫等。据统计，小麦害虫主要分布在北方较为干燥的地区，南方湿热地区害虫较少。由于我国幅员辽阔，自然地理环境、农业生态、种植制度的不同，形成不同麦区的麦类分布区划。随着生产水平的提高，土地的充分利用，以及生产的集约化，从前粗放耕作、不良栽培条件下适生的害虫如秆蝇、麦二叉蚜、条斑叶蝉等已自然减少。但是由于过度灌溉、密植，使用氮肥，追求高产品种等，又相应地促进了另一类害虫，如小麦吸浆虫、黏虫、细胸金针虫的增长。复种指数的增加，休耕期的缩短，为某些害虫的生长繁衍提供了有利条件，为麦类害虫的防治带来了新问题。因此，从麦田的总体保健出发，在不同麦区，按小麦高产、高品质栽培的要求制定麦田生物灾害的综合防治体系，是我国麦类害虫防治的总趋势。

一、麦类主要害虫

1. 黏虫

学名 *Mythimna separata*（Walker），属鳞翅目夜蛾科，俗名夜盗虫、剃枝虫、五色虫、麦蚕等，是世界性禾谷类重要害虫。我国除西藏、新疆未见报道外，其余地区均有分布。黏虫主要为害麦、稻、粟、玉米等禾谷类粮食作物及棉花、豆类、蔬菜等16科104种以上作物寄主。幼虫食叶，大发生（暴食期）时可将作物叶片全部食光，造成严重损失。因其群集性、迁飞性、杂食性、暴食性，成为全国性重要农业害虫。

(1) 形态特征

① 成虫 体长16～20mm，翅展40～50mm。头部与胸部灰褐色，腹部暗褐色。前翅灰黄褐色、黄色或橙色，变化很多，内横线往往只现几个黑点，环形纹与肾形纹呈2个褐黄色圆斑，界限不显著，肾形纹后端有一个白点，其两侧各有一个黑点；外横线为一列黑点；亚缘线自顶角内斜至 M_2；外缘线为一列黑点。后翅暗褐色，向基部色渐淡。

② 卵 长约0.5mm，半球形，初产白色渐变黄色，有光泽。卵粒单层排列成行成块。

③ 幼虫 成熟幼虫体长38mm。体色由淡灰褐色至浓黑褐色，变化甚大（常因食料和环境不同而有变化）。头黄褐至红褐色。有暗色网纹，沿蜕裂线有黑褐色纵纹，似“八”字形，有5条明显背线，腹足外侧有黑褐色宽纵带，足的先端有半环式黑褐色趾钩。各龄幼虫特征见表6-1。

表6-1 黏虫各龄幼虫特征

龄期 / 各部特征	1	2	3	4	5	6
头部纹	无	无	无	有	有	有
腹足	第3、4对明显	第2对发育一半	第1对发育一半	前4对等长	前4对等长	前4对等长
爬行姿势	体成弓形	体成弓形	略成弓形	蠕行	蠕行	蠕行
头宽/mm	0.32	0.54	0.69	1.59	2.27	3.23
体长/mm	1.87	5.90	9.81	13.73	20.8	33.0

④ 蛹 长约20mm，红褐色，腹部5～7节背面前缘各有一列齿状点刻，臀棘上有刺4根，中央2根粗大，两侧的细短刺略弯（图6-1）。

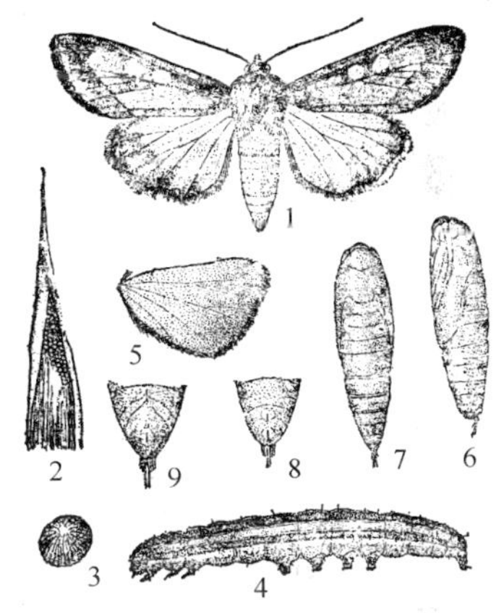

图6-1 黏虫

1—成虫；2—产卵叶；3—卵；4—幼虫；5—雌成虫后翅翅缰；6—蛹侧面观；7—蛹背面观；8—雄蛹腹部末端；9—雌蛹腹部末端

(2) 发生规律

① 年生活史及习性

a. 年生活史 黏虫无滞育现象，条件合适时可连续繁殖和生长发育。年发生世代数全国各地不一，从北至南世代数为：东北、内蒙古2～3代，华北中南部3～4代，江淮流域4～5代，长江流域5～6代，华南6～8代。

b. 习性 黏虫属迁飞性害虫，可以越冬的界限在北纬33°～34°之间。一般在北纬33°以北，即淮河以北不能越冬；在淮河以南以蛹及老熟幼虫越冬。黏虫成虫飞翔力很强，其飞行速度为20～40km/h，并能持续飞行7～8h，北方春季出现的大量成虫系由南方迁飞所至。成虫昼伏夜出，傍晚开始活动，黄昏时觅食，半夜交尾产卵，黎明时寻找隐蔽场所隐蔽。

成虫对糖醋液趋性强。产卵趋向黄枯叶片，在麦田喜把卵产在麦株基部枯黄叶片叶尖处折缝里；在稻田多把卵产在中上部半枯黄的叶尖上，着卵枯叶纵卷成条状。每个卵块一般20～40粒，成条状或重叠，多者达200～300粒，每雌一生产卵1000～2000粒。

初孵幼虫有群集性，1龄、2龄幼虫多在麦株基部叶背或分蘖叶背光处为害，3龄后食量大增，5～6龄进入暴食阶段，食光叶片或把穗头咬断，其食量占整个幼虫期90%左右。3龄后幼虫有假死性，受惊时迅速卷缩坠地，畏光，晴天白昼潜伏在麦根处土缝中，傍晚后或阴天爬到植株上为害。幼虫发生量大食料缺乏时，常成群迁移到附近地块继续为害，老熟幼虫入土化蛹。

② 发生条件 黏虫适宜温度为10～25℃，相对湿度为85%。产卵适温19～22℃，适宜相对湿度为90%左右，气温低于15℃或高于25℃，产卵明显减少，气温高于35℃不能产卵，湿度直接影响初孵幼虫存活率的高低。该虫成虫需取食花蜜补充营养，遇有蜜源丰富，产卵量高；幼虫取食禾本科植物的发育快，羽化的成虫产卵量高。一般成虫产卵适温为15～30℃，最适温度为

19～25℃，相对湿度为90%左右，35℃条件下雌虫不能产卵。蛹在34～35℃条件下能够羽化，但不能展翅，幼虫的正常化蛹率与相对湿度呈正相关。成虫喜在茂密的田块产卵，生产上长势好的小麦、粟、水稻田，生长茂密的密植田及多肥、灌溉好的田块，利于该虫大发生。黏虫发生的数量与为害程度受气候条件、食物营养、天敌，以及人的生产活动的影响很大，如果环境条件适宜，就会大量发生。主要天敌有步行甲、蛙类、鸟类、寄生蜂、寄生蝇等。

(3) 防治方法　黏虫是间歇性猖獗的害虫，气候条件合适时能迅速暴发成灾。做好预报工作，掌握黏虫田间动态是主动消灭黏虫的重要措施。对黏虫的预报主要靠做好“三查”工作，即糖醋盆诱测成虫、谷草把诱卵和幼虫调查。一般在作物上以幼虫5～10头/m^2为防治指标。

① 诱杀成虫及卵　利用成虫多在禾谷类作物叶上产卵的习性，在麦田每亩插谷草把或稻草把60～100个（每个直径为5cm），5d更换新草把，集中处理旧草把以灭卵。利用糖醋盆、黑光灯等诱杀成虫。从蛾子数量上升时起，用糖醋酒液或其他发酵有甜酸味的食物配成诱杀剂，盛于高出作物30cm左右的盆、碗等容器内，诱剂保持3cm深，每天早晨取出蛾子，白天盖盆傍晚开盖，5～7d换诱剂一次，连续16～20d。糖醋酒液的配制是糖3份、醋4份、酒1份、水2份，并加入2.5%敌百虫粉剂1份，调匀。用黑光灯诱杀时，应把黑光灯设在田间，灯间距100m，夜间开灯。性诱捕法：用配置黏虫性诱芯的干式诱捕器，每亩1个插杆挂在田间，诱杀成虫。

② 药剂防治　药剂防治要在幼虫3龄前进行。采用1.8%阿维菌素乳油450mL/hm^2对水喷雾；50%辛硫磷乳油5000～7000倍液、50%敌敌畏乳油2000～3000倍液（高粱禁用）、20%杀虫畏乳油250倍液或90%敌百虫晶体1000～1500倍液喷雾。

黏虫集中危害区还要加强统防统治，采用航化作业、高杆喷雾机械等应急防治手段，把黏虫危害控制在局部范围，防止其迁移危害。

③ 保护利用天敌　释放赤眼蜂或田埂种植芝麻、大豆等显花植物，保护利用蜘蛛、寄生蜂、青蛙等天敌防治黏虫。

④ 封锁隔离技术　在黏虫幼虫迁移危害时，可在其转移的道路上挖深沟，对掉入沟内的黏虫集中进行处理，阻止其继续迁移；或撒15cm宽的药带进行封锁；或在小麦田撒施辛硫磷毒土，建立隔离带。

2. 麦蚜

在我国为害麦类作物的蚜虫，主要有麦长管蚜 *Sitobion avenae*（Fabricius）、麦二叉蚜 *Schizaphis graminum*（Rondani）、禾谷缢管蚜 *Rhopalosiphum padi*（Linnaeus）、麦无网长管蚜 *Metopolophium dirhodum*（Walker）等4种，均属同翅目蚜科。麦蚜别名为蜜虫、麦虱。麦蚜的寄主种类较多，除主要为害麦类作物外，也为害水稻、高粱、粟、玉米、甘蔗及禾本科作物和狗尾草、莎草科等杂草。其苗期为害时，被害处呈浅黄色斑点，严重时叶片发黄，甚至整株枯死；穗期为害，造成灌浆不足，籽粒秕瘦，千粒重下降，品质变坏（粗蛋白、氨基酸、维生素均下降）；另外还传播植物病毒病，其中以传播小麦黄矮病危害最大。

(1) 形态特征　麦蚜有多型现象，一般全周期蚜虫有5～6型，即干母、干雌、有翅与无翅胎生雌蚜、雌性蚜和雄性蚜。雌、雄性蚜交配后产卵越冬，以无翅和有翅胎生雌蚜发生数量最大，出现历期最长，是主要为害蚜型，四种麦蚜形态特征见表6-2。

表6-2　四种蚜虫形态及为害状特征

形态特征＼种类	麦二叉蚜	麦长管蚜	麦无网长管蚜	禾谷缢管蚜
体型	卵圆形	长卵形	长纺锤形	宽卵形
大小/mm	1.4～2.0mm	2.3～2.9mm	2～2.4mm	1.7～1.8mm
复眼	漆黑色	鲜红至暗红色	黑紫色	黑色
腹部体色	淡绿或黄绿色，背部有深绿色纵线	淡绿至橘红色	蜡白绿色至黄绿色，背部有绿色或褐色纵带	深绿至黑绿色，腹管基部有锈色斑、后端带有赤紫色

续表

形态特征＼种类	麦二叉蚜	麦长管蚜	麦无网长管蚜	禾谷缢管蚜
腹管	短圆筒形，长 0.25mm，淡绿色，端部暗褐色	长圆筒形，长 0.48mm，黑褐色。端部 1/4～1/3 处有网状纹	长圆筒形，0.42mm，蜡白绿色，端部有瓦纹	短圆筒形，0.24mm，近端部呈瓶口状缢缩，灰黑色
尾片	长 0.16mm，圆锥形，有毛 4 根	长 0.22mm，管状，有毛 8～10 根	长 0.21mm，有毛 8 根	长 0.1mm，圆锥形，有毛 6 根
前翅中脉	分二叉	分三叉，分叉大	分三叉，分叉大	分三叉，分叉小
有翅型触角	第 3 节长 0.44mm	第 3 节长 0.52mm	第 3 节长 0.72mm	第 3 节长 0.48mm
为害状	有黄褐斑块或褪色斑	有褪斑块	无	无
主要寄主作物	大麦、小麦、莜麦、黑麦、高粱、稻	麦类、甘蔗、稻	大麦、小麦	玉米、高粱、稻
主要为害部位	叶正反面及基部叶鞘内外	麦叶正反面及稻、麦穗部	叶正面	麦苗基部、叶反面，偶然为害穗和秆

（2）发生规律

① 生活史与习性

a. 年生活史　麦蚜的生活周期可分不全生活周期和全生活周期两种类型。4 种常见麦蚜在温暖地区可全年行孤雌生殖，不发生性蚜世代，表现为不全周期型，在北方寒冷地区，则表现为全生活周期型。年发生代数因地而异，一般可发生 10 余代至 20 余代。

麦长管蚜和麦二叉蚜终年在禾本科植物上繁殖生活。以成蚜、若蚜或以卵在冬麦田的麦苗和禾本科杂草基部或土缝中越冬。麦二叉蚜最适温区是 15～20℃，麦长管蚜最适温区为 12～20℃，遇温暖的晴天，越冬的成、若蚜仍能在麦苗或杂草上活动。来年春暖后，卵孵化成干母，干母产生有翅和无翅孤雌蚜后代；越冬成、若蚜则直接恢复为害和繁殖。在杂草上的越冬蚜，繁殖1～2 代后产生有翅蚜迁至麦田，随着气温的上升和小麦的生长发育不断进行孤雌生殖，扩大种群。麦长管蚜在小麦灌浆乳熟期是繁殖高峰期，当小麦进入拔节至孕穗期，麦二叉蚜繁殖达到高峰。小麦蜡熟期，大量产生有翅蚜，陆续飞离麦田，迁向禾本科植物上继续为害和繁殖，并在其上或自生麦苗上越夏。秋播麦苗出土后，大部分麦蚜又开始迁回冬麦苗上为害。

禾谷缢管蚜和麦无网长管蚜为异寄主全周期型，春、夏季均在禾本科植物上生活，以孤雌胎生方式进行繁殖，小麦灌浆期是全年繁殖高峰期。秋末，禾谷缢管蚜在李、桃、稠李等蔷薇科植物上产生雌雄两性蚜交尾产卵，以卵在北方越冬；麦无网长管蚜在蔷薇属植物上产生性蚜，交配产卵越冬。两种蚜虫的越冬卵，春季孵化为干母，干母产生乔迁蚜，由原寄主转移到麦类作物或禾本科等杂草上生存和繁殖。在南方地区，两种麦蚜均可营不全周期生活，以胎生雌蚜的成、若虫越冬。

b. 习性　麦长管蚜喜光耐湿。多分布在植株上部和叶片正面，嗜食穗部汁液。小麦抽穗后，蚜量急剧上升，并大多集中穗部为害。成、若蚜均易受振动而坠落逃散。

麦二叉蚜喜干旱但畏光。多分布在植株下部和叶片背面，最喜啃食幼嫩组织或生长衰弱、叶色发黄的叶片；成、若蚜遇振动时具假死现象而坠落；小麦灌浆后多迁离麦田。

禾谷缢管蚜喜温畏光。嗜食茎秆、叶鞘，故多分布于植株下部的叶鞘、叶背，甚至根茎部分，密度大时亦上穗为害；喜氮素肥料和植株密集的高肥田，在湿度充足情况下，较耐高温；其成、若蚜较不易受惊动，最适温 30℃左右。

麦无网长管蚜的嗜食性方面介于麦长管蚜和麦二叉蚜之间，以为害叶片为主。常分布于植物中下部，最不耐高温，一般密植丰产田的蚜量较多。成、若蚜也易受振动而坠落。

② 发生条件 气候条件对其发生起主导作用。在适温范围内，各种麦蚜的发生期及世代历期均随温度上升而缩短。日均温 15℃左右时，麦长管蚜的世代历期约 14d，禾谷缢管蚜约 13d。日均温 22℃时，4 种麦蚜的世代历期均为 6～9d。日产仔蚜量也随气温而变化。麦蚜对湿度的要求因种而异。麦二叉蚜喜欢干燥，大发生地区都分布在降雨量 500mm 以下的地带，适宜于相对湿度在 35%～67%范围内活动。麦长管蚜较喜湿，发生范围多在年降雨量为 500～700mm 的地区，适宜湿度范围为 40%～80%。麦无网长管蚜介于上述两者之间。禾谷缢管蚜最喜湿，不耐干旱，年降雨量少于 250mm 的地区不利其发生。麦蚜的发生也与食料有关。小穗排列紧密的品种不利于麦蚜的栖居，被害较轻；小穗排列稀疏的品种有利于麦蚜取食，受害重。有芒品种常比无芒品种受害重。在同一地区，早播早出苗的麦田，麦蚜迁入早，冬前繁殖期长，发生量大；晚播麦成熟迟，届时气温适宜，繁殖快，发生大，集中穗部为害，为害重，迟追重肥而贪青的麦田受害更重。

麦蚜的天敌种类很多，常见的有 50 余种，天敌对麦蚜的捕食量和寄生率较高。对麦蚜控制作用较强的天敌主要有瓢虫科的七星瓢虫（*Coccinella septempunctata* Linnaeus）、异色瓢虫［*Leis axyridis*（Pallas）］、龟纹瓢虫［*Propylaea japomica*（Thunberg）］；食蚜蝇科的大灰食蚜蝇（*Syrphus corollae* F.）、斜斑鼓额食蚜蝇［*Lasiopticus pyrastri*（L.）］和黑带食蚜蝇（*Epistrophe baloteara* De Geer）；草蛉科的中华草蛉（*Chrisopa sinica* Tjeder）、大草蛉（*C. septempunctata* Wesmael）和丽草蛉（*C. formssa* Brauer）；蚜茧蜂科的烟蚜茧蜂（*Aphidius gifuensis* Ashmead）和燕麦蚜茧蜂（*A. avenae* Haliday）以及草间小黑蛛［*Erigonidium graminicola*（Sundevall）］与三突花蛛（*Misumenopos tricuspidata* Fabricius）和寄生菌等。因此，保护和利用天敌是控制蚜害的重要途径之一。

（3）防治方法 对麦蚜的防治要统一指挥、统一时间、统一防治，坚决控制危害，应采用农业防治、生物防治和药剂防治相结合的措施。

① 农业防治

a. 选用抗（耐）性品种 利用抗性品种是防治麦蚜安全、有效、经济、简便的措施。对麦长管蚜抗性表现较好的品种（系）有“山前麦”、“清山 821”、“6613”、“鲁麦 23”等；对麦蚜混合种群表现出较好抗性的有“小白冬麦”、“烟 7578-125”等品种（系）；“复壮泽惠 30”、“郑州 761”、“中苏 68 ”和“洛川 1978-3”等品种（系）对黄矮病具有一定抗性。

b. 控制和改变麦田适蚜生境 针对麦蚜要求的生态环境，改良生产条件、加强栽培管理是提高作物产量、控制麦蚜发生为害的重要途径。干旱、瘠薄、稀植的麦田有利于麦二叉蚜发生。因此，在黄矮病流行区，提高栽培水平、改旱地为水地、深翻、增施氮肥、合理密植可较好地控制麦二叉蚜和黄矮病。清除田间杂草与自生麦苗，可减少麦蚜的适生地和越夏寄主。冬麦适期晚播与旱地麦田冬前冬后碾磨，可压低越冬虫源，碾磨还可保墒护根，有利小麦生长。

c. 调整作物布局 在西北地区麦二叉蚜和黄矮病发生流行区，如甘肃冬春麦混种区。缩减冬麦面积，扩种春播小麦，从而削弱麦蚜和黄矮病的寄主作物链，使之不能递增，是控制蚜病发生的一种重要手段。在南方禾谷缢管蚜发生严重地区，减少秋玉米的播种面积，切断其中间寄主植物，蚜源相应减少，可减轻禾谷缢管蚜的发生为害。在华北地区推行冬麦与油菜、绿肥间作，对保护利用麦蚜天敌资源，控制蚜害有较好效果。另要适时集中播种，冬麦适当晚播，春麦适时早播。

② 生物防治 减少或改进施药方法，避免杀伤麦田天敌，保护利用自然天敌。麦蚜天敌资源非常丰富，保护利用好麦蚜的自然天敌，不仅可较好地控制麦蚜为害，而且对春作田及后茬作物田的害虫也能起到一定的控制作用。应充分利用瓢虫、食蚜蝇和蚜茧蜂等天敌。

③ 药剂防治 药剂防治是突击控制蚜害的有效措施。当麦蚜发生数量大，为害严重，在农业防治和生物防治不能控制其为害时，则需要使用化学农药防治，但要搞好测报，掌握防治适期及防治指标（百株蚜量超过 500 头），选择好农药种类和采用合适的施用方法。在蚜虫发生的初期用 2.5%高效氯氟氰菊酯乳油 1500 倍液加 3%啶虫脒乳油 1000 倍液作植株喷雾；在蚜虫发生的中后期用 10%吡虫啉可湿性粉剂 300g/hm^2，或 5%啶虫脒超微粉 150g/hm^2，或 50%抗蚜威可

湿性粉剂 225g/hm^2 对水喷雾。以上药剂对蚜虫有特效，且对蚜虫天敌基本无害，交替使用可以延缓蚜虫对农药产生抗药性，提高防治效果。

3. 小麦吸浆虫

小麦吸浆虫为世界性害虫，广泛分布于亚洲、欧洲和美洲，我国的小麦吸浆虫主要有两种，即麦红吸浆虫［*Sitodiplosis mosellana*（Gehin）］和麦黄吸浆虫［*Contarinia tritici*（Kirby)］，均属双翅目、瘿蚊科。麦红吸浆虫主要分布在河南、山东、安徽、内蒙古、吉林、辽宁、宁夏、甘肃、江苏、浙江、黑龙江、青海、河北、山西、陕西、湖北、湖南及江河沿岸的平原麦区；麦黄吸浆虫主要分布在陕西、四川、甘肃、山西、内蒙古、河南、湖北、青海、宁夏等高原地区和高山地带。寄主有小麦、大麦、青稞、燕麦、黑麦、雀麦等。小麦吸浆虫是毁灭性害虫，其隐蔽性较强，一旦发生为害，往往会造成小麦大幅度减产甚至绝产。近年来，小麦吸浆虫发生范围有逐渐扩大趋势。

（1）形态特征

① 成虫　麦红吸浆虫雌成虫体长 2～2.5mm，翅展 5.1mm，前翅透明，有 4 条发达翅脉，后翅退化为平衡棒。体呈橘红色。复眼大，黑色。触角细长，雌虫触角 14 节，念珠状，各节呈长圆形膨大，上面环生 2 圈刚毛。胸部发达，腹部略呈纺锤形，产卵管全部伸出。雄虫体长约 2mm，触角 14 节，其柄节、梗节中部不缢缩，鞭节 12 节，每节具 2 个球形膨大部分，环生刚毛。麦黄吸浆虫雌体长约 2mm，体鲜黄色，产卵器伸出时与体等长。雄虫体长 1.5mm，腹部末端的把握器基节内缘无齿。

② 卵　麦红吸浆虫的卵长 0.09mm，长圆形，浅红色。麦黄吸浆虫的卵长 0.29mm，香蕉形。

③ 幼虫　麦红吸浆虫幼虫体长 2～3mm，椭圆形，橙黄色，头小，无足，蛆形，前胸腹面有 1 个“Y”形剑骨片，前端分叉，凹陷深。麦黄吸浆虫幼虫体长 2～2.5mm，黄绿色，体表光滑，前胸腹面有剑骨片，剑骨片前端呈弧形浅裂，腹末端生突起 2 个。

④ 蛹　麦红吸浆虫蛹长约 2mm，裸蛹，橙褐色，头前方具白色短毛 2 根和长呼吸管 1 对。麦黄吸浆虫蛹鲜黄色，头端有 1 对较长毛。

（2）发生规律

① 生活史与习性　麦红吸浆虫在我国每年发生 1 代，以老熟幼虫在土壤中结圆茧越夏或越冬。翌年当地下 10cm 处地温高于 10℃时，小麦进入拔节阶段，越冬幼虫破茧上升到表土层，10cm 地温达到 15℃左右，小麦孕穗时，再结茧化蛹，蛹期 8～10d；10cm 地温 20℃上下，小麦开始抽穗，麦红吸浆虫开始羽化出土，当天交配后把卵产在未扬花的麦穗上，或把卵产在护颖与外颖、穗轴与小穗柄等处，每雌产卵 60～70 粒，各地成虫羽化期与小麦进入抽穗期一致。麦红吸浆虫畏光，中午多潜伏在麦株下部丛间，多在早、晚活动，成虫寿命约 30 多天，卵期 5～7d，初孵幼虫从内外颖缝隙处钻入麦壳中，附在子房或刚灌浆的麦粒上为害 15～20d，可潜伏在小麦颖壳内吸食正在灌浆的麦粒汁液，形成秕粒、空壳，造成减产甚至绝收。经 2 次蜕皮，幼虫短缩变硬，开始在麦壳里蛰伏，抵御干热天气，这时小麦已进入蜡熟期。遇有雨水时，再蜕一层皮爬出颖外，弹落在地上，从土缝中钻入 10cm 处结茧越夏或越冬。麦红吸浆虫有多年休眠习性，遇有春旱年份有的不能破茧化蛹，有的已破茧，又能重新结茧再次休眠，休眠期有的可长达 12 年。

麦黄吸浆虫年生 1 代，成虫发生较麦红吸浆虫稍早，雌虫把卵产在初抽出的麦穗上内、外颖之间，幼虫孵化后为害花器，以后吸食灌浆的麦粒，老熟幼虫离开麦穗时间早，在土壤中耐湿、耐旱能力低于麦红吸浆虫。其他习性与麦红吸浆虫近似。春季 3～4 月间雨水充足，利于越冬幼虫破茧上升至土表、化蛹、羽化、产卵及孵化。

② 发生条件

a. 温度。幼虫耐低温不耐高温，越冬死亡率低于越夏。越冬幼虫在 10cm 土温 7℃时破茧活动，12～15℃化蛹，20～23℃羽化为成虫，温度上升至 30℃以上时，幼虫即恢复休眠。

b. 湿度。在越冬幼虫破茧活动与上升化蛹期间，雨水多羽化率就高。湿度高时，不仅卵的孵化率高，且初孵幼虫活动力强，容易侵入为害。小麦扬花前后雨水多、湿度大、气温适宜常会引起吸浆虫的大发生。天气干旱、土壤湿度小则对其发生不利。

c. 土壤。壤土的土质疏松、保水力强利于发生。黏土对其生活不利，砂土更不适宜其生活。麦红吸浆虫幼虫喜碱性土壤，麦黄吸浆虫喜较酸性的土壤。

d. 成虫盛发期与小麦抽穗扬花期吻合发生重，两期错位则发生轻。此外，小麦吸浆虫的发生还与小麦品种有关，麦穗颖壳坚硬、扣合紧、种皮厚、籽粒灌浆迅速的品种受害轻。抽穗整齐，抽穗期与吸浆虫成虫发生盛期错开的品种，成虫产卵少或不产卵，可逃避其为害。

(3) 防治方法

① 农业防治

a. 选用抗虫品种　不同小麦品种，小麦吸浆虫的为害程度不同，一般芒长多刺、口紧小穗密集、扬花期短而整齐、果皮厚的品种，对吸浆虫成虫的产卵、幼虫入侵和为害均不利。因此要选用穗形紧密、内外颖毛长而密、麦粒皮厚、浆液不易外流的小麦品种。

b. 轮作倒茬　麦田连年深翻，小麦与油菜、豆类、棉花和水稻等作物轮作，对压低虫口数量有明显的作用。在小麦吸浆虫严重田及其周围，可实行棉麦间作或改种油菜、大蒜等作物，待两年后再种小麦，就会减轻为害。

② 生物防治　保护利用好小麦吸浆虫的自然天敌宽腹姬小蜂、光腹黑蜂、蚂蚁以及蜘蛛等。

③ 化学防治　重点抓好蛹期撒毒土和成虫羽化初期喷药等防治关键环节，最大限度减少成虫羽化、产卵数量，控制危害。

a. 蛹期防治　小麦孕穗期当每小方土样（10cm×10cm×20cm）有虫蛹 2 头以上时，每公顷可选用 5%毒死蜱粉剂 9～13.5kg，拌细土 300～375kg，顺麦垄均匀撒施；或用 40%辛硫磷乳油 4.5L，对水 15～30kg，喷在 300kg 干土上，拌匀撒施在地表，施药后应浇水，以提高防效。

b. 成虫期防治　在小麦抽穗期（半数以上麦穗露脸）网捕成虫，每 10 复网次有成虫 25 头以上，或用两手扒开麦垄，一眼能看到 2 头以上成虫时，应进行药剂防治。每公顷用 40%辛硫磷乳油 975mL，或 4.5%高效氯氰菊酯乳油 375mL，对水 750kg 于傍晚喷雾，间隔 2～3d，连喷 2～3 次，或每公顷用 80%敌敌畏乳油 1500～2250mL，对水 15～30kg 喷在 300kg 麦糠或细沙土上，下午均匀撒入麦田，消灭成虫于产卵之前。

大家一起来！田间挖土调查小麦吸浆虫虫口密度

为准确掌握当地小麦吸浆虫的发生情况，为后期科学指导群众防治吸浆虫打下基础，在小麦吸浆虫春季监测调查工作期间，选择有代表性的田块 2～3 块，采取对角线或随机取样法，每田块用小铁铲取土，取 5 个 10cm×10cm×20cm 的土方样，混拌后取 1/5 左右进行淘土查幼虫或蛹。具体方法是：①将挖取的土样分别倒入纱袋内，各样袋可直接放到水渠或池塘冲洗至无浊水，直接将纱袋残物冲涮到箩筛内，由于幼虫很小，只有 2mm 左右，所以要用 80 目铜纱面箩陶土。用毛笔把虫体挑出，放入培养皿内，记载虫量。②或者将样土倒入桶或盆内，加水搅拌成泥浆水状，待泥渣稍加沉淀后即将泥浆水倒入 80 目铜纱面箩筛内，将淘土箩筛置于清水中，轻轻振荡，滤去泥水，仔细将箩筛内虫体用毛笔挑出，放入培养皿中，记载虫量，依次反复多次，直至将箩筛内虫体全部调出。小麦抽穗前当淘土查虫每样方（10cm×10cm×20cm）有虫 5 头以上的地块应立即进行防治。

二、麦类其他害虫

麦类其他害虫见表 6-3。

表 6-3　麦类其他害虫

害虫名称	形态特征	年生活史及习性	防治要点
麦叶蜂	小麦叶蜂(*Dolerus tritici* Chu)成虫：雌虫体长 8.6～9.8mm，雄虫 8～8.8mm，全体大部分黑色，仅前胸背板、中胸前盾板和翅基部为赤褐色。后胸背板两侧各有一白斑。复眼大，雌蜂触角比腹部短，雄蜂触角与腹部等长。幼虫成熟时体长约 18mm，圆筒形，胸部较短，腹末较细，头淡褐色，胸腹部灰绿色，腹末末节背面有 1 对暗色斑，腹足 8 对	麦叶蜂在华北地区 1 年发生 1 代，以蛹在土中越冬，第 2 年 3 月下旬至 4 月上旬羽化，羽化后在麦田交尾，产卵。产卵时先在叶上主脉附近用锯状产卵器锯 1 裂缝，然后产在其中，每次产1～2 粒或 6～7 粒连成 1 串。雌虫一生可产卵 10～60 粒，幼虫在 4～5 月间为害小麦，1～2 龄幼虫整天在麦株上取食，3 龄以后白天潜伏在麦根附近的土块或麦丛中，黄昏后爬到麦株上为害。幼虫有假死性。共 5 龄，老熟后钻入18～21cm 深土层，分泌黏液作茧越夏，10 月份化蛹越冬。每年冬季的土壤温湿度和来年 3 月份的降雨量与麦叶蜂的发生有关。如冬季温暖土壤水分充足，有利于蛹越冬，3 月间成虫羽化期无大雨，则发生有利	①农业防治　麦收后播种前，深耕翻地，可破坏土室，杀死休眠幼虫。水旱轮作也是防治麦叶蜂的有效措施 ②人工捕打　在幼虫发生期，利用其假死性，进行人工捕打，消灭幼虫 ③药剂防治　防治幼虫可用 90% 敌百虫晶体 1000 倍液，或用 4.5% 高效氯氰菊酯乳油 2250～3000 倍液喷雾
小麦害螨	(1) 麦圆叶爪螨[*Penthaleus major*(Duges)] ①成虫　雌虫体卵圆形，体长 0.6～0.98mm，体宽 0.43～0.65mm。体黑褐色，疏生白色毛，体背有横刻纹 8 条，在第 2 对足基部背面左右两侧各有一圆形小眼点。体背后部有隆起的肛门。足 4 对，第 1 对最长，第 4 对次之，第 2、3 对几乎等长。足和肛门周围红色。卵椭圆形，长 0.2mm，宽 0.1～0.14mm。初产暗红色，后变淡红色，上有五角形网纹。②幼虫和若虫　初孵幼螨(幼虫期)足 3 对，等长，体躯、口器及足均为红褐色，取食后变为暗绿色。幼虫蜕皮后进入若虫期，足增加为 4 对，体色、体形与成虫大致相似。末龄若虫体长 0.51mm，深红色，足长并向下弯曲 (2) 麦岩螨[*Petrobia lateens*(Muller)] ①成虫　雌虫体葫芦状，黑褐色，体长 0.6mm，宽约 0.45mm。体背有不太明显的指纹状斑，背刚毛短，共 13 对，纺锤形，足 4 对，红或橙黄色，均细长，第 1 对足特别发达，长度超过第 2、3 对的 2 倍，中垫爪状，具 2 列黏毛；气门器端部囊形，多室。卵 有两型，越夏卵(滞育卵)呈圆柱形，橙红色，直径 0.18mm，卵壳表面覆白色蜡质，顶部盖有白色蜡质物，形似草帽状。顶端面并有放射状条纹。非越夏卵星球形，红色，直径约 0.15mm，表面有纵列隆起条纹数十条。②幼虫和若虫　幼虫体圆形，长宽均约 0.15mm，足 3 对。初孵时为鲜红色，取食后变为黑褐色。若虫期足 4 对，体较长	(1)麦圆叶爪螨　年发生 2～3 代。以成螨、卵和若螨在麦根土缝、杂草或枯叶上越冬，以成螨为主。耐寒力强。早春 2～3 月份越冬卵开始孵化。3 月下旬至 4 月上旬田间虫口密度最大。正值冬小麦拔节期，为害比较严重。喜阴湿，怕高温干旱。6～9 时和 16～20 时活动旺盛。孤雌生殖，未见雄螨。卵堆产或排成串。春季多产于麦株分蘖丛或土块上，秋季产于麦苗和杂草近根部土块、干叶或须根上。因喜阴凉湿润，所以水浇地、低湿或密植麦田常发生严重，干旱麦田发生轻 (2)麦岩螨　年发生 3～4 代，以成螨和卵在杂草和冬麦田内土块下越冬。翌年 2 月下旬成螨开始活动，越冬卵孵化。4 月下旬至 5 月上旬，小麦孕穗至抽穗期，田间虫口密度最大，危害最重。5 月中下旬后产卵越夏。秋苗出来后，卵孵化，在秋苗上完成 1 代，12 月份后以卵或成螨越冬。地势较高的田块、低丘陵地的向阳坡地，虫口密度较大，发生为害重。壤土麦田发生量多，黏质土次之，砂质土壤发生最少。非水浇地比水浇地发生重。4～6 月降雨量少，发生重。其繁殖高峰期晚于麦圆叶爪螨，往往与北方冬麦区小麦的孕穗、抽穗期吻合，因此，所造成的产量损失比麦圆叶爪螨大	①农业防治　采用轮作倒茬，合理灌溉，麦收后浅耕灭茬等降低虫源 ②化学防治　2%阿维菌素乳油或 15% 哒螨灵乳油 300mL/hm^2 对水喷雾

第二节 麦类病害

麦类在我国种植分布很广，是我国的主要粮食作物之一，由于各地麦区地理环境条件差别很大，因此病害种类也各不相同，而麦类病害的危害一直严重地影响着麦类的生产。全世界正式记载的小麦病害约200种，我国小麦病害记载有80多种，较重的有20多种。其中发生普遍、危害严重的有小麦锈病、小麦赤霉病、小麦白粉病、小麦纹枯病等。小麦病害一方面可以造成产量损失，另一方面会对小麦品质造成严重影响。

一、麦类主要病害

1. 麦类锈病

小麦锈病是我国小麦的主要病害之一，流行年份造成严重损失。条锈病除黑龙江、吉林等北部较寒冷的春麦区外，是我国北方冬麦区发生普遍、为害最重的一种病害；秆锈病全国都有发生，在北方则以春麦区和晚熟冬麦区发生较严重；叶锈病在各地发生也很普遍，近年来在局部地区为害。小麦发生锈病后，表皮组织破裂，生理机能失调，光合作用减弱，水分蒸发剧增，影响小麦正常生长和灌浆，使麦粒秕瘦，植株营养物质大部分被锈菌消耗，呼吸作用加强，光合作用减弱，增加水分蒸发，一般比健株蒸发量增加20%～60%，严重的达到200%～300%。

(1) 症状　小麦锈病有三种，即条锈、叶锈、秆锈，人们统称为黄疸，3种锈病的症状区别，常被概括为“条锈成行，叶锈乱，秆锈是个大红斑”。三种锈病的症状识别见表6-4。

表6-4　小麦三种锈病识别

锈病种类		条锈病	叶锈病	秆锈病
发病部位		叶片为主(其次为鞘、秆、穗)	叶片为主	茎秆、叶鞘为主
夏孢子堆	大小	最小	居中	最大
	颜色	鲜黄色	橘红色	深褐色
	排列	成行	散乱	散乱
	表皮开裂程度	不明显	围绕孢子堆一周开裂	大片向两侧开裂
冬孢子堆	颜色	黑色	黑色	黑色
	排列	成行	散乱	散乱
	表皮开裂程度	不	不	开裂

(2) 病原　三种锈病均属担子菌亚门真菌，柄锈菌属。小麦条锈病的病原菌为条形柄锈菌 *Puccinia striiformis* West；小麦叶锈病的病原菌为小麦隐匿柄锈菌 *Puccinia recondita* Rob. ex Desm. f. sp. *tritici* Erikss et Henn.；小麦秆锈病的病原菌为禾柄锈菌 *Puccinia graminis* Pers. f. sp. *tritici* Erikss. et. Hem.。

小麦锈菌均为专性寄生，有明显的生理分化现象，必须在活的小麦上才能生长繁殖。小麦条锈菌主要寄生在小麦上，有些小种可侵染大麦、燕麦，而种内的生理小种则主要寄生在某个或几个品种上；国际上对小麦三种锈菌的鉴定研究历史较久，迄今每种锈菌的小种鉴定都有统一的鉴别寄主。目前已鉴定出条锈菌小种100多个，秆锈菌小种320多个，叶锈菌小种200多个。

在小麦生长季节，锈菌主要靠夏孢子进行多次再侵染，繁殖系数高，量大。可随风和气流在高空远距离传播，在不同地区生长着的小麦上周而复始地侵染为害。

三种锈菌对湿度要求大致相同，夏孢子萌发需要有水滴或水膜，相对湿度100%。因此春季多雨多雾或田间湿度大、夜间结露有利于发病流行（图6-2）。

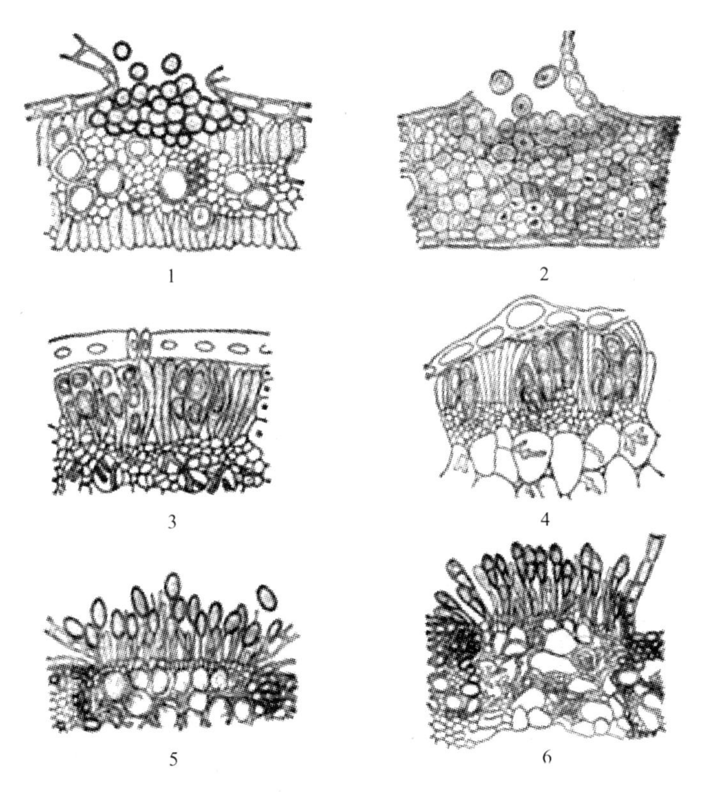

图 6-2　3 种小麦锈病菌（仿浙江大学）

1—条锈菌夏孢子堆及夏孢子；2—条锈菌冬孢子堆及冬孢子；3—叶锈菌夏孢子堆及夏孢子；4—叶锈菌冬孢子堆及冬孢子；5—秆锈菌夏孢子堆及夏孢子；6—秆锈菌冬孢子堆及冬孢子

（3）发病规律

① 病害循环

a. 条锈病　条锈菌不耐高温。其侵入的最适温度是 9～13℃，越夏的最高温度是 20～22℃，在广大平原冬麦区不能越夏，只有在旬平均气温 20℃以下的地区才可以顺利越夏。条锈菌的夏孢子随气流、风力传到海拔 1400m 的西北甘（肃）青（海）高原的晚熟春麦上侵染越夏。这些地区种有大面积的春麦，由于这些地区海拔高度不同，播种期不一致，收获期拉得很长，成熟晚的要到 8～9 月份才收获，夏孢子就在这些小麦上交替侵染，后期再侵染自生麦苗，积累了大量菌源，这就是华北麦区秋苗感染的主要菌源。条锈病在北纬 37°～38°以南地区一般都可以越冬。初春随着气温回升小麦返青潜伏菌丝开始发育，气温达 5℃时叶片上开始形成夏孢子堆，新病叶上的夏孢子作为发病中心向全田蔓延，引起春季流行。

b. 秆锈病　小麦秆锈菌能耐高温，但不抗低温，经过多年的研究证明，小麦秆锈病的发生发展及流行属于全国一个流行区系。特点是夏孢子在广东、福建东南沿海一带越冬（这些地方小麦播期从 9～12 月，收获期从 2～4 月份不等），冬季最冷月份平均温度在 10℃左右，小麦可持续生长，夏孢子可反复侵染，积累大量菌源。春季大量菌源随暖气流由南向北逐渐转移，经长江流域、华北平原到东北等地。

c. 叶锈病　叶锈菌适应性和对温度的适应范围较广，必须到 4 月中下旬温度稳定在 10℃以上、雨水充足时才可迅速发展。田间高峰常出现在 5 月中旬。因此田间调查叶锈病时常出现上升—下降—上升的情况，而且发病高峰常出现在条锈病高峰之后（适温高于条锈病）。病害的发生和流行以当地菌源为主。

② 发病条件

a. 品种　历史经验证明，我国锈病流行都与种植感病品种有关。由于锈菌生理小种的种类分布不同，小麦品种在不同地区所表现的抗锈性可能不同。在引种外地品种时，应加以注意。必须不断掌握一个地区生理小种优势种的变化动态，为选育优良的抗锈品种提供依据。不同地区抗原的合理布局比同一地区多抗原选育的作用更好，后者可能导致一个地区生理小种的复杂化。

b. 温、湿度　温度影响锈菌发病的早迟，但在小麦生长后期，一般不是影响发病的主要因素。由于高空漂浮的外来菌源——夏孢子的降落主要受降雨过程的影响，同时锈菌萌发都需要高湿，所以每年降雨的早迟、雨量多少、夜间露时长短与锈病发生有密切关系。各地气候和栽培条件不同，影响锈菌降雨的关键时期也各不相同，如陕西关中及淮北地区影响条锈病的关键是 3 月到 4 月上中旬的雨量和雨次，河南、淮南和冀南地区则主要是 3 月上中旬的气候。叶锈病的发生主要决定于 4～5 月的温度和雨量。秆锈病在黄淮一带流行的关键则在于 4 月下旬至 5 月上中旬的雨量和气温。

c. 栽培条件　一般冬麦早播，秋苗发病重，但因受越冬条件影响，其越冬量不一定很大，晚播迟熟，如有大量外来菌源，春季受害就重。氮肥过多，引起植株贪青迟熟，甚至倒伏；田间排水不良，湿度大，都有利于发病。

(4) 防治方法　采用以种植抗病品种为主、药剂及栽培防治为辅的综合防治措施，结合“一喷三防”，有效控制锈病流行危害。

① 种植抗病品种　小麦锈病的防治策略应以种植抗锈品种为主，栽培和药剂防治为辅，实施分区治理的综合防治措施。在小麦锈病的越夏区和越冬区分别种植不同抗原类型的小麦品种，可切断锈菌的周年循环，减少锈菌优势小种形成的机会，减缓小麦品种抗锈基因失效的速度；同一地区应实行抗原多样化，避免种植单一品种。

② 栽培防治　加强栽培管理，适时播种，施足基肥，合理密植。适期播种，避免早播，减轻秋苗发病，减少秋季菌源；精耕细耙，消灭杂草和自生麦苗，控制越夏菌源；增施磷、钾肥，增强植株抗病性，减少锈病发生；合理密植和适量适时追肥，避免过多过迟施用氮肥；锈病发生时，干旱麦区要及时灌水，可补充因锈菌破坏叶面而蒸腾掉的大量水分，减轻产量损失。

③ 药剂防治　药剂防治在种植感病品种的地区，或在病害流行年份是减轻病害的重要辅助措施，其主要目的是控制秋苗菌源和春季病害的流行。

a. 拌种　用种子重量 0.03%（有效成分）的 15%三唑酮可湿性粉剂拌种，或 2%戊唑醇按种子量 0.02%拌种，持效期可达 50d 以上。注意三唑酮药剂拌种只能干拌，不能湿拌；无论用塑料袋还是拌种器均需充分拌匀；拌种后立即播种，现拌现用，当日（3h 内）播完拌药种子；土壤不宜过湿，下湿田不宜播拌药（三唑酮）种子；拌种后多余的种子不能食用或作饲料；药剂拌种后用种量增加 10%～15%；雨天不能播拌药种子。

b. 大田喷药　对秋苗和早春苗期出现的发病中心要采取“发现一点、防治一片”的策略，封锁发病中心；春季采取点片防治与普治相结合，可用 12.5%烯唑醇可湿性粉剂 1500～2000 倍液，或 40%氟硅唑水乳剂 4000 倍液，或 25%腈菌唑乳油 2000 倍液等，一次施药即可控制成株期危害。还可用 15%粉锈宁可湿性粉剂 1000～1200 倍液喷雾，并及时查漏补喷，重病田和感病品种上要视病情进行二次喷药防治。春季流行区穗期结合蚜虫防治，采取“一喷三防”，实施专业化统防统治，选用三唑酮、丙环唑或烯唑醇类药剂喷雾防治。

2. 小麦赤霉病

小麦赤霉病在全国各麦区都有发生，其中以淮河以南及长江中下游一带发生最为严重；历史上黑龙江省春麦区曾有严重发生。小麦赤霉病主要分布于潮湿和半潮湿区域，尤其是气候湿润多雨的温带地区受害严重，一般流行年份可减产 5%～15%，而且病麦中还产生对人、畜有毒的物质，严重影响小麦品质。

(1) 症状　赤霉病自幼苗至抽穗期均可发生，引起苗腐、茎基腐和穗腐等，其中以穗腐发生最为严重、普遍。

① 苗枯　由种子带菌或土壤中病残体带菌引起。在幼苗的芽鞘和根鞘上呈黄褐色水渍状腐烂，严重时全苗枯死，病苗残粒上可见粉红色霉层。

② 茎腐　又称脚腐，自幼苗出土至成熟均可发生。发病初期茎基部呈褐色，后变软腐烂，植株枯萎，在病部产生粉红色霉层。

③ 穗腐　于小麦扬花后出现。初在小穗颖片上呈现边缘不清的水渍状淡褐色病斑，逐渐扩大至整个小穗或整个麦穗，严重时被侵害小穗或整个麦穗后期全部枯死，呈灰褐色。田间潮湿时，病部产生粉红色胶质霉层，即病菌的分生孢子座和分生孢子。在多雨季节，后期病穗上产生黑色小颗粒，即病菌的子囊壳。病种子变瘪，病部产生粉红色霉层。

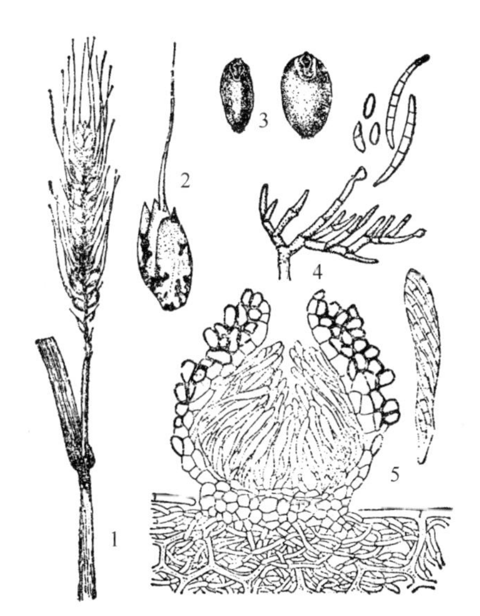

图 6-3　小麦赤霉病病原
1—病穗；2—病颖；3—病、健种子；
4—分生孢子梗及分生孢子；5—子囊壳及子囊

(2) 病原　病原物的有性态为玉蜀黍赤霉 *Gibberella zeae* (Schw.) Petch，子囊菌亚门赤霉属；无性态为禾谷镰孢 *Fusarium graminearum* Schw.，半知菌亚门镰孢属，其他多种镰孢菌如燕麦镰孢、黄色镰孢等均可发病（图 6-3）。

(3) 发生规律　由于病菌寄主范围较广，且具有一定的腐生性，田间稻桩上的子囊壳、带病的玉米根茬、麦秆、麦穗、棉秆、棉铃壳、杂草以及未腐熟厩肥中的玉米秆等残体均可成为病害的主要初侵染源。种子内部潜伏的菌丝体主要引起苗枯和茎腐。病残体上产生的子囊壳中的子囊孢子在穗上侵染引起穗腐。在春季气温升高，雨水多时，病菌大量繁殖，并由雨水飞溅或风吹传播到麦穗上。在高温高湿的条件下，很快在麦穗上产生霉层，霉层上的病菌通过风雨进行再侵染（图 6-4）。一般年份的赤霉病为害，以扬花期病菌一次侵染为主，在多雨的年份会有再侵染。

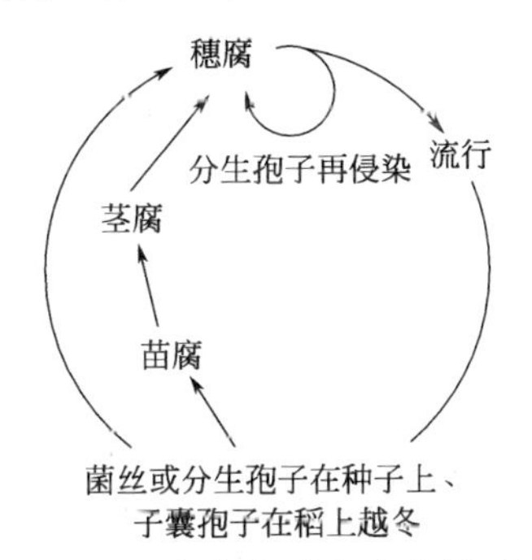

图 6-4　小麦赤霉病病害循环

病害在气温 15℃、相对湿度 80%以上，穗部开始发病，田间湿度大、密度过高发生重。小麦抽穗扬花期的雨日、雨量和相对湿度是决定病害流行的重要因素，出现连阴雨天气容易引起大流行。小麦品种间感病程度有差异，一般大穗、晚熟品种发生相对较重。

(4) 防治方法　赤霉病常年流行麦区应采取以农业防治和减少初侵染源为基础，充分利用抗病品种，穗期及时喷洒杀菌剂相结合的综合措施。

① 农业防治

a. 选育和推广抗病品种　目前，比较抗、耐病的优良品种有：苏麦 3 号、2 号，湘麦 1 号，鄂恩 1 号，荆州 4 号，2133，扬麦 4 号、5 号，辽春 4 号，郑引 1 号，豫麦 34，豫展 9705，郑农 16，郑麦 9023，中育 8 号等，这些品种发病相对较轻。

b. 消灭或减少菌源数量　播种时精选种子，减少种子带菌率；适量播种，以免造成植株群体过于密集和通风透光不良；要平衡施肥，增施磷、钾肥；控制氮肥施用量，实行按需合理施肥，氮肥作追肥时也不能太晚；小麦扬花期应少灌水，更不能大水漫灌，多雨地区要做到田间沟渠通畅，创造不利于病害流行的环境。采取必要措施消灭或减少初侵染菌源，小麦扬花前要尽可能处理完麦秸、玉米秸等植株残体；上茬作物收获后应及时翻耕灭茬，促使植株残体腐烂，减少菌源数量。小麦成熟后要及时收割，尽快脱粒晒干，减少霉垛和霉堆造成的损失。

② 药剂防治　在当前小麦品种抗病性普遍较差的情况下，药剂防治仍是小麦赤霉病防治的关键和有效措施。小麦赤霉病防治的关键是抓好抽穗扬花期的喷药预防。应根据菌源情况和气象条件，适时做出病情预测预报，并及时进行喷药防治，主动用药预防，长江中下游和黄淮等常年病害流行麦区，在小麦抽穗至扬花期遇有阴雨、露水和多雾天气且持续 2d 以上，应于小麦扬花

初期主动喷药预防，要做到扬花一块防治一块；对高感品种，首次施药时间提前至破口抽穗期。可用25%咪鲜胺乳油900mL/hm^2，或25%氰烯菌酯悬浮剂1.5L/hm^2，或50%多菌灵悬浮剂900～1200g/hm^2，或28%多井悬浮剂（复配制剂：复方多菌灵，24%多菌灵和4%井冈霉素复配而成）2250g/hm^2，对水喷雾。

注意：a. 对多菌灵产生高水平抗性地区，应停止使用多菌灵等苯丙咪唑类药剂，以保证防治效果；b. 施药后3～6h内遇雨，则应在雨后及时补喷；c. 长江流域麦区如果出现连阴雨天气，小麦生育期不整齐、扬花期持续7d以上，第一次用药后隔5～7d还需再用药一次，以确保防治效果。

3. 麦类黑穗病

麦类黑穗（粉）病又称黑疸，种类很多，主要有小麦腥黑穗病（包括网腥黑穗病、光腥黑穗病和矮腥黑穗病）、小麦秆黑粉病、小麦和大麦的散黑穗病、大麦坚黑穗病，以及燕麦散黑穗病、坚黑穗病等。此是麦类生产上的一大类重要病害，广泛发生于世界各主产麦区。国内历史上曾一度为害严重。国内小麦黑穗病主要有小麦腥黑穗病、散黑穗病（也发生在大麦上）、小麦秆黑粉病等，在全国各主产麦区都有不同程度的发生，以北方冬麦区发生较严重。

（1）症状　黑穗病的危害共同点是破坏穗部产生大量的黑粉，不仅使小麦减产，而且降低麦粒及面粉的品质。腥黑穗病菌还含有有毒物质（腥臭的三甲胺），使面粉不能食用，并引起禽、畜中毒。

① 腥黑穗病　已知的腥黑穗病有三种：普通腥黑穗病、矮腥黑穗病和印度腥黑穗病。我国有普通腥黑穗病和矮腥黑穗病发生。矮腥黑穗病虽危害性大，但仅限于新疆伊犁地区（1号病）。国内普遍发生的是普通腥黑穗病。普通腥黑穗病包括网腥黑穗病和光腥黑穗病，以网腥为主。症状表现为病株稍矮，发病部位是穗部，特点是子房受害，整个籽粒被害，外面包有一层灰色薄膜，病粒称为菌瘿。病粒外护颖张开，使菌瘿外露（褐色）。菌瘿用手指微压易碎，散出黑色粉末（病菌冬孢子）。病穗有浓厚的鱼腥味，故称腥黑穗病。腥味是孢子含有的化学物质——三甲胺的气味。

② 散黑穗病　症状主要表现在穗部。病穗抽出初期整个穗部外面包着一层灰白色膜，呈一棒状物，膜内充满黑粉，黑粉成熟时，外膜破裂，散出黑粉，经风吹黑粉散落仅剩穗轴。黑粉是病菌的冬孢子。此外，有的仅半个穗或个别小穗受害，形成黑粉。

③ 秆黑粉病　主要发生在叶片、叶鞘、茎秆上，发病部位纵向产生银灰色、灰白色条纹。条纹是一层薄膜，常隆起，内有黑粉，黑粉成熟时，膜纵裂，散出黑色粉末，即病原菌的冬孢子。病株常扭曲，矮化，重者不抽穗，抽穗小，籽粒秕瘦（图6-5）。

（2）病原　三种黑穗（粉）病菌均为真菌担子菌亚门黑粉菌的不同属。腥黑穗病菌，网腥 *Tilleita caries*（DC.）Tul、光腥 *T. foetida*（Wallr.）Lindr，均属于腥黑粉菌属；散黑穗病菌 *Ustilago nuda*（Jens.）Rostr，属于黑粉菌属；秆黑粉病菌 *Urocystis tritici* Korn，属于条黑粉菌属（图6-5，表6-5）。

表6-5　小麦三种黑穗（粉）病菌形态特征比较

项　目	腥黑穗病菌		秆黑粉病菌	散黑穗病菌
	网腥	光腥		
冬孢子形状	球形	近球形	扁球形	球形
冬孢子表面	网纹	光滑	成团着生，1～4个，外有不孕细胞	有细刺
冬孢子萌发	生担子，担子顶端生8～16个线形小孢子，小孢子之间"H"形结合		生担子，担子顶端生小孢子——棒状	生担子，不产生担孢子，之间生侵染丝

（3）发病规律　按侵染方式不同可将麦类黑穗病分为种苗侵染和花器侵染两类。

图 6-5 麦类黑穗病症状及病原厚垣孢子
1—小麦腥黑穗病；2—小麦散黑穗病；3—小麦秆黑粉病；
4—大麦坚黑穗病；5—燕麦坚黑穗病；6—燕麦散黑穗病

① 种苗侵染 小麦腥黑穗病、秆黑粉病，大麦坚黑穗病，燕麦坚黑穗病、散黑穗病均为种苗侵染类型的病害。其病原菌的厚垣孢子主要附着于种子表面或落入土壤中进行休眠和传播，孢子团经牲畜肠胃而不致死，所以施用未腐熟混有病菌孢子的粪肥，也可以传播病害。

小麦网（光）腥黑穗病的厚垣孢子在小麦种子发芽时开始萌发，由芽鞘侵入麦苗并达到生长点，菌丝随小麦一起生长，后至穗部破坏花器，形成菌瘿。病菌在土壤中侵入的适宜温度为 9～12℃。麦苗出土慢，有利于发病。小麦秆黑粉病主要以土壤带菌为主，孢子萌发后从芽鞘侵入，以后进入叶片叶鞘和茎秆，造成系统性发病。病菌在病组织下形成孢子团。病菌侵入寄主的最适土温为 14～21℃，冬麦播种早、秋播时干旱缺墒的田块发病都比较重。

② 花器侵染 包括小麦和大麦散黑穗病。散黑穗病侵染的最适宜时间是正常小麦和大麦扬花授粉初期（7～10d）。病穗提早抽出，当正常小麦扬花授粉时，大量黑粉（冬孢子）随风散落在小麦花器（包括柱头、花柱子房壁）上，冬孢子萌发后长出侵染丝直接从子房壁侵入，随种子发育菌丝进入胚内潜伏下来，当年种子成熟时，外观与健种无明显差异。播种期，带菌种子播入土中开始萌芽时，潜伏在种子胚内的菌丝开始活动，随生长点向上扩展，最后侵入幼穗发育成黑粉黑穗。黑粉（冬孢子）成熟再由风传到健株花器上侵入。小麦、大麦抽穗扬花期的气候条件对病菌的侵入有很大影响。微风有利于孢子传播，小雨和多雾则有利于孢子萌发和入侵，但大雨可将孢子淋落土中，使之失去侵染机会。

（4）防治方法 小麦黑穗（粉）病的防治措施主要根据病原菌的侵染方式及传播途径来确定。由于小麦黑穗病主要由种子内外带菌和土壤粪肥带菌传播，而且在一个生长季节内只有一次侵染而没有再侵染，因此只要采用杜绝种子传播及种子处理、土壤处理的措施，可获得良好的防治效果。

① 加强检疫 矮腥黑穗病和印度腥黑穗病属检疫对象，应严格检疫，杜绝人为传播。

② 农业防治 尽可能在现有品种中寻找抗病品种栽培。不同地区应因地制宜掌握播期。通过高温腐熟肥料并采用粪种隔离。增施有机肥，促进土壤中抗生菌繁殖。

③ 药剂防治

a. 药剂拌种 种子表面带菌（腥黑穗病、秆黑粉病），关键抓药剂拌种。药剂可选用 15%三唑酮可湿性粉剂、50%福美双可湿性粉剂、50%硫菌灵可湿性粉剂、50%多菌灵可湿性粉剂、50%苯菌灵可湿性粉剂、70%敌磺钠可溶性粉剂、25%萎锈灵可湿性粉剂、40%拌种双可湿性粉剂等。用量为干种子量的 0.2%～0.4%。为使药剂均匀，在药中加少量细干土拌匀后再拌种。

b. 药剂浸种 1%石灰水浸种，具体做法是将 0.5kg 石灰加水 50kg，浸种 30～35kg，水面高出种子 6～10cm。水温 20℃需 3～4d；水温 25℃需 2～3d；水温 30℃以上需 1～1.5d；水温 35℃需 1d。用生石灰水要干净，种子无霉、无破伤；浸种期间不要搅动，避免阳光直射。

4. 小麦白粉病

小麦白粉病在我国山东沿海、四川、贵州、云南发生普遍，为害也重。近年来该病在东北、华北、西北麦区，亦有日趋严重之势。

（1）症状　小麦白粉病可侵害小麦植株地上部各器官，以叶片和叶鞘为主，发病重时颖壳和芒也可受害。发病时，叶面出现 1～2mm 的白色霉点，后逐渐扩大为近圆形至椭圆形白色霉斑，霉斑表面有一层白粉，遇有外力或振动立即飞散。这些粉状物就是该菌的菌丝体和分生孢子。后期病部霉层变为灰白色至浅褐色，病斑上散生有针头大小的黑褐色小粒点，即病原菌的闭囊壳。

（2）病原　有性态为禾本科布氏白粉菌［*Blumeria graminis*（DC.）Speer］，属真菌子囊菌亚门布氏白粉菌属，无性态为串珠粉状孢（*Oidium moniliides* Nees），属半知菌亚门粉孢属。菌丝体表寄生，蔓延于寄主表面在寄主表皮细胞内形成吸器吸收寄主营养。在与菌丝垂直的分生孢子梗端，串生 10～20 个分生孢子，椭圆形，单胞无色，大小（25～30）μm×（8～10）μm，侵染力持续 3～4d。病部产生的小黑点即病原菌的闭囊壳，黑色球形，大小 163～219μm，外有发育不全的丝状附属丝 18～52 根，内含子囊 9～30 个。子囊长圆形或卵形，内含子囊孢子 8 个，有时 4 个。子囊孢子圆形至椭圆形，单胞无色，单核，大小（18.8～23）μm×（11.3～13.8）μm。子囊壳一般在大、小麦生长后期形成，成熟后在适宜温湿度条件下开裂，放射出子囊孢子。该菌不能侵染大麦，大麦白粉菌也不侵染小麦。小麦白粉菌在不同地理生态环境中与寄主长期相互作用下，能形成不同的生理小种，毒性变异很快（图 6-6）。

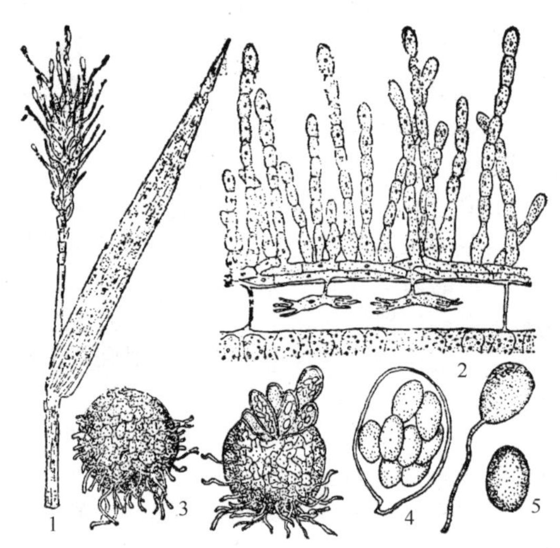

图 6-6　小麦白粉病

1—病株；2—分生孢子梗及分生孢子；3—闭囊壳；4—子囊；5—子囊孢子及萌发

（3）发病规律　病菌靠分生孢子或子囊孢子借气流传播到感病小麦叶片上，温湿度适宜，病菌萌发长出芽管，芽管前端膨大形成附着胞和侵入丝，穿透叶片角质层，侵入表皮细胞，形成初生吸器，并向寄主体外长出菌丝，后在菌丝丛中产生分生孢子梗和分生孢子，成熟后脱落，随气流传播蔓延，进行多次再侵染。病菌在发育后期进行有性繁殖，在菌丛上形成闭囊壳。分生孢子阶段在夏季气温较低地区的自生麦苗或夏播小麦上侵染繁殖或以潜育状态度过夏季，也可通过病残体上的闭囊壳在干燥和低温条件下越夏。病菌越冬方式有两种，一是以分生孢子形态越冬，二是以菌丝体潜伏在寄主组织内越冬。越冬病菌先侵染底部叶片呈水平方向扩展，后向中上部叶片发展，发病早期发病中心明显。冬麦区春季发病菌源主要来自当地。春麦区，除来自当地菌源外，还来自邻近发病早的地区。

病害发生适温 15～20℃，低于 10℃发病缓慢。相对湿度大于 70%有可能造成病害流行。少雨地区当年雨多则病重，多雨地区如果雨日、雨量过多，病害反而减缓，因连续降雨冲刷掉表面分生孢子。施氮肥过多，造成植株贪青，发病重。此外，管理不当、水肥不足、土地干旱、植株生长衰弱以及小麦种植密度大，病害也容易发生。

(4) 防治方法

① 农业防治

a. 种植抗病品种　可选用中麦 895、矮抗 58、周麦 18、小偃 22 等抗病品种。

b. 提倡施用酵素菌沤制的堆肥或腐熟有机肥，采用配方施肥技术，适当增施磷钾肥，根据品种特性和地力合理密植。南方麦区雨后及时排水，防止湿气滞留。北方麦区适时浇水，使寄主增强抗病力。

c. 自生麦苗越夏地区，冬小麦秋播前要及时清除掉自生麦，可大大减少秋苗菌源。

② 药剂防治

a. 拌种　用种子重量 0.03%（有效成分）的 15%三唑酮可湿性粉剂拌种。

b. 喷雾　当小麦白粉病病情指数达到 1 或病叶率达 10%以上时，可喷洒 20%三唑酮乳油 1000 倍液或 40%氟硅唑乳油 8000 倍液，也可结合“一喷三防”技术，兼治小麦白粉病。

5. 小麦纹枯病

小麦纹枯病又称尖眼点病，近年来，随着感病品种的大面积使用及一些栽培措施（如早播、密植、氮肥的大量使用、免耕或少耕）的推广，导致土壤中纹枯病菌大量累积，使得该病成为我国麦区常发病害之一。在江苏、安徽、四川、陕西、湖北和河南等地，小麦纹枯病呈逐年加重的趋势，成为这些地区小麦增产的重要制约因素，发病早的减产 20%～40%，严重的形成枯株白穗或颗粒无收。

(1) 症状　小麦受纹枯菌侵染后，在各生育阶段出现烂芽、病苗枯死、花秆烂茎、枯株白穗等症状。病苗枯死发生在 3～4 叶期，初仅第一叶鞘上出现中间灰色、四周褐色的病斑，然后病苗枯死；拔节后在基部叶鞘上形成中间灰色、边缘浅褐色的云纹状病斑，病斑融合后，茎基部呈云纹花秆状；枯株白穗，病斑侵入茎壁后，形成中间灰褐色、四周褐色的近圆形或椭圆形眼斑，造成茎壁失水坏死，最后病株因养分、水分供不应求而枯死，形成枯株白穗。此外，有时还可形成病健交界不明显的褐色病斑。近年来，由于品种、栽培制度、肥水条件的改变，病害逐年加重，发病早的减产 20%～40%，严重的形成枯株白穗或颗粒无收。

(2) 病原　无性态 *Rhizoctonia cerealis* Vander Hoeven CAG-1 称禾谷丝核菌，属半知菌亚门真菌；有性态 *Ceratobasidium cornigerum* (Borud.) Rogers 为喙角担菌，属担子菌亚门真菌。

禾谷丝核菌菌丝较细、双核，无色，分枝处近直角，基部稍缢缩，不产无性孢子；菌核初为密集的菌丝团，白色，后呈扁球形，浅黄色至褐色，表面粗糙。

(3) 发病规律　病菌以菌丝或菌核在土壤和病残体上越冬或越夏。播种后开始侵染为害。在田间发病过程可分冬前发病期、越冬期、横向扩展期、严重度增长期及枯白穗发生期 5 个阶段。

① 冬前发病期　小麦发芽后，接触土壤的叶鞘被纹枯菌侵染，症状发生在土表处或略高于土面处，严重时病株率可达 50%左右。

② 越冬期　外层病叶枯死后，病株率和病情指数降低，部分病株带菌越冬，并成为翌春早期发病重要侵染源。

③ 横向扩展期　指春季 2 月中下旬至 4 月上旬，气温升高，病菌在麦株间传播扩展，病株率迅速增加，此时病情指数多为 1 或 2。

④ 严重度增长期　4 月上旬至 5 月上中旬，随植株基部节间伸长与病原菌扩展，侵染茎秆，病情指数猛增，茎秆和节腔里病斑迅速扩大，分蘖枯死，病情指数升级。

⑤ 枯白穗发生期　5 月上中旬以后，发病高度、病叶鞘位及受害茎数都趋于稳定，发病重的

因输导组织受害迅速失水枯死，田间出现枯孕穗和白穗。

发病适温20℃左右。凡冬季偏暖、早春气温回升快、阴雨多、光照不足的年份发病重，反之则轻。冬小麦播种过早，秋苗期病菌侵染机会多，病害越冬基数高，返青后病势扩展快，发病重，适当晚播则发病轻。重化肥轻有机肥，重氮肥轻磷钾肥发病重。高砂土地重于黏土地，黏土地重于盐碱地。

(4) 防治方法

① 农业防治

a. 选用中抗和耐病品种　目前生产上缺乏高抗纹枯病的小麦品种，秋种时尽量选用中抗、耐病或感病轻、丰产性好的品种。如郑引1号、鲁麦14号、豫麦10号、豫麦13号、豫麦16号、扬麦1号、丰产3号、华麦7号、鄂麦6号、淮849-2、陕229、矮早781、郑州831、冀84-5418、豫麦17号、百农3217、百泉3039、博爱7422、温麦4号等。215953虽然病情指数高，但产量损失少。

b. 合理轮作，加强田间管理　实行小麦与油菜、大豆、花生等轮作，减少田间菌源积累。适当降低播量，控制植株密度，增强麦田通透性。适当增施有机肥，平衡施用氮、磷、钾化肥，合理密植，及时除草和排水，改善麦田生态环境，培育壮苗，提高抗病性和补偿能力。

② 药剂防治

a. 药剂拌种　当前施用效果较好的是用20%三唑酮乳油、25%三唑酮可湿性粉剂、15%三唑醇可湿性粉剂等拌种，药剂用量为干种子量的0.02%～0.03%。

b. 喷雾　春季小麦病株率达20%的地块，应及时喷药，施药时间在小麦拔节初期，以阻止病害侵入茎秆。喷雾所用药剂可采用下列中的一种：20%三唑酮乳油750mL/hm^2、5%井冈霉素水剂1500～2250 mL/hm^2、15%三唑酮可湿性粉剂1125～1500g/hm^2等，对水喷雾。

二、麦类其他病害

麦类其他病害见表6-6。

表6-6　麦类其他病害

病害名称	症状	发病规律	防治要点
小麦丛矮病	小麦丛矮病发病植株分蘖增多，叶片细小，心叶嫩绿，从叶茎开始出现白色细条纹，后发展成不均匀的黄绿相间的条纹，条纹不受叶脉限制	由北方禾谷花叶病毒(wheat rosette virus，WRV)引起。小麦丛矮病由灰飞虱传毒，小麦出苗后，带毒灰飞虱由杂草或禾本科作物田迁入麦田，为害小麦并传播病毒。秋季早播小麦感病后，10月中旬形成秋苗发病高峰。发病的主要时期是秋季。一般在有毒源存在的情况下，冬小麦播种越早，侵染越早，发病越严重。随植株生理年龄的增大，抗性增强，春季返青后受侵植株发病较轻。防治的关键是控制秋苗的早期侵染	防治策略应采用以农业防治为主、化学药剂治虫为辅的综合控制策略。 (1)农业防治　合理安排种植制度，尽量避免棉麦间套作。所有大秋作物收获后及时耕翻灭茬，减少虫源。秋播前及时清除麦田周边的杂草。适期播种，避免早播 (2)药剂治虫防病　①药剂拌种　40%甲基异柳磷乳油，用量一般为种子量的0.1%。②喷雾治虫　可用氧乐果等药剂。播种后、出苗前喷药1次，重点是麦田四周5m的杂草及向麦田内5m的麦苗和杂草。返青期，重点喷洒靠近路边、沟边、场边、村边的麦田，以阻止和消灭侵入麦田的灰飞虱。小麦出苗后和返青至孕穗期普遍喷药防治控制田间传播

续表

病害名称	症状	发病规律	防治要点
小麦黄矮病	小麦黄矮病的典型症状是叶片鲜黄，叶脉仍为绿色，呈现黄绿相间的条纹，植株矮化。苗期感病生长缓慢，分蘖少，扎根浅。病叶从叶尖开始变黄，逐渐向下发展，叶片厚而脆。病苗不能越冬，即使能越冬，返青拔节后新叶继续发病，植株严重矮化不能抽穗，甚至枯死	由大麦黄矮病毒（barley yellow dwarf virus，BYDV）引起，小麦黄矮病由麦二叉蚜为主的多种蚜虫传毒，带毒蚜虫秋季在小麦出苗后迁入麦田繁殖为害，传播病毒，使秋苗发病，形成来年春季毒源中心。来年春季继续传毒危害。田间有两次发病高峰，一是小麦拔节期，二是抽穗期。影响黄矮病流行的主要因素，一是麦蚜数量大，特别是麦二叉蚜数量大，发病重；二是秋冬及早春气温偏高，湿度小，有利于麦二叉蚜的发生与传毒，使黄矮病发生重	(1)选用抗病丰产品种　小麦品种之间抗病性的差异比较明显，尤其是耐病性较强的品种较多，应注意选用 (2)栽培防病　重病区应着重改造麦田蚜虫的适生环境，清除田间杂草，减少毒源寄主。增施有机肥，扩大水浇面积，创造不利于蚜虫繁殖，而有利于小麦生长发育的生态环境，以减轻危害。适期播种，避免早播 (3)药剂治蚜防病 ①药剂拌种　50%辛硫磷乳油或40%甲基异柳磷乳油按种子量的0.1%进行拌种，堆闷3～5h播种 ②药剂喷雾　秋苗期喷雾重点防治未拌种的早播麦田，春季喷雾重点防治发病中心麦田及蚜虫早发麦田，可喷施吡虫啉、啶虫脒和抗蚜威等药剂
小麦土传花叶病	秋苗期一般生长正常，小麦返青后才开始显症，病苗发黄，叶尖变紫，拔节期为显症高峰，新叶出现花叶症状，抽穗后病株恢复生长，贪青晚熟	小麦土传花叶病毒（wheat soil-borne mosaic virus，WSBMV）病是由禾谷多黏菌和拟多黏菌传毒的病毒病。秋播小麦出苗后，土壤中多黏菌的休眠孢子变为游动孢子，带毒的游动孢子侵染小麦表皮，将病毒传到小麦根部。小麦成熟前，游动孢子形成结合子，在根表皮内发育变成形体，形体再形成休眠孢子堆，内装休眠孢子。土传花叶病的发生与品种、土质、地力和气候条件关系密切。土质疏松，透气良好，保肥力差的砂土发病重；基肥不足，苗情差的地块发病重；早播发病重；地下水位高和近水沟的阴涝地发病重	同小麦黄矮病

第三节　麦类病虫害的综合防治

1. 防控策略

针对“两病三虫”重点发生区域，抓住关键时期、关键技术，推行专业化统防统治，加强种子包衣、生态治理等绿色防控技术的示范与推广，做好小麦条锈病菌源区治理和暴发性、突发性病虫应急防治，确保小麦病虫防控目标的实现。

2. 防控重点对象

重点防控“两病三虫”，即小麦条锈病、赤霉病、麦蚜、小麦害螨（麦蜘蛛）和吸浆虫，兼防其他次要病虫，如小麦白粉病、全蚀病、根腐病、纹枯病、茎基腐病、灰飞虱、红蜘蛛、麦叶蜂、地下害虫等。但还需注意，不同区域的重点防控对象是不同的，不同生育期的重点防控对象也有所不同。应根据当地的实际情况，采用相应的防控措施，才能获得最佳的防治效果。

3. 主要技术措施

（1）生态调控

① 选用抗病虫品种　吸浆虫发生严重的，应选用穗形紧密，内外颖缘毛长而密、麦粒皮厚、浆液不易外溢的品种；赤霉病常发区应选用穗形细长、小穗排列稀疏、抽穗扬花整齐集中、花期短、残留花药少以及耐湿性强的品种。

② 轮作倒茬　小麦与油菜、绿肥（苕子）间作，可有效保护利用麦蚜天敌资源；小麦与大蒜等非禾本科作物轮作，可减轻吸浆虫、孢囊线虫病等病虫的危害；预留玉米行，可增强小麦和玉米健康，减轻病虫为害。

③ 合理密植、施肥和深耕　合理密植和施用氮肥，适当增施有机肥和磷、钾肥，改善田间通风透光条件，降低田间湿度，提高植株抗病性，可减轻病害发生；播种前深耕，可防治麦叶蜂、地下害虫等。

④ 保护利用自然天敌　改进施药技术，选用对天敌安全的选择性药剂，减少用药次数和数量，保护天敌免受伤害。如使用啶虫脒、吡虫啉和抗蚜威等药剂防治蚜虫，不仅对天敌瓢虫和捕食性天敌杀伤率小，对麦蚜防治效果也较好。

（2）生物防治　优先使用生物防治。采用生物菌剂荧光假单胞杆菌 P32、拮抗细菌等防治小麦全蚀病；采用抗生素武夷菌素防治小麦白粉病、多抗霉素防治小麦白粉病、中生菌素防治小麦赤霉病等。

（3）理化诱杀

① 杨树枝把诱杀黏虫　利用黏虫成虫的产卵习性，每亩麦田插杨树枝把或谷草、稻草把20～50个，诱其产卵，每 2～5d 更换一次草把，换下的集中烧毁。

② 糖醋液诱杀黏虫　春季温度上升到5℃时开始诱蛾，在周围比较空旷、远离油菜等蜜源植物的麦田中，分放糖醋液诱杀盆 2～4 只，每 1300～2000m^2 设置 1 只糖醋液诱杀盆，盆底高出麦株 0.3～0.4m，傍晚放出，白天收回，每天清晨捞出诱到的成虫。5d 加一次醋，10d 换一次诱液。

③ 灯光诱杀　安装频振式杀虫灯、黑光灯、高压汞灯等诱杀黏虫、蝼蛄和蛴螬的成虫，可以明显降低田间落卵量和幼虫数量。

（4）科学用药

① 药剂拌种技术　播前采取“统一组织、统一药剂、统一技术、统一拌种”，拌种器与人工拌种相结合，群众拌种与专业拌种相结合，大力推广应用药剂拌种技术。

②“带药侦察，早春预防”技术　专业化防治组织带药侦查病情，针对小麦条锈病发病中心和发病田块实施“发现一点、防治一片”。

③ 赤霉病预防技术　关注抽穗扬花期天气形势，抓住小麦抽穗扬花初期，统一组织喷药预防赤霉病。

④“一喷三防”技术　当多种病虫害同时发生时，突出主要病虫、重点田块，在灌浆期选用杀菌剂、杀虫剂和植物生长调节剂合理混用防治病虫和预防干热风为害，以达到节本增效的目的。

⑤ 高效低毒化学农药防治病虫技术　选用三唑酮、戊唑醇等药剂按要求的剂量拌种预防小麦条锈病，选用三唑酮、丙环唑或烯唑醇类药按要求的剂量喷雾防治小麦条锈病，选用氰烯菌酯、戊唑醇、咪鲜胺、多菌灵等按要求的剂量喷雾防治小麦赤霉病，选用啶虫脒、吡虫啉、抗蚜威等药剂按要求剂量喷雾防治麦蚜，选用阿维菌素、哒螨灵等按要求的剂量喷雾防治小麦害螨，选用毒死蜱、高效氯氰菊酯、乐果等按剂量喷雾防治吸浆虫。

你知道吗？小麦生产的“一喷三防”技术

“一喷三防”技术是小麦生长发育中后期管理的重要技术措施，是指在小麦生长中后期，通过叶面喷施植物生长调节剂、叶面肥、杀菌剂、杀虫剂等混配液，通过一次施药达到防干热风、防病虫、防早衰的目的，实现增粒增重的效果，确保小麦丰产增收。

“一喷三防”技术适用于全国各类麦区，但需要根据不同麦区的特点，针对当地当时小麦生产中经常发生的病害、虫害及干热风发生的情况，制定适合本地区的“一喷三防”重点防治对象，适当调整植物生长调节剂、叶面肥、杀菌剂、杀虫剂等混配液的配方。如北部冬麦区和黄淮冬麦区干热风出现较多，“一喷三防”应以防干热风、白粉病、蚜虫、吸浆虫等为重点，兼顾防锈病；长江中下游冬麦区赤霉病时有发生，“一喷三防”应以防赤霉病、白粉病、蚜虫、吸浆虫为重点，兼顾防早衰；西南冬麦区条锈病发病率较高，“一喷三防”应以防锈病、赤霉病、白粉病、蚜虫为重点，兼顾防早衰；新疆冬春麦区可以防白粉病、锈病、蚜虫为重点，兼顾防早衰。而各个春麦区均以防锈病、白粉病、蚜虫为重点，兼顾防早衰。

单元检测

一、简答题

1. 麦类作物的常见害虫有哪些种类？
2. 麦类蚜虫的种类有哪些？应采用哪些防治措施？
3. 麦类吸浆虫有哪些为害？采用哪些防治措施？
4. 试述麦类虫害的综合防治技术规程。
5. 小麦三种锈病的症状怎样区别？并用一句话来概括其症状。
6. 谈谈麦类黑穗病有哪些危害？怎样通过种子处理防治麦类黑穗病？
7. 影响麦类赤霉病发生流行的因素有哪些？应在麦类哪个生育期进行防治效果最好？怎样防治麦类赤霉病？
8. 麦类病虫害的综合防治技术有哪些？
9. 调查当地的麦类病虫害的种类，并提出防治意见。

二、归纳与总结

对麦类的主要病虫害进行描述，麦类害虫主要介绍了黏虫、蚜虫、吸浆虫等，对害虫的形态特征、发生规律、发生条件以及综合防治进行详细叙述；麦类病害主要有小麦锈病、小麦赤霉病、小麦黑穗病、小麦白粉病、小麦线虫病以及小麦纹枯病，对它们的症状、病原、发生规律以及综合防治技术进行详细介绍。在学习每种病虫的理论知识的同时，应重点掌握其综合防治措施，以期培养实际技能。

第七单元 棉花病虫害防治技术

学习目标

知识目标

掌握棉花主要害虫的分布与为害、形态识别、生活习性和防治措施。

技能目标

1. 能够正确识别棉花常见病虫害。

2. 能够根据棉花常见病害的发病规律及害虫的发生规律，制定适合当地特点的综合治理方案。

第一节 棉花害虫

棉花害虫种类繁多，为害重，发生普遍的有20余种。苗期害虫主要有小地老虎、棉蚜、棉叶螨、棉蓟马等，造成缺苗断垄、迟苗晚发。蕾铃期害虫主要有棉铃虫、棉红铃虫、棉金刚钻、棉盲蝽、玉米螟、斜纹夜蛾等，造成棉株疯长，蕾铃脱落，僵瓣、黄花、烂铃等，给棉花生产带来很大的损失。

一、棉花主要害虫

以下主要介绍棉铃虫。

棉铃虫［*Helicoverpa armigera*（Hubner)］属鳞翅目，夜蛾科。棉铃虫广泛分布在我国各地，是棉田重要害虫之一。棉铃虫是一种多食性的害虫，可为害棉花、小麦、玉米、烟草、蔬菜、果树等200多种植物。

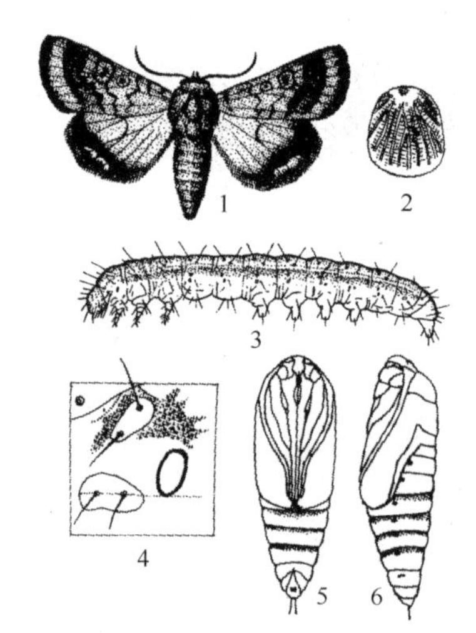

图7-1 棉铃虫

1—成虫；2—卵；3—幼虫；4—幼虫前胸侧面（示前胸气门2根毛基部连线与气门相切）；5—蛹腹面；6—蛹侧面

1. 形态识别

（1）成虫　成虫体长15～17mm，翅展30～38mm。头胸青灰色或淡灰褐色，前翅青灰色、灰褐色或赤褐色。线纹均为黑褐色不甚清晰，肾纹前方有黑褐纹。后翅灰白色或褐色，翅脉深褐色，沿外缘有一黑褐色宽带，其外缘有两相连的白斑，腹部背面青灰色或淡灰褐色（图7-1）。

（2）卵　半球形，约0.5mm，初产时乳白，后黄白色，孵化前深紫色。顶部稍隆起，具有纵横网格。

（3）幼虫　幼虫多数6龄。1龄幼虫头部黑色，前胸背板红褐色，体表线纹不明显。2龄幼虫头部黑褐色或褐色，两侧缘各出现1淡色纵纹。3龄幼虫头部淡褐色，出现大片褐斑和相连斑二点，气门乳白色。4龄幼虫头部淡褐带白色，有褐色纵斑。5龄幼虫头部较小，有小褐斑。6龄幼虫头部淡黄色，白色网纹显著，体侧3条线条清晰。老熟幼虫体长30～42mm。体色变化很大，有淡绿、淡红、黄白、绿色、黄绿色、暗紫色至黑褐色。头部黄褐色，背线、亚背线和气门上线呈深色纵线，气门上线的白斑连成断续的白纹。

(4) 蛹　纺锤形，体长17～21mm。初蛹为灰绿色、绿褐色或黄褐色。近羽化时，呈深褐色。腹部第5节的背面和腹面前缘有7～8排半圆形刻点，臀棘钩刺2根。

2. 发生规律

(1) 年生活史及习性

① 年生活史　棉铃虫在我国由北向南年发生3～7代。以蛹在寄主植物根际附近的土壤中越冬。当气温上升至15℃以上时，越冬蛹开始羽化。棉铃虫全年的发生过程以黄河流域棉区为例。9月下旬以蛹在土里越冬，第二年4月中下旬到5月上旬，气温在15℃开始羽化。第1代幼虫多在麦田或春玉米上为害，6月上中旬幼虫在小麦收割前钻到畦埂边的松土里化蛹。6月中下旬第1代成虫盛发，成虫迁入棉田产卵和为害，主要为害棉花顶尖，90%的卵集中产在棉花顶尖的心叶上，这是棉铃虫防治的关键时期。防治的重点是保护棉花的顶尖。6月底至7月中下旬是第2代幼虫化蛹盛期，7月下旬至8月上旬是第2代成虫发生盛期，主要集中在棉花上产卵和为害，少量迁入到玉米、番茄上产卵为害。8月中下旬是第3代成虫发生盛期，大部分成虫仍在棉花上产卵为害，一部分转移到夏玉米、番茄、高粱等作物上产卵为害。9月下旬第4代幼虫开始入土化蛹越冬，第二年4月份开始出土为害。

② 习性　成虫昼伏夜出，白天隐藏在叶背等处，黄昏开始活动，在开花植物上飞翔取食花蜜，交配产卵，有趋光性和趋化性，对半枯萎的杨树枝把也有很强的趋性。平均每头雌虫产卵1000余粒，最多可达3000多粒。卵散产，喜产于生长茂密、花蕾多的棉花上，产卵的部位一般选择嫩尖、嫩叶等幼嫩部分。产卵的部位随发生世代而异。第1代成虫发生期正值棉花现蕾初期，90%以上的卵产在嫩叶和生长点上。第2、第3、第4代成虫产卵多在幼蕾的苞叶上和果枝嫩尖上，少数产在叶背面和花上。

幼虫共5～6龄。幼虫孵化后先取食卵壳，随后转向生长点，1～2d后转向幼蕾。3～4龄幼虫主要为害蕾和花，引起落蕾。5～6龄幼虫进入暴食期，多为害青铃、大蕾或花朵。受害幼蕾苞叶张开脱落，被蛀青铃易受污染而腐烂。老熟幼虫吐丝下垂，多数入土做土室化蛹越冬。

(2) 发生条件　棉铃虫喜欢高温多雨，干旱少雨对其发生不利。水肥条件好，长势旺盛的棉田，前作是麦类或绿肥的棉田，均有利于棉铃虫的发生。棉铃虫发育的最适温度为25～28℃，相对湿度为70%～90%，6～8月份月降水量达100～150mm的年份棉铃虫发生严重。寄生性天敌主要有赤眼蜂、姬蜂、寄蝇等，捕食性天敌主要有草蛉、黄蜂、猎蝽等。保护和利用天敌对棉铃虫有显著的控制作用。

3. 防治方法

在黄河流域棉区应采取结合麦田防治棉蚜、麦红吸浆虫等兼治麦田第1代，狠治棉田第2代，严格控制第3代，以及挑治第4代的措施。

(1) 种植抗虫品种　适度推广转Bt基因的抗虫棉，主要品种有：苏棉29、中棉38、中棉39、黄杂2号等。棉铃虫也可对抗虫棉产生抗性。但应注意种抗虫棉的棉田，棉蚜、棉叶螨等刺吸式口器害虫易严重发生。

(2) 农业防治　棉花收获后及时清除棉秆和烂铃、僵瓣，秋季棉铃虫为害重的棉花、玉米、番茄等农田进行秋耕冬灌和破除田埂，破坏越冬场所，提高越冬死亡率，减少第一代发生量。小麦收割后及时中耕灭茬，消灭部分一代蛹，降低成虫羽化率。田间结合整枝及时打顶，摘除边心及无效花蕾。

(3) 物理机械防治　种植洋葱、胡萝卜、白萝卜等早春开花作物，把棉铃虫成虫诱集在田内集中消灭。棉花与小麦、油菜、玉米等作物间作套种或插花种植可以丰富棉田天敌资源，从而减轻棉铃虫的发生与为害。用黑光灯或高压汞灯诱杀成虫。安装300W高压汞灯15只/hm^2，灯下用大容器盛水，水面撒柴油。

(4) 生物防治

① 保护和利用天敌　棉花生长前期尽量不施或少施广谱性的杀虫剂，减少杀伤天敌，发挥天敌对棉铃虫的控制作用。

② 释放赤眼蜂　第一次放蜂时间要掌握在成虫始盛期开始 1～2d，蜂卵比要掌握在 25∶1，放蜂的适宜温度为 25℃，空气相对湿度为 60%～90%。

(5) 药剂防治

① 防治适期　应掌握在卵孵盛期至 2 龄幼虫期，以卵孵盛期喷药效果最佳。防治棉铃虫以 2 代和 3 代为重点。防治指标一般可掌握在百株卵量百粒以上或百株低龄幼虫 10 头。防治 2 代棉铃虫时药液主要喷洒在棉株上部嫩叶和顶尖上，可用“点点划圈”的方法喷药，防治 3 代和 4 代时药液要喷在群尖和幼蕾上，要做到四周打透。注意多种药剂交替使用或混合使用，避免和延缓棉铃虫抗药性的产生。

② 药剂防治　在棉花生长前期重点防治棉田 2～3 代棉铃虫，在卵孵盛期至 2 龄幼虫期可用持效期较长、杀卵效果好的药剂：1.8%阿维菌素乳油 150～300mL/hm^2；1%甲氨基阿维菌素苯甲酸盐乳油 225～300mL/hm^2；40%丙溴磷乳油 1200～1500mL/hm^2；5%氟铃脲乳油 1800～2400mL/hm^2；8000IU/mL 苏云金杆菌可湿性粉剂 3000～4500g/hm^2；600 亿 PIB/g 棉铃虫核型多角病毒水分散粒剂 15～45g/hm^2；对水 750～900kg 均匀喷雾。

防治 3～4 代棉铃虫，注意施用速效、高效药剂：2.5%高效氯氟氰菊酯乳油 600～900mL/hm^2；4.5%高效氯氰菊酯水乳剂 900～1200mL/hm^2；10%顺式氯氰菊酯乳油 225～300mL/hm^2；600 亿 PIB/g 棉铃虫核型多角病毒水分散粒剂 15～45g/hm^2；5%氯氟氰菊酯乳油 480～750mL/hm^2；20%甲氰菊酯乳油 450～600mL/hm^2；对水 750～900kg 均匀喷雾，喷透喷匀。

二、棉花其他害虫

1. 棉蚜

棉蚜（*Aphis gossypii* Glover）俗称腻虫、油汗、蜜虫等，属同翅目蚜科。全国各地均有发生，为害严重，是棉田的重要害虫。除为害棉花外，还为害瓜类、马铃薯、茄子等多种作物。以棉花和瓜类受害重。

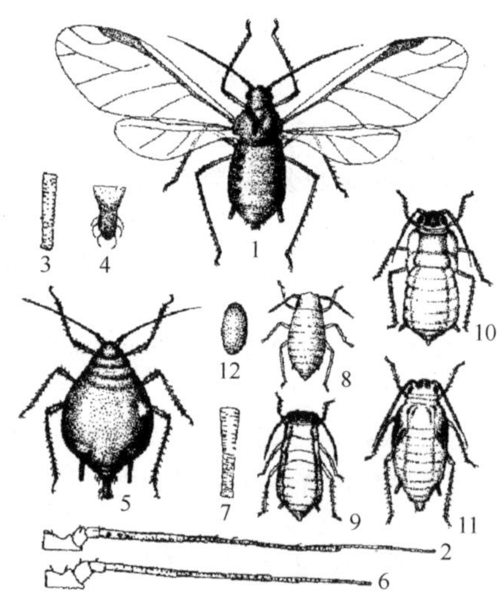

图 7-2　棉蚜（仿浙江农业大学）
有翅胎生雌蚜成虫：1—成蚜；2—触角；3—腹管；4—尾片
无翅胎生雌蚜成虫：5—成蚜；6—触角；7—腹管有翅胎生雌蚜：8～11—1～4 龄若蚜；12—卵

棉花从棉苗出土到吐絮的整个生长过程都能受棉蚜的为害，但对棉花造成为害的主要是苗蚜和伏蚜，棉花苗期和蕾铃期是为害最重的时期。

棉蚜为害棉花时常成群集中在棉花嫩叶背面和嫩尖上，吸食汁液，严重时叶片皱缩卷曲。棉花苗期受害，植株矮小、生长发育延迟，严重时棉苗停止生长直至死亡。蕾铃期受害，叶片背面布满蚜虫，蚜虫取食时排出大量蜜露，影响棉株的光合作用和呼吸作用，导致病菌寄生，造成棉株早衰，蕾铃大量脱落。

(1) 形态识别　棉蚜的形态是多型性的，生活在不同时期、不同寄主上的棉蚜在形态上有明显的差异。

① 干母　从越冬卵孵化出的个体叫干母。体长 1.6mm，茶褐色至暗绿色。触角 5 节(图 7-2)。

② 无翅胎生雌蚜　体长 1.5～1.9mm，夏季高温时多为黄色或黄绿色，春秋低温时多呈深绿色。触角不及体长的 2/3。腹管黑色圆筒形，体表常被有白蜡粉。

③ 有翅胎生雌蚜　体长 1.2～1.9mm，黄色、

浅绿色或深绿色。复眼黑色，触角6节，翅透明，腹管黑色，圆筒形，基部较宽，表面有瓦砌纹。

④ 无翅产卵雌蚜 体长1.3～1.5mm，触角5节，后足腿节粗大。腹管黑色。

⑤ 有翅雄蚜 体长1.2～1.4mm，体色变异很大，有深绿色、灰黄色、暗红色或赤褐色，腹背各节中央各有1黑横带。腹管灰黑色。

⑥ 卵 长0.5～0.7mm，椭圆形，初产时橙黄色，后变漆黑色，有光泽。

⑦ 无翅若蚜 复眼红色，无尾片。共4个龄期。夏季体淡黄或黄绿色，春、秋为蓝灰色。1龄若蚜触角4节，腹管长宽相等；2龄触角5节，腹管长为宽的2倍；3龄触角5节，腹管长为1龄的2倍；4龄触角6节，腹管长为2龄的2倍。

⑧ 有翅若蚜 同无翅若蚜相似。第2龄出现翅芽，其翅芽后半部为灰黄色。

(2) 发生规律

① 年生活史及习性

a. 年生活史 辽河流域棉区一年发生10～20代，黄河流域、长江及华南棉区20～30代。除在华南部分地区棉蚜的全年生活史是不全生活史周期外（可终年繁殖，无越冬现象），其余大部分棉区都是全生活史周期。有全生活史周期的棉蚜，以卵在石榴、木槿、花椒树的枝条或夏枯草、紫花地丁等杂草的根基部越冬。早春卵孵化产生干母，后干母开始胎生无翅雌蚜，无翅雌蚜孤雌生殖2～3代后，产生有翅胎生雌蚜。成长后迁飞到夏季寄主（棉花、瓜类等）上产生有翅侨蚜和无翅侨蚜，在棉田和其他夏季寄主上为害。晚秋夏季寄主衰老时，侨蚜产生有翅雌性母和无翅雄性母，有翅雌性母迁回越冬寄主，胎生孤雌无翅雌蚜，无翅雄性母在夏季寄主上胎生有翅雄蚜，长成后飞回越冬寄主与无翅雌蚜交配产卵越冬。

b. 习性 根据棉蚜在棉田的发生，棉蚜可分为苗蚜、伏蚜、秋蚜。棉田在出苗后到现蕾前发生的棉蚜叫苗蚜；7月份进入伏天以后发生的棉蚜叫伏蚜；如有些地区气候反常，加之施肥、喷药不当，在9～10月间的吐絮期发生为害的棉蚜叫秋蚜。棉蚜具有很强的繁殖能力，若蚜出生后，在夏季只经4～5d蜕皮4次，即变成成蚜。一生可产仔60余头。蚜虫具有趋黄色的习性。

② 发生条件 影响棉蚜发生的环境因素主要是气候和天敌等。棉蚜喜欢中温，适宜温度为20～25℃，阴雨天或温度超过28℃，对棉蚜发生不利。

苗蚜适应比较偏低的气温，气温高于27℃受到抑制。伏蚜适应偏高的温度，27～28℃大量繁殖，当日均温高于30℃时，虫口数量才减退。大雨对棉蚜的抑制作用明显。播种早的棉蚜迁入早，为害重，棉株疯长的棉田棉蚜发生多。麦棉、油（油菜）棉间作套种地棉蚜前期发生较轻。施底肥少、追肥多的棉田棉蚜的发生多，反之则较少。棉株健壮稳长棉蚜发生少。棉蚜的天敌主要有瓢虫、草蛉、食蚜蝇、食虫蝽、寄生螨等。

(3) 防治方法

① 农业防治 冬季铲除田边、地头杂草，集中处理，消灭越冬寄主上的蚜虫。木槿是棉蚜的主要越冬寄主。冬季修剪木槿时要及时处理残枝，消灭枝上的卵。直播棉田结合间苗、定苗拔除有蚜苗，带出田外集中深埋或沤肥。

② 物理防治 在棉花播种前，每隔10行棉花种1行油菜，以油菜上的蚜虫招引天敌来控制棉蚜。

③ 药剂拌种 可选用70%吡虫啉拌种剂30～42g与棉籽6kg或3%克百威颗粒剂20g与100kg棉籽进行拌种，堆闷4～5h后播种；或35%甲基硫环磷乳油490～525mL/100kg种子拌种、浸种，堆闷24～26h后播种。

④ 药剂防治 在害虫发生期，棉苗3片真叶前卷叶株率为5%～15%；4片真叶后卷叶株率为10%～20%，各喷药1次。为防治棉蚜产生抗药性，可轮换使用下列药剂：2%阿维菌素乳油1080～1620mL/hm^2；10%吡虫啉可湿性粉剂300～450mL/hm^2；4.5%高效氯氰菊酯乳油300～600mL/hm^2；2.5%高效氯氟氰菊酯乳油300～600mL/hm^2；10%氯氰菊酯乳油750～1200mL/hm^2；25%噻虫嗪水分散粒剂60～120mL/hm^2；20%丁硫克百威乳油450～900mL/hm^2；3%啶

虫脒乳油 300～600mL/hm²，对水 750～900kg 均匀喷雾。

2. 棉叶螨

在我国的棉花上发生的叶螨有朱砂叶螨［*Tetranychus cinnabarinus*（Bots）］、截形叶螨（*T. truncatus* Ehara）、二斑叶螨（*T. urticae* Koch）、土耳其斯坦叶螨（*T. turkestani* Ugarov et Nikolski）和敦煌叶螨（*T. dunhuangensis* Wang）5 种，均属蛛形纲，蜱螨目，叶螨科。

叶螨除为害棉花外，还为害茼麻、蜀葵、木槿、玉米、高粱、粟、大豆、豌豆、花生、苜蓿、茄子、茄子、苋菜、瓜类、桑以及多种杂草。为害棉花时，群集叶背的叶脉附近吸食汁液，从下部叶片开始，逐渐向上蔓延。被害叶初呈黄白色斑点，后出现红色斑并扩展至全叶造成红叶，最后干枯脱落，常引起蕾、铃脱落，严重影响棉花的产量和质量。

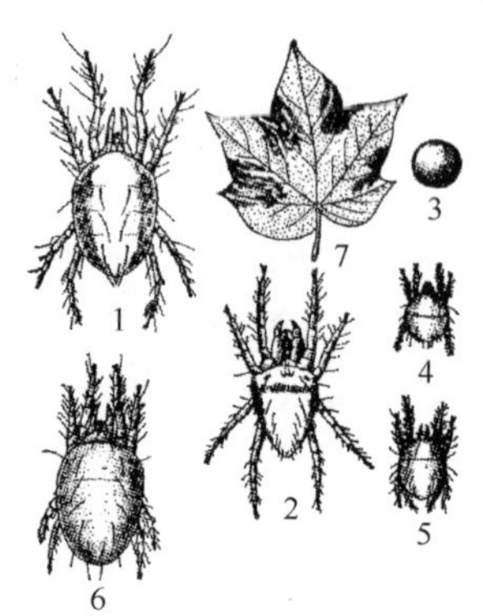

图 7-3 朱砂叶螨
1—雌成螨；2—雄成螨；3—卵；4—幼螨；5—第一龄若螨；6—第二龄若螨；7—棉叶被害状

（1）形态识别 棉叶螨的形态识别以朱砂叶螨为例（图 7-3）。

① 成螨 成螨红色或锈红色。雌螨椭圆形，体长 0.42～0.59mm，体背面两侧有深褐色斑纹。雄螨较雌螨体小，腹末略尖，体背面略呈棱形，体长 0.26～0.36mm，体色与雌虫同。

② 卵 圆球形，光滑，直径 0.13mm。初产时透明，无色，后变为淡黄色或橙黄色，孵化前呈微红色。

③ 幼螨 卵孵化后为 1 龄，仅具 3 对足，称幼螨。

④ 若螨 具有 4 对足。体椭圆形，体色变深，体侧出现深色斑点。

（2）发生规律

① 年生活史及习性

a. 年生活史 棉叶螨在我国各棉区一年可发生 12～20 代。长江流域棉区 1 年发生 15～18 代，黄河流域棉区 1 年发生 12～15 代；华南棉区 1 年发生 20 代以上。棉叶螨以成螨在背风向阳的杂草根部、土缝、树皮缝及枯叶里越冬。次年 2～3 月份开始活动，初孵幼螨先在冬季绿肥及夏枯草、旋花等寄主上取食，后随着作物的生长，陆续迁入棉田为害，到 6 月上旬至 8 月中旬进入棉田盛发期。

b. 习性 成螨羽化后立即交配，第 2 天就可产卵，多产于叶背。可孤雌生殖，其后代多为雄性。幼螨和若螨共蜕皮 2～3 次，蜕皮后即可活动和取食。棉叶螨繁殖能力强，每头雌虫每日可产卵 6～8 粒。卵散产，一生产卵百余粒。

② 发生条件 棉叶螨喜欢高温干旱的气候条件。当温度在 25～30℃、相对湿度在 80%以下时，繁殖速度最快。温度超过 34℃时，棉叶螨停止繁殖。前茬作物是绿肥、豆类的棉田发生早而重，油菜田次之，小麦田轻。棉田内间作芝麻、豆类等发生重。暴雨对棉叶螨的发生有明显的抑制作用。深点食螨瓢虫、草蛉、瘿蚊等天敌对抑制其发生有一定的作用。棉叶螨为害轻重还与地势、土质等有关。一般向阳的坡地、砂质土的田块发生较重。

（3）防治方法

① 农业防治 加强田间管理。越冬前，在根颈处覆草，在次年 3 月上旬，将覆草或根颈周围 20cm 范围内的杂草收集，烧毁，可以大大降低越冬基数。棉花收获后及时清除棉田内的枯枝落叶。合理安排轮作和间作、套种的作物。进行冬耕、冬灌，清除田边地头杂草，消灭越冬虫源。控制氮肥施用量，增施磷、钾肥，恶化叶螨的发生条件。

② 药剂防治 采取发现 1 株打 1 圈、发现 1 点打 1 片，将害螨控制在点片发生阶段。在叶螨发生的早期，可使用杀卵效果好、残效期长的药剂。药剂可用：73%克螨特乳油 375～525mL/hm²；20%哒螨灵可湿性粉剂 150～300mL/hm²；5%噻嗪酮乳油 750～1000mL/hm²；5%唑螨酯乳油 300～600mL/hm²；对水 750～900kg 均匀喷雾。这些药剂对成螨无效，对幼螨有一定的效果。

在成、若螨混发期，可使用速效杀螨剂。药剂可用：1.8%阿维菌素乳油 150～225mL/hm²；5%唑螨酯悬浮剂 3000 倍液；10%虫螨腈乳油 3000 倍液；20%复方浏阳霉素乳油 1000～1500 倍液；73%炔螨特乳油1000倍液，间隔7～10d再喷1次，连喷2～3次。

3. 棉红铃虫

棉红铃虫［*Pectinophora gossypiella*（Saunders）］属鳞翅目，麦蛾科。其分布广泛，是南方棉区的重要害虫，在长江流域棉区为害较重。

棉红铃虫以幼虫蛀食棉籽和蕾、花、铃，引起蕾铃脱落。为害蕾，蕾上部蛀孔很小，蕾外无虫粪，蕾内有绿色细屑状粪便；为害铃，在铃下部有蛀孔，黑褐色；为害棉籽，雨水多时大铃常腐烂，雨水少时呈僵瓣花。

（1）形态识别

① 成虫　体长6.6mm，翅展约12mm，体棕黑色。胸背淡灰褐色，侧缘、肩板褐色。前翅桃叶形，深灰褐色，有4条不规则的褐色横带，近翅基部有3个黑色斑点。后翅菜刀形，银灰色，缘毛很长，淡灰褐色。

② 卵　椭圆形，表面具网状纹，长0.4～0.6mm、宽0.2～0.3mm。初产时乳白色，孵化前变成红色。

③ 幼虫　幼虫共4龄。老熟幼虫体长11～13mm。头部棕褐色，体乳白色，腹部各节有淡黑色的斑点6个，在各个黑色斑点周围有明显的红色晕圈，腹足趾钩单序，外侧缺环。

④ 蛹　长6～9mm，宽2～3mm。纺锤形。初为润红色，后变为黄褐色，近羽化时变黑褐色。蛹外结有灰白色薄茧（图7-4）。

（2）发生规律

① 年生活史及习性

a. 年生活史　棉红铃虫一般在我国一年发生1～7代；黄河流域一年发生1～2代；长江流域棉区一年发生3～4代；华南棉区一年发生5～6代，甚至7代。棉红铃虫以老熟幼虫在仓库的墙缝、屋顶、棉籽和枯铃、晒花工具内结茧越冬。5月底6月初气温升到20℃以上时，越冬幼虫陆续开始化蛹，6月上中旬成虫开始羽化。

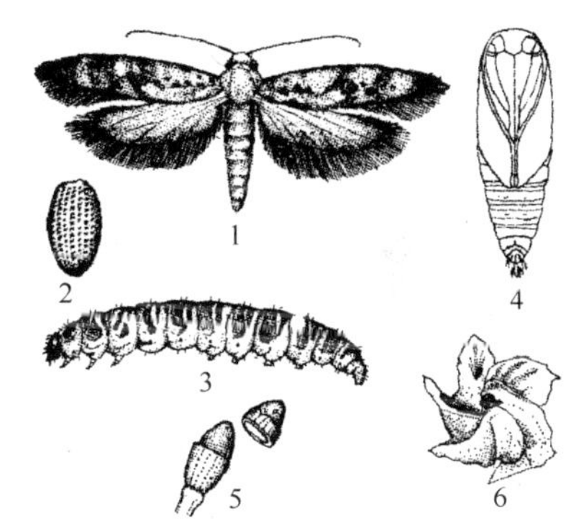

图7-4　棉红铃虫

1—成虫；2—卵；3—幼虫；4—蛹；5—花蕾被害状（示剖开后幼虫在内食害）；6—花被害（表示花瓣为幼虫吐丝缠绕，不能张开）

b. 习性　成虫多在白天羽化，羽化后立即隐藏。夜间活动，对黑光灯有趋光性。成虫羽化后2～3d后开始产卵。第1代卵多产在棉株嫩尖及上部果枝的嫩芽、心叶和幼蕾上，第2代卵多产在棉株中、下部青铃的萼片与铃壳间的缝隙，第3代主要产在棉株中、上部青铃的萼片与铃壳间缝隙中。成虫对黑光灯有趋性，飞翔力不高。初孵幼虫经1～2h蛀入蕾内，每头幼虫可为害2～3个铃室、2～7个棉籽。1头雌蛾一生可产卵30～100粒，多者可达500多粒。幼虫4龄。第1代幼虫主要为害幼蕾，造成大量脱落。以后各代幼虫以为害青铃为主，造成烂铃或僵瓣。

② 发生条件　高温、高湿的气候条件有利于棉红铃虫的繁殖。当气温在25～30℃、相对湿度达80%～100%时，最有利于其生长发育繁殖，长江流域气候条件适宜则发生重。另外，棉花播种早、氮肥用量多、生长旺盛、枝叶繁茂和生长期长的棉田为害重。红铃虫的天敌主要有澳洲赤眼蜂、金小蜂、茧蜂、草蛉、姬蜂、小花蝽等。

（3）防治方法

① 消灭棉仓、轧花场所及其他场所的越冬虫源　在最后一次收花时，摘尽棉株上的枯铃、僵瓣，集中沤肥或作燃料。

② 人工摘虫花　从开花期到开花盛期，每天上午8～12时，结合整枝打杈摘除虫花，把摘掉的虫花装到塑料袋里，带出田外集中处理。

③ 处理棉籽　留种用的棉籽在密闭的条件下用溴甲烷熏蒸。用溴甲烷35g/m^3，熏蒸5d。

④ 物理防治　田边种植苘麻、蜀葵等诱蛾植物，可诱集成虫产卵，及时喷药毒杀。

⑤ 药剂防治　当2代棉红铃虫百株卵量达68粒，3代百株卵量达200粒时喷雾防治。防治2

代要重点喷在棉株中下部青铃上，3代重点喷在棉株中上部的青铃和嫩蕾上。常用药剂有：5%氟啶脲乳油1000～2000倍液；10%氯氰菊酯乳油1500～2000倍液；40%三唑磷乳油600～800倍液；20%氰戊菊酯乳油1500～2000倍液。

此外，棉花其他害虫见表7-1。

表7-1　棉花其他害虫一览表

害虫名称	形态特征	年生活史及习性	防治要点
绿盲蝽（*Lygus lucorμm* Meyer-Dur）	绿盲蝽成虫体长5mm左右，绿色，触角比身体短，前胸背板上有黑色小刻点，前翅膜质部暗灰色	1年发生的代数随种类和地区变化较大。以卵在苜蓿、苕子、蒿类等植株上越冬。早播、长势旺、田间湿度大的棉田发生重	加强早春寄主上的害虫调查和防治。用90%晶体敌百虫1500倍液喷雾防治
棉蓟马（*Thrips tobaci* Lindeman）	成虫体长1.0～1.2mm。体色由浅黄到深褐色。翅狭长，前后翅均有细长的绒毛。若虫体淡黄色，触角6节	1年可发生6～10代。以成虫、若虫在土缝、枯枝落叶及未收获的葱、蒜的叶鞘内侧越冬。在5月中旬至6月中旬进入为害盛期	清除田边、地头杂草；2%阿维菌素乳油4000倍液，2.5%高效氯氟氰菊酯乳油1500倍液喷雾防治
棉小造桥虫［*Anomis flava*（Fabricius）］	成虫体长10～13mm。雄蛾前翅内半部金黄色，外半部褐色，有4条横形波纹。雌蛾翅的颜色较雄蛾浅。老熟幼虫体长约35mm。第1对腹足消失，第2对退化	黄河流域棉区1年发生3～4代，长江流域棉区1年发生4～5代。在棉株间及其他寄主的枯枝落叶上结茧化蛹越冬。水肥条件和长势好的棉田发生较重	清洁田园，清除越冬蛹。用黑光灯、树枝把诱杀成虫。幼虫期用2.5%高效氯氟氰菊酯乳油1500倍液；20%甲氰菊酯乳油110～140mL/hm²；0.38%苦参碱乳油1125～1500mL/hm²喷雾防治
棉大卷叶螟（*Sylepta derogata* Fabricius）	成虫体长8～14mm。前、后翅外横线、内横线褐色，呈波纹状，前翅中室前缘具“OR”形褐斑。老熟幼虫体长25mm。全身具稀疏长毛，胸足、臀足黑色	在黄淮棉区1年发生3～4代。在长江流域棉区1年发生4～6代。以老熟幼虫在枯枝落叶、棉秆越冬。春夏干旱、秋季多雨年份发生最多，为害最重	清洁田园。防治早期寄主上的幼虫，幼虫卷叶结苞时捏苞灭虫。用1.8%阿维菌素乳油3000～5000倍液；2.5%鱼藤酮乳油300～400倍液；20%灭幼脲悬浮剂2000倍液喷雾防治
棉叶蝉［*Empoasca biguttula*（Ishida）］	成虫体长3mm。前翅末端近1/3处有1个明显的黑点。5龄若虫前胸背板中央有2小黑点，黑点周围为黄色	1年发生8～14代。以成虫和卵在茄子、马铃薯、蜀葵、木芙蓉、梧桐等的叶柄、嫩尖或叶脉周围及组织内越冬。丘陵地区、周围多草的棉田发生重	选用长毛的抗虫品种。清除田边、地头杂草，减少虫源。集中连片种植，适期早播，促进壮苗早发。10%吡虫啉可湿性粉剂2500倍液，20%噻嗪酮乳油1000倍液喷雾防治
鼎点金刚钻（*Earias cupreoviridis* Walker）	成虫体长6～7mm。黄绿色，前缘有红褐或橘黄色条翅，中央有鼎足状3个小斑点。幼虫体长10～15mm，浅灰绿色，第2～12节各具枝刺6个	每年发生的代数因地区而异。以蛹在棉枯铃、枯枝落叶、土缝、地边草丛、晒场附近及棉籽仓库等处越冬	集中处理棉秆、枯铃和落叶，消灭越冬虫源。在田边种植向日葵、秋葵或木槿等诱集植物，集中杀灭。用5%氰戊菊酯乳油375～525mL/hm²喷雾防治

你知道吗？什么是转基因抗虫棉？

20世纪90年代，中国的棉花产区连续爆发大规模棉铃虫灾害，一些地区甚至因此而绝收，从这个意义上来说，转基因抗虫棉称得上是中国棉花种植业的“拯救者”。不过，近年来对转基因抗虫棉的指责越来越多，其中有一些听起来颇有道理。比如说，转基因抗虫棉虽然压下了棉铃虫的为害，却让盲蝽、棉蚜、棉叶螨悄然上位。有人引用达尔文理论说，一种生物被压下去，另一种生物会取代它的生态位。还有人声称，“转基因棉花”种植面积下降，农民弃种转基因棉花。

“转基因”技术一直都是社会公众关注的焦点。那么，什么是“转基因抗虫棉”？在自然规律面前，转基因棉的抗虫能力已经失效了吗？答案当然是否定的。转基因抗虫棉也称为转Bt基因抗虫棉，它是将苏云金芽孢杆菌的Bt基因导入到受体细胞（转基因抗虫棉的叶肉细胞）中。苏云金芽孢杆菌的代谢过程中能产生一种Bt杀虫蛋白，它对多种害虫具有毒杀作用。转Bt基因抗虫棉的杀虫范围因Bt基因不同而存在差异。我国现有的转基因抗虫棉对棉铃虫、红铃虫、卷叶虫等鳞翅目的害虫具有非常显著的抗性。

关于“转基因”的讨论应当基于事实的基础，尊重科学的规律。其实，转基因作物早已深入我们的生活。有数据显示，中国目前种植的所有棉花中，转基因抗虫棉份额接近70%。

棉花生长周期长，虫害多，造成的损失非常严重。据统计，在转基因抗虫棉商品化之前，全球每年用于防治棉花虫害的费用高达20亿美元，约占所有农作物防虫费用的1/4。传统的化学农药防治棉铃虫不仅费用高，且已引发了棉虫的抗药性，同时化学杀虫剂的过量使用也带来了环境污染的问题，而转基因植物所产生的杀虫蛋白，主要是通过抑制害虫消化等生理功能而达到抗虫的目的。与施药防治棉田害虫相比，转基因技术具有较多优势：不会在土壤和地下水中造成残留；不会被雨水冲刷流失；对非靶标生物无毒性；保护作用无盲区；减少农药及用工投入等。

到2005年我国通过国家审定的转基因抗虫棉品种已增至26个，到2007年我国转基因抗虫棉种植面积已达$380\times10^4hm^2$，占全国棉花种植面积的69%。2008年至2010年，我国新型转基因抗虫棉培育和产业化全面推进，新培育36个抗虫棉品种，累计推广1.67亿亩，实现效益160亿元，国产抗虫棉市场份额达到93%，有效控制了棉铃虫为害，彻底打破了国外抗虫棉的垄断地位。这是我国转基因生物新品种培育重大专项取得的成就之一。

然而，随着转基因抗虫棉在世界范围的发展，也不断涌现出一些问题，如棉花质量问题、抗虫性持久问题以及对生态环境安全等问题。

总之，利用基因工程手段培育作物品种是农业发展的新方向。从保持生态平衡、食物链的稳定以及减少环境污染、降低生产成本等目的出发，赋予棉花以自身的抗虫能力是最为理想的防治虫害策略，将会对棉花品种改良起着积极的促进和推动作用。而我国抗虫棉的研究已经达到了国际先进水平，因此，在我国抗虫棉研究的基础上应继续在广谱和长效抗虫以及突破育种技术手段等方面开展广泛深入的研究，不断提升我国转基因抗虫棉研究的整体水平。

无论转基因技术有什么优点和隐患，现在它还在人们的控制之中。公众对转基因的忌惮和抵触很大程度来自于科学知识的缺失，这就需要专业人员更多地提供相关的信息，也需要国家对转基因的政策更加公开、透明，在专业交流之外，更多主动地和公众交流。社会普遍信任的缺失也是公众“谈转基因色变”的重要原因，改变这个现状需要社会的整体进步。相信转基因技术能够得到更好的应用，更多地造福于我们的未来。

第二节 棉花病害

棉花病害种类较多，全世界已知120多种，我国约有40种。其中以枯萎病、黄萎病、苗期病害及铃期病害为害较重。棉花枯萎病和黄萎病对棉花生产威胁大，重病株大量萎蔫死亡。自20世纪80年代以来，我国棉区以加强植物检疫、保护无病区为重点，采取种植抗病品种、实行水旱轮作等综合防治措施，较有效地控制了枯、黄萎病的发生，但仍难以根治。在秋雨多的年份，棉花铃期易受多种病原真菌的侵染，造成僵瓣或烂铃。近年来，日趋严重的棉铃疫病更成为棉花高产的制约因素。

一、棉花主要病害

1. 棉花枯萎病

棉花枯萎病是棉花重要病害之一。该病于1892年在美国阿拉巴马州首次发现，以后随棉种调运而扩散传播。目前，世界各棉花主产国家和地区均有分布。我国于1934年在江苏省南通市首次发现该病，现已扩展到西北、东北、黄河流域和长江流域等20个省、市、自治区。除浙江、江西等少数地区为纯枯萎病区，多数地区为枯萎病和黄萎病混发区。棉花枯萎病具毁灭性，一旦发生很难根治。重病株于苗期或蕾铃期枯死，轻病株发育迟缓，结铃少，吐絮不畅，纤维品质和产量均下降。

(1) 症状　枯萎病在棉花子叶期即可表现症状，在3～4片真叶期或现蕾期达到发病高峰，重病株大量萎蔫死亡。夏季高温病势停止发展，病状趋向隐蔽。秋季多雨时温度下降，病株再次表现症状，叶片、蕾铃大量脱落，重者枯死。

棉花枯萎病症状有黄色网纹型、紫红型或黄化型、青枯型、皱缩型以及顶枯型等类型。以下几种类型较为常见。

① 黄色网纹型　子叶或真叶叶脉变黄，叶肉部分保持绿色，叶片局部或全部成黄色网纹状，叶片萎蔫变褐，枯死脱落。

② 青枯型　多发生在暴雨后，子叶和真叶叶色不变，叶片急性失水，全株或植株一边的叶片萎蔫下垂，最后枯死。

③ 皱缩型　病株节间缩短，株型矮小，叶片深绿变厚，叶面皱缩。

④ 紫红型或黄化型　子叶或真叶呈紫红色或黄色，多在叶缘发生，没有明显网纹，严重时全株枯死。

⑤ 顶枯型　多发生在棉花生长后期。病株自下而上全部枯死，叶片、蕾铃大量脱落。

各种症状的枯萎病株的共同特征是根、茎内部的导管变黑褐色。纵剖茎部可见导管呈黑色条纹状。早春气温较低时常出现紫红型和黄化型症状。条件适宜时多出现黄色网纹型。雨后迅速转暖，易出现青枯型。在潮湿条件下，枯死的病株茎秆表面产生粉红色霉层（分生孢子梗和分生孢子）。

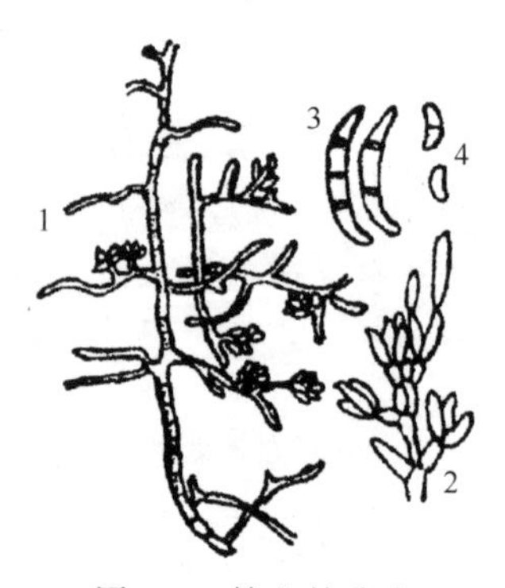

图7-5　棉花枯萎病
1—小型分生孢子梗；2—大型分生孢子梗；3—大型分生孢子；4—小型分生孢子

(2) 病原　病原为尖孢镰刀菌萎蔫专化型［*Fusarium oxysporium* Schl f. sp. *vasinfectum* (AtK) Snyder & Hansen］，属半知菌亚门镰刀菌属。病菌有大、小两种分生孢子及厚垣孢子三种类型孢子。大型分生孢子无色，镰刀形，略弯曲，两端稍尖，有2～5个隔膜，以3个最多。小型分生孢子纺锤形至卵圆形，无色，多数为单胞，少数为双胞。在环境不良时，可产生厚垣孢子，厚垣孢子圆形，淡灰黄色，单胞壁厚，单生或串生于菌丝中段或顶端（图7-5）。

(3) 发病规律

① 病害循环 棉花枯萎病菌以菌丝体、分生孢子和厚垣孢子在棉籽、棉籽壳、棉籽饼、土壤和未腐熟的土杂肥中越冬，成为翌年的初侵染源。土壤带菌是病区最重要的初侵染源。春季播种后当环境条件适宜时，病菌开始萌发，自棉苗根部伤口或根毛侵入，并在寄主维管束组织内繁殖扩展，进入枝叶、铃柄、种子等部位。棉花收获后病菌随病残体在土壤、种子等场所越冬，成为次年的初侵染源。病菌可通过中耕、流水、农事操作等近距离传播。病菌的远距离传播，主要是借助于附着在种子上的病菌和带菌的棉籽饼。施用未腐熟的带菌粪肥也能传病。

② 发病条件 棉枯萎病是典型积年流行病。病害的发生与消长受气候条件、棉花品种的抗病性、土壤线虫的为害和耕作栽培措施等因素影响。温度和湿度是影响枯萎病发生发展的主要因素。通常当土壤温度达20℃左右时，田间棉苗开始发病，气温为20～28℃时发病严重，夏季气温高于28℃则对病害发展不利，气温高达33～35℃停止发病。秋季当土温下降到25℃左右时，为害加重。雨水和土壤湿度对此病也有很大影响，一般在棉花现蕾前，如果雨水较多、土壤湿度大，发病重。干旱年份发病较轻。连作棉田年限愈长，土壤中菌量累积愈多，病情往往会逐年加重。合理轮作，特别是实行水旱轮作，病害可显著减轻。地势低洼、整地粗放、排水不良的棉田，不利于棉花生长，发病较重。不同棉花种对枯萎病的抗性不同，一般中棉抗病性最强，陆地棉中度感病，海岛棉高度感病。土壤中的线虫与枯萎病菌的侵入有着密切的关系。线虫在土壤中的活动可以携带枯萎病菌，使之成为近距离的传播媒介，线虫侵害棉根造成伤口，有利于病菌的侵入。

(4) 防治方法 棉花枯萎病属系统侵染的维管束病害，至今尚缺乏有效的药剂，一旦发生难于根除。种子处理和土壤处理是防治枯萎病的有效措施。

① 种子处理 可选用下列药剂：25%多菌灵可湿性粉剂400～500g/100kg；2%戊唑醇种子处理可分散粉剂1：(250～500)（药：种）拌种，效果较好。棉籽经硫酸脱绒，用清水反复冲洗干净后，用种子重量0.2%的80%乙蒜素乳油加温至55～60℃温汤浸种30min或用种子重量0.3%的50%多菌灵胶悬剂在常温下浸4h，晾干后播种。

② 轮作倒茬 与大麦、小麦和玉米等禾本科作物轮作3～4年，再植棉2～3年。实行水稻与棉花水旱轮作或苜蓿与棉花轮作以及种植绿肥等效果更佳。

③ 加强栽培管理 适期播种，合理密植，合理施用氮、磷、钾肥，增施底肥和磷钾肥，可促进棉株生长，有助于增强植株的抗病性，减轻发病，提高棉花产量。在定苗、整枝时及时将病株清除，带出田外深埋。

④ 土壤处理 在整地时，撒施50%福美双可湿性粉剂60～75g/hm² +50%多菌灵可湿性粉剂30～45g/hm²；或70%五氯硝基苯可湿性粉剂75～105g/hm² +50%多菌灵可湿性粉剂30～45g/hm²。

⑤ 药剂防治 病害发生初期可用下列药剂：50%多菌灵可湿性粉剂600～800倍液；70%甲基硫菌灵可湿性粉剂800～1000倍液；86.2%氧化亚铜可湿性粉剂800～1000倍液；20%甲基立枯磷乳油500倍液；25%咪鲜胺乳油800～1500倍液；30%琥胶肥酸酮可湿性粉剂1500倍液。也可用12.5%多菌灵·水杨酸悬浮剂250倍液灌根，每株100mL，20d再灌1次，效果较好。

2. 棉花黄萎病

棉花黄萎病在我国南北方棉区发展迅速，为害也在逐年加重，已成为棉花生长发育过程中的最重要病害。20世纪30年代，由美国引进斯字棉而传入我国江苏、陕西、山西、河南、河北、山东等棉区。北方棉区重于南方棉区，且多数病区与棉花枯萎病混生。棉花发病后，叶片枯萎变黄、蕾铃脱落、果枝减少，铃重减轻，一般减产20%～30%，同时纤维品质变劣。

(1) 症状 棉花整个生育期均可发病。黄萎病的发生较枯萎病晚，一般在现蕾后开始显症，开花、结铃期达到高峰。病害由病株下部向上发展，病株不矮化或略矮。发病初期病叶边缘和主脉间叶肉出现浅黄色斑块，以后病斑扩大呈黄色斑驳。严重时病叶除主脉及其附近仍保持绿色外，其余部分均变黄褐色。病叶呈掌状斑驳，叶肉变厚，叶缘向下卷曲，叶片自下而上逐渐脱落，发生严重时，病株成光秆或仅留顶叶1～2片。夏季暴雨后，常出现急性萎蔫症状，叶片下垂，叶色暗淡，病株茎秆及叶柄木质部导管淡褐色。秋季多雨时，病叶斑驳处产生白色粉状霉层

(菌丝体及分生孢子)。

在棉花枯萎病、黄萎病混合发生的地区，两病常在同一棉田或同一棉株上混生，形成并发症。混合侵染的棉株有时以枯萎病症状为主，大部分叶片皱缩，叶色深绿，株型矮小，偶有部分叶片呈黄色网纹状。有时以黄萎病症状为主，大部分叶片黄色掌状斑驳。枯萎病、黄萎病症状区别见表 7-2。

表 7-2 枯萎病、黄萎病症状区别

项　目	枯　萎　病	黄　萎　病
发病始期	子叶期	3～5 片真叶期
发病盛期	现蕾期前后	7～8 月份
苗期症状	子叶或真叶的局部叶脉变黄，呈黄色网纹状后变色、焦枯，最后叶片脱落，苗枯死。在气候变化剧烈时，出现紫红型、黄化型或急性青枯型	真叶边缘或主脉间叶肉变黄呈掌状斑驳，叶脉不变黄(少数菌系导致叶脉变色)，病苗很少枯死
成株期症状	株型较矮，节间缩短，半边枯死或顶端枯死。节上丛生小枝、小叶。叶片局部焦枯或半边焦枯，病斑呈黄色网状，最后干枯脱落	一般株型不变或略矮。黄色斑驳有时呈西瓜皮状花斑或边缘焦枯。叶脉不变黄。下部叶片先现症状，逐渐向上发展。病叶一般不脱落
内部症状	导管变色较深，呈墨绿色	导管变色较浅，呈褐色
病征	秋雨多时在枯死茎秆及节部产生粉红色霉层	秋雨多时，在病斑上产生白色粉状的霉层

(2) 病原　病原物为大丽轮枝孢(*Verticillium dahliae* Kleb)和黑白轮枝孢(*Verticillium albo-atrum* Reinke et Berthold)，均属半知菌亚门轮枝孢属。我国棉区分布的是大丽轮枝孢。分生孢子梗轮状分枝，一般每轮有 3～5 个小枝，分生孢子无色，单胞，长卵圆形(图 7-6)。病菌生长最适温度为 22.5℃，最适 pH 值为 5.3～7.2。棉花黄萎病菌的寄主范围广，病菌可寄生锦葵科、茄科、豆科、葫芦科、菊科等 20 科 80 种植物，但不为害大麦、小麦、玉米、高粱和水稻等禾本科作物。

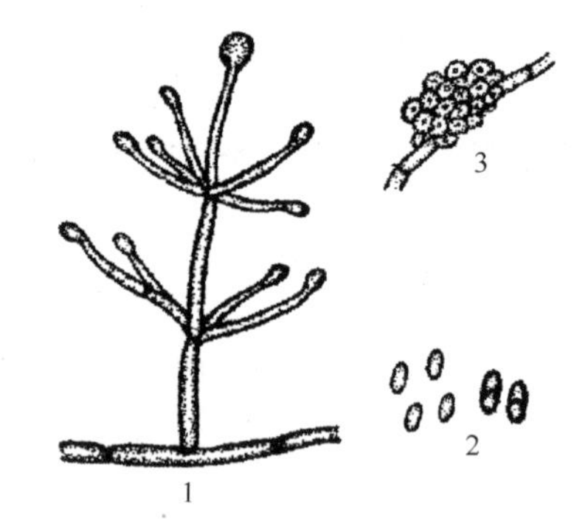

图 7-6　棉花黄萎病病原
1—分生孢子梗；2—无分隔和有分隔的分生孢子；3—微菌核及菌丝体

(3) 发病规律

① 病害循环　棉花黄萎病的病害循环和发病规律与棉花枯萎病的基本相似。病菌以菌丝体及微菌核在棉籽短绒及病残体中越冬，亦可在土壤中或田间杂草等其他寄主植物上越冬。条件适宜时，越冬病菌直接侵入或从伤口侵入根系，病菌穿过皮层细胞进入导管并在其内繁殖。土壤中的病菌依靠田间管理、灌溉等农事操作进行扩散。侵入期主要在棉花的 2～6 片真叶期、蕾期零星发生，花铃期(7～8 月)进入发病高峰期。微菌核抗逆能力强，在土壤中存活 8～10 年。土壤中的微菌核和病残体是主要的侵染来源。

② 发病条件　棉花黄萎病的发生和发展与温度、湿度关系密切。在棉花生育期间，气温在 20～28℃之间病害都能发生。最适温度为 25～28℃，25℃以下和 30℃以上则发展缓慢，35℃以上时有隐症现象。在温度适宜的范围内，湿度、雨日、雨量是决定该病消长的重要因素。地温高、日照时数多、雨日天数少发病轻，反之则重。棉田冬季淹水微菌核不易存活，翌年发病轻。连作棉田发病严重。偏施氮肥或施用带菌土杂肥加重病害的发生。大水漫灌有利于病害的发生。棉花现蕾期后较感病。棉花种间抗病性有显著差异，一般海岛棉抗病、耐病能力较强，陆地棉次之，中棉较感病。

(4) 防治方法　可参考棉花枯萎病的防治方法进行防治。

① 加强植物检疫、保护无病区　重视产地检疫，禁止从病区调种，无病区的棉种不能从病区调入。做到种子自育、自选、自繁。

采用营养钵育苗，钵土宜使用无病土。增施有机肥，促使棉苗健壮，抗病力增强。齐苗前后3～5d施用苗肥，定苗后视棉苗生长情况追肥。追施氮肥时应配施适量钾肥。出苗80%左右时进行中耕松土，以提高土温，降低土壤湿度，使土壤疏松、通气良好，有利于棉苗根系生长发育，抑制根病。雨季及时开沟排水，及时间苗，并将病苗、死苗集中烧毁，以减少病害在田间的传染。精选优质棉种，汰除病虫籽、小籽、瘪籽及杂粒，然后晒种2～3d，再进行种子消毒，以提高出苗率和出苗势。提倡采用脱绒包衣棉种。

② 种子处理　播前先用硫酸脱绒，再用25%咯菌腈悬浮剂15～20mL/100kg种子包衣。或用50%多菌灵可湿性粉剂、70%甲基硫菌灵可湿性粉剂、45%敌磺钠可湿性粉剂拌棉种，每100kg种子500g。

③ 药剂防治　在棉花幼苗期，炭疽病发生初期，可选用：50%多菌灵可湿性粉剂800～1000倍液；50%甲基硫菌灵可湿性粉剂800倍液喷施。在棉花蕾期，炭疽病发生初期，可选用：25%氟喹唑可湿性粉剂5000倍液；25%溴菌腈可湿性粉剂500倍液；5%亚胺唑可湿性粉剂600～800倍液喷施，间隔7～10d，连喷2～3次。出苗后病害始发期，用50%福美双可湿性粉剂或45%代森胺水剂400～600倍液灌根。

2. 棉铃病害

我国棉铃病害主要有炭疽病、疫病、红腐病、黑果病、红粉病、软腐病等。铃病流行年份产量损失可高达10%～20%。此外，铃病还影响棉花品质，使纤维缩短，强度下降，衣分减少，种子变劣。

（1）症状

① 炭疽病　棉铃染病初生暗红色或褐色斑点，逐渐扩大后呈圆形褐色病斑，表面皱缩，略凹陷，有时病斑边缘呈明显的暗红色。潮湿时病斑中央产生橘红色黏质物。病斑可相互相连，扩大到全铃。铃内未成熟的纤维部分全部腐烂，成为暗黄色的僵瓣。

② 疫病　病斑多发生在中下部果枝的棉铃上。发病时多从棉铃基部、铃缝和铃尖侵入。病斑初期呈暗绿色水渍状，不软腐，迅速扩展至全铃呈黄褐色，深入铃壳内部呈青褐色，潮湿时病铃表面生一层稀薄白色至黄白色霜霉状物。

③ 红腐病　多从铃尖、铃缝或铃基部易积水处侵入。病部初为墨绿色、水渍状小斑，遇潮湿天气或连阴雨时病情扩展迅速，病斑扩展至全铃呈黑褐色腐烂，并在裂缝及病部表面产生粉红色霉层，病铃不能正常开裂，棉纤维腐烂成僵瓣状。

④ 黑果病　铃壳初为淡褐色，全铃发软，后铃壳变棕褐色，僵硬多不开裂，铃壳表面生许多突起的小黑点。发病后期铃壳表面布满黑色煤粉状物，棉絮腐烂成黑色僵瓣状。

⑤ 红粉病　多在铃缝处产生粉红色绒状物，厚而紧密，空气潮湿时，绒状物变成白色，使棉铃不能开裂，与棉铃红腐病的区别是：红粉病在铃壳和棉囊上的霉层较厚，为粉红色松散的绒状物。天气潮湿时，霉层变成粉白色绒状物。红腐病的霉层较薄而紧密。

⑥ 软腐病　病铃初生深蓝色或褐色病斑，后扩大软腐，产生大量白色丝状菌丝，渐变为灰黑色，顶生黑色小粒点。病铃内部呈湿腐状。

（2）病原

① 炭疽病　见棉苗炭疽病病菌。

② 疫病　病原物为苎麻疫霉 *Phytophthora boehmeriae* Saw.，属鞭毛菌亚门疫霉属。孢囊梗无色，不分枝或假轴状分枝，顶生孢子囊。孢子囊卵圆形，淡黄色，单胞，顶端乳突状，内生许多球形游动孢子。可为害棉花、茄科和瓜类等作物。

③ 红腐病　见棉苗红腐病病菌。

④ 黑果病　病原物为棉色二孢 *Diplodia gossypina* Cooke，属半知菌亚门色二孢属。分生孢子器近球形，黑褐色。分生孢子卵圆形或椭圆形，初期无色，单胞，成熟后转褐色，双胞（图7-9）。

⑤ 红粉病　病原物为粉红聚端孢［*Trichothecium roseum*（Bull.）Link］，属半知菌亚门复端孢属。分生孢子梗直立，无色、线状，有2～3个隔膜。分生孢子聚生于梗顶端呈头状，单个孢

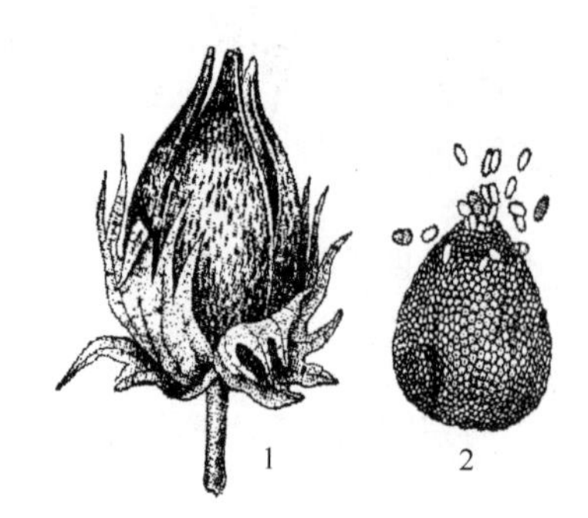

图 7-9　棉铃黑果病

1—病果；2—病原菌的分生孢子器和分生孢子

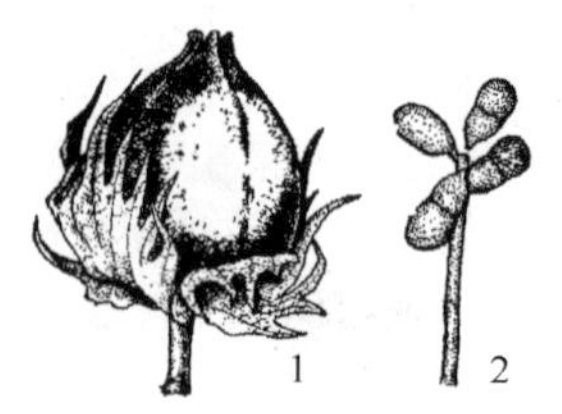

图 7-10　棉铃红粉病

1—病铃；2—病原菌的分生孢子梗和分生孢子

子无色，聚集时呈粉红色。分生孢子双胞，梨形或卵圆形（图 7-10）。

⑥ 软腐病　病原物为葡枝根霉（*Rhizopus stolonifer* Ehrenb.），接合菌亚门，根霉属。菌丝无分隔，有匍匐丝和假根，孢囊梗与假根对生。孢囊梗直立，暗褐色，顶端单生暗绿色、球形孢子囊，孢囊孢子球形或多角形至梭形，单胞，灰色或褐色（图 7-11）。

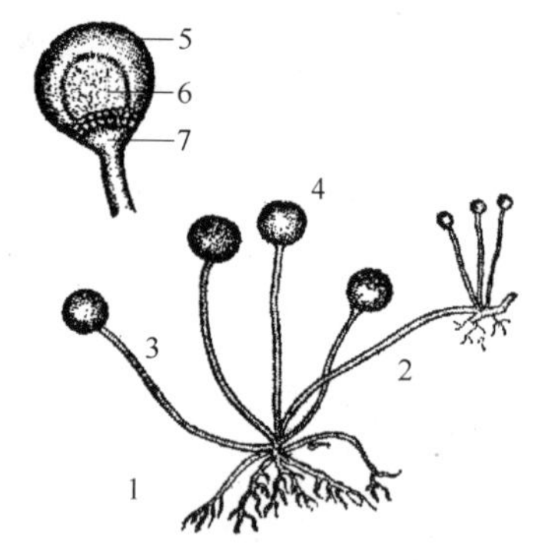

图 7-11　棉铃软腐病

1—假根；2—匍匐菌丝；3—孢子囊梗；4,5—孢子囊；6—囊轴；7—囊托

（3）发病规律

① 病害循环　除炭疽病菌、红腐病菌在种子上越冬，成为主要的初侵染源外，其他多在土壤及其病残体上越冬，所以土壤及其病残体是棉铃病害最重要的初侵染来源。棉铃病害侵染途径与病菌种类及其寄生性有关。侵染力较强的棉花炭疽病菌、疫病菌、茎枯病菌和黑果病菌从棉铃苞叶直接侵入引起发病。侵染力较弱的红腐病菌、红粉病菌、软腐病菌常从铃尖裂口、铃壳缝隙、虫孔、伤口处侵入。

② 发病条件　气候条件是影响铃病发生的主要因素，其次虫害、品种、铃龄及栽培管理与棉铃病害的发生也密切相关。棉花结铃吐絮期间，尤其在 8～9 月份棉铃开裂时期，如遇阴雨连绵，有利于病菌的繁殖和侵染，久雨、低温，会致使棉株长势衰弱，开裂延迟或不能充分开裂，从而促进铃病发生。当日平均气温在 25～30℃、相对湿度在 85%以上时，铃病发生严重；日平均气温在 20～25℃、相对湿度低于 80%时铃病发生较轻。

红铃虫、棉铃虫和金刚钻等钻蛀性害虫对棉铃造成的伤口，为病菌创造了有利的侵入途径。因此，在蕾铃期，害虫为害严重的棉田烂铃率较高。棉花的种和品种间，铃病发生程度有一定差异。一般陆地棉铃病较重，亚洲棉较轻，这是由于后者铃柄长，铃尖朝下，不易积水，同时铃壳较薄，容易开裂，不利于病菌的繁殖与为害。同一棉种不同品种间的发病程度也有差异。陆地棉中的小苞叶品种或翻卷苞叶品种发病轻；鸡脚棉和窄卷苞叶品种的铃病较轻；有油腺品种虫害轻，铃病也轻。铃病的发生与铃龄有关。铃龄 10d 内的幼铃，发病较少。随着铃龄的增长，铃病明显加重，尤其在棉铃接近吐絮前 10～15d，发病最重。铃龄约 50d 后，铃病率相对减少。侵染力强的病菌，多在开花后 21d 左右诱发棉铃发病；侵染力弱的病菌则多在铃龄 45d 左右导致烂铃。氮肥施用过迟或过量，往往造成棉株枝叶徒长，行间郁闭，通风透光不良，铃壳变厚，开裂迟缓，增加病菌侵染机会，加重病情。不及时整枝、打顶、摘叶的棉株，营养生长过分茂盛，棉田环境郁闭、潮湿，铃病发生也重。棉田积水，排水不良，田间湿度大，则有利于病菌的繁殖和侵染，不利于棉株的根系生长，棉株生长发育不良，抗病力弱。夏、秋干旱年份，大水漫灌或泼浇的棉田铃病也重。

（4）防治方法

① 农业防治　施足基肥，早施、轻施苗肥，稳施蕾肥，重施花铃肥。氮、磷、钾肥平衡施用，促使棉株生长健壮，以增强抗倒伏、抗病能力。雨季及时排除田间积水，降低田间湿度。合

理密植，有利于株间通风透光，降低田间湿度，减轻病害。对生长过旺的棉株，应及时打顶、剪空枝、摘老叶、抹赘芽、打边心，以降低田间郁闭程度，减轻铃病的发生。减少农事操作对棉苗、棉铃造成的损失，及时治虫防病，减少病菌从伤口侵入的机会。棉田铃病发生后，应及时采摘并将烂铃带出田外集中处理，以减少再侵染来源。

② 药剂防治

a. 疫病　棉花幼铃期，注意喷药预防，可选用以下药剂：75%百菌清可湿性粉剂600～800倍液；70%代森锰锌可湿性粉剂500～800倍液；50%福美双可湿性粉剂500～1000倍液。花铃期发病初期，及时喷洒下列药剂：25%甲霜灵可湿性粉剂600倍液，间隔10d左右1次，视病情喷施2～3次。

b. 黑果病　发病初期，可喷洒下列药剂：50%异菌脲可湿性粉剂600～800倍液；50%咪鲜胺锰盐可湿性粉剂1000～2000倍液；24%腈苯唑悬浮剂2000～3000倍液；10%苯醚甲环唑水分散粒剂1500～2000倍液，视病情喷施2～3次。

c. 红粉病　用种子重量0.5%的40%拌种双可湿性粉剂；0.5%的50%多菌灵可湿性粉剂拌种。发病初期，可喷洒下列药剂：50%咪鲜胺锰盐可湿性粉剂1000～2000倍液；10%苯醚甲环唑水分散粒剂1500～2000倍液，视病情喷施2～3次。

d. 软腐病　发病初期喷洒下列药剂：30%碱式硫酸铜悬浮剂400～500倍液；50%琥胶肥酸酮可湿性粉剂500倍液；14%络氨酮水剂300倍液；36%甲基硫菌灵悬浮剂600倍液，每公顷喷对好的药液900kg，隔10h左右1次，防治2～3次。

③ 选育抗病品种　目前尚无高产抗病品种，一般窄卷苞叶、小苞叶、无苞叶及早熟性好的品种铃病发生较轻。

此外，棉花其他病害见表7-3。

表7-3　棉花其他病害

病害名称	症　状	发病规律	防治要点
棉花黑斑病(*Alternaria macrospora*)	主要为害子叶。子叶染病，初生红褐色小圆斑，后扩展为不规则褐色斑。湿度大时，病斑上长出墨绿色霉层	病菌以菌丝体和分生孢子在病残体上越冬。早春气温低、湿度高易发病	用种子重量0.5%的40%拌种双可湿性粉剂；0.5%的50%多菌灵可湿性粉剂拌种。发病初期，可用50%异菌脲可湿性粉剂1000～1500倍液；25%溴菌清可湿性粉剂500倍液喷雾
棉花叶烧病(*Mycosphaerella gossypina*)	为害叶片。初在叶片上产生许多暗红色小点，后扩展为近圆形病斑。潮湿条件下，病斑上产生白色霉层	病斑以菌丝体在病残体上越冬。借风雨及昆虫传播。多雨高湿发病重	用种子重量0.5%的40%拌种双可湿性粉剂拌种；用70%甲基硫菌灵可湿性粉剂800～1000倍液喷雾保护
棉褐斑病(*Phyllosticta gossypina*)	为害叶片。病斑灰褐色，边缘紫红色，中央散生黑色小粒点	主要以菌丝体和分生孢子器在病残体上越冬。以分生孢子进行侵染和传播。低温高湿有利于发病	发病初期用50%咪鲜胺锰盐可湿性粉剂1000～2000倍液；10%苯醚甲环唑水分散粒剂1500～2000倍液喷雾
棉花细菌性角斑病(*Xanthomonas campestris*)	发病初在叶片背面产生深绿色小点，逐渐扩大形成受叶脉限制的多角形油渍状病斑。在潮湿情况下病部常分泌出黄褐色黏状物	主要在棉籽及土壤中的病铃等病残体上越冬。翌年棉花播种后借雨水飞溅及昆虫携带进行传播和扩散	清除病残体。加强田间管理，苗期早中耕、勤中耕。用10%萎锈灵可湿性粉剂按种子重量的0.5%拌种。发病初期用72%农用链霉素可溶性液剂3000～4000倍液；30%琥胶肥酸酮可湿性粉剂500倍液喷雾
棉茎枯病(*Ascochyta gossypii*)	叶片上病斑近圆形，灰褐色，边缘呈紫红色，上生小黑点。叶柄和茎部的病斑梭形，淡褐色，边缘紫红色，上生有小黑点	病菌主要在病残体上越冬。低温高湿有利于发病。早期棉蚜为害可加重病害的发生	用种子重量0.5%的40%拌种双可湿性粉剂；0.5%的50%多菌灵可湿性粉剂拌种。进入雨季发病严重，应注意及时防治，用50%咪鲜胺锰盐可湿性粉剂1000～2000倍液；10%苯醚甲环唑水分散粒剂1500～2000倍液喷雾

第三节 棉花病虫害的综合防治

1. 防控策略

采取植物检疫、种植抗病虫品种、加强栽培管理为主，辅以药剂防治和生物、物理防治的综合防治措施。

2. 防控重点对象

炭疽病、立枯病、红腐病、棉花枯萎病和棉花黄萎病，以及棉铃虫、棉蚜、棉叶螨、棉盲蝽、棉红铃虫、棉小造桥虫等。

3. 主要技术措施

(1) 加强植物检疫、保护无病区　重视产地检疫，禁止从病区调种。必须引种时应消毒处理，种子经硫酸脱绒后再在80%乙蒜素乳油加水1000～2000倍药液，55～60℃下浸0.5h或用有效成分0.3%的多菌灵胶悬剂在常温下浸泡毛籽14h，经过2～3年试种、鉴定和繁殖再大面积推广。建立无病良种繁育基地，做到种子自育、自选、自繁。

(2) 抗（耐）病品种的推广利用　种植抗病品种是防治棉花病害最经济有效的措施。应用抗病品种的同时，要注意品种的提纯复壮和生理小种的变化。同时与优良的栽培措施相结合，即良种良法配套，这样才能使抗病性得到充分发挥。同时要加强各类抗病品种的选育工作。

(3) 加强栽培管理　增施底肥和磷钾肥，同时氮、磷、钾要配合施用，使棉株生长稳健，不徒长，不早衰，通风透光好。在棉苗2～3片真叶时，喷施1%尿素液有利于棉苗生长发育，可提高抗病力。重施花铃肥，根据抗虫棉前期结桃多的生育特点，提倡初花期施肥，一般施尿素225～300kg/hm²。施肥时根据棉花长相和天气变化灵活掌握。集中处理消灭越冬寄主上的害虫，通过深耕把越冬蛹翻入土层，破坏蛹室。结合冬灌降低越冬蛹的成活率。适期播种，合理密植，棉苗出土前清除田边杂草，预防小地老虎和棉叶螨的为害。适时间苗、定苗、拔除虫苗，带出田外集中深埋或沤肥。用无病土育苗，并严禁播种来自病区的棉种和施用带菌棉籽饼肥，以防发病面积扩大。在重病田采取与玉米、小麦、大麦、高粱、油菜等与棉花轮作3～4年，对减轻病害有明显作用。实行稻棉水旱轮作或苜蓿与棉花轮作以及种植绿肥等效果更佳。利用棉红铃虫幼虫怕热、怕光的习性，通过帘架晒花而使幼虫落地，集中处理。同时搞好晒场、贮花库灭虫工作。

(4) 药剂防治　在无抗病虫品种等情况下，药剂防治是防治棉花病虫害的主要措施。首先要严格执行种子消毒，播种前做到"一选二晒三消毒"。种子处理可采取硫酸脱绒和药剂拌种。

① 播种育苗期　这一时期的病害主要有炭疽病、立枯病、红腐病、棉花枯/黄萎病。预防枯萎病，种子处理：用20%戊唑醇种子处理可分散粉剂1∶(250～500)（药∶种）拌种；用种子重量0.3%的50%多菌灵胶悬剂在常温下浸种14h，晾干后播种。对于炭疽病、红腐病发生严重的地区，可用40%拌种双可湿性粉剂或70%甲基硫菌灵可湿性粉剂0.5kg拌100kg棉籽。

这一时期主要防治棉蚜、棉叶螨、棉盲蝽、蝼蛄、地老虎等害虫。防治棉蚜，可用3%克百威颗粒剂20kg拌100kg棉籽在堆闷4～6h后播种；用70%吡虫啉拌种剂450～600g/hm²与棉籽90kg拌种可预防棉蚜、棉叶螨、棉蓟马、地下害虫的早期为害。

② 棉花苗期　苗期病害主要有炭疽病、红腐病、立枯病、黄萎病等。在棉花2～6片真叶期，可用：70%甲基硫菌灵可湿性粉剂800倍液；50%多菌灵可湿性粉剂500～600倍液；50%敌磺钠可溶性粉剂800倍液喷雾，可以很好地防治黄萎病，对棉花苗期病害也有很好的作用。

苗期虫害的主要防治对象是小地老虎、棉蚜、棉叶螨、棉蓟马、盲蝽等。如当小地老虎幼虫处于1～2龄盛期，且在定苗前，小地老虎新被害株达10%，定苗后，新被害株达5%时，应防治小地老虎，用2.5%溴氰菊酯乳油90～100mL对细土50kg配成毒土300～375kg/hm²，于傍晚撒在棉苗旁边。当3片真叶前蚜虫卷叶株率达到5%～15%，4片真叶后蚜虫卷叶株率达到10%～20%时，应防治蚜虫，可用10%吡虫啉可湿性粉剂3000～4000倍液；20%丁硫克百威乳油 1000～2000 倍液；44%丙溴磷乳油 1500 倍液；50%抗蚜威可湿性粉剂 750～1050g/hm² 等药剂防治，还能兼治蓟马、棉盲蝽等。当棉叶出现棉叶螨危害的黄、白斑株率达到 20%时，应防治红蜘蛛，可用 10%浏阳霉素乳油 1000 倍液；5%氟虫脲乳油 1500 倍液；20%哒螨灵乳油 3000 倍液均匀喷雾。

③ 现蕾期　病害主要有枯萎病、褐斑病、黑斑病等。防治枯萎病，可用：50%多菌灵可湿性粉剂 500～1000 倍液；70%甲基硫菌灵可湿性粉剂 1000～1500 倍液；30%琥胶肥酸酮可湿性粉剂 1500 倍液灌根，每株 100mL，20d 后再灌 1 次。防治叶斑病，可用：70%代森锰锌可湿性粉剂 500 倍液；50%克菌丹可湿性粉剂 300～500 倍液，间隔 10～15d 喷 1 次，直到棉花现蕾。预防角斑病，可用：30%琥胶肥酸酮可湿性粉剂 500 倍液；27%碱式硫酸铜悬浮剂 400 倍液；14%络氨酮水剂 300 倍液，每 5～7 天喷 1 次，连喷 3～4 次。

现蕾期害虫的主要防治对象为棉铃虫、伏蚜、棉叶螨、棉盲蝽、棉红铃虫、棉小造桥虫等。

针对棉铃虫，当百株累计卵量超过 100 粒或有幼虫 10 头时，可选用：1.8%阿维菌素乳油 3000～5000 倍液；4.5%高效氯氰菊酯乳油 900～1500mL/hm²，对水 750～900kg 喷雾防治。针对伏蚜，当百株上、中、下蚜量达到 1 万～1.5 万头时用药防治，可选用：4.5%高效氯氰菊酯乳油 450～900mL/hm²；10%吡虫啉可湿性粉剂 150～225g/hm²，对水 750kg 喷雾防治。针对棉叶螨，棉花红叶率达 3%时，可选用：1.8%阿维菌素乳油 3000～5000 倍液；20%哒螨灵乳油 1000 倍液喷雾。

④ 花铃期　主要病害有棉花枯萎病、黄萎病、疫病、炭疽病、红腐病等。对于棉疫病发生严重的地区，及时喷洒 65%代森锌可湿性粉剂 300～500 倍液防治；对于炭疽病、红腐病发生严重的地区，可喷洒：50%甲基硫菌灵可湿性粉剂 800 倍液；50%多菌灵可湿性粉剂 800～1000 倍液；80%代森锰锌可湿性粉剂 700～800 倍液，每 7～10 天喷 1 次，连喷 2～3 次。

对于花铃期害虫，防治重点为：a. 棉铃虫　3 代卵盛期在 7 月下旬，防治指标为百株累计卵量 40 粒，4 代卵盛期在 8 月下旬至 9 月上旬，防治指标为百株幼虫 10 头以上。可用药剂：1.8%阿维菌素乳油 1000～2000 倍液；20%抑食肼可湿性粉剂 2000 倍液。b. 棉小造桥虫　防治指标为百株幼虫 100 头。可用药剂：50%杀螟腈乳油 1500～2000mL/hm²；5%氟啶脲乳油 1125～1800mL/hm²，均匀喷雾。

⑤ 吐絮成熟期　进入 9 月份，棉花开始大量吐絮成熟，病虫害减少，应抓紧采收。

(5) 生物防治

① 以瓢治蚜　在 5 月中旬从麦田、油菜田、苜蓿田扫捕瓢虫向棉田转移，控制蚜害。

② 释放赤眼蜂　在棉铃虫产卵盛期至盛末期放蜂 2～3 次，每次释放 15 万～22.5 万头/hm²。

③ 喷细菌农药或病毒制剂　用苏云金杆菌制剂（100 亿活孢子/mL 或 g）1L/hm²，对水 750mL 喷雾。主治棉铃虫和棉红铃虫，兼治小造桥虫和其他鳞翅目害虫。

此外，还可用杨树枝把或黑光灯诱到大量棉铃虫、棉红铃虫、造桥虫和棉尖象甲等害虫，在发生初盛期至盛末期使用。

单元检测

一、简答题

1. 我国各棉区及棉花各生育时期的主要害虫分别有哪些？
2. 简述棉蚜的发生规律及综合防治方法。
3. 简述棉铃虫的发生规律及综合防治方法。
4. 影响棉叶螨发生的主要因素有哪些？
5. 简述棉红铃虫的为害特点及主要防治措施。
6. 影响棉花苗期病害发生与流行的主要因素有哪些。

7. 怎样识别棉花枯萎病和黄萎病？它们的发生和流行与哪些因素有关，怎样防治？

8. 试述棉花病虫害的综合治理措施。

二、归纳与总结

可在教师的指导下，在各学习小组讨论的基础上，从常见的棉花病虫害种类，棉花害虫的发生规律，病害的发病规律，以及棉花病虫害综合防治等方面进行归纳与总结，并分组进行报告和展示（注意从知道、了解、理解、掌握、应用五个层次去把握）。

第八单元 油料作物病虫害防治技术

学习目标

知识目标

1. 了解当地油料作物病虫害的种类。
2. 掌握油料作物主要害虫的分布与为害、形态特征、生活习性和防治措施。
3. 掌握油料作物常见病害的症状特点、病原类别、发病规律和防治措施。

技能目标

1. 能够正确识别油料作物常见病虫害的种类。
2. 能够根据油料作物常见病害的发病规律及害虫的发生规律，制定适合当地特点的综合治理方案。

第一节 油料作物害虫

我国的主要油料作物有大豆、油菜、花生和芝麻。油料作物害虫种类很多，在从种到收的过程中，各个生育期和植株各部位均可遭受多种害虫的为害。目前我国已报道的油菜害虫有18种，大豆害虫232种，芝麻害虫29种，花生害虫129种。其中较重要的有大豆食心虫、豆荚螟、豆天蛾、豆秆黑潜蝇、大豆蚜、油菜蚜虫、菜蛾、黄曲条跳甲、菜粉蝶、花生麦蛾、花生蚜、甜菜夜蛾、芝麻天蛾、芝麻荚野螟等。

一、油料作物主要害虫

以下主要介绍大豆食心虫。

大豆食心虫［*Leguminivora glycinivorella* (Matsumura)］又称豆荚虫、小红虫等，属鳞翅目小卷叶蛾科，是一种重要的大豆害虫。大豆食心虫食性单一，主要为害大豆，也为害野生大豆和苦参，以幼虫蛀入豆荚内为害，把豆粒咬成沟槽或残缺不全，甚至全荚豆粒被吃光，荚内充满虫粪。

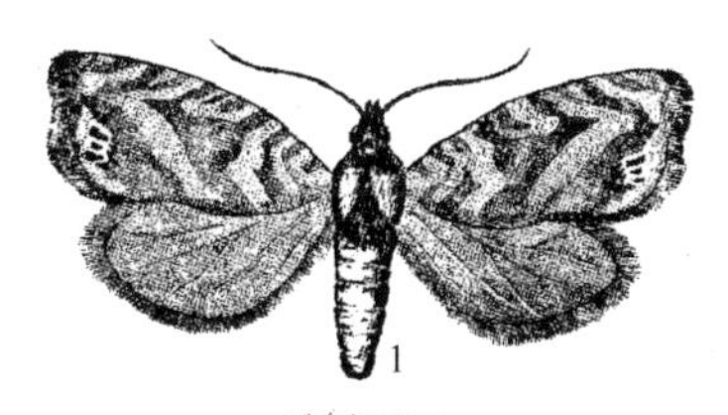

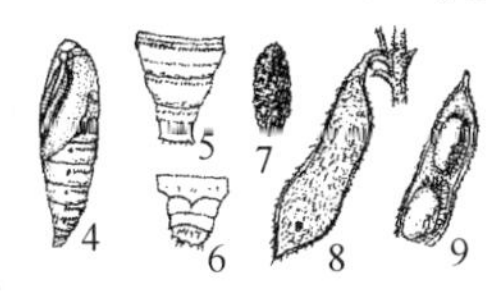

图8-1 大豆食心虫
1—成虫；2—卵；3—幼虫；4—蛹；5—蛹末端背面；6—雄蛹腹部末端；7—土茧；8—幼虫脱出孔；9—为害状

1. 形态识别

（1）成虫　体长5～6mm，翅展12～14mm，黄褐色，触角细长。前翅前缘有10条左右紫黑色短斜纹，外缘内侧中央银灰色，有3个纵列紫褐色点（图8-1）。

（2）卵　长约0.5mm，扁椭圆形，初产时乳白色，后变黄色，孵化前变为紫黑色。

（3）幼虫　老熟幼虫体长8～10mm，鲜红色，圆筒形，头、尾较细。腹足趾钩单序全环。

(4) 蛹　体长5～7mm，长纺锤形，红褐色。腹部第二至第七节背面前后缘均有小刺，第八至十节各有1列较大的刺，末端有8根粗大的短刺。

2. 发生规律

(1) 年生活史及习性

① 年生活史　大豆食心虫在我国各地一年均发生1代，以老熟幼虫在土下3～6cm处作茧越冬。各虫态出现时期因地区和年度不同而稍有差异。成虫发生期北部偏早，南部偏晚，一般在7月下旬至9月上旬出现。羽化后由越冬场所飞往豆田，次日黄昏交配。幼虫孵出一般当天即蛀入豆荚，在豆荚上为害20～30d后成熟，幼虫脱荚入土越冬。

② 习性　成虫有趋光性，飞翔力不强，上午潜伏不动，下午3～4时后开始活动。卵多散产在有毛的嫩绿豆荚上，产卵量80～200粒。初孵幼虫行动敏捷，在豆荚上爬行寻找蛀入点，先在豆荚边缘合缝附近吐丝结网，然后在网内咬穿荚皮，钻入荚内，先蛀食豆荚组织，后蛀食豆粒，将豆粒咬成兔嘴状缺刻。幼虫4龄，一般20～30d后老熟，然后在荚的边缘咬孔脱出。幼虫脱荚后入土3～8cm作茧越冬。

(2) 发生条件　大豆食心虫发生轻重与温度、土壤湿度和大豆品种有很大关系。高温干燥和低温多雨都不利于化蛹和成虫羽化产卵。卵发育的适宜温度为20～30℃，相对湿度在70%～100%。土壤湿度影响化蛹和羽化。土壤含水量在10%～30%之间，能正常化蛹和羽化；土壤含水量低于10%左右，地面板结，蛹的死亡率高，羽化率也低。在成虫发生盛期若连降大雨，则影响成虫的活动，蛾量、卵量均减少。大豆连作比轮作受害严重，结荚盛期与成虫产卵盛期不吻合，受害较轻。豆荚有毛的品种着卵多，裸生型无荚毛品种着卵较少；荚皮隔离层细胞紧密且横向排列，幼虫入荚死亡率高；隔离层细胞纵向稀疏排列的品种，幼虫入荚死亡率低。大豆食心虫的天敌很多，已知天敌有步甲、猎蝽、赤眼蜂、中国瘦姬蜂、黄色小茧蜂、白僵菌等。

3. 防治方法

(1) 农业防治

① 选用抗虫或耐虫品种　品种的抗虫性表现有回避成虫产卵、幼虫入荚死亡率高两个方面。应因地制宜选用抗虫丰产品种。

② 合理轮作　水旱轮作或与玉米、甘薯等作物轮作，可压低越冬虫口基数。

③ 耕翻地灭虫　大豆收获后及时翻耕田地，能破坏幼虫的越冬场所，可提高越冬幼虫死亡率，特别是化蛹和羽化期中耕，可减少羽化，减轻为害。

(2) 生物防治

① 人工释放赤眼蜂灭卵　于成虫产卵盛期放蜂灭卵效果很好。按(30～45)万头/hm^2的放蜂量放蜂1次，可降低虫荚率43%左右。

② 白僵菌防治脱荚越冬幼虫　在幼虫脱荚前，按22.5kg/hm^2的白僵菌用量，每千克菌粉对细土9kg，均匀撒在豆田垄上，落地幼虫接触白僵菌的孢子，在适宜温湿度便发病致死。

(3) 药剂防治　大豆食心虫的药剂防治应抓住成虫盛发期和卵孵化盛期两个关键时期。

① 喷雾　在大豆开花结荚期、卵孵化盛期及成虫盛发期，是喷药防治的关键时期。施药时间以上午为宜，重点喷在植株的上部。药剂可选用：1.8%阿维菌素乳油1500倍液；12.5%高效氯氟氰菊酯1500倍液，10%吡虫啉可湿性粉剂1000～1500倍液或25%氰戊菊酯乳油450mL/hm^2。对水1125L喷雾防治。喷雾时将喷头朝上，从豆根部向上喷，倒着走，边喷边向后退。

② 大豆收获后防治　用90%敌百虫晶体800倍液浇湿垛底土，湿土层厚3cm，然后用碾压实，将收回的大豆垛在上面，杀死入土幼虫。

二、油料作物其他害虫

1. 豆荚螟

豆荚螟[*Etiella zinckenella* (Treitschke)]又称蛀豆虫、红虫、豆瓣虫等，属鳞翅目螟蛾科。豆荚螟除为害大豆外，还为害绿豆、豌豆、菜豆等豆科作物和豆科绿肥等60余种植物，以幼虫在豆荚内蛀食豆粒，被害豆粒充满虫粪、发褐以致霉烂，虫荚率一般为10%～30%，重的可达90%。

(1) 形态识别

① 成虫 体长10～12mm，翅展20～24mm，体灰褐色。前翅狭长，灰褐色，前缘自肩角到翅尖有1条白色纵带，近翅基1/3处有1条金黄色横带，后翅黄白色(图8-2)。

② 卵 0.5～0.8mm，椭圆形。初产时乳白色，渐变淡红色，孵化前暗红色。

③ 幼虫 老熟幼虫体长14～18mm，紫红色。腹足趾钩双序全环。前胸背板中央有黑色“人”字形纹，两侧各有1个黑斑，后缘中央有2个黑斑。

④ 蛹 体长9～10mm，初化蛹淡绿色，后变为黄褐色。腹部末端有沟刺6个。

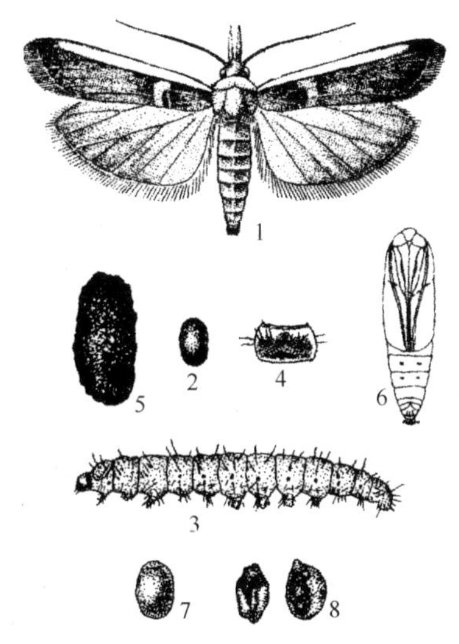

图8-2 豆荚螟
1—成虫；2—卵；3—幼虫；
4—幼虫的前胸背板；5—土茧；
6—蛹；7—健康豆粒；8—被害豆粒

(2) 发生规律

① 年生活史及习性

a. 年生活史 豆荚螟年发生代数随地区和当地气候变化而异，广东、广西一年发生7～8代，湖北、湖南、安徽、江苏等省一年发生4～5代，山东、陕西和辽宁南部一年发生2～3代，多以老熟幼虫在土中结茧越冬。各代幼虫为害情况，一般第1代幼虫为害豆科绿肥和绿豆、豌豆；第2代为害春播大豆、绿豆等豆科植物；第3代主要为害晚播春大豆、早播夏大豆及夏播豆科绿肥；第4、5代为害夏播大豆和秋大豆。在秋大豆成熟前，老熟幼虫在荚上咬孔爬出落至地面，潜入植株附近土下结茧越冬。

b. 习性 成虫白天潜伏于叶片背面或杂草丛中，晚间活动、交配产卵，趋光性不强，可做短距离的飞翔。雌雄交配后2～3d产卵。大豆结荚前，卵多产在幼嫩的叶柄、嫩芽或嫩叶背面，结荚后卵多产在中、上部的豆荚上。平均每雌产卵88粒，产卵期平均5.5d，最长8d。初孵幼虫先在荚面爬行2～3h，或吐丝悬垂到其他枝荚上，然后在荚上结一白色薄茧藏于其中，再从薄茧下蛀入荚内食害豆粒。一般可转荚为害1～3次，每头幼虫蛀食4～5个豆粒。幼虫老熟后，咬破荚壳，入土吐丝结茧化蛹。

② 发生条件 在适温条件下湿度对雌蛾的产卵影响较大，适宜产卵的相对湿度为70%，低于60%或过高，产卵减少。幼荚期与产卵期吻合则受害严重；结荚期长的较结荚期短的受害严重；荚毛多的比荚毛少的受害严重。豆荚螟的早期世代常在早于大豆开花结荚的豆科植物上发生，而后转入豆田。大豆与水稻轮作，受害较轻，大豆品种复杂或同一地区种植春、夏、秋三季几个不同时期的大豆，有利于不同世代转移为害，大豆受害严重。豆荚螟的天敌有赤眼蜂、小茧蜂、姬蜂等。据广西调查，赤眼蜂对豆荚螟的寄生率可达45.4%。在湿度较高时，白僵菌对幼虫的寄生率也较高。

(3) 防治方法 防治豆荚螟应控制在蛀荚为害之前。

① 农业防治 实行大豆与水稻轮作或与玉米间作，避免与紫云英、苕子等豆科植物连作和轮作。秋、冬灌水淹虫，促使越冬幼虫死亡。夏大豆结荚开花期灌水1～2次，可增加入土幼虫死亡率。秋季耕翻豆田，消灭本田越冬成虫。调整播期，使大豆结荚期与豆荚螟的产卵期错开。

② 药剂防治 应采取“治花不治荚”的药剂防治策略，在始花期喷第1次药，盛花期喷第2次药，两次喷药间隔时间7～10d，重点喷蕾、花、嫩荚及落地花，连喷2～3次。可选用以下药剂：20%氰戊菊酯乳油300～600mL/hm^2；10%氯氰菊酯乳油2000～3000倍液；1.8%阿维菌素乳油750mL/hm^2；5%氟虫脲乳油400mL/hm^{2}对水600kg均匀喷雾。

③ 生物防治 老熟幼虫入土前，田间湿度高时，可在地表喷白僵菌粉剂。在成虫产卵始盛期田间释放卵寄生蜂。

2. 油菜蚜虫

我国为害油菜的蚜虫主要有甘蓝蚜［*Brevicoryne brassicae*（Linnaeus），图 8-3］、萝卜蚜［*Lipaphis erysimi*（Kaltenbach）］和桃蚜［*Myzus persicae*（Sulzer），图 8-4］，均属同翅目蚜科。甘蓝蚜喜欢为害叶片多蜡、少毛的甘蓝和花菜等；萝卜蚜喜欢为害叶片少蜡、毛多的萝卜和白菜。桃蚜的食性很杂，除为害甘蓝、花椰菜、白菜、萝卜等十字花科蔬菜外，还为害桃、李、杏、梅、樱桃、苹果、梨、山楂、柑橘等果树以及兰花、樱花、月季、夹竹桃、蜀葵、海棠、香石竹、仙客来等观赏植物，寄主植物达 300 多种。桃蚜成、若虫群集芽、叶、嫩梢上刺吸汁液，被害叶向背面不规则地卷曲皱缩，严重影响枝叶的发育。甘蓝蚜以成虫和若虫群集在叶背及心叶，刺吸汁液，受害的叶片发黄、卷缩、生长不良。

（1）形态识别　二种蚜虫的形态区别见表 8-1。

表 8-1　三种蚜虫的形态区别

甘　蓝　蚜	萝　卜　蚜	桃　　蚜
有翅胎生雌蚜体长 2.2mm。头胸部黑色，腹部 1～2 节背面有 2 条淡黑色横带。腹管短于尾片，中部稍膨大，末端稍缢缩。无翅胎生雌蚜体长约 2.5mm。全体黄绿色，覆白色蜡粉，胸部各节中央有 1 黑色横纹，其他同有翅蚜(图 8-3)	有翅胎生雌蚜体长约 1.6mm。头胸部黑色，腹部黄绿色，每侧有 5 个黑点，全体覆有明显的白色蜡粉。腹管短，圆筒形，近末端收缩成瓶颈状。无翅胎生雌蚜体长约 1.8mm，全体黄绿色，有白色蜡粉，其他同有翅蚜	有翅胎生雌蚜体长约 2mm，头、胸黑色，腹部黄绿色。额瘤明显内倾，触角第 3 节有感觉圈 9～11 个，排列成 1 列。腹管圆筒形，后半部稍粗，末端缢缩，黑色。尾片圆锥形，两侧各有毛 3 根。无翅胎生雌蚜体长约 2mm，体色青绿、黄绿色，其他同有翅胎生雌蚜(图 8-4)

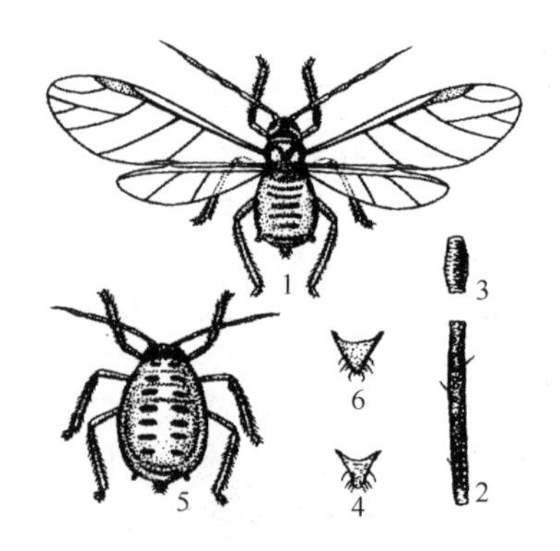

图 8-3　甘蓝蚜
1—有翅成蚜；2—有翅蚜触角第 3 节；3—有翅蚜腹管；4—有翅蚜尾片；5—无翅成蚜；6—无翅蚜尾片
（仿西北农学院）

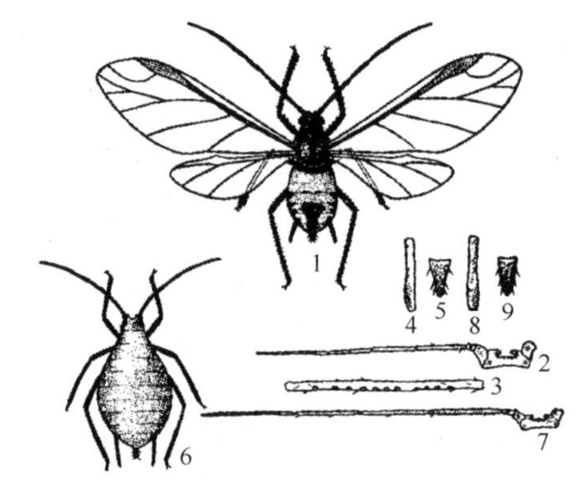

图 8-4　桃蚜
1—有翅成蚜；2—有翅蚜触角；3—有翅蚜触角第 3 节；4—有翅蚜腹管；5—有翅蚜尾片；6—无翅成蚜；7—无翅蚜触角；8—无翅蚜腹管；9—无翅蚜尾片
（仿华南农业大学）

（2）发生规律

① 年生活史及习性　一年发生 8～20 代。以卵在甘蓝、冬萝卜和冬白菜上越冬。越冬卵次年 4 月开始孵化，5～9 月在十字花科蔬菜上为害，秋初转移到油菜田为害。

a. 萝卜蚜　一年发生 10 多代，世代重叠严重。在北方以无翅胎生雌蚜在菜窖内越冬，或以卵在秋白菜和十字花科留种株上越冬。在南方，冬季仍继续行孤雌胎生，无越冬现象。一般越冬卵于次年 3～4 月孵化为干母，在越冬寄主上繁殖数代后，产生有翅蚜而转至大田蔬菜上扩大为害，以春秋两季为害最重。到晚秋继续繁殖，或产生雌、雄蚜交配产卵越冬。

b. 甘蓝蚜　繁殖速度快，世代周期短。在北方地区一年发生 10 余代，以卵在蔬菜上越冬，少数以成蚜、若蚜在菜窖内越冬。在温暖的地区可连续孤雌胎生，不产越冬卵。翌春 4 月孵化，先在越冬寄主嫩芽上胎生繁殖，而后产生有翅蚜迁飞至已经定植的甘蓝、花椰菜苗上，继续胎生繁殖为害，以春末夏初及秋季最重。10月初产生性蚜，交尾产卵于留种或储藏的菜株上越冬。少数成蚜和若蚜也可在菜窖中越冬。

c. 桃蚜　在华北地区年发生10余代，在南方则可多达30～40代。桃蚜世代重叠极为严重，每年在冬寄主和夏寄主之间往返迁飞，属乔迁式蚜虫。冬季以卵在桃树等核果类果树的枝条、芽腋间、裂缝等处以及菜心里越冬，或以无翅胎生雌蚜在风障菠菜、窖藏白菜内越冬。在加温温室内，无越冬现象。越冬卵翌年2～3月份孵化，繁殖数代之后，一般在4月下旬至5月上旬产生有翅蚜迁飞至十字花科蔬菜、烟草、马铃薯等夏寄主上为害。晚秋则迁回越冬寄主，产生雌、雄蚜交配产卵越冬。

② 发生条件　气象、天敌、施肥及地势等因素对蚜虫发生的数量有较大的影响。温暖和干旱是蚜虫发生的适宜气候条件。当温度高于30℃或低于6℃时，相对湿度高于80%或低于50%时，发育和繁殖都受到阻碍，发生数量明显下降。大雨、暴雨不仅可冲刷大量蚜虫，而且可推迟有翅蚜的迁飞和扩散，而干旱少雨则利于蚜虫的发生和繁殖。蚜虫的天敌有菜蚜茧蜂、瓢虫、食蚜蝇、草蛉、蚜霉菌等。

（3）防治方法

① 农业防治　油菜收获后深翻土地，及时清理前茬病残体，清除附近的杂草，减少来年虫源基数。加强调查，监测蚜虫的迁飞动向，以防蚜虫传毒导致病毒病的为害。夏季采取少种十字花科蔬菜以及结合间苗、清洁田园，借以减少蚜源，保持苗期土壤湿润，选育抗虫品种。

② 物理防治　利用黄板诱蚜。在秋播油菜地设置黄板，上涂一层油，黄板高于地面5cm，可大量诱杀有翅蚜。或用银灰色反光塑料薄膜覆盖苗床，便可达到驱避蚜虫的作用。苗床四周铺宽约15cm的银灰色薄膜，苗床上方挂银灰色薄膜条，可避蚜预防病毒病。也可在大棚内作物生长行间设置银灰色反光膜驱避蚜虫。

③ 生物防治　保护天敌或人工饲养释放蚜茧蜂、草蛉、食蚜蝇、瓢虫等可减少蚜害。

④ 药剂防治　苗期有蚜株率达10%、虫口密度为1～2头/株；抽薹开花期有10%茎枝有蚜虫，每枝有蚜3～5头时开始喷药，药剂可选用：50%抗蚜威可湿性粉剂2000倍液；10%吡虫啉可湿性粉剂2500倍液；3%啶虫脒乳油600～750mL/hm^2；1.8%阿维菌素乳油300～600mL/hm^2；2.5%氯氟氰菊酯乳油400～600mL/hm^2；4.5%高效氯氰菊酯乳油600～900mL/hm^2；50%丁醚脲悬浮剂900～1200mL/hm^2；10%氯噻啉可湿性粉剂150～300g/hm^2；25%噻虫嗪水分散粒剂120～150g/hm^2；25%吡蚜酮可湿性粉剂200～300g/hm^2；10%烯啶虫胺水剂300～600mL/hm^2；48%噻虫啉悬浮剂105～225mL/hm^2，对水600～750kg均匀喷施，间隔7～10d 1次，连续防治2～3次。

3. 菜粉蝶

菜粉蝶［*Pieris rapae*（Linnaeus）］又称菜白蝶，幼虫称菜青虫，属鳞翅目粉蝶科。已知菜粉蝶的寄主植物有十字花科、菊科、金莲花科、木樨草科、紫草科、百合科等9科35种。以幼虫取食寄主叶片，咬成缺刻和孔洞，严重时叶片被全部吃光，只残留叶柄和叶脉。同时，排出大量虫粪，污染叶面和菜心。幼虫为害造成的伤口又可引起软腐病的侵染和流行，严重降低蔬菜的产量和品质。

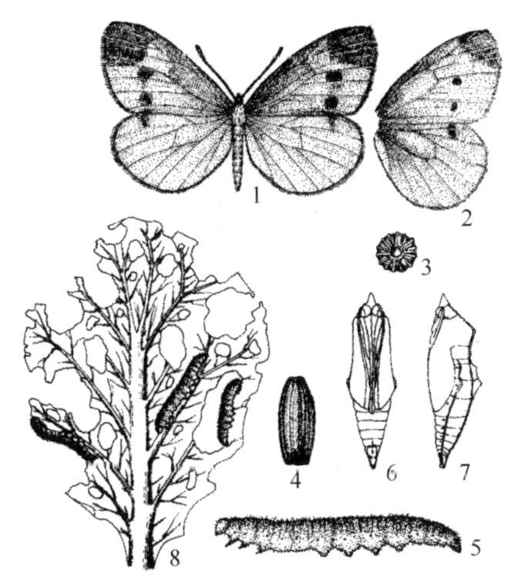

图8-5　菜粉蝶

1—雌成虫；2—雄成虫前后翅；3—卵正面观；4—卵侧面观；5—幼虫；6—蛹腹面观；7—蛹侧面观；8—为害状

（1）形态识别

① 成虫　体长12～20mm，翅展45～55mm。前翅顶角黑色，近中央外侧雌虫有2个黑斑，上下排列，雄性黑斑不明显，下方1个黑斑多消失。后翅前缘也有1个黑斑，与前翅黑斑成直线排列（图8-5）。

② 卵　长约1mm，瓶形。初产时淡黄色，后变为橙黄色，卵壳表面有许多纵横列的脊纹，形成长方形的小格。卵散产。

③ 幼虫　老熟幼虫体长28～35mm。全体深绿色，体背面有许多小黑点，密生白色短毛，沿气门线有黄色斑点1列。每腹节有4～5条横皱纹。

④ 蛹　体长18～21mm。纺锤形，两端尖细，中部膨大而有棱角状突起。

(2) 发生规律

① 年生活史及习性

a. 年生活史　菜粉蝶年发生代数自北向南逐渐递增。在东北、华北地区一年发生4～5代，华东一年发生7～8代，华中、华南和西南一年发生8～9代，有世代重叠现象。以蛹在菜园附近屋檐、篱笆、树干等处或土缝、杂草和残株落叶中越冬。次年3月初始见成虫，4～11月份是幼虫为害期。在华南地区，冬季气候暖和时，仍见幼虫继续取食，无真正越冬观象。

b. 习性　成虫白天活动，采食花蜜，夜间多栖息在茂密的植物上。羽化后数小时开始交尾产卵。成虫有强烈趋向于含有芥子油的十字花科蔬菜或野生植物上产卵的习性。卵多产在叶背，单雌产卵20～500粒。幼虫共5龄。卵多在清晨孵化，孵化后幼虫先吃去卵壳，再取食叶肉，2龄后分散食害叶片。炎热时幼虫躲在叶背取食，清晨、夜间或秋凉后，幼虫可在叶面取食。老熟后常在植株底部老叶背面或叶柄处化蛹。

② 发生条件　菜粉蝶幼虫发育最适宜温度为20～25℃，相对湿度为80%，当温度高于32℃或低于9℃，相对湿度在68%以下时，幼虫即大量死亡，故高温多雨的夏季发生较轻，春秋两季发生严重。菜粉蝶的天敌很多，卵期有赤眼蜂，蛹期有蝶蛹金小蜂、寄生蝇、茧蜂、姬蜂，幼虫期有菜粉蝶绒茧蜂。

(3) 防治方法

① 农业防治　在油菜田周围种植茴香、万寿菊，可显著减少菜粉蝶在甘蓝上产卵。清除油菜田的残株、残叶、杂草，也可结合积肥，将田间枯叶、残叶、杂草集中沤肥或烧毁，消灭其中隐藏的幼虫和蛹。结合田间管理，人工捕捉幼虫和蛹。

② 药剂防治　幼虫3龄前及时用药剂防治。常用的药剂有：2.5%高效氯氟氰菊酯乳油180～300mL/hm^2；4.5%高效氯氰菊酯乳油300～450mL/hm^2；20%除虫脲悬浮剂375～750mL/hm^2；25%灭幼脲悬浮剂300～600mL/hm^2；20%虫酰胺悬浮剂120～1500mL/hm^2；5%氟啶脲乳油600～120mL/hm^2；5%氟铃脲乳油600～120mL/hm^2；20%抑食肼可湿性粉剂1125～1500g/hm^2；20%氰戊菊酯乳油300～600mL/hm^2；5.7%氟氯氰菊酯乳油300～450mL/hm^2；1.8%阿维菌素乳油300～600mL/hm^2；0.1%氧化苦参碱水剂900～1200mL/hm^2；1%苦皮藤素乳油750～1050mL/hm^2；0.5%藜芦碱可溶性液剂1050～1500mL/hm^2；10%虫螨腈悬浮剂750～1050mL/hm^2；15%茚虫威悬浮剂75～150mL/hm^2对水600～750kg均匀喷雾，药物交替使用，效果更佳。

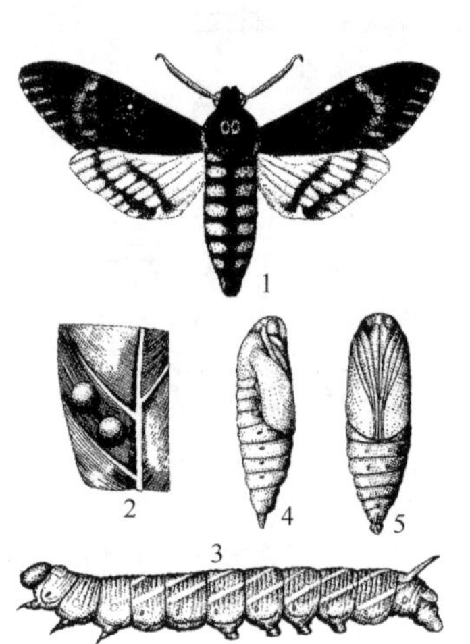

图8-6　芝麻天蛾
1—成虫；2—卵；3—幼虫；
4—蛹侧面；5—蛹腹面观

4. 芝麻天蛾

芝麻天蛾（*Achontia styx* Westwood）属鳞翅目天蛾科。芝麻天蛾以幼虫取食芝麻叶片，严重时叶片被食光，也为害嫩茎或蒴果。除为害芝麻外，还为害马铃薯、茄子等作物。

(1) 形态识别

① 成虫　体长约50mm，翅展100～120mm。头、胸及前翅灰褐色。胸部背面有人面状斑纹。腹部黄色，背线蓝色，各节有黑黄相间的斑纹。前翅有黑色波状横纹，中室端部有一个黄色圆点，后翅黄色，有2条黑褐色横带（图8-6）。

② 卵　直径约2mm，淡黄色。

③ 幼虫　老熟幼虫体长95～115mm，黄绿色或紫灰色。头部色浅。腹部1～8节侧面有黄色斜纹。各腹节有横皱纹7

条，上有蓝色小点。尾角黄色，上有瘤状小粒。

④ 蛹　体长55～60mm，红褐色。腹部5～7节气门处各有一横沟纹。

（2）发生规律　芝麻天蛾在河南、湖北1年发生1代，在广西、广东、江西1年发生2代。以蛹在土内做土室越冬，在1代区，来年6月上旬出现成虫，6月中下旬产卵，7月中下旬为幼虫为害盛期。8月上旬至9月上旬老熟幼虫化蛹。

成虫昼伏夜出，有趋光性。卵散产于芝麻叶片上。初孵幼虫多集中在嫩叶上取食，随龄期的增加，幼虫食量大增，严重时可将全株叶片吃光，并转株为害。幼虫老熟后入土6～10cm深筑土室化蛹。

（3）防治方法

① 诱杀成虫　在成虫盛发期，田间设置黑光灯诱杀成虫。

② 捕杀幼虫　大发生时，若错过防治时机，田间大龄幼虫较多，可进行人工捕杀。

③ 药剂防治　在3龄幼虫期可用：25%灭幼脲悬浮剂1000～1500倍液；10%吡虫啉可湿性粉剂1500倍液；2.5%氯氟氰菊酯乳油3000倍液喷雾防治。

油料作物其他害虫见表8-2。

表8-2　油料作物其他害虫

害虫名称	形态特征	年生活史及习性	防治要点
油菜潜叶蝇（*Phytowyza atriconis* Meigen）	体长2～3mm，翅展5～7mm。头部黄褐色，胸部隆起，背面生有4对粗大刚毛。前翅白色半透明，紫色反光。幼虫体长2.9～3.5mm，似蛆，初孵乳白色，后变黄白色	在华北一年发生5代、福建13～15代、广东18代，以蛹越冬。3月下旬至5月下旬是为害最严重的时期	清洁田园。诱杀成虫。在成虫发生高峰期，可用下列药剂：5%氟虫脲乳油2000倍液；5%丁烯氟虫腈悬浮剂1500倍液；10%虫螨腈悬浮剂1000倍液等均匀喷雾
小菜蛾［*Plutella xylostella*（L.）］	成虫灰褐色，体长6～7mm，翅展12～15mm。前后翅狭长而尖，缘毛很长，前翅有黄白色波纹。老熟幼虫体长10～12mm，绿色	年发生世代因地而异。北方以蛹越冬，江南地区无越冬现象。成虫昼伏夜出，午夜前后活动最盛，有趋光性。卵多产于叶背脉间凹陷处。一般秋季重于春季	避免十字花科蔬菜周年连作。收获后及时清除残株落叶，进行翻耕。选用1.8%阿维菌素乳油450～600mL/hm²；20%虫螨腈悬浮剂750～1050mL/hm²喷雾防治
油菜种蝇［*Delia platura*（Meigen）］	成虫体长约7mm。雄蝇暗褐色，后足腿节外下方生有一列稀疏长毛。雌蝇黄褐色，胸、腹背面无斑纹。幼虫腹部末端有6对突起，第5对显著大于其他突起，并且分成很深的两叉	1年1代，以蛹越冬。成虫于8月中下旬羽化，产卵于菜苗周围地面上或心叶及叶腋上，经5～14d孵化为蝇蛆。9月下旬开始化蛹，10月下旬全部化蛹越冬。多雨潮湿时发生较重	用50%辛硫磷乳油3～3.75kg/hm²，加水10倍，喷于25～30kg细土上拌匀成毒土
豆蚜（*Aphis craccivora* Koch）	有翅胎生雌蚜体长1.5～1.8mm，黑绿色带有光泽。腹管较长，末端黑色。无翅胎生雌蚜体长1.8～2.0mm，黑色或紫黑色。腹管较长，末端黑色	每年以5～6月份和10～11月份发生较多，在适宜的气候条件下（24～26℃，相对湿度60%～70%），豆蚜繁殖力强，4～6d可完成1代	及时铲除田边杂草，减少虫源。利用银灰色膜避蚜和黄板诱蚜。田间点片发生蚜虫时，可选用10%抗蚜威可湿性粉剂2000～3000倍液喷雾防治
豆天蛾（*Clanis bilineata* Walker）	成虫黄褐色，体长40～45mm，翅展100～120mm。前翅狭长，翅顶有一暗褐色三角斑纹，外缘有6条波浪纹。老熟幼虫尾部有黄绿色突起的尾角1个	发生世代随区域而异。以老熟幼虫在豆田、田边土堆等处越冬。翌年春暖后，幼虫上升地表做土室化蛹。幼虫以8月上中旬为害最盛。9月份后老熟幼虫开始越冬	选种抗虫品种。及时秋耕、冬灌，降低越冬基数。用20%高效氯氰菊酯乳油1500倍液喷雾防治

续表

害虫名称	形态特征	年生活史及习性	防治要点
花生麦蛾 (*Stomopteryx subsecivella* Zell)	成虫前翅灰黑色并有金属光泽,末端黑色,前缘及后缘距离外缘1/3处有一白色小斑点。卵长椭圆形,初产乳白色,后转淡黄绿色。幼虫黄绿色,老熟时黄白色	1年发生多代。以蛹在花生藤蔓及田间残株落叶中越冬。卵多产在顶部叶片。幼虫喜食嫩叶,有吐丝缀成虫苞的习性。砂土地虫量大,干旱年份为害重	花生收获后清除田间落叶,沤肥或烧掉,消灭虫口。用2.5%高效氯氟氰菊酯乳油300～450mL/hm^{2}喷雾防治

第二节 油料作物病害

我国的油料作物主要有油菜、大豆、花生、芝麻、向日葵等，在我国大多数省份均有广泛种植。油料作物病害种类很多，我国已有报道的大豆病害有30种，油菜病害34种，花生病害30余种，芝麻病害30余种。其中发生普遍、为害严重的病害主要有油菜菌核病、油菜病毒病、油菜霜霉病、大豆病毒病、大豆胞囊线虫病、大豆霜霉病、花生青枯病、花生锈病、花生黑斑病、花生褐斑病、芝麻枯萎病、芝麻茎点枯病、向日葵菌核病、向日葵黑斑病、向日葵霜霉病等。

一、油料作物主要病害

以下主要介绍油菜菌核病。

油菜菌核病俗称“烂秆”、“白秆”，是当前中国油菜生产上的首要病害之一。一般发病率为10%～30%，严重者达80%以上，可导致减产10%～70%，严重影响油菜的产量和品质。除为害油菜外，还为害十字花科蔬菜、烟草、向日葵和多种豆科植物。

根据发生程度可以分为长江中下游及东南沿海严重病区、长江中游重病区、长江上游轻病区、云贵高原轻病区、华南沿海轻病区、华北极轻病区以及北方油菜极轻病区等7个病区。

1. 症状

油菜各生育阶段均可感病，以开花结果期发病最多，茎、叶、花瓣和角果均可受害，以茎秆发病最重，为害最大。

(1) 苗期　受害茎基部与叶柄，初生红褐色斑点，后扩大变为白色，病部变软腐烂，上面长出白絮状菌丝。病斑绕茎后幼苗死亡，病部形成黑色菌核。

(2) 成株期　叶片发病多自植株下部的衰老叶片开始，初生暗绿色水渍状斑块，后扩大成圆形或不规则形大斑。病斑中部黄褐色，有同心轮纹，外部暗青色，周围有黄色晕圈。干燥时病斑破裂穿孔，潮湿时则迅速扩展，全叶腐烂，上面长出白色菌丝。茎部感病后，病斑环茎扩展，病部湿腐，表面长出白絮状菌丝体，并聚集成团，形成菌核。病害发展后期，茎内变空，皮层纵裂，维管束外露呈纤维状，易折断，病茎可见黑色菌核。花瓣感病产生水浸状暗褐色无光泽小点，后整个花瓣变为暗黄色，水浸状，潮湿时可长出白色菌丝。角果发病，形成水浸状褐色斑，后变白色，边缘褐色。潮湿时全果变白腐烂，长有白色菌丝，后形成黑色菌核。种子发病，表面粗糙，无光泽，灰白色。

2. 病原

病原物为核盘菌［*Sclerotinia sclerotiorum* (Lib.) de Bary］，属子囊菌亚门核盘菌属。菌核不规则形，鼠粪状，表面黑色，内部粉红色。萌发时先产生一个至数个柄，顶端膨大形成子囊盘。子囊盘浅肉色至褐色，初呈杯状，展开后呈盘状。子囊棍棒状或圆柱形，无色，内生8个子囊孢子，子囊孢子单胞，无色、椭圆形。

3. 发病规律

(1) 病害循环 病菌主要以菌核在土壤、病残株中越夏、越冬。其次以菌丝在病种中或以菌核、菌丝在野生寄主(如荠菜、刺儿菜、金盏菊)中越夏(冬油菜区)、越冬(春油菜区)。春季,菌核大量萌发产生子囊盘,释放出子囊孢子,子囊孢子随气流传播,侵染衰老的叶片和花瓣,长出菌丝体,使寄主组织腐烂变色。病菌从叶片扩展到叶柄,再侵入茎秆,也可通过接触或沾附进行重复侵染。生长后期又形成菌核越冬或越夏。有病花瓣成为再侵染的主要来源,在病害蔓延中起着很大的传播作用。

(2) 发病条件 油菜菌核病的发生发展与气候条件、油菜品种和栽培管理等有密切关系。越冬菌核是病害的初侵染源。越冬的菌核数量多,引起初侵染的子囊孢子数量大,发病重。气候条件中与发病关系最为密切的是雨量和温度,温度除影响病害发生的早晚外,还影响油菜的生长发育。油菜开花期遭受冻害,不仅有利于病菌侵染,而且还延长感病期,发病程度往往加重。在病害常发区,油菜开花期和角果发育期的降雨量均大于常年雨量,特别是油菜成熟前20d内大量降雨,是病害大流行的主要原因。春、夏季多雨地区,尤其是在油菜开花期田间积水,会加重发病。氮肥用量大,往往造成油菜的旺长,病害重。分枝部位高、结构紧凑、木质化程度高、坚硬、蜡粉多的品种较抗病;而分枝数多、叶片大而披垂的品种,往往发病较重。

4. 防治方法

油菜菌核病的防治应采取以种植抗(耐)病品种为根本,农业防治为基础,使谢花盛期与病菌孢子主要传播期尽量错开,以预测预报为前提,适时药控为关键,全面推广综合防治技术。

(1) 农业防治

① 选用抗(耐)病品种 甘蓝型、芥菜型油菜较白菜型油菜抗病。各地可因地制宜选用抗(耐)病品种。

② 消除和减少初侵染源 有条件的地方实行水旱轮作,能显著减轻发病,实行稻油轮作或旱地油菜与禾本科作物进行两年以上轮作可减少菌源。

③ 加强田间管理 及时中耕松土(特别是3月下旬至4月上旬),破坏子囊盘,减少菌源,并促进油菜生长健壮,提高抗病力。清沟排渍,开好“三沟”,做到沟沟相通,确保田间明水能排、暗水能滤,降低田间湿度。应重施基肥,早施蕾薹肥,氮、磷、钾肥应配合施用,促使油菜苗期健壮、薹期稳长、花期茎秆坚硬,不易倒伏。油菜开花期后,摘除下部的黄叶和病叶,减少病源,提高油菜田通风透光率,从而提高油菜产量。适时播种,适当迟播。

(2) 种子处理 播种前,用10%氯化钠或10%~20%硫酸铵水溶液选种,用清水冲洗干净后播种。也可用50℃温水浸种10~20min。

(3) 药剂防治

① 防治适期 防治菌核病重点抓两个防治适期:一是3月上旬子囊盘萌发盛期,二是4月上中旬油菜盛花期。喷药次数应根据病情酌情掌握,尽量喷于植株中下部。一般发生年份,在油菜盛花期(一次分枝开花枝率100%、二次分枝开花枝率30%左右时)进行防治,对于易感品种或在偏重发生年份,要在油菜盛花初期(主茎开花株率达95%~100%、一次分枝开花枝率20%~30%),开始第一次用药防治,盛花期进行第二次防治。

② 药剂使用 在油菜盛花初期,喷施:50%异菌脲可湿性粉剂1000~1500倍液;50%乙烯菌核利可湿性粉剂1000倍液;40%菌核净可湿性粉剂1800g/hm^2;25%咪鲜胺锰盐乳油1125mL/hm^2;40%丙环唑乳油375mL/hm^2对水600~750kg均匀喷施。

在油菜盛花期,喷施25%咪鲜胺乳油1000~2000倍液;35%多菌灵磺酸盐悬浮剂600~800倍液;50%腐霉利可湿性粉剂1000~1500倍液。在大发生年份,4月上旬如果雨量较多,还应在盛花末期或终花期再补喷一次药。

此外,推广无人驾驶小型遥控飞机喷药防治油菜菌核病技术,可以达到“一促四防”的作用,即防病虫、防花而不实、防早衰、防高温逼熟以及促油菜生长发育。

二、油料作物其他病害

以下主要介绍花生青枯病。

花生青枯病是花生的重要病害之一，全国大部分花生产区都有程度不同的发生为害。植株感病后，可迅速萎蔫死亡，造成的损失严重。发病率一般为10%～20%，严重的达50%以上，甚至整片枯死。一般结荚后发病，产量损失达60%～70%，结荚前发病，损失可达100%。

1. 症状

从苗期到成株期均可发病，以盛花期发病最重。花生青枯病为典型的维管束病害，病害主要自花生根茎部开始发生，特征性症状是植株急性凋萎和维管束变色。发病初期，病株顶梢叶片白天失水萎蔫，早晚尚能恢复，以后随病情扩展，全株自上而下叶片失水萎蔫，叶片变为淡绿，叶尖卷曲，呈青枯状枯死。纵剖病株根茎，可见维管束变黑褐色。潮湿条件下，用手挤压切口处，可渗出污白色细菌黏液。

2. 病原

病原为茄科雷尔菌（*Rastonia solanacearum* E. F. Smith），属雷尔菌属细菌。菌体短杆状，两端钝圆，大小（0.9～2）μm×（0.5～0.8）μm，具极生鞭毛1～4根，无芽孢和荚膜，革兰染色阴性。在牛肉汁琼脂培养基上菌落呈圆形，直径2～5mm，光滑，稍有突起，乳白色，具荧光反应，6～7d后渐变褐色，失去致病力。

3. 发病规律

（1）病害循环　花生青枯病是一种土传病害。病菌主要在土壤、病残体、混有病残体的粪肥、以病株作饲料的牲畜粪便中越冬。病菌主要通过流水、人畜和农事活动传播。细菌接触植株的根部后，一般通过伤口或自然孔口侵入，通过皮层组织进入维管束，在维管束内繁殖蔓延，造成导管堵塞，并分泌毒素引起植株中毒，产生萎蔫和青枯症状。病菌还可以分泌果胶酶，消解中胶层，使组织崩解腐烂。腐烂组织上的病菌又通过流水等途径传播到健株根部进行再侵染，从而导致病害迅速扩展蔓延。

（2）发病条件　青枯病的发生、发展主要与耕作栽培条件、气候条件以及品种抗病性等因素有密切关系。高温高湿有利于发病。若雨水较多，田间土壤湿度大，有利于细菌的侵入和繁殖，常常发病较重。一般蔓生型品种比直生型品种抗病，南方品种比北方品种抗病，珍珠豆型、龙生型比普通型抗病。管理粗放、水肥不足、田间杂草多、地下虫害严重、低洼积水的田块发病重，田间整地平整、沟渠能较好排水的田块发病较轻。

4. 防治方法

花生青枯病的防治应采用清除菌源、选用抗病品种、合理轮作和药剂防治等综合措施。

（1）农业防治

① 合理轮作　南方水源充足的地方可实行水旱轮作，轮作1年就有很好的效果。旱地可与小麦、玉米、甘薯、大豆等禾谷类非寄主植物轮作2～3年，具有明显减轻病害的作用。

② 选用抗病良种　种植抗病品种是最经济有效的防病措施。目前种植的花生品种尚缺乏抗病良种，但对实施轮作有困难的地区，应利用品种间的抗病性差异，选用抗（耐）病性相对较强的品种，可选择种植鲁花3号、天府16号、天府11号、中花2号、中花6号、台山珍珠豆、抗青10号、抗青11号、桂油28、粤油22号等品种。

③ 加强栽培管理　田间增施有机肥，促使花生植株健壮生长，提高抗病性。病田要增施有机肥和磷钾肥。及时中耕，做好田间的清沟排渍，防止雨后积水等。田间发现病株，及时拔除烧毁，收获后及时清除病株残体，集中烧毁，防止传染。也可施石灰450～1500kg/hm^2，使土壤呈微碱性，以抑制病菌生长。

（2）药剂防治　发病初期可喷施72%农用硫酸链霉素可溶性粉剂4000倍液，每隔7～10d喷1次，连喷3～4次。或用20%噻菌铜悬浮剂500～700倍液，或用14%络氨铜水剂300倍液，或用50%琥胶肥酸铜（DT）可湿性粉剂400倍液灌根，每株用对好的药液250mL，7～10d灌一次，交替使用不同的药剂，连灌3～4次。

此外，油料作物其他病害见表 8-3。

表 8-3 油料作物的其他病害

病害名称	症 状	发病规律	防治要点
大豆胞囊线虫病(*Heterodera glycines*)	植株矮小，节间短，叶片发黄早落，似缺肥症状。地下部主根和侧根发育不良，须根增多，须根上着生许多白色至黄白色小颗粒(雌成虫)	主要以胞囊在田间土壤中越冬。春季胞囊内的卵孵化，以雌性幼虫侵入寄主根部，发育为成虫，性成熟后与雄虫交尾	大豆与禾本科作物或棉花等非寄主植物轮作。加强水肥管理。土壤处理可用 0.5% 阿维菌素颗粒剂 30～45kg/hm^2，拌细土混匀，在播种时撒入播种沟内
油菜霜霉病(*Peronospora parasitica*)	为害叶、茎、花及荚果。叶片被害初呈淡黄色斑点，后扩大，受叶脉限制呈黄褐色多角形大斑，叶背出现霜状霉层。花轴受害后肿大弯曲成“龙头”状畸形	油菜霜霉病以卵孢子随病残体在土壤中越夏、越冬。春季条件适宜时，病部产生大量的孢子囊，通过气流、雨水等途径传播，进行反复再侵染。偏施氮肥有利于病害发生和流行	合理施肥，施足基肥，避免过量施用氮肥。做好田间清沟排水。提早播种移栽。油菜收获后彻底清除田间残体。可用 10% 多氧霉素可湿性粉剂 1000 倍液喷雾防治
油菜根肿病(*Plasmodiophora brassicae*)	感病植株根部肿大。病株中午温度较高时可出现萎蔫，早晚能恢复正常。病株矮小，叶片失去光泽，严重时叶片变黄、枯死	主要以休眠孢子囊在土壤中越冬，在土壤中能存活 6～7 年。酸性土壤中发病重	清除病残体，减少菌源。重病田与非十字花科植物轮作。发病初期可用 72% 链霉素可溶性粉剂 4000 倍液喷雾防治
油菜黑斑病(*Alternaria brassicae*)	为害幼芽、叶片、茎和角果等。叶上病斑呈黑褐色，圆形，有明显的同心轮纹，潮湿时，病斑上长黑色霉层。茎和花序上病斑长条形、黑褐色	病菌主要以菌丝体及分生孢子在土壤病残体、田间病株中越冬。分生孢子通过气流和雨水传播。高湿条件下发病重	与非十字花科作物轮作。播种无病种子。合理施肥，清沟排渍。发病初期及时用 70% 代森锰锌可湿性粉剂 600 倍液喷雾防治
大豆花叶病	感病品种受侵染后，先出现明脉，随后逐渐发展成花叶斑驳，叶片皱缩。重病株不结实或很少结实。抗病品种通常只表现轻微花叶症状或带毒不显症	主要在种子中越冬，并成为病害的初侵染源。带毒种子长出幼苗后，在条件适宜时发病，成为田间传播毒源。病害在田间的再侵染主要靠蚜虫介体	种植抗病品种。建立无病毒种子田，提倡无病田留种。治蚜防病
大豆炭疽病(*Colletotrichum destructivum*)	主要为害茎秆、豆荚。病斑不规则，褐色，病部密生小黑点，呈轮状排列	病菌以菌丝体在大豆种子和病残体上越冬，翌年播种后即可发病。苗期低温或土壤过分干燥，容易造成幼苗发病	选用无病种子。与禾本科作物轮作。适期播种。清除病残体。开花结荚期用 70% 代森锰锌可湿性粉剂 500～600 倍液喷雾防治
花生根结线虫病(*Meloidogyne arenaria*)	受害根尖膨大成不规则形米粒大小的根结，根结上长出许多细小须根。病株生长不良，矮小，叶片变黄，开花迟，似缺肥状	主要以卵在土壤中的病根、病果壳及粪肥中越冬。翌年卵孵化变成 1 龄幼虫，蜕皮后为 2 龄幼虫，从花生根尖处侵入	加强检疫工作。加强栽培管理。花生播种时，可用 3% 氯唑磷颗粒剂 120kg/hm^2，沟施或穴施
花生锈病(*Puccinia arachidis*)	发病初期叶片上产生褪绿小斑点，后扩大呈圆形。叶背产生黄褐色至褐色稍隆起的夏孢子堆，表皮破裂后散出锈状粉末，严重时，叶片变黄枯死	以夏孢子周年循环为害。多雨高湿发病重，连作田发病重，增施磷钾肥发病轻	选用抗病品种。加强栽培管理，合理施肥，清沟排渍。发病初期用 15% 粉锈宁可湿性粉剂 1500 倍液喷雾防治
芝麻茎点枯病(*Macrophomina phaseoli*)	主要为害植株的根、茎及蒴果。在茎秆上，后期病部中央为灰白色，有光泽，其上密生针尖大的小黑点。蒴果感病后变褐枯死	病菌主要以菌核在种子、土壤和病残株中越冬。播种带菌的种子可引起烂种、烂芽。成株期病菌主要从伤口、叶痕处侵入，也可直接侵入	选用抗病品种。与禾谷类、棉花和甘薯等较抗病的作物轮作 3 年以上。合理密植，加强栽培管理。发病初期用 50% 多菌灵可湿性粉剂 800 倍液喷雾防治

续表

病害名称	症状	发病规律	防治要点
芝麻疫病(*Phytophthora nicotianae*)	为害叶片和茎秆。病部褐色,边缘不明显,潮湿时,病部长出绵毛状菌丝体	病菌以菌丝及卵孢子在土壤中越冬。游动孢子借风雨、流水等进行传播。高温高湿有利于发病	清除田间病残体,减少侵染源。加强田间栽培管理,清沟排渍。发病初期可用58%甲霜灵·锰锌可湿性粉剂500～700倍液喷雾防治
向日葵霜霉病(*Plasmopara halstedii*)	病株矮小,叶片皱缩,节间缩短,叶脉两侧有白色霉层	以卵孢子在土壤及病残体、种子上越冬。春季侵染产生全株症状	种植抗病品种。清除病株残体。进行轮作。可用25%甲霜灵可湿性粉剂按种子重量0.5%拌种
向日葵锈病(*Puccinia helianthi*)	在叶、叶柄、茎和葵盘上形成铁锈状的孢子堆(夏孢子),秋季产生黑褐色粉末(冬孢子)	以冬孢子在病残体上越冬。担孢子侵入向日葵叶片,经性孢子器、锈孢子器后由夏孢子多次再侵染	种植抗病品种。进行轮作。药剂拌种,夏孢子出现初期可用15%粉锈宁可湿性粉剂1500倍液喷雾防治

第三节 油料作物病虫害的综合治理

1. 加强检疫

在种子调运过程中加强检疫，可有效控制大豆菟丝子、花生根结线虫病、花生病毒病等病害的远距离传播。外地调种时严格检验有无检疫对象，凡是种子中混杂有菟丝子、菌核等的严禁调入或调出。在调运其他寄主植物时，也应实施检疫。

2. 农业防治

(1) 合理轮作，适时换茬　坚持合理的轮作制度，切断一些害虫的食物源，是降低田间害虫密度的根本措施。水源条件好的地方可进行水旱轮作，能有效控制地下害虫、大豆食心虫、豆荚螟、豆天蛾等害虫的发生。合理轮作换茬，旱地可与禾本科等非寄主作物轮作，轻病田实行1～3年轮作，重病田实行4～5年轮作，可以有效防治大豆胞囊线虫病、大豆菌核病、花生根结线虫病、油菜菌核病、油菜霜霉病、芝麻枯萎病、芝麻茎点枯病等油料作物病害。

(2) 深翻整地，精耕细耙　可有效压低越冬虫源基数，提高越冬幼虫死亡率，减少地下害虫和苗期害虫的发生。

(3) 选用抗（耐）病虫品种，提高油料作物的抗逆能力　选用高产抗（耐）病虫品种是控制油料作物病害经济有效的措施。要因地制宜地选用高产抗虫、耐虫的品种，以减轻为害。如结合本地自然条件及病害种类，大力推广甘蓝型油菜及直立型花生品种。各地可因地制宜地种植辽宁13号、合豆3号、皖豆24、东农43、齐黄29、齐黄31、抗线1号、抗线2号等大豆品种；远杂3号、湘杂油6号、豫油4号、豫油5号、杂双2号、杂双4号、丰油9号等油菜品种。

(4) 精选种子与种子处理　选无病田（株）种子留种。播前严格进行种子精选，淘汰秕粒、病粒、菌核和霉变的种子，并晒种2～3d，杀灭种子表面的病菌。用50%福美双可湿性粉剂按种子重量的0.5%～0.8%拌种，可防治大豆紫斑病、大豆霜霉病和大豆灰斑病。用50℃温水浸种10～20min或1∶200福尔马林浸种3min，可有效防治油菜菌核病。用0.5%硫酸铜液浸种30min，可防治芝麻枯萎病。可用种子重量0.2%～0.3%的50%多菌灵可湿性粉剂浸种6～12h，可有效防治花生茎腐病。

(5) 实施丰产栽培，改进管理技术　精选种子。适时播种。合理施肥。适时浇灌。收获后及时清洁田园，清除田间枯枝落叶，铲除田间及田边杂草等，创造一个有利于油料作物生长而不利于害虫生长的田间环境，从而减轻害虫的发生为害。

在冬油菜区，秋季气温高，其重病区或秋季干旱的年份，适当延迟播期，错开有翅蚜迁飞高峰的时间，可减轻病毒病的为害。改良土壤，深翻土地，精细整地。适时播种，合理密植，保证田间通风透光。加强田间管理，清沟排水，不要串灌，防止水流传播，降低田间湿度。合理施肥，增施有机肥，施用腐熟肥料，氮、磷、钾配合施用，提高土壤肥力，防止贪青徒长、倒伏及晚熟。发病初期及时拔除田间病株，集中深埋或烧掉，收获后及时彻底清除病株残体，将病残体深埋地下，减轻病害发生程度。

（6）种植诱集植物　在花生田边、地头零散种植蓖麻，毒杀金龟子，可控制蛴螬的发生。

3. 生物防治

如在大豆田挖小坑，内覆盖杂草，可引诱步甲、蜘蛛等天敌栖息。在成虫产卵盛期释放赤眼蜂灭卵。用白僵菌、苏云金杆菌制剂、灭幼脲等药剂防治害虫。这些措施可以增加田间天敌数量，充分发挥天敌自然控制的效能。

4. 物理机械防治

对趋光性较强的蛾类，在发蛾盛期于田间设置黑光灯、高压汞灯等诱杀害虫，或人工捕杀，可有效减少田间虫量和来年虫源。

5. 控制蚜虫防病

采用地膜覆盖栽培技术驱避蚜虫；清除田间和周围杂草，减少蚜虫来源；苗期及时喷药治蚜等措施，以阻止蚜虫的传病作用，可延缓和减轻病害的流行及为害。油菜苗床要选择周围种植高秆作物的地块，油菜和大豆与高秆作物间作，可预防蚜虫迁飞传播病毒病。油菜苗床用银灰色塑料薄膜覆盖畦面避蚜、田间插黄色诱蚜板等均可控制蚜虫传毒。

6. 化学防治

（1）苗期害虫的防治　播种前用药剂处理种子，能兼治多种苗期害虫。如用辛硫磷、乐果等处理种子，可防治蛴螬、象甲、蝼蛄等。或播种时沟施辛硫磷颗粒剂，或采用毒土、毒饵等方法，防治各种地下害虫和苗期害虫。

（2）生长期害虫的防治　根据预测预报，坚持防治指标，能挑治的就不普治。对蚜虫、叶螨、蓟马等害虫要控制在点片发生阶段。对豆天蛾、造桥虫类等大豆食叶性害虫，要坚持防治指标。对大豆食心虫和豆荚螟等蛀荚类的害虫要掌握在成虫盛发期进行药剂防治。在油菜抽薹期及初荚期害虫种类很多，但也最多可各施药 1 次，兼治多种害虫，药剂应选用内吸性或渗透性强的触杀剂。

大豆苗期可选用 10％吡虫啉可湿性粉剂 300～450mL/hm^2；3％啶虫脒乳油 450mL/hm^2 喷雾防治蚜虫。大豆开花结荚期可用 20％氰戊菊酯乳油 1000 倍液喷雾防治豆天蛾；可用 20％三唑磷乳油 7000 倍液或 5％丁烯氟虫腈胶悬剂 2500 倍液喷雾防治大豆卷叶螟、大造桥虫等害虫。

花生幼苗期的害虫主要有蚜虫、叶螨、棉铃虫、黏虫等，可用 10％吡虫啉可湿性粉剂 1000～1500 倍液或 50％抗蚜威可湿性粉剂 1800 倍液喷雾防治蚜虫。花生开花结果期主要害虫有蛴螬、蚜虫、红蜘蛛等，蛴螬为害荚果，可用 50％辛硫磷 600 倍液灌花生根部。

油菜冬前秋苗至返青期主要害虫有蚜虫、菜螟，防治蚜虫可用 10％吡虫啉可湿性粉剂 2500 倍液或 1.8％阿维菌素乳油 3000 倍液喷雾防治，同时兼治菜螟。油菜抽薹开花期主要害虫有潜叶蝇、小菜蛾、菜蝽等，防治潜叶蝇、小菜蛾等，可喷施 5％氟虫脲乳油 1000～2000 倍液或 5％氟啶脲乳油 1500～2000 倍液。

芝麻蕾花期主要害虫有桃蚜、芝麻天蛾、棉铃虫等，防治桃蚜可用 10％吡虫啉可湿性粉剂 1500 倍液喷雾防治；防治天蛾可用 10％氯氰菊酯乳油 3000～4000 倍液喷雾防治。

（3）病害的防治　大豆开花结荚期喷施 50％多菌灵可湿性粉剂 1000 倍液；70％甲基硫菌灵可湿性粉剂 1000 倍液；25％丙环唑乳油 1000 倍液；50％异菌脲可湿性粉剂 400 倍液等，可防治紫斑病、炭疽病、灰斑病。

油菜初花到盛花期用 50％多菌灵可湿性粉剂 1000 倍液；70％甲基硫菌灵可湿性粉剂 1000 倍液；40％乙烯菌核利可湿性粉剂 1000 倍液；35％多菌灵磺酸盐悬浮剂 600～800 倍液，喷雾 1～2 次，可防治油菜菌核病。

发病初期，叶面喷 70％甲基硫菌灵可湿性粉剂 600 倍液；50％多菌灵可湿性粉剂 800 倍液；

70%百菌清可湿性粉剂600～800倍液。喷药时可加入0.1%的害利平作展着剂，每隔15d喷1次，共喷2～3次，可有效防治花生叶斑病。

防治线虫病可用专用的种衣剂包衣。重病田播种前15～20d进行土壤熏蒸处理，沟施98%棉隆75～150kg/hm²，也可在播种时用3%氯唑磷颗粒剂120kg/hm²沟施或穴施。

单元检测

一、简答题

1. 简述大豆食心虫的发生规律及防治方法。
2. 菜粉蝶成虫与幼虫有哪些主要生活习性？
3. 针对菜粉蝶实施药剂防治应注意哪些问题？
4. 菜青虫在当地每年发生几代？以何虫态在何处越冬？分析该虫在春秋季发生重的主要原因，并设计综合防治措施。
5. 简述花生青枯病的发病规律及防治方法。
6. 油菜病毒病在不同类型油菜上的症状有何不同？
7. 如何防治油菜病毒病？
8. 简述油菜菌核病的病害循环情况。
9. 根据油菜菌核病的发生和流行条件，在防治上应着重抓哪些方面？

二、归纳与总结

可在教师的指导下，在各学习小组讨论的基础上，从常见的油料作物（含大豆、油菜、花生、芝麻等）病虫害种类，油料作物害虫的发生规律，病害的发病规律，油料作物病虫害综合防治等方面进行归纳与总结，并分组进行报告和展示（注意从知道、了解、理解、掌握、应用五个层次去把握）。

第九单元 杂粮病虫害防治技术

学习目标

1. 掌握常见杂粮病虫害的识别特征。
2. 掌握常见杂粮虫害的发生规律和病害的发病规律。
3. 能针对病虫害发生的实际情况制定行之有效的防治方案，并能在防治中贯彻生态和环保观念。

能够识别田间重要杂粮病虫害，会预测杂粮作物病虫害发生程度并且能够做好防治工作。

第一节 杂粮作物害虫

杂粮害虫主要是指为害玉米、高粱和糜子等禾本科作物的害虫。在我国，杂粮占作物总面积的47%。玉米、高粱和谷子大多分布于淮河以北的北方旱作区，其中玉米在长江以南也有一定的栽培面积，但主要分布于丘陵地区。在北方，玉米的栽培面积仅次于小麦。

现已记载的杂粮害虫种类繁多，造成的损失巨大，每年造成的产量损失平均在10%以上，严重年份达30%，在影响作物产量因素中排在前列，因此，识别常见杂粮害虫，熟悉害虫发生规律，是防治害虫的前提和基础。常见的杂粮作物病虫种类达300余种，苗期较为常见的地下害虫有蝼蛄、蛴螬、地老虎、金针虫等，生长发育阶段有玉米螟、粟灰螟、高粱条螟、黏虫、飞蝗、土蝗、蚜虫、粟秆蝇、粟茎跳甲、甘薯天蛾、甘薯小象甲、玉米铁甲虫等。

一、杂粮作物主要害虫

1. 玉米螟

玉米螟俗称玉米钻心虫，属鳞翅目螟蛾科，是世界性大害虫。我国除青藏高原玉米区尚未见报道外其他地方均有发生。我国已知的有亚洲玉米螟［*Ostrinia furnacalis*（Guenée)］和欧洲玉米螟［*Ostrinia nubilalis*（Hübner)］。为害最重的是前者，遍布全国，主要分布于北京、东北、河北、河南、四川、广西等地，各地的春、夏、秋播玉米都有不同程度受害，后者在国内仅分布于新疆、宁夏、内蒙古、河北等地。近年来，随着玉米种植面积的扩大，加之全球气候变暖，玉米螟安全越冬基数增高，导致玉米螟发生呈上升趋势。

(1) 危害　食性极杂，全世界已有记载的寄主有40科131属200余种。除主要为害玉米、高粱、谷子、棉花外，还为害麻、稻、大豆、甜菜、向日葵、辣椒等农作物以及多种禾本科牧草。在野生寄主中，主要有艾蒿、苍耳、水稗、野苋、野蓼等。玉米螟的发生情况总的来看，北方（东北、华北、西北）重、南方轻。

孵化初期，玉米螟爬入心叶部位，取食叶肉使叶成透明的白斑，或蛀食未展开心叶，造成排孔状花叶；打苞后集中苞内为害幼嫩雄穗，扬花后蛀入雄穗造成折雄，抽穗后钻蛀茎秆，主要为害穗位叶及附近几片叶，使雌穗发育受阻而减产，蛀孔处遇风易断，则减产更严重。幼虫直接蛀食雌穗花丝和嫩粒，造成籽粒缺损、霉烂、变质。为害谷子及糜子时，主要为害茎基部，使幼苗枯心。幼穗抽出前被害则多数不能抽穗，即使抽出穗亦不能成熟，抽穗后受害则遭受风折或倒伏。棉花被害则造成棉铃腐烂及落铃。

（2）形态识别

① 成虫　雄蛾较雌蛾小，体长10～14mm，翅展20～26mm；腹末瘦削，尖锐；个体大小的变异较雌蛾小，头、胸及前翅为黄褐色，触角丝状、灰褐色；前翅内横线暗褐色、波状，外横线色同，呈锯齿状，内外横线间褐色，内有两块暗色斑；后翅灰黄色，中央具波状横纹，较前翅模糊。雌蛾体长13～15mm，翅展25～34mm；体型较雄体大，形态色彩大体同于雄蛾，但翅色较淡，前翅嫩黄，后翅灰白色或黄色。

② 卵　扁椭圆形，稍扁平，长约1mm，宽约0.8mm，略有光泽。卵面有大小不同的多角形网状纹。初产时乳白色，后转黄白色半透明。孵化前中心呈现黑色。若被赤眼蜂卵寄生，则整个卵块全部漆黑色。

③ 幼虫　初孵化时体长约为1.5mm，乳白半透明。老熟幼虫则达20～30mm，体乳白色。头壳深棕色，体上有3条纵线，以背线较为明显。体上毛片明显，圆形黄色，胸部第二、三节背面各有4个毛片，腹部第一至八节背面各有2列横排毛片，前列4个，后列2个，前大后小。第九腹节具3个毛片，中央一个较大。胸足黄色，腹足趾钩为3序缺环形。

④ 蛹　纺锤形，黄褐至红褐色，蛹体长15～18mm。胸部背面色泽较深，尾刺显著，黑褐色。第一至七腹节之腹面具刺毛2列（图9-1）。

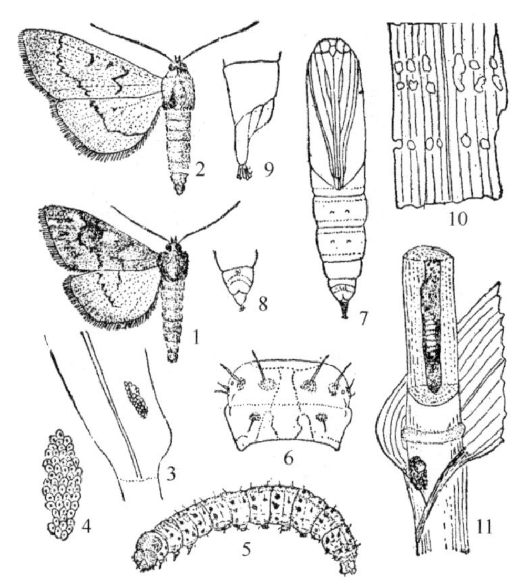

图9-1　玉米螟

1—雄成虫；2—雌成虫；3—卵块；4—卵块孵化前；5—幼虫；6—幼虫第二腹节背面；7—雄蛹腹面；8—雌蛹腹面末端；9—尾刺；10—排孔状为害状；11—蛀茎为害状

（3）发生规律

① 年生活史及习性

a. 年生活史　玉米螟在我国自北向南，每年发生1～6代，黑龙江和长白山地区每年发生1代；辽宁、吉林、内蒙古、河北北部、山西、陕西、宁夏、甘肃东南部每年发生2代；长江以北如陕西南部、河南、四川北部每年发生3代；长江以南每年发生4～6代，甚至7代（如广西南部）。以老熟幼虫在寄主的秸秆、穗轴或根茬中越冬，秸秆是玉米螟的主要越冬场所。

越冬代数羽化由北向南依次提早，我国玉米螟不同代数发生时期大体是：一代区越冬幼虫6月中下旬化蛹，6月下旬到8月上旬成虫羽化，8月初至8月中旬出现一代卵，7月上旬幼虫开始孵化为害。7月下旬为孵化高峰。二代区越冬幼虫一般于5月下旬至6月上旬前后进入化蛹盛期，6月中旬前后成虫盛发，6月中下旬到7月初为一代卵盛期，7月下旬至8月中旬发生一代成虫和二代卵。一代卵主要产于春玉米、春高粱和春谷苗上，产卵量随播种期提前而增加，二代卵在一年一熟区主要产于晚播春玉米，一年两熟区主要产于夏玉米心叶期和夏谷苗期。三代区越冬幼虫一般于5月中旬进入化蛹盛期，5月底至6月初越冬代成虫进入羽化盛期，6月上中旬为一代卵盛期，7月上中旬为一代成虫和二代卵盛发期。

b. 习性　羽化后1～2d即可产卵，产卵期7～15d。每只雌虫产卵量平均500多粒，多者可达千粒以上。成虫具有昼伏夜出习性。白天藏于杂草及茂密的豆、麦、苜蓿等作物间。成虫飞翔力较强，有趋光性。

雌虫产卵对环境、植株部位、生育状态和高度均有选择性，喜欢产卵于50cm以上高度，生长于浓绿、小气候荫郁潮湿的低洼地或水浇地，常产于玉米、高粱、粟叶背面近中脉处。幼虫孵化多在上午进行。孵化后，开始时聚集原处咬食卵壳，1h后开始爬行分散。一部分吐丝下垂，可随风飘至邻株为害。4龄前表现为潜藏，常造成排孔状花叶。4龄后表现为钻蛀为害，如遭遇大风，被蛀茎秆易折断。幼虫具有趋糖、趋湿、趋触和背光性，幼虫最后选择的定居部位，一般都是含糖量最高、潮湿而又易潜藏的部位，如心叶期的心叶丛，穗期的雄穗苞、雌穗顶端花丝基部以及叶腋等处。幼虫老熟后，多在为害处化蛹。第一代多在雄穗柄等处，第二代则多在茎秆内。

② 发生条件

a. 越冬基数　亚洲玉米螟的发生程度与越冬虫源数量有密切关系，越冬基数大，冬季温暖，越冬死亡率低，春季气候适宜，则可能发生世代重叠。

b. 气候条件　最重要的气候因素是湿度和温度。温度15～30℃、相对湿度在60%以上的中温高湿条件利于其发生。湿度对其发生影响是多方面的：一是影响越冬幼虫复苏，越冬幼虫必须咬食潮湿的茎秆，从中吸取足够的水分后才能化蛹，否则化蛹推迟或引起部分死亡；二是影响成虫产卵，据山东调查，当相对湿度在40%以下，成虫不产卵或极少产卵，相对湿度超过40%产卵量增加；三是影响卵的孵化和幼虫的存活率。温度为25℃，相对湿度达90%以上，则卵全部孵化，相对湿度降至70%，则孵化率下降为83%。干燥可引起卵粒脱落和干瘪。因此，雨水充足，尤其是春夏之交雨水较多且均匀，暴雨少，气温较高，旬平均相对湿度在60%以上，则可能引起玉米螟大发生，反之，春夏气温干燥，降水较少，则发生就轻。

c. 寄主作物　玉米螟发生量和为害程度与寄主植物的生育期、品种、生长势及作物布局都有着密切的关系。生长茂盛、叶色浓绿的田块着卵多，受害重；心叶初期、授粉期抗螟力差，幼虫存活率高，至乳熟期下降；不同的品种抗性也存在一定的差异，玉米组织中存在一种抗螟物质丁布，成虫将卵产于丁布含量高的玉米品种上，其孵化的幼虫死亡率很高。另外，由于玉米组织形态不同，可避免成虫产卵而减轻螟害，如叶面茎秆上的毛长而密，则螟害很轻。因此，玉米品种不同，玉米螟的种群数量和玉米受害程度均不相同，甜脆玉米、糯玉米发生重于普通品种。从栽培制度来看，混栽地区较单作区受害重，因不同时期孵化的幼虫均可以找到合适的寄主。

d. 天敌　玉米螟的捕食和寄生性天敌种类很多，有寄生蜂类、寄生蝇类、草蛉、捕食性瓢虫、蜘蛛、步甲、白僵菌、苏云金杆菌等，其中以赤眼蜂的抑制作用最大，寄生率高达90%以上，现已有成功的经验。

(4) 防治方法　应采用田内与田外相结合，越冬期与生长期相结合，药剂防治与其他防治方法相结合的策略。

① 农业防治

a. 越冬期防治　主要是处理越冬寄主，压低越冬虫源，减轻来年虫数。春前（4月底5月初）利用秸秆作燃料、沼气和沤肥原料或轧短轧碎、泥封、粉碎作饲料，不能及时处理完的用白僵菌粉封垛。封垛的方法是，将秸秆堆成4m×3m×2.5m的垛，用菌粉表层喷撒，每平方米80g。此外，还应清除苍耳等野生越冬寄主。

b. 种植早播诱集田块或诱集带　诱集用玉米、谷子等的播种期要比一般玉米提前半个月左右。

c. 选用抗玉米螟品种，调整作物布局　常见的抗螟玉米品种有吉农大115、吉东16号、雷奥1号、泽玉17号、辽单527、海禾17、齐单1号、丹玉96号、铁研26号、铁研58、单玉99、沈试31、丹玉2151、东单60、连玉19、丹玉46、海河10号、沈试29等。

② 生物防治

a. 以菌治螟　常用防治玉米螟的微生物制剂，主要有白僵菌、7216、青虫菌、杀螟杆菌等。白僵菌一般用作早春封垛防治越冬幼虫或在心叶期制成颗粒剂或对水施用。颗粒剂的做法是：将500g菌粉［$(50\sim90)\times10^8$孢子/g］与炉渣颗粒（用20～60目筛过筛）500g混拌均匀，做成1∶10的颗粒剂。如炉渣过于干燥，可先用适量水使之润湿。用量75～90kg/hm^2，每株2g左右，人工撒于玉米心叶内。对水施用时，500g药粉加水75～100kg，灌注心叶。以菌治虫前途广阔，但蚕区应慎用或禁用白僵菌。

b. 以蜂治螟　在玉米螟生物防治中，推广以卵寄生蜂（赤眼蜂）为媒介传播感染玉米螟的病毒，使初孵玉米螟幼虫罹病，诱导玉米螟种群罹发病毒病，达到控制目标害虫玉米螟危害的目的。该技术被称为“生物导弹”防治玉米螟技术。其防治要点是：在玉米螟产卵初期至卵盛期，统一组织农民科学释放赤眼蜂，每亩地设置 1～3 个释放点，将放蜂器具别在或挂在中部叶片背面的叶脉上。

c. 性信息及迷向技术　利用迷向技术使玉米螟雄蛾无法识别目标雌蛾，使之失去交配机会。每 1000m^2 玉米田放置一个诱捕器或每亩放置一个诱芯。

③ 物理防治　在亚洲玉米螟羽化期可用 DT-15P 型投射式杀虫灯诱杀螟蛾，两盏灯间距 200～240m。用电不方便地区可选用太阳能式杀虫灯。

④ 化学防治　防治适期为卵孵化高峰期，一般于玉米大喇叭口期。春玉米心叶末期花叶株率达 10%，应全面普治；不到 10%的可酌情挑治。玉米心叶中期如花叶株率超过 20%或累计卵量超过百株 30 块，除心叶末期必须防治一次外，心叶中期应增加一次防治。玉米穗期虫穗率达 10%，或百穗花丝有虫 50 头，应在抽丝盛期防治；虫穗率超过 30%，除抽丝盛期防治一次外，过 6～8d 后再防治一次。高粱心叶期防治标准参照玉米。

a. 心叶末期药剂防治　心叶末期即剥去心叶丛外面的绿色叶片，仅有 2～3 片黄白色嫩叶包着尚未抽出的幼嫩雄穗的时期。这是前期防治的最佳时期。

ⓐ 颗粒剂防治　可选用 3%辛硫磷颗粒剂、1.5%敌百虫颗粒剂或 3%毒死蜱颗粒剂，也可用 50%氟虫腈乳剂 30mL 对细沙 2kg 点心或 Bt 粉剂。颗粒剂要施入玉米心叶丛的 4～5 个叶片内，每株 2g，500g 颗粒剂可防治 250 株左右。

ⓑ 喷雾防治　在卵孵化高峰期至 3 龄幼虫钻蛀前用 80%氟虫腈水分散粒剂 2～4g/亩，对水 50L 喷玉米喇叭口，可有效防治一代玉米螟幼虫为害。喷雾防治可采用自走式高杆喷雾机，喷雾周到，效果好。

b. 打苞露雄期灌药液防治　用 90%敌百虫晶体或 50%敌敌畏乳油 800～1000 倍液，每 500g 药液灌注 30～50 株。

c. 穗期防治　可在玉米螟第二和第三代孵化盛期进行。

ⓐ 剪花丝抹药泥防治　在花丝盛期后 6～8d，从穗顶剪去花丝（剪下的花丝应带出田外处理掉），再抹一薄层药泥。药泥的配法是：90%敌百虫晶体 500g，加水 150kg，再加 270kg 黏土调匀即成。

ⓑ 点药水　用 50%敌敌畏乳油 800 倍液灌入小口瓶，瓶口安装一根塑料软管，在授粉基本结束时，将药液滴于雌穗顶端花丝基部。

ⓒ 涂药液　80%敌百虫可溶性粉剂 100～200 倍液，用小刷在雌穗上部第二叶的叶腋及雌穗着生节的叶腋各点一下，使药液能将雌穗上下 4～5 个叶腋都流到药为度。

ⓓ 性引诱　将未交配玉米螟雌蛾腹末 4 节剪下，用二氯甲烷、乙醚等浸提，用所得引诱物质粗提油设立性诱捕器进行诱杀。

大家一起来！玉米螟的测报！

玉米螟的测报分为冬后幼虫存活率和秸秆残存量调查、各代化蛹和羽化进度调查、各代成虫灯诱、田间卵量调查、各代幼虫数量和为害程度调查以及收获前虫量调查，以下主要介绍对一代幼虫数量和为害程度的调查。

1. 调查准备

标本瓶、镊子、酒精、野外调查服装等。

2. 调查方法

于系统查卵田内，在各代幼虫进入老熟期，棋盘式 10 点取样，每点 10 株，调查幼虫数量和植株被害率一次。调查时，先观察植株受害状，发现有蛀孔时，在蛀孔的上方或下方，用小刀划一纵向裂缝，撬开茎秆，将虫取出，判明种类和死活。结果记入玉米螟田间幼虫量和植株被害调查表（表 9-1）。

表 9-1 玉米螟田间幼虫量和植株被害调查表

调查日期(月/日)	寄主种类	品种	生育期	世代	调查株数	寄主被害情况						幼虫虫数/头				防治情况	备注
						蛀茎		折数		雌穗被害		玉米螟		条螟			
						株数	%	株数	%	株数	%	活	死	活	死		

3. 发生程度分级指标

级别指标 \ 级别		1	2	3	4	5
一代	虫株率(Y)/%	$Y\leqslant 20$	$20<Y\leqslant 40$	$40<Y\leqslant 60$	$60<Y\leqslant 80$	$Y>80$
二代	百株虫量(Y)/头	$Y\leqslant 100$	$100<Y\leqslant 300$	$300<Y\leqslant 700$	$700<Y\leqslant 1000$	$Y>1000$
三代	百标虫量(Y)/头	$Y\leqslant 100$	$100<Y\leqslant 300$	$300<Y\leqslant 700$	$700<Y\leqslant 1000$	$Y>1000$

4. 防治适期和防治指标

玉米上，化学防治通常掌握在心叶末期和穗期或幼虫低龄期；棉花上，掌握在螟害盛孵期和幼虫蛀入前期。

防治指标：一代玉米螟虫株率达20%；二、三代玉米螟百株虫量为100头。

2. 飞蝗

飞蝗属昆虫纲直翅日（Orthoptera）蝗科（Locustidae），别名蚂蚱、蝗虫。为迁飞性多食性害虫。仅1个种，但因地理分布不同，全世界已知有9个亚种。中国分布有3个亚种，即东亚飞蝗、亚洲飞蝗和西藏飞蝗，以分布最广、为害最大的东亚飞蝗为代表。

飞蝗主要为害各类禾本科和莎草科植物，在食料不足时，也取食大豆、十字花科蔬菜等。取食叶肉，只留叶脉，大发生时，甚至可将大片作物吃成光秆。

东亚飞蝗［*Locusta migratoria manilensis*（Meyen)］为我国发生的三大飞蝗之一，在我国大致分布在北纬42°以南的冲积平原地带，北起河北，山东、陕西以南，西至四川、甘肃南部以南均有发生为害。

（1）形态识别

① 成虫　雄成虫体长33～48mm，雌成虫体长39～52mm，有群居型、散居型和中间型三种类型。体绿色或黄褐色。颜面平直，复眼卵形，触角丝状，前胸背板中隆线发达，沿中线两侧有黑色带纹。前翅淡褐色，有暗色斑点，翅长超过后足腿节2倍以上（群居型）或不到2倍（散居型)。胸部腹面有长而密的细绒毛。

② 卵　卵囊圆柱形，长53～67mm，每块有卵40～80余粒，卵粒长筒形，长4.5～6.5mm，黄色。

③ 若虫　第五龄蝗蝻体长26～40mm，触角22～23节，翅节长过第4、5腹节。群居型体长红褐色，散居型体色较浅，在绿色植物多的地方体色为绿色（图9-2)。

（2）发生规律

① 年生活史及习性　北京以北每年1代，黄淮海流域每年2代，南部地区每年3～4代。全国各地均以卵在土中越冬。黄淮流域第一代夏蝗5月中下旬孵化，6月中下旬至7月上旬羽化为

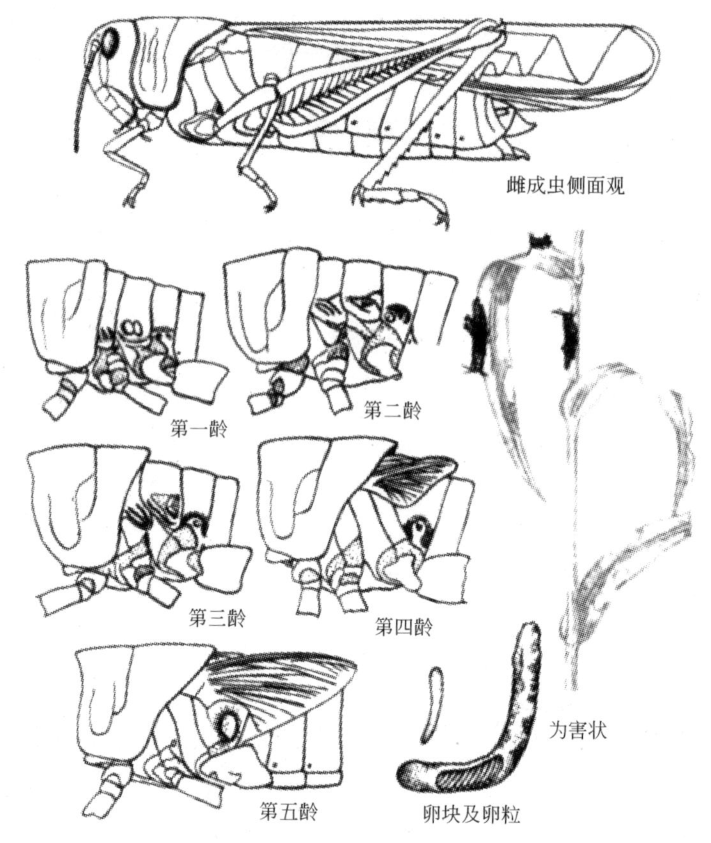

图 9-2 东方蝗虫

成虫。第二代 7 月中下旬至 8 月上旬孵化，8 月下旬至 9 月上旬羽化为成虫。卵多产在草原、河滩及湖河沿岸荒地，1～2 龄蝗蝻群集在植株上，2 龄以上在光裸地及浅草地群集。密度大时形成群居型飞蝗，群居型蝗蝻成虫有结队迁移或成群迁飞的习性。旱年可造成秋蝗大发生，第二年常形成夏蝗严重为害。1 头东亚飞蝗一生可食鲜玉米叶 80g，成虫期食量为蝗蝻期的 3～7 倍，喜食玉米等禾本科作物及杂草，饥饿时也取食大豆等阔叶作物。

② 发生条件

a. 环境条件　发育适温 25～35℃，早春干热，可促进蝗卵提早孵化。春季温度偏低、阴冷，卵孵化期推迟。少雨年份荒地多，适于飞蝗的大发生。反之，降雨多，荒地少，则导致虫口下降。含水量在 5%～25%，表土含盐量在 0.2%～1.2%，适于飞蝗产卵和发育。土壤含水量低于 5%或高于 25%，产卵量显著降低，而且对卵发育不利。

b. 食物条件　如取食油菜、棉花等不喜食的植物，不仅发育期延长，产卵率也明显下降，甚至不能完成发育而死亡。飞蝗嗜食禾本科和莎草科植物，对其生长繁殖有利，发生基地丛生芦苇和莎草等杂草，是其大发生的重要条件之一。

c. 天敌　约有 40 余种，主要有鸟类、蛙类、黑卵寄生蜂、豆芫菁、步甲、螳螂、蜘蛛及线虫和寄生真菌等。

(3) 防控技术

① 防治适期与指标　飞蝗密度在 5 头/m^2 以下和土蝗密度在 20 头/m^2 以下的中低密度发生区、湖库水源区和自然保护区，重点实施生物防治；飞蝗密度在 5 头/m^2 以上和土蝗密度在 20 头/m^2 以上的发生区，重点实施化学应急防治。飞蝗防治适期为 3 龄和 4 龄盛期，防治指标为 0.5 头/m^2；土蝗防治适期为 3 龄和 4 龄盛期，防治指标为 5～10 头/m^2。

② 主要防治技术

a. 生态控制技术　沿海蝗区主要推广生物多样性控制技术，采取蓄水育苇和种植苜蓿、紫穗槐、冬枣等蝗虫非喜食植物，改造蝗虫孳生地，压缩发生面积；滨湖和内涝蝗区结合水位调节，造塘养鱼、养鸭，改造植被条件，抑制蝗虫发生；河泛蝗区主要在嫩滩和二滩区搞好垦荒种植和精耕细作，减少蝗虫孳生环境，降低其暴发频率。在土蝗常年重发区，可通过垦荒种植、减少撂荒地面积、春秋深耕细耙（耕深10～20cm）等措施破坏土蝗产卵适生环境，压低虫源基数，减轻发生程度。

b. 生物防治技术　主要在中低密度发生区、湖库及水源区、自然保护区，使用杀蝗绿僵菌、蝗虫微孢子虫等微生物农药和其他植物源农药防治。使用杀蝗绿僵菌防治蝗虫时，喷施量为20%绿僵菌油悬浮剂50～80g/亩，使用前将绿僵菌油悬浮剂用搅拌器搅拌均匀，可进行飞机或使用背负式机动喷雾机进行超低容量喷雾。使用蝗虫微孢子虫防治蝗虫时，可单独使用蝗虫微孢子虫或与昆虫蜕皮抑制剂混合进行防治。

c. 化学防治技术　蝗虫应急防治常用的农药品种主要有90%马拉硫磷油剂、75%马拉硫磷油剂、4.5%高效氯氰菊酯乳油等有机磷或菊酯类农药。在集中连片面积大于500hm^2以上的区域，提倡推广GPS飞机导航精准施药技术，可采取普治和隔带式防治，主要使用油剂防治。集中连片面积低于500hm^2的区域，可组织植保专业队开展地面应急防治。地面应急防治应重点推广超低容量喷雾技术，在芦苇、甘蔗、玉米等高秆作物田以及环境复杂发生区，为减轻劳动强度，应推广烟雾机防治新技术。使用烟雾机开展防治时，应选在清晨或傍晚等低气压的情况下进行。

你知道吗？群居型和散居型飞蝗

飞蝗属直翅目蝗科，中国分布有3个亚种，即东亚飞蝗［*Locusta migratoria manilensis*（Meyen）］、亚洲飞蝗（*Locusta migratoria* L.）和西藏飞蝗（*Locusta migratoria tibetensis* Chen），其中东亚飞蝗分布最广，常大量发生，长距离迁移，为害甚大。东亚飞蝗有散居型和群居型两种。二者的颜色、体型、生理学和行为各不相同。散居蝗蝻体色随环境不同而异，不集群，代谢率和摄氧率低，群居蝗蝻体色不变，黑黄色，聚集成大群，代谢率和摄氧率高。散居型翅短，足较长，前胸背板窄，群居型前胸背板呈马鞍形，肩宽，翅长。

散居蝗蝻如果成熟时量大，则变为群居型；如果群集密度大，持续时间长，则形成群居迁移型。如果群居蝗蝻分散成熟，则转为散居型。散居型是物种的正常状态，群居型是对环境激烈变动的生理反应。处于适合的生长区即不形成迁移群。而形成于缺少合适栖息地的边缘地区，环境条件有利时使种群扩大，迫使散居型进入边缘区。环境条件不利时，又迫使扩大了的种群返回常住的小区内，形成群集。群居型好动，干热天气时体温升高，本能地集群飞行。飞行时肌肉的活动促使体温更加升高。只在环境条件改变时，如下雨、降温和夜晚才停飞。群居型飞蝗体内含脂肪量多、水分少，活动力强，但卵巢管数少，产卵量低，而散居型则相反。

3. 甘薯天蛾

甘薯天蛾（*Herse convolvuli* L.）别名旋花天蛾、白薯天蛾、甘薯叶天蛾，属鳞翅目天蛾科。主要寄主有甘薯，另外还为害葡萄、绿豆、蕹菜、扁豆、赤小豆、牵牛花、月光花。以幼虫为害植物的叶片和嫩茎，可将叶片吃成孔洞或缺刻，严重时叶片被吃光，仅剩光秆。全国甘薯栽培区都有发生，甘薯天蛾近年在华北、华东等地区为害日趋严重。

（1）形态识别

① 成虫　体长47～50mm，翅展100～120mm，灰褐色，胸背有两丛鳞毛，形成八字纹，中胸有川状的灰白色斑块。前翅有黑色锯齿状细横线组成的云状纹，后翅有4条黑色横带。腹背有灰褐色纵纹，两侧有红、白、黑色相间的横纹。

② 卵　球形，直径约2mm，淡黄绿色，表面光滑。

③ 幼虫　共5龄。初孵淡黄白色，1～3龄黄绿或青绿色，老熟时体长80～100mm。体色大致分两种：一种为绿色型，头淡黄色，体绿色，斜纹白色，尾角杏黄色。另一种初孵时淡黄色，老熟后体背土黄色，侧面黄绿色，丫状缝灰黑色，头盖左右有2黑色舌形斑，腹部第1节后有斜纹，尾角杏黄色，气孔红色，外有黑轮。

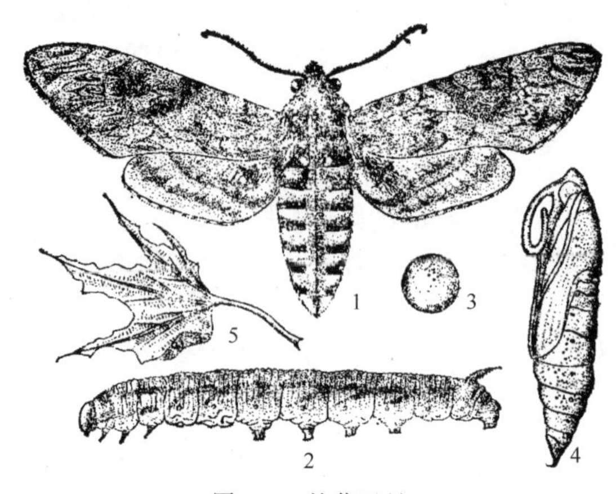

图9-3　甘薯天蛾

1—成虫；2—幼虫；3—卵；4—蛹；5—为害状

④ 蛹　体长约56mm，初化蛹时淡绿色，后变为暗褐色，口器象鼻状，臀棘三角形，表面有许多颗粒状突起（图9-3）。

（2）发生规律

① 年生活史及习性　在福建地区每年发生4～5代，湖南、湖北、四川发生4代，安徽发生3～4代。以蛹在土中越冬。各地发生时期不一致，各代幼虫发生时期如下：安徽一代5月中旬至7月上旬，二代6月下旬至8月中旬，三代8月上旬至10月上旬，四代10月上旬至11月中旬。福建一代5月上旬至下旬，二代6月下旬至7月中旬，三代7月下旬至8月中旬，四代9月上中旬，五代10月中旬至11月中旬。各地区全年均以8～9月份发生数量最多。

成虫昼伏夜出，白天潜伏于草堆或薯田附近建筑物的屋檐、墙壁等处；有趋糖性和趋光性，飞行力强。卵多单粒散产在叶背或植株近地面部分，每雌平均产卵1000粒，喜产于叶色浓绿、生长茂盛的薯田。每头幼虫平均约食叶30余片，其中5龄期食叶量约占总食量的95%。幼虫老熟后钻入土中4～5cm深处化蛹。

② 发生条件

a. 气候条件　夏季雨量多寡为发生轻重的重要因素。一般雨量少、温度高利于甘薯天蛾的发生。

b. 耕作制度　秋季耕翻可破坏蛹室，增加机械伤亡和天敌取食机会，减少越冬基数，减轻第二年的发生程度。

c. 天敌　主要天敌有赤眼蜂、黑卵蜂及常见鸟类等捕食性动物。

（3）防治方法

① 农业防治　秋季深翻，破坏蛹室，并随犁拾虫。

② 物理防治　灯光诱杀。

③ 生物防治　于卵的盛期释放赤眼蜂，或用Bt乳剂或杀螟杆菌（100亿活孢子/g）800～1000倍液喷雾。

④ 药剂防治　可用6%阿维·高氯乳油300mL/hm^2对水喷雾，或用2.5%溴氰菊酯乳油3000～4000倍液、20%氰戊菊酯乳油3000～4000倍液、1.8%阿维菌素乳油1000～1500倍液喷雾。

4. 粟灰螟

粟灰螟（*Chilo infuscatellus* Snellen），别名甘蔗二点螟、旋心虫、谷子钻心虫，属鳞翅目螟蛾科。

粟灰螟在我国广泛分布于东北、华北、内蒙古、西北、华东北部等北方谷子产区，以及广东、台湾、广西和四川等地的一部分甘蔗产区。和玉米螟比较，粟灰螟食性较简单。北方主要为害粟、玉米、高粱、黍、薏米等，有时也为害糜黍和狗尾草、谷莠子等禾本科杂草。南方主要为害甘蔗。

（1）为害状　谷子苗期受害后造成枯心苗，平常年份可达10%～20%，严重时可达50%以上。谷株抽穗后被蛀，常常形成穗而不实，或遇风雨大量折株造成减产，成为北方谷区的主要蛀茎害虫。当谷子与玉米混播或与玉米、高粱间作时，玉米、高粱等也可受其为害。常与玉米螟在谷子上混合发生。为害甘蔗时，苗期幼虫为害生长点，使心叶枯死形成枯心苗；萌发期、分蘖初期造成缺株，有效茎数减少；生长中后期幼虫蛀害蔗茎，破坏茎内组织，影响生长且含糖量下降，遇大风蔗株易倒。此外，伤口处还易诱发甘蔗赤腐病。

（2）形态识别

① 成虫 淡褐色，体长8.5～10mm，翅展18～25mm。前翅淡黄色，近长方形，其上散生黑褐色的细鳞片，中央有一小黑点，外缘有7个小黑点，偶尔有6个的，后翅灰白色，外缘淡褐色。

② 卵 扁平椭圆形，黄白色。长0.8mm，表面有网状纹，孵前为铅黑色。卵粒排列成鳞状，卵粒较薄，卵粒间重叠部分较少，排列较玉米螟松散。

③ 幼虫 共5龄，头部红褐至黑褐色，中胸以后变为灰白色，背部有5条红褐色纵纹，中后胸背面各有4个毛片，其上各生细毛2根。

④ 蛹 纺锤形，长12～14mm，腹部5～7节背面和第6～7节腹面的近前缘有数个褐色突起。初蛹乳白色，羽化前深褐色（图9-4）。

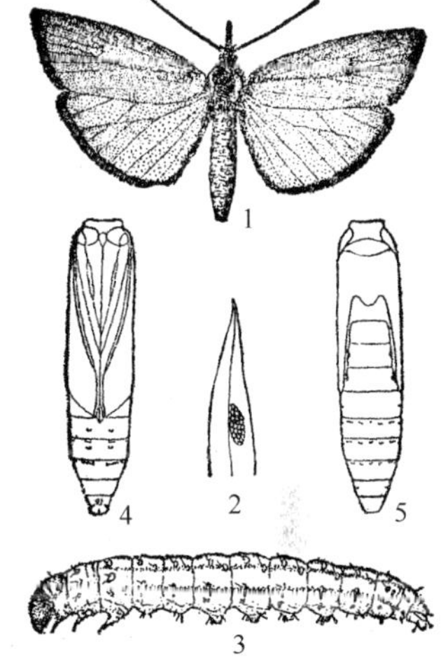

图9-4 粟灰螟
1—成虫；2—卵块；3—幼虫；4—蛹腹面观；5—蛹背面观

（3）发生规律

① 年生活史及习性

a. 年生活史 粟灰螟在我国北方谷子产区，一年可以发生1～3代，一般以2～3代发生区为害较重。粟灰螟以幼虫越冬，以老熟幼虫为主集中在谷茬内，常占越冬量的80%以上，有的高达95%，少数在谷草内越冬。在2代区，一代幼虫一般于6月中下旬进入盛孵期，集中为害春谷苗期，造成枯心，第二代多于7月下旬到8月上旬孵化，主要为害春谷穗期和夏谷苗期；在3代区，第一、二代为害情况基本与二代区相同，第三代幼虫主要为害夏谷穗期和晚播夏谷苗期。

b. 习性 成虫具有昼伏夜出习性，多于日落前后羽化，白天潜栖于谷株或其他植物的叶背、土块下或土缝等阴暗处，夜晚活动；有趋光性；飞翔力不强。

成虫产卵有一定的选择性，一般茎秆较粗、高过7cm以上，生长茂盛的谷苗着卵量最多，卵多产于春谷苗中部及下部叶背的中部至叶尖近部中脉处，少数可产于叶面。第二代成虫卵在夏谷上的分布与一代相似，而在已抽穗的春谷上多产于基部小叶或中部叶背，少数产于谷茎上。

初孵幼虫行动活泼，爬行迅速。大部分幼虫于卵株上沿茎爬至下部叶鞘蛀入茎内为害；部分吐丝下垂，随风飘至邻株或飘落地面爬向其他植株，由分蘖节蛀入谷苗。5d后，被害谷苗心叶青枯。发育至3龄后表现转株为害习性，一般幼虫可转株2～3次。与玉米螟相比，蛀孔虫粪和残屑量少，蛀入孔也偏低。

② 发生条件

a. 气候条件 降雨量和湿度对粟灰螟影响最大，如春季温暖，雨量适中，利于化蛹、羽化，而越冬代成虫发生期均温20～25℃，相对湿度75%左右对成虫生活、产卵、孵化均有利。冬季低温对越冬幼虫影响很大，如气温低于－13℃，一代发生很轻。

b. 虫源基数 越冬数量是发生轻重的基础，越冬幼虫平均每公顷有活虫1500头，可形成10%左右的枯心苗，有2100头，可形成25%左右的枯心苗。

c. 品种和栽培条件 粟灰螟产卵对谷苗有较强的选择性，播种越早，植株越高，受害越重。品种间的差异也较大，一般株色深、基秆粗软、叶鞘茸毛稀疏、分蘖力弱的品种受害重。春谷区和春夏谷混播区发生重，夏谷区为害轻。

d. 天敌 粟灰螟幼虫的天敌主要有寄生蜂螟甲腹茧蜂、螟黑纹茧蜂，除此还有寄生蝇、蚂蚁、蜘蛛及菌类。卵的天敌主要有赤眼蜂类。

(4) 防治方法

① 农业防治

a. 结合秋耕耙地，集中谷茬并烧毁。

b. 因地制宜调节播种期，躲过产卵盛期。可适当推迟春谷播种期。

c. 选种抗虫品种，种植早播诱集田，集中防治。

d. 及时拔除枯心苗，减少扩散为害。

② 物理防治　灯光诱杀。

③ 生物防治　于螟卵盛期，每亩放蜂1.5万头，卵粒寄生率可达72%。

④ 化学防治　用药最佳时期是卵盛孵期至幼虫蛀茎之前，即发现卵块后的4～5d，当500个谷茎有卵1块或1000个谷茎累积有卵5块时，即应防治。可喷洒90%敌百虫晶体500～800倍液、25%杀虫双水剂200倍液、2.5%溴氰菊酯2000倍液，或用50%辛硫磷乳油50～100mL，稀释10倍，拌细沙土20kg制成毒土，拌匀后顺垄撒在谷苗根际附近，形成药带，可控制幼虫转株为害。

5. 高粱蚜虫

我国为害高粱的蚜虫主要有三种，即高粱蚜[即甘蔗黄蚜（*Melanaphis sacchari* Zehtner)]、玉米缢管蚜（*Rhopalosiphum maidis* Fitch）和禾谷缢管蚜（*Rhopalosiphum padi*），除此还有麦二叉蚜、麦长管蚜、榆四条绵蚜等，均属于同翅目蚜科，俗称腻虫、蜜虫。其中以高粱蚜为害最重。高粱蚜在国内分布于东北、华北、华东和内蒙古，其中以东北三省、山东、山西、内蒙古和河北受害最重，在北方为害高粱，在南方则可为害甘蔗，因此又称甘蔗黄蚜。

(1) 为害状　主要聚集于叶背吸食汁液，并排出大量蜜露，大发生年份，高粱叶面蜜露反光发亮，俗称“起油”，轻者使叶片发红，重者使叶片干枯，受害植株常常不能抽穗或穗而不实，造成大量减少或绝收。与玉米蚜的区别是：高粱蚜主要寄生在寄主叶片背面，由下向上扩展，主要为害高粱。而玉米蚜主要寄生在心叶或穗部，除为害高粱外，还可为害玉米、谷子、小麦及其他禾本科植物。

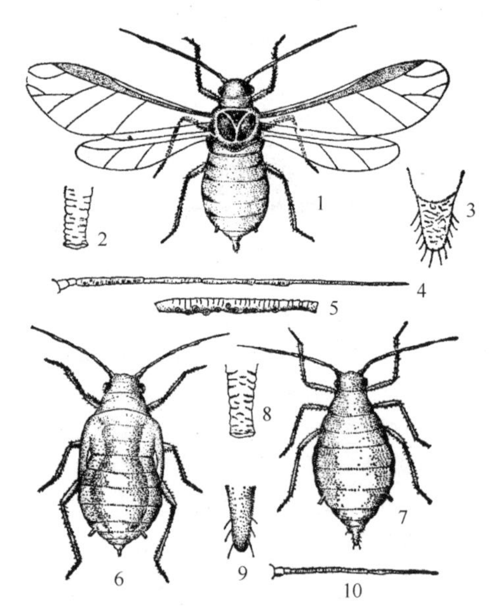

图9-5　高粱蚜

有翅孤雌胎生雌蚜：1—成虫；2—腹管；3—尾片；4—触角；5—触角第三节；6—若虫
无翅孤雌胎生雌蚜：7—成虫；8—腹管；9—尾片；10—触角

(2) 形态识别　高粱蚜分为两性世代和孤雌胎生世代。

① 两性世代　雌蚜无翅，体较无翅胎生雌蚜大，腹管肥大，体色深。雄蚜有翅，较小，触角上感觉孔较多，行动迅速，东北于9月后大量出现。卵长卵圆形，初黄色，后变绿至黑色，有光泽。

② 孤雌胎生世代　无翅孤雌胎生雌蚜长卵形，米黄色至浅赤色，触角细长6节，除第5节端部和第6节为黑色外，其余为淡黄绿色，复眼大，暗红色。腹背中央3～6节间具长方形大斑，腹管褐色，圆筒形。尾片圆锥形，钝，中部稍粗。口器黑色4节，末节最长。有翅孤雌胎生雌蚜长卵形，头胸部黑色，腹部淡黄，腹部1～7节背板各具1深色横带，2～5节背中线的两侧各具1条深色纵带，有时不明显（图9-5）。

(3) 发生规律

① 年生活史及习性　每年发生代数依气候条件而定。吉林公主岭每年发生16代，辽宁沈阳每年发生19代以上。在东北地区以卵在荻草叶背和叶鞘上越冬。华北等地区越冬场所尚未明确。翌年4月中下旬，地表气温高于10℃以上时，越冬卵陆续孵化

为干母，沿根际土缝爬至荻草根部为害嫩芽，繁殖1～2代后，于5月下旬至6月上旬高粱出苗后，开始产生有翅胎生雌蚜，迁飞到高粱上为害，逐渐蔓延至全田。高粱孕穗前后达发生高峰。进入9月份，随着高粱成熟和气温下降，有翅蚜迁回到荻草上，产生有性雄蚜和有性雌蚜，交尾产卵越冬。高粱上产的卵由于来年孵化后无食料而死亡。

高粱蚜繁殖力强。每头无翅胎生雌蚜可产生70～80头若蚜，多时高达180头，夏季3～5d即可繁殖一代。迁飞具有一定的规律性，一年有四次高峰：第一次为由越冬寄主向高粱迁飞；第二次在高粱6～10叶期；第三次在高粱12～16叶期；第四次由高粱迁回越冬寄主。中间两次为田间的扩散迁飞，扩大分布范围。

② 发生条件

a. 气候条件 其发生程度与当年气候和天敌数量密切相关。当6～8月份大气干旱，气温24～28℃，旬均相对湿度60%～70%，旬降雨量低于20mm，高粱蚜易大发生。旬降雨量高于50mm，相对湿度高于75%，气温低，会抑制高粱蚜的发生和蔓延。暴雨对高粱蚜有一定的冲刷作用。

b. 天敌因素 常见天敌有瓢虫类、食蚜蝇、草蛉、蚜茧蜂、蚜霉菌等。

(4) 防治方法

① 农业防治 实行间作：采用高粱与大豆6∶2间种栽培法，可明显减少高粱蚜发生及为害。冬麦区可在冬小麦中套种高粱，利用麦田中蚜虫天敌控制高粱蚜，效果显著。剪除中心蚜株，在蚜虫发生初期（通称窝子蜜阶段）轻剪有蚜底叶，带出田外销毁。

② 生物防治 合理保护和释放天敌，当天敌数量与蚜虫的比例低于1∶14时，可不施药。

③ 化学防治 播种前用0.1%的10%吡虫啉可湿性粉剂拌种，25d后播种；在高粱蚜点片发生阶段，及时用40%氧乐果乳油涂高粱茎秆；当田间蚜虫株率为30%～40%，出现起油株时，每公顷用40%乐果乳油750mL，对适量水稀释，喷拌细干土150kg，撒施在植株叶片上；也可喷洒40%氧乐果乳油1500倍液、20%杀灭菊酯乳油3000倍液、50%抗蚜威可湿性粉剂9000倍液。

二、杂粮作物其他害虫

杂粮作物其他害虫见表9-2。

表9-2 杂粮作物其他害虫

虫害名称	形态特征	年生活史及习性	防治要点
高粱条螟［*Proceras venosatum* (Walker)］	成虫体长10～13mm，翅展25～32mm。前翅灰黄，中央有一小黑点，外缘有7个小黑点，翅面有20多条黑褐色纵纹。卵扁平椭圆形，表面有龟甲状纹，排列成“人”字形双行重叠的卵块，乳白至深黄色。幼虫乳白至淡黄，老熟时20～30mm，夏型腹部各节背面有4个黑褐色斑点，上生刚毛，排成正方形。冬型越冬前蜕皮后斑点消失，体背出现4条紫色纵线，14～15mm，红褐或黑褐，腹末背面有4个黑色齿状突起	华南4～5代/年，长江以北多2代/年，以老熟幼虫于高粱和玉米茎秆内越冬。越冬幼虫化蛹和一代卵盛期一般比玉米螟晚7～15d。卵多产于叶背。初孵幼虫具群集性，在心叶内啃食嫩叶，心叶抽出后出现不规则小孔，打苞期在苞内幼穗上为害，3龄后向下蛀入茎内，多在节间中部为害，玉米螟则在茎节附近。杂交高粱较重，发生与越冬数量相关。春季雨多、湿度大发生严重	防治可参照玉米螟，但注意选择用药种类和用药量，防止产生药害。也可在收获时掐长穗，然后碾压，可消灭越冬幼虫
粟秆蝇（*Atherigona biseta* Karl）	成虫体长3.5～5mm，黄色，头黑色，复眼暗褐，周围有银白色环，胸部中央有3条不清晰的灰色纵条，腹部每节有一对黑斑，足黄色，端部3/4和跗节黑色。卵椭圆形，白色，约1mm。幼虫蛆形，成熟时体长7～9mm，鲜黄色。蛹4～6mm，长圆桶形，前端齐平，尾端钝圆，气门黑色	东北、冀北、晋中2代/年，北京每年3代。以老熟幼虫土中越冬。3代区1～3代幼虫分别于6～8月中下旬为害；二代区2～3代幼虫分别在6月下旬至7月下旬和8月上中旬为害。成虫对腐烂动物趋性强。产卵于谷子叶片基部和叶鞘内外。幼虫孵化后由心叶卷缝处爬入心叶基部。多雨高湿及低洼水浇地发生重。生长快和茎叶粗壮发生轻	①选用抗虫品种；②适当早播；加强田间管理；③拔除枯心苗；④成虫发生期以臭鱼诱杀；⑤药剂喷雾，如乐果、敌敌畏、敌百虫等

续表

虫害名称	形态特征	年生活史及习性	防治要点
粟茎跳甲(*Chaotocnema ingonua* Baly)	成虫体长2～3mm,近卵圆形,黑褐色或青蓝色,具光泽,有纵列点刻。后足腿节膨大。卵长椭圆形,长0.5～1mm,黄色。幼虫细长,老熟时体长4～6mm,头黑褐色,胴部白色,各节背面有不整齐的褐色斑点。蛹长3～4mm,乳白色,末端有2个分叉	东北及内蒙古1～2代/年,其余地区3代/年,以成虫在草根残株及枯叶中和土缝内越冬。二代区6月下旬和7月为一代幼虫为害盛期,8月份为二代幼虫为害期。成虫活泼,能飞善跳。白天活动,产卵于谷茎和叶鞘上。干旱年份,草多的高岗地和早播谷田发生重	①及时拔除被害株;②适当迟播;加强田间管理,促进苗壮;③在卵盛期前可撒药粉于土表,施后浅锄,如用敌百虫
玉米蛀茎夜蛾[*Helotrpha leucostigma* Laevis(Büter)]	成虫体长15～20mm,翅展32～42mm,前翅暗黄,肾形纹白色或灰黄色,前翅顶角有一椭圆形浅斑,前缘近顶端有3个灰黄色短线纹。卵黄白色,扁平圆形,有纵横纹;老熟幼虫26～40mm,灰黄,头、前胸背板黑褐。臀板末端有5个爪状突起;蛹红褐色,约20mm,腹末臀棘深褐色,两侧各具一对钩刺	东北每年1代,以卵在杂草上越冬,5月上中旬孵化,取食杂草,6月份转移到玉米上为害。幼虫活泼,有自相残杀习性。从茎基蛀入,向上蛀食,使被害心叶萎蔫。低洼地易发生,近草荒地和管理不善易发生	①拔除枯心苗,人工捕杀幼虫;②初生期玉米茎周围撒施药粉,或以药液灌根,如溴氰菊酯、辛硫磷
玉米铁甲虫(*Dactylispa setiera* Chapuis)	成虫黄褐色。体长5～6mm,前胸背板中央有光滑的横突区,正中有一浅横纹。背板前缘有刺两对,向前后突出。鞘翅蓝黑色,表面有纵列粗大刻点,上长有粗刺。卵长1mm,淡黄,扁椭圆形,表面光滑;幼虫体长7.5mm,头黑褐色,胸足3对,短而小,各腹节背面有一横凹纹,两侧各有一个乳状突,腹末具一对褐色刺状突。蛹长椭圆形稍扁,淡黄褐色,腹部各节背面有一横凹纹,两侧呈扁刺状向外突出	在贵州和广西每年发生1～2代,一代重,一代4月中下旬为卵孵化盛期,4月中旬至5月中旬为幼虫为害盛期。成虫具假死性,对嫩绿、长势好的玉米苗有群集为害习性。幼虫只食叶肉,残留表皮。播种早、苗情好发生重。3～4月份降雨量在100mm以下利于成虫活动、交配和产卵。雨量过大不利于发生	①上午9时前或下午4时后人工捕杀;②孵化盛期以药剂喷雾防治,如敌百虫、氯氰菊酯、敌敌畏等
玉米耕葵粉蚧(*Trionymus agrosis* Wang et Zhang)	雌成虫体长3.0～4.2mm、宽1.4～2.1mm,长椭圆而稍扁平,褐色,全身覆盖一层白色蜡粉,眼椭圆、发达突出,触角8节,足发达。雄成虫较小,深褐色,3对单眼紫褐色,触角10节,口器退化,胸足发达,前翅白色透明,后翅退化为平衡棒。卵椭圆,初产橘黄色,孵化前浅褐色,卵囊白色,棉絮状。若虫1龄无蜡粉,2龄后体表出现白蜡粉。蛹体长约1.15mm,长形略扁,黄褐色,触角、足、翅明显,茧白色柔软,两侧近平行	危害玉米、小麦、谷子、高粱及禾本科杂草。主要以雌成虫及若虫在近地面的叶鞘内及根茎部刺吸寄主的汁液,密集为害,轻者使受害植株的茎叶发黄,生长缓慢;重者使植株短小细弱,下部叶片干枯或根茎部变粗,不能结实,严重减产。华北地区1年3代,以卵囊附着在玉米根茬、秸秆等上越冬。第一代于4月下旬至6月上旬发生,第二代于6月中旬至8月上旬发生,第三代于8月中旬至9月中旬发生,以二代发生最重。1龄若虫活泼,没有分泌蜡粉保护层,是药剂防治的最佳时期,2龄后开始分泌蜡粉,在地下或进入植株下部的叶鞘中为害,防治效果较差	①农业防治　合理轮作,严重发生地区,采用玉米与非禾本科作物(大豆、花生、甘薯)轮作;秋季收获后深耕灭茬,杀灭越冬卵;冬季在麦田浇抗冻水可杀死部分越冬卵;合理施肥,及时中耕,增强抗病力;玉米适期播种,不能过早或过晚;种植抗病品种 ②化学防治　用48%毒死蜱乳油、25%喹硫磷乳油、40%氧乐果乳油、40%辛硫磷乳油等内吸性杀虫剂稀释后喷施在玉米幼苗基部或灌根。也可用50%辛硫磷乳油播前拌种防治,浓度为种子量的0.3%

续表

虫害名称	形态特征	年生活史及习性	防治要点
二点委夜蛾[*Athetis lepigone* (Moschler)]	卵馒头状，上有纵脊，初产黄绿色，后土黄色，直径不到1mm。成虫体长10～12mm，翅展20mm。雌虫体略大于雄虫。头、胸、腹灰褐色。前翅灰褐色，有暗褐色细点；内线、外线暗褐色，环纹为一黑点；肾纹小，有黑点组成的边缘，外侧中凹，有一白点；外线波浪形，翅外缘有一列黑点。后翅白色微褐，端区暗褐色。腹部灰褐色。老熟幼虫体长20mm左右，体色灰黄色，头部褐色。幼虫1.4～1.8cm，黄灰色或黑褐色，比较明显的特征是个体节有一个倒三角的深褐色斑纹，腹部背面有两条褐色背侧线，到胸节消失。蛹长约10mm，化蛹初期淡黄褐色，逐渐变为褐色，老熟幼虫入土做一丝质土茧包被内化蛹	2012年该害虫在黄淮海麦茬夏玉米地区大部分偏轻发生，河北南部偏重发生，发生范围扩大，已成为黄淮海夏玉米苗期的一种重要害虫。为害寄主除玉米外，也为害大豆、花生，还取食麦秸和麦糠下萌发的小麦籽粒和自生苗。河北等地6月中旬为发生盛期 幼虫主要从玉米幼苗茎基部钻蛀到茎心后向上取食，形成圆形或椭圆形孔洞，钻蛀较深切断生长点时，心叶失水萎蔫，形成枯心苗；严重时直接蛀断，整株死亡；或取食玉米气生根系，造成玉米苗倾斜或侧倒。夏玉米，尤其以小麦套播的玉米田发生重，棉田倒茬玉米田比重茬玉米田发生严重，麦糠麦秸覆盖面积大比没有麦糠麦秸覆盖的严重，播种时间晚比播种时间早的严重，田间湿度大比湿度小的严重 成虫具有较强的趋光性。幼虫在6月下旬至7月上旬为害夏玉米。一般顺垄为害，有转株为害习性；有群居性，多头幼虫常聚集在一株下为害，可达8～10头；白天喜欢躲在玉米幼苗周围的碎麦秸下或在2cm左右的土缝内为害玉米苗	①农业防治　麦收后播前使用灭茬机或浅旋耕灭茬后再播种玉米，即可有效减轻二点委夜蛾危害；及时人工除草和化学除草，清除麦茬和麦秆残留物，减少害虫滋生环境条件；提高播种质量，培育壮苗，提高抗病虫能力 ②化学防治　a.撒毒饵　每亩用4～5kg炒香的麦麸或粉碎后炒香的棉籽饼，与对少量水的90%晶体敌百虫，或48%毒死蜱乳油500g拌成毒饵，在傍晚顺垄撒在玉米苗边。b.撒毒土　每亩用80%敌敌畏乳油300～500mL拌25kg细土，早晨顺垄撒在玉米苗边，防效较好。c.灌药　随水灌药，用48%毒死蜱乳油1kg/亩，在浇地时灌入田中；喷灌玉米苗，可选用48%毒死蜱乳油1500倍液、2.5%高效氯氟氰菊酯乳油2500倍液或4.5%高效氯氰菊酯1000倍液等。药液量要大，保证渗到玉米根周围30cm左右的害虫藏匿的地方
双斑长跗叶甲[*Monolepta hieroglyphica* (Motschulsky)]	成虫体长3.6～4.8mm、宽2～2.5mm，长卵形，头胸红褐色或棕黄色，具光泽，触角灰褐色，长为体长的2/3；复眼大，卵圆形；前胸背板宽大于长，表面隆起，密布很多细小刻点；鞘翅布有线状细刻点，每个鞘翅基半部具一近圆形淡色斑。卵椭圆形，长约0.6mm，初棕黄色，表面具网状纹。幼虫体长5～6mm，白色至黄白色，体表具瘤和刚毛，前胸背板颜色较深。蛹长2.8～3.5mm、宽2mm，白色，表面具刚毛	我国北方1年1代，以卵在表土下越冬，翌年5月上中旬孵化，幼虫一直生活在土中食害禾本科作物或杂草的根，经30～40d在土中做土室化蛹。蛹期7～10d，初羽化的成虫在地边杂草上生活，6月底至7月上旬转入玉米等作物田中为害，一直延续至10月。成虫能飞善跳；卵散产或几粒黏在一起产在表土中，耐干旱；春季湿润、秋季干旱年份发生重；种植密度过大，田间郁蔽，通风透光性差，有利于为害	①农业防治　改造荒地，清除田间地头杂草，消灭中间寄主；秋翻或春耕，消灭越冬虫源；合理密植 ②化学防治　20%氰戊菊酯乳油，或20%灭多威乳油，或20%马·氰菊酯乳油，于成虫盛发期喷雾

第二节 杂粮作物病害

杂粮作物病害种类繁多，包括生理性病害、侵染性病害，侵染性病害又分为真菌性病害、细菌性病害以及病毒性病害等，杂粮病害分布广，生产上危害大，我国发生较重的杂粮病害有数十种，造成损失达10%以上。杂粮作物的病害主要有叶斑病类、玉米丝黑穗病、玉米瘤黑粉病、玉米锈病、玉米干腐病、玉米霜霉病、玉米病毒病、高粱紫斑病、高粱黑穗病类、谷子白发病等，近几年北方地区玉米穗腐病有加重趋势。而了解杂粮病害的症状特点、发生规律有利于更好地识别杂粮病害，制定行之有效的防治措施。

一、玉米叶斑病

玉米叶斑病主要有玉米大斑病和玉米小斑病，是我国玉米产区普遍发生的病害，随着感病杂种的扩大，现在全国玉米产区均有发现。其次引起叶斑的还有灰斑病、弯孢霉叶斑病等。灰斑病 1991 年首先在辽宁丹东、庄河等地突然大发生，现已成为东北三省玉米的重要病害。

1. 症状

玉米叶斑病症状特点见表 9-3、图 9-6。

表 9-3 玉米叶斑病症状特点

病害名称	症状特点
玉米大斑病	苗期很少发病，抽雄以后逐渐加重。主要为害叶片，严重时也为害叶鞘和苞叶。一般先从底部叶片开始发生，逐步向上扩展，但也常常出现从中上部叶片开始发病的情况。严重时，全株所有叶片均可受害直至早期枯死。症状表现主要有两种类型：①萎蔫型病斑　在不具有 Ht 抗性基因型的玉米品种上产生萎蔫型病斑，病斑初为小椭圆形、黄褐色或青灰色水渍状斑点，扩大后形成边缘褐色、中央黄褐色或青褐色的长纺锤形或梭形病斑，病斑长度一般为 5～10mm，宽 1mm 左右，有的可达 15mm，宽 2～3mm。严重时病斑互相联合，使病叶早枯，后期于病斑上长一层黑褐色霉状物（病菌的分生孢子梗及分生孢子）。严重时，病叶上病斑易纵裂。②褪绿型病斑　病斑较小或仅限于少数叶片，或产生褪绿型病斑，病斑初期为椭圆形小斑，中部坏死，周围有褪绿晕圈，或仅产生褪绿病斑，但不坏死，极少产生孢子。叶鞘、苞叶与叶片症状相似，只是霉状物少些
玉米小斑病	叶片上病斑小而多，一般不超过 1cm，叶片上有三种类型病斑，一种病斑椭圆形或长方形，受叶脉限制，黄褐色，边缘深褐色；第二种病斑椭圆形或纺锤形，不受叶脉限制，灰或黄色；第三种病斑为黄褐色坏死小斑点，周围有黄绿色晕圈，为抗病类型。T 小种可侵染叶鞘和果穗
玉米圆斑病	为害果穗引起穗腐，受害部位变黑凹陷，果穗弯曲，病粒干秕，长满黑色霉层。叶片、鞘和苞叶受害，散生近圆形斑点，中央淡褐，有同心轮纹，边缘色深，具黄绿色晕圈，有时愈合成条斑，表面生黑霉
玉米灰斑病	又称尾孢菌叶斑病。本病主要发生在玉米成熟期的叶片、叶鞘及苞叶上。发病初期为水渍状淡褐色斑点，以后逐渐扩展为浅褐色条纹或不规则的灰色至褐色长条斑，病斑大小（0.5～20）mm×（0.5～2）mm，这些褐斑与叶脉平行延伸，病斑中间灰色，病斑后期在叶片两面（尤其在背面）均可产生灰黑色霉层
玉米弯孢菌叶斑病	主要危害叶片，有时也危害叶鞘、苞叶。典型症状是初生褪绿小斑点，逐渐扩展为圆形至椭圆形褪绿透明斑，中间枯白色至黄褐色，边缘暗褐色，四周有浅黄色晕圈，大小（0.5～4）mm×（0.5～2）mm，大的可达 7mm×3mm。湿度大时，病斑正、背两面均可见分生孢子梗和分生孢子，背面居多。症状变异较大，在一些自交系和杂交种上，有的只产生一些白色或褐色小点。可分为抗病型、中间型、感病型 3 种，不同品种表现的症状也不同

2. 病原

玉米叶斑病病原及其形态特点见表 9-4、图 9-6。

表 9-4　玉米叶斑病病原及其形态特点

病害名称	病原名称	形态特点
玉米大斑病	半知菌亚门大斑突脐蠕孢菌[*Exserohilum turcicum*(Pass.)Leonard et Sugges]	直梭形，少数略弯曲，中间粗，两端略尖，淡橄榄色。基细胞尖锥形，脐点明显突出于基细胞外。2～8个隔膜
玉米小斑病	半知菌亚门玉蜀黍平脐蠕孢菌[*Bipolaris maydis*(Nisikado et Miyake)Shoem.]	多向一侧弯曲，两端钝圆，淡橄榄色，基细胞钝圆形，凹入基细胞内。3～10个隔膜
玉米圆斑病	半知菌亚门碳色平脐蠕孢(*Bipolaris carbonum* Wilson)	直或稍弯，两端钝圆，长椭圆形，深橄榄色，基细胞钝圆，脐点不明显。4～10个隔膜
玉米灰斑病	属半知菌亚门玉蜀黍尾孢菌(*Cercospora zeae-maydis* Tehon and Daniels)	子座小或缺。分生孢子梗密生，浅褐色，顶部屈曲，大小(60～180)μm×(4～6)μm；分生孢子无色，大小(40～120)μm×(3～4.5)μm
玉米弯孢菌叶斑病	半知菌亚门弯孢霉属[*Curvularia lunata*(Wakk.)Boed.]，主要为新月弯孢菌	分生孢子形态为多态型，其中以弯月形为主，具有1～2个以上隔膜不等

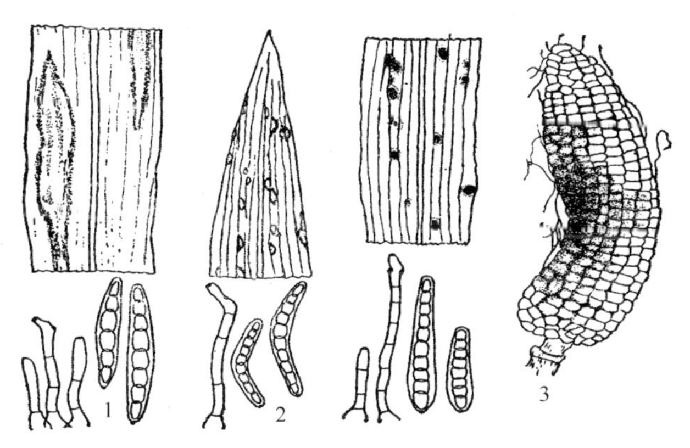

图 9-6　玉米三种叶斑病症状及病原分生孢子梗和分生孢子

1—玉米大斑病；2—玉米小斑病；3—玉米圆斑病

3. 发病规律

玉米叶斑病的发生规律见表 9-5。

表 9-5　玉米叶斑病的发生规律

病害名称	病害循环	发病条件
玉米大斑病	以菌丝体及分生孢子在田间地表和玉米秸秆垛中残留的病叶组织里越冬，所以这些病残体就成为来年病菌的初次侵染源。但埋在地下10cm深的病叶中的菌丝体，越冬后全部死亡	①品种抗病性差异　感病品种的大面积单一种植是导致病害发生和流行的主导因素。在病原方面，我国已发现大斑病菌有3个生理小种，分别为1号、2号和3号小种。②气候条件　喜中温高湿，温度20～25℃、相对湿度90%以上利于病害发展。气温高于25℃或低于15℃，相对湿度小于60%，病害的发展就受到抑制。③生育期　在春玉米区，从拔节到出穗期间易感病。④栽培管理　玉米孕穗、出穗期间氮肥不足发病较重。低洼地、密度过大、连作地易发病

续表

病害名称	病害循环	发病条件
玉米小斑病	与大斑病相似	①、③、④点与大斑病相似，玉米小斑病菌存在明显的生理分化现象，通常将病菌划分为T和O两个生理小种。T小种对有T型细胞质的雄性不育系有专化性，而O小种无这种专化性。从发病条件看，气温达25℃以上利于发生流行，其余条件与大斑病相似
玉米圆斑病	以菌丝体在田间病残体和秸秆、种子上越冬。萌发后直接侵入，少数从气孔侵入，潜育期5～7d，分生孢子借风雨传播，进行再侵染	雌穗冒尖到灌浆期易感病，其余与大斑病相似
玉米灰斑病	病菌以菌丝体和分生孢子在玉米秸秆等病残体上越冬。分生孢子萌芽产生芽管通过气孔侵入，成株叶片上潜育期9d，12d出现长条斑，16～21d病斑上形成孢子，侵染幼株叶片时产孢比在成株上早。侵入后菌丝扩展受叶脉限制形成长而窄的平行病斑	该病较适宜在温暖湿润和雾日较多的地区发生。而连年大面积种植感病品种，是该病大发生的重要条件之一。在华北及辽宁，该病于7月上中旬开始发病，8月中旬到9月上旬为发病高峰期
玉米弯孢菌叶斑病	病菌以分生孢子和菌丝体在土壤中、植株的病残体和病秸秆上越冬。第二年分生孢子在适宜条件下被传到玉米植株上，侵入体内引起初侵染；发病后病部产生的大量分生孢子经风雨、气流传播又可引起多次再侵染。其分生孢子最适萌发温度为30～32℃，相对湿度低于90%则很少萌发或不萌发	①品种抗病性　是影响叶斑病的重要因素。②连作发病重　由于越冬菌源量多，初侵染发生得早而多，再侵染频繁，易造成流行。③气候条件　7月上中旬高温多雨天气有利于该病发生，10叶期前后最易感病。④低洼积水田和连作田发病较重

4. 防治方法

以玉米大、小斑病为例。防治以选用抗病品种、适期早播、增施基肥、合理密植为主，及时辅以药剂防治。

(1) 选用抗病品种　玉米收获后及时将病株残体翻入土壤，用秸秆沤肥时要经过高温发酵腐熟后再用，未经处理的秸秆要用泥封起来。

(2) 轮作　实行两年以上轮作，病残体或病叶彻底腐烂消解后，大斑病菌亦不能生存，经两年以上即可达到防病作用。

(3) 合理密植　增强田间通透度，降低发病程度或推迟发生期。

(4) 药剂防治　在心叶至抽丝期的发病初期，喷洒80%炭疽福美可湿性粉剂800倍液、50%多菌灵可湿性粉剂500倍液、50%甲基硫菌灵可湿性粉剂600倍液、75%百菌清可湿性粉剂800倍液、25%苯菌灵乳油800倍液、25%三唑酮可湿性粉剂800倍液，隔10d防一次，连续防治2～3次。弯孢菌叶斑病还可选用12.5%烯唑醇可湿性粉剂1000倍液、40%氟硅唑乳油8000倍液、25%丙环唑乳油1000倍液、80%代森锰锌可湿性粉剂1000倍液等喷雾防治。视发病情况7～10d喷一次，共喷2～3次。

其他几种玉米叶斑病可参照玉米大小斑病的防治，玉米圆斑病还要注意种子检疫。

二、其他杂粮病害

其他杂粮病害见表9-6、图9-7～图9-9。

表 9-6 其他杂粮病害

病害名称	症 状	发病规律	防治要点
玉米丝黑穗病	幼苗侵染的系统性病害，以成株期穗部表现症状最明显。部分幼苗6～7片叶时表现为病苗矮化，分蘖丛生，节间缩短，有的株形弯曲，叶子密集，叶色浓绿或叶片上有黄白条纹。有的幼苗心叶卷在一起弯曲呈鞭状。病穗有两种类型：①黑粉包型。被害后，全穗变为一包黑粉，中间夹杂黑色丝状物，病穗失去原形。有时苞叶变狭小，簇生畸形。②变态畸形。雌穗颖片过度伸长成管状长刺或刺猬头状，雄穗花器变形，不形成雄蕊，颖片呈多叶状	病菌主要以冬孢子在土壤中越冬，混入粪肥中的病菌冬孢子和种子上的病菌冬孢子均可成为侵染来源。第二年从玉米的幼芽或幼根侵入，扩展蔓延进入生长锥，并随生长锥生长而在寄主体内扩展为系统侵染 在中国北方春玉米区发病较重。苗期土壤干燥，温度较高时发病重。连作地菌源多，病害重。秋翻地可消灭大量菌源，病害轻。播种质量差，覆土厚，不利于出苗发病重；品种间有明显的抗性差异，但目前生产上还没有免疫的品种	选用抗病品种；提高播种质量；实行轮作、深翻；带病的秸秆不能用作堆肥；在发病早期拔除病株，显症后在菌瘿破裂前，彻底清除病株并深埋或烧毁，减少第二年发病机会；适期抢墒播种，加快出苗速度；播前种子处理：药剂拌种，用萎锈灵、粉锈宁等药剂，选用包衣种子也具有很好的防治效果
玉米瘤黑粉病	植株地上茎、叶、果穗、雄花均可受害。幼苗受害在茎基部形成菌瘿，使整个幼苗生长受到抑制，并出现分蘖现象，重者枯死。茎、雌穗上瘤较多，瘤外包有薄膜，初为银白色或淡红色，有光泽，后破裂，散出大量黑粉。叶片、叶鞘受害一般小瘤成串。雄穗局部小花受害后肥肿成袋状物	病菌以冬孢子在土壤中越冬，此外可在粪肥中、残体上以及附在种子上越冬。靠风传播。一般苗期和成熟期较抗病，从拔节以后到开花末期易感病，在开花期以雌、雄穗和腋芽最易感病；高温易发病；组织幼嫩或水肥不足易发病；伤口多易发病；品种间抗病性差异显著；连作地重	①选用抗病品种。②消灭初侵染源。③加强田间管理，减少伤口的发生。④轮作，施用净肥。⑤割除病瘤
玉米锈病	该病主要侵染叶片，严重时可侵染苞叶、果穗和雄穗。发病初期叶片两面散生或聚生淡黄色小点。以后突起，扩展为圆形或长圆形，黄褐色或褐色，周围表皮翻起，散出铁锈色粉末，即病菌的夏孢子。后期变为黑色突起	夏孢子在暖和的南方各省可以安全越冬，在北方夏孢子是在当地越冬或由南方传来尚不清楚。借气流传播，重复侵染，高温高湿、偏施氮肥的地块，病害发生严重。玉米锈病菌的转主寄主是几种酢浆草属植物	①种植抗病品种，马齿型品种较抗病。②合理施肥，增施磷钾肥，避免偏施氮肥。③药剂防治，发病初期，用20%三唑酮乳油1500倍液，或用0.2°Bé石硫合剂均匀喷雾
玉米病毒病	玉米病毒病包括玉米粗缩病、玉米矮花叶病毒病和玉米条纹矮缩病三种 玉米粗缩病：出苗至五叶期易感病，病株严重矮化，叶色深绿，宽短硬质，呈对生状，叶背侧脉上出现蜡白色突出物，粗糙明显；病株分蘖多；根系不发达 玉米矮花叶病毒病：幼苗染病心叶基部出现褪绿小点，断续排列成条点花叶状，进而发展成黄绿相间的条纹症状；后期病叶尖端叶缘变成红紫而干枯，硬脆易折，发病早的植株矮化明显 玉米条纹矮缩病：植株矮缩，沿叶脉产生褪绿条纹，然后在条纹上产生坏死褐斑	①品种抗病性差，种子带毒。当前抗病品种极少 ②玉米间作、套种发病严重；耕作粗放，杂草丛生的田块发病重；不合理施肥，忽视农家肥，造成土壤严重缺少锌等微量元素易感病 ③暖冬发病重；夏季多雨发病重	①选用抗病品种。②及早拔除病株销毁是防治关键。③适期播种、中耕除草，减少传毒寄主，减轻发病。④药剂防治。药剂有：吡虫啉拌种或吡虫啉与甲基异柳磷合剂拌种；喷施吡虫啉、啶虫脒等药剂，防治传毒昆虫，同时可加入抗病毒制剂提高植株抵抗病毒的能力

续表

病害名称	症　状	发病规律	防治要点
玉米穗腐病(以串珠镰孢穗粒腐病为例)	侵染玉米果穗,降低产量;储藏期间加重玉米籽粒霉粒;病菌分泌毒素可导致人、畜中毒和死亡。种子带菌可引起田间大量死苗。引起穗腐的真菌多达20多种,大致可分为3类:根霉、曲霉和青霉等;娄红聚端孢霉、稻黑孢霉、纤细链格孢霉;串珠镰孢菌、禾谷镰孢菌等镰孢菌类。我国以第三者居多。串珠镰孢穗粒腐病侵染玉米生长后期的果穗,仅个别或局部籽粒染病,病粒易破碎。果穗表面为粉白色的病原菌分生孢子或灰白色的菌丝所覆盖,严重时籽粒腐烂。病粒上生粉红色霉状物,有时生有橙黄色点状黏质物(分生孢子团)	病菌喜在玉米螟或其他害虫为害后的蛀孔内繁殖,湿度大时也为害雄花和叶鞘干旱、温暖的气候条件,有利于镰孢穗粒腐病的扩展和流行;玉米产生生理裂伤或虫伤易染病;含赖氨酸高的一些玉米杂交种易感病	①种植抗病品种　该病品种间抗性差异显著,应因地选择抗性强、果穗包裹紧的品种 ②农业防治　与豆科等作物实行2～3年轮作;避免在低洼阴冷的地块种植玉米;适当调整播期;合理密植,适时追肥,及时收获,控制螟害;采收时控制果穗水分至18%以下;收获后及时清除病残体 ③药剂防治　发生严重地区,于播种前药剂拌种,可减轻病害发生程度
高粱叶斑病	主要有大斑病、炭疽病、紫斑病等。 大斑病:叶片上产生20～60mm的长梭形斑,边缘紫色,中央淡褐 炭疽病:紫褐色小斑,后期扩大成纺锤形,黄褐,上生黑色小粒点 紫斑病:叶片上产生红至紫红色斑,边缘不明显,有时产生淡紫色晕圈,病斑扩大后连接成云纹状	以菌丝、分生孢子和菌核等随病残体越冬,炭疽病还可种子带菌。田间分生孢子经气流、雨水传播。多雨低温易发生,品种间有明显抗性差异	选用抗病品种;三年以上轮作;秋后深翻,及时清除病残体;加强肥水管理,防止后期脱肥,增强抗病力;药剂防治
玉米顶腐病	苗期受害表现不同程度矮化,叶片失绿、畸形、皱缩,边缘成黄化条状,重者苗枯萎,轻者自下部3～4叶以上叶片基部腐烂;成株期感病,植株矮小,顶部叶片短小、组织残缺不全或皱褶扭曲,雌穗小,多不结实,茎基部节间短,常有似虫蛀孔状开裂。根系不发达,腐烂褐变	病原菌以菌丝体在病株残体上越冬。病部产生分生孢子借风雨传播,风雨利于发病。低洼田发病重,山坡地和高岗地发病轻	①选用抗病品种 ②播种前用25%三唑酮可湿性粉剂按种子量0.2%拌种 ③合理轮作,提高土壤墒情,减少菌源
高粱黑穗病类	在我国有5种:丝黑、散黑、坚黑、长粒黑、花黑,前两种发生普遍。丝黑为全穗受害,变成一个黑瘤,外包白膜,后散出黑粉,残余丝状寄主组织。散黑、坚黑是子粒受害,病穗颖壳正常,穗轻直立,病粒形成土灰包。散黑包膜破裂后黑粉易散,残留中轴。坚黑包膜不易破,黑粉黏结不易散落	病菌以冬孢子在土壤、粪肥和种子上越冬。均属于种苗系统侵染。病菌由种子幼芽侵入,抽穗前不表现明显症状。低温、缺墒、覆土过深等不利于出苗的因素均利于发病。连作田块发病重;使用带菌粪肥发病重;种子带菌率影响较大	选用抗病品种;选用无病种子或种子处理,种子处理可用甲基硫菌灵、多菌灵、萎锈灵等拌种或浸种;轮作及合理施肥;提高播种质量;及时拔除病穗,减少下一年发病率

续表

病害名称	症　　状	发病规律	防治要点
谷子白发病	种子萌发后就严重感病的幼芽来不及出土即死亡;轻者可继续生长出土,高达6～10cm时开始出现症状。后期症状有:灰背,受害嫩叶黄绿色,叶片上呈现出与叶脉平行的黄白色条纹,叶片背面生有密集的灰白色霉状物;枪谷,受害植株的子叶枯死后,新出生的叶片依次产生与叶脉平行的黄白色条纹和白色霉状物,但病株心叶不能展开,叶色深褐,直立在植株顶端;白发,出现枪谷现象后,心叶枯死,破裂成细丝,并散发出黄褐色粉末,最后残存下来的叶脉呈灰白色,卷曲如发状;看谷老,大部分病株能抽穗,病穗上小花内外颖伸长卷曲成小卷叶状,全穗膨松,短而直立,呈刺猬状,称之为"看谷老"	以卵孢子在种子表面、土壤、粪肥中越冬,以土壤带菌为主。播种后卵孢子萌发侵入芽鞘,进入生长点,引起系统侵染。2cm以下的芽鞘最易感染;延迟出苗加重发病;品种间抗性差异明显;多雨利于发病	轮作:实行3年以上轮作可以有效控制白发病发生;拔除病株;施用腐熟的粪肥和堆肥;选用抗病良种;可用甲霜灵、代森锰锌等药剂做种子处理

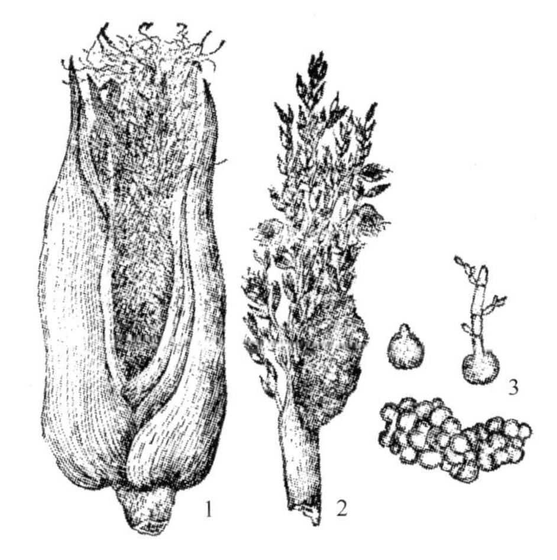

图9-7　玉米丝黑穗病（仿谯先林）
1—雌穗被害症状；2—雄花穗被害症状；
3—厚垣孢子及孢子萌发

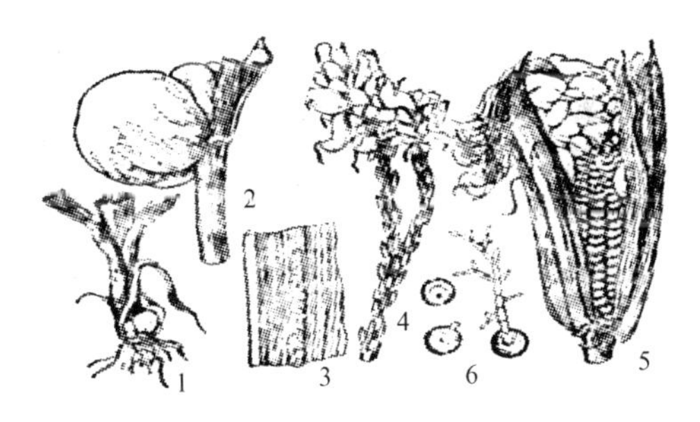

图9-8　玉米瘤黑粉病（仿谯先林）
1—幼苗茎基部瘤；2—茎节部瘤；3—叶上生瘤；
4—雄花病部袋状突起；5—果穗顶部瘤；
6—厚垣孢子及孢子萌发

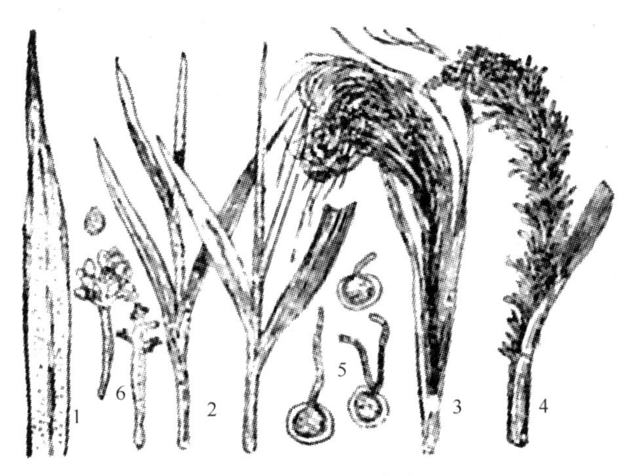

图9-9　谷子白发病
1—灰背；2—白尖；3—白发；4—看谷老；5—卵孢子萌发；
6—游动孢子梗及孢子囊

第三节 杂粮作物病虫害的综合治理

在杂粮作物病虫害的综合治理中，要本着以下原则：一应充分贯彻“预防为主，综合防治”的植保方针，树立“绿色植保、可持续植保”的理念，以绿色防控为主线，优先使用植物源、微生物源、矿物源农药和高效低毒、低残留化学合成农药，配套使用农业、物理、生物、化学防治措施，充分利用自然天敌资源，提高治理效果，降低防治成本，为生产绿色、无公害杂粮产品提供保障。二是种子、植保部门应加大对新品种引进、审批的监管力度，强化种子检疫，对新品种的引进、示范、种植加强跟踪监测，确保农业生产安全。三是加强农业技术指导，强化种植制度、栽培技术对病虫害防治的保障作用。四是植保部门应积极开展新农药试验，筛选出更多的高效、低毒、低残留农药品种，做好农药交替使用规划，降低长期单一使用某种化学农药而导致病虫害产生抗药性风险。

一、加强植物检疫

各地植物保护部门、种子部门、动植物检疫部门应加强对引进种子的检疫，杜绝检疫病虫草携带入本地，同时避免当地一些常发病虫害的感病虫品种引入，避免常发或次要病虫害的大爆发，从源头上避免经济损失。

二、重视农业防治

（1）应用抗病品种　选育推广对病虫害不良环境条件有综合抗性的作物品种，使用无病虫害的种子、种苗，增强粮食作物抗病、抗虫和抗逆耐害能力。如玉米螟的防治、叶斑病类的防治。

（2）合理实行轮作　实行粮食作物、经济作物和其他作物的合理间作、套作和轮作，或同类作物不同品种间的间作或轮作，控制和减少单食性害虫或食性比较单纯的病虫害发生数量。如粟灰螟的防治。

（3）科学调节播种　调节作物的播种期和栽植期，使作物容易受害的生育期与病虫害危害盛发期错开，从而减轻或避免病虫害。合理密植，改变田间小气候，从而改变作物生长发育的环境条件。

（4）加强田间管理　适时深耕整地，将土中病虫害翻晒于地表或让其处于害虫天敌侵袭之下；适时中耕除草，恶化土壤中病原物和农田周围杂草中或植株上潜伏病、虫的生存条件，减少虫卵量。精耕细作，适时抢墒播种或覆膜，促进早出苗、出壮苗。如蝗虫防治、叶斑病防治等。

（5）合理施肥灌溉　改变土壤理化特性，调节土壤气候，增强土壤保水保肥能力；改善作物营养条件，促进植株健壮生长，增强作物抗病虫害能力。施足腐熟的有机肥，增施磷钾肥，提高植株抗病力。采取微灌、滴灌并注意田间排水，降低湿度，减轻病害发生。

（6）注意清洁田园　及时清除病残体，减少病菌侵染源。

三、扩大生物防治

（1）田间释放赤眼蜂　利用赤眼蜂寄生害虫的卵，减少卵孵化数量以控制害虫种群数量，减轻危害。可用来防治玉米螟、向日葵螟等害虫。利用赤眼蜂防治害虫，一般于当代害虫产卵始盛期和盛期放蜂两次，每亩约 2 万头，间隔 7d，使蜂、卵相遇。因此，放蜂日期的确定，是影响防治效果的关键因素。

一般选一株健壮玉米，将蜂卡缝在玉米中部背光叶片的背面或用秫秸皮别在叶脉上。不能用直别针或曲别针别，以免牲畜食后误伤；或使用带有不干胶的蜂卡按上述方法直接粘贴到玉米叶片背面。避免中午或大风天放蜂，以免降低赤眼蜂羽化率和寄生率。具体方法见本单元第一节中的玉米螟防治。

（2）采用白僵菌封垛　利用菌粉接触幼虫虫体，进而侵染虫体致其死亡。可用来防治玉米螟、向日葵螟等多种害虫。

玉米螟的防治：根据玉米螟化蛹时需爬出洞外补充水分的特性，将白僵菌施入垛内。封垛时间为玉米螟化蛹前15～20d，每天对玉米秸秆垛进行检查，发现有越冬幼虫爬出洞口开始活动，即可进行封垛。封垛方法一般有喷液法和喷粉法两种。具体见玉米螟防治。

（3）施用性诱剂　性诱剂（性信息素诱杀剂）是利用昆虫的性外激素，引诱同种雄性昆虫，达到诱杀或迷向的作用，影响正常害虫的交尾，从而减少其种群数量，达到防治的效果。使用性诱剂可有效控制玉米螟等害虫。性外激素诱捕器制作方法为：选择大于20cm口径塑料或其他材质盆一个，将性诱剂诱芯穿在铁丝上，然后将铁丝固定在盆边缘，置诱芯于盆中央，盆内加水至距诱芯2cm处即可，水内加少许洗衣粉以防害虫逃逸。将诱捕器置于三脚架上，尽量选择通风遮阴处作为放置诱捕器的地点。视情况更新或添加盆中的洗衣粉水。

（4）喷施生物药剂　利用细菌、病毒、植物源农药、抗生素等生物制剂防治农作物病虫。可选用绿僵菌、苦皮藤素防治蝗虫；以及白僵菌、Bt防治玉米螟、向日葵螟等害虫。

四、发展物理防治

（1）黄色粘虫板诱杀　主要利用害虫的趋黄性，诱杀成虫。可用于防治蚜虫类。设置黄板以预防为主，主要在害虫发生初期使用。

（2）灯光诱杀　投射式杀虫灯或频振式杀虫灯主要利用害虫的趋光特性引诱害虫，并通过高压电网将害虫击晕后落入接虫袋，然后用人工方法或生物防治或化学药剂处理等方法，将害虫消灭，从而达到防治害虫的目的。可用来防治玉米螟等主要害虫。

在具备通电条件的村屯四周或田间每间隔100m安灯一盏，应尽量利用已有电杆安装灯具，也可安置简易线杆，但要注意安全。接虫口距地面以1～1.5m为宜；农作物超过1.5m时，灯的高度可略高于农作物或诱杀特定昆虫时安装至特定高度。开灯和关灯时间因地而宜。一般以主治对象成虫始盛期开始。如为用电不方便地区，可采用太阳能杀虫灯。

（3）银灰膜等防虫技术　对于苗期或低矮作物防治蚜虫可采用银灰薄膜或铝箔纸。

五、合理进行化学防治

杂粮病害可分为系统性病害和局部性病害。对于系统性病害，如玉米丝黑穗病、高粱丝黑穗病、谷子白发病等，主要以种子药剂处理为主，包括种子包衣、药剂浸种、撒毒土等，一般为种子量的0.2%～0.3%拌种，药剂可选用三唑醇、粉锈宁、萎锈灵等。对于局部性病害，如叶斑病类，主要以选用抗病品种为主，只有在极特殊年份才会施药，以喷雾为主，药剂有代森锰锌、百菌清、苯菌灵等。杂粮害虫中，钻蛀性害虫如玉米螟和粟灰螟一定要抓住钻蛀前防治，可采用撒毒沙方式，药剂有辛硫磷、锐劲特等，也可采用喷雾防治。其他害虫均可采用喷雾防治。

化学防治过程中，要求注意选用高效、低毒、低残留农药品种，注意不同作用机制农药的轮换使用，注意避开天敌繁殖高峰期，注意施药方法的选择。注意适期、适量、对症用药。

施药时尽量采用新型施药器械，提高药液雾化效果，以减少农药用量，提高防治效果。可使用东方红牌DFH-16A型、卫士牌WS-16型背负式手动喷雾器以及东方红牌WFB-18G型、泰山-18型背负式机动喷雾机等类似精准施药药械，其雾化程度较高，雾滴细，可节水省药，降低劳动强度，安全性能好，避免了“跑、冒、滴、漏”等问题，还可采用高杆自走式喷雾器械防治成株期杂粮作物病虫害，防治效果较好。

单元检测

一、简答题

1. 如何在田间识别玉米螟幼虫的为害？
2. 玉米螟的卵形态如何？产卵在什么部位？一般什么时期孵化（结合当地实际）？

3. 玉米螟幼虫的防治适期是什么时间？颗粒剂在防治上如何操作？
4. 生物防治玉米螟有哪些措施？如何操作？
5. 我国飞蝗有哪几类？东亚飞蝗发生条件如何？如何治理飞蝗的发生？
6. 甘薯天蛾食性如何？如何防治？
7. 粟灰螟生活史如何？有哪些习性？如何区分与玉米螟危害的差别？
8. 危害高粱的蚜虫有哪几种？以高粱蚜为例说出其生活史。
9. 什么时候是高粱蚜的防治适期？如何防治？
10. 玉米叶斑病类有哪几种？症状又如何区别？
11. 玉米大、小斑病发生条件有何区别？如何防治？
12. 玉米两种黑粉菌目病菌引发的病害分别是什么？发生规律上有什么差别？
13. 如何防治玉米丝黑穗病和玉米瘤黑粉病？
14. 你还了解哪些其他的杂粮作物病害？

二、归纳与总结

可在教师的指导下，在各学习小组讨论的基础上，从常见的杂粮作物（含玉米、高粱和糜子等）病虫害种类，杂粮作物害虫的发生规律，病害的发病规律，杂粮作物病虫害综合防治等方面进行归纳与总结，并分组进行报告和展示（注意从知道、了解、理解、掌握、应用五个层次去把握）。

薯类、烟草及糖料作物病虫害防治技术

学习目标

知识目标

1. 了解当地薯类、烟草及糖料作物病虫害的主要种类。
2. 掌握当地薯类、烟草及糖料作物病虫害的识别、为害及发生发展规律。
3. 掌握薯类、烟草及糖料作物主要病虫害的综合防治技术。

技能目标

1. 能准确识别常见的薯类、烟草及糖料作物病虫害种类。
2. 能全面分析主要薯类、烟草及糖料作物病虫害发生的原因。
3. 能根据薯类、烟草及糖料作物主要病虫害的发生情况，制定出行之有效的综合防治方案。

我国薯类、烟草及糖料作物栽培种类和栽培面积因各地地理位置和经济地位不同，而存在着明显差异，在其作物上的病虫害种类及发生为害情况也不尽相同，但它们的主要病虫害种类在有薯类、烟草及糖料作物栽培的地区分布和危害均较普遍。

第一节 薯类、烟草及糖料作物害虫

薯类作物以甘薯和马铃薯为主，甘薯主要害虫有甘薯麦蛾、甘薯小象甲、甘薯叶甲、甘薯天蛾等，马铃薯主要害虫有马铃薯瓢虫、马铃薯块茎蛾等；烟草主要害虫有烟蚜、烟青虫；糖料作物中甘蔗主要害虫有甘蔗螟虫、甘蔗绵蚜，甜菜上主要有甜菜跳甲。此外，蝼蛄、蛴螬等地下害虫和斜纹夜蛾等多食性害虫也常取食薯类、烟草及糖料作物，影响产量和品质。

一、马铃薯瓢虫

我国为害马铃薯的瓢虫主要有马铃薯瓢虫［*Henosepilachna vigintioctomaculata*（Motschulsky)］和酸浆瓢虫［*H. vigintioctopunctata*（Fabricius)］，均属鞘翅目瓢甲科。马铃薯瓢虫又称大二十八星瓢虫，国内分布于东北和华北地区；酸浆瓢虫又称茄二十八星瓢虫，国内分布较广，以长江以南各省危害较为严重。两种瓢虫寄主范围都比较广，主要为害马铃薯、茄子、辣椒、番茄、豆类和瓜类等作物，以马铃薯和茄子受害最为严重。成虫和幼虫都具有危害性，初孵幼虫群居于叶背啃食叶肉，仅留表皮，在叶面形成许多平行半透明的网状纹，稍大后幼虫逐渐分散。成虫和幼虫均可将叶片吃成穿孔，影响马铃薯正常生长，严重时叶片只剩粗大的叶脉，甚至整片植株被害枯死。

1. 形态识别

两种瓢虫的形态区别见表 10-1。

表10-1 两种马铃薯瓢虫的形态区别

虫态	马铃薯瓢虫	酸浆瓢虫
成虫	雌虫体长7～8mm，雄虫较小，半球形，赤褐色，全体密生黄褐色细毛。前胸背板的前缘凹入而前缘角突出；中央有1个大而呈黑色的剑状纵纹，其两侧各有2个黑色小斑。每一鞘翅上有14个黑色斑点，鞘翅基部3个黑斑后方的4个黑斑不在一直线上。两鞘翅会合处的黑点有1对或2对相接触	体较小，长5.5～6.5mm，黄褐色；前胸背板多具6个黑点，中央2个，一前一后，前方的大，横形，后方的圆形，两侧各2个。鞘翅上14个黑斑小而略圆，鞘翅基部3个黑斑后方的4个黑点几乎在一直线上，两鞘翅会合处黑斑不接触
幼虫	成熟幼虫体长约9mm，纺锤形，中部膨大而背部隆起。头部淡黄色，口器及单眼黑色。体表生有黑色枝刺	成熟幼虫体长约7mm，体白色，枝刺也是白色
卵	长约1.5mm，弹头形，初产时鲜黄色，后渐变成黄褐色，卵块中的卵粒较松散	长约1.3mm，卵块中的卵粒较密集
蛹	长7mm左右，椭圆形，黄色，全体被有细毛，背面隆起，有较深的黑色斑纹，末端被幼虫蜕皮所包被	长约5.5mm，黄白色，背面也有黑色斑纹，但较浅

2. 发生规律

马铃薯瓢虫在北方每年发生2代，酸浆瓢虫在江苏南京及安徽南部一年发生3代，南方每年发生4～6代，均以成虫群集在背风向阳的石缝、杂草、树皮、篱笆等缝隙中过冬。酸浆瓢虫越冬成虫次年3月下旬至4月上旬便开始活动，而马铃薯瓢虫越冬成虫要在次年5月份才开始活动，两种瓢虫均先在野生茄科植物上取食，以后陆续迁到马铃薯和茄科植物上为害。成虫早晚静伏，白天取食、活动和产卵。成虫具有假死习性。卵主要产在叶片背面，成块状。幼虫共4龄，夜间孵化，初孵幼虫群集于叶背取食为害，2龄后逐渐分散为害。成虫、幼虫均具有自相残杀习性。老熟幼虫以腹部末端黏于叶背、茎秆以及杂草上化蛹。马铃薯瓢虫的发生与环境关系密切。气温25～28℃、相对湿度80%～85%的条件下，最宜于成虫生活。凡越冬入土过浅，冬季过于严寒或过于干燥，死亡率高。野生寄主较多的地方和田块，往往发生早而危害重。马铃薯瓢虫的天敌有蜘蛛、草蛉、胡蜂、白僵菌等。

3. 防治方法

(1) 农业防治　铲除和焚烧田间地头的枯枝、杂草，消灭其越冬场所。

(2) 人工捕杀　在产卵盛期人工摘除卵块，在成虫的羽化盛期和卵孵化盛期人工捕捉幼虫、成虫。

(3) 药剂防治　在孵化始盛期、幼虫分散危害前，可用50%辛硫磷乳油1000～1500倍液、5%氯氰菊酯乳油3000～4000倍液、5%氟啶脲乳油2000倍液、20%氰戊菊酯3000倍液等其中之一交替喷雾，药液要喷到叶背面，在同一地块（或田园）交替轮换使用上述药剂。对于茄子、番茄等蔬菜田防治二十八星瓢虫时，应采用菊酯类农药，以降低农药残留对人畜的危害。

二、烟蚜

烟蚜又称桃蚜，属同翅目蚜科。分布遍及全世界，国内各烟区均普遍发生。寄主除烟草外，尚有茄科、十字花科、蔷薇科、瓜类、大豆等多种植物。

烟蚜以成、若蚜刺吸烟草叶片、茎秆及花轴汁液，喜欢密集在叶背面或心叶上，叶片受害出现褪色斑点，严重的发黄卷缩、变形或枯死。嫩茎、花梗受害呈畸形，蒴果发育不正常或枯死。此外，分泌的蜜露还常导致烟草煤污病的发生，还能传播黄瓜花叶病毒病，对烟草造成更大的损失。

1. 形态识别

(1) 有翅胎生雌蚜　体长1.6～2.0mm，头、胸黑色，额瘤显著，触角6节，黑色，第3节有1列感觉圈，第5节端部和第6节基部各有感觉圈1个。腹部黄绿色或赤褐色，其背面中央有一黑褐色斑纹，其两侧各有小黑斑一列。腹管较长，黑色，末端明显缢缩。尾片黑色，圆锥形。

(2) 无翅胎生雌蚜　体长1.4～1.9mm，近似卵圆形，体色多样。触角第3节无感觉圈。额瘤、腹管与有翅型相似。

2. 发生规律

一年发生多代，因地区而异。有明显的趋嫩性，有翅蚜对黄色有正趋性，而对银灰色或白色有负趋性。当气温在24～28℃、相对湿度70%～80%时对其繁殖有利，暴风雨能使蚜量降低。天敌有瓢虫、寄生蜂、食蚜蝇、蚜霉菌等。

3. 防治方法

（1）农业防治　早春可结合桃树整枝，消灭大量越冬卵；结合田间管理，及时打顶抹杈；烟草收获后，及时处理茎秆、根、叶。

（2）物理防治　采用粘虫黄板诱杀或银灰色反光塑料薄膜驱蚜。

（3）生物防治　田间释放草蛉幼虫、烟蚜茧蜂或保护天敌可减轻烟蚜为害。

（4）化学防治　早春烟蚜发生初期，可选用25%吡蚜酮可湿性粉剂，或50%抗蚜威可湿性粉剂2000倍液，或10%吡虫啉可湿性粉剂2500倍液喷雾，重点喷烟株嫩叶背面。

三、烟青虫

烟青虫（*Helicoverpa assulta* Guenee）又名烟夜蛾，属鳞翅目夜蛾科。国内各地均有分布，主要为害烟草、辣椒，还可取食番茄、玉米、麻类、豌豆、南瓜、大豆、扁豆等。以幼虫蛀食蕾、花、果，也食害嫩茎、叶、芽。烟草现蕾以前，集中烟苗顶部心芽和嫩叶为害，蛀成孔洞、缺刻，严重时把叶片吃光，仅留叶脉。

1. 形态识别

（1）成虫　体黄褐至灰褐色，雄蛾前翅黄绿色，雌蛾为棕黄色，前翅斑纹清晰。后翅黄白色，外缘有一黑褐色宽带，其中带内侧有1条黑棕色线。

（2）卵　半球形，较扁，卵壳上有纵横隆起的线纹，初产时乳黄色，孵化前变为淡紫灰色。

（3）幼虫　体表光滑，线纹不明显，体色多为青绿或黄绿，因食料和季节不同有时呈黄褐色。胸、腹部一般为绿色、黄绿色、暗灰和灰褐色。腹部除末节外，各节有黑色毛片6个。

（4）蛹　长椭圆形，黄褐色，腹末有黑色短刺2根。

2. 发生规律

发生世代常因地区不同而异，一年发生2～6代，世代重叠明显。成虫昼伏夜出，趋光性较弱，对杨树把有趋化性，趋蜜源习性较强；卵散产，多产在烟株中、上部嫩叶正反面，后期产在蒴果、萼片或花瓣上；初孵幼虫先食卵壳，后危害烟草嫩芽、嫩叶。幼虫白天多在叶背或心叶内潜伏，夜间、清晨为害，3龄后食量大增，能转株为害，有假死性和自相残杀习性；以蛹在土中越冬。烟株生长茂密和套种辣椒的烟田受害重。天敌有数十种之多，寄生其卵的主要有拟澳洲赤眼蜂、松毛虫赤眼蜂，自然寄生率高达80%以上，寄生幼虫主要是棉铃虫齿唇姬蜂，捕食性天敌常见的有蜘蛛、草蛉、猎蝽、隐翅虫和步甲等。

3. 防治方法

（1）农业防治　秋翻地块或冬季灌水灭蛹，可减少虫源；及时打顶抹杈；人工捕捉幼虫；利用杨树枝把诱杀成虫。

（2）生物防治　保护和利用天敌，如卵期释放拟澳洲赤眼蜂，对3龄前幼虫喷施棉铃虫核型多角体病毒、苏云金芽孢杆菌制剂等。

（3）化学防治　于幼虫3龄前，选用以下其中之一药剂：5%甲氨基阿维菌素苯甲酸盐水分散粒剂1500～2000倍液、90%敌百虫晶体800～1000倍液、2.5%氯氟氰菊酯乳油3000倍液或2.5%溴氰菊酯乳油3000～4000倍液等进行喷雾。

四、甘蔗螟虫

甘蔗螟虫俗称甘蔗钻心虫，是钻蛀蔗茎的鳞翅目害虫的统称。常见的有二点螟（*Chilotraca ihtusatellus* Snellen）、黄螟（*Tetramoera schistaceana* Snellen）、条螟［*Proceras venosatus* (Walker)］、白螟（*Tryporyza nivella* Fabricius）、大螟（*Sesamia inferens* Walker）等，都属鳞

翅目，除大螟属夜蛾科、黄螟属小卷叶蛾科外，其余均属螟蛾科。二点螟在全国主要蔗区都有分布；黄螟主要分布在华南蔗区，华中及西南局部蔗区也有发生；条螟主要分布在华中、华南蔗区；白螟主要分布在华南、中国台湾蔗区；大螟发生于蔗稻混作区。

蔗螟都以幼虫蛀食为害，甘蔗苗期受害形成枯心苗，成长蔗受害造成虫蛀节，遇大风易在蛀孔处折断，虫伤处常引起赤腐病发生。

1. 形态识别

常见甘蔗螟虫的形态区别见表10-2。

表10-2 常见甘蔗螟虫的形态区别

虫态	黄螟	二点螟	条螟	白螟	大螟
成虫	体暗灰黄色 前翅深褐色，斑纹复杂，翅中央有“Y”形黑纹；后翅暗灰色	雌蛾灰黄色，雄蛾暗灰褐色 前翅灰褐色呈长三角形，顶角呈钝角，外缘为弧形，中央附近有2个暗灰色斑点，外缘有成列的小黑点7个；后翅色白而有光泽	雄蛾灰黄色，雌蛾近白色 前翅灰黄色，翅面具黑褐色纵条纹；中央具1小黑点，外缘具7个小黑点，后翅色浅	体、翅白色有光泽。雌蛾腹部末节末端有橙黄色绒毛 前翅长而顶角尖	头部、胸部浅黄褐色，腹部黄白色 前翅近长方形，浅灰褐色，中间具小黑点4个
幼虫	体淡黄色，头部赤褐色 两颊各有一个三角形楔形纹 前胸背板黄褐色，腹部末节臀板暗灰黄色，体上生有小毛瘤	淡黄色，头部红褐色 体背有深色纵线5条，全身有显著毛瘤，腹背两侧的毛瘤排列成梯形	淡黄色。夏型腹部各节背面具4个黑褐色斑点，排列成正方形。冬型幼虫其黑褐色斑点消失，体背出现紫褐色纵线4条，腹面纯白色	体乳白色，前胸背板淡橙黄色 虫体肥大而柔软，多横皱，胸足短小，腹足退化	
卵	扁椭圆形，初产时乳白色，后变黄色	扁椭圆形，卵壳表面有龟甲状刻纹，卵块呈鳞状排列	扁椭圆形，表面具龟甲状纹，产成块状，双行“人”字形排列。初乳白色，后变深黄色	卵扁平短椭圆形，卵块椭圆形，覆盖橙黄色绒毛。初产时呈淡黄色，以后变为橙黄色	扁圆形，表面具细纵纹和横线，聚产或散产。初白色后变灰黄色
蛹	黄褐色。腹部第2～6节的后缘，第7节的前缘，第8节和尾节的背面均有锯齿状突起，末端有臀棘数条	初为淡黄色，后变黄褐色，腹部背面有深褐色纵线5条，5～7腹节的前缘有显著的黑褐色隆起线，第7节的波状线延长到腹面，腹末平切状	红褐至暗褐色。腹部背面第5～7节前缘有明显的弯月形小隆起纹带，尾节末端有两个小突起	乳黄至乳白色，腹末宽而呈带形。雌蛹后足达第6腹节部，雄蛹后足达第7腹节的一半	红褐色，腹部具灰白色粉状物，臀棘有3根钩棘

2. 发生规律

二点螟每年发生代数由北向南逐渐增多，在浙江镇海每年发生3～4代，江西赣州每年发生4代，广西南宁和广东湛江每年4～5代，海南琼山每年发生6代，世代发生不整齐，有重叠现象。二点螟在广西南宁以一、二代幼虫为害宿根和春植蔗苗，造成枯心苗，尤以宿根蔗受害最重，第三代为害成长蔗。成虫趋光性较强。卵一般产在蔗下部第1～5叶片背面或叶鞘上，产卵成块，每雌蛾产卵250～300粒。第一代幼虫孵化后，在蔗叶上爬行分散，或吐丝下垂，随风飘至邻株，侵入叶鞘。初在叶鞘间取食，后蛀入心叶为害生长点，造成枯心苗。以后各代幼虫主要为害蔗茎，造成螟害节。老熟幼虫在为害部位（枯心苗和蔗茎虫道内）作薄茧化蛹。

黄螟在广东珠江三角洲和广西南宁一年发生6～7代，海南7～8代，世代重叠现象严重。温暖地区各虫态全年可见。广东珠江三角洲蔗区，黄螟产卵盛期在5～7月上旬。其为害因种植期不同而异。冬植蔗和宿根蔗上的黄螟卵于5月上旬急增，7月中旬急减；春植蔗上的黄螟卵6月剧增，7月下旬下降，11～12月份回升，故冬植蔗、宿根蔗被害早，为害期长，且苗期被害形成枯心苗较春植蔗严重。6～7月份甘蔗拔节则转向蔗节为害，被害株不形成枯心苗。在福建南部，黄螟危害甘蔗主要造成螟害节。广西黄螟于3～6月份主要为害宿根和春植蔗苗形成枯心。黄螟在广东南部一年发生6～7代，世代重叠，没有明显的越冬现象。卵散产于甘蔗叶鞘或叶片上。在珠江三角洲，黄螟的卵在一年中各个时期均有发现，以6月份为产卵盛期。春植甘蔗一般在4月中下旬开始发现螟卵，5月份起激增，6月份最多，7月份开始渐减，11、12月份再复回升，但数量远比前期的少。而在冬植蔗和宿根甘蔗，黄螟发生比春植蔗约提前1个月。3～5月间主要是1、2代为害蔗苗，3、4代于6～7月份为害蔗茎。因此春植蔗苗防治工作应提早半月至1个月开始。成虫日伏夜出，趋光性弱。初孵幼虫最初潜入叶鞘间隙，逐渐移向下部较嫩部分，一般在芽或根带处蛀入，蔗苗期及分蘖期食害根带部形成蚯蚓状的食痕，在被害茎蛀食孔处常露出一堆虫粪。老熟幼虫在蛀食孔处作茧化蛹。成虫趋光性弱，苗期卵多产在基部的枯老蔗鞘，少数产在叶片上，拔节后多产在蔗茎表面，卵散产，偶尔也有2～3粒连产在一起。初孵幼虫潜入叶鞘间隙，后从芽或根部较嫩部位蛀入。在甘蔗苗期，幼虫常在泥面下的茎内为害，故苗期黄螟枯心的食孔要挖开泥土表面才能发现。

大螟为害甘蔗幼茎造成枯心苗，为害蔗茎形成螟害节，但大螟很少蛀入成长蔗茎。

凡冬季温暖干燥，越冬蔗螟死亡率低，增加了第二年虫源基数。由于二点螟喜高燥的环境，地势较高燥的高坡地和旱地的蔗田发生严重；黄螟喜潮湿环境，在低洼潮湿和灌溉蔗区发生和为害严重。蔗种植期迟早，为害也不同。一般以宿根蔗受螟害最重，秋植蔗次之，春植蔗为害最轻。甘蔗品种不同，其抗螟性差异很大，一般叶阔而下垂的品种受害重，而蔗茎坚硬、纤维多的品种受害轻。

3. 防治方法

(1) 农业防治

① 选栽高产抗虫品种，选用无螟害健壮蔗苗。

② 合理地调整种植布局，实行科学轮作。因地制宜地提早播期，或推行冬植；尽量避免蔗地中插花种植高粱、玉米等禾本科作物；低洼地应提倡稻、蔗水旱轮作，旱地则主张与豆科作物轮作。

③ 改进栽培管理技术，适时拔除枯苗，清除残茎枯梢；在产卵盛期应及时剥枯叶，消灭部分卵；低斩收割，可消灭部分越冬蔗螟。

(2) 生物防治　释放赤眼蜂，移殖红蚂蚁，引进寄生蝇，利用雌蛾性外激素诱杀雄蛾。

(3) 化学防治　防治枯心苗，应结合虫情调查在幼螟孵化始盛期和高峰期各施一次药。通常用20%氯虫苯甲酰胺悬浮剂1500倍液，或90%敌百虫晶体800倍液，或25%杀虫双水剂300倍液喷施。

第二节　薯类、烟草及糖料作物病害

我国薯类、烟草及糖料作物的病害种类繁多，目前在生产上发生普遍、危害大且能造成严重损失的真菌病害主要是甘薯黑斑病、马铃薯晚疫病、烟草黑胫病、甘蔗凤梨病、甘蔗赤腐病以及甘蔗眼斑病等，细菌病害主要有甘薯瘟病，病毒病主要有烟草病毒病等，以及甘薯茎线虫病。

一、马铃薯晚疫病

马铃薯晚疫病又称疫病、马铃薯瘟，在世界各地均有发生，是马铃薯的一种重要病害，流行年份可引起马铃薯成片枯死，块茎腐烂，造成严重损失。

1. 症状

主要危害叶片、茎秆和薯块。田间发病时，常在下部叶片首见症状，先在叶尖或叶缘产生水浸状褪绿斑，后扩大为圆形暗绿色斑，周围具浅绿色晕圈。潮湿时病斑迅速扩大，渐变褐色，边缘产生一圈白霉（即病菌的孢囊梗和孢子囊），以叶背最为明显；干燥时病斑干枯呈褐色。茎部或叶柄发病产生褐色条斑。严重时叶片萎蔫下垂，全株腐败变黑。薯块感病产生略凹陷的淡褐色病斑，病部皮下薯肉呈褐色坏死，病健交界的界限不甚明晰，染病薯块病部易受其他病菌侵染而腐烂。土壤干燥时，病部发硬，呈干腐状。

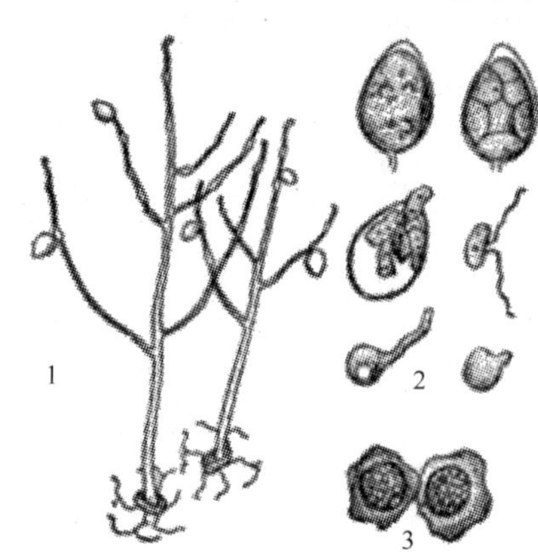

图 10-1 马铃薯晚疫病菌
1—孢囊梗及孢子囊；2—孢子囊萌发；3—卵孢子

2. 病原

病原为致病疫霉菌［*Phytophthora infestans*（Mont.）de Bary］，属鞭毛菌亚门疫霉菌属真菌。菌丝无色，无隔膜。孢囊梗 2～3 丛，从寄主的气孔或皮孔伸出，有 1～4 个分枝，顶端着生孢子囊处膨大成节。孢子囊单胞无色，柠檬形，顶端具乳突，基部有明显的脚胞。孢子囊在水中释放出多个具双鞭毛的肾形游动孢子，条件适宜时，游动孢子萌发产生芽管，侵入寄主（图 10-1）。

3. 发病规律

（1）病害循环　病菌主要以菌丝体在病薯和病残体中越冬，成为主要初侵染源。病薯播种后，严重者不发芽或发芽出土前腐烂，病轻者出土后成为田间中心病株。病部产生的孢子囊借风雨传播，进行再侵染，形成发病中心，由此在田间反复再侵染，蔓延扩大。

（2）发病条件　马铃薯不同品种间的抗病性存在明显差异。病菌喜昼暖夜凉的高湿条件，阴雨连绵、空气潮湿或温暖多雾条件下，发病较重；反之，如雨水少、温度高，病害发生轻。地势低洼、排水不良、田间密度大、偏施氮肥、植株徒长或营养不良，有利于发病。

你知道吗？马铃薯晚疫病的中心病株出现说明了什么问题？

马铃薯晚疫病的中心病株是指田间出现零星发病的植株。一般情况下，马铃薯晚疫病在田间出现中心病株后，在适宜条件下，大约经过 10～14d，就会扩展蔓延到全田。生产上常常以中心病株出现作为病害流行的预兆。通常在马铃薯开花前后加强田间检查，发现中心病株后，应立即拔除，并对中心病株周围的植株用药喷雾封锁。

4. 防控技术

（1）防控策略　采取以推广抗病品种、脱毒种薯为基础，以种薯处理和化学药剂应急防控为重点，以健身栽培为补充的全程综合防控技术。

（2）主要防控措施

① 脱毒抗病品种技术　健全脱毒种薯繁育体系，建立无病留种基地。留种田要与大田相距 2.5km 以上，采取严格的管理措施，单打单收。因地制宜地推广种植抗、耐性相对较强的品种。

② 种薯处理技术　提倡小整薯播种。种薯切块播种时，切刀用 75%酒精、0.1%高锰酸钾液或福尔马林浸泡消毒。拌种可选用 68%精甲霜灵锰锌可湿性粉剂、72%霜脲·锰锌可湿性粉剂等药剂，按种薯重量的 0.3%加适量草木灰或石膏粉混合均匀后拌种。

③ 高垄栽培技术　推广高垄栽培，尤其是在雨水多、墒情好的地区。可采取垄上播及平播后起垄等方式，降低薯块带菌率。

④ 栽培防病技术　合理密植，现蕾期控制徒长。适时播种，合理轮作，避免与茄科类、十字花科类作物连作或套种，禁止与番茄连作。

⑤ 化学应急防治技术　马铃薯现蕾前或降水（阴天湿度大）时，开展中心病株调查、定点系统调查和田间大面积普查，发现中心病株及时清除并带出田块销毁，对病株周围 50m 范围内喷施药剂进行封锁控制，每隔 7～10d 喷施 1 次，连喷 3～4 次。进入现蕾期后开展大田普查，发

现中心病株的田块可选用内吸性杀菌剂，如精甲霜灵、霜霉威、烯酰吗啉·锰锌、氟吡菌胺·霜霉威等喷药防治，坚持药剂交替轮换使用。现蕾至开花初期，在连阴雨来临之前喷施2次保护性杀菌剂，如代森锰锌、丙森锌、双炔酰菌胺、百菌清等进行预防。

⑥ 收获与贮藏期病害预防技术　马铃薯收获前一周进行杀秧，把茎叶清理出地块外集中处理。选择晴天收获，避免表皮受伤。入窖前剔除病薯和有伤口的薯块，在阴凉通风处堆放3d。贮藏前用硫黄熏蒸贮窖，也可用15%腐霉利·百菌清复合烟剂或45%消菌清烟剂。贮存量控制在贮窖容量的2/3以内。贮藏期间加强通风，温度不低于4℃，湿度不高于75%。

二、甘薯黑斑病

甘薯黑斑病又称甘薯黑疤病，在国内各甘薯产区均可发生，是甘薯生产上的一种重要病害。该病菌在苗床、大田和贮藏期均可为害，引起死苗和薯块腐烂，造成严重损失。此外，该病菌能刺激甘薯产生甘薯黑疤霉酮（ipomeamarone）等呋喃萜类有毒物质，人、畜食用后会引起中毒，甚至死亡。

1. 症状

该病在甘薯整个生育期和贮藏期均可发生，主要为害薯苗、薯块，不侵染地上的茎蔓。薯苗受害，一般茎基白色部位产生黑色、稍凹陷、近圆形斑，病斑初期有灰色霉层，后期茎腐烂，幼苗枯死，潮湿时病部丛生黑色刺毛状物或黑色粉状物。病苗移栽大田后，病重的不能扎根，基部腐烂而枯死，病轻的虽能生长，但植株衰弱，抗逆性差。薯块发病初呈黑色小圆斑，后扩大成不规则形、轮廓明显、中央略凹陷的黑褐色病斑。病斑初生灰色霉状物，即菌丝和分生孢子，后产生黑色刺毛状物，即子囊壳及厚垣孢子，病部薯肉墨绿色或青褐色，味苦。

2. 病原

病菌为子囊菌亚门长喙壳属（*Ceratocystis fimbriata* Ellis et Halsted）真菌。菌丝初期无色透明，老熟后呈深褐色，寄生在寄主细胞内或细胞间隙。无性繁殖产生分生孢子和厚垣孢子。分生孢子单胞，无色，圆筒形至棍棒状。厚垣孢子暗褐色，近圆形或椭圆形，具厚壁。有性繁殖产生长烧瓶形子囊壳，具长喙，基部球形，内生梨形或卵圆形子囊，子囊孢子散生在子囊内，呈钢盔形，无色，单胞（图10-2）。

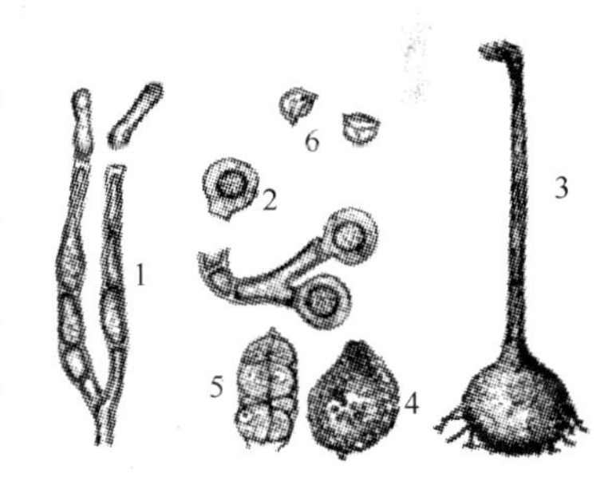

图10-2　甘薯黑斑病菌

1—分生孢子；2—厚垣孢子；3—子囊壳；4—子囊壳基部剖面；5—子囊；6—子囊孢子

3. 发病规律

（1）病害循环　病菌以厚垣孢子和子囊孢子在贮藏窖或苗床及大田的土壤内越冬，也有的以菌丝体附在种薯或以菌丝体潜伏在薯块内越冬，成为第二年或第三年的初次侵染来源。病薯、病苗、病土和带病肥料均可传播，以带病种薯传病为主，其次是病苗。此外，还可通过人畜、昆虫、鼠类和农具等传播。窖藏中病害的蔓延主要是病、健薯接触，空气、水滴、昆虫和鼠类传播子囊孢子和分生孢子引起再侵染。病害主要由病菌的分生孢子和子囊孢子传播。特别是子囊孢子在贮藏中大量产生，成为窖中病害流行的主要病原。病菌能直接侵入幼苗根基，也可从薯块上伤口、皮孔、根眼侵入，发病后再频繁侵染，引起病害蔓延。

（2）发病条件　该病的发生受温湿度、伤口和品种抗性的影响。发病的最适温度为25℃，温度低于9℃或高于35℃，发病受阻。地势低洼、土壤黏重的，发病重；高温多雨，易发病。田间地下害虫、害鼠引起的伤口多，发病重；贮藏运输过程中的机械损伤也易诱发该病。此外，甘薯品种对黑斑病的抗性存在明显差异，一般薯块皮厚、肉坚实、水分少的品种较抗病。

4. 防治方法

该病防治应控制病薯、病苗的调运，建立无病留种地和培育无病种苗，做好收获贮藏工作，结合药剂防治。

（1）农业防治

① 选用高产抗病良种　有济薯7号、南京92、华东51、夹沟大紫、烟薯6号等。

② 消灭菌源　选择未种甘薯的旱地或水旱轮作田块作留种地，严防种苗、土壤、粪肥带菌和灌溉水、农事操作等传病。

③ 控制病薯、病苗的调运　黑斑病的主要传播途径是病薯、病苗，因此，严格控制病薯、病苗的传入和传出是防止黑斑病蔓延的重要措施。

④ 加强肥水管理　施用无病粪肥、净水。

(2) 药剂防治

①药剂浸种薯或幼苗　可选用50%多菌灵可湿性粉剂1000倍液、50%甲基硫菌灵可湿性粉剂1000倍液、80%乙蒜素乳油1500～2000倍液或45%代森铵水剂200～300倍液，浸种薯或幼苗10min。浸苗时要求药液浸至种藤6～10cm处。

② 药剂处理高剪苗　高剪苗后，用50%甲基硫菌灵可湿性粉剂1000倍液或50%多菌灵250～300倍液浸苗10min。

(3) 适时收获和安全贮藏　应选在晴天收获，尽量避免薯块受伤，减少感病机会。薯块入窖前应剔除病薯，薯窖用甲醛或乙蒜素消毒。

三、烟草黑胫病

烟草黑胫病亦称疫病，是我国烟草主要病害之一，在苗床和大田期均可发生，但主要为害大田烟草。

1. 症状

此病主要为害成株的茎基部和根部，也侵染叶片。

苗床期一般发病较少。苗期发病首先在茎基部产生黑斑，或从底叶发病蔓延到茎秆。湿度大时，黑斑很快向上扩展，并生有白色绵毛状霉，造成幼苗成片死亡。天气干燥时，病株干缩变黑枯死。成株期发病部位主要是茎基部或根部。染病后，病菌向髓部扩展，阻塞茎部水分运输。外部病斑黑色，有时长达50～60cm，因此有黑胫病之称。病株叶片自下而上依次变黄。纵剖病茎，髓部呈黑褐色，干缩成碟片状，其间生有稀疏的、棉絮状的菌丝体。如遇烈日高温，全株叶片凋萎枯死。

在大田期主要发病部位是茎基部和根部，根部发病后变黑。多雨潮湿时，底部叶片常发生圆形大块病斑，这种病斑无明显边缘，呈浓淡相间的水渍状轮纹。病斑扩展很快，可在数日内通过主脉、叶柄蔓延到茎部，造成烂腰，严重时导致全株死亡，潮湿的环境下，病叶、病茎在病组织外表生有白霉，即病菌的菌丝体和孢子囊。

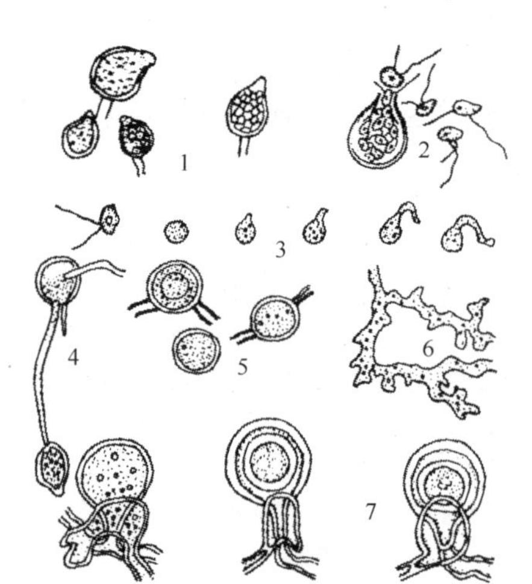

图10-3　烟草黑胫病菌

1—孢子囊；2—孢子囊及游动孢子；3—游动孢子萌发过程；4—厚垣孢子萌发产生孢子囊；5—厚垣孢子；6—菌丝体；7—雄器、藏卵器及卵孢子

2. 病原

烟草黑胫病菌［*Phytophthora parasitica* var. *nicotianae*（Breda de Hean）Tucker］属鞭毛菌亚门，卵菌纲，疫霉属真菌。菌丝较细，无隔，无色透明，有分枝。孢子囊顶生或侧生，椭圆形，条件适宜时可释放出5～30个游动孢子。在条件不适宜（如高温、干燥）时，孢子囊也可直接产生芽管侵入寄主。病菌在病组织中能形成厚垣孢子，它能抵抗不良环境。在自然条件下尚未发现卵孢子（图10-3）。

3. 发病规律

黑胫病菌以厚垣孢子随病残体在土壤及所用肥料中越冬，成为次年的初侵染源。病原菌在土壤中一般可存活3年。

苗床发病主要由土壤、肥料带菌引起。大田发病除土壤及所用肥料带菌外，还可能由于苗床有病菌，移栽有病幼苗，田间病株上所产生的孢子囊，可借流水、风雨传播进行多次再侵染。

黑胫病发生轻重与烟草生育阶段有直接关系。一般现蕾以前，茎基部组织幼嫩，有利于侵染，苗龄越小越易受害。现蕾后茎基部已木质化，即进入抗病阶段。

高温多湿有利于病害流行，平均气温低于20℃时很少发病，24.5～32℃为侵染适温。湿度是病害流行的关键，在适宜的湿度条件下，如大雨后空气相对湿度80%以上维持3～5d，田间即可出现发病高峰。一般黏土、低洼、排水差的地块发病重；砂土、高燥、排水好的地块发病较轻。连作田发病加重。

此外，线虫为害与黑胫病发生有关，抗病品种受到线虫严重侵染时，会“丧失”其抗病性而受病菌侵染。

4. 防治措施

（1）农业防治

① 种植抗病品种　种植抗病品种是防治黑胫病的基本措施。

② 栽培防病　实行合理轮作，适时早栽，选用无病健苗。此外，及时清除病叶及病株，整平土地，起垄培土、开沟排水，对减少烟株感病有明显效果。

（2）药剂防治

① 用40%三乙磷酸铝可湿性粉剂1500g/hm²，对水750kg喷洒烟株茎基部。隔10～15d再喷一次。

② 用95%敌磺钠可溶性粉剂5.25～6kg/hm²，对细干土225～300kg拌匀，于移栽封窝前及起垄培土前各施1次，把药土撒在烟株周围，随即盖土。后用95%敌磺钠可溶性粉剂500倍液喷洒茎基部。

③ 用25%甲霜灵375g/hm²，对水750kg，喷洒烟株茎基部，每株用药液20～30mL，每半月喷1次，一般喷2次即可。

四、烟草病毒病

烟草病毒病俗称烟草花叶病，是烟草生产上分布最广、发生最为普遍的一大类病害。引起我国烟草病毒病的病毒共有16种，其中分布广、危害重的有烟草普通花叶病毒（TMV）、烟草黄瓜花叶病毒（CMV）与烟草马铃薯Y病毒（PVY）。

烟草感染病毒后，叶绿素受破坏，光合作用减弱，叶片生长被抑制，叶小、畸形，减产，还严重影响烟叶品质。

1. 症状

（1）烟草普通花叶病毒病　在烟草苗期和大田生长初期最易感病。感病初期症状不明显，后逐渐在嫩叶出现明脉，随后蔓延至整个叶片，形成黄绿相间的斑驳或花叶。叶多向叶背卷曲，早期发病烟株节间缩短、植株矮化、生长缓慢。

（2）烟草黄瓜花叶病毒病　整个生育期均可发病，发病初期表现“明脉”症状，后逐渐在新叶上表现“花叶”，病叶变窄，叶缘上卷，扭曲、畸形，植株矮化，中下部叶片的侧脉两侧形成黄褐色“闪电状”坏死斑纹。

（3）烟草马铃薯Y病毒病　又称作脉坏死病、褐脉病、黄斑坏死病等。自幼苗到成株期都可发病，烟草感染PVY后，因品种和病毒株系的不同所表现的症状特点亦有明显差异，大致分为4种类型。

① 花叶症　植株发病初期，叶片出现“明脉”，后网脉脉间颜色变浅，形成系统斑驳。

② 脉坏死症　病株叶脉变暗褐色至黑色坏死，叶片呈污黄褐色，有时坏死部分延伸至主脉和茎的韧皮部，病株根系发育不良，须根变褐，数量减少。有些品种表现病叶皱缩，向内弯曲，重病株枯死，失去烘烤价值。

③ 点刻条斑症　发病初期植株上部2～3片叶先形成褪绿斑点，后叶肉变成红褐色坏死斑或条纹斑，叶片呈青铜色，有时整株发病。

④ 茎坏死症　病株茎部维管束组织和髓部呈褐色坏死，根系发育不良，变褐腐烂。

2. 病原

烟草病毒病的病原主要有烟草普通花叶病毒（Tobacco mosaic virus，TMV）、烟草黄瓜花叶病毒（Cucumber mosaic virus，CMV）和烟草马铃薯Y病毒（Potato virus Y，PVY）3种病毒。

3种病毒的寄主范围较广，除烟草外，烟草普通花叶病毒（TMV）还可侵害350多种植物，烟草黄瓜花叶病毒（CMV）能侵染1000多种植物，烟草马铃薯Y病毒（PVY）能侵染34个属170余种植物。

3. 发病规律

（1）病害循环　TMV可在土壤中的病株残体中越冬，混有病残体的种子、肥料及田间其他带病寄主，烘烤过的烟叶烟末，都可成为翌年的初侵染源。田间通过汁液摩擦接触进行传播，引起多次再侵染，使病害在田间扩展蔓延。CMV主要侵染来源是带毒种子及田间寄主和杂草，翌春经有翅蚜带毒迁飞传到烟田。PVY与CMV相似，主要在农田杂草、马铃薯种薯、越冬蔬菜等寄主上越冬，通过蚜虫迁飞传向烟田，田间由汁液摩擦和蚜虫传播。

（2）发病条件　病毒病的发生流行与气候条件、栽培管理措施、品种抗病性等多种因素有关。

气候条件对各种病毒病的影响差异较大。TMV最适宜发生温度为25～27℃，37℃以上或10℃以下，或光照不足，则出现隐症或症状不明显。而对于CMV和PVY，主要受蚜虫的群体数量和活动的影响。一般在蚜虫迁飞高峰过后10d左右，田间开始出现发病高峰。

栽培管理条件是影响病毒病发生流行的另一个重要因素。前茬为茄科、十字花科的烟田TMV发生重。病地重茬，施用未腐熟的带病残体的粪肥，移栽带病毒烟苗均利于TMV的发生。凡临近村庄、蔬菜大棚或温室的烟田，蚜虫活动普遍早且频繁，CMV和PVY发生重。土壤瘠薄、板结，田间线虫为害较重，烟田杂草丛生，管理不善及移栽较晚等对烟株生长不利的因素，也会加重病毒病发生。

4. 防治方法

由于烟草病毒病的病毒种类多，且多为混杂侵染，传播途径广，因此，应采用抗（耐）病品种为基础，结合栽培管理、培育壮苗、防蚜治蚜、减少毒源等综合措施进行防治。

（1）农业防治

① 栽种抗耐病品种，培育无病壮苗。

② 采用适宜的栽培措施，加强苗床和田间管理，田间及时中耕、培土、除草、浇水、合理施肥，提高烟株自身抗病性。

③ 尽量避免病地重茬或与茄科、十字花科等连作，以及提倡合理的麦烟套栽。

（2）物理防治

① 严抓消毒措施，注意苗床和田间卫生　用菌毒清或其他抗病毒药剂消毒苗床土及配制的营养土，注意田间操作卫生，人手、工具等的消毒，杜绝在苗床和田间吸烟，打顶时注意先打健康株后打病株，烟杈及底脚叶等均应带出田外销毁。

② 注意驱避蚜虫，防其传毒　育苗床和烟田铺设银灰色地膜、张挂银灰色反光膜条或设置防虫网，可有效地驱避蚜虫向烟田内迁飞。

（3）药剂防治

① 药剂治蚜　应以苗期和大田前期为主，在高温干旱年份及时喷药治蚜，减少病害传播，方法见烟蚜的药剂防治。

② 施用抗病毒剂　在病毒侵入烟株之前，苗期用药1～2次，移栽前一天用药一次；在移栽后的生长前期施药3～4次。可选用30%毒氟磷可湿性粉剂、3.95%盐酸吗啉胍可溶性粉剂500～800倍液、2%宁南霉素水剂250倍液、1.5%三十烷醇·十二烷基硫酸铜·硫酸铜乳油600倍液等喷洒。

五、甘蔗凤梨病

甘蔗凤梨病在我国各植蔗省区均有发生，是甘蔗种苗的重要病害。它除使下种的蔗种不能萌芽外，还能使窖藏蔗种受害腐烂。

1. 症状

蔗种染病后，切口的两端开始变成红色，散有凤梨（菠萝）香味，故称凤梨病。随后切口逐渐变黑并产生很多黑色的煤粉状物或刺毛状物，茎内全部变黑，内部薄壁组织腐烂，残留散离的纤维。蔗株染病，蔗叶凋萎，外皮皱缩变黑，严重的植株死亡。

2. 病原

属子囊菌亚门长喙壳属，无性阶段为半知菌亚门根串珠霉属。子囊孢子椭圆形，单胞，无色。无性态产生小型分生孢子和厚垣孢子。分生孢子近长方形，初无色后变淡褐色。厚垣孢子球形或椭圆形，黑褐色，表面具微刺。

3. 发病规律

病菌以菌丝体或厚垣孢子在病组织中或随病残体遗落土中越冬。病土和带菌种蔗为病害初侵染源，在适宜的条件下从蔗种两端的切口侵入，引起初次侵染，小分生孢子容易萌发，靠风、灌溉水和昆虫传播，造成重复侵染。种苗在窖藏时通过接触传染。

病害的发生流行同天气、耕作制度、地势、土质和品种抗性有密切关系。长期的低温和高湿是凤梨病严重发生的两个主导诱因。此外，蔗地低湿，土质黏重，或下种太深不利蔗苗出土，易发病；蔗地连作，病菌积累多，发病也重。品种间抗病性有差异。

4. 防治方法

农业防治和药剂防治相结合是目前防治凤梨病最重要的方法。

（1）农业防治

① 选用抗病和萌芽力强的品种　提倡选用无病的梢头苗。

② 采用地膜覆盖栽培　提高地温，使甘蔗早生快发，减少发病。

③ 加强栽培管理　土质黏重、水位较高的蔗田应开沟排水，种蔗后应浅水覆盖。重病区实行轮作。

（2）药剂防治　种苗消毒。种苗浸泡后必须消毒，这是种植甘蔗成败的关键。栽植前用2%的石灰水或清水浸1d后，再用50%多菌灵可湿性粉剂或36%甲基硫菌灵悬浮剂1000倍液浸苗5～10min消毒。

单元检测

一、简答题

1. 试述蔗螟的生活史和习性。
2. 如何防治蔗螟？
3. 简述烟蚜的发生规律及防治措施。
4. 简述马铃薯瓢虫的生活史、习性及为害状特点。
5. 如何防治马铃薯瓢虫？
6. 简述清洁田园在薯类害虫防治中的作用。
7. 烟草病毒病的发生、传播与哪些因素有关？在防治上应抓哪几个环节？
8. 烟草黑胫病的发生和流行与哪些条件有关？如何防治？
9. 甘薯黑斑病是怎样发生和流行的？如何防治？

二、归纳与总结

可在教师的指导下，在各学习小组讨论的基础上，从常见的薯类、烟草及糖料作物病虫害种类，薯类、烟草及糖料作物害虫的发生规律，病害的发病规律，薯类、烟草及糖料作物病虫害综合防治等方面进行归纳与总结，并分组进行报告和展示（注意从知道、了解、理解、掌握、应用五个层次去把握）。

第十一单元 储粮害虫综合防治技术

学习目标

知识目标

掌握主要储粮害虫的种类、发生规律和防治技术。

技能目标

1. 识别4种常见的储粮害虫。
2. 能根据储粮害虫的发生规律，制定出行之有效的综合防治方案。

第一节 主要储粮害虫

储粮害虫是为害储藏粮食及其加工品的各种昆虫和螨类的总称，也称仓库害虫。国内已知的有100多种，普遍而为害较大的有玉米象、麦蛾、豌豆象、赤拟谷盗等10多种，按其为害特性可分为：①初期性害虫，主要为害完整的粮粒，并且在仓库中发生较早，如玉米象、麦蛾幼虫、豆象等；②后期性害虫，主要取食初期性害虫损伤的粮粒、碎屑和粉粮等，如锯谷盗等；③中间性害虫，既为害粉粮，也能为害整粒原粮，如赤拟谷盗等。

目前我国各地储粮害虫的发生仍相当普遍，尤其是近年来，随着储粮量普遍增多，储粮害虫的为害也日趋严重，通过调查，平均损失率达9.3%。储粮害虫不仅直接造成了粮食数量的损失，而且还能引起粮食发霉、变质，影响粮食的品质和种子的发芽率。同时害虫的分泌物、尸体等混杂在粮食中，会影响人或家畜的健康。

一、玉米象

玉米象（*Sitophilus zeamail* Motschulsky），属鞘翅目象甲科，别名米牛、铁嘴。国内分布普遍，江苏发生较多。食性广，成虫食害稻谷、大米、小米、小麦、玉米、高粱、花生、薯类、干果及面粉、米粉、面包等粮食加工品。其中以小麦、玉米、糙米及高粱受害最重。幼虫只在粮粒内蛀食。此虫是一种最主要的初期性害虫。初期为害后所造成的粮食碎粒和粉屑，易引起后期性害虫的发生，所排出的大量虫粪能使粮食水分增多而发热，引起粮食发霉变质。

1. 形态特征

（1）成虫　体长2.5～3.2mm（由喙基至腹末）。体圆筒形，暗赤褐色，无光泽。喙前伸呈象鼻状。触角膝状8节。鞘翅上有4个椭圆形黄褐色或赤褐色斑纹，后翅发达。

（2）卵　长椭圆形，长0.65～0.70mm，乳白色，半透明，上端狭小，下端稍圆大，并着生一帽状的圆形隆起物。

（3）幼虫　体长2.5～3.0mm，乳白色，体肥大，粗短，多横皱，背面隆起呈半圆形，腹面平坦，无足。头小，呈淡褐色。

（4）蛹　体长3.5～4.0mm，椭圆形，初时乳白色，后变褐色。头部圆形，喙伸达中足基节。前胸背板上有小突起 8 对，腹末有肉刺一对（图 11-1）。

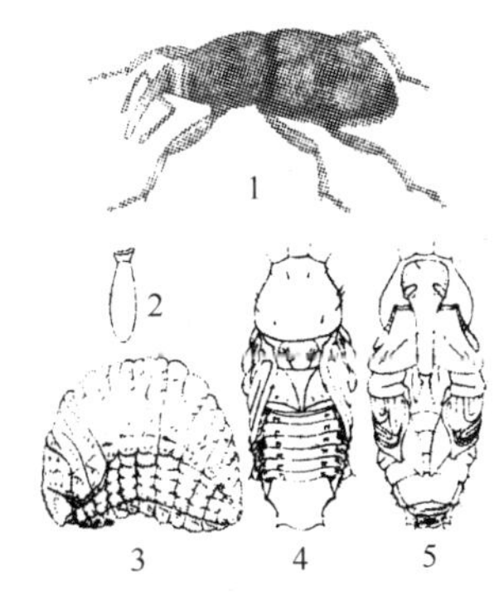

图 11-1 玉米象

1—成虫；2—卵；3—幼虫；4—蛹背面；5—蛹腹面

2. 发生规律

玉米象一年发生 1～7 代，在华东地区一年发生 3～4 代，成虫寿命一般为 3～6 个月。主要以成虫在仓内潮湿黑暗的缝隙内及仓外附近的松土、砖石、垃圾中以及树皮缝隙内越冬。少数幼虫在粮粒内越冬。在仓外越冬的成虫来年春暖后又飞回仓内繁殖为害。成虫交配后即产卵。产卵时，先在粮粒上咬一个与喙等长的小孔，称为卵窝，然后在窝内产一粒卵，并分泌黏液封闭窝口。每头雌虫一生可产卵 43～268 粒，卵多集中产在粮堆表层 7cm 以内。幼虫孵化后即在粮粒内蛀食、发育和化蛹，不再转移，至羽化为成虫后才蛀孔外出。成虫活泼善飞，喜阴暗、潮湿，有假死性、群集性和上爬性。

玉米象卵及幼虫的发育起点温度为 11℃，其生长繁殖的适宜温湿度范围分别为24～30℃及15%～20%的谷物含水量，或者24～29℃及 90%～100%的相对湿度。发育最适温度为 29.1℃，当温度低于 7.2℃和高于 35℃时，即停止产卵。在粮食含水量只有 8.2%时即不能生活。玉米象较耐低温，如在－5℃时成虫致死时间为 4d。

二、麦蛾

麦蛾［*Sitotroga cerealellla*（Olivier)］，属鳞翅目麦蛾科，分布广泛。以幼虫蛀食麦类、稻谷、玉米、高粱和禾本科杂草种子等，被害粮粒大部分蛀食一空，尤以小麦及稻谷受害最重，其次是玉米和高粱。被害的稻麦种子重量损失约 56%～75%，玉米种子重量损失约 10%～35%，是一种为害严重的初期性仓库害虫。

1. 形态特征

（1）成虫　为灰黄色小蛾。体长 4.5～6.5mm，翅展 12～15mm。头顶无毛丛。触角长丝形。前翅呈竹叶形，后翅菜刀形。前后翅缘毛特长，几乎与翅的宽度相等。雄蛾比雌蛾小，腹部较细，两侧灰黑色，腹末钝形；雌蛾体较大，腹部较粗，腹末尖形。

（2）卵　扁平椭圆形，长 0.5～0.6mm，一端较细且平截。表面有纵横凹凸条纹。初产时乳白色，后变淡红色。

（3）幼虫　成熟幼虫体长 5～8mm，头小，淡黄色，胸部较肥粗，腹部各节依次向后逐渐细小。全体光滑略有皱纹，无斑点，胸足极短小。腹足及臀足退化呈肉质突，生有极微小褐色趾钩，雄虫胴部第 8 节背面有紫黑色斑点 1 对（睾丸）。

（4）蛹　长 5～6mm，前翅伸达第 6 腹节，各腹节两侧各生一细小瘤状突起。全体黄褐色（图 11-2）。

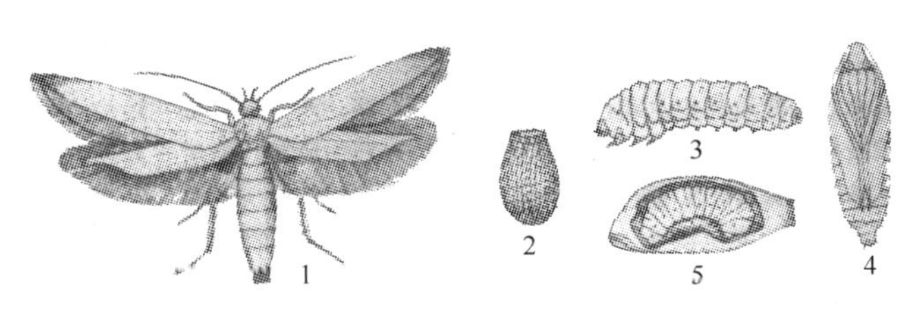

图 11-2 麦蛾

1—成虫；2—卵；3—幼虫；4—蛹；5—被害状

2. 发生规律

一年发生代数因地而异。江浙地区一年发生 5 代，以老熟幼虫在被害粮粒中越冬。次年 4、5 月间越冬幼虫化蛹、羽化。羽化的成虫一部分在仓内产卵繁殖；另一部分飞到田间作物上产卵，田间卵多产于灌浆后近黄熟的麦、稻及玉米粒上；仓内卵常产在稻谷颖壳间，小麦胚部、腹沟顶部，玉米胚部。成虫喜在粮堆表层产卵，在表层20cm范围内的产卵量约占全部产卵量的88%。卵散产或集中产，每雌虫平均产卵86～94粒，最高达389粒。初孵幼虫常由谷粒的胚部或损伤处蛀入，被害粮粒蛀空后幼虫能转移为害。幼虫老熟后先咬羽化孔，然后结薄茧化蛹。

麦蛾发育起点温度为10.3℃，在21～35℃为麦蛾发育适宜温度范围，成虫在45℃高温下经35min即死亡。当谷物含水量低于8%，或者相对湿度小于26%时，幼虫即不能生存。如前一年冬季气候温暖，加上当年7、8月份特别炎热，则有利于麦蛾猖獗发生。

三、豌豆象

豌豆象（*Bruchus pisorum* Linnaeus）属鞘翅目豆象科，别名豆牛。原产欧洲，现已分布全世界。我国除黑龙江、吉林、辽宁、西藏外都有分布记载。它是豌豆的毁灭性害虫。幼虫蛀食豆粒，被害豆粒重量减少达60%，大大降低豆粒品质和发芽力。

1. 形态特征

（1）成虫　体椭圆形，体长4～5mm，黑褐色，前胸背板的侧缘齿突向后，两鞘翅中部有灰白色毛斑组成明显“八”字形，中央形成一个“T”字形灰白色斑。

（2）卵　长椭圆形，淡黄色，一端略细，在后方有2根长丝。

（3）幼虫　体长4.5～6.0mm，头小，体肥大，乳白色，背部隆起，无背线。

（4）蛹　长5mm左右，淡黄色，前胸背板及鞘翅光滑，无皱纹，前胸两侧齿突明显（图11-3）。

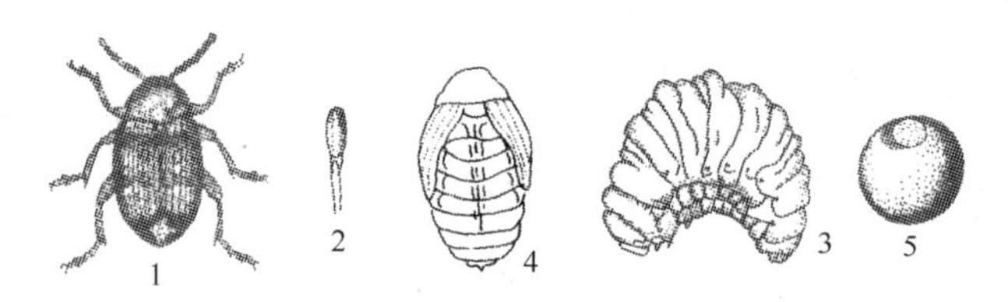

图11-3　豌豆象

1—成虫；2—卵；3—幼虫；4—蛹；5—被害状

2. 发生规律

每年发生1代，以成虫在仓库缝隙、屋角、屋顶、包装物内、豆粒内、树皮下和杂物内越冬。次年4月下旬到5月上旬当豌豆开花结荚时，成虫飞到豌豆田内取食豆花，并交配产卵。产卵盛期约在5月中旬。卵期5～18d，平均8～9d。幼虫孵化后，自卵壳下蛀入荚内并再蛀入豆粒，在豆粒内蛀食的幼虫经过4龄共35～42d即老熟化蛹；蛹期8～21d。到7月间羽化为成虫钻出粒外，但仍有一部分成虫留在豆粒内越冬。成虫寿命可达10多个月。成虫飞翔力强，顺风可飞5km。豆粒受害后被蛀空，表面多皱纹，并呈淡红色。

四、赤拟谷盗

赤拟谷盗［*Tribolium castameum*（Herbst）］属鞘翅目拟步行虫科。分布广，数量多，以成虫和幼虫为害粮食、油料及其加工品和药材碎屑、干果等，其中对禾谷类粮食粒为害最重，是重要的后期性仓库害虫。

1. 形态特征

（1）成虫　体长3～4mm，扁平长椭圆形，赤褐色，有光泽，触角末3节锤状，鞘翅上有明显刻点。

（2）卵　长约0.6mm，宽约0.4mm，椭圆形，乳白色，表面粗糙无光泽。

（3）幼虫　体长6～7mm，细长，圆筒形，稍扁。头部淡褐色，头顶略隆起，侧单眼2对，黑色。触角3节，长为头长的1/2。额中线每侧后端稍凹入。胴部12节有光泽，散生黄褐色细毛，各节前半部淡褐色，后半部及节间淡黄白色。末节末端有1对黑褐色臀叉，腹面有1对肉质指状突。背线很细，腹面及足均为淡黄白色。

（4）蛹 长约3.0～3.7mm，宽1.0mm，全体淡黄白色。头部扁圆形。复眼黑褐色，肾形，口器褐色。前胸背板密生小突起，近前缘尤多，上生褐色细毛（图11-4）。

2. 发生规律

每年发生4～5代。以成虫群集于粮袋、围席及仓内各种缝隙中越冬。卵散产于粮粒表面、粮粒缝隙或碎屑中。卵外附有黏液，表面常黏着粉末及碎屑，因此，卵不易被发现。幼虫在面粉及谷物碎屑内取食。幼虫有群集性。幼虫老熟后即在粉屑内化蛹。成虫喜黑暗，常群集于粮堆下层、碎屑或缝隙内。成虫飞翔力强，有假死性。发育适宜温度28～30℃，如温度降低到18℃即不适宜于发育，是一种喜温性害虫。

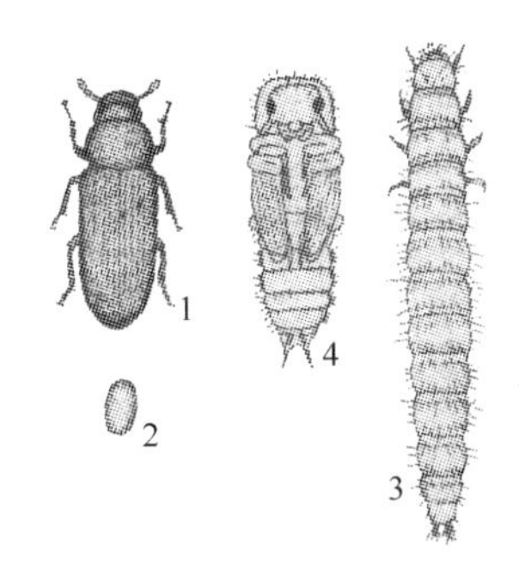

图11-4 赤拟谷盗
1—成虫；2—卵；3—幼虫；4—蛹

第二节 储粮害虫的综合治理

防治储粮害虫，应贯彻“预防为主，综合防治”的方针和“安全、有效、经济、卫生”的原则。在粮食的收获、保管、加工、运输等过程中，采取各种综合措施，防止仓虫的发生、传播；或在仓虫发生的初期迅速将其消灭。

一、加强储粮库管理，确保储粮安全

对粮库管理的目的是为了创造有利粮仓保管储藏，不利于害虫发生的环境。这是恶化仓虫生活环境和防治仓虫侵入粮食储藏、加工场所的最基本和最有效的预防措施。对粮食仓库、储存物品的货场以及加工厂内的孔洞、缝隙应进行嵌补，做好粉刷工作，使害虫无栖息场所；对上述场所必须经常进行清扫，做到仓（厂）内面光、仓（厂）外三不留（不留杂草，不留垃圾，不留污水）；虫源地要用药剂消毒熏蒸；还应注意与储藏物接触的一切物品、工具和机器等的清扫和去污；经常加强检查，防止害虫的再度侵害；并且做好隔离工作。

二、植物检疫

加强对内、对外的植物检疫和调粮的检验工作，是防止由国外传入新的危险性仓虫种类和限制国内危险仓虫蔓延传播的最有效办法。各地应严格执行粮油检疫制度，对检疫对象进行检疫，把住检疫和检验关。

三、物理防治

常用的方法有高温（日光曝晒、烘干、沸水烫杀）杀虫、低温（冬季仓外薄摊冷冻、仓内通风冷冻）杀虫、气调（缺氧储藏、真空、充氮气、充二氧化碳等）杀虫、红外线、电离辐射、微波杀虫等。采用物理防治方法必须达到一定的强度界限，如采用高温、低温杀虫时的温度范围与作用时间，气调杀虫时的气体的浓度与作用时间，辐射杀虫的辐射量等必须达到标准，才能有效地控制和杀死储粮害虫。

四、机械防治

常用风车、筛子、净粮机、压盖粮面、竹筒诱杀及抗虫粮袋等，防止害虫发生及直接消灭害虫。

五、药剂防治

1. 空仓及器材消毒

常用敌敌畏挂条熏蒸法，用80%敌敌畏乳油0.1～0.2mL/m^3，将其浸黏在长50cm、宽5～

7cm 的纱布条上，然后均匀地挂在仓内事先系好的绳子上，密闭 3～4d 后，开窗通风；或用甲基嘧啶硫磷 4～5g/m² 密闭进行熏杀，能防治对马拉硫磷有抗性的仓虫。储粮器材可用 50%敌敌畏乳油加水 10 倍的稀释液喷洒。

2. 仓外喷撒防虫药带

在搞好清洁的基础上，当越冬仓虫大量迁移时，在有虫粮食外围和仓库四周，用 50%马拉硫磷乳油，在仓库四周喷布 30cm 宽的防虫药带（每喷布 100m²，用药 3kg）；或新粮入库后，定期在仓库门口喷布敌敌畏或马拉硫磷作为防虫药带，阻杀仓虫。

3. 储粮拌谷物保护剂

在储粮中拌入定量的谷物保护剂，即可防止外来害虫的侵害。例如，近年来，江苏省农村推广使用除臭马拉硫磷乳油药糠拌粮法。按储粮重量 1%的比例，备好干燥、洁净的谷糠。每 1kg 谷糠用 70%除臭马拉硫磷乳油 21.4～42.8mL 的剂量，用超低量喷雾器均匀喷拌在谷糠上，阴干后装入薄膜袋中备用。新粮入仓时，边倒粮边按 0.1%的比例（即有效浓度 15～30mg/kg）撒入带药谷糠。然后留稍多些的药糠均匀撒于粮食表层，最后用麻袋覆盖即可。储粮拌谷物保护剂应注意：①粮食含水量必须在安全水分以下；②粮温必须在 30℃以下；③已经加工的成品粮食不应再拌入谷物保护剂。

4. 实仓熏蒸

一般只在仓虫严重或外调种子实行检疫时采用。目前常用熏蒸剂有硫酰氟等。硫酰氟具有扩散渗透性强、广谱杀虫、用药量省、残留量低、杀虫速度快、散气时间短、低温使用方便、对发芽率没有影响和毒性较低等特点，越来越广泛地应用于农林仓储、货船、集装箱和建筑物、白蚁防治以及园林越冬害虫、活树蛀干性害虫的防治中，对粮食、木材、棉花、烟草、中药材、竹木器、杂货等类害虫均有良好的防治效果，对赤拟谷盗、黑皮蠹、烟草甲、谷象、麦蛾、粉螟、粉蠹等数十种害虫均有良好的防治效果。经中国农业部植物检疫所等 30 余个单位对 30 余种害虫进行药效试验，一致表明：用药量在 20～60g/m³，密闭熏蒸 2～3d，杀虫效果均能达到 100%。尤其是对昆虫胚后期虫态，杀虫时间比甲基溴短，用药量较甲基溴低，散气时间比甲基溴快。

进行熏蒸必须注意下列几点：①熏蒸粮仓要密闭；②熏蒸温度以 20℃以上为好；③粮仓相对湿度及粮食含水量过大时，不可进行熏蒸。

单元检测

一、简答题

1. 玉米象的发生特点有哪些？
2. 豌豆象的发生特点有哪些？
3. 如何识别赤拟谷盗？
4. 赤拟谷盗发生规律如何？怎样防治？
5. 试识别本地常见的储粮害虫 4 种。
6. 麦蛾害虫为害特点有哪些？怎样防治？
7. 试述储粮害虫综合防治技术要点。

二、归纳与总结

可在教师的指导下，在各学习小组讨论的基础上，从常见的储粮害虫种类、储粮害虫的发生规律以及储粮害虫综合防治等方面进行归纳与总结，并分组进行报告和展示（注意从知道、了解、理解、掌握、应用五个层次去把握）。

第十二单元 设施农业主要病虫害防治技术

学习目标

知识目标

1. 了解设施农业主要病虫害发生特点。
2. 了解设施农业病虫害防治原理。
3. 掌握主要设施农业病虫害发生规律及防治方法。

技能目标

1. 能识别常见的设施农业病虫害。
2. 能应用所学的知识防治番茄灰霉病、番茄晚疫病、白粉虱、小菜蛾、蚜虫、螨类。

第一节 设施农业病虫害发生特点

农业生产设施内高温高湿或低温高湿、光照不良、密闭与通风不好的小气候特点，加之多年相同作物连作而不进行科学的轮作倒茬；设施结构多样化和性能的提高，在能有效地进行周年性生产的同时也为蔬菜病虫害周年繁殖、蔓延、危害提供了适宜的条件和越冬场所，使病虫害种类增多，危害程度加重，对生产造成较为严重的损失。

一、设施农业为土传病害提供了合适的发病条件

温室或大棚是较为永久式的保护地生产设施，其内连年种植黄瓜、番茄、甜椒、茄子等经济效益较高的果类蔬菜，加之不进行科学的轮作，使蔬菜的土传病害发生十分严重。表现较为突出的是黄瓜枯萎病。在连作4～5年后的温室大棚，黄瓜枯萎病就可以点片发生，如防治不及时可能造成大片死秧，成为一种毁灭性病害。茄子黄萎病、根结线虫病等已成为温室大棚生产中的主要病害，有继续扩大蔓延之势。

二、设施内的高湿环境条件容易滋生病害

设施内小气候特点是通气性差，湿度大。温室大棚等设施经常处于相对密闭的环境，水分不易散失，处在高温高湿或低温高湿的环境下，湿度常达饱和状态，为黄瓜霜霉病、灰霉病、炭疽病等多种病害的传播、侵染、为害创造了有利条件，如温室大棚中常见的黄瓜霜霉病，已成为设施栽培黄瓜非常严重的病害；灰霉病在通风、干燥的环境条件下，少有发生，但是在大棚、温室内极易发生，严重为害黄瓜、番茄、甜椒、茄子、豇豆、生菜、韭菜等多种蔬菜，造成较为严重的经济损失；黄瓜炭疽病也是设施栽培的主要病害，造成严重的危害。

三、细菌性病害有加重的趋势

黄瓜细菌性角斑病在北方温室、大棚中已成为不亚于黄瓜霜霉病的主要病害；黄瓜细菌性缘

枯病、叶枯病在大棚中发生的危害也有上升的趋势；番茄青枯病过去多在南方露地栽培中发生，随着设施栽培的发展，这种病害在北方也开始发生；另外，菜豆的细菌性疫病在秋延后栽培中也造成一定的不良影响。

四、设施内虫害发生严重

设施内蔬菜栽培发生的主要虫害有蚜虫、白粉虱、美洲斑潜蝇、茶黄螨、地下害虫、红蜘蛛、棉铃虫和烟青虫等。在露地栽培条件下，因受环境因素的制约仅为季节性的危害，而设施栽培下环境条件的改善，使害虫繁殖速度加快，生活周期缩短，世代增多，发生数量加大，蔓延速度加快，为多种虫害的繁衍滋生和周年为害创造了条件。如温室中的白粉虱、茶黄螨等可危害瓜类、茄果类、根菜类、叶菜类等多种设施栽培蔬菜。这些害虫在北方寒冷地区不能露地越冬，但在温度、光照适宜且有作物栽培的温室中，不仅是其优越的越冬场所，并使其加速繁殖，从而增加了防治难度。

蚜虫及红蜘蛛是设施内常发性虫害，可以在露地越冬，又能在棚室内繁殖、危害，近年呈上升趋势。另外，在韭菜集中产区的韭菜根蛆、种蝇的危害也日趋严重，成为葱蒜类蔬菜的主要害虫，目前尚无有效的防治方法。

五、生理性病害有所发展

在设施栽培特定的环境条件下，棚室气温时高时低，光照强度忽强忽弱，水分与营养过剩或亏缺，某些营养元素严重缺乏，土壤结构不良、通气性差，化学肥料施入过多产生有害的 NH_3、NO_3^-，棚室燃煤加温产生 CO 和 SO_2 等多种有害气体；过量施用农药或生长激素等；所有这些都会直接伤害栽培作物的幼苗和植株，发生生理障碍，使蔬菜生长受影响，如叶片、茎、果实由绿变白、变褐，或出现斑点、斑枯，叶片皱缩、花果畸形或出现空洞果、落花、落果、裂果，甚至造成全株干枯死亡。

第二节 设施农业常见病虫害及其防治

1. 番茄灰霉病

番茄灰霉病是近年来北方保护地番茄上发生严重的病害之一。此病除为害番茄外，还为害黄瓜、茄子、菜豆等多种蔬菜。

(1) 症状　花、果、叶、茎均可发病。花部被害，柱头或花瓣先被侵染，后向果实或果柄扩展，致使果皮呈灰白色，并生出厚厚的灰色霉层，呈水腐状。叶片发病多从叶尖开始，沿支脉间成 V 形向内扩展，初呈水渍状，展开后为黄褐色，边缘有深浅相间的线纹，病、健组织界限分明。茎发病，初呈水渍状小点，后扩展成浅褐色、长圆形或条状病斑，严重时病部以上枯死。潮湿时，病斑表面生灰色霉层。

(2) 病原　病原为灰葡萄孢菌（*Botrytis cinerea* Pets. ex Fr.），属半知菌亚门葡萄孢属。

(3) 发病规律　主要发生在大棚内。病菌主要以菌核在土壤中或以菌丝体及分生孢子在病残体上越冬或越夏。条件适宜时，菌核萌发，产生菌丝体和分生孢子。病菌借气流、灌溉水及农事操作传播。蘸花是主要的人为传播途径。病菌从伤口、衰老器官等枯死的组织上侵入，花期是侵染高峰期。一般 12 月份至翌年 5 月份，气温达 20℃左右，相对湿度持续在 90%以上易发病。

(4) 防治方法

① 农业防治　定植时施足底肥，避免阴、雨天浇水，晴天浇水后应放风排湿，发病后控制浇水和施肥；及时摘除病果、病叶，清除病残体，集中处理。

② 药剂防治　移栽前用 50%腐霉利可湿性粉剂 1500～2000 倍液或 50%异菌脲可湿性粉剂 1500 倍液，喷淋幼苗；定植后结合蘸花，在配好的防落素稀释液中加入 0.1%的 50%异菌脲可湿性粉剂或 0.2%～0.3%的 25%甲霜灵可湿性粉剂进行蘸花或涂抹；初发病时，选用 50%多菌

灵可湿性粉剂600倍液、2%宁南霉素水剂150倍液或50%宁南霉素水剂1500倍液喷雾。

2. 番茄晚疫病

番茄晚疫病在我国各地菜区露地和保护地番茄上均严重发生。尤其在北方，露地和棚室栽培相连，使菌源得以充分发展，病害随之逐年加重。个别地区和年份，晚疫病已成为番茄生产的毁灭性病害。

（1）症状　幼苗、成株的叶、茎、果均可发病。以成株期的叶片和青果受害较重。幼苗感病，叶片出现暗绿色水渍状病斑，并向主茎发展，使叶柄和茎变细，呈黑褐色而腐烂倒伏，全株萎蔫。成株期发病，多从下部叶片开始，形成暗绿色水渍状边缘不明显的病斑，扩大后呈褐色。湿度大时，叶背病健交界处出现白霉；干燥时，病部干枯，脆而易破。茎部发病，初期病斑呈黑色凹陷、黑褐色腐烂，边缘呈明显的云纹状。湿度大时，病部产生白色霉层。

（2）病原　致病疫霉菌［*Phytophthora infestans*（Mont.）de Bary］，属鞭毛菌亚门疫霉属。为害番茄和马铃薯，且对番茄的致病力强。

（3）发病规律　主要以菌丝体在保护地番茄及马铃薯块茎中越冬。次年春季，在适宜的条件下，产生孢子囊，借气流或雨水传播，从气孔或表皮直接侵入，在田间形成中心病株。菌丝体在寄主细胞间或细胞内扩展蔓延，经3～4d，病部长出孢子囊，借风雨传播，进行多次重复侵染，引起病害流行。低温、潮湿是病害发生流行的主要条件。

（4）防治方法

① 农业防治　选用抗病品种；与非茄科作物实行3年以上轮作；合理密植，及时整枝，改善通风透光条件；晴天浇水，并防止大水漫灌，保护地浇灌后适时通风；施足底肥，采用配方施肥。

② 药剂防治　及时清除中心病株后，选用72%霜脲锰锌可湿性粉剂800倍液或60%烯酰吗啉+代森锰锌可湿性粉剂1500倍液、40%三乙磷酸铝可湿性粉剂250倍液等，喷雾。

3. 白粉虱

白粉虱［*Trialeurodes vaporariorum*（Westwood）］，属同翅目粉虱科。该虫1975年始于北京出现，现几乎遍布全国。

成虫和若虫吸食植物汁液，被害叶片褪绿、变黄、萎蔫，甚至全株枯死。此外，由于其繁殖力强，繁殖速度快，种群数量庞大，群聚为害，并分泌大量蜜液，严重污染叶片和果实，往往引起煤污病的大发生，使蔬菜失去商品价值。除严重为害番茄、青椒、茄子、马铃薯等茄科作物外，也是严重为害黄瓜、菜豆的害虫。

（1）形态识别

① 成虫　体长1～1.5mm，淡黄色。翅面覆盖白蜡粉，停息时双翅在体上合成屋脊状如蛾类，翅端半圆状遮住整个腹部，翅脉简单，沿翅外缘有一排小颗粒。

② 卵　长约0.2mm，侧面观长椭圆形，基部有卵柄，柄长0.02mm，从叶背的气孔插入植物组织中。初产淡绿色，覆有蜡粉，而后渐变褐色，孵化前呈黑色。

③ 若虫　1龄若虫体长约0.29mm，长椭圆形，2龄约0.37mm，3龄约0.51mm，淡绿色或黄绿色，足和触角退化，紧贴在叶片上营固着生活；4龄若虫又称伪蛹，体长0.7～0.8mm，椭圆形，初期体扁平，逐渐加厚呈蛋糕状（侧面观），中央略高，黄褐色，体背有长短不齐的蜡丝，体侧有刺（图12-1）。

（2）发生规律　在北方温室内一年可发生10余代，冬季在室外不能存活，因此是以各虫态在温室越冬并继续为害。成虫羽化后1～3d可交配产卵，平均每雌产卵142.5粒。也可进行孤雌生殖，其后代为雄性。成虫有趋嫩性，在寄主植物打顶以前，成虫总是随着植株的生长不断追逐顶部嫩叶产卵，因此白粉虱在作物上自上而下地分布为：新产的绿卵、变黑的卵、初龄若虫、老龄若虫、伪蛹、新羽化成虫。白粉虱卵以卵柄从气孔插入叶片组织

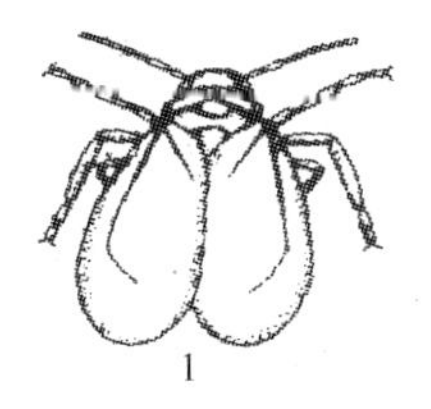

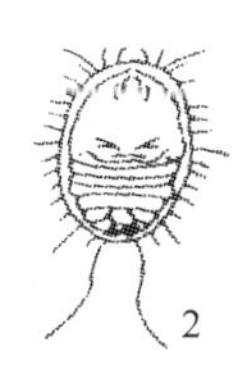

图12-1　白粉虱
1—成虫；2—若虫

中，与寄主植物保持水分平衡，极不易脱落。若虫孵化后3d内在叶背可做短距离游走，当口器插入叶组织后就失去了爬行的机能，开始营固着生活。粉虱繁殖的适温为18～21℃，在生产温室条件下，约1个月完成一代。冬季温室作物上的白粉虱，是露地春季蔬菜上的虫源，通过温室开窗通风或菜苗向露地移植而使粉虱迁入露地。因此，白粉虱的蔓延，人为因素起着重要作用。白粉虱的种群数量，由春至秋持续发展，夏季的高温多雨抑制作用不明显，到秋季数量达高峰，集中为害瓜类、豆类和茄果类蔬菜。在北方由于温室和露地蔬菜生产紧密衔接和相互交替，可使白粉虱周年发生。

（3）防治方法

① 农业防治　第一茬种植白粉虱不喜食的芹菜、蒜黄等较耐低温的作物，而减少黄瓜、番茄的种植面积；培育“无虫苗”，把苗房和生产温室分开；避免黄瓜、番茄、菜豆混栽；温室、大棚附近避免栽植黄瓜、番茄、茄子、菜豆等粉虱发生严重的蔬菜。

② 生物防治　可人工繁殖释放丽蚜小蜂［又名粉虱匀鞭蚜小蜂（*Encarsia formosa* Gahan）］，在温室第二茬番茄上，当粉虱成虫在0.5头/株以下时，每隔两周放1次，共3次释放丽蚜小蜂成蜂15头/株，寄生蜂可在温室内建立种群并能有效地控制白粉虱为害。

③ 物理防治　白粉虱对黄色敏感，有强烈趋性，可在温室内设置黄板诱杀成虫，每亩设置32～34块，置于行间可与植株高度相同。当粉虱粘满板面时，需及时更换黄板。

④ 药剂防治　番茄每片叶上温室白粉虱达10头以上或黄瓜每片叶上达50～60头时开始喷药，可选择的高效低毒农药有如下几种：

a. 25%噻嗪酮（扑虱灵）可湿性粉剂1000倍液，对粉虱有特效。

b. 1.8%阿维菌素乳油2500～3000倍液。

c. 10%吡虫啉可湿性粉剂1000～1200倍液。

d. 2.5%联苯菊酯乳油3000倍液可杀成虫、若虫、假蛹，对卵的效果不明显，2.5%氯氟氰菊酯乳油3000倍液、20%甲氰菊酯乳油2000倍液等也均有较好的效果。

上述有效药剂应轮换使用，并将选用的药剂对准叶片背面喷雾。

4. 小菜蛾

小菜蛾（*Plutella xylostella* L.），属鳞翅目菜蛾科。全国各地均有分布。为害白菜、甘蓝、花椰菜、紫罗兰等40多种十字花科植物。

（1）形态识别

① 成虫　体长6～7mm，灰黑色，前、后翅有长缘毛。前翅后缘有黄白色三度曲折的波状纹，停息时，两翅折叠呈屋脊状，翅尖翘起如鸡尾，黄白色部分合并成3个斜方块。

② 卵　椭圆形，稍扁平，长约0.5mm，宽约0.3mm，初产时淡黄色，有光泽，卵壳表面光滑。

③ 幼虫　成熟幼虫体长10～12mm，淡绿色，纺锤形，腹部第4～5节膨大，臀足伸向后方（图12-2）。

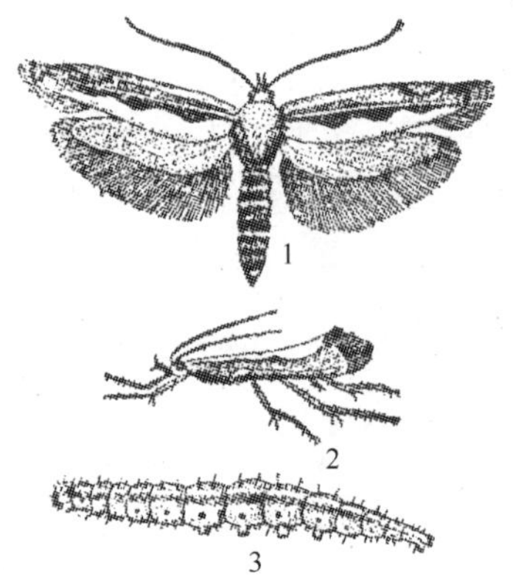

图12-2　小菜蛾
1—成虫；2—成虫静止时侧面观；3—幼虫

④ 蛹　被蛹。

（2）发生规律　一年发生的世代数因地而异，从北向南递增。黑龙江1年发生2～3代，广西1年发生17代，世代重叠明显。以蛹在土中越冬。成虫昼伏夜出，有趋光性和取食花蜜习性。卵散产于叶背。初孵幼虫潜入表皮取食叶肉，或集中食心叶；3～4龄食叶成孔洞或缺刻。幼虫活泼，受惊扭动身体，倒退，吐丝下垂。幼虫老熟后，在叶背或枯叶等处结茧化蛹。

（3）防治方法

① 农业防治　避免十字花科植物连作或邻作，减少虫源。十字花科蔬菜和花卉收获后，清除枯枝、落叶，集中处理。

② 生物防治　性诱剂诱杀成虫。

③ 物理防治　利用频振式诱虫灯诱杀成虫。

④ 药剂防治　在低龄幼虫期用苏云金杆菌乳剂 500 倍液或 5％氟铃脲乳油 1000～1500 倍液、5％氟虫脲乳油 1000～1500 倍液、2.5％氯氟氰菊酯 3000 倍液，喷雾。

5. 蚜虫类

蔬菜中蚜虫主要是瓜蚜（又叫棉蚜），危害瓜类、豆类、茄子、菠菜等。桃蚜、萝卜蚜、甘蓝蚜主要危害十字花科（白菜类、甘蓝类）蔬菜，豆蚜主要危害豆类蔬菜。蚜虫以成虫及幼虫在菜叶上刺吸汁液，造成叶片卷缩变形、植株生长不良，有时蚜虫传毒导致病毒病的危害远远高于其本身的危害。再加上其繁殖快，应加强预测预报，及时防治。

（1）形态识别

① 瓜蚜　有翅胎生雌蚜，体长 2mm 左右，前胸背板黑色，春秋季腹部多为蓝色；无翅胎生雌蚜，体长 1.5～1.8mm，夏季体色黄绿色，春季黄褐色或深绿色，体被蜡粉；若虫，体卵圆形，黄绿色。

② 桃蚜　无翅胎生雌蚜卵圆形，体长 2.2mm，体黄绿色、赤褐色，复眼红色，腹管圆筒形，稍长，有瓦纹，末端有缢缩，尾片锥形，具 3 对侧毛；有翅胎生雌蚜，体型大小与无翅蚜相近，头胸部黑色，复眼红色。触角第三节有小圆次生感觉圈 9～11 个，第六节鞭部为基部的 3 倍以上。

③ 豆蚜　有翅胎生雌蚜体长 1.5～1.8mm，翅展 5～6mm，黑绿色带有光泽；触角第 3 节有 5～7 个圆形感觉圈，排成一行；腹管较长，末端黑色。无翅胎生雌蚜体长 1.8～2.0mm，黑色或紫黑色带光泽；触角第 3 节无感觉圈；腹管较长，末端黑色。

（2）发生规律　温室蚜虫终年为害，蚜虫群集在叶片背面和嫩茎上，以刺吸式口器吸食植物汁液，使叶片变黄、卷曲，甚至枯死。此外，蚜虫还传播病毒病，危害极大。

（3）防治方法　25％喹硫磷乳油 1000 倍液、10％氯氰菊酯乳油 2000 倍液或 50％抗蚜威可湿性粉剂 2000 倍液进行喷雾防治，每 3～5d 喷 1 次，连喷 2～3 次，也可用灭蚜烟剂防治，每次每亩用 350g。

6. 螨类

常见螨类有朱砂叶螨［*Tetranychus cinnabarinus*（Boisduval）］，山楂叶螨（*T. viennensis* Zacher）又名山楂红蜘蛛，二点叶螨（*T. urticae* Koch）又名二斑叶螨，均属蜱螨目叶螨科。

（1）形态识别

① 朱砂叶螨　雌成螨体长 0.5～0.6mm，卵圆形，朱红或锈红色，体侧有黑褐色斑纹。雄成螨体长 0.3～0.4mm，菱形，腹末略尖，红色或淡黄色。幼螨体近圆形，半透明，取食后呈暗绿色，足 3 对。若螨椭圆形，体色深，背侧显出块状斑纹，足 4 对。

② 山楂叶螨　雌成螨体长 0.54mm，体宽 0.28mm，椭圆形，深红色，足及颚体部分橘黄色。雄成螨体长 0.43mm，体宽 0.20mm，橘黄色。幼螨初孵时乳白色，圆形，足 3 对。若螨近圆球形，前期为淡绿色，后变翠绿色，足 4 对。

③ 二点叶螨　雌成螨体长 0.53mm，体宽 0.32mm，体椭圆形，淡黄或黄绿色，体两侧各有 1 块黑斑，其外侧三裂形。雄成螨体长 0.37mm，宽 0.19mm，须肢端感器长约为宽的 3 倍。

（2）发生规律　温室螨类终年为害，在幼叶、嫩芽处吸食汁液，造成植株叶片沿叶缘向里卷曲，叶面褐色带油光，叶片皱缩变形，花蕾变黑腐烂。温室螨类易发生的环境条件：高温干燥、通风不畅的环境，尤其以夏季最为严重。

（3）防治方法

① 农业防治　及时清除枯枝落叶，集中处理，或深翻土壤，减少虫源。

② 化学防治　有螨株率低于 15％时挑治，超过 15％普治。每亩施用 1.8％阿维菌素乳油 20mL、20％哒螨灵可湿性粉剂 50g 对水 40kg 喷雾或 73％炔螨特乳油 2000～2500 倍液喷雾。喷药时注意将药液喷到幼叶、嫩芽、花蕾上。螨类抗药性很强，几种药物要轮换施用。

第三节 设施农业病虫害的综合治理

目前，对设施农业病虫害的防治仍以化学防治为主。目前存在的主要问题是农药、新剂型、新药械的研制和开发与市场要求相比滞后；多种病虫害抗药性增强，防治效果变差，采用增加浓度、缩短间隔时间、加快防治频率的方法，不仅达不到预期的效果，而且造成产品、土壤与环境的农药污染，另一方面，随着人们生活水平的提高和改善，对多种鲜菜不仅要求数量满足和均衡供给，而且要求外表美观，营养价值高，部分蔬菜有医疗疗效，要求生产洁净卫生、不施农药、不施化肥的“绿色食品蔬菜”，或少施农药、少施化肥的无公害蔬菜。这样，设施蔬菜生产与需求间存在较大的差距。因此，设施蔬菜栽培如何有效地防治病虫害，减少或者消除残留农药对产品的污染，不仅是广大菜农针对增产增收遇到的问题，同时关系到人类安全充足供给食物的关键问题。设施农业病虫害综合防治措施主要如下所述。

1. 选用抗病品种，进行种子消毒

（1）选用抗病品种　我国设施栽培蔬菜抗病育种工作晚，但目前已取得较大进展，培育了一批质优、高产的蔬菜新品种。适于设施栽培抗黄瓜霜霉病的品种有：津研 2 号、津研 4 号、津春 2 号、中农 7 号、碧春、鲁黄瓜 4 号、济南密刺、山东 87-2 等；抗黄瓜白粉病的品种有：津杂 2 号、津春 2 号、碧春等；抗枯萎病、疫病的品种有：长春（新泰密制）、中农 5 号、中农 7 号、中农 13 号、津春 2 号等。

抗番茄花叶病毒和叶霉病的番茄品种有中杂 8 号、中杂 9 号、毛粉 802、佳粉 15、苏保 1 号、申粉 3 号、双抗 7 号、苏抗 4 号、冀番 2 号等。抗烟草花叶病毒和黄瓜花叶病毒的甜椒品种有中椒 4 号、中椒 6 号、苏椒 4 号、甜杂 3 号等。

从目前情况看，所培育的抗病品种单抗性好，而兼抗多种病害的优良品种少，如黄瓜抗病品种中，有些对霜霉病、白粉病有抗性，而对枯萎病和疫病等则易感染，与荷兰、以色列、日本等设施园艺高度发达国家培育的品种相比还有较大差距。蔬菜育种工作者要尽快培育出兼抗多种病害、适于设施栽培的专用品种。

（2）种子消毒　一般的蔬菜种子会带病带毒，如黄瓜种子可以传播的病害有炭疽病、黑星病、疫病、病毒病、角斑病等多种。因此种子消毒是十分重要的防病环节，常用的方法有：

① 温汤浸种　将清洗晾晒过的黄瓜、番茄种子，浸入 55～60℃温水中 15～20min，不断搅拌，出水后在 28～30℃温度条件下催芽。

② 干热灭菌　如将充分干燥的黄瓜种子，在 70℃恒温下干热灭菌 72h，然后浸种、催芽、播种。

③ 药剂拌种、浸种　因防治的病害种类的不同应选择适宜的农药进行拌种和浸种。如防治疫病等病害，可选用 25%甲霜灵可湿性粉剂或 72.2%霜霉威盐酸盐水剂 800 倍液浸种 30min 后，用水冲洗，继续浸种，出水后催芽播种；对炭疽病可用 50%福美双可湿性粉剂、65%代森锌可湿性粉剂，用量为种子重量的 0.3%～0.4%；对细菌性病害可选用新植霉素 200mL/L 浸种 3h，或用次氯酸钠 300 倍液浸种 30～60min，然后用水冲洗，继续浸种后出水催芽；对病毒病可用 10%磷酸三钠浸种 20min，水洗后继续浸种，出水后催芽播种。

2. 培育健壮无病幼苗

采用适宜的育苗设施，培育健壮无病虫幼苗，是获得早熟高产的重要技术环节。育苗的方法很多，有营养土方育苗、育苗钵育苗、电热线快速育苗、穴盘育苗以及工厂化机械育苗等。

（1）床土与基质消毒灭菌

① 高温发酵消毒灭菌　将秸秆、猪牛厩肥、人粪以及床土等分层堆积，堆底直径 3～4m，高 1.5m，四周及顶部用塑料薄膜或泥土封严，上部留口灌入人粪尿、生活污水，使内部湿润，在厌氧条件下高温发酵，可杀灭菌源、虫卵、草籽，堆制成优质的有机肥，过筛后备用。

② 药剂消毒　床土消毒灭菌可选用恶霉灵、甲醛等药剂。

(2) 苗期病害防治　苗期病害有猝倒病、立枯病等，可引起黄瓜、番茄、茄子、甜椒、芹菜、洋葱等多种蔬菜发病，造成大片死苗；灰霉病可以危害黄瓜、甜椒、番茄、莴苣等的幼苗。发病后可采取以下措施：

① 喷药防治　用65%代森锌可湿性粉剂加25%甲霉灵可湿性粉剂800倍液喷洒。

② 带药定植　为了防止苗期病害带入田间，定植前根据病虫害发生的种类普遍施药一次，如用75%百菌清可湿性粉剂加65%甲霉灵可湿性粉剂加25%甲霜灵可湿性粉剂（1∶1∶1）800倍液加98%氯霉素原粉5000倍液，可防治大部分苗期真菌及细菌性病害；防治蚜虫可每亩用80%敌敌畏0.25～0.4kg熏蒸；或用杀瓜蚜烟剂1号、熏蚜颗粒剂2号、烟剂4号直接熏蒸杀蚜；或者用50%抗蚜威可湿性粉剂2000～3000倍液、2.5%溴氰菊酯3000倍液、48%毒死蜱乳油1000倍液喷雾；对茶黄螨可用25%灭螨锰可湿性粉剂1000～1500倍液喷洒，以确保苗期病虫害不带入定植田间。在药剂防治的同时，对黄瓜、番茄等要进行炼苗，提高抗逆性，淘汰病弱苗，保证秧苗齐壮，无病虫苗。

3. 棚（室）消毒灭菌

(1) 定植前棚（室）内熏蒸消毒　视棚（室）内的容积，一般每立方米用硫黄4g加锯末8g，于傍晚封闭棚室后点燃熏烟消毒24h。注意熏蒸时棚室内不能有任何作物。本法只适用于竹木、水泥结构的大棚温室，铁骨架棚（室）禁用。消毒后及时用清水冲洗农膜，否则农膜因硫黄附着会加速老化而缩短使用寿命。

(2) 拉秧后棚（室）消毒　栽培作物收获后，可利用夏季高温期进行土壤消毒灭菌。先将作物残体、病根、枯枝烂叶清出田外烧毁，然后每亩面积施生石灰100～150kg加碎草1000kg，深翻50cm，作高垄，沟内灌水呈饱和状态，覆盖农膜，闭棚（室）增温，保持45℃左右高温达15～20d，可以杀灭土壤中大部分真菌、细菌和线虫。淹水高温也可使土壤中灰霉病菌及菌核病菌的越冬菌核腐烂。施入石灰后可改变土壤酸碱度，使喜酸环境的枯萎病、黑星病、灰霉病、菌核病等受到抑制而减轻危害，但石灰施入不可过多，且不可连年施用。

4. 栽培防病技术

(1) 轮作　有条件的地区应积极采用轮作的方式防止和减轻土传病害的发生和危害。如棚（室）黄瓜在多年连作的情况下会加重枯萎病、根腐病、黑星病、菌核病、疫病及根结线虫病的发生和危害，如果与适宜作物轮作可有效减轻上述病害的发生。如前茬为黄瓜后茬改种葱蒜，耕作层中线虫可减少70%～87%；黄瓜与水稻轮作可减轻枯萎病的危害；草莓和水稻轮作，草莓病害轻，水稻可获高产。

(2) 嫁接育苗　嫁接育苗技术具有防治枯萎病等土传病害、抗御早春低地温、促发强大根系增加吸收、加速地上部生长、增强抗病性、获得高产等多种功能。利用云南黑籽南瓜为砧木，采用靠接、侧插接、顶插接等方法嫁接黄瓜，用瓠砧1号、西砧1号或黑籽南瓜为砧木嫁接西瓜已在生产上大面积推广；近年来茄子嫁接技术推广迅速，对防治茄子黄萎病，大幅度增产效果明显。随着设施栽培面积的扩大，老棚（室）多年连作土传病害日趋加重。瓜类、茄果类嫁接技术的推广应用为控制土传病害提供了有效途径。

(3) 栽培防病技术　无土栽培是防止土传病害发生和蔓延的有效方法，其中有机生态型无土栽培，方法简便，投资省，产品洁净卫生，是目前大面积推广的主要栽培方式之一。目前棚（室）内广泛采用的双垄覆膜，膜下垄沟内"小水暗浇"的节水、增温、降湿栽培方法，能使棚室内湿度降低15%～20%，提高地温促发根系，能有效地减轻诸如霜霉病、灰霉病等多种病害的危害，并可阻止土壤中菌核病子囊盘出土传播。高畦地膜覆盖，沟中覆盖稻草，或畦面覆盖稻草也能有效防治灰霉病。在栽植上适当加大行距，缩小株距，在密度不减的情况下，可增强通风透光，也便于田间作业。

对多种生理性病害的防治应加强管理，施足基肥，合理追肥灌水，注意平衡施肥，合理使用农药和生长调节剂，并注意通风和光照管理，为作物提供相对稳定而适宜的栽培环境是十分重要的。

5. 棚（室）生态物理防治技术

生态病虫害防治技术，是通过对棚（室）内的生态环境如温度、湿度等的严格调控，旨在保证蔬菜作物正常生长的前提下，人为地创造不适宜病害发生或蔓延的条件，从而抑制和防止病害流行的方法，主要用于黄瓜霜霉病、灰霉病、白粉病以及番茄晚疫病等。黄瓜是棚（室）栽培的主要蔬菜，病害种类多，采用生态防治首先要了解黄瓜的生物学特性。黄瓜生育适温为25～30℃，20～25℃低温利于营养物质转运，10～13℃时呼吸消耗最少，每天需8～14h光照，CO_2浓度午前达1500mg/m^3以上可加强光合作用，黄瓜生长良好。黄瓜要求相对较高的湿度，生育期适宜湿度为80%～90%，即使湿度降至60%也生育良好。

（1）叶露调控生态防治　棚（室）内昼夜温差大、湿度高、植株叶片结露是霜霉病、黑星病等喜湿病害发生的关键因子。高湿下孢子囊形成快而多，如黄瓜叶片有水滴，温度15～20℃，霜霉菌孢子囊仅用4h即可萌发和侵染。湿度降至60%则不产生孢子囊。霜霉病发生的适宜温度为16～25℃，高于30℃或低于13℃发病缓慢轻微。

采用叶露调控法防治黄瓜霜霉病时，日出前棚室内湿度大，温度低，日出后要尽快提温，使气温达28～30℃，到30℃时通风排湿、增温，不给霜霉病发生以适温条件；下午通风降湿，温度20～25℃，虽满足了发病的温度要求，但湿度降至60%以下，发病条件仍不具备；较低的湿度条件，保持叶面不结露可持续至前半夜；当后半夜湿度增高达90%以上时，气温也降至13～10℃，低温又抑制了病害的发生，日出后继续采取提温的方法。在高温到来时主要是加强通风防止结露；如果灌水，灌后要提高棚温后通风降湿。

（2）低温期内加温技术　春大棚及节能日光温室冬春茬黄瓜生育前期温度低，黄瓜黑星病、灰霉病等低温病害发生严重，如黄瓜灰霉病的发生与气温低于15℃的次数密切相关，而黑星病也与低温、高湿发生的频率有关。因此在低温期内，当日均温度低于15℃时，要注重增温保温，覆盖双层幕，或开启临时补充加温的装置，这有利于防治黄瓜黑星病、灰霉病，也有利于促发壮秧，防止化瓜，增加前期产量。

（3）高温闷棚　研究表明，温度在28℃以上，对霜霉病菌、黑星病菌、灰霉病菌、黑斑病菌繁殖蔓延不利，温度再高就可以杀死部分病原菌，从而起到有效地控制病害的作用。另一方面，高温还能激活黄瓜体内的防御酶系（过氧化物酶、多酚氧化酶等），从而使植株能抵抗病原菌的侵染及扩展。

高温闷棚应选晴天中午进行。为了防止黄瓜受害，可在前一天先浇水，第二天高温闷棚，要求有专人看护。为了掌握温度，要在温室中部的黄瓜植株相当于生长点的高度，分前、中、后各挂上一支温度计。中午闷棚，当棚温上升到42℃时开始计时，使温度在42～45℃范围内维持2h，每隔15～20min进棚检查一次，不可超过限定温度，否则应通风降温。稳定维持2h后，由小到大逐步放风，慢慢降至常温。闷棚温度低于42℃效果不好，高于45℃则可能引起黄瓜生长点灼伤。所以高温闷棚过程中要特别注意，若发现植株顶端下垂，应立即通风降温。闷棚后要加强肥水管理，使黄瓜恢复长势。处理一次，一般可控制7～10d。高温闷棚，对抑制黄瓜徒长、快速抑制大面积黄瓜霜霉病侵染蔓延、促进结果是有效的。高温闷棚应在专职人员指导下进行，以防黄瓜在高温下受到伤害。

在生态防治中强调通风降湿管理，并注意在顶部和肩部通风，尽量不放底脚风，降低湿度是防止多种病害发生的关键环节。

6. 烟雾剂防治新技术

近年来，用烟雾剂防治设施蔬菜病虫害技术，在温室、大棚、中小拱棚以及连栋温室和连栋大棚中推广非常迅速。其突出的优点是：①施药简单，不用任何药械，不仅省工、省力、安全、有效，而且施药均匀，农药残留量低。②充分发挥药效，防治彻底。燃放后的烟雾微粒细小，能自由地在棚室内漂移到植物体各部、地面、设施骨架及农膜表面。③有效地减少了喷洒农药造成的高湿环境，降低湿度，抑制多种病害发生。④可按要求选药。烟雾剂的种类不同，可预防，可治疗，以达到不同的防治效果。

（1）烟雾剂使用方法 目前我国部分农药生产厂家或科研单位可以生产多种定型烟雾剂，如百菌清烟雾剂，有片剂或袋装粉剂，只要按照施用剂量均匀地放置在棚室地面上用火柴点燃引发产生烟雾即可。烟雾剂不产生明火，只放散烟雾，产生的烟雾迅速扩散到棚室的各个角落，并在植物体、地面上沉降，达到防治效果。使用前应封闭棚室，防止透风，否则达不到均匀施药的目的。施药的时间宜在傍晚，温室大棚经过一夜密闭，次日通气后再进棚作业，可达到良好的防治效果。

药剂在储藏期间要防火、防高温和潮湿，所有混配或定型的烟雾剂用时不再稀释。点燃施药后，作业人员应迅速撤离棚室，防止烟雾对皮肤、眼睛造成伤害。

（2）烟雾剂用量 烟雾剂的施用量多以棚室内的容积而定，如45%（安全型）百菌清烟雾剂，每亩用量为200～250g，每7～10d施药1次，整个生长期施药4～5次，可有效地防治黄瓜霜霉病、疫病、白粉病、炭疽病，番茄晚疫病、早疫病、灰霉病、叶霉病等。用适量的锯末吸附80%敌敌畏乳油，放在棚室内地面的瓦片上点燃，产生烟雾，每亩用药量300～400g，可有效防治蚜虫。应用定型复配的杀虫烟雾剂，如22%的敌敌畏烟雾剂，可以有效熏杀蚜虫、温室白粉虱、红蜘蛛等多种害虫，每亩用量为500g。15%腐霉利烟雾剂，每亩用量为300g，对防治多种作物的灰霉病均有良好效果。

7. 粉尘剂防治新技术

粉尘剂是将农药粉剂加工成更为微细的小颗粒，经喷粉施放后，能在棚室内形成飘浮尘，飘移到棚室内各角落，使其在作物体各部分沉降吸附。在棚室内湿度较高的环境下，施放粉尘剂，不用水，用药少，可减轻喷药作业强度，提高防治效果。

（1）粉尘剂种类及配合使用 应用粉尘剂防治病虫害能克服喷雾法劳动强度高、工作效率低、药剂流失严重、增加湿度和用烟雾剂受自身性状的限制（如品种少、成本高、要求密闭条件以及发烟时易分解损失）等缺点。目前已开发出的防病虫粉尘剂有百菌清、氟吗啉、异菌脲、乙烯菌核利（vinclozolin）、春雷氧氯铜等。喷粉尘的防治效果较喷雾法高14.5%～55.8%。同时，可根据病虫害发生种类不同施用不同的粉尘剂。如早期用百菌清粉尘剂防霜霉病及炭疽病；中后期用春雷氧氯铜粉尘剂预防并兼治霜霉病、炭疽病、角斑病；用灭蚜粉尘剂、乙烯菌核利粉尘剂分别防治蚜虫、白粉虱和灰霉病。

在有灰霉病发生的棚（室）内，用百菌清、春雷氧氯铜和灭蚜粉尘剂三种粉尘剂配合可防霜霉病、角斑病、炭疽病、白粉病和蚜虫、白粉虱。在前期发生灰霉病，中后期发生霜霉病，又有蚜虫、白粉虱时，可分别用春雷氧氯铜、乙烯菌核利和灭蚜粉尘剂防治。

对番茄基本相同，如前期发生灰霉病、早疫病、叶霉病，用农利灵和加瑞农粉尘剂。如设施栽培韭菜、芹菜，可有针对性地选择药物进行防治。

（2）粉尘剂施药技术 施放粉尘剂可用丰收5型或丰收10型手摇喷粉器，排粉量在200g/min左右，喷粉时由内向外，喷粉器喷嘴水平或稍向上仰，可去掉鱼尾罩，对准前方空间，均匀摇动把柄，使药粉均匀喷出。施药者应退行喷粉，施药时间宜选择清晨或傍晚，使飘尘能有一定时间沉降吸附在作物体上。为了安全防止农药危害，施药者应戴帽子、手套、口罩、风镜，防止皮肤外露，施药后及时清洗，防止农药中毒。

（3）粉尘剂防治效果 中国农业科学院植保所开发的5%、10%百菌清粉尘剂大面积示范应用防治效果良好；北京市海淀区农科所应用乙烯菌核利防治番茄灰霉病，防效达84.2%；天津市植保所每亩用乙烯菌核利500～1000g防治番茄灰霉病也取得良好效果。另外，烟台市农科所、天津市植保所用百菌清粉尘剂防治黄瓜霜霉病，防效达95%以上。粉尘剂防治棚室蔬菜病虫害，操作简单，粉尘附着力强，防效可靠。

在病害防治中，应积极推广粉尘剂和烟雾剂，但两者都有利弊，不能过于依赖某一种施药方式。烟雾剂因受药剂本身理化性状的影响，有些药剂尚不能制成烟雾剂；而粉尘剂也受配方、群众接受程度及施药对产品性状的影响等因素限制，因此，目前我国的药剂防治仍以喷雾为主，多种方法并存。

你知道吗？什么是防虫网覆盖栽培技术？

防虫网是一种采用添加防老化、抗紫外线等化学助剂的聚乙烯为主要原料，经拉丝制造而成的网状织物，具有拉力强度大、抗热、耐水、耐腐蚀、耐老化、无毒无味、废弃物易处理等优点。如果采用全新料并且正确保管，它的寿命可达3～5年。

利用防虫网覆盖栽培是一项增产实用的环保型农业新技术，通过覆盖在棚架上构建人工隔离屏障，防虫网可发挥以下作用。

(1) 防虫　蔬菜覆盖防虫网后，将害虫拒之网外，切断害虫（成虫）迁入和繁殖途径，可有效控制菜青虫、小菜蛾、甘蓝夜蛾、斜纹夜蛾、黄曲跳甲、猿叶虫、蚜虫等多种蔬菜害虫的为害。据试验，防虫网对菜青虫、小菜蛾、豇豆荚螟、美洲斑潜蝇防效为94～97%，对蚜虫防效为90%。

(2) 防病　病毒病是在许多蔬菜上容易相互传染的毁灭性病害，这主要是因为昆虫特别是蚜虫传病。由于防虫网将蚜虫等害虫拒之网外，切断了害虫这一主要传毒途径，因此大大减轻了蔬菜病毒的侵染，防效为80%左右。

(3) 其他作用　防虫网还具有透光、适度遮光以及通风等作用，利用防虫网覆盖栽培可创造适宜蔬菜生长的有利条件，确保大幅度减少菜田化学农药的施用，使产出的蔬菜优质、卫生，为发展生产无污染的绿色农产品提供了强有力的技术保证。通过利用防虫网覆盖栽培，真正让广大消费者吃上“放心菜”，为我国菜篮子工程做出贡献。

购买使用防虫网时应考虑纱网的目数、颜色和幅宽等。如果目数太少，网眼偏大，则起不到应有的防虫效果；而且目数若是过多，网眼太小，虽能防虫，但通风不良，导致温度偏高，遮光过多，则不利于蔬菜生长。一般宜选用22～24目（22目就是每平方英寸有22个孔，即6.25cm^{2}有22个孔）的防虫网，幅宽1～1.8m。春秋季节和夏季相比，温度较低，光照较弱，宜选用白色防虫网；夏季为了兼顾遮阳、降温，宜选用黑色或银灰色防虫网；在蚜虫和病毒病发生严重的地区，为了驱避蚜虫、预防病毒病，宜选用银灰色防虫网。

单元检测

一、简答题

1. 设施农业病虫害发生有何特点？
2. 设施农业病虫害防治主要原理是什么？
3. 番茄灰霉病的发生特点是什么，如何防治？
4. 番茄晚疫病如何防治？
5. 简述设施农业主要病虫害综合防治技术。
6. 白粉虱的形态特点是什么？发生规律如何？
7. 蚜虫的发生特点是什么？如何防治？
8. 小菜蛾如何防治？
9. 螨类发生特点如何？

二、归纳与总结

可在教师的指导下，在各学习小组讨论的基础上，从常见的设施农业病虫害种类、设施农业病虫害的发生规律、设施农业病虫害综合防治等方面进行归纳与总结，并分组进行报告和展示（注意从知道、了解、理解、掌握、应用五个层次去把握）。

农田草害防除

学习目标

了解农田杂草的分类、生物学特性等基础知识，了解除草剂的种类和使用方法。

能够识别当地常见杂草的种类，学会主要农田杂草的化学防除技术。

第一节　农田草害的概述

一、农田杂草的概念

农田草害主要是农区杂草造成的，凡生长在农田、菜田、果园中，不是人们有意识栽培的，但常和栽培植物混于一起生长的植物群，称为农田杂草。从经济角度出发，凡是害大于益的植物统称为杂草，杂草是农业生产的大敌。全世界现有杂草 8000 多种，其中直接危害作物和作为病虫害宿主的有 1200 种，危害特别严重又难以防治的（即恶性杂草）有 30～40 种。我国在“六五”期间，第一次对农田杂草进行了调查，初步查明我国农田杂草共有 580 种左右，其中危害严重又难于防除的恶性杂草有 15 种，如野燕麦（*Avena fatua*）、看麦娘（*Alopecurus aequalis*）、马唐（*Digitaria sanguinalis*）、狗尾草（*Setaria vuindis*）、牛筋草（*Eleusine indica*）、柳叶蓼（*Polygonum bungeanum*）、反枝苋（*Amaranthus retroflexus*）、香附子（*Cyperus rotundus*）、白茅（*Impevata cylindrica*）、稗草（*Echinochloa crus*）、异型莎草（*Cyperus difformis*）、鸭舌草（*Monochoria vaginalis*）、眼子菜（*Potamogoton distinctus*）、扁秆鹿草（*Scirpus planiculmis*）等；还有分布较广，危害较重的主要杂草 31 种。

二、农田杂草防除的意义

近些年来，由于农村产业结构的调整、农村劳动力转移、田间管理放松、耕作制度的改变及化学除草水平较低，农田杂草群落种群演替加速，导致一些次要杂草逐渐上升为主要杂草，多年生恶性杂草发生逐年加重，农田杂草已成为夺取农业丰收的一大障碍。在麦田里常发生的有芒草（*Bechmannia szigachne*）、苣荬菜（*Sonchus brochyotus*）、田旋花（*Convolvulus arvensis.*）、大刺儿菜（*Cephalanoplos setosum*）、婆婆纳（*Veronica didyma*）等；在水稻田里常发生的有矮慈姑（*Sagittaria pygmaea*）、水莎草（*Juncellus serotinus*）、野荸荠（*Eleocharis plantagin*）、荆三棱（*Seirpus yagara*）、千金子（*Leptochloa chinansia*）等；大豆田里的有苣荬菜、反枝苋等；以及棉田里的反枝苋、婆婆纳等。

杂草在农业生态系统中常常造成以下几方面的影响和危害。

① 田间杂草种类多，根系分布广，生长迅速，与作物夺取水分、养分、光照和空间等基本

生活条件。

② 产生抑制物质，阻碍作物生长。

③ 降低农畜产品的产量和质量。农田杂草不仅夺取养料，耗损肥力，导致土壤中的氮、磷、钾比例失调，还遮光挡风造成田间通风透光不良，使作物生长受到抑制，产量降低。杂草大量混入收获物中，不利于脱粒和干燥，甚至造成粮食霉烂变质。

④ 妨碍农事操作。

⑤ 毒麦混入小麦中磨成的面粉影响人畜健康。

⑥ 增加费用和劳动力，甚至还会给水陆交通和工业区的发展造成困难。除草用工往往占整个田间管理用工的一半以上。

除以上直接危害外，杂草还是农作物多种病、虫的中间寄主，引起作物多种病虫害的发生与蔓延，很多病虫害的病原是在多年生杂草上如刺菜、苦苣荬菜越冬的，如狗尾草是稻瘟病的寄主植物，苍耳是玉米螟的寄主植物，所以还造成巨大的间接危害。

据联合国粮农组织的估计，全世界作物在收获前受病虫草害影响造成的损失为30%～35%，其中草害引起的损失为10%左右。在美国，病虫草造成的损失为120多亿美元，其中草害占42%，虫害占28%，病害占27%，线虫占3%，可见，草害对农作物的影响是巨大的。我国常年农田草害面积约4300万公顷，其中严重受害面积约1000万公顷，因杂草危害减产15.4%，估计每年减产粮食1750万吨。如麦田中1m^2有100～200株一年生的杂草，就要吸收相当于每亩土壤中4～9kg的氮、1.5～2kg的磷、6～9kg的钾，这些营养足以生产150～200kg小麦。

杂草不仅影响作物产量，降低农产品质量，有的杂草如毒麦还会引起人畜中毒。杂草会使种子含油量降低；有的杂草如豚草会引起人的呼吸道疾病或花粉变态反应，被称为“公害杂草”；有的杂草带有钩刺纤毛，人畜吸收后常引起呼吸道和消化道炎症；杂草还是许多病虫的中间寄主和栖息场所；有些杂草属检疫性对象，随着种子、农产品的流通而传播；杂草增加了田间管理和收割的工作量，影响机械化生产；有些水生杂草大量繁殖时，往往造成河道、渠道的阻塞等，因此，防除杂草对农田丰收意义重大。

三、农田杂草的组成

农田杂草种类很多，组成十分复杂，通常有以下几种分类方法。

1. 按生态习性分类

(1) 湿生性杂草　生长于陆地最潮湿的环境，如沼泽、河滩、山谷湿地等，如野荸荠、眼子芽等。在水少的条件下，地上部常枯死。

(2) 旱生性杂草　生长于相当干旱的条件下，如沙漠、干热山坡等，如有刺儿菜等。在地上部分少，地下部分多，有较强的抗旱性。

(3) 中性杂草　生长于水湿条件适中的土壤中，如看麦娘等。

(4) 水生性杂草　全部或大部分浸没于水中的杂草，一般不脱离水环境，如萍草、金鱼藻等。

2. 按高矮分类

(1) 高层（上层）杂草　同作物高度相等或超过作物高度，覆盖度大的杂草，如稗草、异型莎草等。

(2) 中层（中层）杂草　杂草高度与作物高度相比约为1∶2，如水田中的日照飘拂草、麦田中的一年蓬等。

(3) 低层（下层）杂草　杂草高度与作物高度相比小于1∶2，密度较高的矮生性杂草，如水田中的牛毛毡、麦田中的繁缕等。

3. 按生物学特性分类

(1) 寄生性杂草　如菟丝子、列当等。菟丝子为藤茎的草本植物，叶退化为鳞片状，茎叶均呈黄色或橙黄色，花常为白色，是寄生于植物地上部的全寄生性植物。

(2) 非寄生性杂草　又可分为三类：

① 一年生杂草　当年出苗、开花、结籽，如野燕麦。

② 二年生杂草　当年萌发并生长营养体，到第二年才开花、结实、死亡，如荠菜、黄花蒿等。

③ 多年生杂草　地上部分可随生长季节不同而在一定时期内死亡，但地下部分可存活数年，如香附子、狗牙根等。

4. 按系统分类

(1) 阔叶杂草　包括双子叶杂草。

(2) 狭叶杂草　如禾本科杂草、莎草科杂草，但并非指单子叶杂草。

5. 按危害和危险程度分类

(1) 恶性杂草　发生面最广、危害最大且最难防治的杂草。如香附子、狗牙根、假高粱和两耳草等。

(2) 重要杂草　发生面较广，危害较大且较难防治的杂草。

(3) 区域性杂草　即仅发生于局部地区但危害性大且难以防治的杂草。如两耳草、水龙、猪殃殃、狗尾草、播娘蒿、野燕麦等。

(4) 检疫性杂草　具有潜在危害危险的，并通过口岸检疫措施可防止其从一地传入另一地的区域性杂草。这类杂草适应性广，传播和繁殖能力强，危害性大，一经传入则难以防治。

6. 根据发生地域分

(1) 大田杂草　生长在露天农田，危害农作物的杂草。如麦田杂草（播娘蒿、荠菜）、玉米田杂草（马唐、马齿苋）、稻田杂草（莎草、泽泻和鬼针草）。

(2) 菜田杂草　如水葱、狗尾草。

(3) 果园杂草　如白茅、葎草、芦苇。

四、主要农田杂草的生物学特性

杂草在与作物的长期生存斗争中形成了它的生物学特性，如强大的生命力和吸水吸肥性，传播的多样性，存活寿命长、惊人的繁殖系数和多样化的繁殖方法等特性。

1. 有多种传粉受精途径

杂草一般既能异花授粉、受精，又能自花授粉、受精，且对传粉媒介要求不专一，其花粉常可借助于水、风、动物及人类活动进行传播授粉。多数杂草还具有远缘杂交亲和性和自交亲和性，如雀麦、旱紫羊茅、黏泽兰等。这是杂草一个重要的生存策略，因为异花授粉、受精可为杂草种群创造新的变异及生命力更强的后代类型；自花授粉、受精则可确保某株杂草在其孤独无伴的情况下仍可正常受精结实，从而保持该物种的世代延续。

2. 能连续结实和落粒

作物的开花、结实及成熟都比较集中而整齐，而杂草的开花、结实则数量庞大、连续不断。依环境条件的不同，小麦、玉米、水稻等禾本科作物的单株结实量一般在20～800粒，而马唐、狗尾草、牛筋草等禾本科杂草的单株结实量则一般在50～135000粒，是作物的10～160倍。一年生杂草的营养生长和生殖生长常是同时进行的，此外，杂草种子成熟后还极易脱落，脱落率一般均高于20%，野燕麦、婆婆纳种子成熟后的脱落率甚至高达90%～100%，而作物的籽粒脱落率由于育种选择的结果一般低于10%。杂草种子脱落后或进入土壤，或随风、水、动物和人类活动被传播到其他地域，就使得它们不因收获作物而被清除于田外。

3. 种子发育快、成熟早

一年生作物的植株开花后，其种子一般要经过30d以上的发育时间，才能发育成熟。大部分一年生杂草开花后15d，其种子便可完全发育成熟并具有一定的发芽能力。某些草的种子甚至在其种子发育时期的抽穗初期便具有一定的发芽能力，作物的种子则一般要到其生殖生长阶段的乳熟期以后才具有一定的发芽能力。

4. 种子寿命长

杂草种子的寿命很长。小麦、玉米等禾谷类作物的种子寿命一般为1～2年，而杂草如狗尾草、野燕麦等种子的寿命短者2～5年，长者73～1700年。

5. 出苗连续不一

由于人工选择和栽培的结果，作物种子出苗快而整齐，出苗期比较短，杂草种子出苗则连续不一，荠菜、早熟禾等杂草甚至一年四季均可出苗。杂草出苗连续不一的原因在于：一是土壤中杂草种子的种类不同，种子吸胀、萌发速度快慢不一样；二是不同杂草繁殖体控制休眠的基因型和休眠深度不同；三是由于土壤耕作的影响，草籽在土壤中的垂直分布不同。

6. 多是 C_4 光合途径

世界十大恶性杂草中，有9种是碳四植物。相反，在世界十大作物中，有9种则是碳三植物。C_4 植物比 C_3 植物在光合作用上具有光合效率高，光和二氧化碳补偿点低、饱和点高，蒸腾系数低，以及生长发育迅速等优点，能够充分利用水、肥、光进行物质生产。因而，恶性杂草一般比作物生长迅速、抗干扰力强，尤其是遇到高温、强光及旱涝等极端生长条件，这就是为何某些农田杂草常在一些作物中泛滥成灾的原因。

7. 传播途径广

杂草都有适于传播的特殊结构，如蒲公英等菊科杂草的种子上长有冠毛，形似降落伞，可借助风传播；稗草等杂草的种子或果实表皮上则生有一层不能被水湿润的蜡质，故很易漂浮在水面或悬浮在水中随水传播。杂草的这一特性是作物所不具备的，另外，人类的引种、播种、灌溉、施肥、耕作、整地、搬运等活动，均可直接或间接地传播，如目前在我国广泛为害的豚草就是从美洲传播而来的。

8. 杂合性基因型

一般杂草都具有杂合性。杂合性有很多优点：杂草植株个体基因型的杂合性是杂草长期异株异花受精和生态适应的结果，杂草群落基因型的杂合性则主要是由于土壤中杂草种子的多样化引起的。杂草在群落基因型上的杂合性使得其在遇到恶劣的环境条件时不至于全体覆灭，如我国麦田中由于连续施用一种除草剂，导致卷茎蓼等一些抗药生态型杂草群体纷纷出现，其原因与杂草的杂合性有关。

9. 出苗所需的环境条件低

作物对发芽出苗条件的要求苛刻，土地要平整松软、土壤湿度要适中、温度要适宜，盖土深度要适中，而杂草长期的自然选择和漫长而强大的人工除草压力使其形成了惊人、顽强的生命力，能在十分恶劣的环境下萌发、出苗，发芽要求的最适环境条件比较宽。如野燕麦即使在0.5cm的浅土层、湿度25%时亦可出苗，而小麦则难以在此条件下萌发出土。

10. 植株表现型的可塑性大

长期的自然选择和人工选择使得农田杂草的植株表现型都具有较大的可塑性。如藜的株高可在1～300cm变化，结实量可变化在 $(2\sim5)\times10^6$ 粒。可塑性使得农田杂草能在多变的农田生态条件下，自我调节其群体结构，尤其是在密度过低或过高的情况下，可通过其个体数量和结实的增加和减少生产出数量可观、饱满健康的种子，从而为其以后连续而健康的生育打下基础。

11. 抗逆性强

农田杂草比作物有较强的抗逆性，表现在对干旱、渍涝、盐碱、温度胁迫及人类的干扰活动等有较强的抵抗、忍耐和适应能力。对大豆及其田间杂草的抗逆性研究结果表明，杂草远比大豆耐寒、耐旱、耐高温，其光合作用对土壤湿度要求的范围也广。大豆田间杂草稗草和野燕麦的凋萎土壤湿度分别为土壤田间持水量的19.2%和28.2%，而大豆的凋萎土壤湿度仅为土壤田间持水量的35.7%。

第二节 农田杂草的综合防除

杂草防除是一个复杂的问题，在不同地区、不同作物、不同耕作方式条件下，杂草种类群落形成和演变存在着差异。单纯依靠一种措施不可能将整个轮作周期出现的所有问题全解决掉，可以说杂草的综合防除是杂草防除的方向。

所谓杂草的综合防除就是把农业的、物理的、生物的和化学的方法，协调到一个和谐的制度里并经得起时间考验的稳定植保技术。目前各地进行的农田杂草综合防除措施是：以农业防除为基础，化学除草为重点，将农业、机械、化学、生物、人工等多种措施密切配合，因地制宜，突出重点，抓住主要矛盾和关键性措施，取长补短，协调运用，形成一套适应当地条件的综合措施，以达到效果好、成本低、省劳力、控制杂草为害、提高农作物产量和质量的目的。下面列举部分措施。

一、加强植物检疫

许多危害性杂草种子往往夹在作物种子或苗木里，进行远距离传播，如毒麦等。美国的200多种主要杂草中就有108种是从境外传入。为了控制危害性杂草的扩大蔓延和集中消灭在原地，必须严格执行国家植物检疫制度，凡调出和引入的种用植物材料，都必须被确认为无危害性杂草种子混杂时，方准调出或引入。2007年5月29日，中华人民共和国农业部发布第862号公告《中华人民共和国进境植物检疫性有害生物名录》，其中涉及杂草共计41种（属），例如豚草（属）（*Ambrosia* spp.）、紫茎泽兰（*Eupatorium adenophorum* Spreng）和薇甘菊（*Mikania micrantha* Kunth）等。

二、农业防治

1. 进行合理轮作

轮作特别是水旱轮作以及与绿肥轮作可以改变杂草的生态环境，从而中断某些杂草种子传播或抑制某些杂草发生危害，如水旱轮作以及旱生杂草和湿生、水生杂草就能相互得到抑制。

2. 适时耕作

通过犁地、耙地、中耕、培土等不但可以直接杀死杂草，还能切断多年生杂草的地下繁殖器官，把杂草埋入不同土层，以抑制其出芽或引诱杂草萌芽后再进行除草。

3. 科学施肥

肥料与杂草防除的关系表现在以下两个方面。

一方面是施腐熟或未腐熟的有机肥，往往给农田带来了大量的杂草种子，因为很多种杂草具有休眠特征和高发芽势以及耐高温和冰冻的特性，这些杂草种子就在来年发生为害。此外，用草塘泥、河泥往往把很多水生杂草的繁殖体种子带进了农田，因而要注意此类田杂草的防除。

另一方面无机肥的使用主要用来促作物早发，以抑制杂草的发生，但如果作物种群与杂草相比处于劣势，由于杂草争夺肥料的能力比作物强，使用化肥反而助长了杂草，所以在这种情况下，应该首先消灭杂草再促苗早发，如旱育抛栽。但如果作物种群苗期生长正常，那么加强施肥管理，促进早生快发可以给杂草防除争得主动权。施用厩肥堆肥，特别是在温度达到70℃时，杂草种子发芽能力降低，并可获优质肥料。

4. 稻田水层管理

稻田水层管理状况与杂草的发生有密切关系，季节和年度降雨对旱地杂草的发生起着重要的调节作用。如秋播期间，雨水充沛，土壤墒情好，杂草萌发早，生长快，造成的危害极大。水力是杂草种子传播的重要途径，所以要尽量减少水的串灌、漫灌及防除田埂沟渠及其两边的杂草。

三、物理措施

精选种子，选出草籽，防止杂草侵入农田；人工拔掉田埂、沟边杂草，以减少其传播。田边、路边、田埂及渠堤内外的杂草是感染田间的重要来源，并为诱发病虫害的宿主和传播媒介，必须在杂草成熟前彻底清除。田埂也是恶性杂草的发源地，如不及时消灭杂草，蔓延到田中就难以防除，最好在作物收割后拔掉。用麦秆、稻草、豆秆和嫩柴草等覆盖杂草，既能防止水土和肥料流失，增加作物抗旱能力，又能促进作物生长，抑制杂草的发生。目前推广的农田稻草覆盖技术对杂草的抑制也有一定效果。

四、生物措施

目前世界上已开发出300多种生物防治资源，200多种杂草得到了有效控制。概括起来，这些杂草生物防治的种类主要包括以虫治草、以菌治草、以草食动物等治草及以草治草等。

1. 以虫治草

在杂草生物防治种类中，以昆虫防治杂草，是研究应用最早、最多，也是最受重视的一种。例如在澳大利亚利用仙人掌螟蛾防治恶性杂草仙人掌，该杂草是1800年从美洲作为花卉被引种到澳大利亚的，不料于1925年传播蔓延到了优良牧场上，致使1200万公顷的草原失去了利用价值。1920年，澳大利亚政府向美洲派昆虫专家去搜集那里的仙人掌天敌，结果共发现了140种昆虫，其中50种被送到澳大利亚研究饲养，12种被证明可以压制当地仙人掌的生长，其中仙人掌蛾的效果最好。几年后放虫区的草原上已基本无仙人掌生长了。此外，前苏联利用豚草条纹叶甲控制豚草，澳大利亚通过引进豚草卷蛾防治银胶菊。我国通过引进豚草卷蛾防治非耕地豚草，前苏联采用线虫防治匍匐矢车菊。加拿大利用跳甲防治柏大戟等先后取得了成功。

2. 以草食动物治草

人类以草食动物防治杂草的历史悠久，在以草食动物治草的事例中，最成功的要属以鱼治草。因为以鱼治草，可使治草与产鱼兼得，且操作方便、成本低。许多食草的鱼类在一昼夜内可食下相当于其自身体重的水生杂草，利用鱼类的偏食性，还可在稻田放养鱼类，选择性地防治稻田杂草。

五、化学除草

化学除草比人工除草省工而及时，比机械除草彻底而伤苗少。它有消灭和抑制作物生育前期发生的杂草的作用，为作物前期创造良好的生长条件，使作物生长占优势，从而进一步控制作物中、后期杂草的发生。化学除草是一项投资少、见效快、经济效益高、有利于机械化的除草新技术，在生产中应大力开展。化学除草要掌握好使用技术，提高施药质量，做到地要整平，药要拌匀、喷（撒）匀；地要量准、药要称准、使用时间要准，避免漏喷或重复喷，以防发生药害和降低药效。近年来，我国化学除草剂面积以每年3000万亩次的速度递增，目前已达$0.60\times10^8hm^2$。我国每年使用除草剂有效成分达8×10^4t以上。未来10年，全国化学除草面积可能会增加$0.31\times10^8hm^2$，农田化学除草面积快速扩大，取得显著成效。

通过试验、示范筛选出一批新型高效除草剂品种，如水稻田的除草剂品种有：异恶草松、五氟磺草胺、丙草胺、苄嘧磺隆、氰氟草酯、丁草胺、吡嘧磺隆、唑草胺等。麦田除草剂有：单嘧磺酯、单嘧磺隆、绿麦隆、异丙隆、乙草胺、精恶唑禾草灵、甲基二磺隆苯磺隆、噻吩磺隆、苄嘧磺隆、氟唑磺隆、2,4-D丁酯、2甲4氯钠盐、氯氟吡氧乙酸、乙羧氟草醚、唑草酮、双氟磺草胺等。玉米田除草剂有：草甘膦异丙胺盐、异丙草·莠、烟嘧磺隆、烟嘧莠去津、2甲4氯钠盐、2,4-D丁酯等。大豆田除草剂有：乙草胺、2,4-D丁酯、氯嘧磺隆、嗪草酮、异恶草松、咪唑乙烟酸等。棉田除草剂有：氟乐灵、甲草胺、乙草胺、丁草胺、敌草隆、地乐胺、精吡氟禾草灵、吡氟氯禾灵、精喹禾灵、草甘膦、百草枯等。

第三节 除草剂

一、除草剂的分类

1. 根据用药时间分类

① 苗前处理除草剂　在杂草出苗前施用，对出苗杂草无效。如大多数酰胺类、取代脲类。
② 苗后处理剂　对出苗的杂草有效，如精喹禾灵、2甲4氯钠盐和草甘膦。
③ 苗前兼苗后处理剂　如异丙隆等。

2. 按化学结构分类

① 苯氧羧酸类　如精吡氟禾草灵、精喹禾灵、高效氟吡甲禾灵，主要进行苗后茎叶处理。

② 酰胺类　如甲草胺、乙草胺、异丙草胺等，丁草胺主要防除单子叶杂草。

③ 氨基甲酸酯类　如禾草特、杀草丹。

④ 联吡啶类　如百草枯。

⑤ 苯甲酸类　如麦草畏。

⑥ 二硝基苯胺类　如地乐胺、氟乐灵，施药后应立即拌土。

⑦ 脂肪酸类　如草甘膦。

⑧ 磺酰脲类　如苯磺隆。

3. 根据对杂草和作物的选择性分类

① 选择性除草剂　如精氟吡禾灵等用于双子叶作物，而苯磺隆只能用于单子叶作物。

② 非选择性除草剂　如草甘膦、百草枯等，在杀杂草的同时对作物不安全，使用时只能在播后苗前、移栽前或播种前进行灭生性处理。

4. 根据对不同类型杂草的活性分类

① 禾本科杂草除草剂　如芳氧苯氧基丙酸类、二氯喹啉酸。

② 莎草科杂草除草剂　如莎扑隆。

③ 阔叶杂草除草剂　如2,4-D丁酯、麦草畏和灭草松。

5. 根据在植物体内的传导方式分类

① 内吸性传导型除草剂　如2甲4氯钠盐、吡氟禾草灵、草甘膦。

② 触杀性除草剂　如敌稗和百草枯，对杂草只能消灭地上部分。

二、除草剂的吸收、传导和作用机理

1. 除草剂的吸收

(1) 土壤处理除草剂的吸收　根据土壤处理除草剂的主要吸收部位，除草剂易穿过植物根表皮层，溶解在水中的除草剂接触到根表面时被根系连同水一起吸收。未出土的幼芽虽有角质层但发育程度低，不是除草剂进入的障碍；出土的幼芽对除草剂的吸收能力因植物种类和除草剂品种不同而不同，一般禾本科杂草的幼芽对除草剂较敏感。

(2) 茎叶处理除草剂的吸收　除草剂喷施到植物叶片后有以下几种去向：滴到土壤中；变成气体挥发；被雨水冲走；溶剂挥发后变成结晶沉积在叶面；脂溶性除草剂渗透到角质层后，滞留在脂质组分中；除草剂被吸收，穿过角质层或透过气孔进入细胞壁和木质部等部位。

2. 除草剂的传导

除草剂的传导有短距离传导和长距离传导。短距离传导通过胞间连丝随胞质流从一个细胞进入另一个细胞；通过扩散作用和水分质体流在非共质体中移动。这类除草剂主要是苗前处理剂、茎叶处理的光合作用抑制剂，如百草枯。长距离传导有韧皮部传导和木质部传导两种形式，对于很多苗后处理除草剂来讲，长距离的传导才能有效杀灭杂草，特别是多年生杂草。

3. 除草剂的作用机理

(1) 抑制光合作用　约有30%的除草剂是光合电子传递抑制剂，如取代脲类、酰胺类等。光合作用包括光反应和暗反应。在光反应中，通过电子传递链将光能转化成化学能储藏在ATP；在暗反应中，利用光反应获得的能量，通过Calvin-Benson途径（C_3植物）或Hatch-Slack-KortschaK途径（C_4植物）将CO_2还原成碳水化合物。除草剂主要通过以下途径来抑制光合作用：抑制光合电子传递链、分流光合电子传递链的电子、抑制光合磷酸化、抑制色素的合成和抑制水光解。

(2) 抑制脂肪酸合成　脂类是植物细胞膜的重要组成成分。现已发现有多种除草剂抑制脂肪酸的合成和链的伸长。如环己烯酮类、芳氧苯氧丙酸类、硫代氨基甲酸酯类、哒嗪酮类等。其中芳氧苯氧丙酸类和环己烯酮类除草剂的靶标酶均是乙酰辅酶A羧化酶，常称作乙酰辅酶A羧化酶抑制剂。

(3) 抑制氨基酸的合成　三种芳香氨基酸苯基丙氨酸、酪氨酸和色氨酸是通过莽草酸途径合成的，很多次生芳香物也是通过该途径合成的，除草剂草甘膦影响莽草酸合成途径。

缬氨酸、亮氨酸和异亮氨酸是通过支链氨基酸途径合成的。超高效除草剂磺酰脲类、咪唑啉酮类和磺酰胺类抑制这三种支链氨基酸的合成。

谷氨酰胺合成酶是氮代谢中重要的酶，它催化无机氨同化到有机物上，同时也催化有机物间的氨基转移和脱氨基作用。草铵膦除草剂的作用原理是谷氨酰胺合成酶，阻止氨的同化，干扰氮的正常代谢，导致氨的积累，光合作用停止，叶绿体结构破坏。双丙氨膦本身是无除草活性的，被植物吸收后，分解成草铵膦和丙氨酸而起杀草作用。

(4) 干扰激素平衡　最早合成的有机除草剂苯氧乙酸类（如 2,4-D 丁酯、2 甲 4 氯钠盐）以及苯甲酸类除草剂具有植物生长素的作用，植物通过调节生长素合成和降解、输入和输出速度来维持不同组织中的生长素正常的水平。激素型除草剂处理植物后，由于植物本身不能调控它在细胞间的浓度，所以植物组织中的激素浓度极高，而干扰植物体内激素的平衡，影响植物的形态发生，最终导致植物死亡。

(5) 抑制微管与组织发育　植物细胞的骨架主要是由微管和微丝组成。它们保持细胞形态，在细胞分裂、生长和形态发生中起着重要的作用。目前，还没有商品化的除草剂干扰微丝。大量研究明确了很多除草剂直接干扰有丝分裂纺锤体，使微管的机能发生障碍或抑制微管的形成。如二硝基苯胺类除草剂与微管蛋白结合，抑制微管蛋白的聚合作用，导致纺锤体微管不能形成，使得细胞有丝分裂停留在前、中期，而影响正常的细胞分裂，导致形成多核细胞、肿根。

三、除草剂的使用方法及注意事项

1. 使用方法

(1) 按处理的方法　可分为土壤处理和茎叶处理。

① 土壤处理　整地后播种前、或播种后出苗前，将除草剂喷、撒或泼浇到土壤上，该药剂施后一般不需要翻动土层，以免影响药效。但对于易挥发、光解和移动性差的除草剂，在土壤干旱时，施药后应立即耙混土层 3～5cm 深。喷施时，一般用药液 30～50kg/亩。氟乐灵、乙草胺、地乐胺等通常最适于土壤处理。

② 茎叶处理　在作物生长期间使用除草剂防除杂草，应选用选择性较强的除草剂，或在作物对除草剂抗性强的生育阶段喷施，或定向喷雾。一般用药液 30kg/亩左右，采用常规喷施方法。棉花、油菜、芝麻、黄豆等旱田作物通常选用精唑禾灵、高效氟吡甲禾灵等，水稻田通常选用苄・甲磺・异丙、精克草星等。

(2) 按施药时间分　播前处理、播后苗前处理和苗后处理。苗后处理即在杂草出苗后（一般禾本科在 3 叶期前，双子叶杂草在 3～5 叶期）把除草剂喷洒到杂草植株上，而灭生性除草剂可在杂草生长中后期进行灭生处理。不同种类的除草剂作用时期有很大不同，芽前除草剂只能通过杂草的胚根、芽鞘或下胚轴吸收而杀死杂草，在杂草出苗后使用，一般无除草效果或除草效果很低。芽后除草剂在杂草 3～5 叶期使用对禾本科杂草防除效果通常在 90%～100%，但在 5 叶期以后使用效果较低。

(3) 按施药范围分　全面施药、带状施药、点状施药定向喷雾。定向喷雾须在作物长到一定高度时进行，如棉花苗后定向喷雾在棉花株高 18～21cm、有 4 片叶时进行，定向喷雾可采用专用喷头。采用喷雾法首先要保证喷雾器质量，至少连接处不漏水，并计算好行走速度，避免重复施药而产生药害。其次要有充足的水量，干旱情况下多用，湿润情况下少用，对于使用土壤处理法的除草剂和一些触杀性除草剂，保证用水 35kg/亩以上，而茎叶处理剂一般也不少于 25kg/亩。

(4) 严格区分除草剂种类　每种除草剂都有其严格限定的适用作物种类，在使用时，要严格区分，不能盲目扩大使用范围。如 2,4-D 丁酯仅适用于麦田，对双子叶作物如棉花、花生、大豆、菠菜、番茄等则较为敏感。极微量的 2,4-D 丁酯就会导致棉花的严重药害。乙草胺适用于玉米、花生、棉花、大豆等阔叶类作物，但对小麦却易产生药害。

(5) 覆膜地施用除草剂　覆盖栽培的作物，覆膜后不便除草，必须在播种后每亩喷施芽前除草剂稀释液 30～50kg，然后覆膜。覆膜地施用除草剂用药量一般要比常规用药量减少1/4～1/3。

2. 使用除草剂的注意事项

（1）要严格按照规定的用量、方法和适期，配制使用除草剂 播后苗前施药的不能等到苗后施用，宜作土壤处理的药剂不能随便用作茎叶处理。如氟乐灵是土壤处理剂，不能作为茎叶处理剂使用。用药要适期，在作物的敏感期内施用除草剂，容易使作物产生药害。如小麦田的除草剂使用适期为 4 叶期至拔节期。茎叶处理时，以在杂草 2～5 叶期喷施效果最好。

（2）注意风向 喷施除草剂时，喷孔方向要与风向一致，走向要与风向垂直，且要先喷下风头，然后喷上风头，防止药液随风飘移，伤害附近的敏感作物。

（3）注意天气条件 除草剂不宜在高温、高湿或大风天气喷施，以防止对作物产生药害或降低药效。一般来说，喷施除草剂，宜选择气温在 10～30℃的晴朗无风的天气进行。

（4）进行土壤处理的地块，一定要耙细整平，并且喷施均匀，否则会降低药效 土壤处理的除草效果和对作物的药害，以砂土、壤土、黏重土的次序递减。所以砂性土壤的用药量应酌减，黏重土的用量应适度增加。

（5）化学防除多年生杂草，要加大用药量 某些触杀型除草剂对多年生杂草无效，应注意选择使用。喷施除草剂的喷雾器，一定要彻底清洗干净，再喷施其他药物，以防止对作物产生药害。

单元检测

一、简答题

1. 农田杂草有哪些生物学特征？
2. 杂草分类的依据是什么？可分为哪几类？
3. 在杂草生物防治中，以虫治草应遵循哪些原则？
4. 说明除草剂的使用方法及注意事项。

二、归纳与总结

可在教师的指导下，在各学习小组讨论的基础上，从常见的农田杂草种类、农田杂草的发生规律以及农田杂草的综合防除等方面进行归纳与总结，并分组进行报告和展示（注意从知道、了解、理解、掌握、应用五个层次去把握）。

第十四单元 农区鼠害防治

学习目标

知识目标

了解农田鼠类的基本知识和鼠害的防治原理。

技能目标

能够识别当地常见农田鼠类的种类，学会农区鼠害的综合防治技术。

第一节 主要农田害鼠的生物学特性

农区鼠害是由农田鼠类引起的，鼠类属哺乳类啮齿目动物，早在20世纪70年代，中国科学院的学者在安徽潜山县发掘出一种距今约3500万年的东方晓鼠化石，证实了晓鼠是至今所发现的最接近鼠类祖先的动物，古生物学方面研究成果的发表，使世界上越来越多的啮齿动物进化学者接受了鼠类动物起源于亚洲中部，或起源于中国的说法。3000多年前，中国最早的诗歌总集(诗经）里写道："硕鼠硕鼠、无食我黍……；硕鼠硕鼠、无食我麦……"在诗歌中，描述了农民对老鼠危害其稼禾的怨恨，说明人们对鼠害的痛恨由来已久。

一、农田鼠类概述

1. 鼠类的概念

鼠类属哺乳纲（Mammalia）啮齿目（Rodentia)，最主要的形态特征为上、下颌各有1对锄状门齿，终生不断生长。正是依靠这两对门齿啮咬食物、打穴穿洞，保证其取食和生存，鼠类无犬齿，取代犬齿位置的是一宽大齿隙。与这一目非常相似的是兔形目，通常将这两目并称为"啮齿类"。啮齿类动物的外形可分为头、颈、躯干、尾和四肢。啮齿动物的头骨包括颅骨与下颌骨两大部分。啮齿动物的牙齿数量恒定，形态各异。它们的牙齿数目有一定的表达形式，叫做齿式。躯干的腹侧面以胸隔为界。骨骼的主要功能是支持身体使其保持一定的外形；保护身体的柔软器官，如心脏、脑、肺等；在运动时起杠杆作用。骨骼的形态，尤其是头骨的形态，是确认种类的重要依据。

2. 农业害鼠分类

我国啮齿目共约190种，其中对农业为害比较严重的有30多种，分属于松鼠科、跳鼠科、豪猪科、鼠科、仓鼠科和竹鼠科6个科。

(1）松鼠科　树栖、半树栖、地栖三个类型。外形的差异很大，其共同特征是：具眶上突和发达的前臼齿，尾毛蓬松，向两侧展开。对农业危害较大的有达乌尔黄鼠、天山黄鼠、花鼠、岩松鼠、赤腹松鼠等。

(2）跳鼠科　形态特化为适应荒漠生活的种类，后肢极发达，善跳跃，跳跃时仅后肢趾端着地。前肢仅为后肢的1/4～1/2。尾长大于体长，是跳跃时的平衡器。有些种类的尾部还用于储存脂肪以备冬眠期消耗。体背多为黄色、黄褐色；腹毛白色。主要害鼠有五趾跳鼠、三趾跳鼠。

（3）仓鼠科

① 仓鼠亚科　臼齿咀嚼面有 2 纵列齿尖，成体磨损后左右相连成嵴状。口内有颊囊。多数种类尾长为体长的 1/4～1/2。主要分布于长江以北的半湿润平原到山地荒漠的各类环境中，主要有大仓鼠、黑线仓鼠、短尾仓鼠等。

② 沙鼠亚科　上门齿唇面有 1～2 条纵沟，齿冠较高，臼齿咀嚼面平坦，咀嚼面形成棱形齿环。体多黄色或黄褐色。尾长约等于体长，其上被密毛。为典型的干旱地区动物。重要害鼠有红尾沙鼠、子午沙鼠、长爪沙鼠、大沙鼠等。

③ 鼢鼠亚科　门齿粗大，臼齿咀嚼面平坦，齿冠被分为多个左右交错的三角形。为适应地下生活的种类。体粗壮，吻钝，眼极小，耳壳仅为围绕耳孔的皮槽且隐于毛内；前爪特别发达，其长度大于相应的趾长。尾短，仅被稀疏的短毛或全裸露。分布于长江以北的半湿润、半干旱地区。主要害鼠有东北鼢鼠、中华鼢鼠、高原鼢鼠。

④ 田鼠亚科　臼齿无齿根；咀嚼面平坦，有许多左右交错的三角形。外形与仓鼠类似，但多数种类个体较小。分布广泛。我国主要有北方田鼠、布氏田鼠、黄兔尾鼠。

（4）竹鼠科　体粗壮、眼小、耳退化仅留有隐于毛内的耳孔。尾短而无毛或仅被稀疏的短毛。四肢短，爪略扁，适于挖掘。上门齿极粗，适应地下生活。为我国长江流域及南方各省的竹林与山地农田的害鼠。主要有大竹鼠、中华竹鼠、银星竹鼠等。

3. 农业害鼠的分布

受到自然、人为因素和地理阻障的影响，每种鼠类都有其一定的分布区。另一方面一定的地理区域又往往栖息着多种鼠类。总之，农业害鼠分布很广，属于世界性分布的鼠类，凡是有人类居住的场所几乎都有它的踪迹，往往可以随各种交通工具而扩散。

二、农田害鼠的生物学特性

1. 食性

根据取食食物种类的多少，鼠类从食性上可分为狭食性和广食性两大类。狭食性种类只取食一种或几种食物，如复齿鼯鼠主要取食柏树叶和鳞果，松鼠主要取食红松籽，鼢鼠和竹鼠以植物的地下部分根、块根、块茎和球茎为食。但自然界中多数鼠种属广食性种类，且主要食植物性食物，少数为动物性食物，有时还以微生物为食物。如大仓鼠的食物除花生、大豆、绿豆、玉米、谷子、高粱、多种杂草及植物种子外，还有蝼蛄、金龟子、棉铃虫等动物食物。跳鼠、黄鼠的胃中常可见到鞘翅目昆虫残片，黄胸鼠还捕食小蟹、小鱼。大仓鼠的仓库中也常可发现鸟卵和小鼠残骸。食性最广的要数褐家鼠，在田间主要取食各种农作物的绿色部分和收获部分，喜食各种瓜果蔬菜，有时也取食昆虫、田螺等；在住宅内，凡是人吃的食物，它都可取食，还可取食肥皂、蜡烛、蚯蚓和多种昆虫等。

在温带和寒带地区，全年气候变化明显，导致食物的种类变化很大，鼠的取食种类亦随之变化。例如在农田活动的黑线姬鼠，在春季以麦类、油菜、蚕豆等作物的嫩绿部分以及春播作物的种子为食，常造成很大的危害；夏季以小麦、大麦、玉米等谷物及其他植物的绿色部分、各种瓜果蔬菜和多种昆虫为食；秋季则以水稻、玉米、花生和大豆等作物的收获部分为食，同时还储存越冬食物或为冬眠做准备；冬季来临，则取食各种杂草及蔬菜的种子。同一鼠种对农作物不同品种以及同一品种的不同生育期的取食为害也不同。这一点对于培育抗鼠害作物品种、制定鼠害的防治策略及确定鼠害的防治适期，具有重要的指导意义。此外，靠松子和针叶林植物为食的树栖鼠门齿构造适于钳咬坚果。以嫩草和草种为食的地栖种类，则有很强的挖掘本领。总之，决定鼠类食性的因素有多种，主要是遗传本能即动物对食物的本能接受程度、环境中的食物来源和鼠类的喜食性等。

2. 活动规律

害鼠的活动规律是指鼠出洞后的觅食、占域、交尾等活动。依其活动频率频次可分为日行性、夜行性和日夜活动三大类。日行性种类多栖息于隐蔽条件好，或便于入洞躲藏的环境，布氏田鼠、长爪沙鼠、达乌尔黄鼠均属此类。夜行性鼠类的活动高峰大多在日落后和日出前，如仓鼠、毛足鼠。也有些在午夜时分如子午沙鼠、褐家鼠、小家鼠。地下生活及树栖种类的活动没有很明显的季节规律，但受天气的影响较大，大风、降雨都会使鼠类活动锐减，雨后其活动往往增加。鼠类以洞穴为中心，有一个经常性的活动范围，叫做巢区。在其范围内不同洞系个体间有一定的相容性，可共同觅食。一般不同性别间巢区重叠面积较大。巢区内多数鼠种还有只允许自身或同一“家族”活动的地方，叫领域。当其他同种个体进入领域，就会出现驱赶或争斗。

3. 栖息生境

鼠的栖息地（生境）是指鼠类进行筑窝居住、寻找食物、交配繁殖以及蛰眠越冬等活动的场所。鼠类的栖息地按种类分布特性可分为林栖类、草原类、高原类、家栖类等。按种群选择习性则可分为最适栖息地、可居栖息地、不适栖息地。最适栖息地适于鼠的觅食、繁殖、生长、避敌，有丰富的食物资源、适宜的活动范围以及合适的筑巢营地，可满足鼠种生活和繁殖等各方面的要求，其生理需要可得到较充分的满足，是生理压力小的地方，这里的鼠类存活率高、繁殖力强，鼠的密度常常很高，是鼠害发生的重点地方。当种群处于数量低谷时，这里往往会保存有较多的个体，一旦条件改变就会成为扩散的基地。

不同鼠类的最佳栖息地如下。

（1）农田　以此为最佳栖息地的种类很多，且鼠的种群密度较高。栖息在北方农田的害鼠以黑线仓鼠、大仓鼠、乌尔达黄鼠、中华鼢鼠、褐家鼠和黑线姬鼠为主，栖息在南方农田的鼠种则以黄毛鼠、板齿鼠、褐家鼠和黑线姬鼠为主。

（2）草原　以此为最佳栖息地的鼠种较多，约有 40 种。常见的有草原黄鼠、布氏田鼠、草原旱獭、跳鼠等。它们取食牧草，挖土打洞引起牧草失水枯死。

（3）森林　在北方的针叶林带，栖息的主要鼠种有灰鼠和小飞鼠等，主要以松子和果仁为食；还有地面活动的一些种类，取食林木种子和幼苗等。在我国的南方热带雨林中，树栖的有黄胸鼠、黄毛鼠和各种绒鼠。

（4）沙漠　以沙漠和半沙漠作为最佳栖息地的有沙鼠和跳鼠，它们取食梭梭，挖吃沙蒿、柠条和沙米等种子。

4. 越冬

冬季食物少以及严寒对鼠类生存构成极大威胁。鼠类种群的越冬表现有冬眠、储粮、迁移和改变食性。冬眠是动物在长期进化过程中形成的一种对外界不良环境的适应，具有种的专一性。生活在我国北方地区的一些鼠种如黄鼠、跳鼠、花鼠等，都有冬眠的习性。随着冬天的到来，气温逐渐降低，草木枯黄，食物条件逐渐恶化，这时已在体内储存了大量的脂肪的冬眠鼠心律变缓，体温降至 4℃左右，体蜷缩不动，新陈代谢水平极低，处于昏迷状态，待来年地温回升再苏醒，双眼睁开，开始出洞活动。环境温度是影响鼠类冬眠的重要因子。

储粮越冬是鼠类越冬的一个重要形式，它们依靠秋季收集的大量种子、茎叶或块根、块茎作为冬季的主要食物，常见的种类有仓鼠、田鼠、鼢鼠、沙鼠、鼠兔等。由于它们大多是群居性的，秋季参加储粮的个体数较多，而其中一部分会在冬季中死亡，所以留下的个体会有相对多的食物供给。这有利于种群的延续。改变食物类型的鼠种多见于林区。如大林姬鼠，食物的匮乏迫使其转而啃食树皮、树根或幼苗等，对林业和越冬作物为害极大。

迁移有季节性迁移和扩散性迁移两种。季节性迁移最明显的种类是家鼠。春、夏季节野外食物丰富就在野外生活，秋、冬季节又回居室。有的会迁至麦场、粮垛、柴垛及村镇附近。沙鼠、跳鼠、黄鼠则集中于田间林地、田埂、荒地越冬。这一时期的农业生产任务较轻，可利用鼠类集中的时机大力杀灭。扩散性迁移的原因有幼鼠与亲鼠分居，寻觅新的栖息领域如觅食、觅偶等。

5. 生长发育和繁殖

根据鼠类的生长阶段，一般将其分为幼鼠、亚成体鼠、成体鼠和老体鼠四个年龄组。幼鼠指自出生至可独立觅食的阶段。亚成体鼠指可独立觅食至性成熟的阶段，成体鼠是种群中的繁殖主体，其性器官已成熟。老体鼠的体形、毛色已明显衰弱，大多鼠种在此阶段仍有繁殖能力。

鼠的寿命长短不一，不同种类间差异很大，常与其繁殖力、个体大小有关，繁殖力强、个体小的种类平均 1～2 年。如小家鼠 1 年左右，布氏田鼠 2 年左右。而繁殖力弱、个体大的鼠种平均寿命 3～5 年。如褐家鼠 3 年左右，花鼠、黄鼠 3～5 年，松鼠、鼯鼠 7～8 年。鼠类常用的年龄划分方法是依其上颌臼齿的生长状况和咀嚼面的磨损程度划分，该方法准确性较高，但由于臼齿磨损是一个连续的过程，很难量化，因此技术要求较高、费力费时。鼠的繁殖力很强，具体表现为性成熟快、怀孕期短、年繁殖次数多、每窝产仔数量大等，大仓鼠每胎的产仔数一般 7～9 只，多的达到 20 只以上；褐家鼠每胎 7～10 只，多的达到 17 只。春季是鼠类开始大量繁殖的季节。此外，成年鼠的繁殖力旺盛，年繁殖次数及每胎产仔数均较高。

条件适宜时，有些鼠种可周年繁殖，如褐家鼠、小家鼠等。但大多鼠种在春秋季节达到繁殖的高峰期，而在冬季寒冷、缺乏食物，以及夏季高温炎热时，很少繁殖或不繁殖。

三、鼠害的发生

暖冬及干旱气候对鼠害发生有利。20 世纪 90 年代以来，我国大部地区已连续出现冬季气温偏暖 1～2℃，使鼠类越冬死亡率低；此外，春、秋两个繁殖季节干旱少雨，使主要鼠种的繁殖指数和存活率维持在较高水平。所以鼠类的种群繁殖力强，密度上升快。种植业结构调整与品种的更替，给鼠类提供了良好的食物条件。随着“三高”农业的推行，土地的复种指数提高，一方面豆类、花生、甘蔗、果树等高经济作物的种植面积逐年扩大，另一方面粮食作物早、中、晚多熟品种的穿插种植，以及保护地栽培和低酚棉（无毒棉）面积的扩大，使鼠类的田间食源由过去的季节性、单一化走向持续性和多样化。因此，不论从食物的量或质上，都大大满足了鼠类的发育和繁殖需求。耕作和栽培管理技术的改进，给鼠类创造了较好的孳生环境。如免耕种植技术的推广，减少了传统耕作活动对鼠类栖息环境的破坏，节水灌溉技术的推广（由过去的漫灌改喷灌），有利于鼠类的孳生繁殖。此外一些地区弃耕地撂荒、退耕还湖等，也给鼠类的孳生繁殖提供了场所。鼠类的生物制约能力削弱。滥用剧毒鼠药和人为大量捕杀鼠类天敌，使生态平衡遭到破坏，自然控制能力削弱。此外，华南地区人为地大量捕食蛇类，北方地区乱捕乱打黄鼬（黄鼠狼）等鼠类天敌，这些均使鼠类天敌日渐稀少，有利害鼠种群再增猖獗。

你知道吗？老鼠的天敌——猫头鹰

猫头鹰为脊椎动物门、鸟纲、鸮形目、鸱鸮科食肉鸟类。猫头鹰身长 90cm，体重约1～1.2kg，为夏留鸟。猫头鹰白天隐蔽在树林中休息，夜晚捕食老鼠，它的 95%的食物是老鼠，因此猫头鹰有“老鼠的天敌”“田园的卫士”“人类的功臣”等美誉，和捕鼠习性相适应，猫头鹰身怀绝技。一是它有两只灵敏的耳朵，在耳朵四周布满了皱褶和耳羽，羽毛呈放射状，能接受风波，扩大接受面，听觉特别灵敏，堪称“顺风耳”，无论是在空中飞行或在树枝歇息时，对地面田鼠活动时的微弱声音听得一清二楚。二是猫头鹰的头部能转动 270°，大大扩大了其在田野中的监察视野。三是猫头鹰头部正前方有一副圆溜溜、黄澄澄、炯炯有神、结构十分特殊的双目望远镜。它的眼睛有两个中央凹，中央凹上视锥细胞密度高达每平方毫米 100 万个，猫头鹰眼睛瞳孔直径比人眼还要大 2 倍。在夜间比人的感光度还要大 100 倍，耳能收听到每秒振荡 8500 次以上的高频音波，而田鼠活动时发出的音波恰好在这个高频范围之内。所以，无论是在微光的傍晚，还是在伸手不见五指的黑夜，它都能看清田鼠的行踪，任何狡猾的田鼠也难以逃脱其捕杀。四是猫头鹰的翅膀羽毛特别柔软，行动迅速，飞时无声无息。有钩子般的脚爪与利嘴，当发现田鼠走动时，就会出其不意地突然袭击，百发百中地逮住老鼠，叼回林中，用爪子撕开脖子，掏空鼠的内脏，短短几分钟的时间，就把一只老鼠吃得干干净净。一只猫头鹰一个夏天可捕 1000 只老鼠，可替人类保护 1t 粮食。

第二节 农田鼠害的综合防治

防治农田鼠害应贯彻“预防为主，综合防治”的植保方针，即从生态系统的观点出发，采取各种防治措施，尽可能使害鼠的种群发生量维持在一个较低的水平，突出“预防为主”的方针；在害鼠种群密度较高时，应协调应用各种防治方法，以求在经济有效防治鼠害的同时，获取最大的生态和社会效益。实践中常用的害鼠防治方法可归纳为以下几种。

一、农业措施

农业措施主要是通过耕作等方法，创造不利于害鼠发生和生存的环境，达到防鼠减灾的目的，具有良好的生态效应和经济效应。

1. 耕翻土地，清除杂草

耕翻土地不仅能熟化土地，而且可除草、治虫、灭鼠。耕翻和平整土地，可破坏害鼠的洞穴，恶化害鼠的栖息环境，提高害鼠的死亡率，抑制其种群的增长。例如在华北北部的旱作区，秋季耕翻农田破坏了田间洞穴，迫使长爪沙鼠迁居到田埂、荒地等不良的栖息地，造成其大量死亡。秋耕、秋灌及冬闲整地，对黑线仓鼠的越冬均有破坏作用。深翻细作亦可提高作物抗鼠能力，一般可减少损失5%～10%。

2. 整治农田周边环境

很多种害鼠的种群密度和农田生态环境关系密切。它们栖息于田埂、沟渠边、河塘边、土堆、草堆等地。因此结合冬季兴修水利、冬季积肥、田埂整修等活动，可清除田间、地头、渠旁的杂草杂物，消灭荒地，堵塞鼠洞，减少害鼠栖息藏身之处，保持田边及沟渠的清洁，破坏害鼠的生境起到消灭害鼠的作用。

3. 及时收割，颗粒归仓

食物是害鼠赖以生存和繁衍的重要条件，减少甚至切断食物来源，就可抑制鼠类生长、发育、繁殖及存活，达到控制鼠害的目的。在作物的收获季节，应及时收获，快打快运，做到颗粒归仓，寸草归垛。减少害鼠取食的机会，还可起到压低害鼠越冬基数，减轻下一年鼠害的作用。

4. 合理布局农作物

农作物合理布局及搭配品种，可以降低鼠害。大面积连片种植同一种作物，往往鼠害较轻；在单一作物种植区，播种期及各品种的成熟期应尽可能同步，否则过早或过晚播种（成熟）的地块易遭鼠害。

二、物理灭鼠法

物理防治方法较多，主要有运用杠杆平衡原理，制成捕鼠器械来防治。杀灭鼠类的物理器械有鼠夹、鼠笼、黏鼠胶等。器械灭鼠的效果取决于捕鼠器的摆放位置、诱饵的引诱力以及捕鼠器的数量和使用人员的技术等因素。灭鼠器械具有构造简单、制作和使用方便、对人畜安全、不污染环境等特点。利用捕鼠器灭鼠，目前只是作为一种经常性的预防措施，在害鼠高密度时只能配合其他防治措施应用。该方法特别适用于家庭灭鼠。

1. 鼠夹

在鼠洞边放置并固定鼠夹，上放毒饵，在乏食季节效果非常好；要求在支好的板头放少量细土碎片和诱饵，或直接放于老鼠的必经之路。

2. 下扎签

根据当天鼠洞口的新土，确定老鼠拱食方向，然后在其前进方向上浅插9根尖竹签，分3排，每排3根，相距10～15cm，竹签上方将一方形重物用木棍轻微支撑好，重物与被食作物相连接。一旦害鼠取食作物，重物下落，老鼠即被刺中。此法防治东方田鼠十分有效。

3. 盆扣法

将大盆倒扣，内放诱饵，用易倒的支撑物撑住一边，老鼠一碰即被扣住。适合个体较大的褐家鼠。

4. 翻板法，水缸糊纸法

参见图 14-1。

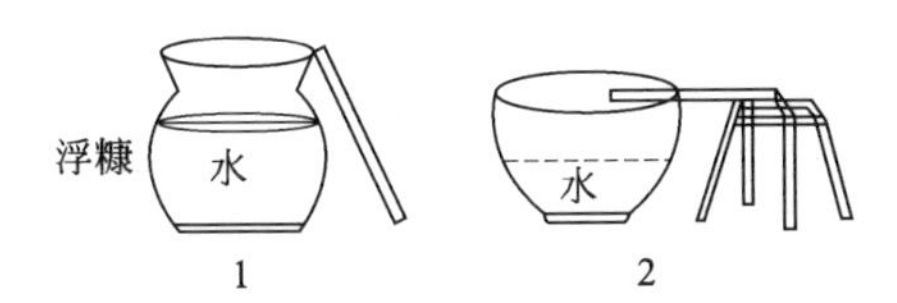

图 14-1 物理灭鼠的翻板法（1）和水缸糊纸法（2）

5. 灌水法

先将洞挖成漏斗状，堵死其余洞，灌水毙之。

6. 电子捕鼠器

常用的有电猫、超声波灭鼠器、全自动捕鼠器等。其是根据强脉冲电流对生物体的杀伤原理制成的，具有无毒、无害、无污染、成本低、操作简便等优点，但其应用范围较窄。需注意的是在潮湿地面使用时，要经常检查电网和接线部位是否绝缘，以防发生事故。另外，大多鼠类被高压击昏后，一段时间后可缓解过来，因此要及时处理掉。

7. 超声波灭鼠器

对于频率为 15kHz 以上的波，人虽然感觉不到，但却会使鼠类受到干扰，可能导致其内分泌紊乱、繁殖力降低、死亡加速等。但其缺点是鼠类能很快适应，并且超声波的穿透力差，作用范围局限，成本也高。

三、生物措施

以生物来控制鼠害的实践很早就已经开始。猫就是以捕鼠为主要目的而演化为家养动物的一个例子。现代的生物防治观念是根据生物间互相制约、互相依存的关系，主要是利用天敌捕杀和通过微生物使其致病两种形式。有人亦将利用生物毒素和土壤毒素方法灭鼠也归属于此类。

1. 利用天敌控制鼠类

在自然界，一般陆地的食肉动物大都是鼠类的天敌。鼠类的天敌中猛禽、猛兽的捕食作用对控制鼠害最为明显。例如，一只个体较小的长耳鸮一个冬季可捕鼠 30～50 只。而且天敌动物在觅食时，四周的鼠类受到惊吓，长时间躲入洞中停止进食，或紧张地挖掘逃跑洞道。有时甚至影响到其繁殖和内分泌系统的正常代谢，而出现异常迁移、流产或弃仔等行为。目前在我国准噶尔盆地边缘的梭梭林区实施的“筑巢引鹰”——天敌防治鼠害法已初见成效。此外，有些并非天敌的小动物如刺猬、乌鸦也少量地捕食鼠类。因而保护天敌，为其生存发展提供相应的环境，禁止滥捕滥杀这些天敌已成为保证农业持续发展的重要手段。另外家养的猫、狗经过训练可有效地控制村镇及附近农田的鼠害。

2. 植物防治鼠害

草本植物续随子根部分泌物对老鼠能产生较强的驱避作用，可用来驱除老鼠防治鼠害的发生。采用续随子防治鼠害不仅可绿化环境，促进林业和畜牧业的发展，又可减少鼠药用量，减少鼠药中毒事故，避免对环境的污染，消除鼠患和疫病传播，同时，它的防治费用低，是新一代防治和减少鼠害的有效方法。应用和推广续随子防治鼠害的意义重大。

3. 微生物防治鼠害

具有灭鼠作用的病原微生物主要是细菌，其次是病毒和寄生虫。在细菌中主要是沙门杆菌属细菌及肠炎沙门杆菌。沙门杆菌属细菌中主要有达尼契菌、依萨琴柯菌、密雷日克夫斯基菌、5170 菌等，都先后被采用。微生物灭鼠的特点是导致鼠类发病的微生物可在鼠间迅速繁衍，辐射面广，可同时对多种鼠类起作用。菌株一旦纯化后其制剂可进行工业化生产，经济投入常低于毒饵灭鼠，对环境污染小，但由于其对人畜的安全性问题，有些国家已经禁用。另外，微生物制剂灭鼠的总体成本偏高。总体来说，考虑对人畜的安全问题，对应用病原微生物灭鼠应持谨慎态度。

4. 利用生物学方法防治鼠害

就是利用控制鼠类繁殖、生存条件的方法来进行灭鼠。其中鼠类的免疫不育技术是使用不育疫苗激发动物体内产生生殖调控激素，达到阻断生育的目的。这项方法无环境污染，疫苗属蛋白类物质，在生物体内可完全降解；抗原-抗体的特异性强，对其他动物和体内组织副作用小，无杀伤作用；但如将疫苗制成可被鼠类经口采食的饵料则易在消化道中分解掉，不能达到免疫系统，从而影响预期效果。科学家们正在考虑将疫苗用细胞大小的微囊或脂质体保护技术。也有人试图利用病原体作为载体，将疫苗的有效基因与微生物的 DNA 片段结合制成可在寄主体内表达的不育抗体。

四、化学防治

化学防治是指利用化学灭鼠剂杀灭害鼠。化学灭鼠剂包括胃毒剂、熏蒸剂、驱避剂和绝育剂等，其中胃毒剂广泛使用，具有效果好、见效快、使用方便、效益高等优点。在当前的害鼠防治中，化学防治仍是主要手段，特别是在害鼠大发生时，必须依靠化学防治。但同时应讲究防治策略，施行科学用药，以确保人畜安全，降低环境污染。

1. 化学防治的基本原则

(1) 掌握鼠情，制定防治方案　对当地的主要害鼠种类、数量和分布，以及受害作物的程度和面积充分明了，然后根据耕作制度、气候条件和自然资源等因素制定出防治方案，并做好人力、物力的组织工作。

(2) 统一行动，大面积连片防治　化学防治必须大面积连片统一行动，最好以市、县为单位统一部署，以乡镇为单位统一投药时间。并且在防治区内，要做到农田灭鼠和农家或城镇居民灭鼠同步进行。

(3) 突击防治与平时预防相结合　当害鼠密度达到防治指标时，采用化学防治可以尽快将密度压低，可避免害鼠的进一步大发生。当害鼠密度被压低后，仍应加强农业、物理及生物防治，并加强鼠情监测，发现问题及时采取措施。在田间长期设置毒饵罐，可长期有效地控制害鼠在低密度水平。

(4) 安全用药，防止人畜中毒　灭鼠剂多为广谱性，对人畜及有益动物均有一定毒性，甚至剧毒。因此，在杀鼠剂的储藏、运输及使用过程中，要十分注意安全。此外，要严禁使用国家明文禁止使用的杀鼠剂。

2. 化学防治的主要途径

(1) 毒饵灭鼠　毒饵灭鼠是鼠害防治的主要途径。毒饵由诱饵、添加剂和杀鼠剂三部分组成。凡是鼠类喜欢吃的东西都可作为诱饵。一般应从适口性、引诱力以及来源和价格等方面综合考虑。一个好的诱饵应是适口性好、害鼠喜吃而非目标动物不取食或不能取食，不影响灭鼠效果，来源广、价格低，便于加工、储存和运输、使用。添加剂主要用于改善诱饵的理化性质，增加毒饵的警示作用以提高人畜的安全性。因此，常用的添加剂有引诱剂、黏着剂、警示色以及防霉剂和催吐剂等。杀鼠剂是毒饵的核心成分。饵配制常用的方法有黏附法、浸泡法、混合法及湿润法。黏附法适用于不溶于水的杀鼠剂，所用诱饵为粮食。浸泡法适用于水溶性的杀鼠剂。此类毒饵含水较多，对喜饮水的害鼠适口性较好。混合法适用于粉状诱饵，与杀鼠剂混合制成面块或面丸毒饵，可使杀鼠剂均匀分布于诱饵中。对于水溶性的杀鼠剂，还可用湿润法配制毒饵，制作也比较简单。

毒饵的使用方法是将毒饵投放在害鼠经常活动的场所，使大多数鼠都能吃到致死量。毒饵的投放有两种方法，即直接投放和间接投放。前者指将毒饵直接放到田间或室内，进行突击性灭鼠；后者指将毒饵投放在一定规格的容器内，让鼠慢慢取食，进行害鼠的长期防治。例如，四川省农业厅植保站研制推广的毒饵站灭鼠新技术就属于后者，现将该项技术的主要优点和主要技术要点介绍如下。

① 毒饵站灭鼠技术的主要优点

a. 安全　避免了非靶标动物的中毒事故发生，特别是保护了鸟类。在过去灭鼠中偶尔会发生动物误食的事件，而由于使用了安全杀鼠剂毒饵，不会对人、畜构成威胁。

b. 高效　对比试验表明，传统裸放防治效果平均为 70%，毒饵站的灭鼠效果平均为 83.1%。

c. 经济　传统裸投每公顷需要毒饵 2250g，而利用毒饵站只要 900g，减少毒饵用量 60%，每公顷减少防治成本 12 元。若在全省 250 万公顷灭鼠面积普通推广，一年可减少投入 3000 万元。

d. 环保　在常年大面积灭鼠中，每次投放的毒饵，除害鼠消耗的 20%～30%，其余毒饵残留在土壤中，对环境和水体造成了污染；而使用毒饵站技术，不仅投饵量大大降低，而且毒饵可持续继续发挥作用，不对环境造成污染。

e. 持久　在四川由于雨水偏多，传统裸投一般在投饵后 7d 霉变率达 90%，而毒饵在竹筒放置 100d 后霉变率仅为 4.8%，并且杀鼠剂不会被雨水冲淋到土壤中。

② 毒饵站灭鼠主要技术要点

a. 竹筒毒饵站的制作　用口径为 5～6cm 的竹子制成，在房舍区，竹筒毒饵站的长度可在 30cm 左右，在农田的毒饵站在 45cm 左右（不计用来遮雨的突出部分），如图 14-2 所示。

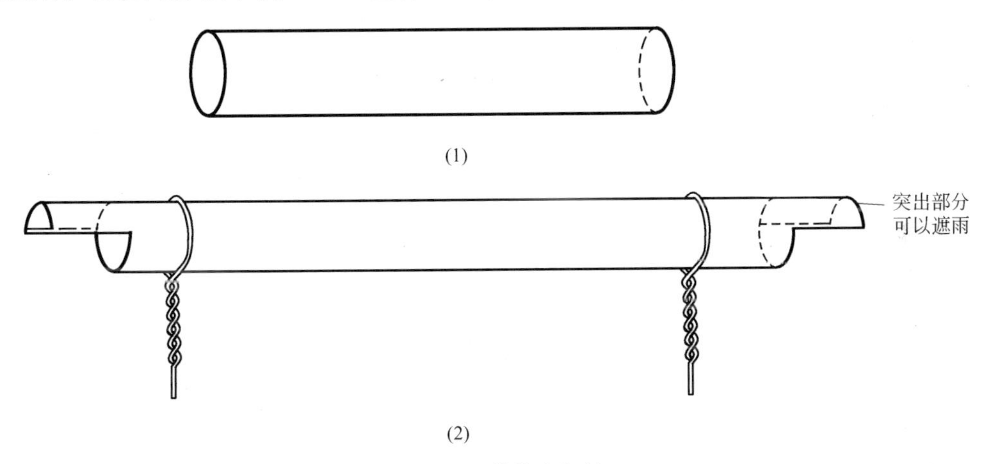

图 14-2　竹筒毒饵站

(1) 用于室内；(2) 用于野外

b. 花钵毒饵站的制作　可将口径为 20cm 左右的陶瓷花钵的上端边缘敲开一个缺口，缺口口径在 5～6cm 之间，翻过来后扣在地面即可（图 14-3）。花钵毒饵站适用于房舍区灭鼠。

c. 毒饵站的放置　在室内放置毒饵站时，可将毒饵站直接放置在地面，用小石块稍作固定即可。在野外使用时，应将铁丝插入地下，地面与竹筒应留 3cm 左右的距离，以免雨水灌入（图 14-4）。大量实验表明，使用毒饵站灭家栖鼠每户仅需 2 个，一个放在猪圈内，一个放在后屋檐下。这两处是害鼠活动较为频繁的地方。只要持续投放毒饵，一段时间后，害鼠的数量将会下降很多。

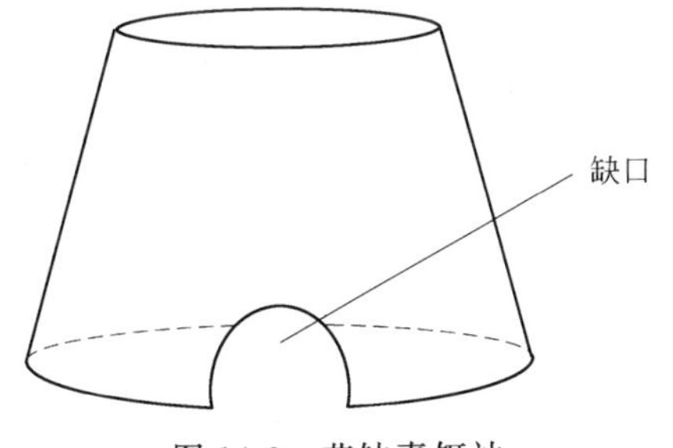

图 14-3　花钵毒饵站

如果在杀灭鼠后一段时间又有害鼠活动，可再次投放毒饵，这样可以基本上消除家栖鼠的危害。在农田，一般每亩放置一个毒饵站即可，并且应将毒饵站沿田埂放置，在毒饵站中放置毒饵的量可根据害鼠的数量而定，一般放置 20～25g 毒饵，投放毒饵的次数与上述投药方法一样，即第一代杀鼠剂应连续投放 3～4 次，第二代杀鼠剂投饵后半个月再投放一次。由于毒饵站的数量与散投毒饵的投放堆数相比要少一些，因此在投药期间注意检查毒饵的取食情况，如果毒饵的消耗很大，应适当增加投放次数。如果害鼠的数量特别多，可在使用毒饵站前采用散投法，将害鼠的数量压低后

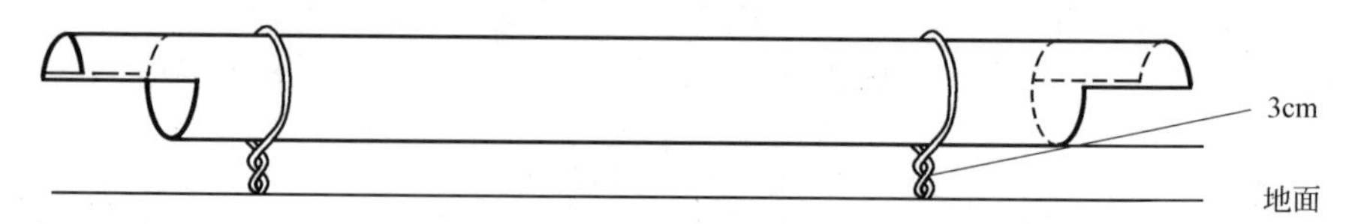

图 14-4 竹筒毒饵站放置示意

再使用毒饵站对害鼠进行长期控制。

(2) 熏蒸灭鼠 在密闭的环境内，使用熏蒸药剂释放毒气，使害鼠呼吸道中毒而死，称为熏蒸灭鼠。该方法的优点是具有强制性，不受鼠类取食行为的影响，灭效高、不用毒饵、作用快、使用安全等。其缺点是用药量大，需密闭环境。

3. 两类常用的化学灭鼠剂

现有化学灭鼠剂按作用形式，可分为急性灭鼠剂和慢性灭鼠剂。两类灭鼠剂各有其特点，在鼠害防治中应因地制宜、选择应用。

急性灭鼠剂的特点是作用快速、潜伏期短，1～2d 内甚至几小时内即可引起中毒死亡；此外，毒饵用量少，使用方便。对野外害鼠的防治可直接投放，并且防效很好。由于当前使用的这类灭鼠剂大多无选择性，对非目标动物亦有毒害，且无特效解毒剂，因此使用时要特别小心。目前使用的急性灭鼠剂仅有磷化锌、溴甲灵和敌溴灵等几种。

慢性灭鼠剂主要指抗凝血灭鼠剂，因为这类灭鼠剂须使害鼠多次食用、累积中毒，才能充分发挥其作用，又称为多剂量灭鼠剂。采用低浓度的毒饵让害鼠反复取食，既符合鼠类的取食习性，充分发挥药效，又可减少非目标动物误食中毒。慢性灭鼠剂作用缓慢，症状轻，不易引起害鼠的警觉拒食，效果较好。如第一代抗凝血药有敌鼠钠盐、杀鼠灵等；第二代抗凝血药有溴敌隆、大隆等，可杀死对第一代抗凝血剂产生抗性的鼠类。

单元检测

一、简答题

1. 农区鼠类的危害有哪些？
2. 农田害鼠越冬的形式有哪些？
3. 鼠类的食性与哪些因素有关？
4. 试述农田鼠害的综合防治措施。
5. 简述化学药剂灭鼠的注意事项。

二、归纳与总结

可在教师的指导下，在各学习小组讨论的基础上，从常见的农区害鼠的种类、农区害鼠的发生规律以及农区鼠害的综合防治等方面进行归纳与总结，并分组进行报告和展示（注意从知道、了解、理解、掌握、应用五个层次去把握）。

案例分析

案例1　安徽省长丰县玉丰植保专业合作社的探讨

近年来，随着农村劳动力大量转移，“谁来防病治虫?”已成为一个亟待解决的重要问题，安徽省长丰县玉丰植保专业合作社成功地探索了植保统防统治新模式的经验，比较好地回答了这个问题。

一、玉丰植保专业合作社的基本情况

安徽省长丰县玉丰植保专业合作社成立于2010年5月，是经长丰县工商行政管理局注册登记的合法性农民专业化病虫害防治组织。自成立以来，合作社在国家农作物病虫害社会化服务体系建设指导思想的指引下，按照“民办、民管、民受益”的原则，组织上接受县农业主管部门管理、业务上接受县农业技术推广中心和下塘镇农业综合服务站技术指导，着眼于解决农业技术推广“最后一公里”问题，到2013年，经过三年的规范运作，已经建立了完善的社员准入制度、植保药械管理制度、财务管理制度、作业服务有偿收费制度、公积金管理制度及收入分配制度等，现有社员260名，拥有收割机、插秧机、旋耕机、各类机动喷雾器械等227台套，水稻病虫害等的统防统治日作业能力在5000亩以上。

作为基层普及植保技术、发展植保事业的重要社会力量，从事农作物病虫害防治的农民专业合作经济组织，玉丰植保专业合作社始终坚持“以合作社为平台、以技物服务为先导、以农民受益为准则”，一直倾心服务于农业生产，工作中不断将实用技术和科学指导结合起来；把优质服务与对象满意度挂靠起来；将最终效果与长远发展统筹起来，促进了植保事业的健康发展。在服务上，三年来，合作社共开展植保技能培训10余场次，通过培训，学员认识到防治作物病虫，必须从作物生态环境整体出发，必须注意协调作物、病虫和天敌之间的相互关系，必须注意保护和利用天敌，必须注意防治指标。先后与8支机防合作组织建立了长期的交流合作，机防队员在防治过程中做到植保机械维护技术到位率85%以上，掌握正确的喷药方法，做到不漏施、不重施、不乱施，确保高质量、低投入完成重大病虫防治工作，为保障农业生产安全增收提供了先决条件。在围绕本乡镇开展统防统治的同时，还辐射到陶楼、杨庙、朱巷等周边乡镇，在重大病虫发生年份，还跨区服务到淮南、肥西、肥东及庐江等邻近县，大大提高了农业重大有害生物防治的专业化、组织化、社会化和机械化水平，为农民增收提供了保障。与此同时，合作社积极加强与县农技推广中心合作，以646.5亩流转土地承包为平台，先后参与实施了全国三大科技示范县项目（国家级测土配方施肥项目、水稻病虫害统防统治项目、全国农技推广示范县项目），并以此承担了民生工程项目培训任务，进一步带动并提高了当地农民的科学种植水平和生产能力。

二、主要成效

1. 探索了以合作社为纽带的植保统防统治新模式

该植保专业合作社积极探索由合作社成立经营互助协会，提供优良小麦品种、肥料，再由村种植大户带头示范，统一防治、统一收割、统一销售，让承包户在技物服务中获得高效益，在

2012年的小麦试点上推广"一喷三防"技术获得了初步成效。通过一次施药达到防干热风、防病虫、防早衰的目的，实现增粒增重的效果，确保小麦丰产增收。

2. 植保专业合作社组织的农作物病虫害防治效果显著提高

该植保专业合作社承包防治面积4.7万亩。通过统防统治服务，年新增社会经济效益约4000多万元，人均纯收入突破1.2万元。特别是2011年水稻核心示范区实现单产716.6千克的新突破。专业化防治效果比农民自防区提高12%以上，每亩多挽回损失5%以上。

3. 减少了农作物病虫害综合防治成本

专业化防治每亩减少防治次数1.6次，每亩减少药剂和防治用工成本20元以上。以上两项，每亩节本增效100元以上，按每种作物一个生长季节防治病虫害3次计算，仅2010年防治约20万亩次，即为农民节本增效近700万元。

4. 促进了农村劳动力转移，增加了劳动收入

专业化防治解决了外出务工人员防病治虫难问题，促进了农村劳动力转移，推动了土地流转。同时，农村务农青壮年加入合作社后，每人每年可以通过专业化防治增加收入6000元以上。

三、启示

1. 植保专业合作社探索了植保统防统治新模式，既可以解决"谁来防病治虫?"这一难题，又保障了农业生态安全

作物病虫综合防治技术的推广工作是一项关系到生态平衡和农业可持续发展的大事，也是农业环境保护工作的重要内容之一，其社会效益和生态效益远远大于经济效益。植保专业合作社强调绿色防控与专业化统防统治相融合，全面使用了高效、低毒、低残留农药，保障作物产量、质量和农田生态环境安全，从而在生产环节中保障了农业生态安全，推进了生态文明建设。

2. 植保专业合作社为"公共植保"提供了新鲜经验

植保工作在性质上是公共的，植保专业合作社作为专业服务组织可以提供"公共"产品，着力服务"四大安全"，即农业生产安全、农产品质量安全、农业生态安全和农业贸易安全。通过专业化、组织化、社会化和机械化的科学防治，减少了化学防治次数，促进重大病虫害可持续治理。

案例2 无人机低空施药技术前景展望

随着现代农业的快速发展，如何提高农业生产效率，相对低速低空、大载重量及信息化、精准化无人植保机是主要发展方向之一。目前全国植保机械化还有很大的发展空间，作为现代植保最前沿的技术，无人机低空施药技术 市场需求大、厂家热情高、发展前景好，在发达国家已成为植保服务的主力军，但在我国还处于起步阶段。2012年11月28日在郑州召开的第28届中国植保"双交会"上举办的农用无人机低空施药技术应用论坛上，与会专家和企业代表围绕该技术在我国的推广应用展开热烈探讨。

(1) 现代植保呼唤无人机助阵，解决劳力缺、效率低的难题　在推动现代农业发展过程中，植保工作需要什么样的农业装备来支撑？当前在农业生产和病虫害防治过程中，农村劳动力短缺和施药效率低下等问题日益突出，迫切需要发展无人机等高工效植保药械。

广西田园生化股份有限公司负责人指出，耕地、整地、播插和收获的机械化都在快速推进，但病虫害防治依然是以人工背负的喷雾器施药为主。病虫害防治恶劣的作业条件导致用工难找，人工成本上升，在农业生产成本中所占比重越来越大，水田、高秆作物病虫害的防治尤为困难，遇到大面积暴发性病虫害更是难以有效应对，亟需能大幅减少用工的高工效施药技术。山东卫士植保机械有限公司总经理也曾说过：要想在丘陵、山区、旱田、水田实现植保机械化，开发无人植保飞机是必然的市场发展趋势。

全国农技推广中心曾有负责人表示："我国农药利用率仅为30%左右，这与植保机械水平落后有很大关系。无人机可以很大程度上缓解这种现状，提高施药效率，还能解决玉米等高秆作物和山区等地方的施药难问题。"

无人机是农民群众的好帮手。

（2）优势显、价格降，无人机低空施药推广整装待发　无人机低空施药既补齐了机械化田间管理难这一短板，又节约了农业生产成本，促进农业增产增效。有研究员曾介绍说："和有人驾驶直升机相比，无人直升机垂直起降，无需专用起降场地，低空作业不受航空管制，在地面机具无法进入的水稻和高秆作物施药作业中具有不可替代的优势，不仅适用于丘陵山地等复杂地理条件的耕地，而且人机分离极大地降低了作业人员农药中毒的风险。"无人直升机采用超低量施药，在大多数情况下明显优于传统防治方式，作业效率明显提高，与手动喷雾器作业相比，效率最高可达100倍以上。中国农业大学何雄奎教授介绍：无人机采用超低空作业，下沉气流使得喷洒时漂移减少、农药沉积率增加，大大降低了作业环境空气中的农药含量，减少了对环境的污染。同时机体重量轻，运行成本较有人机大大降低。

江苏克胜、无锡汉和、山东卫士植保等10家企业在论坛上分别介绍了各自在无人机研发和应用上的探索和成效，他们开发的类型各异的植保无人机已在多个省市的实地应用中展现出明显的优势，由无人机衍生的超高浓度药剂生产、植保服务、驾驶培训等产业也已初步成型。

此前，价格偏高、销售市场很难打开是无人机普及推广的一大瓶颈，而现在植保无人机售价普遍在6～20余万元不等，已非常接近目标用户的心理价位。河南田秀才植保股份有限公司总经理朱建国介绍说："我们生产的多旋翼植保无人机有单价6万元、8万元和12万元三种机型，争取让种田大户和基层植保部门能买得起、用得起。从目前销售情况来看，10万左右的价格已能被市场接受。""无人机的价格降到每架15万元以下就具备很好的商业价值。"广西田园生化股份有限公司董事长李卫国计算了无人机的成本和收益后说，以无人机每天作业面积400亩为例，若每亩收取服务费10元，则毛收入可达4000元，而投入的动力和维修成本则不到1000元，这个价格完全可以接受。

总之，业内人士一致认为，无人机低空施药适应现代农业、现代植保的需求，随着国产化的推进、技术的成熟、价格的降低，无人机低空施药技术前景看好，将会越来越多地应用到现代农业生产中来。这就为全国植保机械化指明了方向，未来有可能会成为我国农业专业化统防统治工作的主要推动力。

（3）启示　"农业的根本出路在于机械化"。植保机械化的重要发展方向就是无人机低空施药技术。无人机喷药具有效率高、节水节药、喷洒均匀、节省劳动力、适应性好、机动灵活等优点；同时，无人机的远距离遥控操作功能也避免了因长时间接触农药喷雾带来的伤害，尤其是高秆作物如玉米、甘蔗等，人工喷洒农药很容易发生危险。因此，植保无人机的低空施药技术有望在全国更多地区发挥其独特的作用，彰显"科学植保"的魅力。

案例3　辽宁昌图玉米病虫害综合治理

一、玉米螟的绿色防控

辽宁省昌图县是以玉米生产为主的农业大县，玉米的丰歉直接关系到全县粮食产量和农民的经济收入。防治玉米螟是提高粮食单产、稳定总产、直接增加农民收入的最有效措施，是一项利国利民的好事。防治玉米螟特别是田间释放赤眼蜂防治一代螟虫工作是一项比较艰苦的工作，时间紧、面积大、任务重，涉及到广大农户的切身利益。多年来，昌图作为我国玉米螟绿色防控实践基地，已成功摸索出一套经验。2011年，全县在玉米螟防治上实施田外防治与田内防治相结合的技术手段，田外用白僵菌封垛压低虫源基数，田内释放松毛虫赤眼蜂防治一代玉米螟，完成防治面积359.87万亩。全县筹措防螟资金1257.4万元，投入白僵菌粉30.2t，控制玉米秸秆24

万垛，发放赤眼蜂卡 20.5 万张，实现了玉米螟绿色防控全覆盖。据省、市专家调查，玉米螟垛内僵虫率平均达到 74.7%，赤眼蜂平均寄生率达到 64.5%。由于玉米螟防控得力，全县粮食品质大幅提升，玉米虫蚀粒平均为 0.1%，比去年降低 1.2 个百分点，玉米千粒重平均为 360.8g，比去年平均高 6.9g。

2012 年，昌图县玉米螟绿色防控面积是 360.8 万亩，4 月 20 日在太平镇召开了全市玉米螟绿色防控白僵菌封垛现场会暨全县封垛现场会。全县玉米螟绿色防控白僵菌封垛工作从 4 月 23 日开始，到 5 月 5 日全部结束。按照省、市植保站的统一部署，县农委于 6 月 7 日至 11 日，抽调 18 名专业技术人员，分 6 组对全县各乡镇场封垛情况、僵虫率等技术指标进行全面检查，经过检查，全县平均僵虫率为 65.7%，位列全市第一。全县田间释放赤眼蜂防治玉米螟面积 360.8 万亩，防治一代螟虫放蜂总量 2 万头/亩，分 2 次投放，每次放蜂数量 1 万头/亩，每亩设置两个放蜂点。

防治二代玉米螟，措施有：投射式杀虫灯诱杀成虫、性诱剂及迷向技术诱杀成虫或控制成虫交配产卵、田间释放赤眼蜂，均取得了较好的效果。

从以上事例可以看出，利用白僵菌和松毛虫赤眼蜂防治玉米螟已经是一个成功的案例，沈阳农业大学 20 世纪 70 年代就开始着手研究和饲养赤眼蜂，先后设立多个养蜂研究基地；近年来，国家也在整个玉米螟绿色防控上大力投入，在东北大部分地区均有定点示范，现在辽宁省铁岭市多个乡镇都能看到赤眼蜂防治的影子。这是一个绿色防治害虫的成功案例，从这个案例可以得到如下启示：天敌昆虫来自于自然，资源丰富，病虫害防治上应用前景广阔；生物防治可以有效地降低化学防治对环境的危害，减少对天敌的杀伤，更利于维持生态平衡，值得人们去研究和探索；利用松毛虫赤眼蜂防治玉米螟是我国生物防治较成功的一例，赤眼蜂在我国已经可以机械化生产，投入低于化学防治，在我国可以广泛开展。

二、玉米小斑病的防治

玉米小斑病又称玉米斑点病、玉米南方叶枯病，是国内外普遍发生的真菌性病害。1970 年美国由于推广 T 型细胞质雄性不育系配制的杂交种，造成玉米小斑病大流行，损失玉米 165×10^8kg，产值约 10 亿美元，从而引起国际上的广泛重视。玉米小斑病在我国早有发现，但直到 20 世纪 60 年代以后，由于推广容易感病的杂交种才上升为玉米生产上的一个主要病害，一般造成减产 1～2 成，发病严重的损失可高达 3 成以上。近年来，我国采取以抗病品种为基础的综合防治技术，基本上控制了小斑病的为害。从这个案例可以看出，小斑病流行的主要原因是大面积推广单一的 T 细胞质的感病品种，造成病原的迅速增长，防治的主要手段是多品种搭配种植。这个事件启示我们：在任何作物的种植上，都不能因追求高产高效而连续种植单一品种，否则就会引起次要病害逐渐上升为主要病害并引起流行，一定要注意多个抗病品种的搭配种植。

案例 4　重庆万州马铃薯晚疫病综合治理

马铃薯是重庆市万州区中高山区域的主要农作物之一，春马铃薯播种面积 2×10^5 亩左右，品种主要有马尔科、米拉、鄂薯 5 号、鄂薯 3 号、早大白等。晚疫病是区内马铃薯上发生最普遍、危害最严重的病害之一，常年发生面积 10^5 亩左右，是造成马铃薯减产最主要的因素。

为做好马铃薯晚疫病的防控工作，万州区植保站固定专人对马铃薯晚疫病进行专项监测，同时在万亩高产示范区白土镇谭家村和新田镇农场建立了马铃薯晚疫病预警系统，根据预警系统，适时指导防治，多项措施并举，积极防控马铃薯晚疫病的发生和流行，确保马铃薯生产丰收。

一、根据预警系统，掌握马铃薯晚疫病发生情况

2013 年 4 月 23 日，该区植保站在双河口街道调查，马铃薯晚疫病病株率为 6.5%（0～

12%)，5月14日该区植保站在双河口调查，晚疫病病株率在14%（5%～40%），比去年同期多2个百分点。4月中下旬该区低坝马铃薯晚疫病进入流行期，流行速度较快。该区植保站于6月15日在白土镇调查，洋芋晚疫病病株率为35%（5%～60%），比去年同期高10个百分点。中高山区域在5月中下旬进入流行期。因此得出中高山种植区域重于低坝种植区域，老品种比脱毒种薯发生重。

二、原因分析

1. 病原菌基数高

晚疫病在万州区常年发生较重，病原基数高，病区部分马铃薯带病作种，为晚疫病的发生流行埋下了隐患。

2. 气候条件

2013年4月中旬至5月下旬是气温偏低、雨水较多、日照偏少的时段，有利于晚疫病的传播、扩展和流行。

3. 防治难度加大

群众对晚疫病的防治，习惯在发病流行后，才开始用药防治。今年雨水较多，只能抢晴抢时施药，往往刚施完药又下雨，增加了防治的难度。

三、防治措施

1. 认真做好测报工作

病虫测报是防治的基础，是防治的前提。2013年该区植保站继续确定3名技术干部专司其职。同时，制定了测报人员岗位职责，做到责、权、利配合落实测报工作，并利用乡镇病虫监测点实时监控病虫的发生发展情况，根据监测和马铃薯晚疫病预警系统结果，实时提出防治意见，指导马铃薯晚疫病的防治。

2. 督促防治

在马铃薯晚疫病防治的关键时期，植保站全体人员来到乡镇，指导并督促防治。各镇乡农业服务中心也积极深入田间地头，发动并指导农户进行防治。保护性药剂可选用：75%代森锰锌水分散粒剂96～144g/亩或23.4%双炔酰菌胺悬浮剂5～10 g/亩对水喷雾。治疗性药剂可选用：68.75%氟菌·霜霉威悬浮剂（银法利）40～50 g/亩或58%甲霜·锰锌可湿性粉剂58～70 g/亩或72%霜脲·锰锌可湿性粉剂（克露）77～108 g/亩对水喷雾。对重病田块，应间隔7d，连续用药2～3次才能控制其流行。

3. 强化宣传，加大投入

采取多种形式、通过各种渠道开展马铃薯晚疫病防控技术的宣传和普及工作，通过召开现场会、组织田间培训、发放明白纸、利用新闻媒体等形式，向广大干部群众广泛宣传马铃薯晚疫病大发生的情况，宣传其防治的关键时期和主要技术，提高群防群控和科学防治水平。

4. 搞好示范，积极开展专业化防治

为确保马铃薯晚疫病防治的效果，区站在白土镇设立了马铃薯晚疫病防治的示范片，由专人负责搞好示范片的工作。示范面积约1000亩，同时要求各乡镇农业服务中心搞好本辖区范围内的马铃薯晚疫病的示范工作，以点带面地搞好马铃薯晚疫病的防治。白土镇积极组建了专业防治队，根据马铃薯晚疫病预警系统的监测结果，及时开展防治。

四、启示

从以上事例可以看出，防治马铃薯晚疫病需要多项措施并举，万州区植保站重点抓了四个方面：搞好示范，加强马铃薯晚疫病防控技术的宣传和普及；利用预警系统和监测点实时监控，掌握实时发生情况；指导并督促农户及时开展防治；不断总结防控工作中存在的问题，针对性地进行改进，从而确保了该区马铃薯晚疫病防控工作取得了较好的效果。

案例5 四川南溪十字花科蔬菜害虫绿色防控技术

四川省宜宾市南溪区是四川省“现代农业产业基地强县（蔬菜）”，常年规模种植蔬菜面积18000hm^2，总产量达60×10^4t，产值12.3亿元。其中十字花科蔬菜占有重要的地位。为了更好地控制蔬菜病虫的发生为害，进一步提升蔬菜品质、确保蔬菜产品的质量安全，该区设立了蔬菜主要病虫害绿色防控技术示范区，推广针对菜粉蝶、小菜蛾、斜纹夜蛾和菜蚜等主要害虫的绿色防控技术，在十字花科蔬菜害虫绿色防控上取得了显著的成效。

一、十字花科蔬菜害虫绿色防控技术措施

南溪区危害十字花科蔬菜的主要害虫有：菜粉蝶、小菜蛾、菜蚜、黄曲条跳甲、甘蓝夜蛾、甜菜夜蛾、菜螟等。针对这些害虫，十字花科蔬菜害虫全程绿色防控的核心内容包括产前生产环境整体清洁，无虫育苗，棚室消毒，土壤消毒；产中在优化栽培管理、双网覆盖、黄板诱杀的基础上，配合生物或化学药剂综合防控；产后及时无害处理蔬菜带病虫残体。依据病虫发生的初始来源，病虫全程绿色防控重点是强调产前、产中、产后各项防治技术措施的有机结合和优化集成，做好病虫源头控制，尽量不让病虫发生，或发生很晚、很轻，真正实现“源头控制，预防为主，综合防控”。具体技术措施如下所述

1. 农业防治

对病虫发生严重的田块收获后及时清园，降低后茬病虫基数；采用深沟高厢栽培，可有效防止雨后田间积水，降低田间湿度；及时摘除病叶、病果或拔出病株，带出田间深埋或烧毁。合理轮作倒茬，十字花科蔬菜均有相同或相似的病虫害，因此蔬菜栽培最好进行轮作倒茬，在南溪区推广的菜-稻-菜水旱轮作模式能显著改善土壤理化性状，促进土壤养分转化，减少土壤中还原性有害物质，有效降低病原菌（虫）基数，更加有利于绿色和无公害蔬菜的生产；增施有机肥，增强植株抗病虫能力，减少病虫害发生；及时清洁田园，在播种或定植前，结合深翻整地，及时清除残枝败叶及病残体，铲除周边杂草，消灭病虫中间寄主，生产过程中晴天中午及时摘除病老残叶、残花等病残体，降低菌（虫）源基数，减少病虫危害。

2. 物理防治

（1）频振式杀虫灯诱杀害虫　频振式杀虫灯可广泛诱杀蔬菜地里的斜纹夜蛾、甜菜夜蛾、地下害虫等多种有飞翔能力的害虫成虫。每年4～10月，在蔬菜园中安置频振式杀虫灯，高度距地面1.2～1.5m，控制面积为1.3～2hm^2/台。

（2）性诱剂诱杀雄蛾　根据菜园靶标害虫种类选用不同的诱芯，一般每亩使用1～2个诱捕器，诱捕器底部高于作物20cm左右，30～40d更换一次诱芯。害虫大发生时，应在羽化高峰日后的3～5d内及时采取有效的生物或化学防治措施。

（3）色板诱杀害虫技术　黄板诱杀蚜虫等害虫。在田间安插黄板，高度略高于植株顶部，每亩放20～30块，当色板粘满虫子时，可涂黄油继续使用。

（4）防虫网阻隔害虫　利用防虫网，可有效防止蚜虫、夜蛾等多种害虫侵入十字花科蔬菜。防虫网是夏秋季蔬菜育苗的最佳选择。可在棚架上覆盖50目防虫网，把网棚的四周压紧，不留缝隙，防止小菜蛾、斜纹夜蛾、甜菜夜蛾等害虫进入棚内。在盖网棚之前要处理一次地下害虫，进出棚时及时关严棚门。

3. 生物防治

优先选用生物源农药防治小菜蛾、斜纹夜蛾，如用茴蒿素、苦皮藤素、印楝素、除虫菊素、武夷菌素等常规喷雾；用斜纹夜蛾核型多角体病毒防治斜纹夜蛾、小菜蛾颗粒体病毒防治小菜蛾等。

4. 科学实施化学防治

（1）合理选择农药种类　应用化学农药防治蔬菜病虫害，应选用高效、低毒、低残留农药，

如防治小菜蛾、斜纹夜蛾、甜菜夜蛾等，在低龄幼虫期用甲氨基阿维菌素苯甲酸盐、溴虫清、茚虫威、氟虫脲、灭幼脲、啶虫隆、乙基多杀菌素；防治蚜虫用吡虫啉、啶虫脒、吡蚜酮、溴氰菊酯；禁止使用高毒高残留农药。

（2）适时对症下药　依据蔬菜病虫害预测预报，在最佳防治期内及时准确用药防治。使用化学农药时，要严格实施达标防治（如斜纹夜蛾：每亩有初孵群集幼虫2～3窝；小菜蛾：苗期50头/百株以上，生长中期200头/百株以上，生长后期400头/百株以上）。

（3）严格执行农药安全间隔期　严格按照农药使用说明书规定的用药量、用药次数、用药方法，规范使用化学药剂，严格执行农药安全间隔期。

（4）科学合理使用化学农药　坚持按计量要求用药，克服长期单一用药，避免乱用、滥用农药；坚持轮换和交替使用农药，防止害虫产生抗药性；多种害虫同时发生时，采取合理混用，达到一次用药防治多种害虫的目的；根据天气状况灵活选用农药剂型和施药方法，以确保防效，如阴雨天气宜选用烟雾剂或粉尘剂。

二、蔬菜害虫绿色防控实施后的效果

蔬菜害虫绿色防控的技术措施实施后，取得了明显的成效。具体表现在：

（1）绿色防控的实施减少了化学农药的施用次数，节约了病虫害防治成本，提高了蔬菜产量和品质，增加了蔬菜经济价值，带来了可观的经济效益。蔬菜一季平均每亩减少施药4次，每亩节约农药成本40元，节约人工费40元；每亩增产25kg，每亩增收50元。

（2）绿色防控的推广在控制蔬菜农药残留、保障农产品质量安全方面发挥了积极的作用。南溪区每年每季度接受部、省、市蔬菜农药残留抽检，每批次抽检样品20余个，合格率为100%。

（3）实施绿色防控减少了化学农药污染，有利于保护自然天敌和土壤微生物群落，促进农田生态平衡，改善农业生态环境，有利于农业可持续发展，生态效益明显。示范区绿色防控技术到位率达到100%，防控效果达88%以上，减少化学农药使用量30%，蔬菜害虫发生减少，用药次数也相应减少，菜园的生态环境得到了明显的改善。其中有益昆虫增加、天敌种类增加，最终达到生产安全、质量安全和生态环境安全的“绿色防控”目的。

（4）品牌建设上台阶，南溪区推行蔬菜病虫绿色防控，提高了蔬菜品质，助推农业品牌建设，该区有18个蔬菜产品通过绿色产品认证，获准使用绿色食品标志。

三、启示

（1）南溪区实施的菜-稻-菜水旱轮作模式非常有利于绿色和无公害蔬菜的生产。南溪区能出产高品质的蔬菜，在于长期以来拥有一个稳定、高效、生态的稻菜轮作种植模式。稻菜轮作模式可以有效地减少土壤中的病害、虫害，同时保持土壤中营养元素的均衡，还有利于保持整个生态环境的平衡，因此造就了南溪蔬菜独特、优质的品质和风味。此种植模式值得在我国南方水源方便的蔬菜生产区推广。

（2）十字花科蔬菜害虫防控问题，归根结底是生态学问题，而生态学问题只能用生态学的方法去解决。十字花科蔬菜害虫绿色防控是按照“绿色植保”理念，多管齐下，采用农业防治、物理防治、生物防治与化学防治相结合，重点推广使用性诱剂、频振式杀虫灯、黄板、生物源农药及高效低毒低残留化学农药，从而达到有效控制蔬菜病虫害，确保蔬菜生产安全、农产品质量安全和农业生态环境安全，促进农业的增产增效。

案例6　江西省的作物病虫害统防统治和绿色防控相得益彰

近年来，为了推进农业绿色安全可持续发展进程，江西融合推进统防统治与绿色防控，在萍乡市等13个市县建立了水稻、蔬菜、棉花、柑橘、茶叶等5种作物病虫害专业化统防统治与绿色防控融合试点示范基地，大力推广专业化统防统治和绿色防控技术措施，强化两者协调配合应用，统防统治和绿色防控相得益彰。

各试点市县面向广大农民群众，通过举办专业防治与绿色防控技术培训、组织现场观摩和示范展示、深入试点示范基地现场指导等多种形式，推广专业化统防统治措施，普及“三生三诱”、农药安全使用等绿色防控技术。举办专业化统防统治与绿色防控技术室内培训班 40 余期，组织现场培训观摩 15 场次，培训种植大户、专业防治组织技术人员以及广大农户近 6000 人次，让受训对象亲自参与，并将培训课程贯穿于作物生长季节，激发了他们应用专业化统防统治与绿色防控融合技术的积极性，使广大干部群众在生产过程中自觉用生态平衡、综合治理的观念指导作物病虫害防治。

通过扎实的培训，在融合试点基地，江西省统一使用高效植保施药机械和绿色防控产品，全程示范应用专业化统防统治与绿色防控融合技术，辐射带动种植大户、广大农户接受并使用融合技术。例如，在水稻上，全程推进选用抗病品种防病、稻田耕沤治螟、性诱剂诱杀二化螟和稻纵卷叶螟、灯光诱杀害虫、生物农药防治病虫、科学合理使用化学农药防治病虫等六项技术；在蔬菜上，全程推进农业防治、“三诱”诱杀、防虫网预防、生物防治和科学用药等技术；在棉花上，全程推进选用转基因抗虫棉、轻简化育苗、物理诱杀、栽培管理、生物农药和高效对路农药等防病治虫技术；在柑橘上，全程推进冬季清园、健身栽培、改善生境、人工捕杀、物理诱杀、以螨治螨和科学用药等技术；在茶叶上，全程推进物理诱杀、生物防治、农业防治、生态调控和科学用药等技术。该融合模式在江西的水稻、蔬菜、棉花、柑橘、茶叶等 5 种优势作物上实现了全覆盖。

融合试点项目实施后，综合效益明显提高：防治效率提高 10 倍以上，农药利用率提高 10%以上，亩节约防治成本 20 元以上，示范基地比农户常规防治亩增产 45 千克以上，亩节本增收 150 元以上；避免了乱用药错用药、配重方施重药的情况出现，农产品农药残留不超标，生态环境明显改善，保障了农业生产和环境安全，也促进了江西的无公害农产品、绿色食品和有机食品基地建设。

有如下几点启示。

(1) 统防统治与绿色防控是植保技术的优良组合

农业供给侧改革，要求农产品要增加有效供给，即要生产出又多又好的农产品提供给市场，这就反过来促使植保技术必须要更加“绿色、安全和有效”。通过统防统治＋绿色防控融合的新模式，就能使统防统治和绿色防控相得益彰，实现 1＋1＞2 的效益，并且该融合模式在江西的水稻、蔬菜、棉花、柑橘、茶叶等 5 种优势作物上实现了全覆盖，有利于深入开展对病虫害的综合治理。

(2) 统防统治与绿色防控在生态原理上也是优良组合

通过统防统治＋绿色防控融合，实现了从以一个主要害虫（或病害）为对象，以一种作物为对象，到以整个地区为对象，制定整个农田的各种主要作物上的重要病虫害的综合防治措施，并将它们纳入整个农田的生产管理体系中去的转型升级。这将形成有害生物与天敌之间良好的食物链和食物网关系，对于进一步维持整个农田的生态平衡具有十分重要的意义。整个体系将会因此模式良好的生态效益而实现农药使用的减量增效，并有效控制农药残留，将病虫害发生为害控制在经济允许水平之下。

实践性教学模块

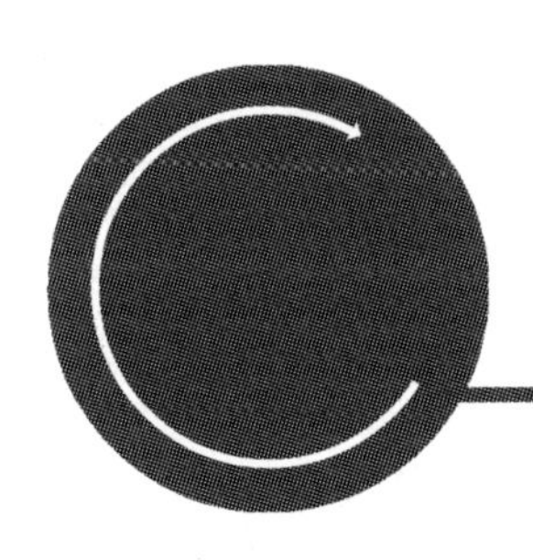

实验实训指导

实验实训1　昆虫外部形态与重要内部器官观察

一、目的要求

通过实验，熟悉昆虫体躯外部形态的基本构造和特征，区分昆虫纲与其他节肢动物，并识别口器、触角、足、翅及外生殖器等附器的基本构造及类型。观察重要内部器官的位置及形态。

二、材料及用具

材料：蝗虫、蝼蛄、蝽象、蝉、蝶类、蛾类、金龟甲、天牛、螳螂、家蝇、虻、蚊、蜜蜂、龙虱、蜘蛛、虾、蜈蚣、马陆等。

用具：解剖镜、放大镜、镊子、培养皿、大头针、解剖剪、蜡盘、蒸馏水等。

三、内容与方法

1. 观察节肢动物门蛛形纲、甲壳纲、多足纲的基本特征及与昆虫纲的区别。

体躯分节情况、翅的有无、体壁厚薄、足的对数等情况观察。

2. 观察体躯分段特点及整体特征，观察外骨骼包被虫体、躯体分节情况。

体分头、胸、腹三段，胸部分为前、中、后胸，腹部一般9～11节，少数节数减少。体外被外骨骼，具有保护功能。

3. 头、胸、腹各体段的附器构造及类型观察。

(1) 头部

① 口器类型及特点观察　分别以蝗虫和蝽象为例观察咀嚼式和刺吸式口器的构造。同时观察蝶类的虹吸式口器、蜜蜂的咀吸式口器、家蝇的舐吸式口器。

② 昆虫触角的基本构造及类型观察　用放大镜观察蜜蜂触角的柄节、梗节和鞭节的基本构造；对比观察其他昆虫触角的构造及类型。

(2) 胸部

① 昆虫足的基本构造及足的类型观察，并了解足的功能。观察蝗虫后足：基节、转节、腿

节、胫节、跗节和前跗节的构造；对比观察其他昆虫足的类型。

② 昆虫翅的构造及类型

构造观察：包括分区情况，翅缘，翅脉排列等。

翅的类型观察：复翅（蝗虫、蟋蟀、大青叶蝉的前翅）；鞘翅（金龟甲、天牛、象甲的前翅）；鳞翅（蝴蝶、蛾）；半鞘翅（蝽象的前翅）；膜翅（蝉、蜜蜂、蜻蜓）；平衡棒（蚊、蝇、虻后翅）。

（3）腹部　观察蝗虫雌雄外生殖器的构造，蟋蟀、蝼蛄的尾须形态。

附：昆虫内部器官解剖

以蝗虫为标本，沿背中线两侧剪开躯体直至下颚，注意剪尖上挑，防止破坏内脏。观察消化道、卵巢、马氏管，然后去掉消化道，去除多余肌肉和脂肪，观察腹面的神经索。

四、作业

1. 写出供试标本的触角、足、翅的类型。

序号	昆虫名称	触角类型	足的类型	翅的类型
1				
2				
3				
⋮				

2. 粘贴咀嚼式口器和解剖构造。
3. 绘制蝗虫体躯侧面图。

实验实训 2　昆虫生物学特性的观察

一、目的要求

了解昆虫的变态类型及昆虫的不同发育阶段，识别各虫态，包括卵、幼虫、蛹、成虫的形态特征，熟悉成虫的性二型及多型现象，为进一步识别昆虫奠定基础。

二、材料及用具

材料：家蚕、蝗虫、蝉、菜粉蝶、蝇类、叶甲、瓢虫等的生活史标本；各种昆虫卵的形态及排列形式；各种类型幼虫和蛹的标本。蚜虫、介壳虫类等成虫的性二型和多型现象标本。

用具：放大镜、解剖镜、镊子、培养皿等。

三、内容与方法

1. 观察蝗虫和家蚕等的生活史标本，并区分其变态类型。
2. 观察各种昆虫卵的形态、大小、颜色及花纹；散产还是聚产、卵块排列情况，有无保护物；产卵方式是裸露的还是隐蔽的及在生物学上的意义。
3. 若虫观察：比较蝽象、斑衣蜡蝉、蝗虫、蟋蟀、蚜虫等的若虫与成虫在形态上的异同。
4. 幼虫：观察实训材料中的幼虫形态特征，鉴别各属何种类型的幼虫。
5. 蛹：观察蝶、蛾、金龟甲、天牛、蝇类等蛹的形状、大小、颜色、臀刺和斑纹，判断各属何种类型的蛹。以及蛹外有无保护物等特征。
6. 观察实验材料中的成虫性二型标本及成虫多型现象。

四、作业

写出实训材料中幼虫、蛹各属何种类型。

实验实训3 直翅目、半翅目、同翅目代表科特征观察

一、目的要求

熟悉昆虫纲直翅目、半翅目、同翅目的特征，识别与生产有关的各主要科的特征。

二、材料及用具

材料：上述各目及各主要科的分类示范标本。
用具：放大镜、解剖镜、镊子、解剖针、培养皿等。

三、内容与方法

就供试标本按昆虫分类的依据，观察各目、科的特征，并鉴定出所属目、科。

1. 直翅目观察：观察蝗科、蝼蛄科、螽斯科、蟋蟀科触角的形状和长短，翅的质地和形状、口器类型、前足和后足的类型、产卵器的构造和形状，听器的位置及形状，尾须形态，找出各科发音器的位置。

2. 半翅目观察：蝽科、网蝽科、猎蝽科、盲蝽科、缘蝽科及其他供试蝽象类的口器、触角、翅的质地及膜区翅脉的形状，臭腺孔开口部位等。着重观察比较蝽科、缘蝽科、猎蝽科膜区上的翅脉区别。

3. 观察同翅目的蝉、叶蝉、飞虱、蚜虫、介壳虫的口器、前后翅的质地、前后足的类型及蝉的发音位置，蚜虫的腹管位置及形状，介壳虫的雌雄性二型现象等。

四、作业

1. 绘制飞虱和叶蝉的足、头部特征对比图。
2. 列出直翅目四科分类检索表。

实验实训4 鞘翅目、鳞翅目代表科特征观察

一、目的要求

熟悉鞘翅目、鳞翅目的特征，识别与生产密切相关的各主要科的特征。

二、材料及用具

材料：上述各目及各主要科的分类示范标本。
用具：放大镜、解剖镜、镊子、解剖针、培养皿等。

三、内容与方法

就供试标本按昆虫分类的依据，观察各目、科的特征，并鉴定出所属目、科。

1. 观察鞘翅目的步甲科、金龟科、小蠹科、吉丁甲科、叩头甲科、瓢甲科、天牛科、叶甲科、象甲科等前后翅的质地、口器形状和类型、触角形状和类型，足的类型，腹节节数、幼虫形态。并详细观察步行甲和金龟甲腹部第一节腹面腹板被后足基节窝分割的情况。

2. 观察鳞翅目：小地老虎翅的斑纹，天蛾卷曲的喙和幼虫的口器及胸部线纹。对比观察枯叶蛾科、卷叶蛾科、毒蛾科、夜蛾科、尺蛾科、灯蛾科、螟蛾科、刺蛾科、木蠹蛾科、透翅蛾科、粉蝶科、蛱蝶科、凤蝶科等昆虫触角的形状，翅的形状、斑纹、颜色。观察这些科幼虫的形态、大小、有无腹足及趾钩的着生情况，幼虫身上有无毛瘤、枝刺以及有无臭腺、毒腺以及着生位置等。

四、作业

1. 将供试标本按分科特征鉴定出所属科。
2. 列表区别供试标本的主要特征。

实验实训5　膜翅目、双翅目、脉翅目、缨翅目代表科观察，蜘蛛和螨类观察

一、目的要求

熟悉膜翅目、双翅目、脉翅目、缨翅目、蛛形纲的特征以及与生产有关的各主要科的特征。

二、材料及用具

材料：上述各目及各主要科的分类示范标本。
用具：放大镜、解剖镜、镊子、解剖针、培养皿等。

三、内容与方法

1. 膜翅目的观察：观察中后胸和腹部第一节是否缢缩，各种寄生蜂、蜜蜂、蚂蚁、胡蜂、蛛蜂、泥蜂等的触角形状，口器类型、翅脉变化情况，以及产卵器的形状。就供试标本按昆虫分类的依据，观察各目、科的特征，并鉴定出所属目、科。观察相对应的幼虫的形态、大小及腹足的有无和腹足数目。

2. 双翅目的观察：蚊、蝇、虻等标本，了解这些昆虫的口器类型、后翅变成的平衡棒的形式。了解幼虫形状、大小情况，以及头的特点等。

3. 脉翅目昆虫观察：以蚁蛉、草蛉为例观察脉翅目的脉相、质地，触角类型等。

4. 缨翅目昆虫观察：以蓟马为例观察其口器特点、翅的特征等。

5. 在体视解剖镜下观察棉花红蜘蛛、麦蜘蛛及大型蜘蛛，注意比较它们之间的形态特点及与昆虫的主要区别。

四、作业

1. 绘制草蛉或蚁蛉成虫图。
2. 列表说明供试标本主要形态特征。

实验实训6　植物病害主要症状类型的观察

一、目的要求

认识当地植物病害的症状类型，并对各类病害的典型症状有一深刻印象，以便在病害诊断中加以利用。了解植物病害的种类及多样性，充分认识病害对农业生产的危害性。

二、材料及用具

材料：当地植物主要病害症状的挂图、模型、多媒体课件。

稻瘟病、水稻白叶枯病、水稻细菌性条斑病、水稻纹枯病、水稻病毒病类、水稻恶苗病、玉米大斑病、棉花黑斑病、大麦条纹病、大葱或大蒜紫斑病、花生网斑病、番茄早疫病、十字花科霜霉病、甘薯黑斑病、马铃薯晚疫病、棉苗立枯病、棉花枯萎病、棉花黄萎病、花生和茄科植物青枯病、烟草花叶病、小麦黄矮病、瓜类和十字花科及茄科植物的病毒病、十字花科根肿病、马铃薯癌肿病、花生根结线虫病、油菜白锈病、番茄蕨叶病、玉米黑粉病、小麦粒线虫病、麦类白

粉病、麦类黑粉病、甘薯软腐病、柑橘青霉病、棉花炭疽病、麦类赤霉病、油菜菌核病、泡桐丛枝病、十字花科细菌性软腐病和棉花角斑病、幼苗立枯病和猝倒病等植物病害的盒装标本、瓶装液浸标本及新鲜标本。

用具：放大镜、显微镜、实体解剖镜、镊子、挑针、培养皿、解剖刀、贮水滴瓶、盖玻片、载玻片、搪瓷盘等。

三、内容与方法

1. 病状的观察

(1) 变色　变色主要有两种类型，一种表现为花叶，病株叶片色泽浓淡不均，深绿与浅绿部分相间夹杂，一般遍及全株，上部叶片较为显著；另一种为黄化，是整个植株或叶片部分或全部地均匀褪绿、变黄。多数伴有整株或部分的畸形。花叶和黄化均无病症表现。比较观察烟草花叶病、小麦黄矮病以及瓜类、十字花科和茄科植物的病毒病病状，注意每一种病害的病状特点。

(2) 斑点　斑点类病状发生在叶、茎、果等部位，发病组织局部坏死，一般有明显的边缘。斑点中还可以伴生轮纹等，根据病斑的颜色、形状、大小等特点而分为褐斑、黑斑、紫斑、角斑、条斑、大斑、小斑、胡麻斑、轮纹斑等多种类型。观察玉米大斑病、棉花角斑病、棉花黑斑病、大麦条纹病、大葱或大蒜紫斑病、花生网斑病、番茄早疫病、十字花科霜霉病等标本，注意不同类型病害所表现病斑的形状、大小、颜色等的异同以及病斑上有无轮纹伴生，同时注意观察各类病斑上有无病征以及病征的特点。

(3) 腐烂　腐烂类病状可发生在植物的各个部位，根据腐烂的部位，有根腐、基腐、茎腐、果腐、花腐、穗腐等名称，由于病组织分解的程度不同，有软腐、干腐之分，此外，还有各种颜色变化的特点，如白腐、褐腐、黑腐等。观察甘薯黑斑病、马铃薯晚疫病、甘薯软腐病、麦类赤霉病、十字花科细菌性软腐病等病害标本，掌握这类病害的病状特点，并且认识该类病害对植物所造成的严重危害。观察幼苗立枯病和猝倒病、茎基病病部颜色，以及有无腐烂和缢缩。

(4) 萎蔫　萎蔫病状是植物根、茎的维管束组织受到破坏而发生的叶片或枝条萎垂现象。在发病初期往往有半边叶片、半个枝条萎垂的现象。对于萎蔫类病害病状的观察应以新鲜标本为主，有条件时最好在田间进行。观察棉花枯萎病、棉花黄萎病、花生和茄科植物青枯病等标本，注意叶片是否保持绿色，局部还是全株发生萎蔫，区别枯萎、黄萎、青枯等病状类型，进一步可以解剖病株茎秆，与正常植株茎秆对比，观察维管束是否褐变。

(5) 畸形　畸形类病状系不同组织、器官的病变所致，如叶片的膨肿、皱缩、小叶、蕨叶；果实的缩果及其他畸形；全株的徒长、矮缩；瘤、瘿、癌、丛枝和发根也是常见的畸形病状。观察桃缩叶病、十字花科根肿病、马铃薯癌肿病、花生根结线虫病、油菜白锈病、番茄蕨叶病、泡桐丛枝病、玉米黑粉病、小麦粒线虫病、水稻恶苗病等病害的标本，与健株有何不同？归纳各类标本的病状类型。

2. 病征的观察

(1) 粉状物　通过放大镜或实体解剖镜观察麦类锈病、十字花科白锈病、麦类白粉病、玉米黑粉病和麦类黑粉病等病害标本，注意粉状物的颜色、质地和着生状况等。

(2) 霉状物　借助放大镜或实体解剖镜观察黄瓜霜霉病、甘薯软腐病、柑橘青霉病、番茄灰霉病等病害标本或瓶装标本。注意病部霉状物的颜色及疏密程度，区别霜霉、黑霉、绵霉、青霉和灰霉等不同类型的霉状物。

(3) 颗粒状物　借助放大镜或实体解剖镜观察小麦白粉病、棉花炭疽病、棉花茎枯病和麦类赤霉病等病害标本，注意颗粒状物是埋生、半埋生还是表生，以及颗粒状物的大小、颜色，在寄主表面的排列有无规律？疏密程度如何？

(4) 菌核　观察油菜或油葵菌核病和水稻纹枯病等病害标本，注意菌核的大小、形状、颜色、质地等，并注意观察菌核萌发状况。

(5) 脓状物　脓状物为细菌性病害所特有的病征。观察水稻白叶枯病、水稻细菌性条斑病、十字花科细菌性软腐病、花生和茄科植物青枯病、棉花角斑病等病害标本，注意脓状物的颜色、出现位置，干燥后形成菌膜的特征等。用剪刀将水稻白叶枯病病组织剪成$4mm^2$的小块，放于载玻片上，加一滴水，盖上盖玻片，在显微镜下观察或直接用载玻片对光观察喷菌现象。

注意：病毒病以及非侵染性病害无以上病征表现。

四、作业

1. 将上述病害标本的发病部位、病状类型和病征类型填入下表。

植物病害症状观察表

病害名称	发病部位	病状类型	病征类型

2. 症状在植物病害诊断上有什么作用？
3. 植物病害对农业生产的危害性如何？

实验实训7　鞭毛菌亚门、接合菌亚门所属代表菌及所致典型病害标本的观察

一、目的要求

通过本实验了解鞭毛菌亚门和接合菌亚门的主要形态特征，掌握与植物病害有关的重要属的基本形态特征、分类依据及其所致病害的症状特点。

二、材料及用具

材料：芸薹根肿菌、玉米节壶菌、稻绵霉菌、瓜果腐霉菌、马铃薯晚疫病菌、黄瓜霜霉病菌、十字花科植物霜霉病菌、白锈菌、甘薯软腐病菌等。上述病菌所致病害的相关标本。

用具：显微镜、擦镜纸、装有浮载剂的滴瓶、挑针、刀片、载玻片、盖玻片、纱布、挂图、幻灯片等。

三、内容与方法

1. 鞭毛菌亚门特征观察

鞭毛菌亚门无性繁殖产生游动孢子，游动孢子具鞭毛。

(1) 根肿菌纲（Plasmodiophoromycetes）　游动孢子前端生有两根长短不等的尾鞭。

根肿菌属（*Plasmodiophora*）。观察白菜根肿病标本，可看到植物受害后根部粗而肿大，形成肿根。镜检芸薹根肿菌（*P. brassicae*）的切片，观察其休眠孢子堆是否呈鱼卵块状。

(2) 壶菌纲（Chytridiomycetes）　游动孢子后端有一根尾鞭。

节壶菌属（*Physoderma*）。观察玉米褐斑病标本，注意寄主产生的稍隆起黄色病斑。镜检玉米节壶菌的切片，观察其扁球形黄褐色的休眠孢子囊，有囊盖，萌发时释放出多个游动孢子。

(3) 卵菌纲（Oomycetes）　游动孢子有一根尾鞭和一根茸鞭。

① 水霉目（Saprolegniales）　具有两游现象，藏卵器内有一至多个卵孢子。

绵霉属（*Achlya*）。镜检稻绵霉（*A. oryzae*）切片，观察其孢子囊是否为棍棒形，着生在菌丝顶端，孢子释放时聚集在囊口附近，很快就形成休止孢。

② 霜霉目（Peronosporales）　游动孢子没有两游现象，藏卵器中只有一个卵孢子。

腐霉属（*Pythium*）。镜检瓜果腐霉（*P. aphanidermatum*）切片，观察其孢囊梗是否呈菌丝

状，孢子囊球状或裂瓣状，萌发时产生泡囊。主要引起多种作物幼苗猝倒及瓜果腐烂。

疫霉属（*Phytophthora*）。观察马铃薯晚疫病标本，注意症状特点，特别要注意叶片上病斑的大小、颜色，边缘是否清楚，是否产生灰白色的霉层（特别是叶背面）。镜检病菌切片，观察其孢囊梗分枝的特点及游动孢子囊的形状。

霜霉属（*Peronospora*）。观察十字花科霜霉病标本，注意为害部位及霉层的着生位置和颜色等。镜检观察寄生霜霉菌（*P. parasitica*）孢囊梗的形态，注意孢囊梗分枝特点及分枝末端的特征。

假霜霉属（*Pseudoperonospora*）。观察黄瓜霜霉病标本，注意为害部位及症状特点，镜检古巴霜霉（*P. cubensis*）玻片标本，注意孢囊梗分枝特点及分枝末端的特征。

白锈属（*Albugo*）。观察十字花科植物白锈病标本，注意为害部位和症状特征，病部是否有乳白色疱斑。镜检白锈菌（*A. candida*）玻片标本，注意孢囊梗的排列方式和孢子囊是否串生。

2. 接合菌亚门

无性孢子为孢囊孢子，孢囊孢子无鞭毛。

根霉属（*Rhizopus*）。菌丝发达，有分枝，菌丝分化出匍匐丝和假根；孢囊梗单生或丛生，与假根对生，孢囊梗顶端着生球状的孢子囊；孢子囊成熟后释放孢囊孢子；接合孢子近球形，黑色，有瘤状突起。观察甘薯软腐病标本，注意受害甘薯表面是否有白色毛状物生出。在白色毛状物中是否有小黑点。

四、作业

1. 绘制霜霉属和白锈属的形态特征图，并注明各部位的名称。
2. 绘制根霉属的形态特征图，并注明各部位的名称。
3. 简述水霉目和霜霉目形态特征的主要区别。

实验实训8　子囊菌亚门、担子菌亚门所属代表菌所致典型病害标本的观察

一、目的要求

通过本实验了解子囊菌亚门和担子菌亚门的形态特征和分类概况，掌握与植物病害有关的重要属的形态特征、分类依据及其所致病害的症状特点。

二、材料及用具

材料：桃缩叶病菌、瓜类白粉病菌、麦类白粉病菌、甘薯黑斑病菌、小麦赤霉病菌、小麦全蚀病菌、梨黑星病菌、油菜菌核病菌、小麦散黑粉病菌、高粱或玉米丝黑穗病菌、小麦腥黑穗病菌、小麦秆黑粉病菌、小麦条锈病菌等。上述病菌所致病害的相关标本。

用具：显微镜、擦镜纸、装有浮载剂的滴瓶、挑针、刀片、载玻片、盖玻片、纱布、挂图、幻灯片等。

三、内容与方法

1. 子囊菌亚门

有性孢子为子囊孢子。

(1) 半子囊菌纲（Hemiascomycetes）　不产生子囊果，子囊裸生。

外囊菌属（*Taphrina*）。子囊平行排列在寄主表面，呈长圆筒形，不形成子囊果；子囊孢子以芽殖方式产生芽孢子。外囊菌侵染植物后常引起叶片皱缩、枝梢丛生和果实畸形等症状，观察桃缩叶病菌（*T. deformans*）的玻片标本，注意观察裸生的子囊及其内部的子囊孢子。

(2) 核菌纲（Pyrenomycetes）　子囊果是闭囊壳，子囊有规律地排列在闭囊壳基部或子囊果

是子囊壳。

① 白粉菌目（Erysiphales） 子囊果是闭囊壳，子囊有规律地排列在闭囊壳基部。

白粉菌属（*Erysiphe*）。闭囊壳内有多个子囊，子囊有规则地排列在闭囊壳的基部。附属丝菌丝状。无性繁殖产生的分生孢子串生，覆盖在寄主表面呈现白粉状。观察二胞白粉菌（*E. cichoracearum*）的玻片标本，注意观察闭囊壳、附属丝的形状特征，以及闭囊壳内子囊和子囊孢子的数目及形态特征。

布氏白粉属（*Blumeria*）。闭囊壳内有多个子囊，附属丝呈短菌丝状，不发达，分生孢子梗基部膨大呈近球形。观察小麦白粉病菌（*B. graminis*）的玻片标本，注意观察闭囊壳、附属丝的形状特征，闭囊壳内子囊、子囊孢子的数目及形态特征。

② 球壳菌目（Sphaeriales） 子囊果是子囊壳。

长喙壳属（*Ceratocystis*）。子囊壳具长颈，子囊散生在子囊壳内，子囊之间无侧丝，子囊孢子卵圆形、椭圆形、肾形、钢盔状。子囊壁早期溶解。观察甘薯黑斑病菌（*C. fimbita*）的玻片标本，注意观察子囊壳、子囊孢子以及厚垣孢子的形态特征。

赤霉属（*Gibberella*）。子囊壳单生或群生于子座上，子囊壳壁蓝色或紫色。子囊棍棒状，有8个子囊孢子。子囊孢子梭形，2～4个隔膜。观察小麦赤霉病菌（*G. zeae*）的玻片标本，注意观察子座、子囊壳的形状、颜色、质地及着生状况，以及子囊和子囊孢子的形态特征和排列情况。

顶囊壳属（*Gaeumannomyces*）。子囊壳埋生于基质内，顶端有短的喙状突起，子囊棍棒状，有8个子囊孢子，壁易消解，子囊孢子细线状，多细胞。观察小麦全蚀病菌（*G. graminis*）的玻片标本，注意观察子囊壳的形状，以及子囊和子囊孢子的形态特征。

（3）腔菌纲（Loculoascomycetes） 子囊果是子囊腔。

黑星菌属（*Venturia*）。假囊壳埋生于寄主表皮下，孔口处有少数黑色、多隔的刚毛。子囊长圆筒形，平行排列，有拟侧丝。内有8个子囊孢子，椭圆形，双细胞大小不等。观察梨黑星病菌（*V. pyrina*）的玻片标本，注意观察假囊壳、子囊和子囊孢子的形态特征。

（4）盘菌纲（Discomycetes） 子囊果为子囊盘。

核盘菌属（*Sclerotinia*）。菌丝体可形成鼠粪状的菌核，菌核萌发产生子囊盘，子囊盘具长柄。子囊圆筒形或棍棒状，子囊孢子椭圆形或纺锤形，单细胞。注意观察油菜菌核病菌（*S. sclerotiorum*）的玻片标本，子囊盘的形态特征，子囊、侧丝及子囊孢子的形态特征。

2. 担子菌亚门

有性孢子是担孢子。

（1）黑粉菌目（Ustilaginales） 担孢子直接产生在无小梗的先菌丝上，不能弹出。

黑粉菌属（*Ustilago*）。冬孢子堆黑褐色，成熟时呈粉状，冬孢子散生，近球形，单胞，壁光滑或有纹饰，萌发产生有隔担子，担孢子顶生或侧生，有些种的冬孢子可直接产生芽管而不是先菌丝，因而不产生担孢子。观察小麦散黑粉菌（*U. tritici*）的玻片标本，注意观察冬孢子及冬孢子萌发的特点。

轴黑粉菌属（*Sphacelotheca*）。冬孢子堆中间有由寄主维管束残余组织形成的中轴，孢子堆由菌丝体组成的包被包围着。其余特征与黑粉菌属相似。观察玉米丝黑穗病菌（*S. reiliana*）玻片标本，注意观察冬孢子及冬孢子萌发的特点。

腥黑粉菌属（*Tilletia*）。冬孢子堆通常产生在植物的子房内，有腥味，孢子萌发产生无隔的先菌丝，顶生成束的担孢子。观察小麦网腥黑粉菌（*T. caries*）玻片标本，注意观察冬孢子的形态特征，初菌丝和担孢子的形态特点，担孢子是否呈“H”形。

条黑粉菌属（*Urocystis*）。冬孢子结合成外有不孕细胞的孢子球，冬孢子褐色，不孕细胞无色。观察小麦秆黑粉病菌（*U. tritici*）的玻片标本，注意观察冬孢子形成的孢子球和不孕细胞。

（2）锈菌目（Uredinales） 担孢子着生在先菌丝产生的小梗上，释放时可以强力弹射。

柄锈菌属（*Puccinia*）。冬孢子双细胞，深褐色，有短柄，椭圆形；性孢子器球形；锈孢子器杯状或筒状，锈孢子单细胞，球形或椭圆形；夏孢子黄褐色，单细胞，近球形，壁上有微刺，单生，有柄。观察小麦秆锈病菌（*P. graminis* f. sp. *tritici*）玻片标本，注意观察冬孢子和夏孢子的形态特征及两者的区别。

四、作业

1. 绘制布氏白粉属和赤霉属的形态特征图，并注明各部位的名称。
2. 绘制腥黑粉菌属和柄锈菌属的形态特征图，并注明各部位的名称。
3. 简述锈菌目和黑粉菌目之间的主要区别。

实验实训9　半知菌亚门所属代表菌所致典型病害标本的观察

一、目的要求

通过本实验了解半知菌亚门的形态特征和分类概况，掌握与植物病害有关的重要属的形态特征、分类依据及其所致病害的症状特点。

二、材料及用具

材料：稻纹枯病菌、棉黄萎病菌、柑橘青霉病菌、稻瘟病菌、花生褐斑病菌、玉米小斑病菌、玉米大斑病菌、梨黑星病菌、小麦赤霉病菌、苹果炭疽病菌、芹菜斑枯病菌等。上述病菌所致病害的相关标本。

用具：显微镜、擦镜纸、装有浮载剂的滴瓶、挑针、刀片、载玻片、盖玻片、纱布、挂图、幻灯片等。

三、内容与方法

1. 丝孢纲（Hyphomycetes）

分生孢子不产生在分生孢子盘或分生孢子器内。

丝核菌属（*Rhizoctonia*）。菌丝纠结形成菌核，菌核褐色或黑色，内外颜色一致，表面粗糙。菌丝无色至褐色，多为直角分枝，靠近分枝处有隔膜，分枝处有缢缩。观察水稻纹枯病菌（*R. solani*）的菌丝形态。

粉孢属（*Oidium*）。菌丝生于寄主表面。分生孢子梗短小无隔，分生孢子串生、无色、单胞。观察小麦白粉病的标本，注意叶片表面上的白色粉状物；挑取少许粉状物制片镜检观察，观察小麦白粉病菌（*O. moniliodes*）的分生孢子。

轮枝孢属（*Verticillium*）。分生孢子梗直立、无色，呈轮状分枝。分生孢子卵形或椭圆形，单胞。观察引起棉花黄萎病的大丽轮枝菌（*V. dahliae*）。

青霉属（*Penicillium*）。分生孢子梗直立，顶端形成一至数个帚状分枝，分枝顶端串生分生孢子。分生孢子圆形或卵圆形，无色。观察柑橘青霉菌（*P. italicum*）分生孢子梗及分生孢子。

曲霉属（*Aspergillus*）。分生孢子梗顶端膨大成球形，其上着生放射状排列的瓶状小梗，分生孢子串生在小梗上，单细胞，无色或淡色，圆形。观察米曲霉菌（*A. oryzae*）的分生孢子梗与分生孢子。

梨孢属（*Pyricularia*）。分生孢子梗无色，不分枝，分生孢子梨形，有2～3个细胞。观察稻瘟病菌（*P. oryzae*）分生孢子梗和分生孢子的形态。

尾孢属（*Cercospora*）。分生孢子梗黑褐色，不分枝，分生孢子线形或鞭形，无色或暗色，多细胞。观察花生褐斑病菌（*C. personata*）的分生孢子梗与分生孢子。

蠕孢菌。主要有3个属，共同点是：分生孢子梗褐色，合轴式延伸，有曲膝状弯曲，分生孢子单生，多细胞，淡色至暗色。不同点：内脐蠕孢属（*Drechslera*）分生孢子脐点凹陷在基细胞内，典型种如引起大麦条纹病的大麦条纹病菌（*D. graminea*）；平脐蠕孢属（*Bipolaris*）分生孢子梭形，脐点与基细胞平截，典型种如引起玉米小斑病的玉蜀黍平脐蠕孢（*B. maydis*）；突脐蠕孢属（*Exserohilum*）分生孢子梭形、圆筒形，脐点明显突出于基细胞外，典型种如引起玉米大斑病的玉米大斑病菌（*E. turcicum*）。观察引起玉米小斑病的玉蜀黍平脐蠕孢菌、引起玉米大斑病的大斑病突脐蠕孢菌、引起大麦条纹病的大麦条纹病菌，比较3个属的分生孢子的形态特征。

黑星孢属（*Fusicladium*）。分生孢子梗黑褐色，分生孢子脱落后在分生孢子梗上有明显的孢子痕。分生孢子深褐色，椭圆形至梨形，1～2个细胞。观察梨黑星病菌（*F. virescens*）的分生孢子梗和分生孢子。

镰孢属（*Fusarium*）。分生孢子梗着生在分生孢子座上。大型分生孢子多细胞，镰刀形，小型分生孢子单细胞，卵圆形。观察小麦赤霉病菌（*F. graminearum*）大型分生孢子和小型分生孢子形态特征。

2. 腔孢纲（Coelomycetes）

炭疽菌属（*Colletotrichum*）。分生孢子产生在分生孢子盘内。分生孢子盘有时有具分隔、黑褐色的刚毛。分生孢子梗较短。分生孢子长椭圆形或月牙形，无色，单胞。观察苹果炭疽病菌（*C. gloeosporioides*）分生孢子盘、有无刚毛、分生孢子梗和分生孢子的形态特征。

壳针孢属（*Septoria*）。分生孢子器球形。分生孢子针形或线形，多细胞，无色，直或微弯。观察芹菜斑枯病菌（*S. apii*）的分生孢子器和分生孢子的形态特征。

四、作业

1. 绘制梨孢属形态特征图，并注明各部位的名称。
2. 绘制炭疽菌属的形态特征图，并注明各部位的名称。
3. 简述丝孢纲植物病原真菌的形态特征。

实验实训10　植物侵染性病害的病原原核生物、线虫和寄生性种子植物的观察

一、目的要求

通过本实验了解植物病原原核生物、线虫和寄生性种子植物的形态特征和分类概况，掌握与植物病害有关种类的形态特征及其所致病害的症状特点。

二、材料及用具

材料：病原原核生物、线虫和寄生性种子植物病害的标本等。

用具：显微镜、擦镜纸、滴瓶、挑针、刀片、载玻片、盖玻片、纱布、挂图、幻灯片等。

三、内容与方法

1. 病原原核生物

（1）薄壁菌门（Phylum Gracilicutes）　细胞壁薄，厚度为7～8nm，细胞壁中肽聚糖含量少，属于革兰阴性菌。

假单胞菌属（*Pseudomonas*）。菌体短杆状，直或略弯，大小为（0.5～1.0）μm×（1.5～5.0）μm，一至数根鞭毛极生。G^-，菌落圆形、隆起、灰白色。常见症状为萎蔫、枯萎、溃疡、软腐、叶斑、肿瘤等。

黄单胞菌属（*Xanthomonas*）。菌体短杆状，单鞭毛，极生，G^-，大小为（0.4～0.6）μm×（1.0～2.9）μm。菌落圆形、隆起、蜜黄色，产生黄单胞菌色素。常见症状为坏死、萎蔫。观察由稻黄单胞菌水稻致病变种 *X. oryzae* pv. *oryzae* 引起的稻白叶枯病，叶缘有波纹状黄白色病斑，心叶青枯，卷曲，幼苗凋萎。

土壤杆菌属（*Agrobacterium*）。菌体短杆状，大小为（0.6～1.0）μm×（1.5～3.0）μm，鞭毛1～4根，周生或侧生。G^-，菌落为圆形，光滑，隆起，灰白色至白色，不产生色素。常见症状为肿瘤、畸形。观察根癌土壤杆菌（*A. tumefaciens*）引起的桃树根癌肿病，病株基部形成大小不等的肿瘤。

（2）厚壁菌门（Phylum Firmicutes） 细胞壁含肽聚糖量高，G^+。

棍状杆菌属（*Clavibacter*）。菌体短杆状，直或微弯，大小为（0.4～0.75）μm×（0.8～2.5）μm，无鞭毛，G^+，菌落圆形，隆起，不透明，多为灰白色。常见症状为萎蔫、蜜穗、花叶。如密执安棍形杆菌环腐致病亚种 *C. michiganensis* subsp. *sepedonicum* 引起的马铃薯环腐病，薯块内部环状腐烂，植株受害后生长迟缓，地上部矮缩、分枝减少，叶片变小、叶色发黄。

链霉菌属（*Streptomyces*）。菌体分枝如细丝状，G^+，无鞭毛，菌落圆形、紧密，多为灰白色。常见症状为矮化、疮痂、坏死等。观察疮痂链霉菌 *S. scabies* 引起的马铃薯疮痂病，病菌侵害马铃薯块茎后在薯块表皮上形成细小、隆起的瘤状疮痂。

（3）软壁菌门（Phylum Tenericutes） 菌体无细胞壁。

支原体属（*Phytoplasma*）。菌体没有细胞壁，形态多为圆形、椭圆形、哑铃形，大小为80～1000nm。常见症状为叶片褪绿黄化、植株矮化、丛枝、花器叶片化、果实畸形。如泡桐丛枝病、枣疯病等。

螺原体属（*Spiroplasma*）。菌体螺旋形，繁殖时可产生分枝，分枝亦呈螺旋形。菌落很小，呈煎蛋状。常造成枝条直立，节间缩短，叶变小，丛生枝或丛芽，树皮增厚，植株矮化，且全年可开花，但结果小而少，畸形。如柑橘僵化病。

2. 植物病原线虫

粒线虫属（*Anguina*）。雌虫和雄虫均为蠕虫形，虫体肥大较长，雌虫稍粗长，通常大于1mm。垫刃型食道，口针较小。雌虫往往两端向腹面卷曲，单卵巢；雄虫稍弯，但不卷曲，交合伞长，但不包到尾尖，交合刺粗而宽。多寄生在禾本科植物的地上部，在茎、叶上形成虫瘿(gall)，或者为害子房形成虫瘿。观察小麦粒线虫（*A. tritici*）的形态特征。

茎线虫属（*Ditylenchus*）。雌虫和雄虫均为蠕虫形，虫体纤细；垫刃型食道，口针细小。雌虫前生单卵巢，卵母细胞1～2行排列，阴门在虫体后部；雄虫交合伞达尾长的3/4处，不包至尾尖。雌虫和雄虫尾为长锥状，末端尖锐，侧线4～6条。茎线虫属全部为迁徙性内寄生线虫，可以为害地上部的茎叶和地下的根、鳞茎和块根等，引起寄主组织的坏死和腐烂。观察甘薯茎线虫病的形态特征。

根结线虫属（*Meloidogyne*）。雌雄异型，雄虫蠕虫形，尾短，无交合伞，交合刺粗壮；雌虫成熟后呈梨形，双卵巢，阴门和肛门在虫体后部，阴门周围的角质膜形成特征性的花纹即会阴花纹。根结线虫属受害植物的根部肿大，形成瘤状根结，雌虫的卵全部排出体外进入卵囊中，成熟雌虫的虫体不形成胞囊。观察南方根结线虫（*M. incognita*）或其他种的雌、雄虫的形态特征及雌虫的会阴花纹。

胞囊线虫属（*Heterodera*）。又称异皮线虫属。雌雄异型，成熟雌虫膨大呈柠檬状、梨形，前生双卵巢，发达，阴门和肛门位于尾端，有突出的阴门锥，阴门裂两侧为双半膜孔，雌虫成熟后，卵一部分排出体外胶质的卵囊中，另一部分保存在体内，体壁角质层变厚、褐化，这种内部具有卵的雌虫称作胞囊（cyst）；雄虫为蠕虫形，雄虫尾短，末端钝圆，无交合伞。观察大豆胞囊线虫（*H glycines*）的雌、雄虫的形态特征。

滑刃线虫属（*Aphelenchoides*）。雌虫和雄虫均为蠕虫形，滑刃型食道，口针较长。雄虫尾端弯曲呈镰刀形，尾尖有4个突起，交合刺强大，呈玫瑰刺状，无交合伞。雌虫尾端不弯曲，从阴门后渐细，单卵巢。观察引起水稻干尖线虫病的贝西滑刃线虫（*A. besseyi*）的形态特征。

3. 寄生性种子植物

菟丝子属（*Cuscuta*）。菟丝子又称金钱草，是攀缘寄主的一年生草本植物，没有根和叶，或叶片退化成鳞片状，无叶绿素，为全寄生。茎为黄色丝状与寄主接触处长出吸盘（haustorium），侵入寄主体内。花小，白色至淡黄色，头状花序。蒴果球状，有种子2～4枚。种子小，卵圆形，黄褐色至黑褐色，表面粗糙。观察引起大豆菟丝子病害的中国菟丝子（*C. chinensis*）的形态特征。

列当属（*Orobanche*）。列当是一年生草本植物。茎单生或少有分枝，直立，高度不等，黄色至紫褐色，叶片退化为短而尖的鳞片状，没有叶绿素和真正的根，根退化成吸根，以吸器与寄主植物根部的维管束相连，为全寄生，穗状花序，花冠筒状，白色或紫红色，也有米黄色和蓝紫色等。球状蒴果，有种子500～2000枚。种子极小，卵圆形，深褐色。观察侵染瓜类、番茄等的埃及列当（*O. aegyptica*）的形态特征。

四、作业

1. 绘制黄单胞菌属形态特征图并注明各部位的名称。
2. 绘制粒线虫属的形态特征图。
3. 简述根结线虫属和胞囊线虫属二者的主要区别。

实验实训11　当地主要天敌昆虫种类和其他食虫动物的识别

一、目的要求

通过观察当地主要天敌昆虫种类和其他食虫动物种类的形态特征，能认识当地主要天敌昆虫种类和其他食虫动物种类，掌握当地主要天敌昆虫种类和其他食虫动物的识别要点，为开展生物防治打下良好的基础。

二、材料及用具

材料：

① 常见捕食性天敌昆虫标本　螳螂、蜻蜓、猎蝽、盲蝽、虎甲、步甲、食虫虻、食蚜蝇、七星瓢虫、草蛉等。

② 常见寄生性天敌昆虫标本　蚜茧蜂、姬蜂、赤眼蜂、寄蝇等。

③ 其他食虫动物标本　鸟类：红脚隼、大杜鹃、啄木鸟、山雀和家燕；两栖动物：蟾蜍、青蛙。

用具：体视显微镜、放大镜、镊子、挑针、培养皿、盖玻片、载玻片等。昆虫挂图、彩色照片、VCD光盘、多媒体课件等。

三、内容与方法

1. 观察常见捕食性天敌昆虫各虫态的特征

观察螳螂、蜻蜓、猎蝽、盲蝽、虎甲、步甲、食虫虻、食蚜蝇、七星瓢虫、草蛉各虫态的区别。

2. 观察常见寄生性天敌昆虫各虫态的特征

观察蚜茧蜂、姬蜂、赤眼蜂、寄蝇各虫态的区别。

3. 观察其他食虫动物的特征

观察鸟类：红脚隼、大杜鹃、啄木鸟、山雀和家燕；两栖动物：蟾蜍、青蛙各个发育阶段的区别。

4. 观察当地其他天敌昆虫种类和其他食虫动物种类的形态特征。

四、作业

1. 绘制当地常见捕食性天敌昆虫形态特征图，并采制标本。
2. 绘制常见寄生性天敌昆虫形态特征图，并采制标本。
3. 绘制其他食虫动物天敌昆虫形态特征图，并采制标本。

4. 比较当地常见捕食性天敌昆虫的区别。
5. 蚜茧蜂、姬蜂、赤眼蜂、寄蝇识别要点是什么？

实验实训12　农药剂型观察及质量检测

一、目的要求

了解农药常见剂型的特性和简易质量检测方法。

二、材料及用具

材料：当地常用的杀虫剂、杀螨剂、杀菌剂、颗粒剂、可湿性粉剂、粉剂、乳油、胶悬剂、水分散粒剂等。

用具：酒精灯、牛角勺、试管、烧杯、量筒、玻璃棒、吸管、天平、显微镜、洗衣粉等。

三、内容与方法

1. 常用农药性状观察

观察所给农药的物态、颜色、气味（注意不要把鼻子对准瓶口吸气，可用手轻轻在瓶口扇动分辨农药的气味）以及在水中的反应，乳油遇水呈乳白色，水乳剂加水不变色。

2. 农药质量的简易测定

(1) 粉剂与可湿性粉剂　取少量粉剂药粉观察其颗粒细度，洒在水面上看粉粒漂浮时间长短。颗粒粗者质量较差，细者质量较好。粉剂不溶于水，在水面漂浮一段时间后要沉入杯底。搅动时不会产生大量泡沫。另取5g可湿性粉剂倒入盛有200mL水的量筒内，轻轻搅动，30min后观察药液的悬浮情况。沉淀越少，药粉质量越好。在上述悬浮液中加入0.2～0.5g洗衣粉，充分搅拌，观察其悬浮性是否改善。

(2) 乳油质量检查　将乳油2～3滴滴入盛有清水的试管中，轻轻振荡，观察油水融合是否良好，稀释液是否成半透明或乳白色均匀液体，其中，有无油层漂浮或沉积，不出现油层的表明乳化性良好。另取乳油稀释液一滴，在显微镜下观察水中油滴大小和分布情况，如果油滴大小一致，直径在10μm以下，在水中分布均匀，表明乳化性良好。

(3) 水分散粒剂的检测　取水分散粒剂少量，放入盛有清水的烧杯中，观察其崩解情况，崩解快，30s内崩解溶于水中，质量好；崩解慢或不崩解，质量较差。

四、作业

1. 列表记述所给农药的剂型、物态、颜色、气味等。
2. 观察粉剂、可湿性粉剂以及水分散粒剂、乳油等剂型的质量，并记述其结果。

实验实训13　地下害虫的识别

一、目的要求

了解当地主要地下害虫种类，学会识别当地主要地下害虫，并初步掌握防治技术。

二、材料及用具

材料：大黑鳃金龟、华北蝼蛄、小地老虎等本地常见地下害虫的成、幼虫标本及挂图。

用具：体视显微镜、镊子、培养皿等器材。

三、内容与方法

1. 观察大黑鳃金龟、暗黑鳃金龟、铜绿丽金龟的形态，比较成虫有什么区别？

2. 观察小地老虎、大地老虎和黄地老虎的形态，比较成虫有什么区别？
3. 观察东方蝼蛄、华北蝼蛄的形态，比较成虫有什么区别？

四、作业

绘出三种蛴螬的头部及臀节特征图。

实验实训14 水稻病虫害识别及症状特点与为害状观察

一、目的要求

识别当地水稻主要害虫的形态、为害状及天敌特点；识别水稻主要病害症状及病原菌。

二、材料及用具

材料：稻螟类、稻纵卷叶螟、稻飞虱类、稻叶蝉类、稻苞虫及稻瘿蚊、稻铁甲虫、稻螟蛉、稻蝗、稻食根叶甲、负泥虫、稻蓟马、稻蝽象、稻象虫、稻潜叶蝇、稻摇蚊等水稻害虫针插标本、浸渍标本和为害状标本，当地常见水稻害虫天敌标本；稻瘟病、水稻白叶枯病、水稻细菌性条斑病、水稻纹枯病、水稻病毒病类及当地其他主要水稻病害标本及病原玻璃片。所采用的标本如仅出现有病状时，可将病部放在铺有滤纸或脱脂棉的器皿中，加适量清水，在室温下保湿诱发，待出现病征后作为实验材料。

用具：放大镜、显微镜、体视显微镜、镊子、挑针、培养皿、解剖刀、贮水滴瓶、盖玻片、载玻片、搪瓷盘等。

三、内容与方法

1. 水稻主要害虫的识别

① 观察当地稻螟主要种成虫的体形、前翅特征；幼虫的体形、体色、体线的特征；蛹的体形及翅、足放置特点；卵块的排列情况，有无覆盖物，并比较其为害状有何共同特点和主要区别。

② 比较飞虱和叶蝉的区别（注意头部和触角的形状及后足胫节的特征等）。

观察当地稻飞虱主要种成、若虫的体形、体色等。

观察当地稻叶蝉主要种成、若虫的体形、体色等。

③ 观察稻纵卷叶螟成虫前后翅的特征，幼虫前胸背板的特征及为害状特点等。

④ 观察稻苞虫成虫前后翅的白斑数目和排列情况；幼虫体色、体形及头部斑纹；卵、蛹的形态和结苞特征。

⑤ 观察当地其他主要水稻害虫，如稻瘿蚊、稻铁甲虫、稻螟蛉、稻蝗、稻食根叶甲、负泥虫、稻蓟马、稻蝽象、稻象虫、稻潜叶蝇、稻摇蚊等主要虫态的形态特征及为害状。

⑥ 观察当地常见水稻害虫天敌标本。

2. 水稻病害的症状识别

（1）症状观察　观察当地主要水稻病害的发病部位和主要症状特征，如病株徒长或矮化，病斑发病部位、形状大小、颜色及病征表现等。

注意比较当地常见真菌叶斑病类、细菌病和病毒病症状的主要区别。

（2）病原观察

① 从几种主要真菌病害病部挑取病原，制片做镜检观察。

② 剪取水稻白叶枯病病叶小块，放在载玻片上，加水滴和盖玻片在低倍镜下（注意：光线不宜过强）观察细菌从病组织中的溢出情况。

四、作业

1. 比较当地几种稻螟成虫、蛹、幼虫、卵块和为害状的区别。

2. 绘制稻纵卷叶螟成虫前翅；幼虫头、胸部及背面特征图。

3. 绘一种稻飞虱和一种叶蝉成虫形态图。

4. 说明当地主要水稻害虫天敌的识别要点。

5. 说明水稻主要病害的症状特征。

6. 用2H铅笔绘出所观察到的当地主要水稻病害病原菌的分生孢子梗及分生孢子或菌丝、菌核显微图像3～5种，注明其主要特征。

实验实训15　小麦病虫害识别及症状特点与为害状观察

一、目的要求

识别当地小麦主要害虫的形态、为害状及天敌特点；识别小麦主要病害症状及病原菌。

二、材料及用具

材料：黏虫、非洲蝼蛄、华北蝼蛄、麦蚜类［麦二叉蚜、麦长管蚜、禾谷缢管蚜（小米蚜）等］、麦吸浆虫、小麦叶蜂、大麦叶蜂、麦秆蝇；麦类锈病、小麦赤霉病、小麦黑穗病类、小麦白粉病、小麦全蚀病、小麦纹枯病、小麦粒线虫病、小麦丛矮病、小麦黄矮病、小麦土传花叶病等病虫害的标本及挂图。

用具：放大镜、显微镜、挑针、载玻片、盖玻片、蒸馏水、培养皿、镊子等。

三、内容与方法

1. 麦类主要害虫的识别

（1）比较观察麦圆叶爪螨、麦岩螨的形态特征

① 成螨　麦圆叶爪螨和麦岩螨都应注意体形、体色、各对足的长短比例以及肛门着生于体上的位置。

② 卵　麦圆叶爪螨为椭圆形、红色，而麦岩螨越夏卵为白色圆柱形，非越夏为球形、红色。

③ 若螨　主要应注意体色的区别。

（2）比较观察三种麦蚜的形态特征　注意体长体色，额瘤明显程度，触角与体长的比例，前翅中脉分叉，腹管长度，腹管末端缢缩与否，以及尾片形状和尾片上毛的对数。

（3）比较观察小麦红吸浆虫、黄吸浆虫的形态特征

① 成虫　应注意体色，雌虫伪产卵管与腹长的比例，伪产卵管末端形状，雄虫抱握器形状，阳茎长短的区别。

② 卵　麦红吸浆虫卵长卵形，末端无附属物，麦黄吸浆虫卵长椭圆形，末端有长柄状附属物。

③ 幼虫　注意体色、体表是否光滑，前胸腹面的剑骨片前端分叉深浅、腹部突出物的形状。

④ 蛹　注意体色、头部前面一对毛与呼吸管是否等长。

（4）比较观察普通黏虫形态特征

① 成虫　应特别注意前翅斑纹，普通黏虫前翅有黄色的环纹和肾状纹，翅尖有斜纹1条。而劳氏黏虫则无环纹和肾状纹，仅在中室下角有一白点，另在中室基部下方有黑色纵纹。此外还可解剖雄虫观察雄性生殖器的特征。

② 幼虫　应注意比较体上条纹明显程度，气门筛和围气门片颜色，体上刚毛着生在什么样的毛片上，普通黏虫体上有5条明显的褐色条纹，头部有“八”字纹，左右颅侧区有褐色网状纹，腹足基节有阔三角形斑。而劳氏黏虫这些特征不明显。此外普通黏虫气门筛和围气门片黑色有光，而劳氏黏虫气门筛淡黄色，围气门片黑色。

③ 蛹　主要观察腹部背面马蹄形的分布和腹部末端表皮光滑与否。

2. 麦类病害的症状、病原菌识别

（1）小麦锈病

① 症状观察 观察小麦三种锈病的标本（盒、散装标本及挂图）。注意观察比较三种锈病的夏孢子堆和冬孢子堆发生部位、形状、大小、色泽、排列等方面的异同。

② 病原鉴定 用解剖针分别挑（刮）取三种锈病的夏孢子和冬孢子少许，分别制片镜检，观察三种锈病病菌的夏孢子及冬孢子的形态、颜色有何异同。

（2）麦类黑穗（粉）病

① 症状观察 观察小麦散黑穗病（附：大麦坚黑穗病）、小麦秆黑粉病、小麦腥黑穗病标本（盒、散装标本及挂图）。注意观察比较几种黑穗（粉）病的发生部位、为害特点，是否形成菌瘿、黑粉是否散发、病穗有无腥味等。

② 病原鉴定 用解剖针分别挑取少量黑粉制片镜检，观察比较冬孢子形态、表面结构（如是否有刺、网状突起、不孕细胞等）。

取光、网腥病菌冬孢子萌发的玻璃片标本，观察两种病菌的担子、担孢子形态以及担孢子是否连接成 H 形等。

（3）小麦根茎部病害 只介绍小麦纹枯病。

① 症状观察 观察小麦纹枯病标本（盒、散装标本及挂图）。注意观察发病部位、病斑形状（云纹状病斑）、色泽、是否深入茎秆，病部有无黑色颗粒状（菌核）、形状如何等。观察时注意与小麦全蚀病在发生部位、病部颜色、病斑形状、病部黑色颗粒状物等方面的异同。

② 病原鉴定 取培养（皿内）菌，挑取菌丝制片镜检。观察菌丝体颜色、分枝及隔膜形态特征。

（4）小麦白粉病

① 症状观察 观察小麦白粉病标本（盒、散装标本及挂图）。注意观察发病部位、有无病斑，病部表面霉斑色泽（白粉状），霉斑中是否散生有黑色小粒点及其特征。

② 病原鉴定 用解剖针从叶片上挑取少量粉状物及黑色颗粒状物制片镜检，观察菌丝、分生孢子、子（闭）囊壳、子囊、子囊孢子。注意观察闭囊壳及附着丝形态，轻压盖玻片后，观察子囊、子囊孢子数目及形态特征。

取小麦白粉病菌玻璃片标本或者用镊子撕下刚发病并具少量菌丝体的病叶表皮（撕得愈薄愈好）制片镜检，观察是否有吸器及其形态特征。

（5）小麦赤霉病

① 症状观察 观察小麦赤霉病标本（盒、散装标本及挂图）。注意观察发病部位、有无病斑，麦穗的颖片边缘及小穗基部能否见到红色粉状物和黑色小点及其分布着生情况。

② 病原鉴定 用解剖针从病穗上挑（刮）取少量红色粉状物制片镜检，观察分生孢子形状、颜色，注意有无小型分生孢子及厚垣孢子。

取小麦赤霉病菌玻璃片标本，镜检观察子囊壳、子囊和子囊孢子形状特征。

（6）小麦病毒病

症状观察：观察小麦丛矮病、黄矮病、土传花叶病标本（盒装标本及挂图）。注意观察比较病株是否矮化、分蘖多少、变色及其程度等。丛矮病常表现植株矮化、分蘖增多；黄矮病一般表现为叶片黄化，呈金黄色，植株有一定程度的矮化；土传花叶病初在返青后的麦苗新叶上形成褪绿或半透明的斑点，渐发展成不规则的条纹。条纹的颜色可以是深绿浅绿相间（绿色花叶株系引起），也可以是深绿黄色相间（黄色花叶株系引起），后期叶片枯死，病株矮化。

四、作业

1. 绘制普通黏虫成虫前翅图。
2. 简述麦长管蚜与黍缢管蚜的主要区别特征。
3. 简述麦圆叶爪螨与麦岩螨的成、若螨的主要区别特征。
4. 比较小麦三种锈病症状的异同。
5. 比较小麦腥黑穗病、散黑穗病和秆黑粉病症状的异同。
6. 绘制下列病原菌形态图：小麦条锈病菌、秆锈病菌、叶锈病菌（任选一种）的夏孢子和冬孢子；小麦网腥病菌、秆黑粉病菌（任选一种）的冬孢子。

实验实训16　棉花病虫害识别及症状特点与为害状观察

一、目的要求

了解棉花常见害虫种类及发生为害特点，掌握棉花主要害虫形态特征和防治要点；了解棉花常见病害种类及发生为害特点，掌握棉花主要病害的症状特点和防治要点。

二、材料及用具

材料：棉花害虫的针插标本、浸渍标本、生活史标本、玻璃片标本等；棉花病害蜡叶标本、浸渍标本、病原玻片标本等。

用具：解剖镜、显微镜、多媒体教学设备、放大镜、镊子、培养皿、挑针、载玻片、盖玻片等。

三、内容与方法

1. 棉花害虫

（1）棉蚜形态特征和为害状的观察　观察棉蚜成虫、若虫体形、大小、形态、腹管及尾片等特征。观察棉蚜为害棉花叶片卷叶的特征标本或图片。

（2）棉叶螨形态特征和为害状的观察　观察棉叶螨的成螨、若螨的大小、形状、体背刚毛的特征。观察棉叶螨为害棉花叶片的特征标本或图片。

（3）棉盲蝽形态特征和为害状的观察　观察棉盲蝽成虫大小、体色、前翅特征以及若虫大小、体色等特征。观察棉盲蝽等造成破头和枝叶丛生症状的为害状标本或图片。

（4）棉红铃虫形态特征和为害状的观察　观察成虫大小、体色、前后翅形状、斑纹特征及幼虫大小、体色、体背各节毛片、腹足趾沟特征。观察棉红铃虫幼虫为害棉花蕾、花和铃为害状标本或图片。

（5）棉铃虫形态特征的观察和为害状的观察　观察成虫大小、体色、前翅斑纹的特征；幼虫的大小、体色变化、斑纹特征；卵的形状、颜色；蛹的颜色、大小等特征。观察棉铃虫幼虫为害棉花棉叶、蕾、铃为害状标本或图片。

2. 棉花病害

（1）棉花立枯病的观察　观察立枯病苗发生的部位、病斑的颜色、形状。在显微镜下观察病害的病原菌形态特征。注意观察菌丝分枝处的特点、菌核的颜色、形状。纵剖菌核观察内外颜色是否一致。

（2）棉花炭疽病的观察　观察病斑发生的部位，病斑的颜色和形状。取病部粉红色分生孢子团制片镜检，观察分生孢子形态、颜色。

（3）棉花枯萎病的观察　取新鲜棉花枯萎病株，观察其导管颜色。在显微镜下观察病菌大小二型分生孢子和厚壁孢子的形态、颜色及着生方式。

（4）棉花黄萎病　观察病叶上病斑颜色、形状，观察病害特征有无与枯萎病相类似的地方。剖开茎秆，观察维管束的颜色。比较棉花黄萎病苗期和成株期症状的不同。在显微镜下观察黄萎病分生孢子梗及分生孢子形态。

（5）棉花铃期病害　观察病害发生的部位、病斑的颜色和形态。挑取棉铃病害的病征标本，在显微镜下观察分生孢子形状、颜色以及分生孢子梗颜色和形状。

四、作业

1. 绘制棉铃虫前翅图。
2. 绘制棉花黄萎病和枯萎病病原菌形态图，注明各部位的名称。

实验实训 17　油料作物病虫害识别及症状特点与为害状观察

一、目的要求

了解油料作物常见害虫种类及发生为害特点，掌握油料作物主要害虫的形态特征和防治要点。了解油料作物常见病害种类及发生为害特点，掌握油料作物主要病害的症状特点和防治要点。

二、材料及用具

材料：油料作物害虫的针插标本、浸渍标本、生活史标本、玻璃片标本。油料作物病害蜡叶标本、浸渍标本、病原玻片标本等。

用具：解剖镜、显微镜、多媒体教学设备、放大镜、镊子、培养皿、挑针、载玻片、盖玻片等。

三、内容与方法

1. 油料作物害虫的观察

(1) 大豆食心虫的为害状和形态特征的观察　观察成虫的体色、体形、大小、前翅的颜色和斑纹；卵的大小、形状和颜色；幼虫的大小、颜色。观察大豆食心虫幼虫钻蛀豆荚、食害豆粒造成空荚的现象。

(2) 天蛾的为害状和形态特征的观察　观察对比大豆天蛾、芝麻鬼脸天蛾、甘薯天蛾各虫态特征，比较不同天蛾各虫态的区别。被害状观察，注意比较初龄幼虫的为害状。

(3) 豆荚螟的为害状和形态特征的观察　观察成虫的体色和大小；卵的大小、形状和颜色；幼虫的大小、形状。观察豆荚螟幼虫钻蛀豆荚、食害豆粒造成瘪荚的现象。

(4) 油菜蚜虫的为害状和形态特征的观察　观察有翅成蚜、若蚜及无翅成蚜、若蚜的体形、大小、体色、腹管、尾片的特征，注意桃蚜、萝卜蚜、甘蓝蚜的区别。观察成蚜或若蚜群集叶背刺吸寄主汁液的为害状。

(5) 菜粉蝶的为害状和形态特征的观察　观察成虫的大小、翅的形状和颜色；卵的大小、颜色、形状；幼虫的体形、体色、腹足趾沟的特征。观察菜粉蝶的幼虫在叶片上为害的情况。

2. 油料作物病害的观察

(1) 油菜菌核病的观察　观察油菜菌核病的发病部位的症状特点，注意观察病斑是否有白色絮状霉层和黑色菌核，茎部病斑是否凹陷，后期茎秆内是否有黑色鼠粪状菌核。观察菌核形状、大小、颜色等。

(2) 线虫病的观察　观察线虫形态。对比观察病、健植株，比较植株大小、植株节间长短，以及观察病株叶片颜色是否改变。

(3) 病毒病的观察　观察油菜、大豆病毒病症状，注意病株是否有变色、矮化、皱缩、坏死斑、明脉等症状。

(4) 霜霉类病害的观察　观察油菜、大豆霜霉病的症状特点，观察病斑颜色，注意病斑是否受叶脉限制而呈多角形或不规则形，叶背是否有白色霜状霉层。用挑针挑取少量白色霉状物制片，在显微镜下观察孢囊梗及孢子囊的形态特征。

四、作业

1. 绘制大豆食心虫、菜粉蝶成虫图。
2. 绘制油菜菌核病、油菜霜霉病病原菌形态图，注明各部位的名称。

实验实训18 杂粮病虫害识别及症状特点与为害状观察

一、目的要求

能够识别常见的杂粮作物病虫，识别害虫为害状和病害症状，为防治打下良好基础。

二、材料及用具

材料：玉米螟、高粱条螟、粟灰螟，玉米大小斑病、玉米丝黑穗病、玉米黑粉病、高粱丝黑穗病、谷子白发病等病虫害的标本。

用具：显微镜、挑针、载玻片、盖玻片、蒸馏水、培养皿、镊子等。

三、内容与方法

1. 杂粮作物害虫的形态及为害状观察

（1）玉米螟观察　成虫两性前翅的内横线、外横线间的黑斑、褐色带特点；后翅的颜色；幼虫的体色、体线和毛片的特点，注意观察趾钩是否为三序缺环。

（2）高粱条螟和粟灰螟观察　与玉米螟对比观察它们翅上斑纹、幼虫体色、背线、卵块排列特点及为害状。

（3）东亚飞蝗　观察体色、背板、足的颜色等特征，并与当地土蝗对比。

（4）甘薯天蛾观察　观察其成虫体色、线纹，幼虫体色、大小及气门特点。

（5）高粱蚜观察　观察其体色、大小、腹管和尾片特征，并与其他几种蚜虫对比观察。

（6）其他旱粮害虫观察。

2. 旱粮作物病害的病原及症状观察

（1）玉米叶斑病类观察　观察病斑大小、形状、颜色、霉层等。

（2）玉米黑粉病类观察　观察病穗是否全部变成一包黑粉，内部有无丝状的寄主维管束组织及其发生部位。

（3）高粱黑穗病类观察　对比观察高粱丝黑穗病与散黑穗病两种病害的症状区别，注意观察病部是否膨大，散出黑粉后，内有无残存成束黑色丝状物。观察高粱散黑穗病的病粒是否有黑粉散出而外露，是整个病穗还是个别籽粒受害。

（4）谷子白发病观察　观察谷子白发病在谷子不同生育期和不同部位上的症状特点，注意观察白发和“刺猬头”的区别，白发是由叶片还是谷穗被害而形成的？

（5）病原观察　分别挑取几种病害的病原，观察所致病害的病原菌形态特征。

四、作业

1. 绘制玉米大斑病、谷子白发病的病原菌形态图，并注明其病原名称。
2. 绘制玉米螟成、幼虫的形态特征图。

实验实训19 薯类、烟草及糖料作物病虫害识别及症状特点与为害状观察

一、目的要求

通过对薯类、烟草及糖料作物害虫形态特征、病害症状以及为害状观察，掌握主要病虫害种类的识别和为害特点，达到能准确诊断的要求。

二、材料及用具

材料：马铃薯瓢虫、马铃薯麦蛾、甘薯麦蛾、甘薯叶甲、甘薯小象甲、烟青虫、烟蚜、甘蔗

螟虫（当地常见种类）、甘蔗绵蚜、蔗龟、甜菜跳甲等当地常见害虫标本及为害状标本；马铃薯病毒病、马铃薯晚疫病、马铃薯早疫病、马铃薯环腐病、甘薯黑斑病、甘薯茎线虫病、烟草黑胫病、烟草病毒病、烟草赤星病、烟草野火病、甘蔗凤梨病、甘蔗眼斑病、甘蔗赤腐病、甜菜褐斑病、甜菜根腐病等当地常见病害的蜡叶标本、浸渍标本和新鲜标本，主要病害病原菌的玻片标本；有关的挂图、彩色照片和多媒体课件等。

用具：显微镜、放大镜、镊子、挑针、培养皿、载玻片、盖玻片、无菌水等。

三、内容与方法

1. 害虫形态及为害状观察

① 观察2种马铃薯瓢虫、马铃薯麦蛾、甘薯麦蛾、甘薯叶甲、甘薯小象甲的各个虫态的形态和为害状特点。

② 观察烟青虫、烟蚜各个虫态的形态和为害状特点。

③ 观察甘蔗螟虫（当地常见种类）、甘蔗绵蚜、蔗龟、甜菜跳甲各个虫态的形态及为害状特点。

2. 病害症状观察

① 观察甘薯黑斑病，储藏期病害病斑的大小、形状、颜色；剖开腐烂的病部观察其颜色和气味。

② 观察马铃薯晚疫病与早疫病的叶部、薯块症状特点，注意区别；切开马铃薯环腐病块茎，观察维管束变色情况；观察马铃薯病毒病的症状，注意区别不同部位、不同发病阶段的症状特点。

③ 观察烟草黑胫病、烟草病毒病、烟草赤星病、烟草野火病的发病部位、症状特点。

④ 观察甘蔗凤梨病、甘蔗眼斑病、甘蔗赤腐病、甜菜褐斑病、甜菜根腐病的发病部位、症状特点。

3. 病原观察

观察马铃薯晚疫病、烟草黑胫病、烟草赤星病、烟草野火病、甘蔗凤梨病、甘蔗眼斑病、甘蔗赤腐病、甜菜褐斑病、甜菜根腐病的病原形态、大小、颜色等特征。

四、作业

1. 列表简述当地所观察到的薯类、烟草及糖料作物主要病害的症状及为害部位。
2. 列表简述当地所观察到的薯类、烟草及糖料作物主要害虫的形态特征和为害状特点。
3. 绘制马铃薯晚疫病菌孢囊梗及孢子囊形态图。

实验实训 20　储粮害虫的识别

一、目的要求

通过观察储粮害虫的种类的形态特征，能认识害虫种类，掌握储粮害虫的识别要点，为防治储粮害虫打下良好的基础。

二、材料及用具

材料：玉米象、麦蛾、谷蠹、豌豆象、赤拟谷盗等储粮害虫。

用具：体视显微镜、放大镜、镊子、挑针、培养皿、盖玻片、载玻片等。昆虫挂图、彩色照片、VCD光盘、多媒体课件等。

三、内容与方法

1. 观察玉米象各虫态的特征及其为害状，注意幼虫的体色、体形及斑纹和寄主受害部位的特点。

2. 观察麦蛾各虫态的特征及其为害状，注意幼虫的体色、体形及斑纹和寄主受害部位的特点。

3. 观察谷蠹各虫态的特征及其为害状，注意幼虫的体色、体形及斑纹和寄主受害部位的特点。

4. 观察豌豆象各虫态的特征及其为害状，注意幼虫的体色、体形及斑纹和寄主受害部位的特点。

5. 观察赤拟谷盗各虫态的特征及其为害状，注意幼虫的体色、体形及斑纹和寄主受害部位的特点。

6. 观察当地其他储粮害虫的形态特征及为害状。

四、作业

1. 绘制当地主要储粮害虫形态特征图，并采制标本。
2. 绘制玉米象、麦蛾、谷蠹、豌豆象、赤拟谷盗成虫前翅特征图。
3. 比较当地储粮害虫成虫、蛹、幼虫、卵和为害状的区别。
4. 玉米象、麦蛾、谷蠹、豌豆象、赤拟谷盗识别要点是什么？
5. 比较玉米象、麦蛾、谷蠹、豌豆象、赤拟谷盗等成、幼虫的区别。

实验实训 21　设施农业主要病虫害防治技术

一、目的要求

了解设施农业主要病虫害发生特点，掌握设施农业病虫害防治技术。

二、材料及用具

材料：各类设施农业种子、25%甲霜灵可湿性粉剂、72.2%霜霉威盐酸盐水剂、50%福美双可湿性粉剂、65%代森锌可湿性粉剂、10%磷酸三钠、70%恶霉灵可湿性粉剂、37%甲醛水溶液、新植霉素、次氯酸钠、硫黄、锯末、农用塑料薄膜、嫁接接穗与砧木、pH 试剂。

用具：电炉、桶、温度计、嫁接工具、3WBS-18A1 型背负式手动喷雾器、DY-02 型背负式远程超低容量喷雾机、LD-001 型烟雾机、丰收 5 型和丰收 10 型手摇喷粉器、VCD 光盘、多媒体课件等。

三、内容与方法

由指导教师联系当地的园艺场、农场或农户，带领学生前往，参观并由企业技术人员介绍设施农业病虫害防治技术，学生进行实际操作，开展设施农业病虫害防治。

1. 选用抗病品种，进行种子消毒。
2. 培育健壮无病幼苗。
3. 棚（室）消毒灭菌。
4. 栽培防病技术：重点是轮作和嫁接技术。
5. 棚（室）生态物理防治技术：调温调湿技术。
6. 化学防治技术：喷雾喷粉器具的使用。

四、作业

1. 种子消毒的方法有哪几种？温汤浸种适合什么种子？
2. 床土与基质消毒灭菌如何操作？
3. 定植前棚（室）内熏蒸消毒如何操作？

4. 如何嫁接培育健壮无病幼苗？
5. 喷雾机如何使用？喷粉机如何使用？

实验实训 22　当地农田鼠害的调查及防治

一、目的要求

能够识别常见的重要农田害鼠，学会农田鼠害的防灭技术。

二、材料及用具

材料：鼠药等。
用具：铁锹、记录本、笔、鼠夹等。

三、内容与方法

1. 农田鼠害的识别与调查
教师带领学生识别常见的农田鼠害。
2. 农田鼠害的防灭
根据不同鼠害，选择农田管理措施、物理措施、生物措施以及鼠药防治等技术防灭。

四、作业

当地常见的农田害鼠有哪些？如何防灭？

实验实训 23　当地主要农田杂草的田间调查及防除

一、目的要求

使学生能够识别常见的重要农田杂草，学会大田除草施药技术。

二、材料及用具

材料：各种除草剂。
用具：剪刀、采集袋、记录本、笔、标本瓶、镊子、放大镜、3WBS-18A1 型背负式手动喷雾器等。

三、内容与方法

1. 农田杂草的识别与调查
教师带领学生识别重要农田杂草，边走边讲，让学生识别重要的农田杂草 20 余种。
2. 农田杂草的防除
根据不同的杂草，选择对应的除草剂，然后量取与稀释农药，按规范施药，施药后注意检查防除效果。

四、作业

将准备好的杂草标本逐人进行考核，每种 5 分，共考核 20 种杂草标本，按百分制计算学生的农田杂草识别技能。

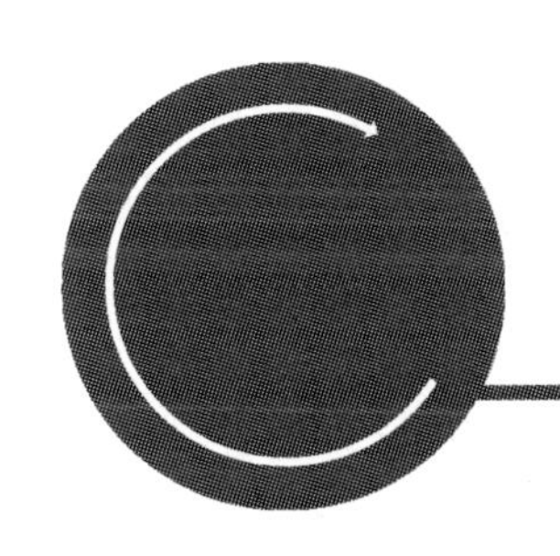

综合实训指导

综合实训1　昆虫标本的采集、制作和保存

一、目的要求

掌握昆虫标本采集、制作和保存的一般技术与方法，了解当地害虫的主要目、科、优势种类和天敌昆虫种类，以及生活环境和主要习性，为本地农作物害虫的综合治理奠定科学基础。

二、材料及用具

1. 昆虫标本的采集用具

主要有捕虫网、吸虫管、毒瓶、指形管、三角纸包、采集盒、采集袋、镊子、枝剪等。

（1）捕虫网　按用途可分为空网、扫网和水网三种，均由网圈、网袋和网柄三部分组成。空网用于采集空中飞行的昆虫。扫网用来扫捕草丛或树林中隐藏的昆虫，因而网袋要用白布或亚麻布制作，通常网袋底部开一小孔，使用时扎紧或套一个塑料管，便于取虫。水网用来捞取水生昆虫，网袋常用透水良好的铜纱或尼龙筛网等制作（综合实训指导-图1）。

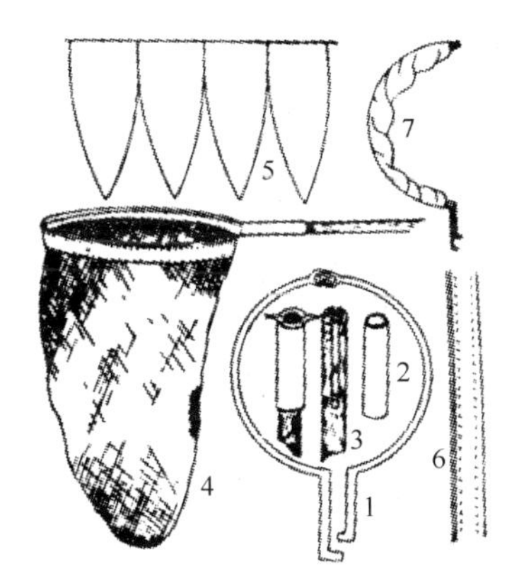

综合实训指导-图1　气网的构造

1—网圈；2—铁皮网箍；3—网柄；4—网袋；5—网袋剪裁形状；6—网袋布边；7—卷折的网袋

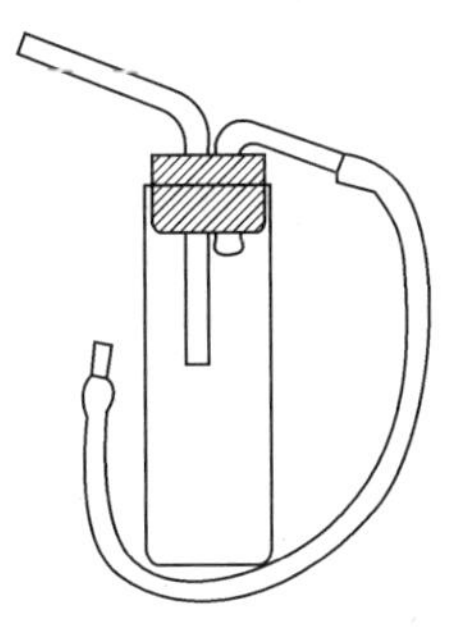

综合实训指导-图2　吸虫管

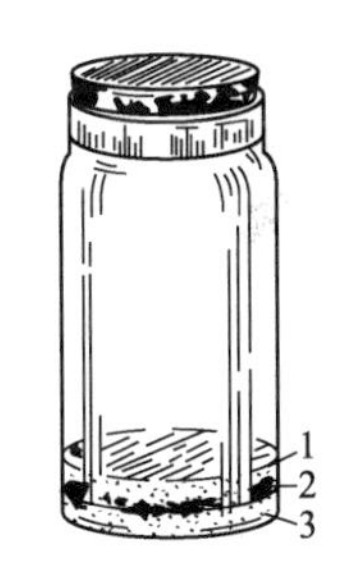

综合实训指导-图3　毒瓶

1—石膏；2—锯末；3—氰化钾

（2）吸虫管　用来采集身体脆弱不易拿取的微小昆虫，如飞虱、蓟马、潜叶蝇和寄生蜂等。常用的吸虫管是直径40mm、长130mm的有底玻璃管，在软木塞的盖上穿两根细玻璃管，其中一根玻璃管的外端接上胶皮管并安上吸气球，瓶内的一端捆上纱布；另一根玻璃管弯成直角，使用时对准要采集的小虫，按动吸气球便将小虫吸入瓶中（综合实训指导-图2）。

（3）毒瓶　用来快速杀死采集的昆虫。可用具磨口的广口瓶做成，最下层放氰化钾或氰化钠粉，上铺一层锯末或其他替代品，压平后再在上面加一层石膏粉，稍加震动使石膏摊平，再滴上清水，待半天后石膏硬化，上铺一层吸水纸。也可用棉球上滴少许乙醚、氯仿或乙酸乙酯塞紧于瓶盖内，以药液不流出为准，制成临时用毒瓶（综合实训指导-图 3）。

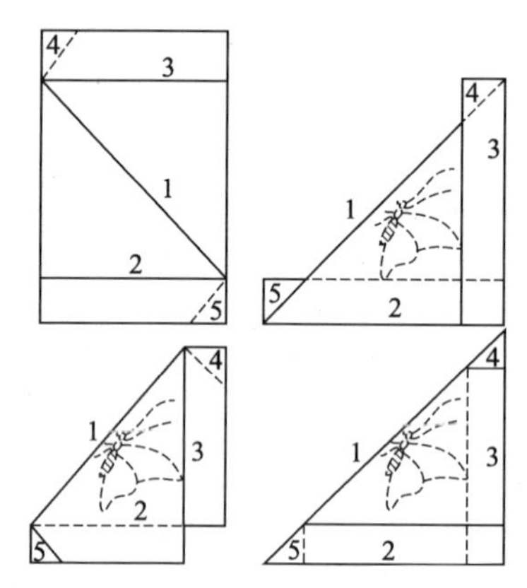

综合实训指导-图 4　三角纸袋的用法
数字代表折叠的顺序

（4）三角纸袋　用来包装野外采集和暂时保存或毒死的蝴蝶标本。用优质光滑半透明的薄纸，裁成 3∶2 的长方形纸片，将中部按 45°斜折，再将两端回折，制成三角形纸包，可用不同尺寸的纸多备几种（综合实训指导-图 4）。

（5）指形管或小瓶　用来盛放各种活的或已毒死的小体昆虫。指形管和小瓶要配以合适的软木塞或橡皮塞，大小可根据需要选用。废弃的抗生素类小瓶也可替代使用。

（6）活虫采集盒　用来盛放需带回饲养的活虫以及需制作成浸渍标本的卵、幼虫、蛹等。可用塑料、铁皮或铝等材料制成，盖上装一块透气的铜纱和一带活盖的孔（综合实训指导-图 5）。

（7）采集盒　盛装包有蝴蝶等怕压的三角纸包等，可用硬性的纸盒和铝制的饭盒代替（综合实训指导-图 6）。

（8）采集袋　用于盛装毒瓶、指形管、放大镜、镊子、剪刀、三角纸包等用具的特制挂包，采集袋内有许多大小不一的袋格，可按需要自行设计。

（9）其他用具　如采集具有假死性昆虫的采集伞、诱集具有趋光性昆虫的诱虫灯和幕布、诱集具有趋化性昆虫的诱蛾器等。此外，还有照相机、镊子、砍刀、枝剪、手锯、手持放大镜、毛笔、铅笔、记录本等用品按需要携带。

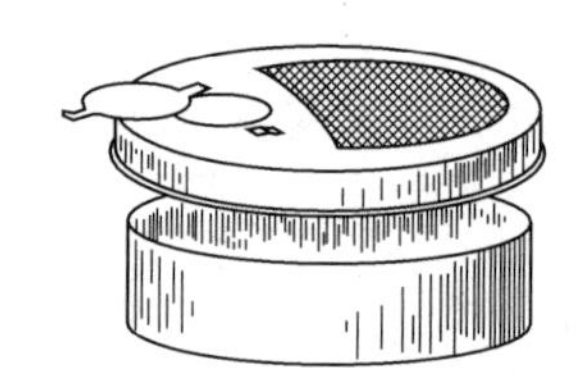

综合实训指导-图 5　活虫采集盒

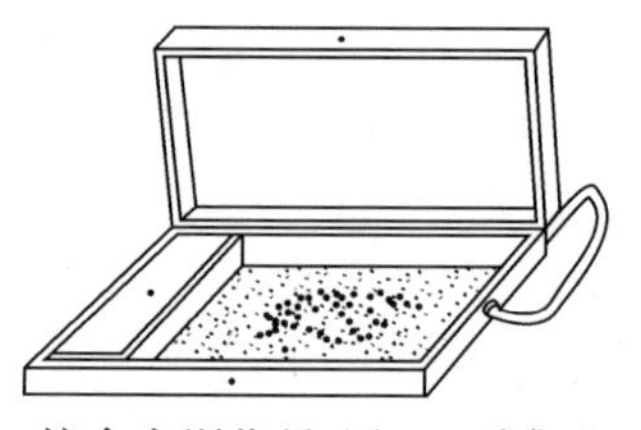

综合实训指导-图 6　采集盒

2. 昆虫标本的制作工具

主要有昆虫针、三级台、展翅板、整姿台、台纸、黏虫胶、还软器，以及镊子、剪刀、大头针、透明纸条等。

（1）昆虫针　用于固定昆虫，为不锈钢针，长度为 38.45mm，按粗细分为 00、0、1、2、3、4、5 七个型号，号数越大，针越粗，用于针插体型大小不同的虫体。

（2）三级台　可使昆虫标本、标签在昆虫针上的高度一致，保存方便，整体美观。可用木料或塑料做成，长 75mm、宽 30mm、高 24mm，分为三级，每级高 8mm，中间有一小孔（综合实训指导-图 7）。

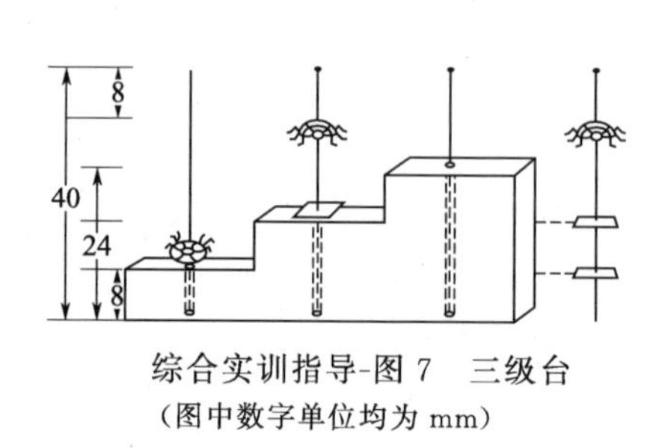

综合实训指导-图 7　三级台
（图中数字单位均为 mm）

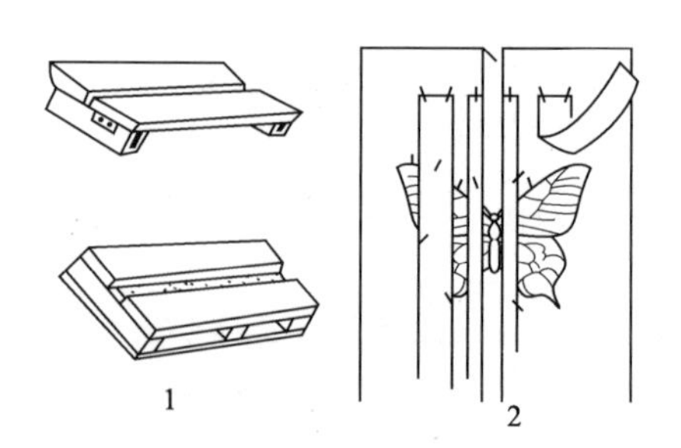

综合实训指导-图 8　展翅板
1—未展翅；2—已展翅

（3）展翅板　用于伸展昆虫的翅。用软木做成，长约 330mm、宽约 80mm，底部为一整块木板，上面装上两个宽约 30mm 的木板，略微向内倾斜，其中一块木板可活动，以便调节木板间缝隙的宽度。板缝底部装有软木条或泡沫塑料条（综合实训指导-图 8)。现在多用泡沫板来代替，注意厚度要在 20mm 以上，中央刻一沟槽即成。

(4) 整姿台　用于整理昆虫附肢的姿势。用松软木材、泡沫板做成，使用长 280mm、宽 150mm、厚 20mm 的木板，两头各钉上一块高 30mm、宽 20mm 的木条做支柱，板上有孔。现多用厚约 20mm 的泡沫板代替（综合实训指导-图 9)。

(5) 台纸　制作小型昆虫标本用。用硬的白纸剪成小三角形（底 3mm、高 12mm）或长方形（12mm×4mm）的纸片。

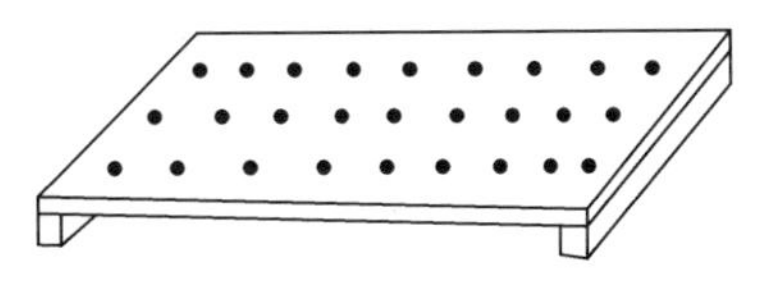
综合实训指导-图 9　整姿台

(6) 黏虫胶　用于修补昆虫标本的虫胶或万能胶。

(7) 还软器　用于软化已经干燥的昆虫标本的一种玻璃器皿，中间有托板，放置待还软的标本，底部放洁净的湿沙并加几滴石炭酸，防止生霉，加盖密封（综合实训指导-图 10)。

(8) 吹胀器　用于制作幼虫干燥标本。

(9) 此外还需要镊子、剪刀、大头针、透明光滑纸条，以及直尺、刀片等，注意镊子要为扁口镊。

(10) 如制作浸渍标本还需配备标本瓶、75%酒精、甘油、冰醋酸、白糖液、蒸馏水等。

(11) 如制作玻片标本还需配备载玻片、盖玻片、5%～10%的氢氧化钠或氢氧化钾溶液、酒精灯、三角铁架、石棉网、酸性品红溶液、无水酒精、二甲苯混合液、丁香油或冬青油、加拿大树胶、酒精灯以及吸水纸等。

综合实训指导-图 10　用干燥器作还软器使用

3. 昆虫标本的保存工具

标本柜、针插标本盒、玻片标本盒、樟脑精、吸湿剂、熏杀剂以及吸湿机等。

4. 昆虫标本的鉴定工具

手持放大镜、体视显微镜、照相机以及相关的参考书等。

三、内容与方法

1. 昆虫标本的采集

(1) 网捕　主要用来捕捉能飞善跳的昆虫。对于能飞的昆虫，可用空网迎头捕捉或从旁掠取，并立即摆动网柄，将网袋下部连同昆虫一并甩到网框上。如果捕到大型蝶蛾，可由网外用手捏压胸部，使之失去活动能力，然后放入毒瓶或直接包于三角纸袋中；如果捕获的是一些中小型昆虫，可抖动网袋，使虫集中于网底部，放入毒瓶中，待虫毒死后再取出分捡，装入指形管中。栖息于草丛或灌木丛中的昆虫，要用扫网边走边扫捕。

(2) 振落　摇动或敲打植株、树枝，昆虫假死坠地或吐丝下垂，再加以捕捉；或受惊起飞，暴露了目标，便于网捕。

(3) 搜索　仔细搜索昆虫活动的痕迹，如植物被害状、昆虫分泌物、粪便等，特别要注意在朽木中、树皮下、树洞中、枯枝落叶下、植物花果中、砖石下、泥土中和动物粪便中仔细搜索。

(4) 诱集　即利用昆虫的趋性和栖息场所等习性来诱集昆虫，如灯光诱集（黑光灯诱虫）、食物诱集（糖醋酒液诱虫）、色板诱集（黄色黏虫板诱蚜）、潜所诱集（草把、树枝把诱集夜蛾成虫）和性诱剂诱集等。

昆虫标本采到后，要做好采集记录，内容包括编号、采集日期和地点、采集人、采集环境、寄主及为害情况等。

2. 昆虫标本的制作

(1) 针插标本的制作

① 昆虫标本的插针　依标本的大小，选用适当型号的昆虫针，按要求部位插入（综合实训指导-图 11)。微小昆虫，如跳甲、米象、飞虱等，先用微针一端插入标本腹部，另一端插在软木板上、与台纸大小一致的软木片上或用黏虫胶直接黏在台纸上，再用 2 号针插在软木片或台纸的

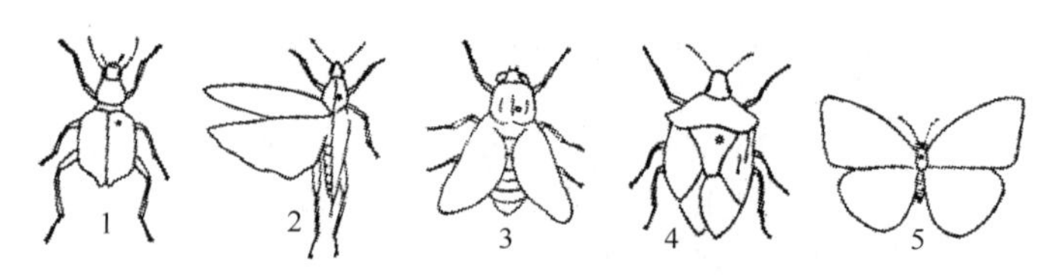

综合实训指导-图 11 各种昆虫的插针位置

1—甲虫类；2—直翅类；3—蚊蝇类；4—蝽类；5—蛾蝶类

另一端，虫体在左侧，头部向前（综合实训指导-图 12）。

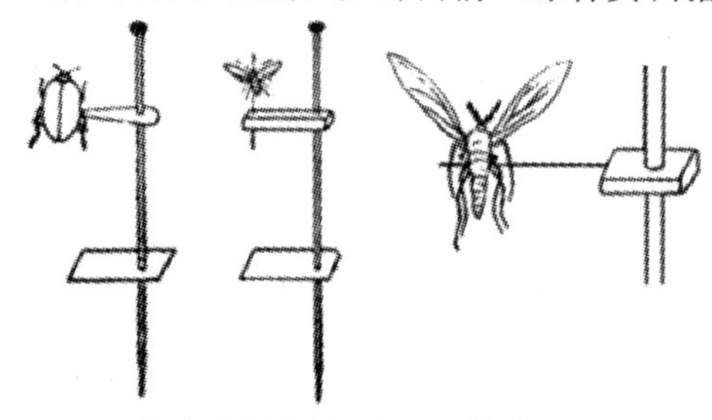

综合实训指导-图 12 微针及小三角纸的使用方法

② 昆虫标本的定高 插针后用三级台定高，中小型昆虫可直接从三级台的最高级小孔中插至底部，大型昆虫可将针倒过来，放入三级板的第一级小孔中，使虫体背部紧贴台面，其上部的留针长度是 8mm。插在软木板和黏在台纸上的微小昆虫，参照中小型昆虫针插标本定高。

③ 整姿和展翅 甲虫、蝗虫、蝼蛄、蝽象等昆虫，经插针后移到整姿台上，将附肢的姿势加以整理。通常是前足向前，中、后足向后；触角短的伸向前方，长的伸向背侧面，使之对称、整齐、自然、美观。整好后，用大头针固定，以待干燥。蝶蛾、蜻蜓、蜂、蝇等昆虫，插针后需要展翅。即把已插针定高后的标本移到展翅板的槽内软木上，使虫体背面与两侧木板相平，然后用昆虫针轻拨较粗的翅脉，或用扁平镊子夹住将前翅前拉。蝶蛾、蜻蜓等以两个前翅后缘与虫体纵轴保持直角，草蛉等脉翅目昆虫则以后翅的前缘与虫体纵轴成一直角；蜂、蝇等昆虫以前翅的顶角与头相齐为准。后翅左右对称、压于前翅后缘下，再用透明光滑纸条压住翅膀以大头针固定。把昆虫的头摆正；触角平伸向前侧方；腹部易下垂的种类，可用硬纸片或虫针交叉支持在腹部下面，或展翅前将腹部侧膜区剪一小口，取出内脏，塞入脱脂棉再针插整姿保存。

④ 插上采集标签和装盒 自然状况干燥一周或在 50℃左右的温箱中干燥 12h 即可除去整姿和展翅固定。将标本取出，插上采集标签，再用三级台给采集标签定高，其高度为三级台第二级的高度，然后再将标本插入针插标本盒中。每一个标本都必须附有采集标签，没有采集标签的标本为不规范的标本。

（2）浸渍标本的制作 昆虫的卵、幼虫、蛹以及体软的成虫和螨类（除鳞翅目成虫和蚜虫）都可制成浸渍标本。活的昆虫，特别是幼虫在浸渍前，要饥饿一至数天，然后放在开水中煮一下，使虫体伸直稍硬，再投入浸渍液内保存。常用的浸渍液为浓度 75％的酒精液，也可加入 0.5％～1％的甘油。小型或软体的昆虫，可先用低浓度酒精浸渍 24h 后，再移入 75％酒精液中保存。酒精液在浸渍大量标本的一周后应更换一次，以保持其标准浓度。

3. 昆虫标本的保存

昆虫标本在保藏过程中，易受虫蛀与霉变，其次是光照褪色、灰尘污染及鼠害等。通常针插标本应放进密闭的标本盒里，盒内放上四氯化碳或樟脑等防虫药品；玻片标本放入玻片标本盒内。标本盒应放入标本橱里，橱门应严密，以防标本害虫进入，橱下应有抽屉，放置吸湿剂和熏杀剂。小抽屉的后部与全橱上下贯通，以便内部气体流通。三角纸包保存的标本放在存放箱内。

标本室要定期用敌敌畏等药物在橱内和室内喷洒。如果发现橱内个别标本受虫蛀，应立即用药剂熏蒸；如标本发霉，应更换或添加吸湿剂，对个别生霉的标本，可用软性毛笔蘸上酒精刷去霉物或滴加二甲苯处理。

现在一般都在保存前，将标本置于超低温冰箱内数小时杀灭标本虫后再保存。条件允许时，标本保存在密闭的标本室内的特制标本柜中。

4. 昆虫标本的鉴定

借助体视显微镜，根据检索表以及各主要目科的描述鉴定目科，常见种类根据教科书及相关专著鉴定属种，并附上鉴定标签。鉴定标签要求写上中文名、学名、鉴定人、鉴定时间。最后将鉴定标签插于采集标签下，并用三级台的第一级定高。疑难标本可寄送有关专家鉴定和审定。

四、作业

1. 每人采集制作昆虫针插标本 30 种，制作浸渍标本、生活史标本、玻片标本各 2 种。
2. 每小组写一份昆虫标本采集和制作的实训总结报告。

五、技能考核标准（见综合实训指导-表 1）

综合实训指导-表 1　技能考核标准

序号	考核项目	考核内容	考核标准	分值
1	基本素质	学习与工作态度	学习、工作主动认真，积极思考，能吃苦耐劳，出勤率高	10 分
		协作与安全	听从指挥，积极主动合作，责任感强，各项任务操作安全、规范	10 分
2	昆虫标本的采集	采集方法、种类、数量	采集方法正确，按要求完成任务	30 分
3	昆虫标本的制作	针插的位置，展翅的方法	制作规范、精美，附有标签	30 分
4	仪器、用具的使用	显微镜的使用、浸渍液的配制	显微镜使用规范、浸渍液的配制方法正确	20 分

综合实训 2　常见重要农业害虫识别

一、目的要求

通过在田间和实验室内对常见重要农业害虫为害状及形态观察，掌握它们的识别要点。

二、材料及用具

材料：常见重要农业害虫玻盒标本、浸渍标本或针插标本。

用具：多媒体教学设备、体视显微镜、手持放大镜、镊子、培养皿、玻片、常见重要农业害虫挂图等。

三、内容与方法

1. 地下害虫类的蛴螬、蝼蛄、地老虎

观察为害状。观察金龟子的形态、大小、鞘翅特点和体色，蛴螬的头部前顶刚毛数量和排列、臀节腹面肛腹片覆毛区刺毛列排列情况及肛裂特点，识别华北大黑鳃金龟、暗黑鳃金龟和铜绿丽金龟等；观察蝼蛄形态、体型大小、开掘式前足、后足胫节背面内侧刺的数量，识别华北蝼蛄和东方蝼蛄；观察地老虎形态、大小、体色和前翅斑纹等，识别小地老虎、大地老虎和黄地老虎等。

2. 水稻害虫类的二化螟、稻纵卷叶螟、褐飞虱

观察为害状。观察成虫体型、前翅特征，幼虫体型、体色、体线，识别二化螟；观察成虫前、后翅特征，幼虫前胸背板特征，识别稻纵卷叶螟；观察体色、头顶尖削程度、触角形状、后足胫节末端的活动距，识别褐飞虱。

3. 麦类害虫类的黏虫、麦蚜

观察为害状。观察成虫体型、体色、前后翅斑纹特征，幼虫体型、体色、体线和头部两侧

“八”字纹，识别黏虫；观察体色、触角、额瘤、前翅中脉、腹管和尾片，识别麦蚜种类。

4. 棉花害虫类的棉铃虫、棉蚜

观察为害状。观察成虫体型、体色、前后翅斑纹特征，幼虫体色、体线，识别棉铃虫；观察体色、触角、额瘤、翅的有无、腹管和尾片，识别棉蚜。

5. 油料作物害虫类的大豆食心虫

观察为害状。观察成虫体色、前翅斑纹特征，幼虫体色、腹足趾钩等，识别大豆食心虫。

6. 杂粮害虫类的玉米螟

观察为害状。观察成虫体色、前翅斑纹特征，幼虫体色、中后胸毛片、腹足趾钩等，识别玉米螟。

7. 储粮害虫类的玉米象、麦蛾

观察为害状。观察成虫体型、体色、头部象鼻状、前胸背板特征、鞘翅上的纹及刻点，幼虫体色、体型、横皱和足的退化情况，识别玉米象；观察成虫前后翅形状、缘毛、下唇须，幼虫体色、体型等，识别麦蛾。

四、作业

1. 列表举例说明常见重要农业害虫为害状类型。
2. 任绘三种作物上的任意几种害虫识别特征图。

五、技能考核标准（见综合实训指导-表2）

综合实训指导-表2　技能考核标准

序号	考核项目	考核内容	考核标准	分值
1	基本素质	学习与工作态度	态度端正，主动认真，学习方法多样，不怕苦和累，全部出勤	10分
		团队协作	听从指挥，服从安排，积极与小组其他成员合作，共同完成任务	10分
2	害虫的识别	害虫种类的识别	在规定的时间内，从供试的种类中准确识别20种害虫	20分
		写出各害虫所属的目	在规定的时间内，从供试的种类中准确写出20种害虫所属的目	20分
		写出各害虫为害虫态	在规定的时间内，从供试的种类中准确写出20种害虫为害虫态	20分
		写出各害虫为害特点	在规定的时间内，从供试的种类中识别20种害虫的为害特点	20分

综合实训3　植物病害标本采集、制作与保存

一、目的要求

通过学习植物病害标本采集、制作与保存方法，初步了解农作物病害在田间的发生情况，识别当地农作物主要病害种类及其症状特征，为农作物病害的诊断和防治打下坚实基础。

二、材料及用具

材料：有关植物病害症状挂图、影视教材、CAI教学课件。

用具：光学显微镜、放大镜、镊子、挑针、搪瓷盘；病害标本夹、采集箱、塑料袋、纸袋、

小玻管，标本纸、绳、刀、剪、锯、锄；放大镜、记载本、标签、铅笔等。

三、内容与方法

1. 植物病害标本的采集

（1）采集准备　植物病害标本是病害症状的最好描述，如果采集和整理得当，对病害的鉴定、病原的研究等都会起到很大的作用。因此，在病害标本采集前，应明确采集目的，准备好相应的采集用具。

标本夹：用以夹压各种含水分不多的枝叶病害标本。一般长 60cm、宽 40cm，可用木板和铁丝制成。

标本纸：要求吸水力强，并保持清洁干燥。

采集箱：用于采集腐烂果实、木质根茎或怕压而在田间来不及制作的标本时用。

以及准备修枝剪、高枝剪、小刀、小锯、放大镜、纸袋、塑料袋、标签、镊子、记载本等。

（2）采集方法　植物病害标本主要是有病的根、茎、叶、果实或全株，好的病害标本必须具有寄主各受害部位在不同时期的典型症状。真菌病害的病原具有有性和无性两个阶段，应在不同时期分别采集，许多真菌的子实体在枯死的枝叶上出现，因此要注意在枯枝落叶上采集。对叶部病害标本，采集后立即放入有吸水纸的标本夹内；对柔软多汁的果实或子实体，应采集新发病的幼果，并用纸包好放入标本采集箱，避免孢子混杂影响鉴定；对萎蔫的植株要连根挖出，有时还要连根际的土壤一同采集；对于粗大的树枝和植株，可用刀或锯取其一部分带回；对寄生性种子植物病害，应该连同寄主的枝叶和果实一起采集，以助于鉴定病原和寄主。

采集过程中要有记载，应该在当场记录并编号挂标签，没有记载的标本就失去了它的意义。记载内容有寄主名称、采集日期与地点、采集者姓名、生态条件和土壤条件。

2. 植物病害标本的制作

从田间采回的新鲜标本必须经过制作，才能应用和保存。对于典型病害症状最好是先摄影，以记录自然、真实的状况，然后按标本的性质和使用的目的制成各种类型的标本。

（1）干制标本（蜡叶标本）制作法　对植物茎、叶等含水较少的病害标本，采集后要及时压在吸水的标本纸中，用标本夹夹紧，在阳光下晒干；也可将标本置于 50℃烘箱中放 2～3d；或夹在吸水纸中用熨斗烫，使其快速干燥而保持原来的色泽。压制标本干燥前易发霉变色，标本纸要勤更换，通常前 3～4d 每天换纸 1～2 次，以后每 2～3d 换 1 次，直至完全干燥为止。第一次换纸时，标本柔软，可对标本进行整形，此时的标本容易铺展。

幼嫩多汁的标本，如花及幼苗等，可夹于两层脱脂棉中压制；含水量高的可通过30～45℃加温烘干。需要保绿的干制标本，可先将标本在 2%～4%硫酸铜溶液中浸 24h，再压制。

干制标本是一种较能保持植物病害症状原形的、制作简单而经济的标本。可保存在棉花铺垫的玻面标本盒内，也可保存于其他纸袋中，并贴上相应的鉴定记录；干燥后的标本也可直接用胶水或针固着在厚的蜡叶标本纸（大小为 280mm×430mm）上；也可过塑保存。标本袋或标本盒中均应放入一小包樟脑粉或其他驱虫药剂，以防止标本遭虫蛀或霉烂。制成的标本，经过整理和登记，按寄主或病菌分类排列存放。

（2）浸渍标本制作法　多汁的病害标本，如幼苗和嫩叶等，为了保存其原有的色泽、形状、症状特点，必须用浸渍法保存。浸渍液种类很多，常用的有：

① 防腐浸渍液　可用 37%甲醛水溶液 50mL、95%酒精 300mL、蒸馏水 2000mL 混合而成；也可单用 70%酒精液保存。此类浸渍液仅能防腐没有保色作用，宜保存色泽单一的病害标本。若浸泡标本量大，数日后应换一次浸渍液，并加盖密封。

② 保存绿色浸渍液　其配方有两种，一种是醋酸铜浸渍液，将醋酸铜结晶逐渐加入 50%醋酸溶液中，直到不溶解为止（50%醋酸液 1000mL，约加醋酸铜 15g 可达到饱和程度），然后将该饱和液稀释 3～4 倍后使用。先将稀释液加热至沸，投入标本，继续加热，待标本褪绿又恢复绿色后，取出标本用清水洗净后，保存于 5%甲醛水溶液中或压成干标本。另一种是硫酸铜亚硫酸浸渍液，标本在 5%硫酸铜中浸泡 6～24h，取出用清水漂洗数小时，然后保存在亚硫酸液（含

5%～6%二氧化硫的亚硫酸液15mL，加水1000mL。或浓硫酸20mL，稀释于1000mL水中，再加入亚硫酸钠16g）中。

③ 保存黄色和橘红色浸渍液　含叶黄素和胡萝卜素的病害标本，用亚硫酸溶液保存比较适宜。该液有漂白作用，注意浓度不要太高，一般在1%即可。若因浓度太小，防腐力不够，可加入适量的酒精。

④ 保存红色浸渍液　红色多为水溶性的花青素，难于保存。瓦查（Vacha）浸渍液效果较好。其配方是硝酸亚钴15g、37%甲醛水溶液25mL、氯化锡10g、水2000mL混合而成，将洗净的标本完全浸没于该液中两周后，取出并保存于甲醛水溶液10mL、饱和亚硫酸液30～50mL、95%酒精10mL、水1000mL的混合液中。

浸渍标本应放在暗处，以减少药液的挥发和氧化，并要密封瓶口。封口胶可用蜂蜡和松香各1份，分别熔化后混合，加少量凡士林调成胶状，涂在瓶盖边缘做临时封口；或将酪胶和消石灰各1份混合，加水调成糊状，用于永久封口。

3. 植物病害标本的保存

制成的标本，经过整理和登记，然后按一定的系统排列和保藏。

（1）玻面纸盒保藏　玻面纸盒以长宽为200mm×280mm、高15～30mm为宜，制作时纸盒中先铺一层棉花，棉花上放标本和标签，注明寄主植物和寄生菌的名称，然后加玻盖。棉花中可加樟脑粉少许或其他药剂驱虫。

（2）干制标本纸上保藏　根据标本的大小用重磅道林纸折成纸套，标本藏在纸套中，纸套中写明鉴定记录，或将鉴定记录的标签贴在纸套上。纸套用胶水或针固定在蜡叶标本纸上。标本纸的大小是280mm×340mm，也可用较小的标本纸粘贴。

（3）封套内包藏　盛标本的纸套不是放在标本纸上，而是放在厚牛皮纸制成的封套中。纸套的大小约为140mm×200mm，封套的大小约为150mm×330mm。采集记载放在纸套中，而鉴定记载则贴在封套上。

标本经过整理和鉴定后，在纸套、封套或纸盒上贴鉴定标签。鉴定标签如下图所示。

单位（标本室）名称

菌　名：
寄主名：
产　地：
采集者：
采集日期：　　　年　月　日
鉴定者：
标本室编号：

四、作业

1. 每人采集制作农作物病害蜡叶标本15种。
2. 每小组写一份农作物病害采集制作的实训总结报告。

五、技能考核标准（见综合实训指导-表3）

综合实训指导-表3　技能考核标准

序号	考核项目	考核内容	考核标准	分值
1	基本素质	学习与工作态度	学习认真，工作主动、积极，能吃苦耐劳，全勤	10分
		团队协作	听从指挥，服从安排，责任感强，圆满完成各项任务	10分

续表

序号	考核项目	考核内容	考核标准	分值
2	病害标本的采集	采集方法、种类、数量	采集方法正确，按要求完成任务	30分
3	病害标本的制作	干制标本，浸渍标本	制作规范、精美，附有标签	30分
4	仪器、用具的使用	显微镜的使用、浸渍液的配制	显微镜使用规范、浸渍液的配制方法正确	20分

综合实训4 常见重要作物病害识别

一、目的要求

通过在田间和实验室内对常见重要作物病害典型症状观察，掌握它们的识别要点。

二、材料及用具

材料：常见重要作物病害玻盒或蜡叶标本。
用具：多媒体教学设备、显微镜、手持放大镜、挑针、镊子、培养皿、玻片、挂图等。

三、内容与方法

1. 水稻病害的稻瘟病、纹枯病、细菌性条斑病

观察水稻不同时期和不同部位病斑的形状、颜色、两端有无向外伸展的褐色坏死线、中央是否变成灰白色、边缘褐色且是否有淡黄色晕圈、正反面是否产生灰绿色霉层，识别稻瘟病；观察水稻叶鞘是否有椭圆形或云纹形大斑块、边缘和中央的颜色、叶鞘上的叶片是否发黄或枯死、病部有无白色或灰白色的蛛丝状菌丝体或白色绒球状菌丝团、有无鼠粪状褐色坚硬菌核，识别纹枯病；观察水稻有无典型条纹形症状、是否呈水渍状半透明黄褐色纤细条斑、其上有无许多细小露珠状深蜜黄色菌脓，识别细菌性条斑病。

2. 麦类病害的锈病、黑穗病、白粉病

观察小麦叶片的夏孢子和冬孢子的大小、颜色、形状、着生部位及排列，看是否符合“条锈成行、叶锈乱、秆锈是个大红斑”症状以识别麦类的锈病；观察小麦腥黑穗病穗形是否短直、颜色较深、松散、颖片张开、微露病粒经轻挤是否有黑粉散出且具鱼腥恶臭味，观察小麦散黑穗病病穗外有无一层灰色薄膜、是否已破裂散出大量黑粉还是仅残存主穗轴，以识别小麦腥黑穗病和小麦散黑穗病；观察小麦叶片是否表面覆有一层白色粉状霉层，识别白粉病。

3. 棉花病害的枯萎病和黄萎病

观察棉花子叶是否呈黄色网纹状、黄花、青枯以及子叶变成紫红色，真叶是否皱缩，幼茎维管束是否变成黑褐色，是否蕾铃变小和脱落，识别枯萎病和黄萎病。

4. 油料作物病害的油菜菌核病、花生青枯病

观察油菜发病部位的菌核的大小、形状、颜色等，识别油菜菌核病；观察花生植株是否叶片失水萎蔫枯死但仍保持绿色或暗绿色，识别花生青枯病。

5. 杂粮病害的玉米大斑病、小斑病

观察玉米叶片是否有黄色小斑点、病斑内外颜色是否一致、病部有无灰褐色霉层、病斑形状及大小，识别玉米大斑病、小斑病。

四、作业

1. 按农作物分类写出当地农作物病害名录。
2. 按植物病原分类写出当地农作物病害名录。

五、技能考核标准（见综合实训指导-表4）

综合实训指导-表4　技能考核标准

序号	考核项目	考核内容	考核标准	分值
1	基本素质	学习与工作态度	态度端正，主动认真，学习方法多样，不怕苦和累，全部出勤	10分
		团队协作	听从指挥，服从安排，积极与小组其他成员合作，共同完成任务	10分
2	病害的识别	病害种类的识别	能诊断识别20种以上的病害。镜检操作正确，病害诊断结果准确	20分
		写出各病害所属的科	在规定的时间内，从供试的种类中准确写出20种病害所属的科	20分
		各病害症状类型的识别	随机取样，能正确说出病害的症状类型	20分
		各病害症状特点的描述	在规定的时间内，从供试的种类中分别写出20种病害的症状特点	20分

综合实训5　天敌种类识别和田间调查

一、目的要求

通过在田间学习和掌握常见害虫天敌资源调查的基本方法，识别常见害虫天敌种类，为开展农作物害虫生物防治奠定坚实的基础。

二、材料及用具

采集袋、捕虫网、采集盒、吸虫管、指形管、培养皿、毒瓶、枝剪、手持放大镜、镊子、照相机、笔记本和笔等。

三、内容与方法

1. 农作物害虫天敌常见种类识别

(1) 瓢虫类识别特征（综合实训指导-表5）

综合实训指导-表5　常见瓢虫成虫主要识别特征

害虫天敌名称	体型大小/mm	头部	前胸背板	鞘翅	捕食对象
异色瓢虫	卵圆形，半球形拱起，(5.4～8.0)×(3.8～6.0)	橙黄、橘红至黑色	淡黄至黄色，中央基部黑斑长形、M形、梯形，或仅肩角黄色	鞘翅橙黄色至黄色，有斑19、8、6、4、2、1或消失；鞘翅黑色，每侧有1～2个黄斑，有时黄斑很大，鞘翅仅有黑色边缘	绣线菊蚜、桃蚜等多种园艺植物蚜虫
七星瓢虫	卵圆形，半球形拱起，(5.2～7.0)×(4.0～5.6)	黑色，有3个淡色黄斑	黑色，前角各有一个四边形淡黄色大斑	红色或橙红色，两鞘翅共有7个黑斑	同异色瓢虫
多异瓢虫	长卵形，扁平拱起，(4.0～4.7)×(2.5～3.2)	黄白色，前部有2个黑点，后缘有一黑色横带	黄白色，基部有黑色横带，向前成4个分支	黄褐色至红褐色，两鞘翅共有13个、11个、9个黑斑。小盾片上方两侧各有一个三角形黄白色斑	同异色瓢虫

续表

害虫天敌名称	体型大小/mm	头部	前胸背板	鞘翅	捕食对象
龟纹瓢虫	长圆形，弧形拱起，(3.8～4.7)×(2.9～3.2)	黄色，雄虫后缘黑色，雌虫前部有三角形黑斑	黄色，中央大型黑斑的基部与后缘相接	黄色，鞘缝有黑色纵纹。雄虫鞘翅每侧有2个黑斑	同异色瓢虫
深点食螨瓢虫	卵圆形，半圆形拱起，(1.3～1.4)×(1.0～1.1)	雌虫黑色，唇基褐色，雄虫黄褐色	黑色	黑色，全体有细刻点，密被白色细毛	山楂叶螨、苹果全爪螨等园艺植物多种害螨
黑缘红瓢虫	近圆形，半球形拱起，(4.4～6.0)×(4.1～5.5)	红褐色	红褐色	枣红色，外缘和后缘黑色，黑红界限不明显	朝鲜球坚蚧、苹果球坚蚧、东方盔蚧、白蜡蚧等

(2) 食蚜蝇类识别特征（综合实训指导-表6）

综合实训指导-表6　常见食蚜蝇类主要识别特征

害虫天敌名称	体长/mm	头　部	胸　部	腹部背面
黑带食蚜蝇	8～11	颜面下部触角下方凹陷，额和头顶窄，除单眼区外皆为棕黄色，额毛黑色，颜毛黄色	背面铜黑色有光泽，有4条亮黑色纵纹，内侧一对短狭，外侧一对宽长。小盾片黄色	大部分棕黄至橙黄色。第2节中部有“⊥”形纹，第3、4节后缘各有一“人”形纹，各节中央均有一细黑横纹
月斑鼓额食蚜蝇	14	头大，近半球形，颜面下部及触角下方凹陷；头顶宽，额宽且突出。颜中突周围被黑毛	铜黑色有光泽，两侧有灰黄色毛	宽大，黑色。有3对黄白色半月形斑。第2、3对斑的内、外前角与背板前缘距离相等
大灰食蚜蝇	8～11	颜面下部触角下方凹陷。颜面中央有一黑褐色纵纹	暗绿色至青黑色有光泽	黑色。第2～4节背板各有一对大黄斑。雄虫第3～4节黄斑常相连，雌虫常分开。第4～5节后缘黄色；第5节雄虫黄色，雌虫黑色
狭带食蚜蝇	10～11	雄虫额紫黑色，后部被灰棕色粉，雌虫额中部被淡色粉，颜棕黄色	暗黑绿色，有蓝色光泽。背中央有3条不明显的黑色纵纹	黑色。第2～4节前缘各有一灰白色至黄白色窄横带；各节侧缘毛前部黄白色，后部黑色
细腹食蚜蝇	7～9	颜面下部触角下方凹陷。额中部黑褐色，两侧及颜面被黄白色粉	绿黑，有不明显的条纹	腹部狭长、扁平、黄色。第2～4节后缘各有一黑色宽横带，第3、4节横带前缘中央各有一个小突起。雄虫横带狭
四条小食蚜蝇	5～6	颜面下部触角下方不凹陷。雄虫额黄色，雌虫黑色；雄虫颜面全黄色，雌虫正中有暗色狭纵条	黑色，带绿色光泽。背面前部有一对淡色纵条	棕色至黑色。第2～4节前半部有黄红色横带。雄虫第2节横带两侧不达背板边缘；第3节则达边缘，且变宽

(3) 其他常见捕食性天敌种类识别（如综合实训指导-表7）

综合实训指导-表 7　其他常见捕食性天敌识别特征

害虫天敌名称	分类	形态特征	捕食对象
塔六点蓟马	缨翅目 蓟马科	成虫：体长约 0.9mm，淡黄至橙黄色。头顶平滑。两侧翅上共有 6 个黑斑。若虫：初孵若虫白色，后变淡红色或橘红色。3 龄若虫出现翅芽。卵：0.28mm，肾形，白色有光泽。产于叶背面叶肉内，仅露圆形卵盖	多种害螨
小黑花蝽	半翅目 花蝽科	成虫：体长 2～2.5mm，黑褐色至黑色，有光泽。头短而宽。若虫：初孵若虫白色透明，取食后为橘黄色至黄褐色。复眼鲜红色。腹部 6 节、7 节、8 节背面各有一橘红色斑，纵向排成一列。卵：长茄形，白色	多种害螨、蚜虫、蓟马、鳞翅目害虫的卵及小幼虫

2. 调查的时间和地点

掌握天敌活动、取食的场所特点和时间规律对进行天敌资源调查是十分重要的。

一般天敌常出现在农药施用量较少的农田或阳光充足、植被丰富、空气湿度较大、蜜源植物较多的野外。瓢虫类、草蛉类等捕食性天敌，其成、幼虫皆可取食多种蚜虫，螳螂、蜻蜓等天敌在大田食料丰富，这些种类种群数量多，使用捕虫网进行搜索和捕捉十分容易。食蚜蝇和寄蝇的成虫与幼虫的食性和活动场所有很大不同。因它们需要补充营养，所以在蜜源植物丰富以及有蚜虫或介壳虫分泌物的地方容易找到。但步甲类天敌的捕食对象多在土壤中生活，非耕地和荒地里的寄主种群密度较大，故选择在这类场所捕获它们成功的概率较高。

由于大多数捕食性天敌成虫在白天活动，采集时间以每天上午 7:00～10:00 较为适宜，此时正是成虫取食和沐浴阳光取暖的时刻，它们的飞行动作比较缓慢，对外来惊扰也不十分敏感，因而比较容易捕获。

3. 调查和采集的方法

在大田害虫发生的各个世代和农作物的不同生育期，选择不同用药、不同种植方式、不同品种茬次的代表性地块，采用五点取样，定点定株地进行调查。一般首先调查活动能力较强的成虫，然后再调查其他虫态。小型捕食性天敌可按每百叶数量统计，大型捕食性天敌可按公顷或亩进行数量统计；寄生性天敌调查统计寄生率。

各种天敌昆虫具有自己独特的形态和生活习性，掌握这些有助于对天敌昆虫的搜索和采集。对于体型较小的捕食螨类、蓟马等可使用手持放大镜在被害作物叶片上寻找。也可将叶片摘下放入纸袋中带回，在实验室内双目解剖镜下检查挑取。

在识别食蚜蝇时，要注意到食蚜蝇成虫的拟态，其形态与蜜蜂极为相似，但其飞行活动时，声音柔和，与蜂类较清脆的音色不同，稍加注意即可区别。寄生蜂类天敌成虫因其个体小，田间不容易发现，可先搜索其寄主，带回室内进行饲养后得到成虫，再鉴定其种类。如被寄生蜂寄生的蚜虫通常称“僵蚜”，体淡褐色或黑色，若寄生蜂成虫已羽化，则蚜虫体背面有一圆孔，在蚜虫种群数量较大的植株中下部进行搜索，很容易发现。

对于一些寄生在鳞翅目害虫幼虫体内的寄生蜂和寄蝇，一般寄主在群居状态下的被寄生率非常低，而那些离开群体营散居生活的个体的被寄生率较高。在采集这些寄主时，还要注意观察，尽量采集那些有可能已被寄生的个体带回饲养。大多数被寄生的幼虫不爱活动，或呈麻痹状态；有些寄主的体壁有寄蝇的卵附着；或寄主体壁上有黑点，气门附近有黑斑，这些特征都可表明害虫被寄生。

在采集寄主时，还应采集那些老熟或接近老熟的个体进行饲养。一方面是大量饲养低龄寄主，需要经常采换食料，工作量较大，如果食料来源稀少，寄主不易饲养成功；另一方面的原因是老熟个体在自然界生活的时间长，被寄生的可能性也较大。

捕食性天敌的种类多，很难在田间准确鉴定到种，一般都将采集到的天敌放入 75%酒精瓶内，带回室内进行统计和鉴定；若要调查其取食害虫的数量，可将天敌带回室内进行观察统计。寄生性天敌个体小，多数生活场所隐蔽，必须采用室外采集和室内饲养观察相结合的方法才能进行准确调查。在室外采集时注意不要将已经结茧化蛹的寄生性天敌遗漏。

天敌昆虫标本的制作方法与普通昆虫标本制作方法完全相同，只是寄生性天敌昆虫不制作浸渍标本，仅制作成虫针插标本。

四、作业

1. 列表举例说明常见重要农作物害虫天敌类别。
2. 每小组写一份农作物害虫天敌调查和采集的实训总结报告。

五、技能考核标准（见综合实训指导-表 8）

综合实训指导-表 8 技能考核标准

序号	考核项目	考核内容	考核标准	分值
1	基本素质	学习与工作态度	态度端正，积极主动，学习刻苦，不怕苦和累，全部出勤	10 分
		团队协作	听从指挥，服从安排，积极与小组其他成员合作，操作规范	10 分
2	天敌的识别	天敌种类的识别	在规定的时间内，从供试的种类中准确识别 10 种天敌	20 分
		写出各天敌捕食的对象	在规定的时间内，从供试的种类中准确写出 20 种天敌捕食的对象	20 分
	天敌标本的采集	采集方法、种类、数量	采集方法正确，按要求完成任务	20 分
	天敌标本的制作	针插的位置，展翅的方法	制作规范、精美，附有标签	20 分

综合实训 6 作物病虫害田间调查与统计

一、目的要求

为了掌握农作物病虫害发生规律，了解当地农作物的主要病虫害种类、分布、发生危害程度和流行规律，以及进行及时有效的防治等，必须做好田间调查工作。通过学习和掌握常见农作物病虫害的调查与统计方法，积累准确的资料，为防治病虫害提供技术支持。

二、材料及用具

手持放大镜、挑针、镊子、培养皿、调查记录册、计算器、笔和照相机等。

三、内容与方法

农作物病虫害的调查可分为一般调查、重点调查和调查研究三种。

1. 一般调查

当缺乏某地作物病虫害发生情况的资料时，应先作一般调查。调查的内容广泛，有代表性，但不要求精确。为了节省人力、物力，一般性调查在作物病虫害发生的盛期调查 1～2 次，对其分布和发生程度进行初步了解。

在做一般性调查时要对各种作物病虫害的发生盛期有一定的了解，如地下害虫、猝倒病等应在植物的苗期进行调查，错过了农时便很难调查到。所以，应选择在作物的几个重要生育期如苗期、花期、结实期等进行集中调查，并同时调查多种作物病虫害的发生情况。调查内容可参考综合实训指导-表 9。表中的 1、2…10 等数字在实际调查时可改换为具体地块名称，重要病虫害的发生程度可粗略写明轻、中、重，对不常见的病虫害可简单地写有、无等字样。

综合实训指导-表 9　作物病虫害发生调查表

调查人：　　　　　　调查地点：　　　　　　　　　　　　　　　　年　月　日

病虫害名称	作物和生育期	发生地块									
		1	2	3	4	5	6	7	8	9	10

2. 重点调查

在对一个地区的作物病虫害发生情况进行大致了解之后，对某些发生较为普遍或严重的病虫害可做进一步的调查。这次调查较前一次的次数要多，内容要详细和深入，如分布、发病率、损失程度、环境影响、防治方法、防治效果等。对发病率、损失程度的计算要求比较准确（综合实训指导-表 10）。在对病虫害的发生、分布、防治情况进行重点调查后，有时还要针对其中的某一问题进行调查研究，调查研究一定要深入，以进一步提高对病虫害的认识。

综合实训指导-表 10　作物病虫害调查表

调查人：　　　　　　　　　　　　　　　　　　　　　　　年　月　日

调查地点：		
病(虫)害名称：	发病(被害)率：	
田间分布情况：		
寄主植物名称：	品种：	种子来源：
土壤性质：	肥沃程度：	含水量：
栽培特点：	施肥情况：	灌、排水情况：
病虫害发生前温度和降雨：	病虫害盛发期温度和降雨：	
防治方法：	防治效果：	
群众经验：		
其他病虫害：		

取样方法为：在大面积调查病虫害时，不可能对所有植株全部调查，一般选择有代表性的样地，再从中取出一定的样点抽查，用部分来估算总体的情况。选样要有代表性，应根据被调查地的大小、作物特点，选取一定数量的样地。样地面积一般占调查总面积的 0.1%～0.5%。取样数量主要根据调查田块的大小、地形、作物生长整齐度、地块周围环境、病虫害的分布以及虫口密度等来确定。常用的取样方法应根据病虫害在田间的分布形式确定，一般用对角线式、大五点式、"Z"字形或棋盘式等方法来选定样地（综合实训指导-图 13)。

3. 作物病虫害的统计方法

在对作物病虫害发生情况进行调查统计时，经常要用发病率、病情指数、被害率、被害指数等来表示作物病虫害的发生程度和严重度。

(1) 作物病虫害调查结果统计

综合实训指导-图 13　病虫害调查取样方法

1—5 点式；2—棋盘式；3—单对角线式；4—双对角线式；5—分行式；6—Z 字形

① 发病率　按照植株或器官是否发病进行统计，以调查发病田块、植株、器官占所有调查数量的百分比。不能表示病害发生的严重程度，只适用于植株或器官受害程度大致相仿的病害，如系统感染的病毒病、全株发病的猝倒病、枯萎病、线虫病害等。

$$被害率或发病率=\frac{被害或发病株(叶、果)数}{调查株(叶、果)数}\times 100\%$$

如棉花枯萎病，调查 200 株，发病株为 15 株，发病率为 15/200×100％=7.5％。

② 病情指数　作物病害发生的轻重，对作物的影响是不同的。如叶片上发生少数几个病斑与发生很多病斑以致引起枯死的，就会有很大差别。因此，仅用发病率来表示作物的发病程度并不能够完全反映作物的受害轻重。将作物的发病程度进行分级后再进行统计计算，可以兼顾病害的普遍率和严重程度，能更准确地表示出作物的受害程度。

病情指数的计算，首先根据病害发生的轻重，进行分级计数调查，然后根据数字按下列公式计算。

$$病情指数=\frac{\sum(各级叶数\times 各级严重度等级)}{调查总叶数\times 最严重的等级}\times 100$$

现以小麦赤霉病为例，说明病情指数的计算方法。调查小麦赤霉病的病情指数的分级标准如下所述。

零级：无病；Ⅰ级：病小穗数占全部小穗数的 1/4 以下；Ⅱ级：病小穗数占全部小穗数的 1/4～1/3；Ⅲ级：病小穗数占全部小穗数的 1/2～3/4；Ⅳ级：病小穗数占全部小穗数的 3/4 以上。

如调查小麦赤霉病时结果如下：无病（0 级）10 株，1 级 6 株，2 级 11 株，3 级 12 株，4 级 8 株。

$$病情指数=\frac{0\times 10+1\times 6+2\times 11+3\times 12+4\times 8}{(10+6+11+12+8)\times 4}\times 100=51$$

病情指数越大，病情越重；病情指数越小，病情越轻。发病最重时病情指数为 100；没有发病时，病情指数为 0。

(2) 作物害虫为害结果统计　被害率表示植物的植株、茎秆、叶片、花、果实等受害虫为害的普遍程度，不考虑受害轻重，常用被害率来表示。

$$被害率=\frac{被害株(茎、叶、花、果)数}{调查总株(茎、叶、花、果)数}\times 100\%$$

例如，调查玉米螟蛀食玉米的被害率，调查 200 枚，其中被蛀 35 个，被害率为 35/200×100％=17.5％。

许多害虫对植物的为害只造成植株产量的部分损失，植株之间的受害轻重程度并不相同，用被害率不能完全说明受害的实际情况，可采用与病害相似的方法，将害虫为害情况按植株受害轻重进行分级，再用被害指数可以较好地解决这个问题。

现以蚜虫为例，说明被害指数的计算方法。

蚜虫为害分级标准见综合实训指导-表 11。

综合实训指导-表 11　蚜虫为害分级标准

等级	分级标准
0	无蚜虫,全部叶片正常
1	有蚜虫,全部叶片无蚜害异常现象
2	有蚜虫,受害最重叶片出现皱缩不展
3	有蚜虫,受害最重叶片皱缩半卷,超过半圆形
4	有蚜虫,受害最重叶片皱缩全卷,呈圆形

调查蚜虫为害植株 100 株，0 级 53 株，1 级 26 株，2 级 18 株，3 级 3 株。

$$被害指数=\frac{53\times0+26\times1+18\times2+3\times3}{100\times4}\times100=17.75$$

被害指数越大，植株受害越重；被害指数越小，植株受害越轻。植株受害最重时被害指数为 100；植株没有受害时，被害指数为 0。

四、作业

以小组为单位对某种作物发生的病虫害进行调查，并写出调查报告。

五、技能考核标准（见综合实训指导-表 12）

综合实训指导-表 12　技能考核标准

序号	考核项目	考核内容	考核标准	分值
1	基本素质	学习与工作态度	主动认真,听从指挥,服从安排,学习方法多样,不怕苦,全部出勤	10 分
		团队协作	积极与小组其他成员合作,共同完成任务	10 分
2	病虫害田间调查	对当地农作物主要病虫害田间进行调查	调查方法得当,记载表格设计合理,数据记载清晰,分析恰当,计算没有错误	30 分
3	数据处理	病虫害调查的数据处理	分级标准和病情指数计算准确	30 分
4	职业素质	资料收集、计算机处理能力	资料记录完整,上交总结报告内容丰富,结果正确	20 分

综合实训 7　主要作物病害田间诊断技术

一、目的要求

结合当地生产实际，通过对农作物群体和局部发病情况的观察和诊断，逐步掌握各类病害的发生情况及诊断要点，熟悉病害诊断的一般程序，了解病害诊断的复杂性和必要性，为农作物病害的调查研究与防治提供依据。

二、材料及用具

手持放大镜、记录本、笔、标本夹、小铲、剪刀、图书等。

三、内容与方法

1. 非侵染性病害的田间诊断

在田间对当地已发病的农作物进行观察，注意病害的分布、植株的发病部位、病害是成片发生还是有发病中心、发病植物所处的小环境等。如果所观察到的病害症状是叶片变色、枯死、落花、生长不良等现象，病部又找不到病原物，且病害在田间的分布比较均匀而成片，可判断为是非侵染性病害；诊断时还应结合地形、土质、施肥、耕作、灌溉和其他特殊环境条件，进行认真分析。如果是营养缺乏，除了症状识别外，还应该进行施肥试验。

2. 真菌性病害的田间诊断

对已发病的农作物进行观察时，若发现其病状有：

（1）坏死型　有猝倒、立枯、疮痂、溃疡、穿孔和叶斑病等。

（2）腐烂型　有苗腐、根腐、茎腐、秆腐、花腐和果腐病等。

（3）畸形型　有癌肿、根肿、缩叶病等。

（4）萎蔫型　有枯萎和黄萎病等。

除此之外，病害在发病部位多数具有以下病症：霜霉、白锈、白粉、煤污、白绢、菌核、紫纹羽、黑粉和锈粉等，则可诊断为真菌病害。对病部不容易产生病症的真菌性病害，可以采用保湿培养，以缩短诊断过程。即取下植物的受病部位，如叶片、茎秆、果实等，用清水洗净，置于保湿器皿内，在20～23℃培养1～2昼夜，往往可以促使真菌孢子的产生，然后再做出鉴定。对还不能确诊的病害，可进行室内镜检，对照病原物确定病害的种类。

3. 细菌性病害的田间诊断

田间诊断时若发现其症状是坏死、萎蔫、腐烂和畸形等不同病状，但其共同特点是在植物受病部位能产生大量的细菌，以致当气候潮湿时从病部气孔、水孔、伤口等处有大量黏稠状物——菌脓溢出，可以判断为细菌性病害，这是诊断细菌性病害的主要依据。若菌脓不明显，可切取小块病健交界部分组织，放在载玻片的水滴中，盖上盖玻片，用手指压盖玻片，将病组织中的菌脓压出组织外。然后将载玻片对光检查，看病组织的切口处有无大量的细菌呈云雾状溢出，这是区别细菌性病害与其他病害的简单方法。如果云雾状不是太清楚，也可以带回室内镜检。

4. 病毒性病害的田间诊断

植物病毒性病害没有病征，常具有花叶、黄化、条纹、坏死斑纹和环斑、畸形等特异性病状，田间比较容易识别。但有时常与一些非侵染性病害相混淆，因此，诊断时应注意病害在田间的分布，发病与地势、土壤、施肥等的关系；发病与传毒昆虫的关系；症状特征及其变化、是否有由点到面的传染现象等而进行诊断。当不能确诊时，要进行传染性试验。如对一种病毒病的自然传染方式不清楚时，可采用汁液摩擦方法进行接种试验。如果不成功，可再用嫁接的方法来证明其传染性，注意嫁接必须以病株为接穗而以健株为砧木，嫁接后观察症状是否扩展到健康砧木的其他部位。

5. 线虫病的田间诊断

线虫病主要诱发植物生长迟缓、植株矮小、色泽失常等现象，并常伴有茎叶扭曲、枯死斑点，以及虫瘿、叶瘿和根结瘿瘤等的形成。一般地讲，通过对有病组织的观察、解剖镜检或用漏斗分离等方法均能查到线虫，从而进行正确的诊断。

四、作业

1. 农作物病害田间诊断中应注意哪些问题？
2. 如何准确诊断当地农作物病害中最常见的真菌病害、细菌病害和病毒病害？

五、技能考核标准（见综合实训指导-表13）

综合实训指导-表13　技能考核标准

序号	考核项目	考核内容	考核标准	分值
1	基本素质	学习与工作态度	态度端正，主动认真，创新能力强，能吃苦耐劳，全部出勤	10分
		团队协作	听从指挥，服从安排，积极与小组其他成员合作，共同完成任务	10分
2	农作物病害症状识别	侵染性病害与非侵染性病害的区别	正确指出侵染性病害与非侵染性病害发病特点的区别	10分

续表

序号	考核项目	考核内容	考核标准	分值
3	侵染性病害病原镜检	病原真菌制片观察	在规定时间完成任选5个病原真菌的制片，操作规范，识别正确，并绘制病原菌形态图	30分
		细菌病原镜检	操作规范，描述喷菌现象	10分
		线虫病害镜检	在规定时间完成线虫病菌的制片，操作规范，识别正确，并绘制病原形态图	10分
4	农作物病害的诊断	当地农作物病害诊断	能诊断当地农作物病害20种以上，程序正确，结果准确	20分

综合实训8　主要作物病害测报技术

一、目的要求

掌握常见农作物病害测报方法，为开展农作物病害的防治奠定坚实基础。

二、材料及用具

手持放大镜、参考文献、笔和记载本等。

三、内容与方法

常见农作物病害测报按预测内容和预报量的不同可分为流行程度预测、发生期预测和损失预测等。流行程度预测是最常见的预测种类，预测结果可用具体的发病数量（发病率、严重度、病情指数等）作定量的表达，也可用流行级别作定性的表达。流行级别多分为大流行、中度流行（中度偏低、中等、中度偏重）、轻度流行和不流行。病害发生期预测是估计病害可能发生的时期。损失预测主要根据病害流行程度预测减产量。按照预测的时限可分为长期预测、中期预测和短期预测。

病害流行预测一般根据菌量、气象条件、栽培条件和寄主植物生育状况等作为预测依据。

1. 根据菌量预测

如测定水稻白叶枯病病原菌在水田中噬菌体激增的数量以预测白叶枯病发病程度；对小麦腥黑穗病可以检查种子表面带有的厚垣孢子数量，用以预测次年田间发病率；利用残秆上子囊壳数量和子囊孢子成熟度，或者用孢子捕捉器捕捉空中孢子预测小麦赤霉病；利用5月份棉田土壤中黄萎病菌微菌核数量预测9月份棉花黄萎病病株率。

2. 根据气象条件预测

多循环病害的流行受气象条件影响很大，而初侵染菌源不是限制因子，对当年发病的影响较小，通常根据气象条件预测。有些单循环病害的流行程度也取决于初侵染期间的气象条件，可以利用气象因子预测。如利用相对湿度连续48h高于75%，气温不低于16℃，可预测14～21d后田间将出现马铃薯晚疫病的中心病株；如葡萄霜霉病菌，以气温11～20℃，并有6h以上叶面结露时间为预测侵染的条件。

3. 根据菌量和气象条件进行预测

综合菌量和气象因子的流行学效应，作为预测的依据。有时还把寄主植物在流行前期的发病数量作为菌量因子，用以预测后期的流行程度。如北方冬麦区小麦条锈病的春季流行通常依据秋苗发病程度、病菌越冬率和春季降水情况预测；南方小麦赤霉病流行程度主要根据越冬菌量和小麦扬花灌浆期气温、雨量和雨日数预测，在某些地区菌量的作用不重要，只根据气象条件预测。

4. 根据菌量、气象条件、栽培条件和寄主植物生育状况预测

有些病害的预测除应考虑菌量和气象因子外，还要考虑栽培条件、寄主植物的生育期和生育状况。如预测稻瘟病的流行，需注意氮肥施用期、施用量及其与有利气象条件的配合情况，若水稻叶片肥厚披垂叶色浓绿，预示着稻瘟病可能流行；水稻纹枯病流行程度主要取决于栽植密度、氮肥用量和气象条件，可以做出流行程度因密度和施肥量而异的预测式；油菜开花期是菌核病的易感阶段，预测菌核病流行多以花期降雨量、油菜生长势、油菜始花期迟早以及菌源数量（花朵带病率）作为预测因子。

四、作业

以小组为单位对当地某种作物发生的病害进行调查，并写出测报报告。

五、技能考核标准（见综合实训指导-表 14）

综合实训指导-表 14　技能考核标准

序号	考核项目	考核内容	考核标准	分值
1	基本素质	学习与工作态度	态度端正，主动认真，听从指挥，服从安排，学习方法多样，不怕苦和累，全部出勤	10分
		团队协作	积极与小组其他成员合作，共同完成任务	10分
2	预测预报	对当地农作物 1 种主要病害的预测预报	调查方法得当，资料收集全面，数据记载清晰，分析准确	30分
3	数据处理	病害预测预报的数据处理	能使用计算工具做简单的统计分析，能编制统计图表	30分
4	预测分析	病害预测分析	能使用计算机查看病害发生信息，能确定防治适期和防治田块	10分
5	职业素质	资料收集、计算机处理能力	资料记录完整，上交总结报告内容丰富，结果正确	10分

综合实训 9　主要作物病虫害防治技术

一、目的要求

了解农作物病虫害综合治理各种方法的主要特点，明确植物检疫、农业防治、生物防治、物理机械防治的含义，初步掌握各种植物病虫害综合治理方法的应用。

二、材料及用具

材料：结合农时选择当地主要作物的常见病虫害种类、常用杀虫剂和杀菌剂数种。

用具：常用农具、黑光灯、参考资料、笔及记录本等。

三、内容与方法

1. 掌握《中华人民共和国植物检疫条例》内容。

2. 掌握能结合耕作、栽培管理等农业操作措施进行的，可达到经济、安全、有效的防治农作物病虫害目的的农业防治方法所包含的内容。

3. 掌握应用捕食性和寄生性天敌、致病微生物防治农作物害虫的方法，应用微生物及其代谢产物防治农作物病害的方法。

4. 掌握利用各种物理因子和简单器械防治作物病虫害的物理机械防治方法。

5. 掌握农药的主要类别和剂型、农药的安全合理使用要点、常用杀虫剂和杀菌剂使用方法。

四、作业

1. 在生产上经常采用的农业防治、生物防治、物理机械防治方法有哪些？
2. 常用农药有哪些主要类别？在生产上怎样做到合理使用农药？

五、技能考核标准（见综合实训指导-表15）

综合实训指导-表15　技能考核标准

序号	考核项目	考核内容	考核标准	分值
1	基本素质	学习与工作态度	态度端正，主动认真，肯吃苦奉献，全部出勤	10分
		团队协作	积极与小组其他成员合作，共同完成任务	10分
2	防治技术应用	农作物害虫防治技术应用	说出任意5种农作物害虫的防治技术要点，并熟练掌握	20分
		农作物病害防治技术应用	说出任意5种农作物病害的防治技术要点，并熟练掌握	20分
3	防治措施的观察与应用	防治措施的观察	观察并记载当地5项生产上应用的病虫害防治措施	10分
		防治措施的应用	设计4项防治措施应用于生产实践中	20分
4	职业素质	方法能力	独立分析和解决问题的能力，计算机操作能力强，资料阅读迅速，总结报告结果正确	10分

综合实训10　农药的配制和施用技术

一、目的要求

熟悉常见农药的基本性状及防治对象，掌握波尔多液和石硫合剂的配制及使用方法。

二、材料及用具

材料：常用杀虫剂、杀菌剂和除草剂数种，硫酸铜（$CuSO_4 \cdot 5H_2O$）、生石灰、硫黄粉、水。

用具：研钵、角勺、天平、砝码、量筒、电炉、石棉网、玻棒、烧杯、试管、试管架、pH试纸、波美比重计、铁丝或铁刀等。

三、内容与方法

1. 波尔多液的配制

（1）配制方法　分别用以下方法配制1%等量式波尔多液（1∶1∶100）。

① 两液同时注入法　用1/2水溶解硫酸铜，用另1/2水消解生石灰，然后同时将两液注入第三容器，边倒边搅拌即成。

② 稀硫酸铜液注入浓石灰乳法　用4/5水溶解硫酸铜，用另1/5水消解生石灰，然后将硫酸铜液倒入生石灰乳中，边倒边搅拌即成。

③ 生石灰乳注入硫酸铜液法　原料准备同方法②，不同的是将石灰乳注入硫酸铜液中，边倒边搅拌即成。

④ 用风化已久的石灰代替生石灰　配制方法同方法②。

注意：少量配制波尔多液时，硫酸铜和生石灰要研细；如用块石灰加水消解时，一定要慢慢将水加入，使生石灰逐渐消解化开。

（2）质量检查方法

① 物态观察　比较不同方法配制的波尔多液的质地和颜色，质量优良的波尔多液应为天蓝色胶态乳状液。

② 酸碱测试　用 pH 试纸测定酸碱性，以碱性为好。

③ 置换反应　用磨亮的小刀或铁钉插入波尔多液片刻，看有无镀铜现象，无镀铜现象为好。

④ 沉淀测试　将不同方法配制的波尔多液分别同时装入 100mL 量筒中静置 30min，比较沉淀情况，沉淀越慢越好。

2. 石硫合剂的熬制

（1）原料配比　有以下几种：硫黄粉 2 份、生石灰 1 份、水 10 份（目前多采用此配比）；或硫黄粉 2 份、生石灰 1 份、水 8 份；或硫黄粉 1 份、生石灰 1 份、水 10 份，熬出的原液浓度分别为 28～30°Bé、26～28°Bé、18～21°Bé。

（2）熬制方法　称取硫黄粉 100g、生石灰 50g、500g。先将硫黄粉研细，然后用少量热水搅成糊状，再用少量热水将生石灰化开，倒入锅中，加上剩余的水，煮沸后慢慢倒入硫黄糊，加大火力，至沸腾时再继续熬煮 45～60min，直至溶液被熬成暗红褐色（老酱油色）时停火，静置冷却过滤即成原液。

注意：熬制过程中火力要强而匀，使药液保持沸腾而不外溢，并不停搅拌；熬制时应先将药液深度做一标记，随时用热水补入蒸发的水量，勿加冷水或一次加水过多，以免因降低温度而影响原液的质量。大量熬制时可根据经验事先将蒸发的水量一次加足，中途不再补水。

（3）质量检查　观察原液色泽和气味，用 pH 试纸测定原液酸碱度，应为强碱性。将冷却的原液倒入量筒，用波美比重计测定浓度。

注意：药液的深度应大于比重计之长度，使比重计能漂浮在药液中。观察比重计的刻度时，应以下面一层药液面所表明的度数为准。

3. 农药性状观察

仔细观察杀虫剂、杀菌剂和除草剂常见种类的剂型、理化性状、防治对象和使用说明。

四、作业

1. 简述波尔多液和石硫合剂的制作方法及注意事项。
2. 比较观察农药的剂型、防治对象及使用方法。
3. 生产上使用 0.4°Bé 的石硫合剂 75kg，需要多少 24°Bé 的原液？加水多少？

五、技能考核标准（见综合实训指导-表 16）

综合实训指导-表 16　技能考核标准

序号	考核项目	考核内容	考核标准	分值
1	基本素质	学习与工作态度	任劳任怨，服从安排，学习方法多样，不怕苦和累，操作规范，全部出勤	10 分
		团队协作	听从指挥，积极与小组其他成员合作，共同完成任务	10 分
2	农药使用	选择合适的农药品种	在规定的时间内，从所供农药样本中分别找出杀虫剂、杀螨剂、杀菌剂、杀线虫剂各 5 种	20 分
		农药的配制使用	从农药样本中抽出 5 种进行配制，方法正确	20 分
3	农药器械使用与维护	农药器械使用	能正确使用主要类型的机动药械	10 分
		农药器械的维修	能排除主要类型的机动药械一般故障，能保养主要类型的机动药械	20 分
4	职业素质	方法能力	独立分析和解决问题的能力，计算机操作能力强，资料阅读迅速，总结报告结果正确	10 分

综合实训11　农药田间药效试验

一、目的要求

掌握农药田间试验的常用方法，为正确使用农药和化学防治农作物病虫害打下坚实的基础。

二、材料及用具

材料：分别选取黏虫和赤霉病为大田药效试验的对象，杀虫剂和杀菌剂可选取当地常用农药3～4个品种或剂型。

用具：喷雾器、喷壶、量筒、玻棒、胶皮手套、插地杆、记号牌、标签等。

三、内容与方法

1. 药效试验的类型

为确定农药的作用范围，以及在不同土壤、气候、作物和有害生物猖獗条件下的最佳使用浓度和使用量，最适的使用时间和施药技术，田间药效试验设计为小区试验。

2. 药效试验设计的基本要求

(1) 试验地的选择　试验地应选择有代表性的地块，力求减少系统误差，以提高试验的精度和准确性。试验地选择在肥力均匀、种植和管理水平一致、病虫害发生比较严重且为害程度比较均匀、地势平坦又远离房屋、道路、池塘的开阔农田。杀菌剂试验还要选择对试验病害高度感染的植物品种。一般应距离高大树木25～30m以外，以免影响试验地的日照和土壤水分的一致；附近10m内不得有篱笆和围墙；距离建筑物40～50m以上；距离河流、池塘100m以上。试验地周围最好种植一定面积的相同植物，以免试验地因孤立而受鸟害或鼠害。

(2) 重复的设置　为降低试验误差必须设置重复，以提高试验的精确度。通常情况下，试验误差的自由度应控制在10以上［自由度=(处理数－1)×(重复数－1)］，一般设3～5次重复，即设置3～5个小区。小区的形状一般以狭长形的为好，一般长宽比为(3～10)∶1。正确重复小区的长边必须与土壤肥力梯度变化方向或虫口密度的变化方向平行。小区的面积一般为15～50m^2。

(3) 采用随机排列　为使各小区的土壤肥力差异、作物生长整齐度、病虫害为害程度等诸多偶然因素作用于每小区的机会均等，在每个小区即重复内设置的各种处理只有用随机排列才能反映实际误差。随机排列常用抽签法、查随机数字表或用函数计算器按出随机数等方法。

(4) 设立对照区和保护行　为进行药剂间的效果比较，必须设立对照区。对照区一般为不施药的空白对照区（一般以CK表示）。空白对照区可以反映自然状态下的病虫害发生和消长情况。通过试验小区和对照区效果的比较，可以明确试验药剂的效果。为避免各种外来因素和边际效应的影响，在试验地的周围还应设立保护行，保护行的宽度应在1m以上。小区之间还应设置隔离行2～3行，这样即使在喷药时相邻小区的药液有轻微的飘移，也不会影响处理间的评价效果。水田中杀菌剂的药效试验，小区间还应筑小田埂隔离，以免药剂随水串流。

(5) 药效试验的内容　选取当地当前针对黏虫、赤霉病的农药品种2个，比较农药不同种类、不同剂型（或不同使用浓度）下的药效差异。每个处理的重复次数为4次，并设清水处理为空白对照（以CK表示）。在药效试验时应保证农药配制浓度准确、施药均匀，所有处理尽快完成，最长不可超过1d。

3. 药效试验的取样及结果计算

(1) 黏虫　对黏虫可采用“Z”字法10点取样，每个样方为1m行长，调查每株各龄幼虫数，分别记载各药剂种类、剂型或施药浓度在施药前和施药后的幼虫数。计算1d、3d、5d、7d、10d的防治效果。

$$\text{虫口减退率}=\frac{\text{防治前活虫数}-\text{防治后活虫数}}{\text{防治前活虫数}}\times 100\%$$

$$校正虫口减退率=\frac{防治区虫口减退率-对照区虫口减退率}{1-对照区虫口减退率}\times 100\%$$

(2) 赤霉病　采用对角线法5点取样，每个样方为1m行长，分别记载各药剂种类、剂型或施药浓度在施药前和施药后的发病程度并计算病情指数。病情指数可参考综合实训6中的分级标准和公式计算，再计算3d、5d、10d、15d的相对防治效果。

$$相对防治效果=\left(1-\frac{防治区病情指数}{对照区病情指数}\right)\times 100\%$$

4. 试验报告基本要求

试验报告应包括以下内容：试验名称；试验单位；试验目的；试验地点；试验材料（包括供试农药名称、剂型、生产厂家；供试植物种类、品种、生育期）；试验方法，试验设计（处理浓度、空白对照、小区面积、排列方式、重复次数），施药方法［施药工具型号、施药时间、施药方式（喷雾等）、施药量（kg/hm^2）］，施药条件（施药时的温度等气候条件）；试验结果，包括防治效果、药害等情况；小结与讨论，对供试农药做出总体评价，提出相应的用药技术。

四、作业

以小组为单位根据药效试验结果写出药效试验报告。

五、技能考核标准（见综合实训指导-表17）

综合实训指导-表17　技能考核标准

序号	考核项目	考核内容	考核标准	分值
1	基本素质	学习与工作态度	牢固的专业知识，责任感强，学习方法灵活，不怕苦和累，全部出勤	10分
		团队协作	服从安排，积极与小组其他成员合作，共同完成任务	10分
2	农药田间药效试验	起草药效试验计划	能结合实际对三种主要病虫害提出农药田间药效试验计划	30分
		实施农药田间药效试验	选取当地当前针对主要病虫害的农药品种4个，比较农药不同种类、不同剂型下的药效差异。要求方法正确，结果准确	30分
3	职业素质	方法能力	独立分析和解决问题的能力，计算机操作能力强，资料阅读迅速，总结报告结果正确	20分

综合实训12　作物病虫害综合防治方案的制订

一、目的要求

能根据当地农作物主要病虫害的发生特点，通过对其制订综合防治方案及实施防治的过程，掌握病虫害防治技术。

二、材料及用具

材料：药剂。
用具：各种施药器械、量筒、天平、笔记本、铅笔等。

三、内容与方法

确定防治对象，应根据调查资料和当地农作物种类及病虫害发生情况决定。制订当地农作物上常见主要病虫害1～2种作为防治对象的防治方案时，应根据“预防为主，综合治理”的植物保护工作方针，结合当地预测预报资料和具体情况，制订科学的、严格的防治方案，力求把病虫害所造成的损失控制在经济许可水平之下。

由于各地区的具体情况不同，防治计划的内容和形式也不一致，可按年度计划、季节计划和阶段计划等方式安排到生产计划中去，方案的基本内容应包括以下几点。

1. 确定防治对象，选择防治方法

根据病虫害调查和预测预报资料，历年来病虫害发生情况和防治经验，确定有哪些主要的病虫害，在何时发生最多，何时最易防治，用什么办法防治，多长时间可以完成，摸清情况后，确定防治指标，采取最经济有效的措施进行防治。

2. 准备药剂、药械及其他物资

遵循对症下药的原则，确定药剂种类、浓度、施药次数，准备相应施药药械；准确估计用药数量，购买药剂，检查和维修药械。

3. 做出预算，拟定经费计划。

四、作业

以小组为单位对某种作物发生的病虫害制订综合防治方案，并写出实训报告。

五、技能考核标准（见综合实训指导-表18）

综合实训指导-表18　技能考核标准

序号	考核项目	考核内容	考核标准	分值
1	基本素质	学习与工作态度	责任感强，主动认真，有探究精神，能吃苦耐劳，全部出勤	10分
		团队协作	听从老师安排，积极与小组其他成员合作，共同完成任务	10分
2	综合防治	起草综合防治计划	能结合实际对三种主要病虫害提出综合防治计划	30分
		实施综合防治措施	能利用天敌进行生物防治，能合理使用农药控害保益，能组织落实综合防治技术措施	30分
3	职业素质	方法能力	独立分析和解决问题的能力，计算机操作能力强，资料阅读迅速，总结报告结果正确	20分

参考文献

[1] 张维球. 农业昆虫学. 第2版. 北京：农业出版社，1979.
[2] 魏景超. 真菌鉴定手册. 上海：上海科学技术出版社，1979.
[3] 北京农业大学. 昆虫学通论（上）. 北京：农业出版社，1980.
[4] 陕西省农林学校. 农作物病虫害防治学各论. 北京：农业出版社，1980.
[5] 南开大学等五校. 昆虫学（上）. 北京：人民教育出版社，1980.
[6] 萧采瑜，任树芝，尔怡等. 中国蝽类昆虫鉴定手册. 北京：科学出版社，1981.
[7] 裘维蕃. 植物病毒学. 北京：科学出版社，1985.
[8] 中国科学院动物研究所. 中国农业昆虫. 北京：中国农业出版社，1986.
[9] 范怀忠等. 植物病理学. 北京：中国农业出版社，1988.
[10] 北京农业大学. 农业植物病理学. 第2版. 北京：农业出版社，1991.
[11] 管致和. 植物保护概论. 北京：中国农业大学出版社，1995.
[12] 方中达. 植病研究法. 第3版. 北京：中国农业出版社，1998.
[13] 吴郁魂，彭素琼等. 作物保护. 成都：天地出版社，1998.
[14] 北京市植物保护站. 植物医生实用手册. 北京：中国农业出版社，1999.
[15] 李忠诚，吴郁魂，刘永琴，彭化贤，康晓惠. 植物保护基础. 成都：四川科学技术出版社，2000.
[16] 李洪连. 徐敬友. 农业植物病理学实验实习指导（植保、农学、园艺等专业用）. 北京：中国农业出版社，2001.
[17] 陈利锋. 农业植物病理学. 北京：中国农业出版社，2001.
[18] 侯明生. 农作物病害防治手册. 武汉：湖北科学技术出版社，2001.
[19] 徐冠军. 植物病虫害防治学. 北京：中央广播电视大学出版社，2001.
[20] 韩召军. 植物保护学通论. 北京：高等教育出版社，2001.
[21] 李忠诚，刘永琴. 作物病虫防治学. 成都：四川科学技术出版社，2002.
[22] 李清西，钱学聪. 植物保护. 北京：中国农业出版社，2002.
[23] 叶钟音. 现代农药应用技术全书. 北京：中国农业出版社，2002.
[24] 赖传雅. 农业植物病理学. 北京：科学出版社，2003.
[25] 徐洪富. 植物保护学. 北京：高等教育出版社，2003.
[26] 张有军等. 农药无公害使用指南. 北京：中国农业出版社，2003.
[27] 李庆孝，何传椐. 生物农药使用指南. 北京：中国农业出版社，2004.
[28] 袁会珠. 农药使用技术指南. 北京：化学工业出版社，2004.
[29] 张学哲. 作物病虫害防治. 北京：高等教育出版社，2005.
[30] 刘学敏，陈宇飞. 植物保护技术与实训. 北京：中国劳动社会保障出版社，2005.
[31] 肖启明，欧阳河. 植物保护技术. 第2版. 北京：高等教育出版社，2005.
[32] 叶恭银. 植物保护学. 杭州：浙江大学出版社，2006.
[33] 侯明生. 黄俊斌. 农业植物病理学. 北京：科学出版社，2006.
[34] 程亚樵. 作物病虫害防治. 北京：北京大学出版社，2007.
[35] 邰连春. 作物病虫害防治. 北京：中国农业大学出版社，2007.
[36] 乔卿梅，史洪中. 药用植物病虫害防治. 北京：中国农业大学出版社，2008.
[37] 王中武. 植物检疫技术. 北京：化学工业出版社，2010.
[38] 王存兴. 植物病理学. 北京：化学工业出版社，2010.
[39] 李涛. 植物保护技术. 北京：化学工业出版社，2009.
[40] 卢颖. 植物化学保护. 北京：化学工业出版社，2009.
[41] 刘宗亮. 农业昆虫. 北京：化学工业出版社，2009.
[42] 商鸿生，王凤葵. 玉米高粱谷子病虫害诊断与防治原色图谱. 北京：金盾出版社，2005.

[43] 徐映明．农药问答精编．北京：化学工业出版社，2007.
[44] 潘以楼，张世军．油料作物病虫害防治．南京：江苏科学技术出版社，2008.
[45] 束兆林，高定如．麦类病虫害防治路路通．南京：江苏科学技术出版社，2008.
[46] 马成云. 作物病虫害防治. 北京：高等教育出版社，2009.
[47] 黄应昆，李文凤．甘蔗病虫害防治新技术．昆明：云南科技出版社，2009.
[48] 黄世文．水稻主要病虫害的识别与防治．北京：金盾出版社，2010.
[49] 张光华，戴建国，赖军臣．玉米常见病虫害防治．北京：中国劳动社会保障出版社 ，2011.
[50] 福建省烟草专卖局．烟草病虫害诊治图鉴. 福州：福建科学技术出版社，2012.
[51] 郑智民等. 啮齿动物学. 上海：上海交通大学出版社，2012.
[52] 郭书普. 马铃薯、甘薯、山药病虫害鉴别与防治技术图解. 北京：化学工业出版社，2012.
[53] 王运兵，王清连. 棉花高效栽培与病虫害防治. 北京：化学工业出版社，2012.
[54] 李本鑫. 园林植物病虫害防治. 北京：机械工业出版社，2012.
[55] 杨华铮，邹小毛，朱有全等. 现代农药化学. 北京：化学工业出版社，2013.
[56] 张敏恒．农药品种手册精编．北京：化学工业出版社，2013.
[57] 潘以楼，张世军. 油料作物病虫害防治 ．南昌：江西教育出版社，2014.
[58] 郭予元，吴孔明，陈万权．中国农作物病虫害．第 3 版. 北京：中国农业出版社，2015.
[59] 雒珺瑜，马艳，崔金杰．棉花病虫害诊断及防治原色图谱. 北京：金盾出版社，2015.
[60] 孙茜，王娟娟. 主要设施蔬菜生产与病虫害绿色防控技术. 北京：中国农业科学技术出版社，2015.
[61] 王本辉．农田杂草识别与防除图解口诀．北京：金盾出版社，2015.
[62] 王殿轩，白旭光，周玉香. 储粮害虫原色图鉴 ．北京：中国农业科学技术出版社，2016.